"十三五"国家重点出版物出版规划项目

名校名家基础学科系列

Textbooks of Base Disciplines from Top Universities and Experts

面向21世纪课程教材

工程力学

第2版

孙　伟　陈建平　范钦珊　编著

机械工业出版社

本书是在全面调研的基础上，根据对应学科新的人才培养方案和教育部高等学校工科基础课程教学指导委员会于2019年发布的《理论力学课程教学基本要求（B类）》和《材料力学课程教学基本要求（B类）》，从一般院校的实际情况出发，适应工程人才培养的理念和模式，突出能力培养，调整内容体系，适当压缩教材篇幅，以满足64~80学时工程力学课程的教学要求。

从金课建设两性一度的要求出发，本书与时俱进，将南京航空航天大学“理论力学”和“材料力学”教学团队近十年来开展研究型教学的实践成果引入教材，内容有新意，体系有创新，题目有难度，以期提高学生的工程素质和认知水平，培养学生科学的思维方式和综合分析问题的能力。

本书除课程导论外，共18章，第1~3章为静力学部分，第4~9章为运动学与动力学部分，第10~18章为材料力学部分。本书配有多媒体课件、解题指南、教学要求与学习目标、理论要点、学习建议、例题示范等，教师可在机械工业出版社教育服务网（www. cmpedu. com）上注册后免费下载。

本书可作为高等学校工科各专业的基础力学课程教材，也可供有关工程技术人员参考。

图书在版编目（CIP）数据

工程力学/孙伟，陈建平，范钦珊编著. —2版. —北京：机械工业出版社，2021.8（2024.11重印）
“十三五”国家重点出版物出版规划项目　名校名家基础学科系列　面向21世纪课程教材
ISBN 978-7-111-67940-0

Ⅰ.①工…　Ⅱ.①孙…　②陈…　③范…　Ⅲ.①工程力学-高等学校-教材　Ⅳ.①TB12

中国版本图书馆CIP数据核字（2021）第060464号

机械工业出版社（北京市百万庄大街22号　邮政编码100037）
策划编辑：张金奎　责任编辑：张金奎　李　乐
责任校对：张晓蓉　封面设计：鞠　杨
责任印制：张　博
北京建宏印刷有限公司印刷
2024年11月第2版第5次印刷
184mm×260mm · 27.75印张 · 688千字
标准书号：ISBN 978-7-111-67940-0
定价：79.80元

电话服务
客服电话：010-88361066
010-88379833
010-68326294

网络服务
机　工　官　网：www. cmpbook. com
机　工　官　博：weibo. com/cmp1952
金　书　网：www. golden-book. com
机工教育服务网：www. cmpedu. com

第2版前言

自第1版出版以来，南京航空航天大学工程力学课程（74学时）教学一直将该书作为教材使用，期间得到了任课教师与同学们的真诚关心与大力支持，与此同时，大家也提出了一些宝贵的修改意见。在此基础上，初步形成了修订第1版的基本思路。

在修订期间，适逢中国高等教育发生深刻变革，教育部提出：高等教育要坚持以本为本，推进四个回归；各高校要全面梳理各门课程的教学内容，打造“金课”，切实提高课程教学质量。随后，教育部高等学校工科基础课程教学指导委员会于2019年发布了新的《理论力学课程教学基本要求（B类）》与《材料力学课程教学基本要求（B类）》。遵循教育部宏观课程建设标准以及对理论力学与材料力学课程的具体要求，最终形成了编写本书的指导方针。

根据上述修订思路与指导方针，本书在保持第1版特色的基础上，着重使论述更加严谨规范、文字更加精炼流畅、体系更加系统高阶，具体修订工作如下：

1. 在每章习题中增加概念题，以强化学生对理论力学和材料力学基本概念的理解和掌握。

2. 每章最后一节改为“小结与讨论”。

3. 删除了原第16章质点动力学。

4. 增加了第18章动载荷与疲劳强度概述。

5. 补充和更新了部分例题、习题，调整了部分章节顺序。

本书在对章节内容进行了局部调整之后，除课程导论外全书共分18章，第1~3章为静力学部分，第4~9章为运动学与动力学部分，第10~18章为材料力学部分。

考虑到教材建设的可持续发展，本人将不再担任第一作者，另请南京航空航天大学孙伟副教授担任第一作者，本人仍会参与以后的修订工作。这一版的署名者为孙伟、陈建平、范钦珊。

本书在修订过程中参考了国内外优秀教材，并得到了南京航空航天大学航空学院和许多同仁的大力支持和帮助，在此表示衷心感谢！

书中不足和错漏之处，恳请读者批评指正。

范钦珊

2021年2月

第1版前言

编者最近几年在全国各地讲学的同时，对我国高等学校“工程力学”的教学状况和对“工程力学”教材的需求进行了大量调研，与全国500多名基础力学老师以及近2000名同学交换关于“工程力学”课程教学和教材使用和修改的意见。为满足重点院校的非机械、非土木水利类专业和一般院校工科专业工程力学教学需要，新编了这本《工程力学》教材。

本书包括三部分：第一部分为静力学，共三章（静力学基础、力系的简化、工程构件的静力学平衡问题）；第二部分为材料力学，共九章（材料力学的基本概念、杆件的内力图、拉压杆件的应力变形分析与强度设计、梁的强度问题、梁的位移分析与刚度设计、圆轴扭转时的应力变形分析与强度刚度设计、复杂受力时构件的强度设计、压杆的稳定性分析与设计、交变应力作用下构件的疲劳强度简述）；第三部分为运动学与动力学，共七章（点的运动学与刚体的基本运动、点的复合运动、刚体的平面运动、质点动力学、动量定理和动量矩定理、动能定理、达朗贝尔原理及其应用）。其中带星号的内容供各院校选用。根据不同院校的实际情况，采用本书需要60~90学时。

根据我国高等教育和教学改革的发展趋势，以及素质教育与创新精神培养的要求，全国普通高等学校新一轮培养计划中课程的教学总学时数大幅度减少。工程力学课程的教学时数也要相应压缩。怎样在有限的教学时数内，使学生既能掌握工程力学的基本知识，又能了解一些工程力学的最新进展；既能培养学生的工程力学素质，又能加强工程概念，是很多力学教育工作者关心的事情。

1996年以来，基础力学课程在教学内容、课程体系、教学方法以及教学手段等方面进行了一系列改革，取得了一些很有意义的成果，并在教学实践中取得了明显的效果，受到高等教育界和力学界诸多学者的支持和肯定。

本书作为面向21世纪力学系列课程教学内容与体系改革的一部分，对原有工程力学课程的教学内容、课程体系加以进一步分析和研究，在确保基本要求的前提下，删去了一些偏难、偏深的内容，目的是为了满足那些对工程力学的深度和难度要求不高，但对工程力学的基础知识有一定了解的专业的要求，作为这些专业的素质教育的一部分。希望这本工程力学教材具有较大的适用面，能够被更多的院校、更多的专业所采用。

从力学素质教育的要求出发，本书更注重基本概念，而不追求烦琐的理论推导与烦琐的数字运算。

工程力学与很多领域的工程密切相关。工程力学教育不仅可以培养学生的力学素质，而且可以加强学生的工程概念。这对于他们向其他学科或其他工程领域扩展是很有利的。基于此，本书与以往的同类教材相比，难度有所下降，工程概念有所加强，引入了大量涉及广泛领域的工程实例及相关的例题和习题。

为了让学生更快地掌握最基本的知识，在概念、原理的叙述方面做了一些改进。一方面从提出问题、分析问题和解决问题等方面做了比较详尽的论述与讨论；另一方面通过较多的例题分析，加深学生对于基本内容的了解和掌握。

本书每章的结论与讨论内容，既帮助学生复习并加深理解本章知识，又为学生进一步巩固和扩展所学知识提供指导。

本书由清华大学范钦珊教授主编，南京航空航天大学陈建平教授、河海大学蔡新教授、清华大学范钦珊教授共同编著。

为了帮助读者复习和自学，特别研制、开发了“工程力学学习指导与解题指南”教学软件光盘，随书发行。软件的内容包括：各章的教学要求、重点和难点以及解题分析。这一软件可以在光盘上直接运行，也可以复制到硬盘中运行，操作非常简便。为便于教师讲授本教材，编制了本书的电子教案，教师可通过 http://www.cmpedu.com 注册后，免费下载使用。

新世纪中新事物层出不穷，没有也不应该有一成不变的教材，我们将努力跟上时代的步伐，以不断提高“工程力学”课程教学质量为己任，不断地从理念、内容、方法与技术等方面对“工程力学”教材加以修订，使之日臻完善。

衷心希望关爱本书的广大读者继续对本书的缺点和不足提出宝贵意见。

范钦珊

2006 年 10 月于南京

目 录

第 2 版前言
第 1 版前言

课程导论

0.1 力学与工程 …… 1
0.2 工程力学的研究内容与分析模型 …… 4
0.2.1 工程力学的研究内容 …… 4
0.2.2 工程力学的分析模型 …… 5
0.3 工程力学的研究方法 …… 6
0.3.1 两种不同的理论分析方法 …… 6
0.3.2 工程力学的实验分析方法 …… 7
0.3.3 工程力学的计算机分析方法 …… 8
0.4 工程力学的学习目标 …… 8

第1篇 静 力 学

第 1 章 静力学基础 …… 10
1.1 力与力的效应 …… 10
1.1.1 力的概念 …… 10
1.1.2 力的效应 …… 11
1.1.3 力系的概念 …… 11
1.2 静力学基本原理 …… 12
1.3 工程常见约束与约束力 …… 14
1.3.1 柔性约束 …… 15
1.3.2 刚性约束 …… 15
1.4 受力分析初步 …… 18
1.4.1 受力分析概述 …… 18
1.4.2 受力图绘制方法应用举例 …… 18
1.5 小结与讨论 …… 20
1.5.1 小结 …… 20
1.5.2 关于约束与约束力 …… 20
1.5.3 关于受力分析 …… 21
1.5.4 关于二力构件 …… 21
1.5.5 关于静力学中某些原理的适用性 …… 21
习题 …… 22
第 2 章 力系的等效与简化 …… 25
2.1 力的投影与汇交力系的简化 …… 25
2.1.1 力在直角坐标系中的投影 …… 25
2.1.2 力的正交分解与解析表达 …… 26
2.1.3 汇交力系的简化 …… 26
2.2 力矩概念的扩展和延伸 …… 27
2.2.1 力对点之矩 …… 28
2.2.2 力对轴之矩 …… 29
2.2.3 力矩关系定理 …… 29
2.2.4 合力矩定理 …… 29
2.3 力偶及其力偶矩 …… 31
2.3.1 力偶 …… 31
2.3.2 力偶的性质及力偶矩 …… 31
2.3.3 力偶系的合成与平衡 …… 33
2.4 力系等效的概念 …… 34
2.4.1 力系的主矢与主矩——力系的基本特征量 …… 34
2.4.2 力系等效原理 …… 35
2.5 力系简化的概念 …… 36
2.6 一般力系的简化 …… 37
2.6.1 一般力系向一点简化 …… 37

2.6.2　固定端约束的约束力 …… 37
2.7　小结与讨论 …… 38
2.7.1　小结 …… 38
2.7.2　关于力的矢量性质的讨论 …… 40
2.7.3　关于力系简化的最终结果 …… 40
2.7.4　关于力偶性质推论的适用性 …… 41
2.7.5　重力系的简化与物体的重心 …… 41
习题 …… 42
第3章　力系的平衡 …… 49
3.1　力系的平衡条件与平衡方程 …… 49
3.1.1　力系的平衡条件 …… 49
3.1.2　一般力系的平衡方程 …… 49
3.1.3　单个构件的平衡问题 …… 51
3.2　简单物体系统的平衡问题 …… 53
3.2.1　静定和超静定的概念 …… 53
3.2.2　物系平衡问题的解法 …… 54
3.3　考虑摩擦时物体系统的平衡问题 …… 58
3.3.1　库仑摩擦定律 …… 58
3.3.2　摩擦角与自锁现象 …… 59
3.3.3　摩擦平衡条件与平衡方程 …… 62
3.4　小结与讨论 …… 65
3.4.1　小结 …… 65
3.4.2　受力分析的重要性 …… 66
3.4.3　关于简单物体系统平衡问题的讨论 …… 67
3.4.4　正确的直观判断 …… 68
3.4.5　关于桁架分析的讨论 …… 68
习题 …… 71

第2篇　运动学与动力学

第4章　点的一般运动与刚体的基本运动 …… 83
4.1　点的一般运动 …… 83
4.1.1　描述点运动的矢量法 …… 83
4.1.2　描述点运动的直角坐标法 …… 84
4.1.3　描述点运动的弧坐标法 …… 86
4.2　刚体的基本运动 …… 90
4.2.1　刚体的平移 …… 90
4.2.2　刚体的定轴转动 …… 91
4.3　小结与讨论 …… 94
4.3.1　小结 …… 94
4.3.2　建立点的运动方程与研究点的运动几何性质 …… 95
4.3.3　点的运动学的两类应用问题 …… 95
4.3.4　描述点的运动的极坐标形式 …… 95
习题 …… 96
第5章　点的复合运动 …… 99
5.1　点的复合运动的概念 …… 99
5.1.1　两种参考系 …… 99
5.1.2　三种运动 …… 99
5.1.3　三种速度和三种加速度 …… 100
5.2　速度合成定理 …… 100
5.3　牵连运动为平移时点的加速度合成定理 …… 103
5.4　牵连运动为转动时点的加速度合成定理 …… 105
5.4.1　牵连运动为转动时点的加速度合成定理 …… 105
5.4.2　科氏加速度 …… 106
5.5　小结与讨论 …… 110
5.5.1　小结 …… 110
5.5.2　正确选择动点和动系，是应用点的复合运动理论的重要基础 …… 111
5.5.3　牵连运动与牵连速度的概念 …… 111
5.5.4　科氏加速度的概念与加速度合成定理投影式的正确应用 …… 111
习题 …… 112
第6章　刚体平面运动 …… 116
6.1　刚体平面运动方程 …… 116
6.1.1　刚体平面运动力学模型的简化 …… 116
6.1.2　刚体平面运动的运动方程 …… 117
6.2　平面运动分解为平移和转动 …… 119
6.3　平面图形上各点的速度分析 …… 120
6.3.1　基点法 …… 120
6.3.2　速度投影法 …… 121
6.3.3　瞬时速度中心法 …… 122
6.4　平面图形上各点的加速度分析 …… 125
6.5　小结与讨论 …… 131
6.5.1　小结 …… 131
6.5.2　刚体复合运动 …… 131
6.5.3　平面图形上点的加速度分布也能看成绕速度瞬心 C^* 的旋转吗 …… 131

6.5.4 平面图形的角速度 ω 与相对角速度 ω_r …… 132
习题 …… 132
第7章 动量定理与动量矩定理 …… 137
7.1 质点系动力学普遍定理概述 …… 137
7.1.1 动力学普遍定理概述 …… 137
7.1.2 质点系的质心 …… 137
7.1.3 质点系的外力和内力 …… 138
7.2 动量定理 …… 138
7.2.1 质点系整体运动的基本特征量之一：动量的主矢 …… 138
7.2.2 动量定理 …… 140
7.2.3 质心运动定理 …… 140
7.2.4 动量定理与质心运动定理的投影式与守恒式 …… 140
7.2.5 动量定理应用于简单刚体系统 …… 141
7.3 动量矩定理 …… 144
7.3.1 质点系对定点的动量矩定理 …… 144
7.3.2 刚体定轴转动微分方程 …… 146
7.3.3 质点系相对质心的动量矩定理 …… 150
7.4 小结与讨论 …… 155
7.4.1 小结 …… 155
7.4.2 几个有意义的实例 …… 155
7.4.3 质点系矢量动力学的两个矢量系（外力系与动量系）及其关系 …… 157
7.4.4 突然解除约束问题 …… 158
习题 …… 158
第8章 动能定理 …… 165
8.1 力的功 …… 165
8.1.1 力的功的定义 …… 165
8.1.2 作用在刚体上力偶的功 …… 166
8.1.3 质点系内力的功 …… 166
8.1.4 理想约束力的功 …… 167
8.2 质点系与刚体的动能 …… 168
8.2.1 质点系的动能 …… 168
8.2.2 刚体的动能 …… 169
8.3 动能定理 …… 170
8.3.1 质点和质点系的动能定理 …… 170
8.3.2 动能定理的应用举例 …… 171
8.4 势能的概念与机械能守恒定律 …… 173
8.4.1 有势力和势能 …… 173
8.4.2 机械能守恒定律 …… 174
8.5 动力学普遍定理的综合应用 …… 176
8.6 小结与讨论 …… 186
8.6.1 小结 …… 186
8.6.2 功率方程的概念 …… 187
8.6.3 应用动力学普遍定理时的运动分析 …… 187
习题 …… 188
第9章 达朗贝尔原理 …… 193
9.1 惯性力与达朗贝尔原理 …… 193
9.1.1 质点的达朗贝尔原理 …… 193
9.1.2 质点系的达朗贝尔原理 …… 195
9.2 刚体惯性力系的简化 …… 196
9.2.1 惯性力系的主矢与主矩 …… 196
9.2.2 刚体平移时惯性力系的简化 …… 196
9.2.3 刚体做定轴转动时惯性力系的简化 …… 197
9.2.4 刚体做平面运动时惯性力系的简化 …… 198
9.3 达朗贝尔原理的应用示例 …… 198
9.4 小结与讨论 …… 202
9.4.1 小结 …… 202
9.4.2 正确施加与简化惯性力系是应用达朗贝尔原理的关键 …… 202
9.4.3 惯性力系的主矢与主矩的物理意义 …… 203
9.4.4 动能定理与达朗贝尔原理综合应用 …… 203
习题 …… 204

第3篇 材料力学

第10章 材料力学基础 …… 210
10.1 材料力学的基本假设 …… 210
10.1.1 均匀连续性假设 …… 210
10.1.2 各向同性假设 …… 211
10.1.3 小变形假设 …… 211
10.2 外力、内力和应力 …… 211
10.2.1 外力 …… 211
10.2.2 内力与内力分量 …… 212
10.2.3 应力 …… 213
10.3 变形、位移和应变 …… 214

10.3.1 变形与位移 …… 214
10.3.2 应变 …… 215
10.4 杆件变形的基本形式 …… 215
10.5 小结与讨论 …… 217
10.5.1 小结 …… 217
10.5.2 弹性体受力与变形特征 …… 217
10.5.3 材料力学的分析方法 …… 218
习题 …… 218
第 11 章 内力分析与内力图 …… 221
11.1 基本概念与基本方法 …… 221
11.1.1 弹性体的平衡原理 …… 221
11.1.2 控制面 …… 221
11.1.3 杆件内力分量的正负号规则 …… 222
11.2 确定内力分量的力系简化方法 …… 222
11.3 轴力图与扭矩图 …… 224
11.3.1 轴力图 …… 224
11.3.2 扭矩图 …… 226
11.4 剪力图与弯矩图 …… 227
11.4.1 工程中的承弯构件及其力学模型 …… 227
11.4.2 剪力方程和弯矩方程 …… 228
11.4.3 分布载荷集度与剪力、弯矩间的微分关系 …… 229
11.4.4 剪力图与弯矩图 …… 231
11.5 小结与讨论 …… 236
11.5.1 小结 …… 236
11.5.2 两个值得思考的问题 …… 236
习题 …… 237
第 12 章 轴向拉伸或压缩 …… 242
12.1 拉压杆的应力分析与计算 …… 243
12.2 轴向载荷作用下材料的力学性能 …… 244
12.2.1 材料拉伸时的应力-应变曲线 …… 245
12.2.2 塑性材料拉伸时的力学性能 …… 245
12.2.3 脆性材料拉伸时的力学性能 …… 247
12.2.4 压缩时材料的力学性能 …… 247
12.2.5 强度失效概念与失效应力 …… 248
12.3 拉压杆的强度设计 …… 249
12.3.1 强度设计准则、安全因数与许用应力 …… 249
12.3.2 三类强度计算问题 …… 249
12.3.3 强度设计应用举例 …… 250
12.4 拉压杆的变形、位移分析与计算 …… 252
*12.5 拉伸或压缩超静定问题简述 …… 255
12.6 小结与讨论 …… 256
12.6.1 小结 …… 256
12.6.2 关于应力和变形公式的应用条件 …… 256
*12.6.3 关于加力点附近区域的应力分布 …… 257
*12.6.4 关于应力集中的概念 …… 258
12.6.5 拉压杆斜截面上的应力 …… 258
习题 …… 260
第 13 章 圆轴扭转 …… 264
13.1 切应力互等定理 …… 264
13.2 圆轴扭转时的切应力分析 …… 265
13.2.1 几何关系 …… 266
13.2.2 物理关系 …… 266
13.2.3 静力学关系 …… 266
13.2.4 圆轴扭转时横截面上的切应力表达式 …… 267
13.3 圆轴扭转时的强度设计与刚度设计 …… 269
13.3.1 扭转试验与扭转破坏现象 …… 269
13.3.2 扭转强度设计 …… 270
13.3.3 扭转刚度设计 …… 272
13.4 小结与讨论 …… 273
13.4.1 小结 …… 273
13.4.2 关于圆轴强度与刚度设计 …… 274
*13.4.3 矩形截面杆扭转时的切应力 …… 274
习题 …… 276
第 14 章 弯曲强度 …… 278
14.1 截面图形的几何性质 …… 278
14.1.1 静矩、形心及其相互关系 …… 279
14.1.2 惯性矩、极惯性矩、惯性积、惯性半径 …… 281
14.1.3 惯性矩与惯性积的移轴定理 …… 282
14.1.4 惯性矩与惯性积的转轴定理 …… 283
14.1.5 主轴与形心主轴、主惯性矩与形心主惯性矩 …… 283
14.2 平面弯曲时梁横截面上的正应力 …… 286
14.2.1 平面弯曲与纯弯曲的概念 …… 286
14.2.2 纯弯曲时梁横截面上的正应力分析 …… 287
14.2.3 梁的弯曲正应力公式的应用与推广 …… 290

14.3 平面弯曲正应力公式应用举例 ········ 291
14.4 梁的强度设计 ······················ 293
14.4.1 梁的失效判据 ···················· 293
14.4.2 梁的弯曲强度设计准则 ············ 294
14.4.3 梁的弯曲强度计算步骤 ············ 294
14.5 小结与讨论 ························ 298
14.5.1 小结 ···························· 298
14.5.2 关于弯曲正应力公式的应用条件 ···· 299
14.5.3 弯曲切应力的概念 ················ 300
14.5.4 关于截面的惯性矩 ················ 300
14.5.5 提高梁强度的措施 ················ 300
习题 ·································· 304

第15章 弯曲刚度 ························ 308
15.1 基本概念 ·························· 308
15.1.1 梁弯曲后的挠度曲线 ·············· 308
15.1.2 梁的挠度与转角 ·················· 309
15.1.3 梁的位移与约束密切相关 ·········· 310
15.1.4 梁的位移分析的工程意义 ·········· 310
15.2 小挠度微分方程及其积分 ············ 311
15.2.1 小挠度微分方程 ·················· 311
15.2.2 积分常数的确定 约束条件与连续条件 ···· 312
15.3 工程中的叠加法 ···················· 314
15.3.1 叠加法应用于多个载荷作用的情形 ···· 315
15.3.2 叠加法应用于间断性分布载荷作用的情形 ···· 315
15.4 简单的超静定梁 ···················· 316
15.4.1 求解超静定梁的基本方法 ·········· 316
15.4.2 简单的超静定问题示例 ············ 317
15.5 梁的刚度设计 ······················ 318
15.5.1 梁的刚度设计准则 ················ 318
15.5.2 刚度设计举例 ···················· 318
15.6 小结与讨论 ························ 320
15.6.1 小结 ···························· 320
15.6.2 关于变形和位移的相依关系 ········ 321
15.6.3 关于梁的连续光滑曲线 ············ 321
15.6.4 关于求解超静定问题的讨论 ········ 322
15.6.5 关于求解超静定结构特性的讨论 ···· 322
15.6.6 提高梁的弯曲刚度的途径 ·········· 323
习题 ·································· 326

第16章 应力状态分析与强度理论 ·········· 329
16.1 基本概念 ·························· 329
16.1.1 应力状态分析的意义 ·············· 329
16.1.2 应力状态分析的基本方法 ·········· 330
16.2 平面应力状态分析——任意方向面上应力的确定 ···· 330
16.2.1 方向角与应力分量的正负号约定 ···· 331
16.2.2 微元的局部平衡 ·················· 331
16.2.3 平面应力状态中任意方向面上的正应力与切应力 ···· 331
16.3 应力状态中的主应力与最大切应力 ···· 333
16.3.1 主平面、主应力与主方向 ·········· 333
16.3.2 平面应力状态的三个主应力 ········ 333
16.3.3 面内最大切应力与一点处的最大切应力 ···· 334
*16.4 应力状态分析的应力圆方法 ········ 336
16.4.1 应力圆方程 ······················ 336
16.4.2 应力圆的画法 ···················· 337
16.4.3 应力圆的应用 ···················· 338
16.5 复杂应力状态下的应力-应变关系 应变能密度 ···· 339
16.5.1 广义胡克定律 ···················· 339
16.5.2 各向同性材料各弹性常数之间的关系 ···· 340
16.5.3 应变能密度 ······················ 341
16.5.4 体积改变能密度与畸变能密度 ······ 342
16.6 复杂应力状态下的强度设计准则 ······ 343
16.6.1 最大拉应力准则——第一强度理论 ···· 343
*16.6.2 最大拉应变准则——第二强度理论 ···· 344
16.6.3 最大切应力准则——第三强度理论 ···· 344
16.6.4 畸变能密度准则——第四强度理论 ···· 345
16.7 薄壁容器强度设计简述 ·············· 347
16.7.1 环向应力与纵向应力 ·············· 347
16.7.2 强度设计简述 ···················· 348
16.8 斜弯曲 ···························· 349
16.8.1 产生斜弯曲的加载条件 ············ 349

16.8.2 叠加法确定横截面上的正应力 …… 349
16.8.3 最大正应力与强度设计准则 …… 350
16.9 拉伸（压缩）与弯曲组合的强度设计 …… 353
16.10 弯曲与扭转组合的强度设计 …… 355
16.10.1 计算简图 …… 355
16.10.2 危险点及其应力状态 …… 356
16.10.3 强度设计准则及公式 …… 357
16.11 小结与讨论 …… 359
16.11.1 小结 …… 359
16.11.2 关于应力状态的几点重要结论 …… 362
16.11.3 平衡方法是分析应力状态最重要、最基本的方法 …… 362
*16.11.4 关于应力状态的不同的表示方法 …… 363
16.11.5 正确应用广义胡克定律 …… 363
16.11.6 应用强度设计准则需要注意的几个问题 …… 363
习题 …… 364
第 17 章　压杆的稳定性 …… 368
17.1 弹性平衡稳定性的基本概念 …… 368
17.1.1 平衡构形的稳定性和不稳定性 …… 368
17.1.2 临界状态与临界载荷 …… 369
17.2 细长压杆的临界载荷 …… 369
17.2.1 两端铰支的细长压杆 …… 369
17.2.2 其他刚性支承细长压杆临界载荷的通用公式 …… 370
17.3 长细比的概念　三类不同压杆的判断 …… 371
17.3.1 长细比的定义与概念 …… 371
17.3.2 三类不同压杆的区分 …… 372
17.3.3 三类压杆的临界应力公式 …… 372
17.3.4 临界应力总图与 λ_p、λ_s 值的确定 …… 373
17.4 压杆的稳定性设计 …… 373
17.4.1 压杆稳定性设计内容 …… 373
17.4.2 安全因数法与稳定性设计准则 …… 374
17.4.3 压杆稳定性设计过程 …… 374
17.5 压杆稳定性分析与稳定性设计示例 …… 374
17.6 小结与讨论 …… 378
17.6.1 小结 …… 378
17.6.2 稳定性设计的重要性 …… 378
17.6.3 影响压杆承载能力的因素 …… 379
17.6.4 提高压杆承载能力的主要途径 …… 379
17.6.5 稳定性设计中需要注意的几个重要问题 …… 380
习题 …… 381
第 18 章　动载荷与疲劳强度简述 …… 384
18.1 匀加速直线运动时构件上的惯性力与动应力 …… 384
18.2 旋转构件的受力分析与动应力计算 …… 385
18.3 冲击载荷与冲击应力 …… 388
18.3.1 计算冲击载荷的基本假定 …… 388
18.3.2 机械能守恒定律的应用 …… 389
18.3.3 冲击时的动荷因数 …… 390
18.4 疲劳失效特征及原因分析 …… 392
18.4.1 交变应力的名词和术语 …… 392
18.4.2 疲劳失效特征 …… 393
18.4.3 疲劳极限与应力-寿命曲线 …… 395
18.5 影响疲劳寿命的因素 …… 396
18.5.1 应力集中的影响——有效应力集中因数 …… 396
18.5.2 零件尺寸的影响——尺寸因数 …… 397
18.5.3 表面加工质量的影响——表面质量因数 …… 397
18.6 基于无限寿命的疲劳强度设计 …… 398
18.6.1 基本概念 …… 398
18.6.2 无限寿命设计方法简述 …… 398
18.6.3 等幅对称应力循环下的工作安全因数 …… 399
18.6.4 等幅交变应力作用下的疲劳寿命估算 …… 399
18.7 小结与讨论 …… 400
18.7.1 小结 …… 400
18.7.2 不同情形下动荷因数具有不同的形式 …… 400
18.7.3 运动物体突然制动时的动载荷与动应力 …… 400

18.7.4 提高构件疲劳强度的途径 ········ 401
习题 ········ 401
附录 ········ 404
附录A 型钢表 ········ 404
附录B 习题答案 ········ 418
参考文献 ········ 431

课 程 导 论

力学是自然科学中最重要的基础学科之一，也是与工程技术联系最密切的学科之一。作为高等工科院校的一门技术基础课，工程力学涵盖了理论力学（静力学、运动学、动力学）和材料力学两门课程的大部分内容。

工程力学来源于人类的生产生活及工程实践，涉及广泛的工程技术学科（如航空航天、土木交通、机械生物等）。力学知识的不断积累和力学理论的不断完善推动了人类的生产生活及工程实践不断向前发展。

0.1 力学与工程

早在远古时代，人类就制造和使用了杠杆、滑轮、辘轳、风车和水车，并在制造和使用这些工具的过程中积累了大量的力学经验，逐渐形成了初步的力学知识。气势磅礴的都江堰水利工程、屹立千年的赵州桥、闻名于世的应县木塔等，无一不是劳动人民在缜密的力学知识指导下完成的。

18 世纪至 20 世纪初，随着西方工业革命的兴起，以及力学理论的积累、应用和完善，逐步形成和发展了蒸汽机、内燃机、铁路、桥梁、船舶、兵器等大型工业，推动了近代科学技术和社会的进步。

20 世纪以来，诸多高新技术层出不穷，如高层建筑（见图 0-1）、大型桥梁（见图 0-2）、海洋石油钻井平台（见图 0-3）、新型航空器（见图 0-4）、新型航天器（见图 0-5）、机器人（见图 0-6）、高速列车（见图 0-7）以及大型水利工程（见图 0-8）等许多重要工程无不是在力学理论指导下得以实现并不断发展完善的。

图 0-1　高层建筑

a）上海中心大厦　b）广州塔

21 世纪产生的一些高新技术，如信息技术、生物技术、新能源技术、新材料技术等，虽然是在其他基础学科指导下产生和发展起来的，但都对工程力学提出了各式各样的、大大小小的问题，例如核反应堆压力容器（见图 0-9）。核反应堆压力壳在高温高压作用下，其壁厚如何设计才能确保反应堆安全运行？这属于材料力学问题。在近似分析中，人与动物骨头的拉伸、压缩、断裂的强度理论都可应用材料力学的标准公式。

a)　　　　　　　　　　　　b)

图 0-2　大型桥梁

a）斜拉桥　b）悬索桥

图 0-3　海洋石油钻井平台

图 0-4　国产大飞机 C919

图 0-5　航天器空间对接

又如，计算机硬盘驱动器（见图 0-10）。若给定不变的角加速度，如何确定从启动到正常运行所需的时间以及转数；已知硬盘转台的质量及其分布，当驱动器达到正常运行所需角速度时，驱动电动机的功率如何确定，这些都与理论力学有关。

图 0-6　工业生产与控制系统中的机器人

图 0-7　高速列车

图 0-8　长江三峡工程

图 0-9　核反应堆压力容器

需要指出的是，除了工业部门的工程外，还有一些非工业工程也与工程力学密切相关。图 0-11 所示的棒球运动员用球棒击球前后，棒球的速度大小和方向都发生了变化。如果已知这种变化即可确定棒球受力；反之，如果已知击球前球的速度、球棒对球施加的力，就可确定击球后球的速度。为什么桁架中压杆比较粗，而拉杆比较细（见图 0-12）？为什么竹子普遍是空心的？为什么桥梁结构多采用超静定的形式？这些都属于工程力学的基础知识。

图 0-10　计算机硬盘驱动器

图 0-11　击球力与球的速度

图 0-12　桁架

0.2 工程力学的研究内容与分析模型

0.2.1　工程力学的研究内容

工程力学是研究物体机械运动与变形规律的科学，本书涵盖了静力学（statics）、运动学（kinematics）、动力学（dynamics）和材料力学（mechanics of materials）四部分内容。

静力学研究物体受力的分析方法、力系的等效与简化，以及物体在力系作用下的平衡规律等。

运动学研究物体机械运动的几何性质（如运动方程、运动轨迹、速度和加速度等），而不考虑物体运动的物理原因。

动力学主要研究作用在物体上的力系与物体机械运动之间的一般关系，建立物体机械运动的普遍规律，是理论力学最重要的组成部分。

材料力学主要研究工程构件在外力作用下的变形、失效的规律，为合理设计构件提供有关强度、刚度与稳定性分析的基本理论与方法。

工程构件（泛指结构构件、机械的零件或部件等）在外力作用下丧失正常功能的现象称为“失效”（failure）或“破坏”。工程构件的失效形式很多，但工程力学范畴内的失效通常可分为三类：强度失效（failure by lost strength）、刚度失效（failure by lost rigidity）和稳定性失效（failure by lost stability）。

强度失效是指构件在外力作用下发生过量的塑性变形或发生断裂。

刚度失效是指构件在外力作用下产生过量的弹性变形或位移。

稳定性失效是指构件在特定外力（例如轴向压力）作用下，若受到微小干扰，其原有平衡形式将发生突然转变。

例如，机械加工用的钻床的立柱（见图 0-13），如果强度不够，就会折断（断裂）或折弯（塑性变形）；如果刚度不够，钻床立柱即使不发生断裂或者折弯，也会产生过大弹性变形（图中双点画线所示为夸大的弹性变形），从而影响钻孔的精度，甚至产生振动，影响钻床的在役寿命。

工程结构以及机械装置中承受轴向压缩的构件或部件通常称为“柱”或“压杆”，细长压杆都存在稳定性问题。图 0-14 所示为大型工程机械中的压杆，如果承受的压力过大，或者杆件过于细长，压杆就有可能突然由直变弯，即发生稳定性失效。

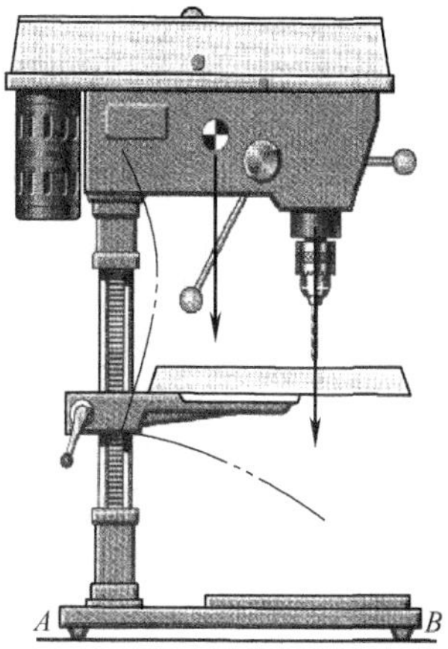

图 0-13　钻床立柱的强度与刚度

图 0-14　工程机械中的压杆

0.2.2　工程力学的分析模型

自然界与工程中涉及机械运动的物体通常是很复杂的，研究时必须忽略部分次要因素的影响，对其进行合理的简化，抽象出研究的力学模型。

当所研究的物体的运动范围远远超过其本身的几何尺寸时，物体的形状和大小对运动的影响很小，这时可将其抽象为只有质量而无体积的“质点”（particle）。由若干质点组成的系统，称为质点系（system of particles）。运动中的飞机，研究其飞行轨迹时可以视其为质点；编队飞行的机群则可视为质点系。

实际工程构件受力后，几何形状和几何尺寸都要发生改变，这种改变称为变形（deformation）。制造构件的工程材料种类繁多，但一般都是固体。因此，这些构件一般都是可变形固体，简称变形体（deformed body）。材料力学的研究对象是变形体。

当研究构件的受力和运动时，在许多情形下，变形都比较小，忽略这种变形对构件的受力分析和运动分析不会产生很大影响。由此，在静力学、运动学与动力学中，可以将变形体简化为不变形的刚体（rigid body）。刚体可以看作是由无穷多个质点组成的不变质点系。理论力学的研究对象是刚体。

当研究作用在物体上的力与变形规律时，即使变形很小，也不能忽略。但是在研究变形问题的过程中，当涉及平衡问题时，大部分情形下依然可以沿用刚体模型。

例如，图 0-15a 所示的塔式起重机，起吊重物后，组成塔吊的各杆件都要发生变形，这时可以认为塔吊是变形体；但是，当仅仅研究保持塔吊平衡时重物重量与配重之间的关系时，又可以将塔吊整体视为刚体，如图 0-15b 所示。

工程构件各式各样，根据构件的几何形状和几何尺寸，变形体大致可以分为：杆（直杆和曲杆）、板（壳）和块体。

- 若构件在某一方向上的几何尺寸远大于其他两个方向的尺寸，则称为杆（bar）。梁（beam）、轴（shaft）、柱（column）等均属杆类构件。

杆横截面中心的连线称为轴线。轴线为直线者称为直杆（见图 0-16a）；轴线为曲线者称为曲杆（见图 0-16b）。所有横截面形状和尺寸都相同者称为等截面杆；不同者称为变截面杆。

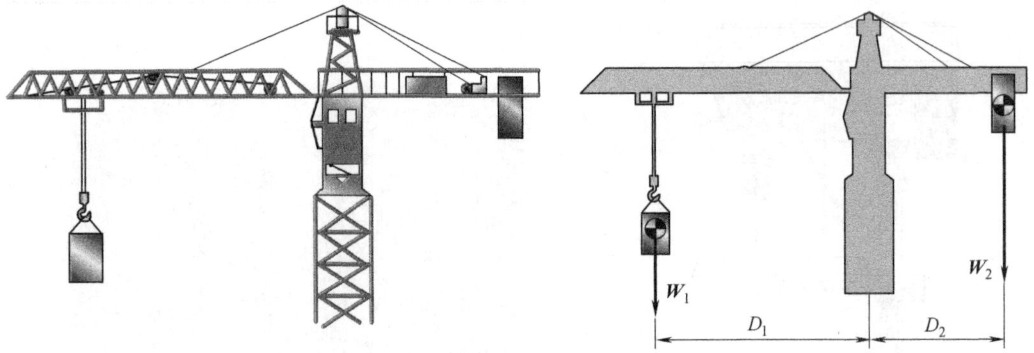

a) b)

图 0-15 塔式起重机的两种不同的模型

- 若构件在某一方向上的尺寸远小于其他两个方向的尺寸，中面为平面者称为板（plate）（见图 0-16c）；中面为曲面者称为壳（shells）（见图 0-16d），穹形屋顶、化工容器等均属此类。
- 若构件在三个方向上的几何尺寸为同一数量级者，则称为块体（body）（见图 0-16e）。水坝、建筑结构物基础等均属此类。

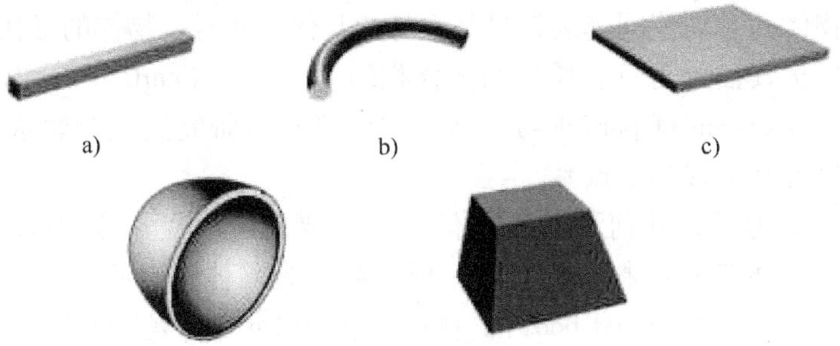

a) b) c) d) e)

图 0-16 工程中常见的变形体——直杆、曲杆、板、壳、块体

材料力学只研究杆类的构件和零件，且其变形限制在弹性范围内，属于弹性体范畴。

0.3 工程力学的研究方法

工程力学的研究方法主要有理论分析方法、实验分析方法和计算机分析方法。

0.3.1 两种不同的理论分析方法

工程力学中的各部分，由于所研究的问题各不相同，理论分析方法也因此而异。

理论力学（静力学、运动学与动力学）的研究对象是刚体，在建立研究对象力学模型的基础上，根据物体机械运动的基本概念与基本原理，应用数学演绎的方法，确定物体在外力作用下会产生什么样的运动，或者产生给定的运动需要施加什么样的力等。

材料力学的研究对象是弹性体，研究物体在外力作用下，会产生什么样的变形、什么样的内力，这些变形和内力对构件的正常工作又会产生什么样的影响。因此，在这一类问题中，是通过平衡、变形协调以及力和变形之间的物理关系研究物体的变形规律以及内力分布规律。

需要指出的是，理论力学中所采用的某些原理和方法对材料力学中分析变形问题是不适用的。例如，图 0-17a 所示的作用在刚性圆环上的两个力，可以沿着二者的作用线任意移动，移动对刚性圆环的平衡没有任何影响。但是，对于图 0-17b 所示的作用在弹性圆环上的一对力，如果其沿着作用线移动，虽然移动对圆环的整体平衡没有影响，但对于物体变形的影响却是非常明显的

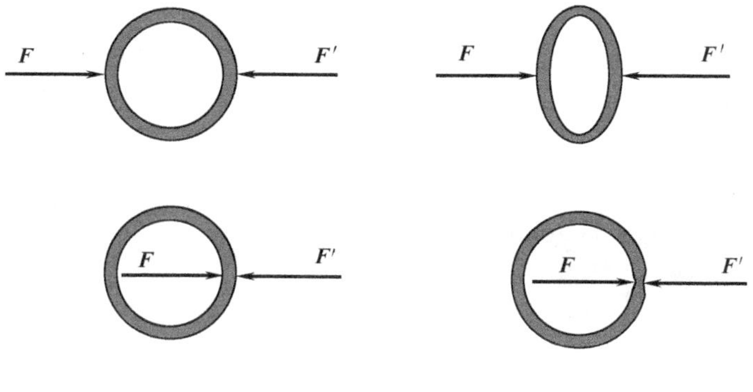

图 0-17　工程静力学中某些原理的适应性

0.3.2　工程力学的实验分析方法

工程力学的实验分析方法大致可以分为以下几种类型：

（1）基本力学量的测定实验，包括受力、摩擦因数（见图 0-18）、位移、速度、加速度、角速度、角加速度、振动频率、物体的质量参数等的测定。

（2）材料的基本力学性能测试实验，通过专门的试验机（见图 0-19）测定不同材料的弹性常数（如弹性模量和泊松比）、材料的应力-应变关系以及进行电测基本实验等。

（3）综合性与研究型实验，一方面，研究工程力学的基本理论应用于实际问题时的正确性与适用范围；另一方面，研究一些基本理论难以解决的实际问题，通过实验建立合适的简化模型，为理论分析提供必要的基础。

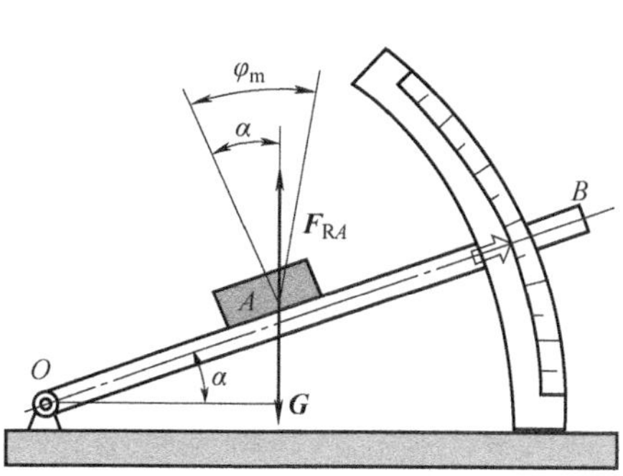

图 0-18　摩擦因数测定装置

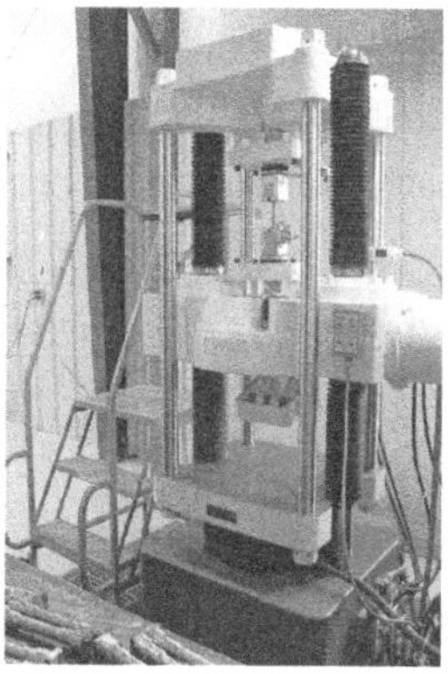

图 0-19　材料基本力学性能测试试验机

0.3.3 工程力学的计算机分析方法

由于计算机的飞速发展和广泛应用，工程力学又增加了一种分析方法，即计算机分析方法。即使是传统的理论方法和实验方法，也要借助于计算机。在理论分析中，人们可以借助于计算机推导那些难以导出的公式，从而求得复杂的解析解。在实验研究中，计算机不仅可以采集和整理数据、绘制实验曲线、显示图形，而且可以选用最优参数。更为重要的是，随着计算机技术和数值计算方法的飞速发展，计算机分析方法已经成为工程分析中一种非常重要且必不可少的方法。计算机分析方法已成功解决了众多大型科学和工程计算难题，如飞机的设计（见图 0-20）、汽车的碰撞分析等（见图 0-21）。

图 0-20 飞机模型

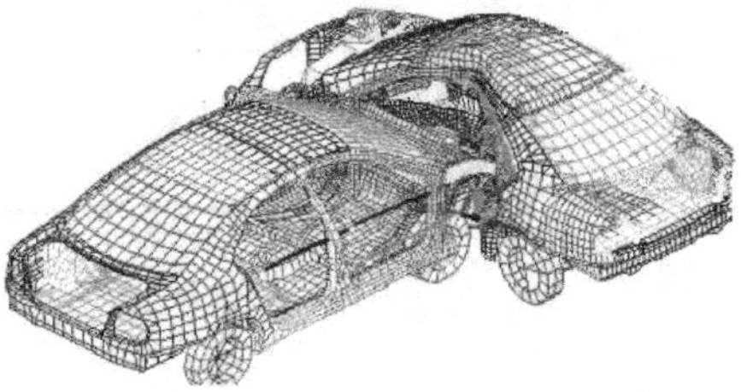

图 0-21 汽车碰撞模型

应当指出的是，计算工具的运用不能脱离具体研究的对象，只有数学运算与力学现象的物理本质紧密结合起来，才能得出符合实际的正确结论。综合应用理论分析、实验分析以及计算机分析相结合的方法已经成为现代重大工程结构力学问题研究的重要途径与手段。

0.4 工程力学的学习目标

工程力学是航空航天、土木交通、机械生物等工程科学与技术的一门重要的基础课程。工程力学的基本概念和解决问题的方法均可以直接为解决工程对象的力学问题服务，如各种飞行器、机器人等机构和结构的设计与控制，都必须以工程力学为基础。同时，对于日常生活和工程实际中出现的许多力学现象，也需要利用工程力学的知识去认识和解释，从而加以利用或消除。工程力学是未来的工程技术人员必须掌握的一门学科。

通过本课程的学习，要求学生掌握质点、质点系、刚体和刚体系机械运动（包括平衡）的基本规律和研究方法；掌握将工程实际构件抽象为力学模型的方法；掌握研究杆件内力、应力、变形分布规律的基本原理和方法；掌握分析杆件强度、刚度和稳定性问题的理论与计算；具有熟练的计算能力和一定的实验能力；为学习后续相关课程以及未来学习和掌握新的科学技术打好必要的基础；初步学会应用工程力学的理论和方法，分析、解决一些简单的工程技术问题，设计一些简单的工程构件。工程力学课程具有系统性强、内容丰富、问题灵活多变、应用领域广泛等特点，深入学习工程力学的基本概念、基本理论、基本分析方法、基本公式及其物理意义等将有助于加强学生的工程概念，激发学生的创新意识，训练学生的创新思维，培养学生的创新能力，并为学生今后从事工程技术和科学研究工作奠定必要的基础。

Part I

第 1 篇

静力学

静力学研究物体的受力与平衡的一般规律。静力学的理论和方法不仅是进行工程构件静力学设计的基础，而且许多静力学的结论，如力的合成与分解、力系的等效与简化等可以直接应用于动力学。无论是研究物体的运动还是变形，都需要知道作用在物体上的力或力系的作用方式。

静力学的研究模型是刚体。当研究材料力学的受力问题（外力的简化、约束力或内力的求解）时，可将其视作刚体并进行受力分析与平衡求解。

第 1 章 静力学基础

本章首先介绍工程静力学的基本概念，包括力和力系的概念、静力学基本原理、约束与约束力的概念。在此基础上，介绍受力分析的基本方法，包括分离体的选取与受力图的画法。关于受力分析，大多数读者在物理学中都有所接触，但分析的问题比较简单，与复杂问题特别是工程实际问题还有一定差距。读者学习本章时应特别注意工程问题中物体受力分析的基本方法。

1.1 力与力的效应

1.1.1 力的概念

力（force）是物体间的相互作用。力对物体的作用效应取决于其大小、方向和作用点这三要素的共同作用。任何一个要素发生了变化，相应的作用效应也会随之改变。

- 力的大小：反映了物体间相互作用的强弱程度。其计量单位是 N 或 kN。
- 力的方向（包括方位和指向）：指的是静止质点在该力作用下开始运动或具有的运动趋势的方向。
- 力的作用点：是物体间相互作用位置的抽象化。

实际上，两物体在接触处总会占有一定面积，如果这个面积相对较小，则可将其抽象为一个点，这时的作用力称为集中力（concentrated force）；如果相互接触的面积相对较大，且力在整个接触面上均有分布，这时的作用力称为分布力（distributed force）。如果是一维的情况，分布力通常用单位长度的力即载荷集度（density of load）表示其强弱程度，载荷集度常用记号 q 表示，单位为 N/m。例如，静止的汽车通过轮胎作用在桥面上的力（见图 1-1a），因为轮胎与桥面的接触面积相对桥面的长度较小，可抽象为集中力；而桥面自身的重力（见图 1-1b），则应简化为分布力。

力具有大小和方向这两个要素，表明力是矢量（vector）。力的合成与分解需要运用矢量的运算法则。力矢量在几何上可用一有向线段来表示，如图 1-2 所示。力矢量 $\boldsymbol{F}$ 的模 $|\boldsymbol{F}|$ 表示力的大小，图中用线段的长度来表示；力矢量的方向用线段的方位和箭头指向来表示；力矢量的作用点用线段的起点或终点来表示。当力作用在刚体上时，力可以沿着其作用线滑移，而不改变力对刚体的作用效应，这时的力是滑移矢量（slip vector）；当力作用在弹性体上时，力既不能沿其作用线滑移，也不能绕其作用点转动，这表明，作用在弹性体上的力的

作用线和作用点都是固定的，这时的力是定位矢量（fixed vector）。

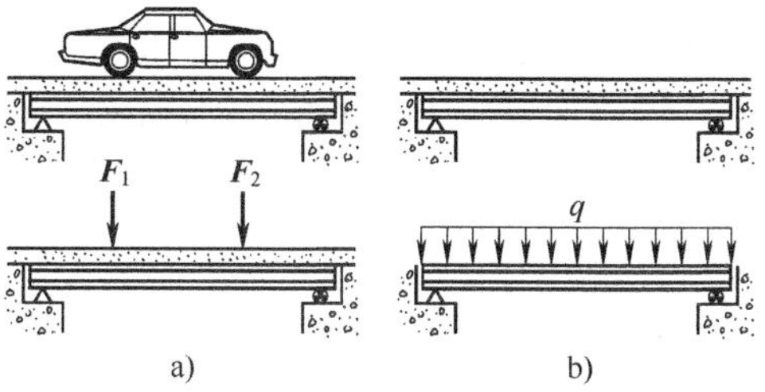

图 1-1　集中力与分布力

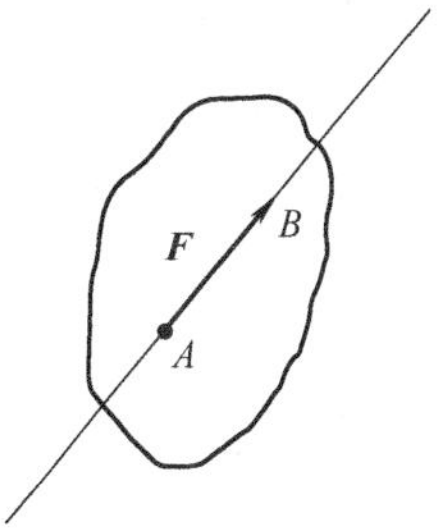

图 1-2　力矢量的表示

1.1.2　力的效应

力使物体产生两种效应：

- 运动效应（effect of motion）——力使物体的运动状态发生变化的效应，也称为外效应。
- 变形效应（effect of deformation）——力使物体形状或尺寸发生改变的效应，也称为内效应。

任何物体在力的作用下，总要产生或多或少的变形。当研究力的运动效应时，可忽略物体的变形而将其看作刚体。因此，刚体是一种理想化的物体的模型。所谓刚体就是受力作用时其几何形状和尺寸均保持不变的物体，亦即受力后任意两点之间的距离保持不变的物体。

力使刚体产生两种运动效应：

- 若力的作用线通过物体的质心，则力将使物体沿着力的作用线发生平移（见图 1-3a）。
- 若力的作用线不通过物体质心，则力将使物体既发生平移又发生转动（见图 1-3b）。

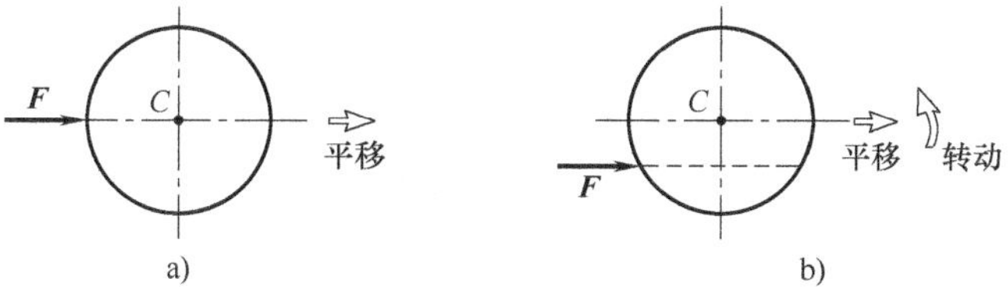

图 1-3　力的运动效应

物体的平衡（equilibrium）是一种特殊的运动状态，即相对于惯性参考系保持静止或做匀速直线平移的状态。工程上一般以大地作为惯性参考系。

1.1.3　力系的概念

两个或两个以上力的集合称为力系（system of forces），由 $\boldsymbol{F}_1$，$\boldsymbol{F}_2$，…，$\boldsymbol{F}_n$ 这 n 个力所组成的力系，可以用记号（$\boldsymbol{F}_1$，$\boldsymbol{F}_2$，…，$\boldsymbol{F}_n$）表示。图 1-4 所示为由三个力组成的力系（$\boldsymbol{F}_1$，$\boldsymbol{F}_2$，$\boldsymbol{F}_3$）。

如果力系中所有力的作用线都处于同一平面内，这种力系称为平面力系（system of forces in a plane）。如果力系中所有力的作用线位于不同的平面内，这种力系则称为空间力系（system of forces in different planes）。

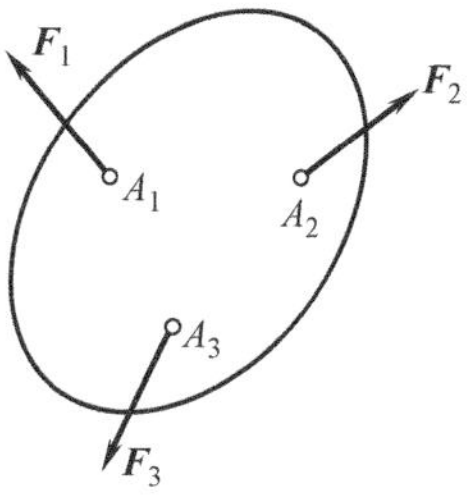

图 1-4　力系的组成

如果两个力系分别作用在同一刚体上，所产生的运动效应是相同的，这两个力系称为等效力系（equivalent systems of forces）。如果某力系与一个力等效，则该力称为该力系的合力（resultant force），而力系中的各个力则称为这一合力的分力（component force）。

作用于刚体并使刚体保持平衡的力系称为平衡力系（equilibrium systems of forces），或称为零力系。

1.2 静力学基本原理

静力学基本原理是静力学的理论基础。

原理1　二力平衡原理

作用于刚体上的两个力，使刚体保持平衡的充分必要条件是：二力大小相等，方向相反，并且作用在同一直线上（简称等值、反向、共线）。

这一原理给出了最简单力系的平衡条件，也是研究复杂力系平衡条件的基础。

在工程问题中，有些构件可简化为只在两点处各受到一个力作用的刚体，这样的构件称为二力构件。当二力构件平衡时，这两个力必定大小相等，方向相反，作用线共线，如图1-5所示。由于工程上的二力构件大多是杆件，所以二力构件常被简称为二力杆。

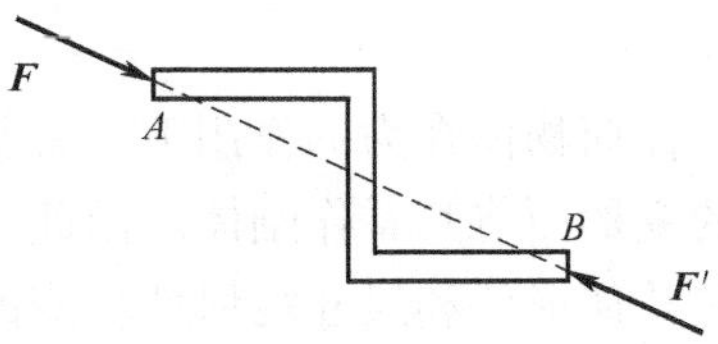

图1-5　二力构件

原理2　加减平衡力系原理

在作用于刚体的任何力系中，加上或移除一平衡力系，不改变原力系对刚体的作用效应。

由原理1和原理2，可以导出如下有用的推论。

推论1　力的可传性原理

作用于刚体上一点的力，可以沿其作用线移动到刚体内任意一点，而不改变它对刚体的作用效应。

证明：设力 $\boldsymbol{F}$ 作用于刚体上的点 A，点 B 为力 $\boldsymbol{F}$ 作用线上的任意点，且点 B 在刚体内，如图1-6a所示。由加减平衡力系原理，在点 B 加上一对平衡力 $\boldsymbol{F}_1$ 和 $\boldsymbol{F}_2$，且 $\boldsymbol{F}_1$ 和 $\boldsymbol{F}_2$ 的大小与 $\boldsymbol{F}$ 相等，$\boldsymbol{F}_2$ 的方向与 $\boldsymbol{F}$ 相同。现在刚体上作用的三个力与原来的 $\boldsymbol{F}$ 等效，如图1-6b所示。由二力平衡原理，$\boldsymbol{F}_1$ 和 $\boldsymbol{F}$ 构成一平衡力系。再由加减平衡力系原理，将平衡力系（$\boldsymbol{F}_1$，$\boldsymbol{F}$）移除，刚体上只剩下作用在点 B 的 $\boldsymbol{F}_2$，且 $\boldsymbol{F}_2=\boldsymbol{F}$，如图1-6c所示。这就将原来作用在点 A 的力 $\boldsymbol{F}$ 沿着作用线移动到了同一刚体内的点 B 处，而没有改变原来的力对于刚体的作用效应。

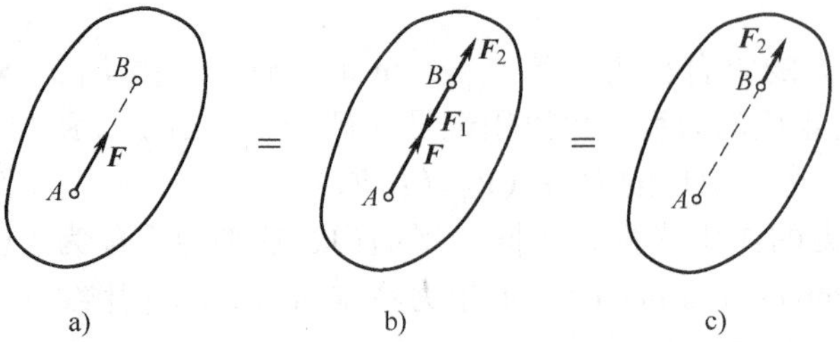

图1-6　力的可传性

当作用于刚体上的力具有可传性后，力的三要素，即：大小、方向和作用点就转化为大小、方向和作用线。因此，刚体上的力是滑移矢量。

原理 3　力的平行四边形法则

作用于物体上同一点的两个力，可以合成为一个合力，合力的作用点保持不变，合力的大小和方向由以这两个力为边构成的平行四边形的对角线确定，如图 1-7a 所示。也就是说，合力矢为两个力的矢量和，可表示为

$$\boldsymbol{F}_{\mathrm{R}}=\boldsymbol{F}_1+\boldsymbol{F}_2 \tag{1-1}$$

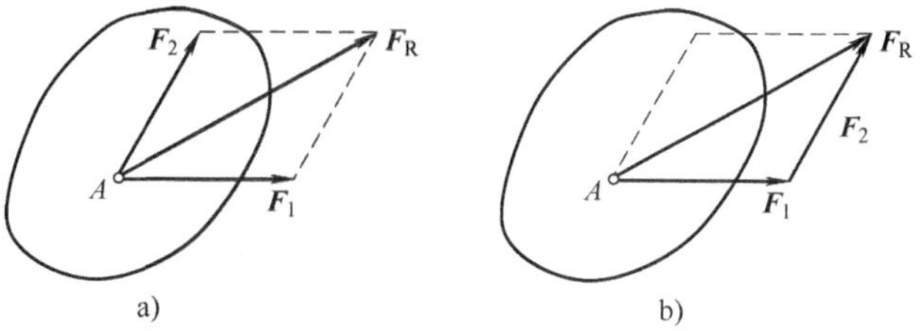

图 1-7　力矢量的合成

a）平行四边形法则　b）三角形法则

力的平行四边形法则可以等效为三角形法则（见图 1-7b）。

力的平行四边形法则是力系简化和合成的理论基础。

推论 2　三力平衡汇交原理

当刚体在三个力作用下平衡时，如果其中两个力的作用线汇交于一点，这三个力必在同一平面内，而且第三个力的作用线通过汇交点。

证明：设刚体在 $\boldsymbol{F}_1$、$\boldsymbol{F}_2$ 和 $\boldsymbol{F}_3$ 三个力的作用下平衡，其中 $\boldsymbol{F}_1$ 和 $\boldsymbol{F}_2$ 的作用线汇交于点 O，如图 1-8a 所示。应用力的可传性原理，可将 $\boldsymbol{F}_1$ 和 $\boldsymbol{F}_2$ 沿各自的作用线移至汇交点 O。再根据力的平行四边形法则，将作用于同一点的 $\boldsymbol{F}_1$ 和 $\boldsymbol{F}_2$ 合成，得到二者的合力 $\boldsymbol{F}_{12}$，如图 1-8b 所示。用合力 $\boldsymbol{F}_{12}$ 代替 $\boldsymbol{F}_1$ 和 $\boldsymbol{F}_2$ 的作用后，刚体只受两个力的作用，即：作用于点 O 的 $\boldsymbol{F}_{12}$ 和作用于点 A_3 的 $\boldsymbol{F}_3$。由二力平衡原理，$\boldsymbol{F}_{12}$ 和 $\boldsymbol{F}_3$ 的作用线必共线，由此，$\boldsymbol{F}_3$ 的作用线必通过点 O。而且 $\boldsymbol{F}_{12}$ 是 $\boldsymbol{F}_1$ 和 $\boldsymbol{F}_2$ 构成的平行四边形的对角线，所以 $\boldsymbol{F}_{12}$ 与［$\boldsymbol{F}_1$，$\boldsymbol{F}_2$］共面，亦即：$\boldsymbol{F}_3$ 与［$\boldsymbol{F}_1$，$\boldsymbol{F}_2$］共面。

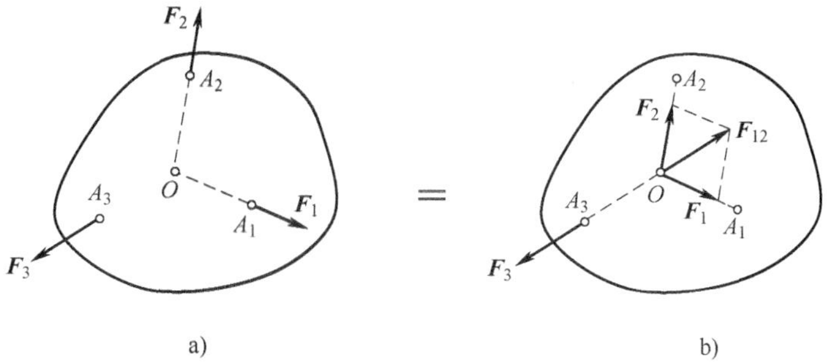

图 1-8　三力平衡汇交

如果一个构件上只有三个力的作用，且三个力形成汇交力系或平行力系时，这一构件称为三力构件，如图 1-9 所示。如果三个力的作用线互相平行（见图 1-9b），则交点的位置趋

于无穷远。

原理 4 作用与反作用定律

作用力与反作用力总是同时存在，二者大小相等、方向相反、作用线共线，分别作用在两个相互作用的物体上（简称等值、反向、共线、异体）。通常，如果作用力用 $\boldsymbol{F}$ 表示，则它的反作用力用 $\boldsymbol{F}'$ 表示，二者总是成对出现的。

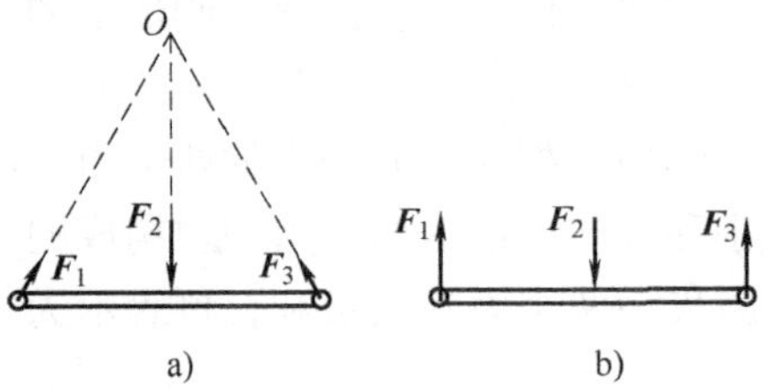

图 1-9 三力构件

这就是牛顿第三定律。

原理 5 刚化原理

弹性体在某一力系作用下处于平衡时，如将变形后的弹性体刚化为刚体，则平衡状态保持不变。

也就是说，如果弹性体在某一力系作用下是平衡的，那么刚体在该力系作用下就一定也是平衡的。这表明，只要弹性体是平衡的，它就必定满足刚体的平衡条件。所以，刚体的平衡条件是弹性体平衡的必要条件。

刚化原理建立了弹性体平衡与刚体平衡的联系。一方面，静力学中研究工程结构的平衡问题时，所选取的研究对象可以是单个刚体，而大多数情况下则是解除了外部约束的由若干个刚体组成的刚体系统。而这样的刚体系统作为一个整体，它一般不满足刚体的定义，即不满足系统中任意两点之间的距离保持不变的条件。如果没有刚化原理，则静力学中对单个刚体推导出的力系的平衡条件，若要应用于上述的刚体系统，就没有理论依据。而根据刚化原理，只要上述的刚体系统是平衡的，它就一定满足对刚体导出的力系平衡条件。另一方面，材料力学研究弹性体，根据刚化原理，就可以将静力学中对刚体得到的力系平衡条件，应用于已知是平衡的弹性体上。从这个意义上讲，刚化原理建立了理论力学与材料力学之间的联系。

1.3 工程常见约束与约束力

在空间能向一切方向自由运动的物体，称为自由体（free body），如空中的飞鸟、飞行中的飞机、人造卫星、空间站等。当物体受到了其他物体的限制，因而不能沿某些方向运动时，这种物体就成为非自由体或受约束体（constrained body），如悬挂于绳索上的重球、沿钢轨行驶的列车、受轴承约束的传动轴等。

工程结构中，构件或机器的零部件都不是孤立存在的，而是通过一定的方式连接在一起，因而一个构件的运动或位移一般都受到与之相连接物体的阻碍、限制，不能自由运动。各种连接方式在力学中便称之为约束（constraint），在机械设计中则称为运动副。例如，房屋、桥梁的位移受到地面的限制，梁的位移受到柱子或墙的限制等。

当物体沿着约束所限制的方向有运动或运动趋势时，彼此连接在一起的物体之间将产生相互作用力，这种力称为约束力（constraint force）。约束力的作用点为连接物体的接触点，约束力的方向与阻碍物体运动的方向相反。约束力是一种被动力。约束力以外的力均称为主动力（active force）或载荷（loads），重力、风力、水压力、弹簧力、电磁力等均属此类。

工程中的约束种类很多。根据约束物体与被约束物体接触面之间有无摩擦，约束可分为：

- 理想约束（ideal constraint）——接触面绝对光滑的约束。
- 非理想约束（non-ideal constraint）——接触面之间存在摩擦时，一般为非理想约束。

本章将主要讨论理想约束。

根据约束物体的刚性程度，约束又可以分为柔性约束（flexible constraint）和刚性约束（rigid constraint）。

在工程问题中，约束力的大小通常是未知的，对于静力学问题需要通过平衡条件来求解。通过接触产生的约束力，其作用点就在接触位置处。下面介绍几种工程中常见的约束及其约束力的确定方法。

1.3.1 柔性约束

绳索、带、链条等都可以理想化为柔性约束，统称为柔索（cable）。这种约束所能限制的运动是被约束体沿柔索伸长方向的运动，所以柔性约束的约束力只能是拉力，不能是压力。图1-10a所示为绳索对物体的约束力。

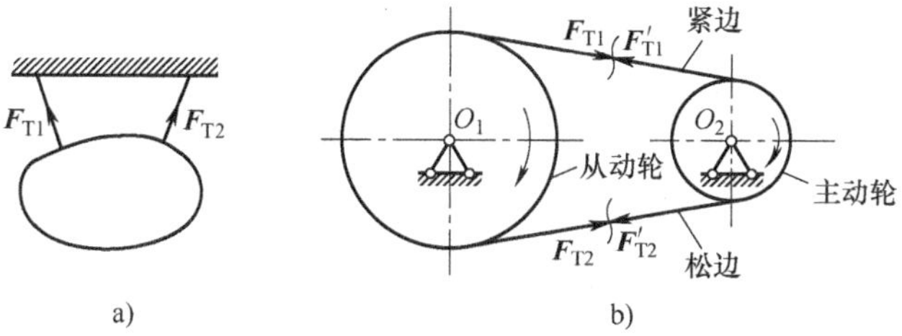

图1-10 柔性约束

再如图1-10b中的带传动机构中，传动带虽然有紧边和松边之分，但两边的传动带所产生的约束力都是拉力，只不过紧边的拉力要大于松边的拉力。

1.3.2 刚性约束

约束物与被约束物如果都是刚体，则二者之间为刚性接触。下面介绍几种常见的刚性约束。

1. 光滑接触面（smooth surface）约束

两个物体的接触面处光滑无摩擦时，约束物体只能限制被约束物体沿二者接触面公法线方向的运动，因此，其约束力沿着接触面的公法线方向且指向被约束的物体，故称为法向约束力（normal force），用 $\boldsymbol{F}_N$ 表示。此外，由于光滑接触没有摩擦力，故不能限制物体沿接触面切线方向的运动，所以没有切向约束力。图1-11a、b所示分别为光滑曲面对刚体球的约束力和齿轮传动机构中被约束齿轮的约束力。

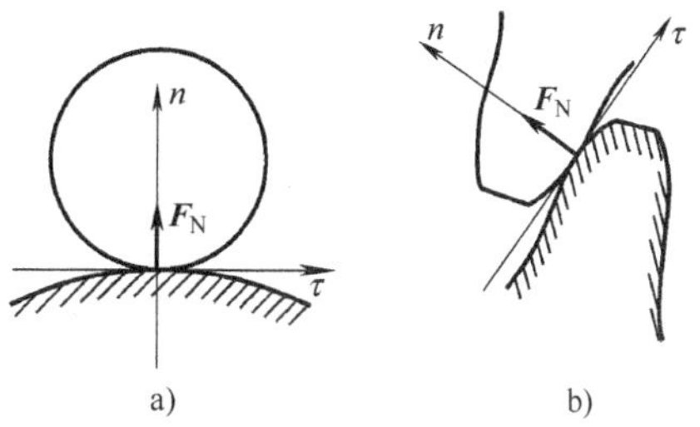

图1-11 光滑接触面约束

2. 光滑圆柱铰链（smooth cylindrical pin）约束

光滑圆柱铰链是工程中常见的一种约束，简称为铰链，由两个直径相同的柱孔和圆柱形定位销钉组成，其实际结构简图如图1-12a所示，相互连接的两个构件并不直接接触，而是通过铰链连接。门窗用的活页就是铰链。

现分析铰链对其中一个构件的约束力。销钉与构件的接触如图1-12b所示。可以看出，

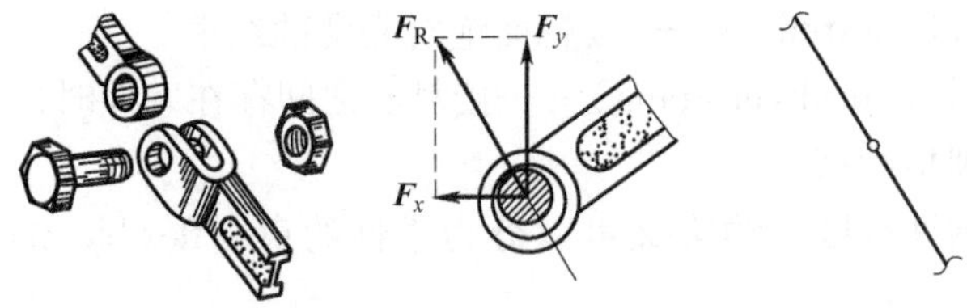

图 1-12 光滑圆柱铰链约束

二者之间为线（销钉的母线）接触，在图示的二维平面上则为点接触。而这个接触点的位置随构件所受的外载荷的变化而改变。所以，虽然从接触的情况看，这种约束与光滑接触面约束相同，但由于接触点无法事先确定，因此约束力的方向是未知的。工程上通常用互相垂直且通过铰链中心的分力来表示大小、方向均未知的约束力。在平面问题中这些正交分力分别为 $\boldsymbol{F}_x$、$\boldsymbol{F}_y$，即 $\boldsymbol{F}_R=(\boldsymbol{F}_x,\boldsymbol{F}_y)$，如图 1-12b 所示。铰链约束的力学符号如图 1-12c 所示。

- **固定铰链支座**（pin support）

若将铰链连接的两个物体中的一个物体固定在地面或机架上，则构成固定铰链支座约束，简称为固定铰支座，其结构简图如图 1-13a 所示。这种连接方式的特点是限制了被约束物体只能绕铰链轴线转动，而不能有移动。其约束力的表示与铰链相同。图 1-13b、c 所示为固定铰链支座力学符号和约束力。

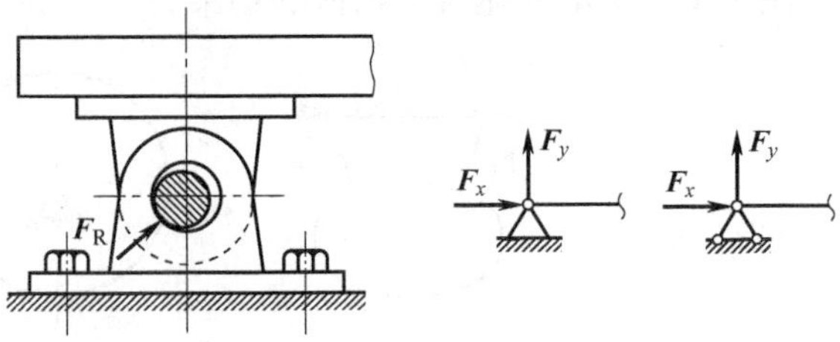

图 1-13 固定铰链支座

- **活动铰链支座**（roller support）

为了解决桥梁、屋架结构等工程结构由于温度变化而使得其跨度伸长或缩短的问题，在固定铰链支座中，解除其对某一方向运动的限制，这就构成了活动铰链支座，简称为活动铰支座，又称为辊轴支座，其结构简图如图 1-14a 所示。

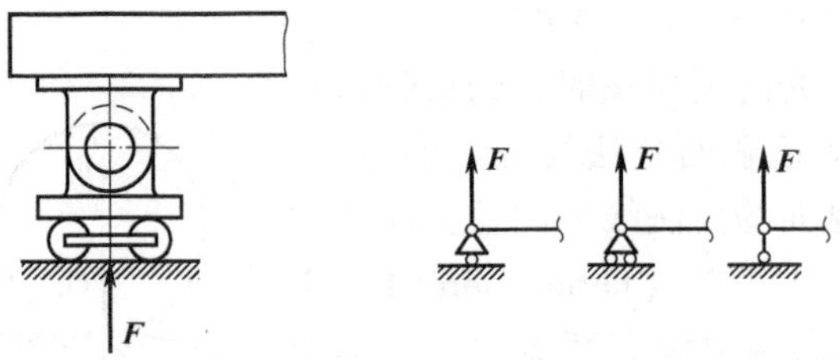

图 1-14 活动铰链支座

这样在固定铰支座的两个约束力分量中，对于活动铰支座就只剩下一个分力，即与可移动方向垂直的分力 $\boldsymbol{F}$。图 1-14b、c 所示为它的力学符号和约束力，通常加以位置下标以区分外力。

需要指出的是，某些工程结构中的活动铰支座，既可以限制被约束物体向下运动，也可以限制其向上运动。因此，约束力 $\boldsymbol{F}$ 垂直于接触面，可能指向上，也可能指向下。

只限制物体沿某一方向的运动，而不限制沿其相反方向的运动的约束，称为**单面约束**。如柔性约束和光滑接触面约束都是单面约束。既能限制物体沿某一方向的运动，又能限制沿其相反方向的运动的约束，称为双面约束。活动铰支座为双面约束。单面约束的约束力的指向是确定的，而双面约束的约束力的指向需要根据平衡条件来确定。

- 向心轴承（radial bearing）约束

如果将固定铰支座中的圆柱铰链的长度延长，使它成为一根轴，则固定铰支座将限制该轴只能绕其轴线转动，就构成了向心轴承约束。实际的向心轴承约束（滑动形式或滚动形式）的简图如图 1-15a 所示（滚动轴承约束）。其对轴的约束力与固定铰支座相同，即在与轴线垂直的平面内，用两个正交分力表示。图 1-15b 所示为它的力学符号和约束力。

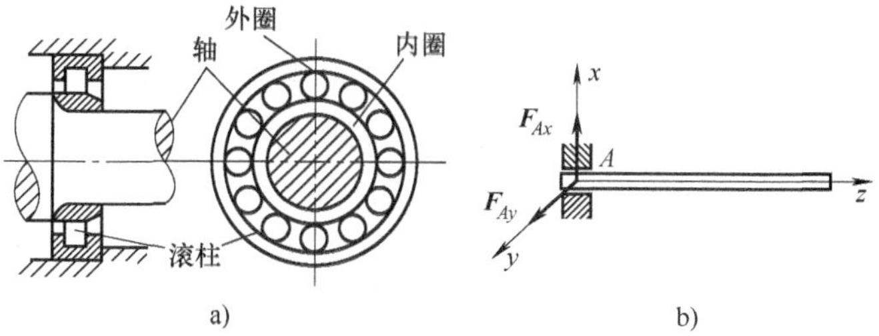

图 1-15　向心轴承约束

- 向心推力轴承（radial thrust bearing）约束

如果在向心轴承约束基础上再增加对沿轴线方向运动的限制，则成为向心推力轴承约束，简称推力轴承约束。其结构简图如图 1-16a 所示。它的约束力就是在向心滚动轴承约束的两个约束力分量基础上增加一个沿轴线方向的分力 $\boldsymbol{F}_{Oz}$，如图 1-16b 所示。图 1-16c 所示为它的力学符号。

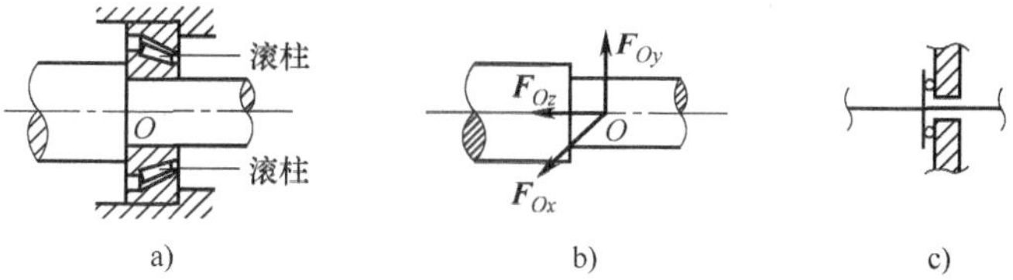

图 1-16　向心推力轴承约束

3. 球形铰链（ball-socket joint）约束

球形铰链简称球铰。与一般铰链相似，也有固定球铰支座与活动球铰支座之分。其结构简图如图 1-17a 所示，被约束物体上的球头与约束物体上的球窝连接。

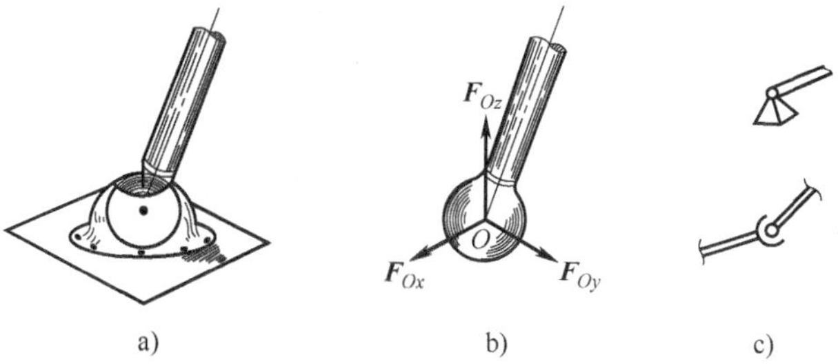

图 1-17　球形铰链

这种约束的特点是被约束物体只能绕球心做空间转动，而不能有沿空间任意方向的移动。因此，球铰的约束力为空间力，一般用三个正交分力表示（见图 1-17b）：$\boldsymbol{F}_{R}=(\boldsymbol{F}_{Ox},$

$\boldsymbol{F}_{Oy},\boldsymbol{F}_{Oz}$)。其力学符号如图 1-17c 所示。

1.4 受力分析初步

1.4.1 受力分析概述

所谓受力分析，主要是确定所要研究的物体上受有哪些力，分清哪些力是已知的，哪些力是未知的。

进行受力分析，必须首先根据问题的性质、已知量和所要求的未知量，选择某一物体（或几个物体组成的系统）作为分析研究对象，并将所研究的物体从与之接触或连接的物体中分离出来，即解除其所受的约束而代之以相应的约束力。

解除约束后的物体，称为隔离体（isolated body）或分离体（free body）。分析作用在分离体上的全部主动力和约束力，画出分离体的受力简图——受力图（free body diagram），称为受力分析。受力分析的具体步骤如下：

1）选择合适的研究对象，取其分离体；

2）画出所有作用在分离体上的主动力（一般皆为已知力）；

3）在分离体的所有约束处，根据约束的性质画出相应的约束力。

当选择由若干个物体组成的系统作为研究对象时，作用于系统上的力可分为两类：系统外物体作用于系统内物体上的力，称为外力（external force）；系统内物体间的相互作用力称为内力（internal force）。

应该指出，内力和外力的区分不是绝对的，只有相对于某一确定的研究对象内力和外力的区分才有意义。由于内力总是成对出现的，不会影响所选择的研究对象的平衡状态，因此，不必在受力图中画出。

此外，当所选择的研究对象不止一个时，要正确应用作用与反作用定律。若要确定相互连接的两个物体在同一约束处的约束力，一是要注意作用力与反作用力的符号表示，二是要注意这两者之间应该大小相等、方向相反（参见例题 1-3）。

1.4.2 受力图绘制方法应用举例

【例题 1-1】 具有光滑表面、自重为 $\boldsymbol{W}$ 的圆柱体，放置在刚性光滑墙面与刚性光滑凸台之间，接触点分别为点 A 和点 B，如图 1-18a 所示。试画出圆柱体的受力图。

解：（1）**选择研究对象**

本例中要求画出圆柱体的受力图，所以，只能取圆柱体作为研究对象。

（2）**取分离体**

将圆柱体从图 1-18a 中分离出来，即得到圆柱体的分离体。

（3）**分析主动力与约束力，画受力图**

作用在圆柱体上的力有：

主动力——圆柱体所受的重力 $\boldsymbol{W}$，铅垂向下，作用在圆柱体的重心处。

约束力——因为墙面和圆柱体表面都是光滑的，所以，在 A 处为光滑接触面约束，根据光滑接触面约束性质，A 处约束力垂直于墙面，指向圆柱体中心；在 B 处圆柱与凸台间的接触也是光滑的，也属于光滑接触面约束，约束力作用线沿二者的公法线方向，即沿点 B 与点 O 的连线方向，指向点 O。于是，可以画出圆柱体的受力图如图 1-18b 所示。（力的作用点可用有向线段的起点或终点表示。）

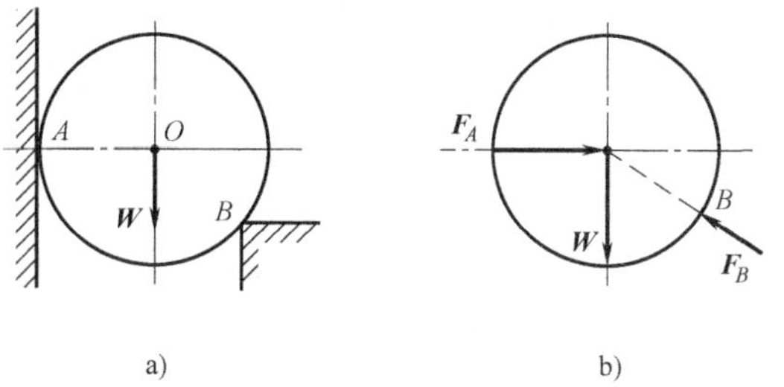

图 1-18　例题 1-1 图

思考：请问圆柱体是三力构件吗？

【例题 1-2】　简支梁 A 端为固定铰支座，B 端为活动铰支座，支承平面与水平面间夹角为 30°。梁中点 C 处作用有集中力 $\boldsymbol{F}_P$（见图 1-19a）。若不计梁的自重，试画出梁的受力图。

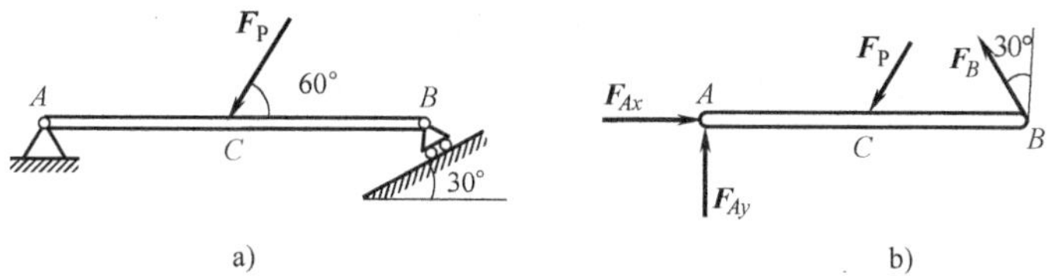

图 1-19　例题 1-2 图

解：（1）**选择研究对象**

本例中只有梁 AB 一个构件，同时又指明要画出梁的受力图，所以研究对象只有一个选择，就是梁 AB。

（2）**解除约束，取分离体**

将 A、B 两处的约束解除，也就是将梁 AB 从原来图 1-19a 所示的系统中分离出来。

（3）**分析主动力与约束力，画受力图**

首先，在梁的中点 C 处画出主动力 $\boldsymbol{F}_P$。然后，再根据约束性质，画出约束力：因为 A 端为固定铰支座，其约束力可用一水平分力 $\boldsymbol{F}_{Ax}$ 和一垂直分力 $\boldsymbol{F}_{Ay}$ 表示；B 端为活动铰支座，约束力垂直于支承平面并指向梁 AB，用 $\boldsymbol{F}_B$ 表示。于是，可以画出梁的受力图，如图 1-19b 所示。

思考：请问梁 AB 是三力构件吗？

【例题 1-3】　二直杆 AC 与 BC 在点 C 用光滑铰链连接，DE 为绳索连接。A 处为固定铰支座，B 端放置在光滑水平面上。杆 AC 的中点作用一正交集中力 $\boldsymbol{F}_P$，如图 1-20a 所示。如果不计二杆自重，试分别画出杆 AC 与杆 BC 组成的整体结构、杆 AC 以及杆 BC 三者的受力图。

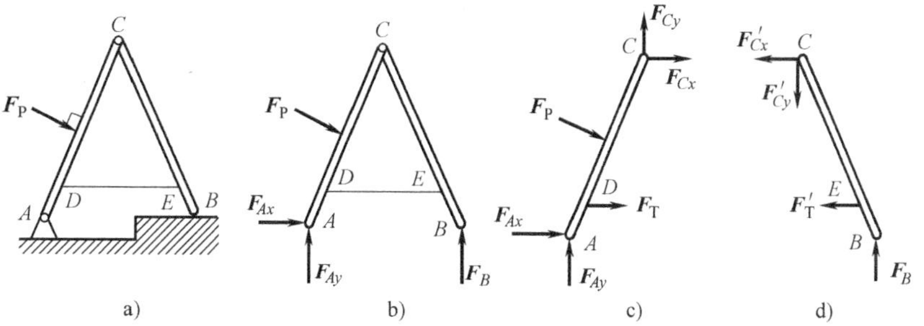

图 1-20　例题 1-3 图

解：（1）**整体结构受力图**

以整体为研究对象，解除 A、B 两处的约束，得到分离体。

作用在整体上的外力有：

主动力——$\boldsymbol{F}_P$。

约束力——固定铰支座 A 处的约束力 $\boldsymbol{F}_{Ax}$、$\boldsymbol{F}_{Ay}$；光滑接触面 B 处的约束力 $\boldsymbol{F}_B$。

于是，整体结构的受力如图 1-20b 所示。

需要注意的是，画整体受力图时，铰链 C 处以及绳索两端 D、E 两处的约束都没有解除，这些约束力都是各连接部分的相互作用力，就整体结构而言均是内力，所以不应该画在整体的受力图上。

（2）**杆 *AC* 的受力图**

以杆 AC 为研究对象，解除 A、C、D 三处的约束，得到其分离体。作用在杆 AC 上的主动力为 $\boldsymbol{F}_P$。约束力有：固定铰支座 A 处的约束力 $\boldsymbol{F}_{Ax}$、$\boldsymbol{F}_{Ay}$；铰链 C 处的约束力 $\boldsymbol{F}_{Cx}$、$\boldsymbol{F}_{Cy}$，D 处绳索的拉力 $\boldsymbol{F}_T$。于是，杆 AC 的受力图如图 1-20c 所示。

（3）**杆 *BC* 的受力图**

以杆 BC 为研究对象，解除 B、C、E 三处的约束，得到其分离体。作用在杆 BC 上的力有：光滑接触面 B 处的约束力 $\boldsymbol{F}_B$；绳索 E 处的拉力 $\boldsymbol{F}'_T$，$\boldsymbol{F}'_T$与作用在杆 AC 上 D 处的约束力 $\boldsymbol{F}_T$ 大小相等、方向相反；C 处的约束力为 $\boldsymbol{F}'_{Cx}$、$\boldsymbol{F}'_{Cy}$，二者分别与作用在杆 AC 上 C 处的约束力 $\boldsymbol{F}_{Cx}$、$\boldsymbol{F}_{Cy}$大小相等、方向相反，互为作用力与反作用力。

于是，杆 BC 的受力如图 1-20d 所示。

思考：请问本例中有无三力构件？

1.5 小结与讨论

1.5.1 小结

本章主要内容有：

1）力的基本概念，包括：力的三要素、集中力与分布力、力的两种效应、刚体、平衡、力系、等效力系等。

2）静力学基本原理：二力平衡原理、加减平衡力系原理、力的平行四边形法则和三角形法则、作用与反作用定律、刚化原理。

3）两个推论：力的可传性原理、三力平衡汇交原理。两类构件：二力构件、三力构件。

4）约束类型与约束力。约束包括：柔性约束、光滑接触面约束、光滑圆柱铰链约束、固定铰链支座、活动铰链支座、向心轴承约束、向心推力轴承约束、球形铰链约束等。

5）受力分析方法和受力图。重点是取分离体和画约束力。

1.5.2 关于约束与约束力

正确地分析约束与约束力不仅是工程静力学的重要内容，而且也是工程设计的基础。

约束力取决于约束的性质，也就是有什么样的约束，就有什么样的约束力。因此，分析构件上的约束力时，首先要分析构件所受约束属于哪一类约束。

约束力的方向在某些情形下是可以确定的，但是，在很多情形下约束力的作用线与指向都是未知的。当约束力的作用线或指向仅凭约束性质不能确定时，可将其分解为两个相互正交的约束分力。

至于约束力的大小，则需要根据作用在构件上的主动力与约束力之间必须满足的平衡条件确定，这将在第 3 章介绍。

此外，本章只介绍了几种常见的工程约束模型。工程中还有一些约束，其约束力为复杂的分布力系，对于这些约束需要将复杂的分布力加以简化，得到简单的约束力。这类问题将在第 2 章详细讨论。

1.5.3　关于受力分析

通过本章分析，受力分析的方法与过程可以概述如下：

首先，确定物体所受的主动力或外加载荷；

其次，根据约束的性质确定约束力，当约束力的作用线可以确定，而指向不能确定时，可以假设一指向，最后根据计算结果的正负号决定假设指向是否正确；

然后，选择合适的研究对象，取分离体；

再次，画受力图；

最后，考察研究对象的平衡，确定全部未知力。

受力分析时应特别注意以下两点：

一是研究对象的选择有时不是唯一的，需要根据不同的问题，区别对待。基本原则是：所选择的研究对象上应当既有未知力，也有已知力，或者已经求得的力；同时，通过研究对象的平衡分析，能够求得尽可能多的未知力。

二是分析相互连接的构件受力时，要注意构件与构件之间的作用力与反作用力。例如，例题 1-3 中，分析杆 AC 和杆 BC 受力时，二者在连接处 C 的约束力就互为作用力与反作用力（见图 1-20c、d），即 $\boldsymbol{F}'_{Cx}$、$\boldsymbol{F}'_{Cy}$ 分别与 $\boldsymbol{F}_{Cx}$、$\boldsymbol{F}_{Cy}$ 大小相等、方向相反。

1.5.4　关于二力构件

作用在刚体上的两个力平衡的充要条件是：二力大小相等、方向相反且共线。实际结构中，只要构件的两端是铰链连接，两端之间没有其他外力作用，则这一构件必为二力构件。对于图 1-21 所示各种结构中，请读者判断哪些构件是二力构件，哪些构件不是二力构件。

需要指出的是，充分应用二力构件和三力构件的概念，可以使受力分析与计算过程简化。

1.5.5　关于静力学中某些原理的适用性

静力学中的某些原理，例如，力的可传性、平衡的充要条件等，对于柔性体（只能拉不能压）是不成立的，而对于弹性体（可拉可压，变形可恢复）则是在一定的前提下成立。

图 1-22a 中所示的拉杆 ACB，当 B 端作用有拉力 $\boldsymbol{F}_{\mathrm{P}}$ 时，整个拉杆 ACB 都会产生伸长变形。但是，如果将拉力 $\boldsymbol{F}_{\mathrm{P}}$ 沿其作用线从 B 端移至点 C 时（见图 1-22b），则只有 AC 段产生伸长变形，CB 段却不会产生变形。可见，两种情形下的变形效应是不同的。因此，当研究构件的变形效应时，力的可传性是不适用的。

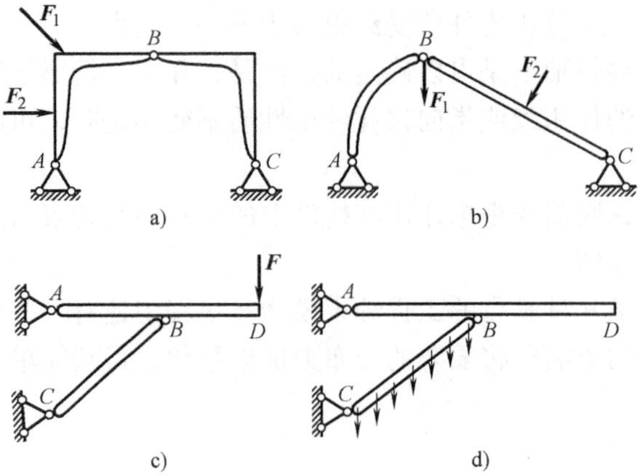

图 1-21　二力构件与非二力构件的判断

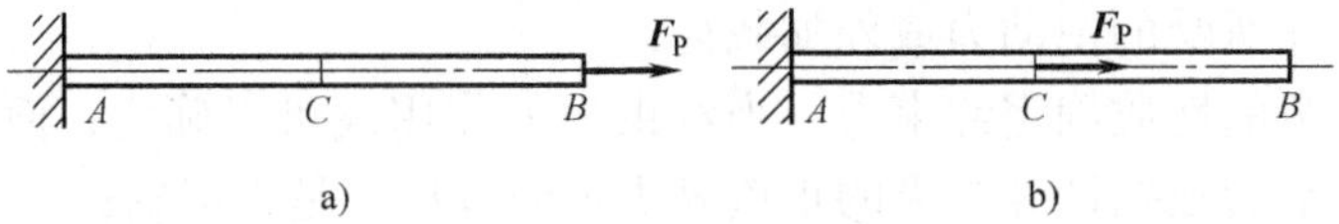

图 1-22　研究变形效应时力的可传性不适用

习　题

选择填空题

1-1　在下述原理、法则及定律中，只适用于刚体的有（　　）。

① 二力平衡原理　　② 力的平行四边形法则　　③ 加减平衡力系原理

④ 力的可传性原理　　⑤ 作用与反作用定律

1-2　作用在一个刚体上的两个力 $\boldsymbol{F}_A$、$\boldsymbol{F}_B$，如果满足 $\boldsymbol{F}_A=-\boldsymbol{F}_B$ 的条件，则该二力可能是（　　）。

① 作用力与反作用力或一对平衡力

② 一对平衡力或一个力偶

③ 一对平衡力或一个力和一个力偶

④ 作用力与反作用力或一个力偶

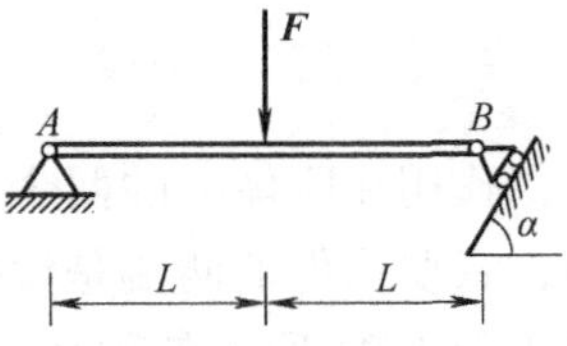

图 1-23　习题 1-3 图

1-3　如图 1-23 所示的系统受主动力 $\boldsymbol{F}$ 作用而平衡，欲使支座 A 的约束力作用线与杆 AB 成 30°角，则倾斜面的倾角 α 应为（　　）。

① 0°　　② 30°

③ 45°　　④ 60°

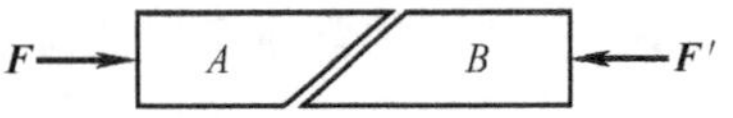

图 1-24　习题 1-4 图

1-4　如图 1-24 所示的楔形块 A、B，自重不计，接触处光滑，$\boldsymbol{F}=-\boldsymbol{F}'$，则（　　）。

① A 平衡，B 不平衡　　② A 不平衡，B 平衡

③ A、B 均不平衡　　④ A、B 均平衡

1-5　同时考虑力对物体作用的外效应和内效应，力是（　　）。

① 滑移矢量　　② 自由矢量　　③ 定位矢量

1-6　在图 1-25 所示的三种情况中，当力 $\boldsymbol{F}$ 沿其作用线移动到点 D 时，并不改变固定铰支座 B 处受力情况的是（　　）。

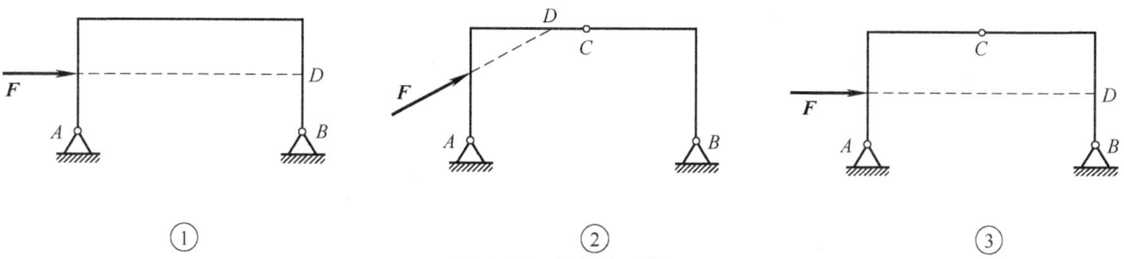

图 1-25　习题 1-6 图

1-7　一刚体受两个作用在同一直线上，指向相反的力 $\boldsymbol{F}_1$ 和 $\boldsymbol{F}_2$ 作用（见图 1-26），它们的大小之间的关系为 $F_1=2F_2$，则该力系的合力矢 $\boldsymbol{F}_R$ 可表示为（　　）。

① $\boldsymbol{F}_R=\boldsymbol{F}_1-\boldsymbol{F}_2$　　② $\boldsymbol{F}_R=\boldsymbol{F}_2-\boldsymbol{F}_1$

③ $\boldsymbol{F}_R=\boldsymbol{F}_1+\boldsymbol{F}_2$　　④ $\boldsymbol{F}_R=\boldsymbol{F}_2$

1-8　刚体受三力作用而处于平衡状态，则此三力的作用线（　　）。

① 必汇交于一点　　② 必互相平行

③ 必皆为零　　④ 必位于同一平面内

1-9　作用在刚体上的力可沿其作用线任意移动，而不改变力对刚体的作用效果。所以，在工程静力学中，力是（　　　　）矢量。

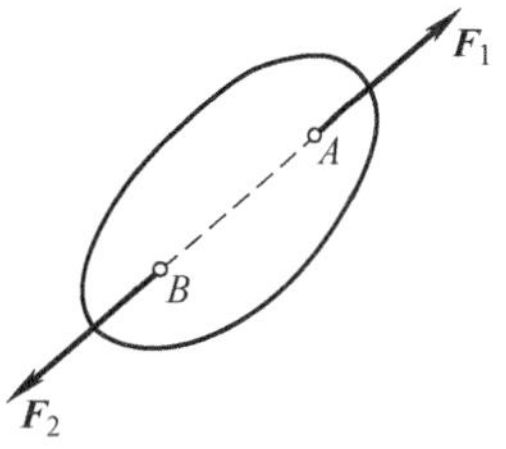

图 1-26　习题 1-7 图

分析计算题

1-10　试画出图 1-27a、b 所示两种情形下各物体的受力图，并进行比较。凡未特别注明者，物体的自重均不计，且所有的接触面都是光滑的。

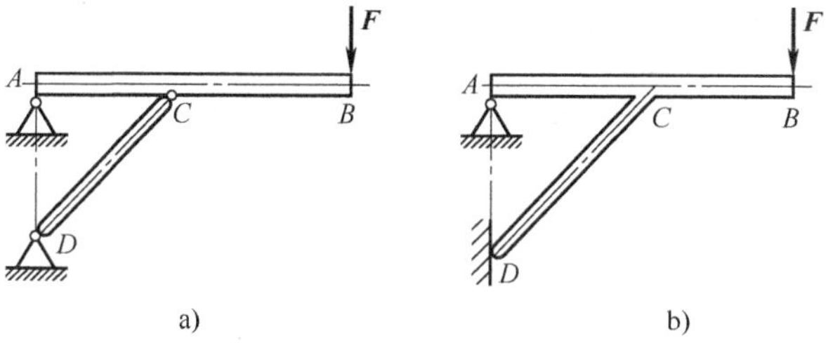

图 1-27　习题 1-10 图

1-11　试画出图 1-28 所示各物体的受力图。凡未特别注明者，物体的自重均不计，且所有的接触面都是光滑的。

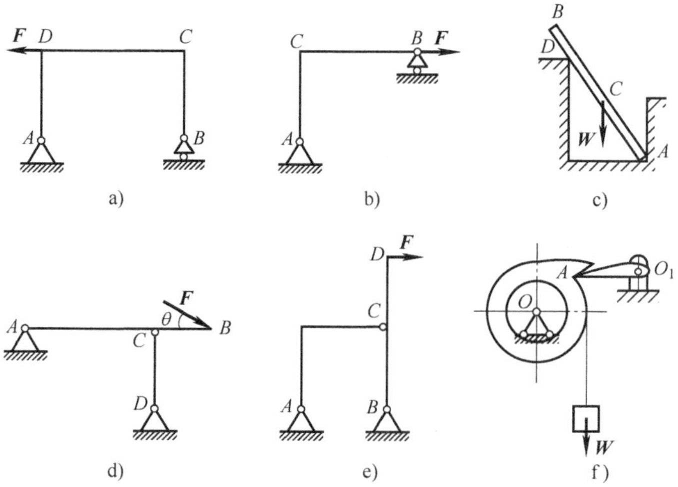

图 1-28　习题 1-11 图

1-12　图 1-29a 所示为三角架结构。载荷 $\boldsymbol{F}_1$ 作用在铰 B 上。杆 AB 不计自重，杆 BC 自重为 $\boldsymbol{W}$。试画出图 1-29b、c、d 所示的分离体的受力图，并加以讨论。

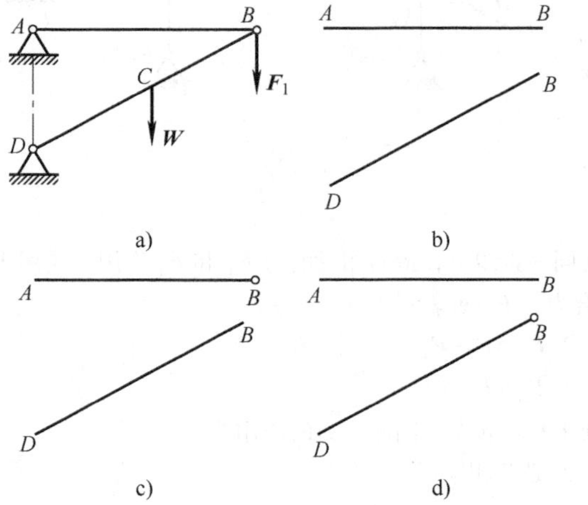

图 1-29　习题 1-12 图

1-13　试画出图 1-30 所示结构中各杆的受力图。凡未特别注明者，物体的自重均不计，且所有的接触面都是光滑的。

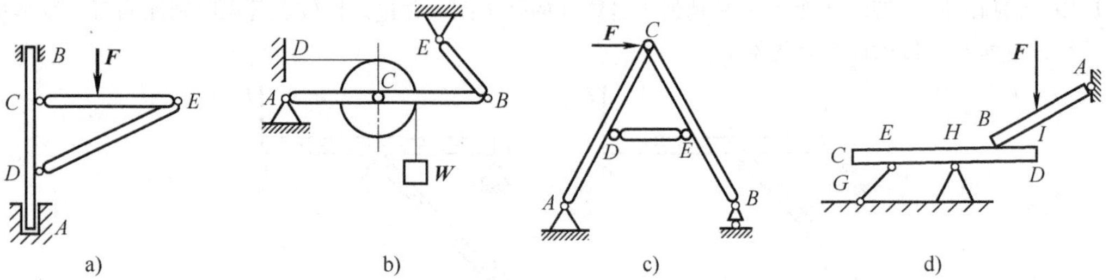

图 1-30　习题 1-13 图

1-14　图 1-31 所示刚性构件 ABC 由销钉 A 和拉杆 D 支撑，在构件的点 C 作用有一水平力 $\boldsymbol{F}$。试问如果将力 $\boldsymbol{F}$ 沿其作用线移至点 D 或点 E，是否会改变销钉 A 的受力状况？

1-15　试画出图 1-32 所示连续梁中的梁 AC 和梁 CD 的受力图。

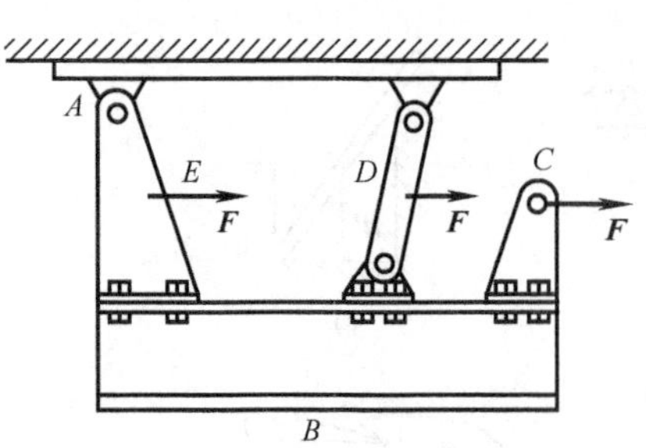

图 1-31　习题 1-14 图

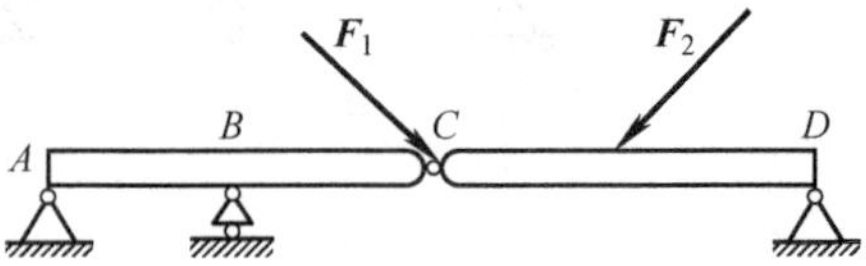

图 1-32　习题 1-15 图

第2章 力系的等效与简化

某些力系，从形式上（例如组成力系的力的个数、大小和方向）看不完全相同，但其所产生的运动效应却可能是相同的。效应相同时，则称这些力系为等效力系。

为了判断力系是否等效，必须首先确定表示力系基本特征的最简单、最本质的量——力系基本特征量。这需要通过力系的简化方能实现。

本章首先引入力的投影的概念，并应用于汇交力系的简化；然后在物理学的基础上，对力矩的概念加以扩展和延伸，并介绍力偶的概念；同样在物理学的基础上引出力系基本特征量，建立力系等效的概念，接着应用力线平移定理对力系加以简化。力系的等效与简化是研究工程静力学以及动力学问题的重要理论基础。

2.1 力的投影与汇交力系的简化

2.1.1 力在直角坐标系中的投影

1. 直接投影法（一次投影法）（见图2-1a）

在直角坐标系 $Oxyz$ 中，若已知力 $\boldsymbol{F}$ 及其与三坐标轴 x、y、z 间的夹角 α、β、γ，则力 $\boldsymbol{F}$ 在三个坐标轴上的投影分别等于力 $\boldsymbol{F}$ 的大小乘以其与对应坐标轴夹角的余弦，即

$$F_x = F\cos\alpha,\quad F_y = F\cos\beta,\quad F_z = F\cos\gamma \tag{2-1}$$

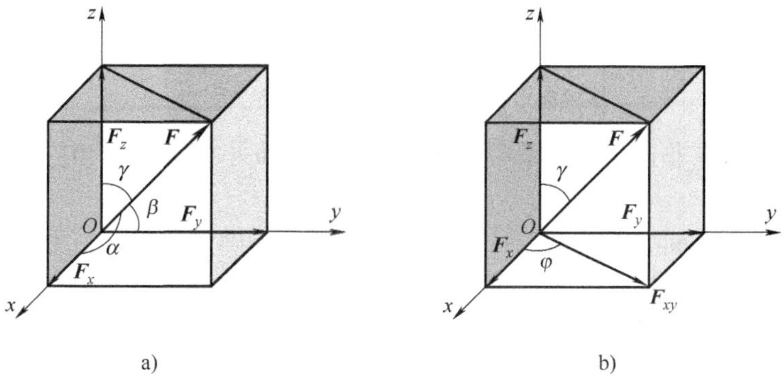

图2-1 力在直角坐标系中的投影

a）直接投影法 b）间接投影法

2. 间接投影法（二次投影法）（见图 2-1b）

当力 $\boldsymbol{F}$ 与坐标轴 x、y 间的夹角不易确定时，可先把力 $\boldsymbol{F}$ 投影到坐标平面 Oxy 上，得到投影矢量 $\boldsymbol{F}_{xy}$，然后再把这个投影矢量 $\boldsymbol{F}_{xy}$ 二次投影到坐标轴 x 与 y 上。

在图 2-1b 中，已知力 $\boldsymbol{F}$ 与轴 z 间的夹角 γ 以及投影矢量 $\boldsymbol{F}_{xy}$ 与轴 x 间的夹角 φ，则力 $\boldsymbol{F}$ 在三个坐标轴上的投影分别为

$$\begin{cases} F_x = F_{xy}\cos\varphi = F\sin\gamma\cos\varphi \\ F_y = F_{xy}\sin\varphi = F\sin\gamma\sin\varphi \\ F_z = F\cos\gamma \end{cases} \tag{2-2}$$

实际应用中，间接投影法的使用更为广泛。根据解题的需要，第一次投影也可以选择其他坐标平面和坐标轴。

力在坐标轴上的投影是代数量。从矢量运算的角度看，力的投影是力矢量与投影轴方向单位矢量的点积。若以 $\boldsymbol{i}$、$\boldsymbol{j}$、$\boldsymbol{k}$ 分别表示沿坐标轴 x、y、z 方向的单位矢量，则

$$F_x = \boldsymbol{F}\cdot\boldsymbol{i},\quad F_y = \boldsymbol{F}\cdot\boldsymbol{j},\quad F_z = \boldsymbol{F}\cdot\boldsymbol{k} \tag{2-3}$$

2.1.2　力的正交分解与解析表达

力在直角坐标系中沿三个坐标轴方向进行分解称为正交分解，如图 2-2 所示。应用平行四边形法则，力做正交分解时，其分力的大小等于其在相应坐标轴上投影的大小；分力的方向可由投影的正负表示：投影为正表示该分力方向与该坐标轴正向一致，投影为负表示该分力方向与该坐标轴正向相反。因此，力 $\boldsymbol{F}$ 在三个坐标轴上进行正交分解后得到的三个分力可由其投影表示为

$$\boldsymbol{F}_x = F_x\boldsymbol{i},\quad \boldsymbol{F}_y = F_y\boldsymbol{j},\quad \boldsymbol{F}_z = F_z\boldsymbol{k} \tag{2-4}$$

由此，力矢量 $\boldsymbol{F}$ 的解析式可由其投影表达为

$$\boldsymbol{F} = \boldsymbol{F}_x + \boldsymbol{F}_y + \boldsymbol{F}_z = F_x\boldsymbol{i} + F_y\boldsymbol{j} + F_z\boldsymbol{k} \tag{2-5}$$

若已知力的投影，则力 $\boldsymbol{F}$ 的大小和方向分别为

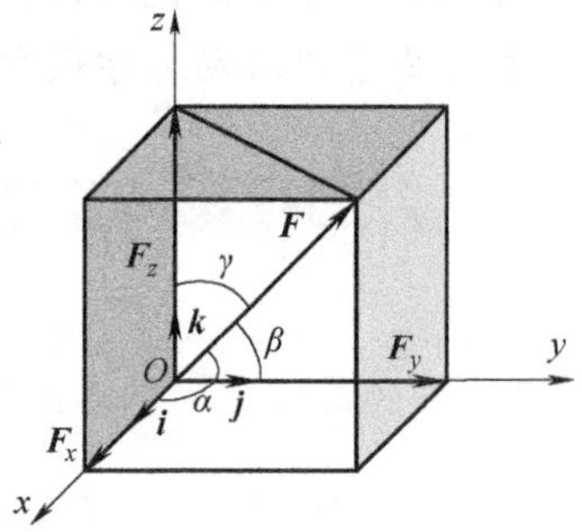

图 2-2　力的正交分解

$$\begin{cases} F = \sqrt{F_x^2 + F_y^2 + F_z^2} \\ \cos\alpha = \dfrac{F_x}{F},\quad \cos\beta = \dfrac{F_y}{F},\quad \cos\gamma = \dfrac{F_z}{F} \end{cases} \tag{2-6}$$

请读者思考，力在非正交坐标系中分解时，分力的大小等于其在相应坐标轴上投影的大小吗？

本节讨论的都是空间力系的情况。如果力系位于一个确定的平面，力的投影、分解与矢量表达都可以简化为平面形式。

本节关于力矢量的讨论在形式上同样适用于力矩、力偶、速度、加速度、角速度矢、角加速度矢、动量、动量矩、冲量、冲量矩等各种矢量的投影、分解的运算及表达。

2.1.3　汇交力系的简化

如果力系中各力的作用线均汇交于同一点，如图 2-3 所示，则称该力系为汇交力系。这

是工程中较为常见的简单力系形式。

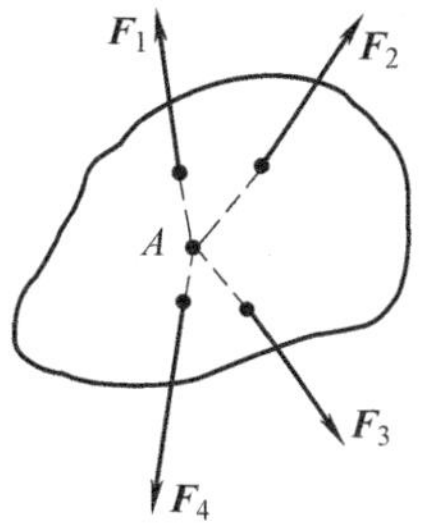

图 2-3　汇交力系示意图

当刚体受汇交力系作用时，根据力的可传性原理，力系中的每一个力均可以沿其作用线移至汇交点 A，这样便得到一个和原汇交力系等价的共点力系，如图 2-4a 所示。连续应用力的平行四边形法则，或力的三角形法则，将这些共点力系依次相加，如图 2-4b所示，即 $\boldsymbol{F}_{12}=\boldsymbol{F}_1+\boldsymbol{F}_2$，$\boldsymbol{F}_{123}=\boldsymbol{F}_{12}+\boldsymbol{F}_3$，则 $\boldsymbol{F}_R=\boldsymbol{F}_{123}+\boldsymbol{F}_4$，因此该共点力系有合力 $\boldsymbol{F}_R$，其作用线通过共同作用点 A，其大小和方向由图 2-4b 所示的力多边形（四个力依次首尾相接，最后将第一个力 $\boldsymbol{F}_1$ 的始端与最后一个力 $\boldsymbol{F}_4$ 的末端相连）的封闭边来度量。

注意： 画力多边形时，各力的次序可以是任意的，但各分力矢量必须首尾相接，而合力矢量的方向则是从第一个力的起点指向最后一个力的终点，如图 2-5 所示。

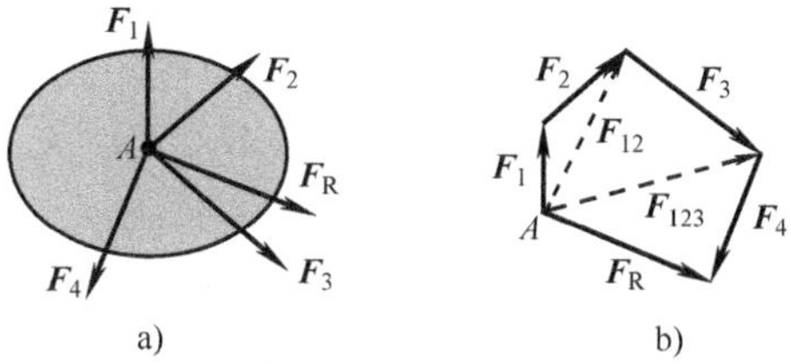

图 2-4　汇交力系的简化

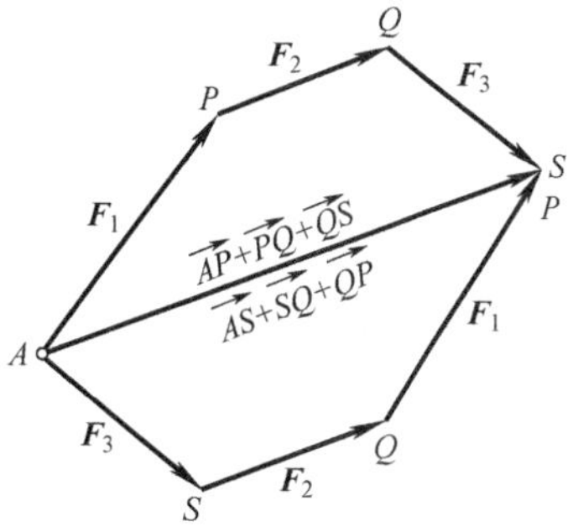

图 2-5　力多边形法则

推广到一般情况，即如果刚体受到包含任意多个力的汇交力系作用，该汇交力系必定有合力。合力的作用线通过汇交点，合力的大小和方向由力多边形的封闭边来表示，即合力等于力系中各力的矢量和（或几何和），其表达式为

$$\boldsymbol{F}_R=\boldsymbol{F}_1+\boldsymbol{F}_2+\cdots+\boldsymbol{F}_n=\sum \boldsymbol{F}_i \qquad (2\text{-}7)$$

一般地，求汇交力系的合力常用解析法。在直角坐标系下，合力矢量可表示为

$$\boldsymbol{F}_R=\sum(F_{ix}\boldsymbol{i}+F_{iy}\boldsymbol{j}+F_{iz}\boldsymbol{k})=\sum F_{ix}\boldsymbol{i}+\sum F_{iy}\boldsymbol{j}+\sum F_{iz}\boldsymbol{k} \qquad (2\text{-}8)$$

故合力的三个投影分别为

$$F_{Rx}=\sum F_{ix},\quad F_{Ry}=\sum F_{iy},\quad F_{Rz}=\sum F_{iz} \qquad (2\text{-}9)$$

式（2-9）表明，合力在任一轴上的投影等于各分力在同一轴上投影的代数和。这就是合力投影定理。

已知合力的投影，则合力的大小和方向可以通过式（2-6）的方法求得。

2.2　力矩概念的扩展和延伸

人们用工具拧紧螺母时，实际上应用了力矩的概念；人们在推拉门窗时，也应用了力矩的概念。这两种情形下，力矩的概念虽然有联系，但却并不完全相同。前者是平面上力对一

[1] 本书今后在不致混淆时，均省略求和的上下标。

点之矩，后者是空间中力对一轴之矩，但两者都是标量，只需要考虑大小和转向即可。更为一般的是空间中力对一点之矩，如人们在操作驾驶杆或游戏手柄时力的作用，因为其转动的方向也需要定义，所以需要用一个矢量。下面我们直接从空间中力对一点之矩出发，更深入地了解力矩的概念。

2.2.1 力对点之矩

物理学中已经阐明，力对点之矩（moment of a force about a point）是力使物体绕某一点转动效应的度量。这一点称为力矩中心（center of moment），简称矩心。

在物理学的基础上，考察空间任意力 $\boldsymbol{F}$ 对某一点 O 之矩，如图 2-6 所示。假设力 $\boldsymbol{F}=(F_x, F_y, F_z)$，矩心 O 到力 $\boldsymbol{F}$ 作用点 $A(x,y,z)$ 的矢量 $\boldsymbol{r}$ 称为力作用点的矢径（position vector），在三维坐标系中，矢径 $\boldsymbol{r}=x\boldsymbol{i}+y\boldsymbol{j}+z\boldsymbol{k}$。

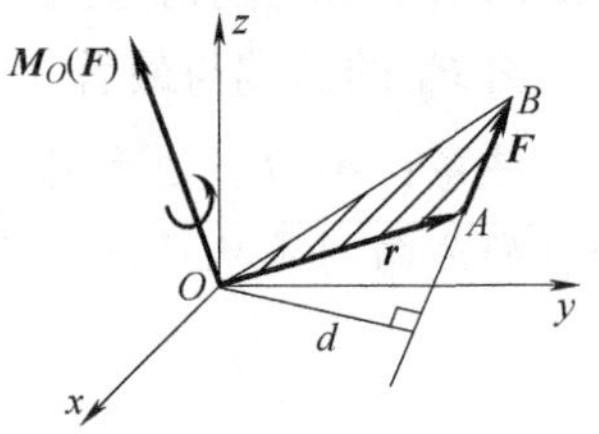

图 2-6 力对点之矩

定义：空间力 $\boldsymbol{F}$ 对点 O 之矩等于矢径 $\boldsymbol{r}$ 与力矢 $\boldsymbol{F}$ 的叉积，即

$$\boldsymbol{M}_O(\boldsymbol{F})=\boldsymbol{r}\times\boldsymbol{F}=\begin{vmatrix}\boldsymbol{i} & \boldsymbol{j} & \boldsymbol{k}\\ x & y & z\\ F_x & F_y & F_z\end{vmatrix}=[\boldsymbol{M}_O(\boldsymbol{F})]_x\boldsymbol{i}+[\boldsymbol{M}_O(\boldsymbol{F})]_y\boldsymbol{j}+[\boldsymbol{M}_O(\boldsymbol{F})]_z\boldsymbol{k} \tag{2-10}$$

式中，$[\boldsymbol{M}_O(\boldsymbol{F})]_x$、$[\boldsymbol{M}_O(\boldsymbol{F})]_y$、$[\boldsymbol{M}_O(\boldsymbol{F})]_z$ 分别称为以点 O 为坐标原点的 x、y、z 轴上的投影，因此 $\boldsymbol{M}_O(\boldsymbol{F})$ 可由其投影表示为 $([\boldsymbol{M}_O(\boldsymbol{F})]_x,[\boldsymbol{M}_O(\boldsymbol{F})]_y,[\boldsymbol{M}_O(\boldsymbol{F})]_z)$。

上述定义表明，力对点之矩为一矢量，其中：

- 矢量的模即为力对点之矩的大小

$$|\boldsymbol{M}_O(\boldsymbol{F})|=|\boldsymbol{r}\times\boldsymbol{F}|=|\boldsymbol{r}|\cdot|\boldsymbol{F}|\sin\langle\boldsymbol{r},\boldsymbol{F}\rangle=Fd=2A_{\triangle AOB} \tag{2-11}$$

式中，d 为力臂；$A_{\triangle AOB}$ 为 $\boldsymbol{r}$ 和 $\boldsymbol{F}$ 组成的 $\triangle AOB$ 的面积。

- 矢量的方向由叉积 $\boldsymbol{r}\times\boldsymbol{F}$ 确定，遵循右手法则：右手四指与矢径方向一致，握拳方向与力绕力矩中心的转向一致，拇指指向即为力矩矢量的正方向。
- 力矩矢量作用在力矩中心。这表明，力矩矢量为定位矢量。

将式（2-10）中的行列式展开（见图 2-7），可得

$$[\boldsymbol{M}_O(\boldsymbol{F})]_x=yF_z-zF_y,\quad [\boldsymbol{M}_O(\boldsymbol{F})]_y=zF_x-xF_z,\quad [\boldsymbol{M}_O(\boldsymbol{F})]_z=xF_y-yF_x \tag{2-12}$$

当力 $\boldsymbol{F}$ 位于 Oxy 坐标平面内时，力矩 $\boldsymbol{M}_O(\boldsymbol{F})$ 退化为

$$\boldsymbol{M}_O(\boldsymbol{F})=(xF_y-yF_x)\boldsymbol{k}$$

其代数值即为平面力对点 O 之矩，即

$$M_O(\boldsymbol{F})=xF_y-yF_x \tag{2-13}$$

因此，平面力对点之矩可由代数量（标量）来表达。应用式（2-13）不需要找力臂 d，可直接使用力作用点的坐标来计算力矩，其在坐标平面内的转向由代数值的正负号决定。若平面内无确定坐标系，则平面内力对点之矩一般规定为：逆时针转向为正，顺时针转向为负。

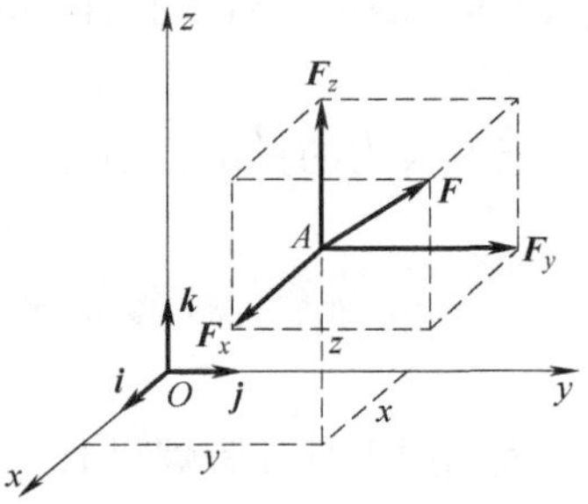

图 2-7 确定力对点之矩的方法

2.2.2　力对轴之矩

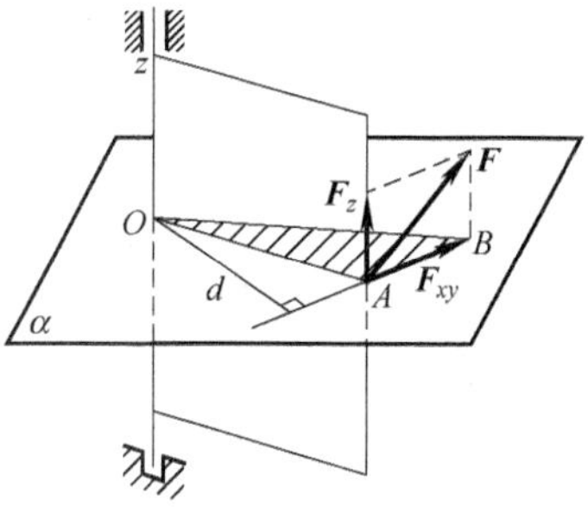

图 2-8　力对轴 z 之矩

为了研究力对刚体的转动效应需要用到力对轴之矩（moment of a force about an axis）的概念。

设作用于刚体上点 A 的空间力 $\boldsymbol{F}$ 与其转轴 z 非空间正交（见图 2-8），过点 A 作一平面 α 垂直于轴 z，与轴 z 的交点为 O，将力 $\boldsymbol{F}$ 分别沿轴向 z 以及轴的垂直面 α 分解，如图 2-8 所示。显然，轴向分力 $\boldsymbol{F}_z$ 对轴 z 没有转动效应，力 $\boldsymbol{F}$ 对轴 z 之矩由且仅由其分力 $\boldsymbol{F}_{xy}$ 提供，故

$$M_{Oz}(\boldsymbol{F})=M_O(\boldsymbol{F}_{xy})=\pm F_{xy}d \tag{2-14}$$

式（2-14）就是平面上的力 $\boldsymbol{F}_{xy}$ 对一点 O 之矩的定义式，因此力对轴之矩为代数量，其正负号由右手法则确定：右手四指握拳方向与力使物体绕轴转动的方向一致，若拇指指向坐标轴正方向，则力对轴之矩为正；反之为负。

由式（2-13），式（2-14）可进一步改写为

$$M_{Oz}(\boldsymbol{F})=xF_y-yF_x \tag{2-15}$$

同理可得

$$M_{Ox}(\boldsymbol{F})=yF_z-zF_y,\quad M_{Oy}(\boldsymbol{F})=zF_x-xF_z \tag{2-16}$$

2.2.3　力矩关系定理

比较式（2-15）、式（2-16）和式（2-12）有

$$\begin{cases}[\boldsymbol{M}_O(\boldsymbol{F})]_x=M_{Ox}(\boldsymbol{F})\\[\boldsymbol{M}_O(\boldsymbol{F})]_y=M_{Oy}(\boldsymbol{F})\\[\boldsymbol{M}_O(\boldsymbol{F})]_z=M_{Oz}(\boldsymbol{F})\end{cases} \tag{2-17}$$

即：力对任一点之矩在通过该点的任意轴上的投影，等于力对该轴之矩，这一关系称为力矩关系定理。

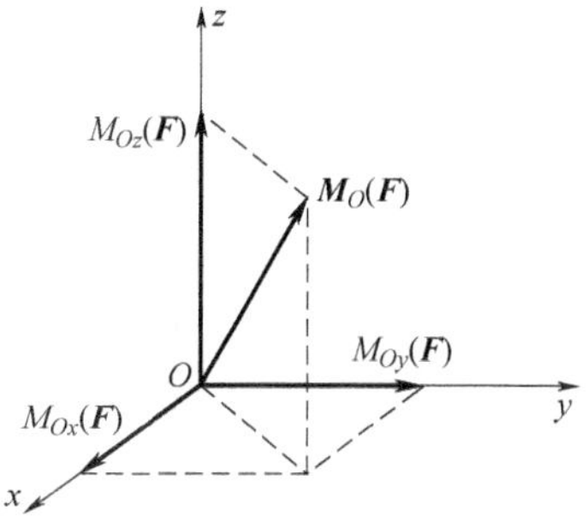

图 2-9　力对点之矩与力对轴之矩

由此，我们既可以通过求力对点之矩的投影来得到力对轴之矩，也可以通过求力对轴之矩来得到相应的力对点之矩，如图 2-9 所示。

一般来说，力 $\boldsymbol{F}$ 对任意轴 a（沿该轴正方向的单位矢量为 $\boldsymbol{u}_a$）之矩 $M_a(\boldsymbol{F})$ 等于力 $\boldsymbol{F}$ 对这根轴上任意一点 A 的矩在这根轴上的投影，即

$$M_a(\boldsymbol{F})=\boldsymbol{u}_a\cdot\boldsymbol{M}_A(\boldsymbol{F})=\begin{vmatrix}u_{ax}&u_{ay}&u_{az}\\x&y&z\\F_x&F_y&F_z\end{vmatrix} \tag{2-18}$$

根据上述定义，当力的作用线与轴相交或平行时，力对该轴之矩为零。

2.2.4　合力矩定理

对点的合力矩定理（theorem of the moment of a resultant）：如果力系存在合力，则合力

对于某一点之矩，等于力系中所有力对同一点之矩的矢量和。即

$$\boldsymbol{M}_O(\boldsymbol{F}_\mathrm{R})=\sum \boldsymbol{M}_O(\boldsymbol{F}) \tag{2-19}$$

式中，$\boldsymbol{F}_\mathrm{R}=\sum \boldsymbol{F}_i$ 为力系的合力。对于汇交力系，上述定理不难证明。建议读者自行完成。对于非汇交力系，读者也可以应用将要介绍的力系简化理论加以证明。此处不再赘述。

对轴的合力矩定理：如果力系存在合力，则合力对某一轴之矩，等于力系中所有力对同一轴之矩的代数和，即

$$\begin{cases} M_{Ox}(\boldsymbol{F}_\mathrm{R})=\sum M_{Ox}(\boldsymbol{F}_i) \\ M_{Oy}(\boldsymbol{F}_\mathrm{R})=\sum M_{Oy}(\boldsymbol{F}_i) \\ M_{Oz}(\boldsymbol{F}_\mathrm{R})=\sum M_{Oz}(\boldsymbol{F}_i) \end{cases} \tag{2-20}$$

因此，当我们要求力对轴之矩时，可以先将力沿直角坐标系的各坐标轴分解（见图2-7），得到分力，然后应用对轴的合力矩定理分别得到力 $\boldsymbol{F}$ 对三直角坐标轴的矩，这样仍然可以得到式（2-15）、式（2-16）。

【例题2-1】 如图2-10所示，力 $\boldsymbol{F}$ 作用在点 C 处，C 位于 Oxy 平面内（图中单位均为mm）。已知：$F=2000\text{N}$，试求力 $\boldsymbol{F}$ 对点 O 及对过点 O 的三个坐标轴 x、y、z 之矩。

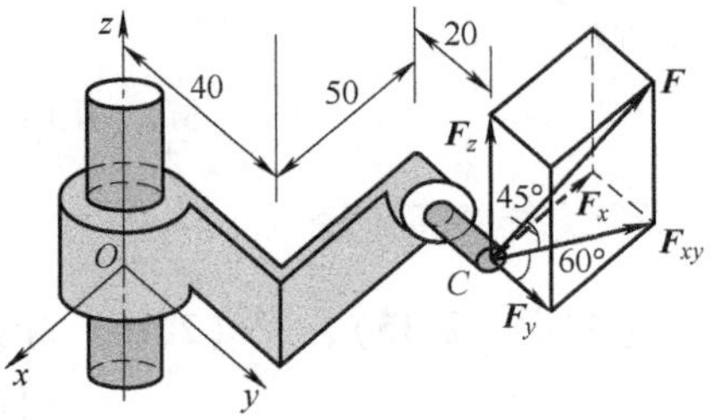

图2-10 例题2-1图

解：本例若直接通过几何法由力 $\boldsymbol{F}$ 对点 O 取矩，则确定力臂 d 和力矩矢量方向的过程比较麻烦，所以一般通过合力矩定理或矢量运算的方法求解。

（1）首先计算力 $\boldsymbol{F}$ 的投影及其解析式

$$F_z=F\sin45°,\quad F_{xy}=F\cos45°$$

$$F_x=F\cos45°\sin60°$$

$$F_y=F\cos45°\cos60°$$

代入数据，得 $F_x=1224.7\text{N},\quad F_y=707.1\text{N},\quad F_z=1414.2\text{N}$

则 $\boldsymbol{F}=1224.7\boldsymbol{i}+707.1\boldsymbol{j}+1414.2\boldsymbol{k}$

（2）用合力矩定理求解

$$M_x(\boldsymbol{F})=M_x(\boldsymbol{F}_x)+M_x(\boldsymbol{F}_y)+M_x(\boldsymbol{F}_z)=0+0+0.06\text{m}\times F_z=84.9\text{N}\cdot\text{m}$$

$$M_y(\boldsymbol{F})=M_y(\boldsymbol{F}_x)+M_y(\boldsymbol{F}_y)+M_y(\boldsymbol{F}_z)=0+0+0.05\text{m}\times F_z=70.7\text{N}\cdot\text{m}$$

$$M_z(\boldsymbol{F})=M_z(\boldsymbol{F}_x)+M_z(\boldsymbol{F}_y)+M_z(\boldsymbol{F}_z)=0.06\text{m}\times F_x-0.05\text{m}\times F_y+0=38.1\text{N}\cdot\text{m}$$

$$\boldsymbol{M}_O(\boldsymbol{F})=M_x(\boldsymbol{F})\boldsymbol{i}+M_y(\boldsymbol{F})\boldsymbol{j}+M_z(\boldsymbol{F})\boldsymbol{k}=84.9\boldsymbol{i}+70.7\boldsymbol{j}+38.1\boldsymbol{k}$$

可进一步参考式（2-6）同理确定力矩矢量的大小和方向。

（3）直接用矢量运算求解

由于力 $\boldsymbol{F}$ 的作用点 C 的坐标为（$-0.05,0.06,0$），则

$$\boldsymbol{M}_O(\boldsymbol{F})=\boldsymbol{r}\times\boldsymbol{F}=\begin{vmatrix} \boldsymbol{i} & \boldsymbol{j} & \boldsymbol{k} \\ x & y & z \\ F_x & F_y & F_z \end{vmatrix}=\begin{vmatrix} \boldsymbol{i} & \boldsymbol{j} & \boldsymbol{k} \\ -0.05 & 0.06 & 0 \\ F_x & F_y & F_z \end{vmatrix}=84.9\boldsymbol{i}+70.7\boldsymbol{j}+38.1\boldsymbol{k}$$

【例题2-2】 如图2-11所示，某支架受力 $\boldsymbol{F}$ 作用，图中 l_1、l_2、l_3 与 α 角均已知，求 $\boldsymbol{M}_O(\boldsymbol{F})$。

解：本例若直接由力 $\boldsymbol{F}$ 对点 O 取矩，则确定力臂 d 的过程比较麻烦。

若先将力 $\boldsymbol{F}$ 做正交分解，得 $\boldsymbol{F}_x=(F\sin\alpha)\boldsymbol{i}$ 和 $\boldsymbol{F}_y=(F\cos\alpha)\boldsymbol{j}$，再应用对点的合力矩定理，则较为方便。于是有

$$\boldsymbol{M}_O(\boldsymbol{F})=\boldsymbol{M}_O(\boldsymbol{F}_x)+\boldsymbol{M}_O(\boldsymbol{F}_y)$$
$$=-(F\sin\alpha)l_2\boldsymbol{k}+(F\cos\alpha)(l_1-l_3)\boldsymbol{k}\ (\text{逆时针为正})$$
$$=F[(l_1-l_3)\cos\alpha-l_2\sin\alpha]\boldsymbol{k}$$

其大小为

$$|\boldsymbol{M}_O(\boldsymbol{F})|=M_O(\boldsymbol{F})=F[(l_1-l_3)\cos\alpha-l_2\sin\alpha]$$

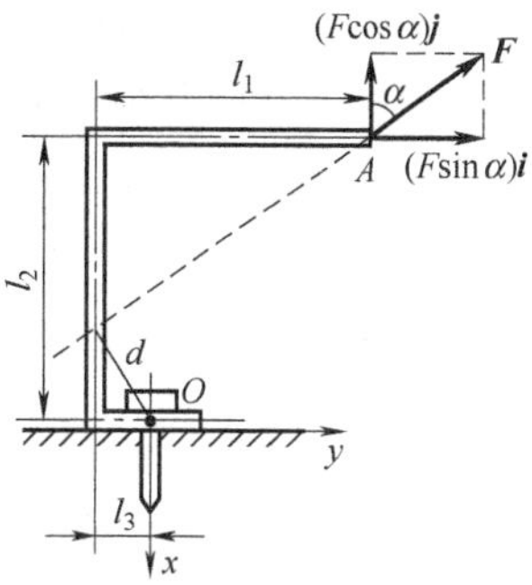

图 2-11 例题 2-2 图

显然，根据这一结果，还可算得力 $\boldsymbol{F}$ 对点 O 的力臂为

$$d=(l_1-l_3)\cos\alpha-l_2\sin\alpha$$

上述分析与计算结果表明，应用合力矩定理，在某些情形下将使计算过程简化。

在求 $M_O(\boldsymbol{F})$ 时，亦可通过建立坐标系 Oxy 并根据式（2-13）进行计算，如图 2-11 所示。

2.3 力偶及其力偶矩

2.3.1 力偶

大小相等、方向相反、作用线互相平行但不重合的两个力所组成的特殊力系，称为力偶（couple）。力偶中两个平行力所组成的平面称为力偶作用面（acting plane of a couple）。力偶中两个力作用线之间的垂直距离称为力偶臂（arm of couple）。

工程中力偶的实例有很多。人们驾驶汽车，双手施加在方向盘上的两个力，若大小相等、方向相反、作用线互相平行，则二者组成一力偶，该力偶将使方向盘转动，经由传动机构，促使前轮转向。

图 2-12 所示为专用拧紧汽车车轮上螺母的工具。工作时加在其上的两个力 $\boldsymbol{F}_1$ 和 $\boldsymbol{F}_2$，大小相等、方向相反、作用线互相平行，组成一力偶。这一力偶通过工具施加在螺母上，使螺母被拧紧。

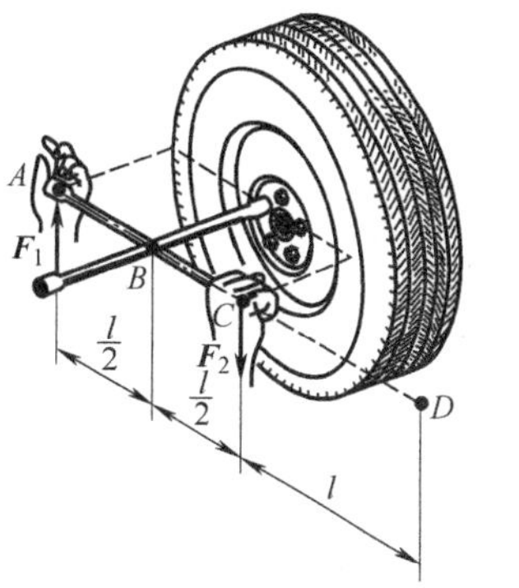

图 2-12 力偶实例

2.3.2 力偶的性质及力偶矩

力偶将使物体产生什么样的运动效应？这种效应又如何度量？这些都是由力偶的性质决定的。

性质 1 力偶没有合力。

力偶虽然是由两个力组成的力系，但这两个力的矢量和显然为零，二力在空间任意轴上的投影之和均为零，所以力偶没有合力。但力偶又不是平衡力系，力偶对刚体有运动效应。

力偶的这一性质表明，力偶不能由一个力来代替，也不能与单个力等效，当然也不能与

一个力平衡。力偶只能与力偶等效或平衡。因此，力偶是一个基本力学量。

性质2　力偶对刚体的运动效应是使刚体转动。力偶中的两个力对任一点之矩的和都相等，与矩心位置无关，称为力偶矩。力偶矩矢量是力偶使刚体产生转动效应的度量。

力偶没有合力，但对于组成力偶的两个力（$\boldsymbol{F},\boldsymbol{F}'$），其中 $\boldsymbol{F}=-\boldsymbol{F}'$，如果我们考察它们对空间任意点 O 的矩，如图 2-13 所示，其和为

$$\begin{aligned}\boldsymbol{M}_O(\boldsymbol{F},\boldsymbol{F}') &= \boldsymbol{M}_O(\boldsymbol{F})+\boldsymbol{M}_O(\boldsymbol{F}')=\boldsymbol{r}_A\times\boldsymbol{F}+\boldsymbol{r}_B\times\boldsymbol{F}' \\ &=(\boldsymbol{r}_A-\boldsymbol{r}_B)\times\boldsymbol{F}=\boldsymbol{r}_{BA}\times\boldsymbol{F}\end{aligned} \tag{2-21}$$

式中，$\boldsymbol{r}_{BA}$ 为连接力偶中二力作用点的矢径，显然与点 O 的位置无关。这表明：力偶对点之矩与该点的位置无关。不失一般性，式（2-21）可改写成

$$\boldsymbol{M}=\boldsymbol{r}_{BA}\times\boldsymbol{F} \tag{2-22}$$

式中，$\boldsymbol{M}$ 称为力偶矩矢量（moment vector of a couple）。显然，其大小等于力的大小与力偶臂的乘积，方向符合右手法则，垂直于力偶的作用面。

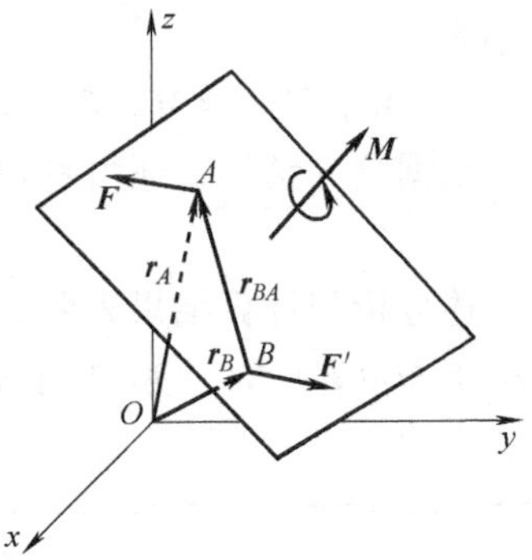

图 2-13　力偶对任一点之矩——力偶矩矢量

由此可见，力偶对刚体上任一点有相同的矩，使刚体产生相同的转动效应，而这种转动效应由其力偶矩矢量唯一确定。所以，对于刚体而言，力偶矩矢量没有作用点，是自由矢量。力偶矩矢量是力偶使刚体产生转动效应的度量。

根据以上性质，表示一个力偶，可以用组成力偶的两个力，也可以用力偶矩矢量（图 2-13 中的矢量 $\boldsymbol{M}$），还可以用力偶作用面及其上旋转的箭头（见图 2-14 中的 M）。

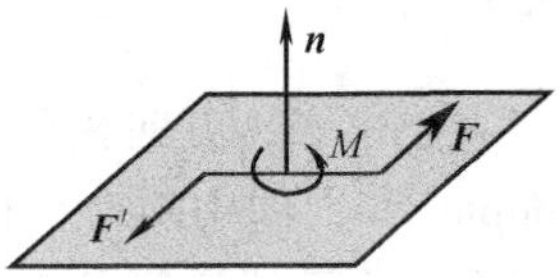

图 2-14　力偶的表示

根据力偶的性质，可以得到下列推论。

推论1　对于刚体，力偶矩矢量相等的两力偶等效。

推论2　力偶矩矢量是力偶的唯一度量。即在同一刚体上，只要保持力偶矩矢量不变，可将力偶在其作用平面内任意移动或转动（可移性，图 2-15b、c），也可以连同其作用平面一起平行移动（可传性，图 2-15d），而不改变力偶对刚体的转动效应。

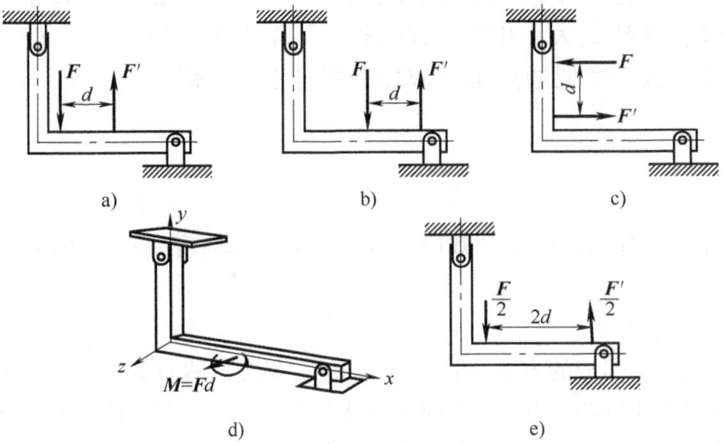

图 2-15　力偶的可移性、可传性和可改造性

推论 3　力偶具有可改造性。即在同一刚体上，只要保持力偶矩矢量不变，可以同时改变力偶中力和力偶臂的大小，而不改变力偶对刚体的转动效应，如图 2-15e 所示。

根据力偶的性质，确定刚体上的力偶，仅需要确定其力偶矩矢量的大小、转向和作用面，称为**力偶的三要素**。

当在力偶作用面内考察力偶时，该力偶就是平面力偶，其力偶矩为代数量。如图 2-15a 所示平面力偶，设 $\boldsymbol{F}$、$\boldsymbol{F}'$间距为 d，则 $M(\boldsymbol{F},\boldsymbol{F}')=\pm Fd$，这里规定逆时针转向为正，顺时针转向为负。平面力偶的表示如图 2-16 所示。

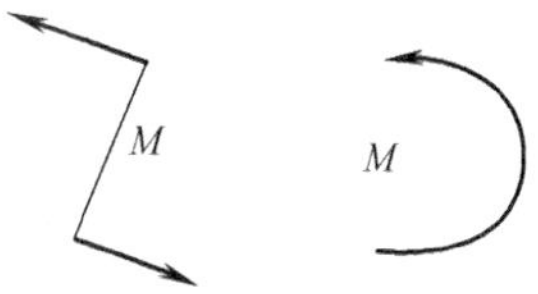

图 2-16　平面力偶的表示

2.3.3　力偶系的合成与平衡

1. 力偶系的合成

两个或两个以上力偶组成的力系，称为**力偶系**（system of couples）。因力偶矩矢量为自由矢量，作用于刚体上的力偶具有可移性，故可将其移至同一汇交点。与汇交力系简化同理，力偶系可以简化（合成）为一个合力偶，合力偶矩矢量为力偶系各力偶矩矢量的矢量和，即

$$\boldsymbol{M}_{\mathrm{R}}=\sum \boldsymbol{M}_i \tag{2-23}$$

在直角坐标系下，合力偶矩矢量的三个投影分别为

$$M_{\mathrm{R}x}=\sum M_{ix},\quad M_{\mathrm{R}y}=\sum M_{iy},\quad M_{\mathrm{R}z}=\sum M_{iz} \tag{2-24}$$

根据式（2-24），合力偶矩矢量的大小和方向可通过与式（2-6）相同的方法求得。

2. 力偶系的平衡

因为力偶系合成的结果只能是一个合力偶，故对于刚体而言，**力偶系平衡的充分必要条件是**：力偶系的合力偶矩矢量为零，即

$$\boldsymbol{M}_{\mathrm{R}}=\sum \boldsymbol{M}_i=\boldsymbol{0} \tag{2-25}$$

由式（2-24），式（2-25）的解析式为

$$\sum M_x=0,\quad \sum M_y=0,\quad \sum M_z=0\ (\text{省略下标 } i) \tag{2-26}$$

式（2-26）为力偶系三个独立的平衡方程。

若力偶系中所有力偶的作用面都处于同一平面，即为**平面力偶系**。这时所有力偶以及合力偶的力偶矩矢量互相平行，且垂直于各力偶的共同作用面。假设该共同作用面的法线为 z 轴，则式（2-25）可以写成

$$\sum M_{zi}=\sum M_i=\sum M=0 \tag{2-27}$$

式中，M_{zi}为力偶矩矢量在其所在平面法线 z 轴上的投影，称为平面力偶的力偶矩，为代数量。

式（2-27）表明，对于刚体而言，平面力偶系平衡的充分必要条件是，力偶系中所有平面力偶的力偶矩代数和等于零。

【例题 2-3】　圆弧杆 AB 与折杆 BDC 在 B 处铰接，A、C 两处均为固定铰支座，结构受力如图 2-17a 所示，图中 $l=2r$。若 r、M 均为已知，不计各杆自重和各处摩擦，试求 A、C 两处的约束力。

解：（1）**受力分析**

圆弧杆两端 A、B 均为铰链，中间无外力作用，因此圆弧杆为二力杆。A、B 两处的约

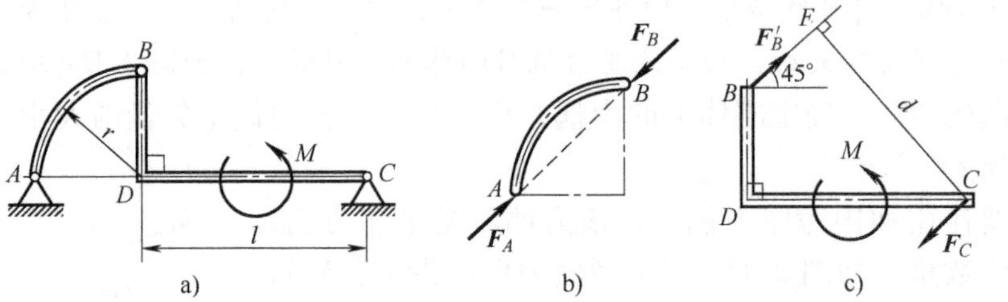

图 2-17　例题 2-3 图

束力 $\boldsymbol{F}_A$ 和 $\boldsymbol{F}_B$ 大小相等、方向相反并且作用线与 AB 连线重合。其受力如图 2-17b 所示。

折杆 BDC 在 B 处的约束力 $\boldsymbol{F}'_B$ 与圆弧杆上 B 处的约束力 $\boldsymbol{F}_B$ 互为作用力与反作用力，故二者方向相反；C 处为固定铰支座，本有一个方向待定的约束力，但由于作用在折杆上的主动力只有一个力偶，因此，为保持折杆平衡，约束力 $\boldsymbol{F}_C$ 和 $\boldsymbol{F}'_B$ 必须组成一力偶并与主动力偶平衡。于是折杆的受力如图 2-17c 所示。

（2）**建立平衡方程求解未知力**

根据平面力偶系平衡条件即式（2-26），对于折杆有

$$\sum M = M + M_{BC} = 0 \tag{a}$$

式中，M_{BC} 为平面力偶（$\boldsymbol{F}'_B, \boldsymbol{F}_C$）的力偶矩代数值，即

$$M_{BC} = -F_C d \tag{b}$$

根据图 2-17c 所示的几何关系，有

$$d = \frac{\sqrt{2}}{2}r + \frac{\sqrt{2}}{2}l = \frac{3\sqrt{2}}{2}r \tag{c}$$

将式（c）代入式（b），再代入式（a），求得

$$F_C = F_B = F_A = \frac{\sqrt{2}}{3}\frac{M}{r}$$

2.4 力系等效的概念

2.4.1 力系的主矢与主矩——力系的基本特征量

物理学中，根据牛顿第二定律得到的质点系（线性）动量定理和角动量（动量矩）定理指出：度量质点系整体运动特征量的是其动量和对某一点的角动量。

动量对时间的变化率等于作用在质点系上外力的主矢量，角动量对时间的变化率等于作用在质点系上外力对同一点的主矩。那么，什么是力系的主矢和主矩呢？

由任意多个力所组成的力系（$\boldsymbol{F}_1, \boldsymbol{F}_2, \cdots, \boldsymbol{F}_n$）中所有力的矢量和，称为力系的主矢量，简称为主矢（principal vector），用 $\boldsymbol{F}_R$ 表示，

$$\boldsymbol{F}_R = \sum \boldsymbol{F}_i \tag{2-28}$$

力系中所有力对于同一点（O）之矩的矢量和，称为力系对这一点的主矩（principal moment），用 $\boldsymbol{M}_O$ 表示，

$$M_O(F)=\sum M_O(F_i)=\sum r_i\times F_i \tag{2-29}$$

由于同一个力对不同矩心的力矩各不相同，因此力系的主矩与所选的矩心有关。

需要指出的是，工程力学课程中的外力主矢与外力主矩，在物理学中称为合外力和合外力矩。

【例题 2-4】　图 2-18 所示为 $\boldsymbol{F}_1$、$\boldsymbol{F}_2$组成的空间一般力系，试求力系的主矢 $\boldsymbol{F}_R$以及力系对 O、A、E 三点的主矩。

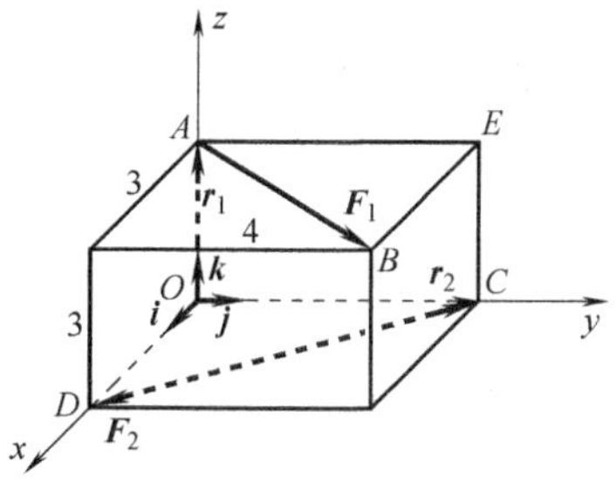

图 2-18　例题 2-4 图

解：设 $\boldsymbol{i}$、$\boldsymbol{j}$、$\boldsymbol{k}$ 分别为 x、y、z 方向的单位矢量，则力系中两个力的解析式分别为

$$\boldsymbol{F}_1=3\boldsymbol{i}+4\boldsymbol{j}$$

$$\boldsymbol{F}_2=3\boldsymbol{i}-4\boldsymbol{j}$$

于是，由式（2-28），得力系的主矢

$$\boldsymbol{F}_R=\sum\boldsymbol{F}_i=\boldsymbol{F}_1+\boldsymbol{F}_2=6\boldsymbol{i}$$

这是沿 x 轴正方向、数值为 6 的矢量。

应用式（2-29）以及矢量叉乘方法，有

$$\begin{aligned}\boldsymbol{M}_O(\boldsymbol{F})&=\sum\boldsymbol{M}_O(\boldsymbol{F}_i)=\sum\boldsymbol{r}_i\times\boldsymbol{F}_i\\&=\boldsymbol{r}_1\times\boldsymbol{F}_1+\boldsymbol{r}_2\times\boldsymbol{F}_2\\&=-12\boldsymbol{i}+9\boldsymbol{j}-12\boldsymbol{k}\end{aligned}$$

式中，$\boldsymbol{r}_1=(0,\ 0,\ 3)$；$\boldsymbol{r}_2=(0,\ 4,\ 0)$。

$$\begin{aligned}\boldsymbol{M}_A(\boldsymbol{F})&=\sum\boldsymbol{M}_A(\boldsymbol{F}_i)=0+\boldsymbol{r}_{AC}\times\boldsymbol{F}_2\\&=-12\boldsymbol{i}-9\boldsymbol{j}-12\boldsymbol{k}\end{aligned}$$

式中，$\boldsymbol{r}_{AC}=(0,\ 4,\ -3)$。

$$\begin{aligned}\boldsymbol{M}_E(\boldsymbol{F})&=\sum\boldsymbol{M}_E(\boldsymbol{F}_i)=\boldsymbol{r}_{EA}\times\boldsymbol{F}_1+\boldsymbol{r}_{EC}\times\boldsymbol{F}_2\\&=-12\boldsymbol{i}-9\boldsymbol{j}+12\boldsymbol{k}\end{aligned}$$

式中，$\boldsymbol{r}_{EA}=(0,\ -4,\ 0)$；$\boldsymbol{r}_{EC}=(0,\ 0,\ -3)$。

2.4.2　力系等效原理（theorem of equivalent force systems）

不同力系对同一刚体运动效应相等的条件是：各力系的主矢及对同一点的主矩对应相等。因此，主矢和主矩属于力系的基本特征量。

2.5 力系简化的概念

所谓力系的简化，就是将由若干力和力偶所组成的力系，变为一个力，或一个力偶，或一个力与一个力偶的简单但是等效的情形，这一过程称为力系的简化（reduction of a force system）。力系简化的基础是力线平移定理（theorem of translation of a force）。

作用在刚体上的力若沿其作用线平移，并不会影响其对刚体的运动效应。但是，若将作用在刚体上的力从一点平移至另一点，其对刚体的运动效应将发生变化。

怎样才能使作用在刚体上的力从一点平移至另一点，但不改变刚体的运动效应呢？

力线平移定理

考察图2-19a所示的作用在刚体上点 A 的力 $\boldsymbol{F}_A$，为使这一力等效地从点 A 平移至点 B，应用加减平衡力系原理，先在点 B 施加一平行于 $\boldsymbol{F}_A$ 的一对大小相等、方向相反、共线的力 $\boldsymbol{F}_A$ 和 $\boldsymbol{F}'_A$，如图2-19b所示。这时，由三个力组成的力系与原来作用在点 A 的一个力等效。

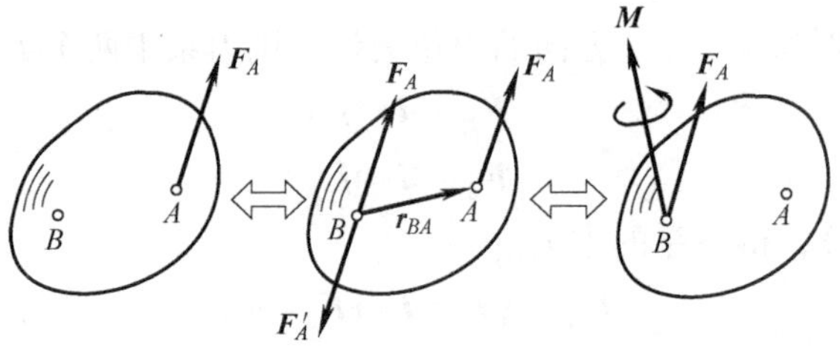

图2-19　力线平移定理

图2-19b中所示的作用在点 A 的力 $\boldsymbol{F}_A$ 与作用在点 B 的力 $\boldsymbol{F}'_A$ 组成一力偶，其力偶矩矢量为 $\boldsymbol{M}=\boldsymbol{r}_{BA}\times\boldsymbol{F}_A$，如图2-19c所示。这时作用在点 B 的力 $\boldsymbol{F}_A$ 和力偶 $\boldsymbol{M}$ 就与原来作用在点 A 的一个力 $\boldsymbol{F}_A$ 是等效的。读者不难发现，这一力偶的力偶矩等于原来作用在点 A 的力 $\boldsymbol{F}_A$ 对点 B 之矩。

上述分析结果表明：作用在刚体上的力可以向刚体内任一点平移，平移后需附加一力偶，这一力偶的力偶矩等于原来的力对平移点之矩。这一结论称为力线平移定理。

换句话说，力向一点平移后，得到一个力和一个力偶，该力矢等于原力矢，该力偶矩等于原力矢对新作用点之矩。也可以说，一个力通过平移可分解为一个力和一个力偶。

力线平移定理的逆定理：一个力和一个矩矢与力相正交的力偶，可以合成为一个力，合成后的力矢量大小保持不变，其作用线发生平移。如何确定作用线的移动，请读者思考。

实际工程与实际生活中与力线平移定理有关的例子是很多的。例如，驾船划桨，若双桨同时以相等的力来划，船在水面只前进不转动（见图2-20a）；若单桨划，船不仅有向前的运动，而且有绕船质心的转动（见图2-20b）。此外，乒乓球运动中的各种旋转球也都与力线平移定理有关。

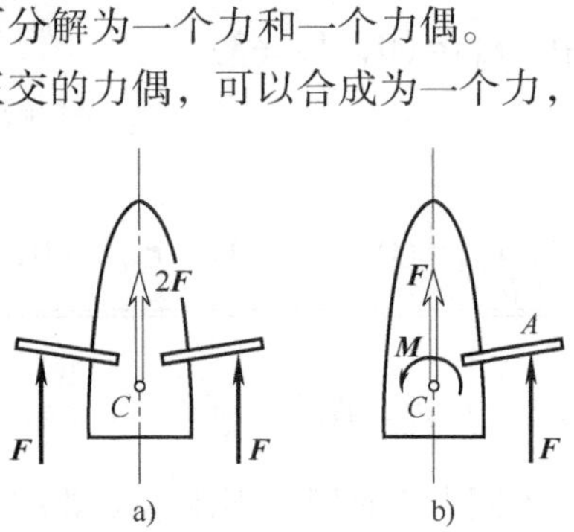

图2-20　力线平移定理实例

2.6 一般力系的简化

2.6.1 一般力系向一点简化

考察作用在刚体上的一般力系（$\boldsymbol{F}_1,\boldsymbol{F}_2,\cdots,\boldsymbol{F}_n$），如图2-21所示。在刚体上任取一点，例如点$O$，称其为简化中心。

应用力线平移定理，将力系中所有的力$\boldsymbol{F}_1,\boldsymbol{F}_2,\cdots,\boldsymbol{F}_n$逐个向简化中心平移，最后得到汇交于点$O$的、由$\boldsymbol{F}_1,\boldsymbol{F}_2,\cdots,\boldsymbol{F}_n$组成的汇交力系，以及由$\boldsymbol{M}_1,\boldsymbol{M}_2,\cdots,\boldsymbol{M}_n$组成的力偶系，如图2-21b所示。

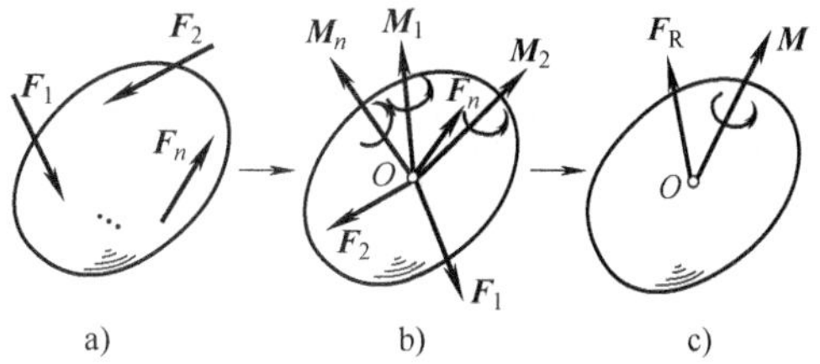

图2-21　一般力系的简化

平移后得到的汇交力系和力偶系，可以分别合成一个作用于点O的合力$\boldsymbol{F}_{\mathrm{R}}$及合力偶$\boldsymbol{M}$，如图2-21c所示。其中

$$\begin{cases}\boldsymbol{F}_{\mathrm{R}}=\sum\boldsymbol{F}_i\\ \boldsymbol{M}=\sum\boldsymbol{M}_i=\sum\boldsymbol{M}_O(\boldsymbol{F}_i)\end{cases}\tag{2-30}$$

式中，$\boldsymbol{M}_O(\boldsymbol{F}_i)$为平移前力$\boldsymbol{F}_i$对简化中心点$O$之矩。

上述结果表明：

- 一般力系向任意简化中心简化，一般可得到一个力和一个力偶。因此可以说，力和力偶是组成一般力系的基本单元；汇交力系和力偶系二者均为基本力系，是一般力系的特殊情形。
- 力系向简化中心简化所得力的大小和方向与这一力系的主矢相同（请注意合力与主矢的区别）。
- 力系向简化中心简化所得力偶的力偶矩矢量，其大小和方向与这一力系对简化中心的主矩相同（请注意主矩与合力偶矩矢量的区别）。
- 力系的主矢不随简化中心的改变而改变，故称为力系的不变量。主矩则随简化中心的改变而改变。有兴趣的读者可以证明，力系对于不同点（例如点O和点A）的主矩存在下列关系：

$$\boldsymbol{M}_O=\boldsymbol{M}_A+\boldsymbol{r}_{OA}\times\boldsymbol{F}_{\mathrm{R}}\tag{2-31}$$

2.6.2 固定端约束的约束力

如果约束物体既限制了被约束物体的移动（平面问题为两个方向，空间问题为三个方向），又限制了被约束物体的转动，这种约束称为固定端约束或插入端约束（fixed end support）。

工程中，固定端约束是很常见的，例如，机床上装卡加工工件的卡盘对工件的约束（见图2-22a）；大型机器中立柱对横梁的约束（见图2-22b）；房屋建筑中墙壁对雨篷的约束（见图2-22c）；飞机机身对机翼的约束（见图2-22d）等。

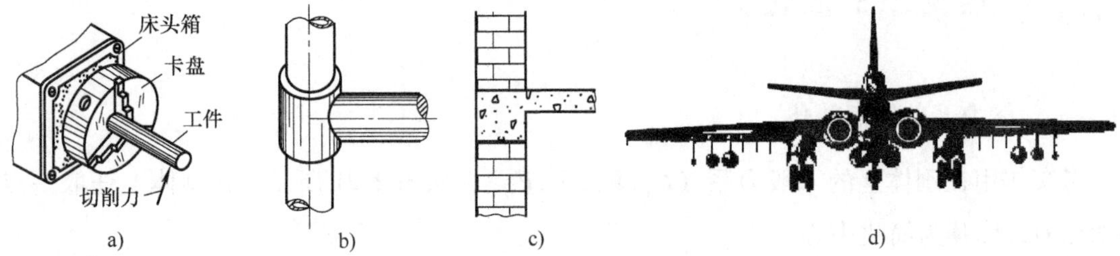

图2-22　工程中的固定端约束

与铰链约束不同的是，固定端约束的约束物与被约束物之间是线接触（平面问题）和面接触（空间问题），因而约束力是沿接触线或接触面的分布力系，而且在很多情形下为复杂的分布力系。

大多数工程问题中，为了分析计算简便，需对固定端约束的复杂分布力系加以简化。

应用力系简化理论，固定端的约束力可以简化为作用在约束处的一个约束力和一个约束力偶。在平面问题中，可用约束力的两个分力和一个约束力偶表示（见图2-23a）；在空间问题中，用约束力的三个分力和约束力偶的三个分力偶表示（见图2-23b）。

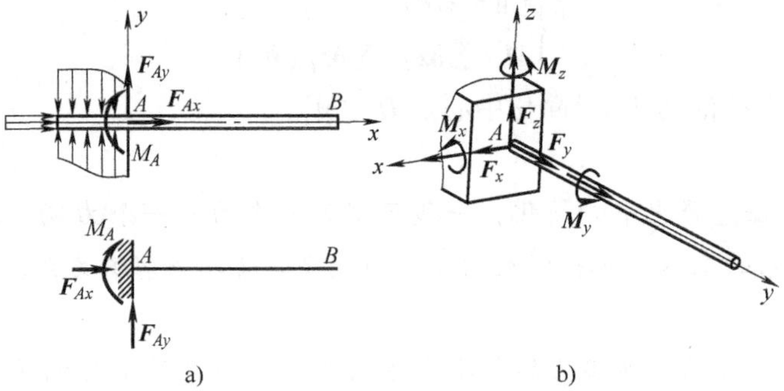

图2-23　固定端约束力

2.7　小结与讨论

2.7.1　小结

1. 力的投影与汇交力系的简化

1）直接投影法（一次投影法）

$$F_x = F\cos\alpha,\quad F_y = F\cos\beta,\quad F_z = F\cos\gamma$$

2）间接投影法（二次投影法）

$$\begin{cases} F_x = F\sin\gamma\cos\varphi \\ F_y = F\sin\gamma\sin\varphi \\ F_z = F\cos\gamma \end{cases}$$

3）力矢量 $\boldsymbol{F}$ 的解析式

$$\boldsymbol{F}=\boldsymbol{F}_x+\boldsymbol{F}_y+\boldsymbol{F}_z=F_x\boldsymbol{i}+F_y\boldsymbol{j}+F_z\boldsymbol{k}$$

4）若已知力的投影，则力 $\boldsymbol{F}$ 的大小和方向分别为

$$\begin{cases} F=\sqrt{F_x^2+F_y^2+F_z^2} \\ \cos\alpha=\dfrac{F_x}{F},\quad \cos\beta=\dfrac{F_y}{F},\quad \cos\gamma=\dfrac{F_z}{F} \end{cases}$$

5）汇交力系必定有合力。根据合力投影定理，合力在任一轴上的投影等于各分力在同一轴上投影的代数和。

2. 力矩

1）力对点之矩是定位矢，其矢量表达式为

$$\boldsymbol{M}_O(\boldsymbol{F})=\boldsymbol{r}\times\boldsymbol{F}$$

解析表达式为

$$\boldsymbol{M}_O(\boldsymbol{F})=(yF_z-zF_y)\boldsymbol{i}+(zF_x-xF_z)\boldsymbol{j}+(xF_y-yF_x)\boldsymbol{k}$$

2）力对轴之矩是滑动矢，其代数表达式为

$$M_{Oz}(\boldsymbol{F})=M_O(\boldsymbol{F}_{xy})=\pm F_{xy}d=xF_y-yF_x$$

3）力矩关系定理

$$\begin{cases} [\boldsymbol{M}_O(\boldsymbol{F})]_x=M_{Ox}(\boldsymbol{F}) \\ [\boldsymbol{M}_O(\boldsymbol{F})]_y=M_{Oy}(\boldsymbol{F}) \\ [\boldsymbol{M}_O(\boldsymbol{F})]_z=M_{Oz}(\boldsymbol{F}) \end{cases}$$

4）合力矩定理

对点的合力矩定理　　$\boldsymbol{M}_O(\boldsymbol{F}_{\mathrm{R}})=\sum\boldsymbol{M}_O(\boldsymbol{F}_i)$

对轴的合力矩定理

$$\begin{cases} M_{Ox}(\boldsymbol{F}_{\mathrm{R}})=\sum M_{Ox}(\boldsymbol{F}_i) \\ M_{Oy}(\boldsymbol{F}_{\mathrm{R}})=\sum M_{Oy}(\boldsymbol{F}_i) \\ M_{Oz}(\boldsymbol{F}_{\mathrm{R}})=\sum M_{Oz}(\boldsymbol{F}_i) \end{cases}$$

3. 力偶及其力偶矩

力偶是由两个大小相等、方向相反、不共线的力组成的特殊力系。

力偶矩矢量

$$\boldsymbol{M}=\boldsymbol{r}_{BA}\times\boldsymbol{F}$$

力偶没有合力，力偶不能与一个力平衡，力偶只能与力偶平衡。

力偶矩矢量是力偶使刚体产生转动效应的唯一度量。

力偶具有可移性、可传性和可改造性。

4. 力偶系的合成与平衡

力偶系可以合成为一个合力偶，合力偶矩矢量为各分力偶矩矢量的矢量和，即

$$\boldsymbol{M}=\sum\boldsymbol{M}_i$$

刚体上力偶系平衡的充分必要条件为合力偶矩矢量为零，即

$$\boldsymbol{M}=\boldsymbol{0}$$

5. 力系的主矢和主矩

主矢 $\boldsymbol{F}_{\mathrm{R}}=\sum\boldsymbol{F}_i$

对点 O 的主矩 $\boldsymbol{M}_O=\sum\boldsymbol{M}_O(\boldsymbol{F}_i)$

6. 力系的简化

1）力线平移定理：作用在刚体上的力可以向刚体内任一点平移，平移后需附加一力偶，这一力偶的力偶矩等于原来的力对平移点之矩。

2）一般力系向任意简化中心简化的结果，一般可得到一个力和一个力偶，该力的大小和方向与力系的主矢相同，作用线通过简化中心，该力偶的力偶矩矢量的大小和方向与力系对简化中心的主矩相同。

3）固定端的约束力：对于平面问题，固定端有一个方向未知的约束力（可以分解为两个互相垂直的分力）和一约束力偶；对于空间问题，固定端的约束力和约束力偶都可以分解为三个互相垂直的分量。

2.7.2 关于力的矢量性质的讨论

本章所涉及的力学矢量比较多，因而比较容易混淆。根据这些矢量对刚体所产生的运动效应，以及这些矢量大小、方向、作用点或作用线，可以将其归纳为三类：定位矢、滑动矢、自由矢。

请读者判断力矢、主矢、力偶矩矢以及主矩分别属于哪一类矢量。

2.7.3 关于力系简化的最终结果

本章介绍了力系简化的理论以及一般力系向某一确定点简化的结果。但在很多情形下，这并不是力系简化的最终结果。

所谓力系简化的最终结果，是指力系在向某一确定点简化所得到的主矢和对这一点的主矩的基础上再进一步简化（向该确定点以外的点简化）。

空间一般力系简化的最终结果可能有以下4种情形：

1. 平衡

这时 $\boldsymbol{F}_{\mathrm{R}}=\boldsymbol{0}$，$\boldsymbol{M}_O=\boldsymbol{0}$。这表明原力系为平衡力系。这一结果将在第3章详细讨论。

2. 合力偶

这时 $\boldsymbol{F}_{\mathrm{R}}=\boldsymbol{0}$，$\boldsymbol{M}_O\neq\boldsymbol{0}$。合力偶的力偶矩等于力系对点 O 的主矩，且与简化中心无关。

3. 合力

这时可能有两种情形，一种是：$\boldsymbol{F}_{\mathrm{R}}\neq\boldsymbol{0}$，$\boldsymbol{M}_O=\boldsymbol{0}$，合力的作用线通过点 O，大小、方向取决于力系的主矢；另一种情形是：$\boldsymbol{F}_{\mathrm{R}}\neq\boldsymbol{0}$，$\boldsymbol{M}_O\neq\boldsymbol{0}$，但是 $\boldsymbol{F}_{\mathrm{R}}\cdot\boldsymbol{M}_O=0$，即 $\boldsymbol{F}_{\mathrm{R}}$ 与 $\boldsymbol{M}_O$ 互相垂直，根据力线平移定理的逆定理，$\boldsymbol{F}_{\mathrm{R}}$ 和 $\boldsymbol{M}_O$ 最终可简化为一合力，如图2-24a所示。合力 $\boldsymbol{F}'_{\mathrm{R}}$ 的作用线通过另一简化中心 O'。O' 相对 O 的矢径 $\boldsymbol{r}_{OO'}$ 由

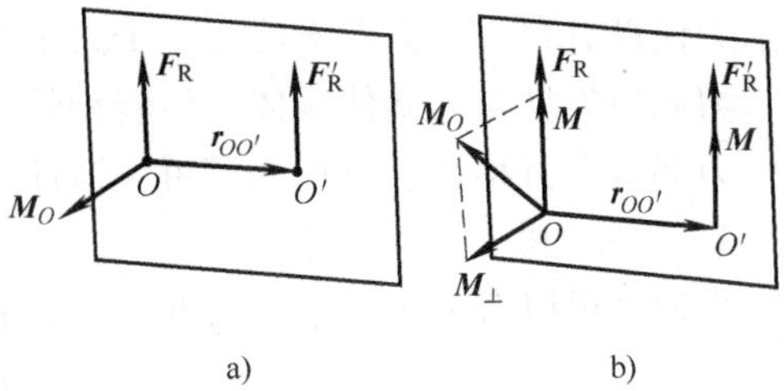

图2-24 力系简化的最终结果

下式确定：

$$r_{OO'}=\frac{F_R\times M_O}{|F_R|^2}\quad（F_R 与 F'_R 等值、同向，作用点不同）$$

4. 力螺旋

这时 $F_R\neq 0$，$M_O\neq 0$，而且 $F_R\cdot M_O\neq 0$。此时可将主矩 M_O 分解为沿力作用线方向的 M 和垂直于力作用线方向的 $M_\perp$。

进一步可将 $M_\perp$ 和 F_R 简化为作用线通过 O' 的力 F'_R。

最终，原力系可简化为一个力 F'_R 和与这一力共线的力偶 M，如图 2-24b 所示。

这种由共线的力 F'_R 和力偶 M 组成的特殊力系称为力螺旋（wrench of force system）。

旋具拧紧螺钉（见图 2-25），以及钻头钻孔时，作用在旋具及钻头上的力系都是力螺旋。

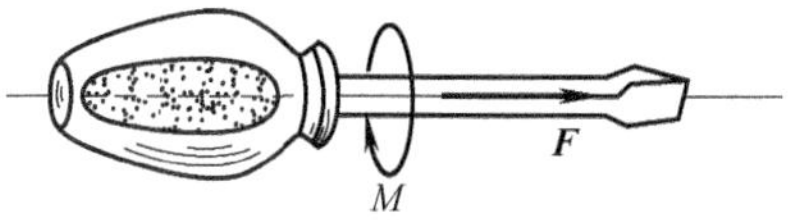

图 2-25　力螺旋实例

平面力系与空间力系简化的最终结果的差别在于平面力系不可能产生力螺旋。这一结论读者自己是可以证明的。

2.7.4　关于力偶性质推论的适用性

本章中关于力偶性质及其推论，在力系简化与平衡中是非常重要的，但这仅适用于刚体。对于弹性体则有一定的限制。

请读者结合图 2-26a、b 所示的实例，分析力偶性质的推论在弹性体中应用时，将会受到什么限制。

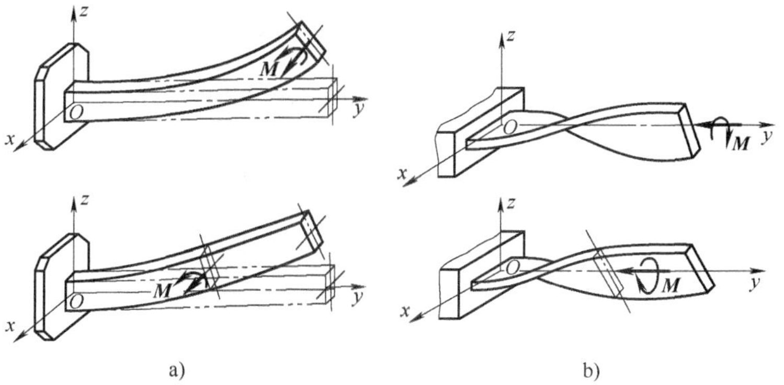

图 2-26　力偶性质推论的适用性

2.7.5　重力系的简化与物体的重心

工程上，对于有限体积的物体，可以视其重力为平行力系，视其重力加速度 g 为常量。若将物体分解为若干个体积微元 ΔV_i，并设每个微元所受重力为 P_i，如图 2-27 所示，则重力系的合力、即物体的总重力 P 的大小为

$$P=\sum P_i=\int_V \mathrm{d}P \tag{2-32}$$

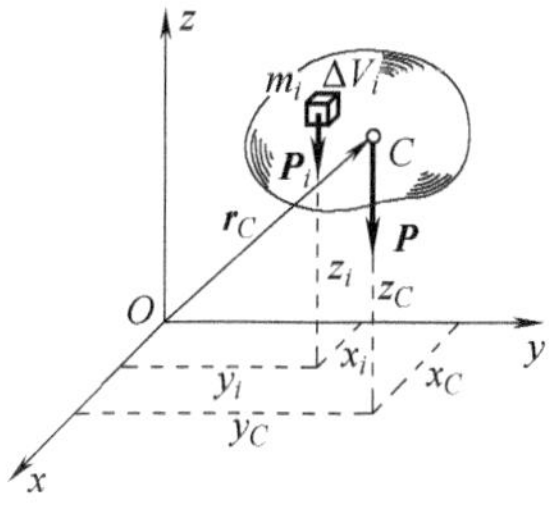

图 2-27　体分布力——物体重力的简化

不管物体如何放置，总重力 $\boldsymbol{P}$ 始终通过物体上同一点，这一点称为物体的重心。假设重心为 $C(x_C, y_C, z_C)$，则对于 y 轴应用合力矩定理，有

$$Px_C = \sum P_i x_i$$

$$x_C = \frac{\sum P_i x_i}{P} = \frac{\int_V x\mathrm{d}P}{\int_V \mathrm{d}P} \tag{2-33a}$$

对 x 轴应用合力矩定理，亦有

$$y_C = \frac{\sum P_i y_i}{P} = \frac{\int_V y\mathrm{d}P}{\int_V \mathrm{d}P} \tag{2-33b}$$

为确定 z_C，需要把物体转一个方位。我们不妨保持物体位形及坐标系各轴方位都不变，只将重力方向由平行 z 轴转换为平行 y 轴，然后再对 x 轴应用合力矩定理，可得

$$z_C = \frac{\sum P_i z_i}{P} = \frac{\int_V z\mathrm{d}P}{\int_V \mathrm{d}P} \tag{2-33c}$$

确定物体重心的实验方法

图 2-28a 所示为称重法，A 端固定铰支，称量出总重量 P 和 B 处的受力 F_B，量出长度 l，即可通过简单计算得出重心 C 的位置 x_C。图 2-28b 所示为悬挂法。请读者思考，如何快捷确定中国大陆版图的地理中心？

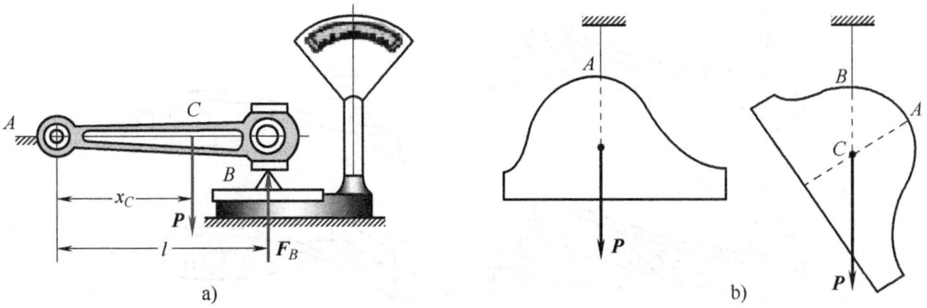

图 2-28 实验方法测定物体重心

a）称重法 b）悬挂法

习 题

选择填空题

2-1 如图 2-29 所示，将大小为 100N 的力 $\boldsymbol{F}$ 沿 x、y 方向分解，若 $\boldsymbol{F}$ 在 x 轴上的投影为 86.6N，而沿 x 方向的分力的大小为 115.47N，则 $\boldsymbol{F}$ 在 y 轴上的投影大小为（　　）。

① 0　　② 50N

③ 70.7N　　④ 86.6N

2-2　已知长方体的边长为 a、b、c，顶点 A 的坐标为（1,1,1），如图 2-30 所示。则力 $\boldsymbol{F}$ 对 z 轴的矩 $M_z(\boldsymbol{F})$ 为（　　）。

① $\dfrac{a(b+1)}{\sqrt{a^2+c^2}}F$　　② $-\dfrac{a(b+1)}{\sqrt{a^2+c^2}}F$

③ $\dfrac{ab}{\sqrt{a^2+c^2}}F$　　④ $-\dfrac{ab}{\sqrt{a^2+c^2}}F$

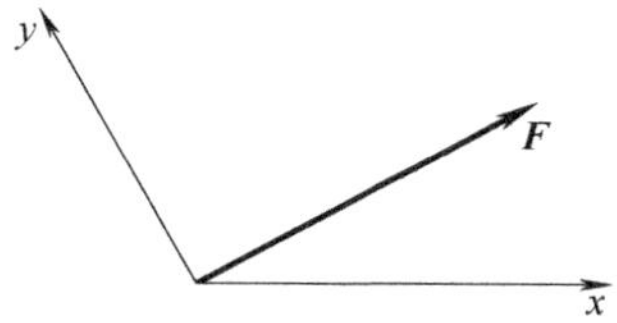

图 2-29　习题 2-1 图

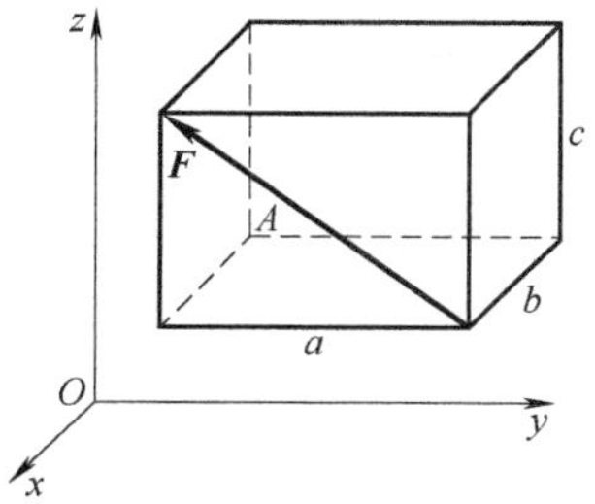

图 2-30　习题 2-2 图

2-3　正方体的前侧面沿对角线 AB 方向作用一力 $\boldsymbol{F}$（见图 2-31），则该力（　　）。

① 对 x、y、z 轴之矩全相等　　② 对 x、y、z 轴之矩全不相等

③ 对 x、y 轴之矩相等　　④ 对 y、z 轴之矩相等

2-4　如图 2-32 所示，构件 OA 上作用一矩为 M_1 的力偶，构件 BC 上作用一矩为 M_2 的力偶，若不计各处摩擦，则当系统平衡时，两力偶矩应满足的关系为（　　）。

① $M_1=4M_2$　　② $M_1=2M_2$

③ $M_1=M_2$　　④ $M_1=M_2/2$

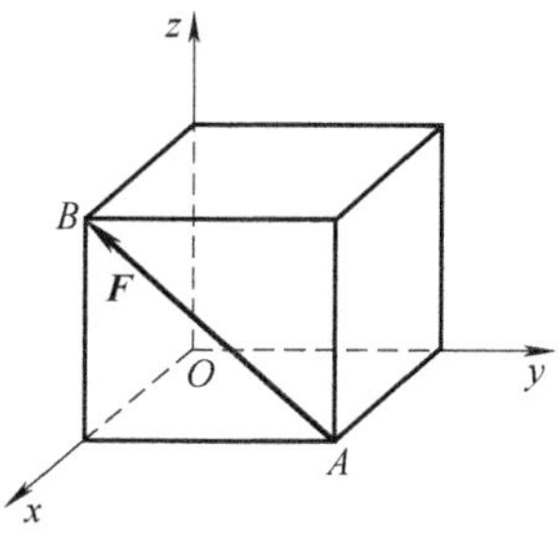

图 2-31　习题 2-3 图

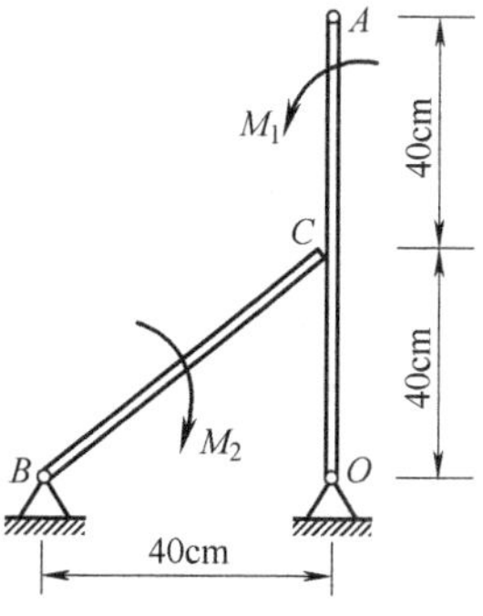

图 2-32　习题 2-4 图

2-5　图 2-33 所示的机构中，在构件 OA 和 BD 上分别作用矩为 M_1 和 M_2 的力偶使机构在图示位置平衡，当把 M_1 移到构件 AB 上时，系统仍能在图示位置保持平衡，则应该（　　）。

① 增大 M_1　　② 减小 M_1

③ M_1 保持不变　　④ 不可能在图示位置上平衡

2-6　已知 $\boldsymbol{F}_1$、$\boldsymbol{F}_2$、$\boldsymbol{F}_3$、$\boldsymbol{F}_4$ 为作用于刚体上的平面共点力系，其力矢关系如图 2-34 所示构成一平行四边形，因此可知（　　）。

① 力系可合成为一个力偶　　② 力系可合成为一个力

③ 力系简化为一个力和一个力偶　　④ 力系平衡

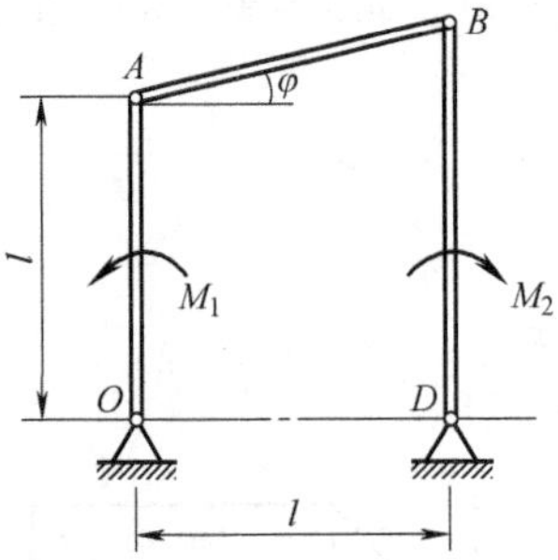

图2-33 习题2-5图

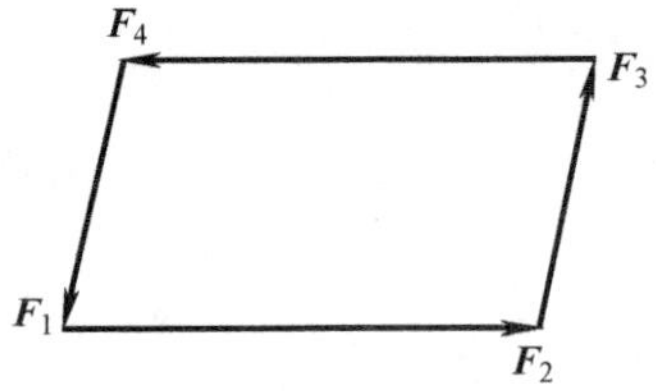

图2-34 习题2-6图

2-7 平面内一非平衡共点力系和一非平衡力偶系最后可能合成的情况是（ ）。

① 一合力偶　　② 一合力

③ 相平衡　　④ 无法进一步合成

2-8 将两个等效力系中的一个向点 A 简化，另一个向点 B 简化，得到的主矢和主矩分别记为 $\boldsymbol{F}'_{R1}$、$\boldsymbol{M}_1$ 和 $\boldsymbol{F}'_{R2}$、$\boldsymbol{M}_2$（主矢与 AB 不平行），则有（ ）。

① $\boldsymbol{F}'_{R1}=\boldsymbol{F}'_{R2}$，$\boldsymbol{M}_1=\boldsymbol{M}_2$　　② $\boldsymbol{F}'_{R1}=\boldsymbol{F}'_{R2}$，$\boldsymbol{M}_1\neq\boldsymbol{M}_2$

③ $\boldsymbol{F}'_{R1}\neq\boldsymbol{F}'_{R2}$，$\boldsymbol{M}_1=\boldsymbol{M}_2$　　④ $\boldsymbol{F}'_{R1}\neq\boldsymbol{F}'_{R2}$，$\boldsymbol{M}_1\neq\boldsymbol{M}_2$

2-9 某平面平行力系诸力与 y 轴平行，如图2-35所示。已知：$F_1=10\text{N}$，$F_2=4\text{N}$，$F_3=8\text{N}$，$F_4=8\text{N}$，$F_5=10\text{N}$，长度单位以cm计，则力系的简化结果与简化中心的位置（ ）。

① 无关

② 有关

③ 若简化中心选择在 x 轴上，与简化中心的位置无关

④ 若简化中心选择在 y 轴上，与简化中心的位置无关

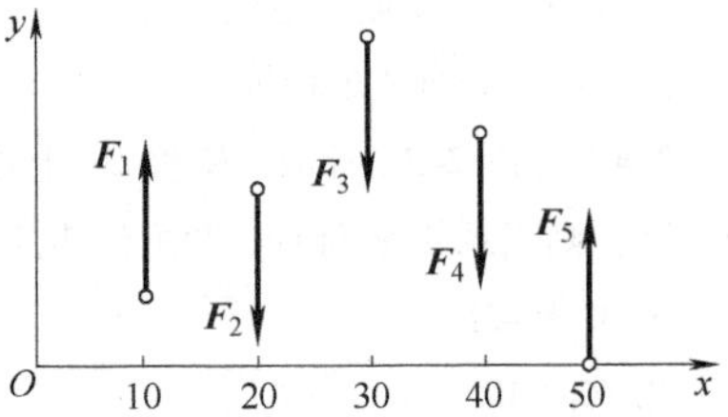

图2-35 习题2-9图

2-10 图2-36所示正方体的棱上作用6个大小相等的力，此力系向任一点简化的结果为（ ）。

① 主矢等于零，主矩不等于零　　② 主矢不等于零，主矩也不等于零

③ 主矢不等于零，主矩等于零　　④ 主矢等于零，主矩也等于零

2-11 图2-37所示正方体的棱上作用6个大小相等的力，则此力系简化的最后结果为（ ）。

① 合力　　② 平衡　　③ 合力偶　　④ 力螺旋

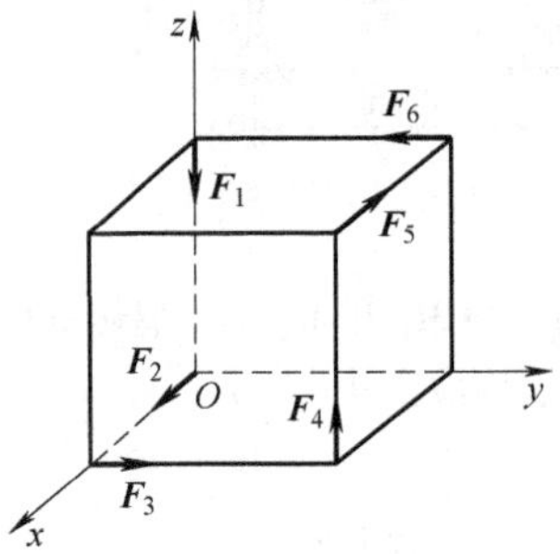

图2-36 习题2-10图

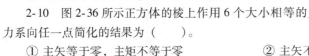

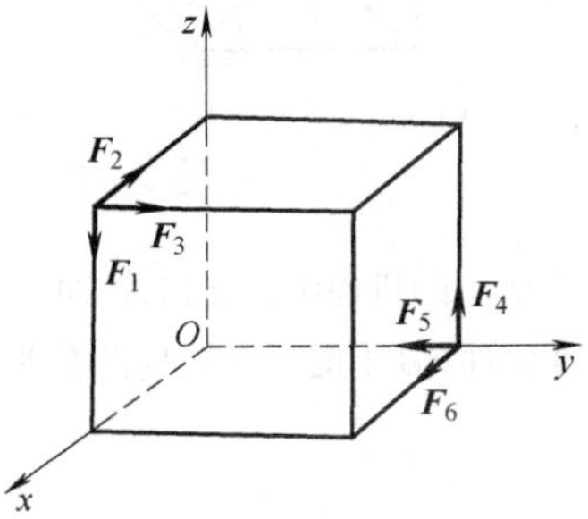

图2-37 习题2-11图

2-12 一空间力系向某点 O 简化后的主矢和主矩可分别表示为 $\boldsymbol{F}'_R=0\boldsymbol{i}+8\boldsymbol{j}+8\boldsymbol{k}$，$\boldsymbol{M}_O=0\boldsymbol{i}+0\boldsymbol{j}+24\boldsymbol{k}$，则此力系可进一步简化的最终结果为（ ）。

① 合力　　② 合力偶

③ 力螺旋　　　　　　　　　　④ 平衡力系

2-13　图 2-38 所示力系中，$F_1=F_2=F_3=F_4=F$，此力系向点 A 简化的结果是（　　　　），此力系向点 B 简化的结果是（　　　　）。

2-14　沿长方体不相交且不平行的棱作用三个大小相等的力，如图 2-39 所示。要使这个力系最终简化为一个力，则边长 a、b、c 应满足的条件为（　　　　）。

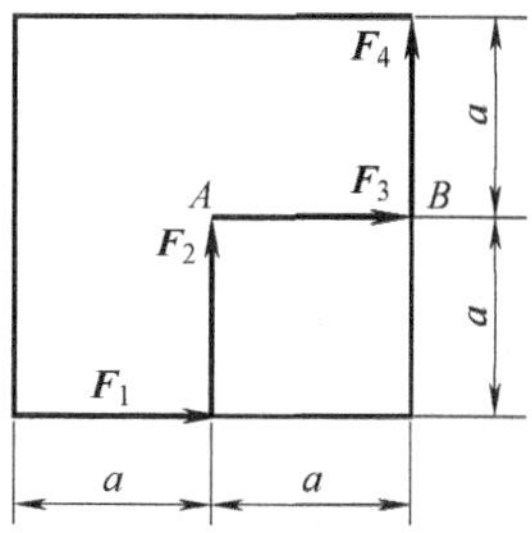

图 2-38　习题 2-13 图

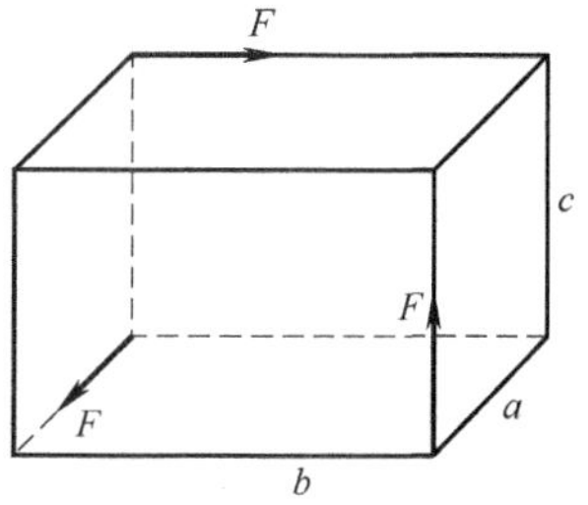

图 2-39　习题 2-14 图

2-15　通过 $A(3,0,0)$、$B(0,1,2)$ 两点（长度单位为 m）、由 A 指向 B 的力 $\boldsymbol{F}$，在 z 轴上的投影为（　　　　），对 z 轴的矩为（　　　　）。

分析计算题

2-16　如图 2-40 所示，脊柱上低于腰部的部位 A 是脊椎骨受损最敏感的部位。因为它可以抵抗由力 $\boldsymbol{F}$ 对点 A 之矩引起的过大弯曲效应。已知力 $\boldsymbol{F}$、d_1 和 d_2，试求产生最大弯曲变形的角度 θ。

2-17　作用于铣刀上的力系可以简化为一个力和一个力偶。已知力的大小为 1200N，力偶矩的大小为 240N · m，方向如图 2-41 所示。试求此力系对刀架固定端点 O 之矩。

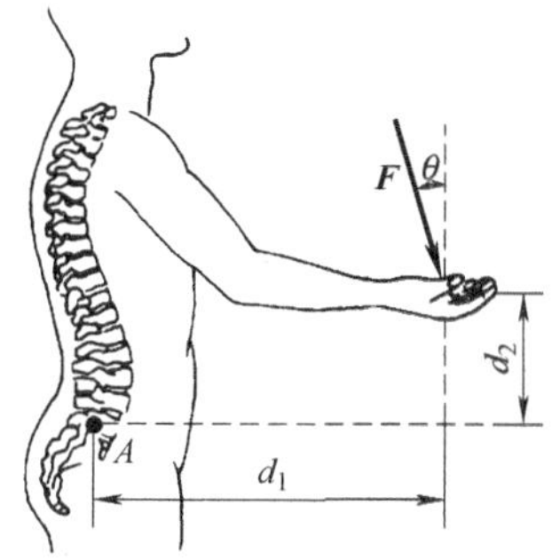

图 2-40　习题 2-16 图

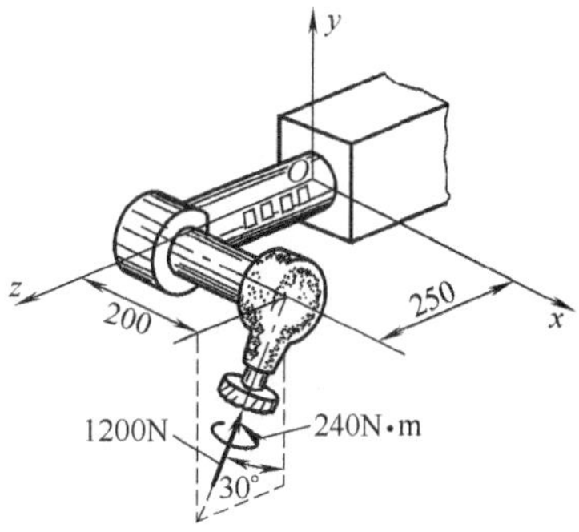

图 2-41　习题 2-17 图

2-18　如图 2-42 所示，作用于管扳手柄上的两个力构成一力偶，试求其力偶矩矢量。

2-19　齿轮箱有三个轴，其中轴 A 水平，轴 B 和轴 C 位于 yz 铅垂平面内，轴上作用的力偶如图 2-43 所示。试求其合力偶矩矢量。

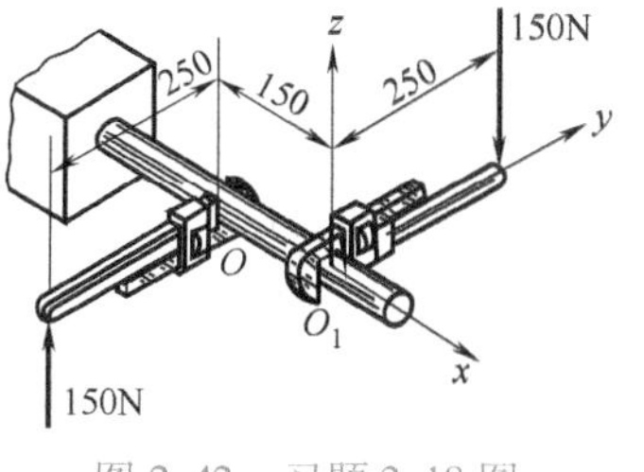

图 2-42　习题 2-18 图

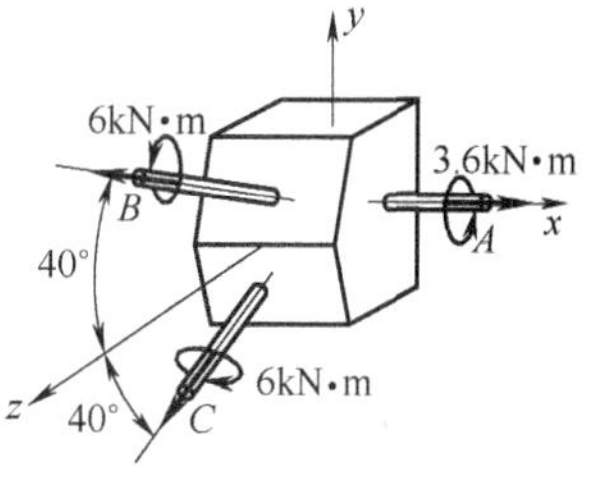

图 2-43　习题 2-19 图

2-20 如图2-44所示，平行力（F,$2F$）间距为d，试求其合力的大小、方向和作用线。

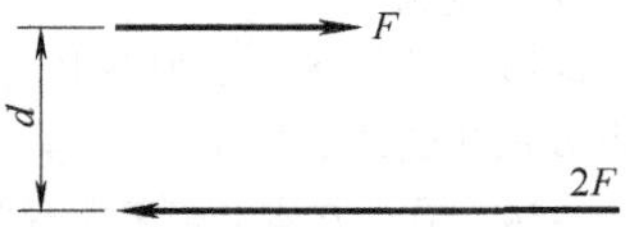

图2-44 习题2-20图

2-21 如图2-45所示，已知一平面力系对$A(3,0)$、$B(0,4)$和$C(-4.5,2)$三点的主矩分别为$M_A=20\text{kN}\cdot\text{m}$，$M_B=0$，$M_C=-10\text{kN}\cdot\text{m}$。试求该力系合力的大小、方向和作用线。

2-22 空间力系如图2-46所示，其中力偶作用在Oxy平面内，力偶矩$M=24\text{N}\cdot\text{m}$。试求此力系向点$O$简化的结果。

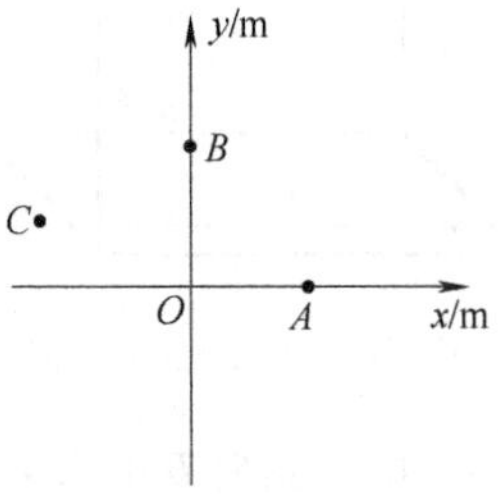

图2-45 习题2-21图

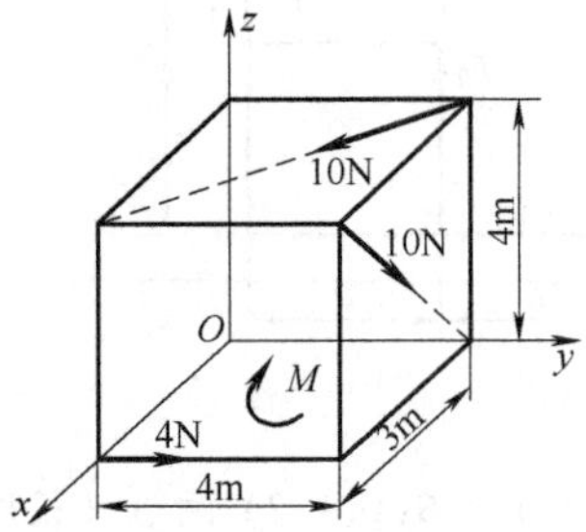

图2-46 习题2-22图

2-23 如图2-47所示，电动机固定在支架上，它受到自重160N、轴上的力120N以及矩为25N·m的力偶的作用。试求此力系向点A简化的结果。

2-24 如图2-48所示，三个大小均为F_O的力分别与三轴平行，且分别作用在三个坐标平面内。试问l_1、l_2、l_3需满足何种关系，此力系才可简化为一合力？

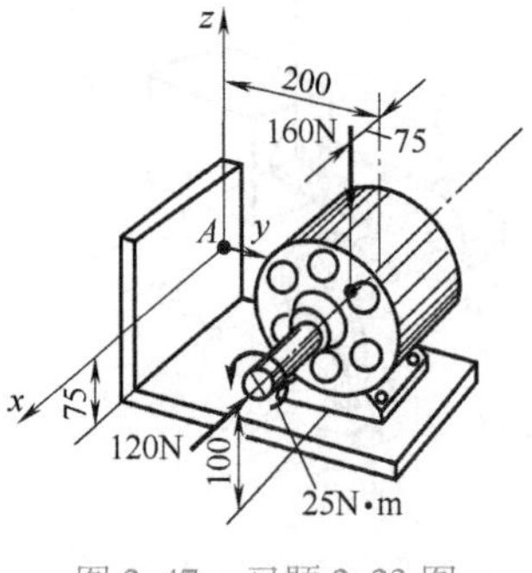

图2-47 习题2-23图

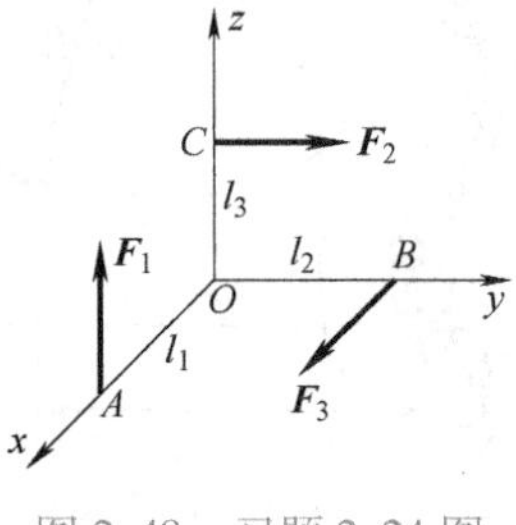

图2-48 习题2-24图

2-25 折杆AB的三种支承方式如图2-49所示，设有一力偶矩数值为M的力偶作用在折杆AB上。试求支承A和B处的约束力。

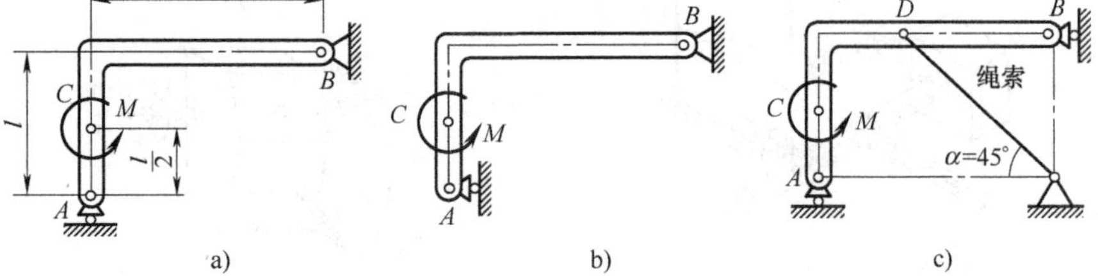

图2-49 习题2-25图

2-26 图2-50所示的结构中，各构件的自重略去不计。在构件AB上作用一力偶，其力偶矩数值$M=800\text{N}\cdot\text{m}$。试求支承$A$和$C$处的约束力。

2-27 齿轮箱两个外伸轴上作用的力偶如图2-51所示。为保持齿轮箱平衡，试求螺栓A、B处所提供的约束力的铅垂分力。

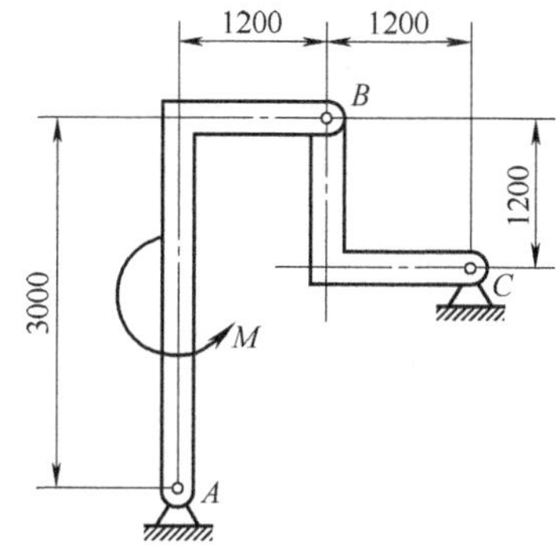

图2-50 习题2-26图

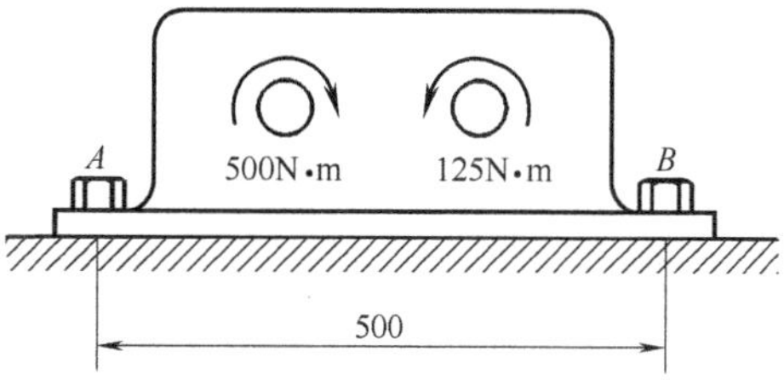

图2-51 习题2-27图

2-28 卷扬机结构如图2-52所示。物体放在小台车C上，小台车上装有A、B二滑轮，可沿铅垂导轨ED上下运动。已知物体重2kN，试求导轨对A、B轮的约束力。

2-29 试求图2-53所示结构中杆1、2、3所受的力。

2-30 为了测定飞机螺旋桨所受的空气阻力偶，可将飞机水平放置，其一轮搁置在地秤上，如图2-54所示。当螺旋桨未转动时，测得地秤所受的压力为4.6kN；当螺旋桨转动时，测得地秤所受的压力为64kN。已知两轮间距离$l=2.5\text{m}$。试求螺旋桨所受的空气阻力偶的力偶矩大小M。

2-31 试求图2-55所示两种结构的约束力$\boldsymbol{F}_{RA}$、$\boldsymbol{F}_{RC}$。

2-32 试求机构在图2-56所示位置保持平衡时两主动力偶的关系。

2-33 试求机构在图2-57所示位置保持平衡时两主动力之间的关系。

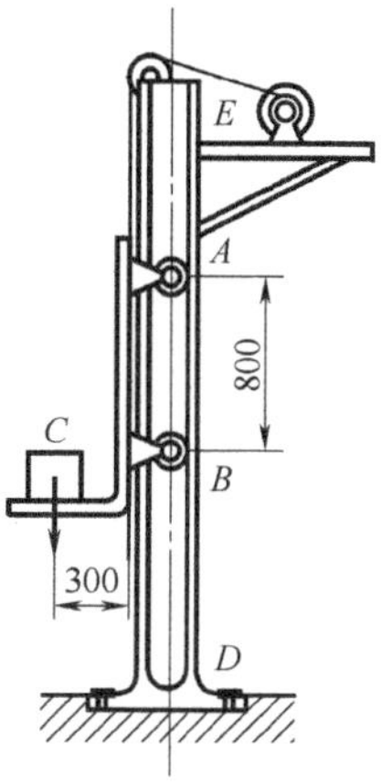

图2-52 习题2-28图

2-34 如图2-58所示，在三铰拱结构的两半拱上，各作用等值反向的力偶M。试求约束力$\boldsymbol{F}_{RA}$、$\boldsymbol{F}_{RB}$。

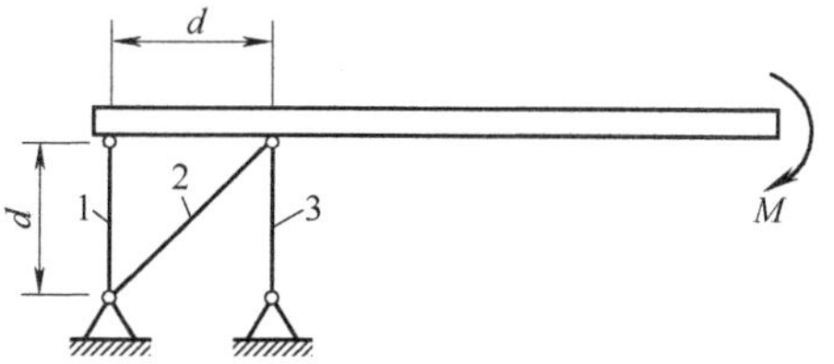

图2-53 习题2-29图

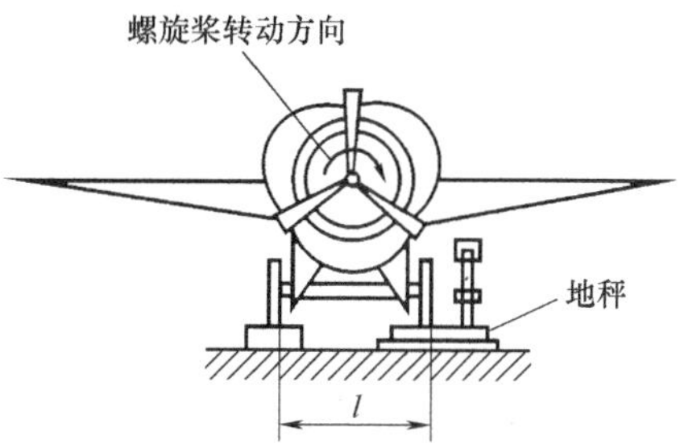

图2-54 习题2-30图

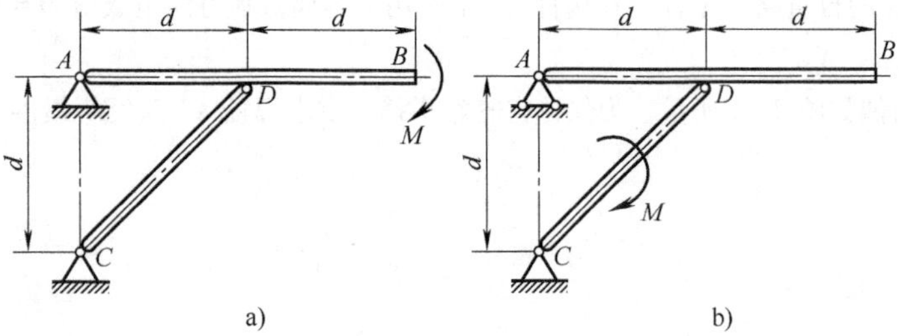

图 2-55　习题 2-31 图

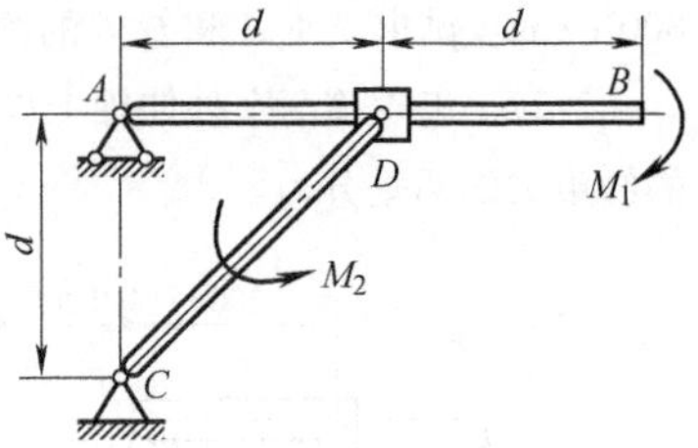

图 2-56　习题 2-32 图

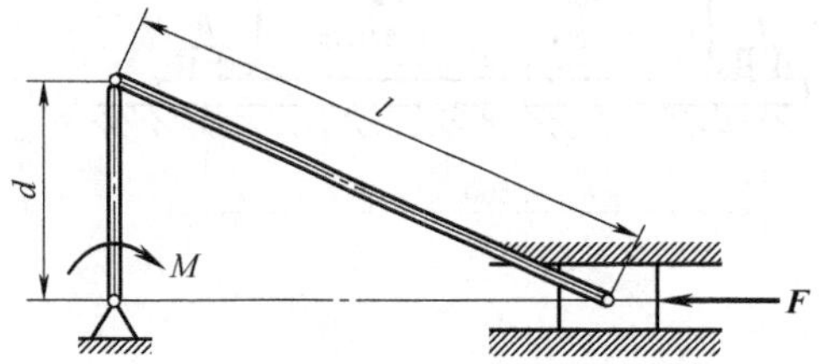

图 2-57　习题 2-33 图

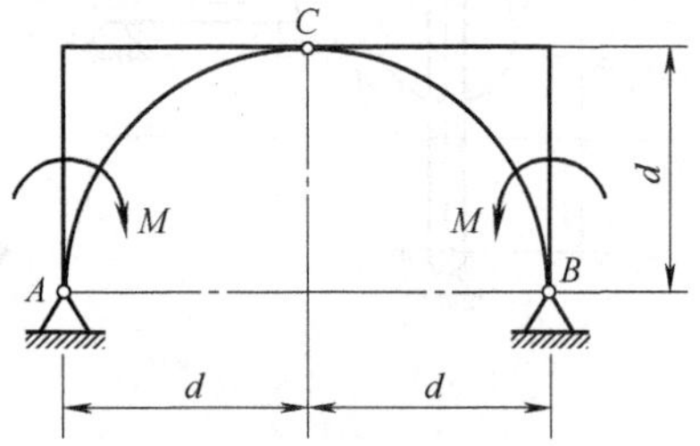

图 2-58　习题 2-34 图

第 3 章 力系的平衡

受力分析的终极目标是求解作用在构件上的所有未知力，从而为工程构件进行动力学分析、强度设计、刚度设计与稳定性设计提供理论基础。

本章将在力系等效和简化的基础上，应用平衡的概念，建立一般力系的平衡条件和平衡方程。应用平衡条件和平衡方程求解单个构件以及由多个构件所组成的物体系统的平衡问题，最终确定作用在所有构件上的全部未知力。本章最后将简单介绍考虑摩擦时的物体系统的平衡问题。

"平衡"不仅是本章的重要概念，也是工程力学课程的重要概念。对于一个物体系统，如果整体是平衡的，则组成这一系统的每一个构件也是平衡的。对于单个构件，如果它是平衡的，则构件的每一个局部也是平衡的。这就是整体平衡与局部平衡的概念。

3.1 力系的平衡条件与平衡方程

3.1.1 力系的平衡条件

应用力系等效原理，可得到力系平衡的充要条件（conditions both of necessary and sufficient for equilibrium）：

$$\begin{cases} \boldsymbol{F}_{\mathrm{R}} = \boldsymbol{0} \\ \boldsymbol{M}_O = \boldsymbol{0} \end{cases} \tag{3-1}$$

式（3-1）表明，力系要保持平衡，力系的主矢（$\boldsymbol{F}_{\mathrm{R}}$）和力系对任一点（$O$）的主矩（$\boldsymbol{M}_O$）必须同时为零。

无论是静力学还是动力学，平衡的概念都是相同的。静力学只是动力学的特例。

3.1.2 一般力系的平衡方程

1. 平衡方程的一般形式

考察由 $\boldsymbol{F}_1,\boldsymbol{F}_2,\cdots,\boldsymbol{F}_n$ 组成的一般力系，由第 2 章式（2-28）和式（2-29）得一般力系主矢与主矩的表达式

$$\begin{cases} \boldsymbol{F}_{\mathrm{R}} = \sum \boldsymbol{F}_i \\ \boldsymbol{M}_O(\boldsymbol{F}) = \sum \boldsymbol{M}_O(\boldsymbol{F}_i) \end{cases}$$

若将其写成投影式，则有

$$F_{\mathrm{R}x} = \sum F_{ix} \quad M_{Ox} = \sum M_{Ox}(\boldsymbol{F}_i)$$

$$F_{Ry}=\sum F_{iy} \quad M_{Oy}=\sum M_{Oy}(\boldsymbol{F}_i)$$
$$F_{Rz}=\sum F_{iz} \quad M_{Oz}=\sum M_{Oz}(\boldsymbol{F}_i)$$

应用平衡条件式（3-1），再结合上式可得到一般力系的平衡方程

$$\begin{cases}\sum F_x=0 & \sum M_{Ox}(\boldsymbol{F})=0\\ \sum F_y=0 & \sum M_{Oy}(\boldsymbol{F})=0\\ \sum F_z=0 & \sum M_{Oz}(\boldsymbol{F})=0\end{cases} \tag{3-2}$$

为简单起见，方程（3-2）中已将力 $\boldsymbol{F}$ 中的下标 i 省略，但求和仍为自 $i=1$ 至 $i=n$。

方程（3-2）表明，力系中所有力在直角坐标系各轴上投影的代数和分别等于零；力系中所有力对各轴之矩的代数和分别等于零。

2. 平面一般力系的平衡方程

若力系中所有力的作用线都位于同一平面，且力系的主矢和主矩均不为零，这样的力系称为平面一般力系（arbitrary force system in a plane）。若平面一般力系均作用在 Oxy 平面，则力系中所有力在 z 轴（垂直于 Oxy 坐标平面）上的投影，以及所有力对 x 轴和 y 轴之矩均为零，而且所有的力对 z 轴之矩便退化为对点 O（z 轴与力系作用平面的交点）之矩的代数量（见图3-1）。

于是，方程（3-2）退化为

$$\begin{cases}\sum F_x=0\\ \sum F_y=0 \qquad \text{（基本式，单矩式）}\\ \sum M_O(\boldsymbol{F})=0\end{cases} \tag{3-3}$$

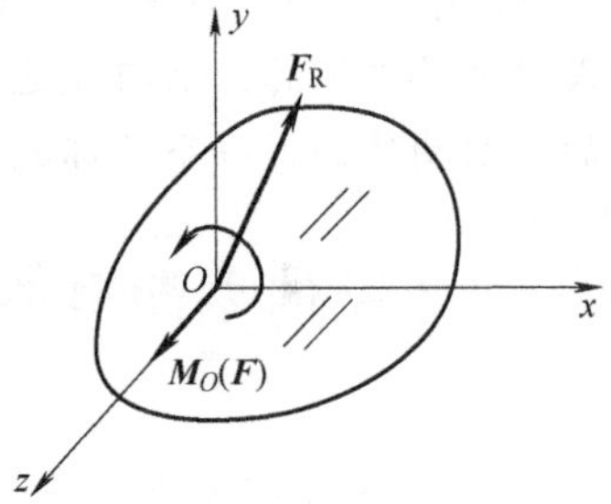

图 3-1 平面一般力系平衡方程的推演

其中，第1式和第2式称为投影式，第3式称为力矩式。

3. 平面一般力系平衡方程的其他形式

二矩式：

$$\begin{cases}\sum F_a=0\\ \sum M_A(\boldsymbol{F})=0 \quad \text{（}AB\text{ 连线与 }a\text{ 轴不垂直）}\\ \sum M_B(\boldsymbol{F})=0\end{cases} \tag{3-4}$$

证明：必要性显然。充分性用反证法求证。根据方程（3-4）中第2式和第3式，力系可以简化为一个通过 AB 连线的合力 $\boldsymbol{F}_R$，如图3-2所示；由于 AB 连线与 a 轴不垂直，说明若 $\boldsymbol{F}_R\neq\boldsymbol{0}$，则其在 a 轴上的投影必不为零，这与第1式矛盾，故只能 $\boldsymbol{F}_R=\boldsymbol{0}$。此外，应用力系对于不同点的主矩之间的关系式（2-31），即 $\boldsymbol{M}_O=\boldsymbol{M}_A+\boldsymbol{r}_{OA}\times\boldsymbol{F}_R$，因为 $\boldsymbol{F}_R\equiv\boldsymbol{0}$，故 $\boldsymbol{M}_O=\boldsymbol{M}_A$，而 $M_A=\sum M_A(\boldsymbol{F})=0$，故 $\boldsymbol{M}_O=\boldsymbol{0}$。$\boldsymbol{F}_R=\boldsymbol{0}$、$\boldsymbol{M}_O=\boldsymbol{0}$ 的力系，必为平衡力系。充分性得证。

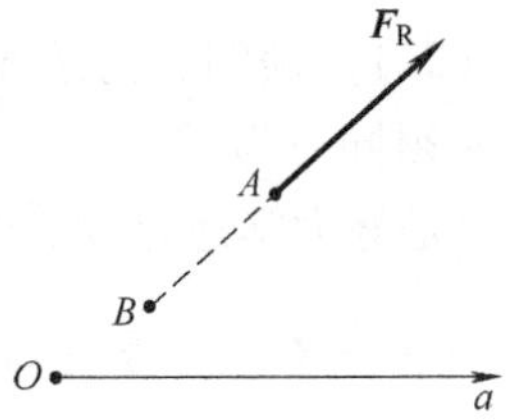

图 3-2 投影轴与取矩点的关系

三矩式：

$$\begin{cases}\sum M_A(\boldsymbol{F})=0\\ \sum M_B(\boldsymbol{F})=0 \quad \text{（}A\text{、}B\text{、}C\text{ 三点不共线）}\\ \sum M_C(\boldsymbol{F})=0\end{cases} \tag{3-5}$$

采用类似的方法可以证明方程（3-5）的必要性与充分性，这里不再赘述。

3.1.3　单个构件的平衡问题

应用第 1 章关于受力分析的基本方法以及本章所介绍的平衡方程，不难确定大多数情形下作用在单个构件上的已知力与未知力之间的关系，从而求解未知力。此即单个构件的平衡问题。本章以平面问题为例，说明处理这类平衡问题的过程。

【例题 3-1】　图 3-3a 所示结构中，A、C、D 三处均为光滑铰链约束。横梁 AB 在 B 处承受集中载荷 $\boldsymbol{F}_{\mathrm{P}}$。结构各部分尺寸均示于图中，若已知 $\boldsymbol{F}_{\mathrm{P}}$ 和 l，试求撑杆 CD 的受力以及固定铰支座 A 处的约束力。

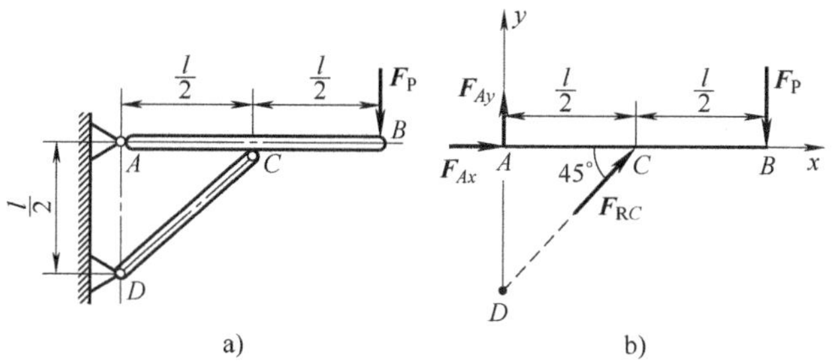

图 3-3　例题 3-1 图

解：（1）**受力分析**

撑杆 CD 的两端均为光滑铰链约束，中间无其他力作用，故为二力杆。

因为 CD 为二力杆，横梁 AB 在 C 处的约束力与撑杆在 C 处的受力互为作用力与反作用力，其方向已定。此外，横梁在 A 处为固定铰支座，可提供一个大小和方向均未知的约束力。于是横梁 AB 承受 3 个力作用。根据三力构件的概念，不难确定 A 处约束力的方向。

为了应用平面力系的平衡方程，现将 A 处的约束力分解为相互正交的两个分力 $\boldsymbol{F}_{Ax}$ 和 $\boldsymbol{F}_{Ay}$。C 处的约束力 $\boldsymbol{F}_{\mathrm{RC}}$沿着杆 CD 的方向。于是，横梁的受力如图 3-3b 所示。

（2）**确定平衡对象，求解未知力**

本例所要求的是杆 CD 的受力和 A 处的约束力。若以杆 CD 为平衡对象，只能确定两端约束力大小相等、方向相反，不能得到所需结果。

以横梁 AB 为研究对象，其上作用有 $\boldsymbol{F}_{\mathrm{P}}$、$\boldsymbol{F}_{Ax}$、$\boldsymbol{F}_{Ay}$、$\boldsymbol{F}_{\mathrm{RC}}$，四个力中有 3 个是所要求的，因而可以由平面力系的 3 个独立平衡方程求得。

对于横梁 AB，应用三矩式平衡方程（3-5），有

$$\sum M_A(\boldsymbol{F})=0,\quad -F_{\mathrm{P}}\times l+F_{\mathrm{RC}}\times\frac{l}{2}\sin45^{\circ}=0$$

$$\sum M_C(\boldsymbol{F})=0,\quad -F_{Ay}\times\frac{l}{2}-F_{\mathrm{P}}\times\frac{l}{2}=0$$

$$\sum M_D(\boldsymbol{F})=0,\quad -F_{Ax}\times\frac{l}{2}-F_{\mathrm{P}}\times l=0$$

上述 3 个方程各包含 1 个未知力，故可独立求得

$$F_{\mathrm{RC}}=2\sqrt{2}F_{\mathrm{P}}$$

$$F_{Ax}=-2F_{\mathrm{P}}$$
$$F_{Ay}=-F_{\mathrm{P}}$$

其中，负号表示实际方向与图设方向相反。

（3）**本例讨论**

前已分析，横梁 AB 承受汇交于一点的三个力作用，因而既可以用汇交力系平衡方程（$\sum F_x=0$，$\sum F_y=0$），也可以用力多边形法则求解未知力。

将 A 处的约束力正交分解为 F_{Ax} 和 F_{Ay} 后，原来的汇交力系变为平面一般力系。平面一般力系的平衡方程还有其余两种形式可供选用。

建议读者通过本例自行练习，对上述各种方法加以比较。

【例题 3-2】 平面刚架的受力及各部分尺寸如图 3-4a 所示，A 端为固定端约束。若图中 q、F_{P}、M、l 均为已知，试求 A 端的约束力。

解：（1）**受力分析**

A 端为固定端约束，因为是平面问题，故有 3 个约束力，分别用 $\boldsymbol{F}_{Ax}$、$\boldsymbol{F}_{Ay}$ 和 $\boldsymbol{M}_A$ 表示。平面刚架为唯一的研究对象，其受力如图 3-4b 所示。其中作用在 CD 部分的均布载荷已简化为一集中力 ql，作用在 CD 杆的中点。

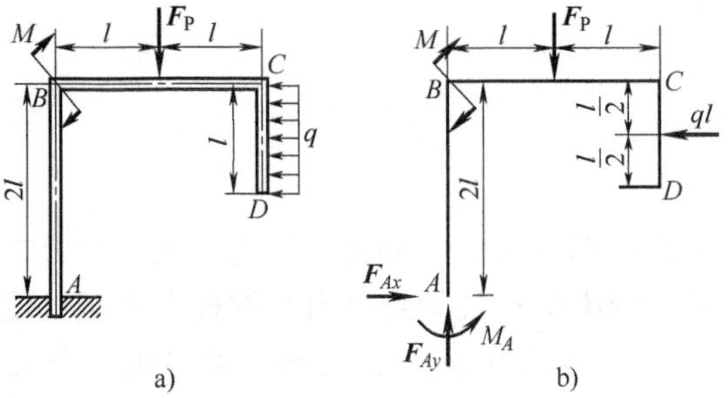

图 3-4 例题 3-2 图

（2）**建立平衡方程求解未知力**

应用平衡方程

$$\sum F_x=0,\quad F_{Ax}-ql=0$$
$$\sum F_y=0,\quad F_{Ay}-F_{\mathrm{P}}=0$$
$$\sum M_A(\boldsymbol{F})=0,\quad M_A-M-F_{\mathrm{P}}l+ql\times\frac{3l}{2}=0$$

求得

$$F_{Ax}=ql,\quad F_{Ay}=F_{\mathrm{P}},\quad M_A=M+F_{\mathrm{P}}l-\frac{3}{2}ql^2$$

为了验证上述结果的正确性，可以将作用在刚架上的所有力（包括已经求得的约束力），对任意点（包括刚架上的点和刚架外的点）取矩。若这些力矩的代数和为零，则表示所得结果是正确的，否则就是不正确的。

【例题 3-3】 图 3-5 所示结构中，AB、AC、AD 三杆通过球铰连接于 A 处；B、C、D 三处均为固定球铰支座。若在 A 处悬挂重物的重量 W 已知，试求三杆的受力。

解：以 A 处的球铰为研究对象。由于 AB、AC、AD 三杆都是两端铰接，杆上无其他外力作用，故都是二力杆。因此，三杆作用在 A 处球铰上的力 $\boldsymbol{F}_{AB}$、$\boldsymbol{F}_{AC}$、$\boldsymbol{F}_{AD}$的作用线分别沿着各杆的轴线方向，假设三者的指向都是背离 A 点的。

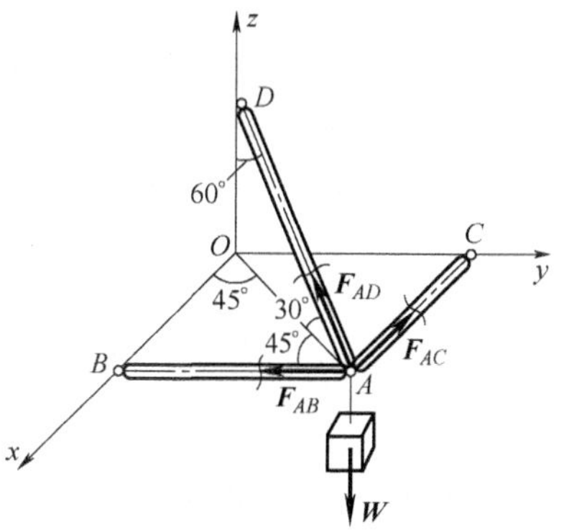

图 3-5　例题 3-3 图

由于铰 A 所受的三个力不共面，因此铰 A 平衡时，$\boldsymbol{F}_{AB}$、$\boldsymbol{F}_{AC}$、$\boldsymbol{F}_{AD}$和主动力 $\boldsymbol{W}$ 所组成的空间汇交力系应满足平衡方程。根据受力图中的几何关系，列出平衡方程。

由　$\sum F_z=0,\quad F_{AD}\sin30°-W=0$

可得　$$F_{AD}=2W$$

由　$\sum F_x=0,\quad -F_{AC}-F_{AD}\cos30°\sin45°=0$

可得　$$F_{AC}=-\frac{\sqrt{6}}{2}W$$

由　$\sum F_y=0,\quad -F_{AB}-F_{AD}\cos30°\cos45°=0$

可得　$$F_{AB}=-\frac{\sqrt{6}}{2}W$$

在以上分析中，计算 $\boldsymbol{F}_{AD}$在 x、y 方向的投影时，是先将其投影到 Oxy 坐标平面上，然后再分别向 x、y 坐标轴投影。

3.2　简单物体系统的平衡问题

3.2.1　静定和超静定的概念

由两个或两个以上的物体（零件、部件或构件）通过一定的约束方式联系在一起的系统，称为物体系统，简称物系。当研究物系的运动效应时，其中的各个构件或零部件均被视为刚体，这时的结构或机构即属于多刚体系统。

物系平衡问题的特点是：仅仅考察系统的整体或某个局部（单个物体或局部物体系统），不能确定全部未知力。

当系统中未知力的个数正好等于独立平衡方程的个数时，仅通过平衡方程即可求解全部未知力，这类问题称为静定问题（statically determinate problem），相应的结构称为静定结构（statically determinate structure）。显然，前面几节所讨论的平衡问题都是静定问题。

工程中为了提高结构的强度和刚度，常常在静定结构上再附加一个或多个约束，从而使未知约束力的个数大于独立平衡方程的个数。因而，仅仅由平衡方程无法求得全部未知约束力，这时的问题称为超静定问题（statically indeterminate problem），相应的结构称为超静定结构（statically indeterminate structure）。

超静定问题中，未知约束力的个数与独立的平衡方程个数之差，称为超静定次数（degree of statically indeterminate problem）。与超静定次数对应的约束，对于结构保持静定是多余的，故称为多余约束。

超静定次数或多余约束个数用 i 表示，由下式确定：

$$i=N_r-N_e \tag{3-6}$$

式中，N_r 为未知约束力的个数；N_e 为独立平衡方程的个数。

本节主要介绍与超静定问题有关的若干概念，至于超静定问题的求解已超出工程静力学范围，将在材料力学部分详细介绍。

3.2.2 物系平衡问题的解法

为了解决物系的平衡问题，需将平衡的概念加以扩展，即：若系统整体是平衡的，则组成系统的每一个局部以及每一个构件也必然是平衡的。

应用这一重要理论以及平衡方程即可求解物体系统的平衡问题。下面举例说明。

【例题3-4】 图3-6a中所示的组合梁由杆 AB 与杆 BC 在 B 处铰接而成。组合梁 A 处为固定端，C 处为辊轴支座。结构上 DE 段承受集度为 q 的均布载荷作用；E 处作用有主动力偶，其力偶矩为 M。若 q、M、l 均为已知，试求 A、C 两处的约束力。

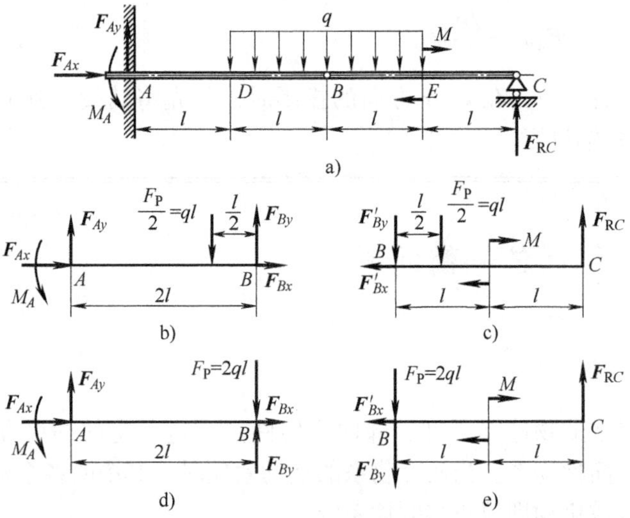

图3-6 例题3-4图

解：(1) **受力分析**

对于组合梁整体，在固定端 A 处有3个约束力，设为 $\boldsymbol{F}_{Ax}$、$\boldsymbol{F}_{Ay}$ 和 $\boldsymbol{M}_A$；在辊轴支座 C 处有1个铅垂方向的约束力 $\boldsymbol{F}_{RC}$。这些约束力称为系统的外约束力（external constraint force）。

若将组合梁从 B 处拆分成两个刚体，则光滑铰链 B 处的约束力可以用互相正交的两个分力表示，这种作用在两个刚体上同一处的、互为作用力与反作用力的约束力称为系统的内约束力（internal constraint force）。内约束力在考察组合梁整体平衡时并不出现。

于是，整体组合梁的受力如图3-6a所示；AB、BC 两个刚体的受力如图3-6b、c所示。$\frac{F_P}{2}=ql$ 为均布载荷简化的结果。

(2) **整体平衡**

考察整体结构的受力图（见图3-6a），其上作用有4个未知约束力，而平面一般力系独立的平衡方程只有3个，因此，仅仅考察整体平衡不能求得全部未知约束力，但是可以求得某些未知力。例如，由平衡方程$\sum F_x=0$，可以确定$F_{Ax}=0$。

（3）**局部平衡**

杆AB的A、B两处作用有5个约束力（见图3-6b），其中已求得$F_{Ax}=0$，尚有4个是未知的，故杆AB不宜最先选作平衡对象。杆BC的B、C两处共有3个未知约束力（见图3-6c），可由3个独立平衡方程确定。因此，先以杆BC为平衡对象，求得其上的约束力后，再应用B处两部分约束力互为作用力与反作用力关系，然后考察杆AB的平衡，即可求得A处的约束力。也可以在确定了C处的约束力之后，再考察整体平衡求得A处的约束力。

先考察杆BC的平衡，由

$$\sum M_B(\boldsymbol{F})=0,\quad F_{\mathrm{RC}}\times 2l-M-ql\times\frac{l}{2}=0$$

求得

$$F_{\mathrm{RC}}=\frac{M}{2l}+\frac{ql}{4} \tag{a}$$

再考察整体平衡，将DE段的均布载荷简化为作用于B处的集中力，其值为$2ql$，由平衡方程

$$\sum F_y=0,\qquad F_{Ay}-2ql+F_{\mathrm{RC}}=0$$

$$\sum M_A(\boldsymbol{F})=0,\quad M_A-2ql\times 2l-M+F_{\mathrm{RC}}\times 4l=0$$

将式（a）代入上式后，解得

$$F_{Ay}=\frac{7}{4}ql-\frac{M}{2l},\quad M_A=3ql^2-M \tag{b}$$

（4）**结果验证**

为了验证上述结果的正确性，建议读者再以杆AB为平衡对象，利用已经求得的F_{Ay}和M_A，确定B处的约束力，并与考察杆BC平衡求得的B处约束力互相印证。

对于学习者，上述验证过程显得过于烦琐，但对于工程设计，为了确保安全可靠，这种验证过程却是非常必要的。

（5）**本例讨论**

本例中关于均布载荷的简化，有两种方法：考察整体平衡时，将其简化为作用在B处的集中力，其值为$2ql$；考察局部平衡时，要先拆分，再将作用在各个局部上的均布载荷分别简化为集中力。

在将系统拆开之前，能不能先将均布载荷简化？这样简化得到的集中力应该作用在哪一个局部上？图3-6d、e所示的将集中力$\boldsymbol{F}_{\mathrm{P}}$同时作用在两个局部的$B$处，这样的处理是否正确？请读者应用力系等效定理自行分析研究。

【例题3-5】 图3-7a所示为房屋和桥梁结构中常见的三铰拱（three-pin arch，three hinged arch）模型。这种结构由两个构件通过光滑铰链铰接而成：A、B两处为固定铰支座；C处为中间铰。各部分尺寸均示于图中。拱的顶面承受集度为q的均布载荷。若已知q、l、h，且不计拱结构的自重，试求A、B两处的约束力。

解：（1）**受力分析**

固定铰支座A、B两处的约束力均用两个相互正交的分力表示。中间铰C处也用两个分力

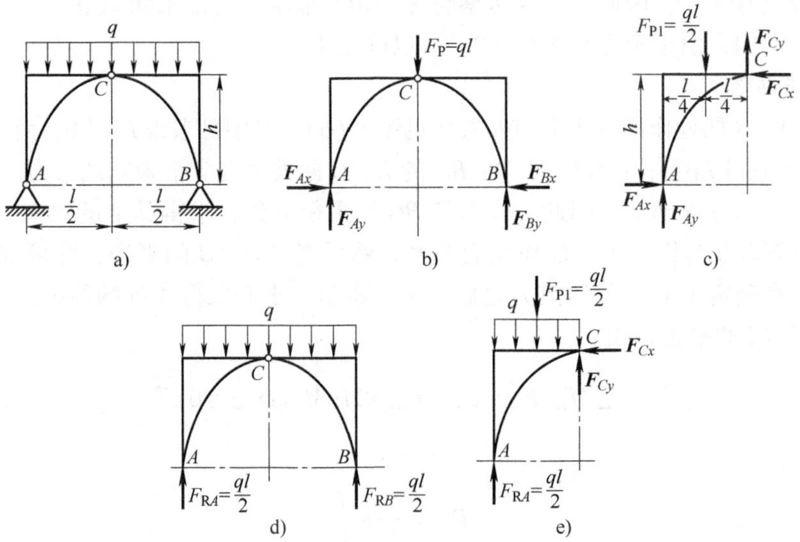

图 3-7 例题 3-5 图

表示其约束力。但前者为外约束力；后者为内约束力。内约束力仅在系统拆分时才会出现。

（2）**整体平衡**

将作用在拱顶面的均布载荷简化为过点 C 的集中力，其值为 $F_P=ql$，考虑到 A、B 两处的约束力，整体结构的受力如图 3-7b 所示。

从图中可以看出，4 个未知约束力中，分别有 3 个约束力的作用线通过点 A 或点 B。这表明，应用对 A、B 两点的力矩式平衡方程，可以各求得一个未知力。于是，由

$$\sum M_A(\boldsymbol{F})=0,\quad F_{By}\times l-F_P\times\frac{l}{2}=0$$

$$\sum M_B(\boldsymbol{F})=0,\quad F_{Ay}\times l+F_P\times\frac{l}{2}=0$$

$$\sum F_x=0,\qquad F_{Ax}-F_{Bx}=0$$

求得

$$F_{Ay}=F_{By}=\frac{ql}{2},\quad F_{Ax}=F_{Bx}\tag{a}$$

结果均为正，表明约束力的实际指向与图 3-7b 中所假设的指向相同。

（3）**局部平衡**

将系统从 C 处拆开，考察左边或右边部分的平衡，在图 3-7c 中，$F_{P1}=ql/2$ 为作用在左半部顶面均布载荷的简化结果。于是可以写出

$$\sum M_C(\boldsymbol{F})=0,\quad F_{Ax}\times h+\frac{ql}{2}\times\frac{l}{4}-F_{Ay}\times\frac{l}{2}=0$$

将式（a）代入上式后，解得

$$F_{Ax}=F_{Bx}=\frac{ql^2}{8h}\tag{b}$$

如何验证式（a）和式（b）的正确性呢？请读者自行研究。同时请读者研究图 3-7d、e

中的受力分析是否正确？

【例题 3-6】 平面桁架受力如图 3-8a 所示。若尺寸 d 和载荷 $\boldsymbol{F}_P$ 均为已知，试求各杆的受力。

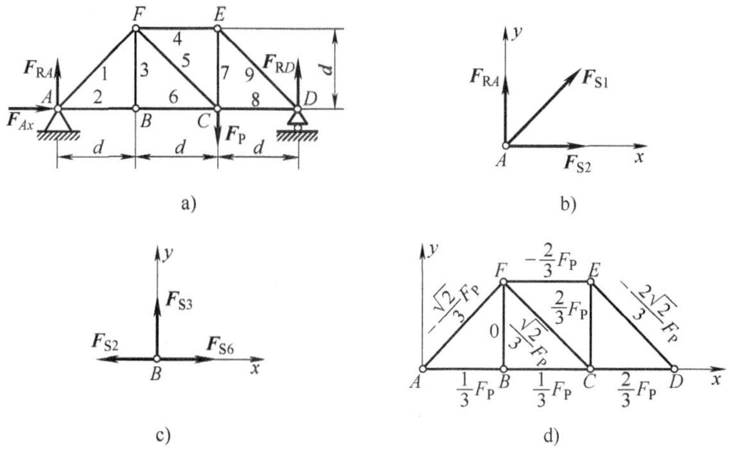

图 3-8 例题 3-6 图

解：首先考察整体平衡，求出支座 A、D 两处的约束力。桁架整体受力示于图 3-8a 中。根据整体平衡，由平衡方程

$$\sum M_D(\boldsymbol{F})=0,\quad \sum F_y=0,\quad \sum F_x=0$$

求得

$$F_{RA}=\frac{1}{3}F_P,\quad F_{RD}=\frac{2}{3}F_P,\quad F_{Ax}=0$$

再以节点 A 为研究对象，其受力如图 3-8b 所示。由平衡方程

$$\sum F_y=0,\quad \sum F_x=0$$

解得

$$F_{S1}=\frac{\sqrt{2}}{3}F_P(\text{压}),\quad F_{S2}=\frac{1}{3}F_P(\text{拉})$$

考察节点 B 的平衡，其受力如图 3-8c 所示。由平衡方程 $\sum F_y=0$，得到

$$F_{S3}=0$$

这表明，杆 3 的内力为零。工程上将桁架中不受力的杆称为**零力杆**或**零杆**（zero-force member）。

接下可继续从左向右，也可从右向左，或者二者同时进行，考察有关节点的平衡，求出各杆内力。现将最后计算结果标注于图 3-8d 中。其中，“+”表示受拉（拉杆）；“-”表示受压（压杆）；“0”表示零杆。

本例讨论：这种以节点为研究对象，逐个考察其受力与平衡，从而求得全部杆件的受力的方法称为“节点法”（method of joints or pins）。读者可能会注意到，本例所考察的节点是从 A 或 B 开始的，那么能否从考察节点 C 开始呢？这个问题留给读者去思考，并从中归纳出“节点法”的要点。

【例题 3-7】 试用截面法求例题 3-6 中杆 4、5、6 的内力。

解：首先用图 3-9 所示的假想截面将桁架完全截开分为两部分。假设截开的所有杆件均

受拉力。考察左边部分的受力与平衡，写出平面一般力系的3个平衡方程，有

$$\sum M_F(\boldsymbol{F})=0,\quad F_{RA}\times d-F_{S6}\times d=0$$

$$\sum M_C(\boldsymbol{F})=0,\quad F_{RA}\times 2d+F_{S4}\times d=0$$

$$\sum F_y=0,\quad F_{RA}-F_{S5}\times\frac{\sqrt{2}}{2}=0$$

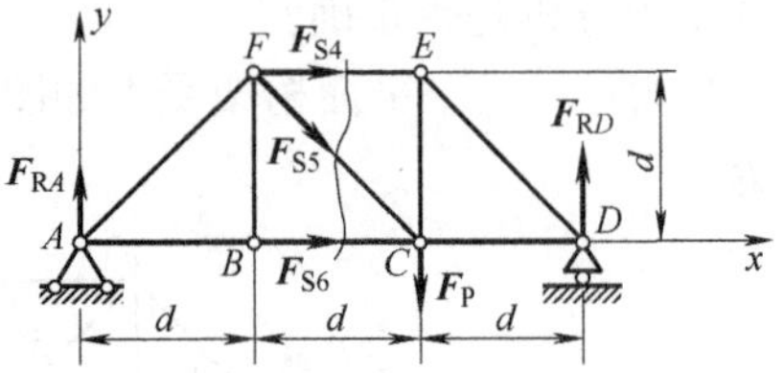

图 3-9　例题 3-7 图

由此解得

$$F_{S6}=F_{RA}=\frac{1}{2}F_P(\text{拉}),\quad F_{S4}=-2F_{RA}=-\frac{2}{3}F_P(\text{压}),\quad F_{S5}=\frac{\sqrt{2}}{3}F_P(\text{拉})$$

本例讨论： 用假想截面将桁架截开，考察其中任一部分平衡，应用平衡方程，可以求出被截杆件的内力，这种方法称为截面法（method of sections）。截面法对于只需要确定部分杆件内力的情形，显得更加简便。

3.3　考虑摩擦时物体系统的平衡问题

摩擦（friction）是一种普遍存在于机械运动中的自然现象。前面在研究物系平衡时，通常假设接触面是光滑的，因此忽略摩擦力的影响是合理的。实际机械与结构中，完全光滑的表面并不存在。两物体接触面之间一般都存在摩擦。在自动控制、精密测量等工程中即使摩擦很小，也会影响到仪器的灵敏度和精确度，因而必须考虑摩擦的影响。

研究摩擦的目的就是要充分利用其有利的一面，克服其不利的一面。

按照接触物体之间可能会相对滑动或相对滚动两种运动形式，将摩擦分为滑动摩擦和滚动摩擦。根据接触物体之间是否存在润滑剂，滑动摩擦又可分为干摩擦和湿摩擦。

本节只介绍最常见的滑动干摩擦平衡问题，以及摩擦角、自锁等重要概念。

3.3.1　库仑摩擦定律

1. 静滑动摩擦力

当两接触面之间仅有相对运动趋势、尚未发生相对运动时的摩擦称为静滑动摩擦，这时的摩擦力称为静滑动摩擦力，简称静摩擦力（static friction force）。

考察静止地置于水平面上、质量为 m 的物块，设二者接触面都是非光滑接触面，如图 3-10a 所示。

在物块上施加水平力 $\boldsymbol{F}_P$，并令其自零开始连续增大，当力较小时，物块具有向右相对滑动的趋势。这时，物块的受力如图 3-10b 所示。因为是非光滑接触面，故作用在物块上的约束力除法向光滑接触面约束力 $\boldsymbol{F}_N$ 外，还有一与运动趋势相反的切向力，此即静摩擦力，用 $\boldsymbol{F}_s$ 表示。

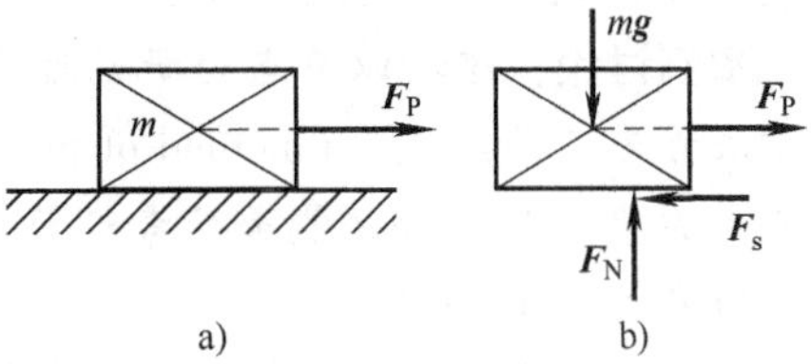

图 3-10　非光滑接触面约束及其约束力

当 $F_P=0$ 时，由于二者无相对滑动趋势，故静摩擦力 $F_s=0$。当 F_P 开始增加时，摩擦力 F_s 随之增

加，物块仍然保持静止，这一阶段始终有 $F_s = F_P$。

F_P 继续增加且达到某一临界值 F_{Pmax} 时，静摩擦力达到最大值，$F_s = F_{smax}$，物块处于临界状态。其后，物块开始沿力 $\boldsymbol{F}_P$ 的作用方向滑动。

物块开始运动后，静滑动摩擦力突变至动滑动摩擦力 F_k。此后，主动力 $\boldsymbol{F}_P$ 的数值若再增加，则摩擦力基本上保持为常值 F_k。

上述过程中，主动力与摩擦力之间的关系曲线如图 3-11 所示。

F_{smax} 称为最大静摩擦力（maximum static friction force），其大小与法向约束力 $\boldsymbol{F}_N$ 的大小成正比，其方向与相对滑动趋势的方向相反，即

$$F_{smax} = f_s F_N \tag{3-7}$$

其与接触面积的大小无关。这一关系称为库仑摩擦定律（Coulomb's law of friction）。式中，f_s 称为静摩擦因数（static friction factor）。静摩擦因数 f_s 主要与材料和接触面的粗糙程度有关，其数值可在机械工程手册中查到。由于影响静摩擦因数的因素比较复杂，所以如果需要较准确的 f_s 数值，则应由实验测定。

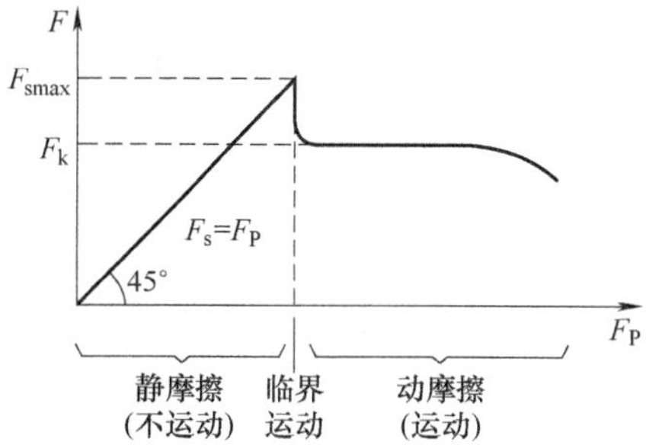

图 3-11　滑动摩擦力随外力增加而变化

上述分析表明，开始运动之前，即物体保持静止时，静摩擦力的数值在零与最大静摩擦力之间，即

$$0 \leqslant F_s \leqslant F_{smax} \tag{3-8}$$

从约束的角度来看，静滑动摩擦力也是一种约束力，而且是在一定范围内取值的切向约束力。

2. 动滑动摩擦力

当两接触面之间已经发生相对运动时的摩擦称为动滑动摩擦，这时的摩擦力称为动滑动摩擦力，简称动摩擦力（kinetic frictional force），其方向与两接触面的相对速度方向相反，其大小与正压力的大小成正比，即

$$F_k = f_k F_N \tag{3-9}$$

式中，f_k 称为动滑动摩擦因数，简称动摩擦因数（coefficient of kinetic friction），经典摩擦理论认为，f_k 与 f_s 都只与接触物体的材料和表面粗糙程度有关。接触面的连续障碍是产生动摩擦的内部机理，典型材料的 f_k 大约比 f_s 小 25%。

3.3.2　摩擦角与自锁现象

1. 摩擦角

当考虑摩擦时，作用在物体接触面上的有法向约束力 $\boldsymbol{F}_N$ 和切向摩擦力 $\boldsymbol{F}_s$，二者的合力便是接触面处所受到的总约束力，称为全约束力，又称全反力，用 $\boldsymbol{F}_R$ 表示，如图 3-12 所示。图中，

$$\boldsymbol{F}_R = \boldsymbol{F}_N + \boldsymbol{F}_s \tag{3-10}$$

全约束力的大小为

$$F_R = \sqrt{F_N^2 + F_s^2} \tag{3-11}$$

全约束力作用线与接触面法线的夹角为 φ，由下式确定：

$$\tan\varphi=\frac{F_s}{F_N} \tag{3-12}$$

由于物体从静止到开始运动的过程中，摩擦力 F_s 从0开始增加直到最大值 F_{smax}。式（3-12）中的 φ 角，也从0开始增加直到最大值，φ 角的最大值称为**摩擦角**（angle of friction），用 φ_m 表示。在刚刚开始运动的临界状态下，全约束力为

$$\boldsymbol{F}_R=\boldsymbol{F}_N+\boldsymbol{F}_{smax} \tag{3-13}$$

摩擦角由下式确定：

$$\tan\varphi_m=\frac{F_{smax}}{F_N} \tag{3-14}$$

如图3-12所示。

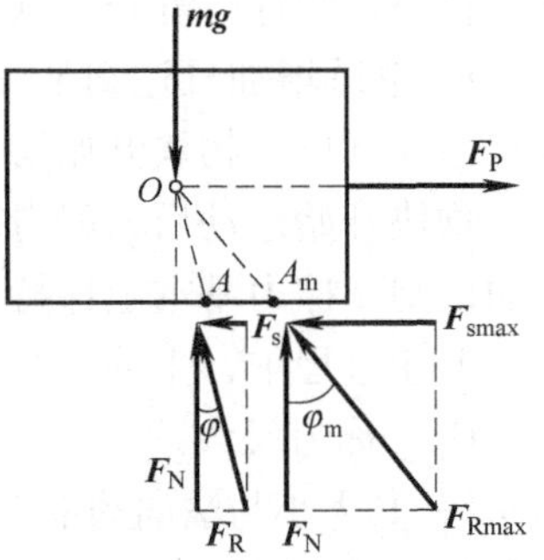

图3-12 摩擦角

应用库仑摩擦定律，式（3-14）可以改写成

$$\tan\varphi_m=\frac{F_{smax}}{F_N}=\frac{f_sF_N}{F_N}=f_s \tag{3-15}$$

上述分析结果表明：摩擦角是全约束力 $\boldsymbol{F}_R$ 偏离接触面法线的最大角度；摩擦角的正切值等于静摩擦因数。

在图3-12中，若连续改变主动力 $\boldsymbol{F}_P$（作用线过点 O）在水平面内的方向，则全约束力 $\boldsymbol{F}_R$ 的方向也随之改变。假设两物体接触面沿任意方向的静摩擦因数均相同，那么，在两物体处于临界平衡状态时，全约束力 $\boldsymbol{F}_R$ 的作用线将在空间构成一顶角为 $2\varphi_m$ 的正圆锥面，称之为**摩擦锥**（cone of static friction）（见图3-13）。**摩擦锥是全约束力 $\boldsymbol{F}_R$ 在三维空间内的作用范围。**

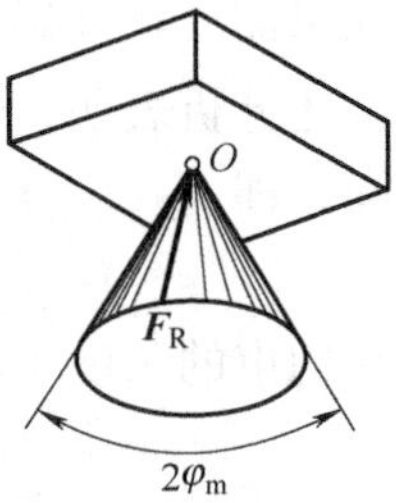

图3-13 摩擦锥的形成

2. 自锁现象

考察图3-14所示物块在有摩擦力存在时的运动与平衡的可能性。设主动力合力 $\boldsymbol{F}_Q=m\boldsymbol{g}+\boldsymbol{F}_P$，其中 $\boldsymbol{F}_P$ 是作用在物块上的推力。采用几何法不难证明，当 $\boldsymbol{F}_Q$ 的作用线与接触面

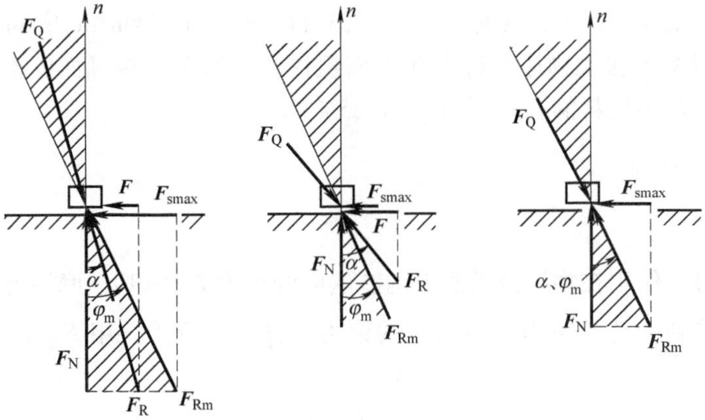

图3-14 自锁现象的力学分析

a）$\alpha<\varphi_m$ b）$\alpha>\varphi_m$ c）$\alpha=\varphi_m$

法线矢量 $\boldsymbol{n}$ 的夹角 α 取不同值时，物块将存在三种可能状态。

- 当 $\alpha<\varphi_m$ 时，物块保持静止（见图 3-14a）。
- 当 $\alpha>\varphi_m$ 时，物块发生运动（见图 3-14b）。
- 当 $\alpha=\varphi_m$ 时，物块处于静止与运动的临界状态（见图 3-14c）。

读者不难看出，在以上的分析中，只涉及了主动力合力 $\boldsymbol{F}_Q$ 的作用线方向，而与其大小无关。

当主动力合力的作用线处于摩擦角（或锥）的范围内时，无论主动力有多大，物体必定保持平衡。这种力学现象称为自锁。

注意，在与滑动摩擦力最大值有关的所有问题中，都存在自锁或不自锁问题。

对于图 3-15 所示存在摩擦力的斜面-物块系统，在斜面坡度小到一定程度后，物块总能在主动力 $\boldsymbol{F}_Q$ 与全约束力 $\boldsymbol{F}_R$ 二力作用下保持平衡；而在坡度增大到一定程度后，则得到相反结果。应用几何法，读者不难得出结论：自锁时斜面倾角 α 必须满足

$$\alpha\leqslant\varphi_m \tag{3-16}$$

式（3-16）称为斜面-物块系统的自锁条件。

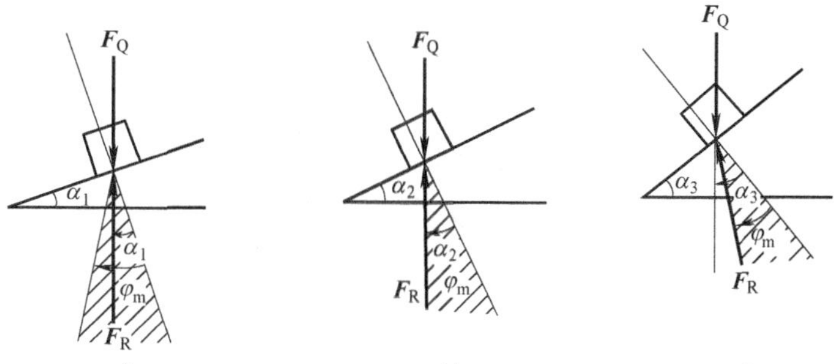

图 3-15 变化的斜面倾角 α 与摩擦角 φ_m 的关系

a）$\alpha<\varphi_m$ b）$\alpha=\varphi_m$ c）$\alpha>\varphi_m$

3. 螺旋器械的自锁条件

螺旋器械实际上由斜面-物块系统演变而成。以图 3-16a 所示的螺旋夹紧器为例，其支架上的阴螺纹在平面上展开后，即为一斜面。具有阳螺纹的螺杆，即可视为物块，如图 3-16b 所示。工程上对这种器械的要求是：当作用在螺杆上使其上升的主动力矩撤去时，螺杆必然保持静止，使所举重物能够停留在此时的高度上，而不致反向转动使重物下降，这就是自锁要求。

为此，要求螺纹的螺旋角 α 必须满足自锁条件式（3-16）。于是有

$$\alpha=\arctan\frac{l}{2\pi r}\leqslant\varphi_m \tag{3-17}$$

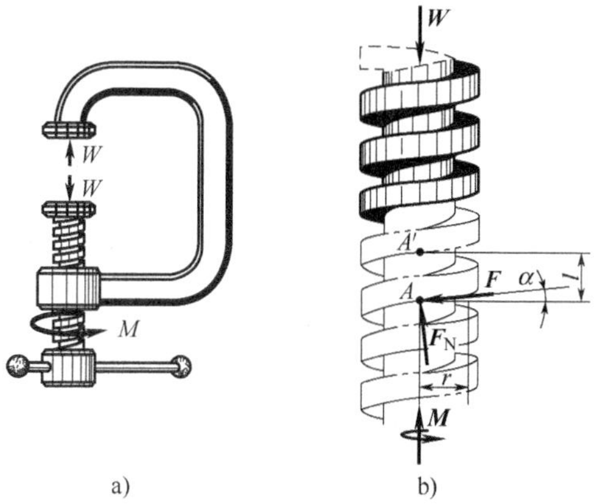

图 3-16 螺旋器械及其简化模型

4. 楔块与尖劈的自锁条件

楔块与尖劈也是一种类似斜面-物块系统的简单器械，可以用于以较小的主动力 $\boldsymbol{F}_P$ 获得较大的承载力或约束力 $\boldsymbol{F}_Q$，同时改变力的方向（见图 3-17a）；可以通过它输出较小的位移，以调整构件的位置（见图 3-17b），而且当主动力去除后依然能够自锁；还可以用于连接两个有孔的零件（见图 3-17c）。此外，桩和钉子的尖端也大都做成楔块或尖劈状。

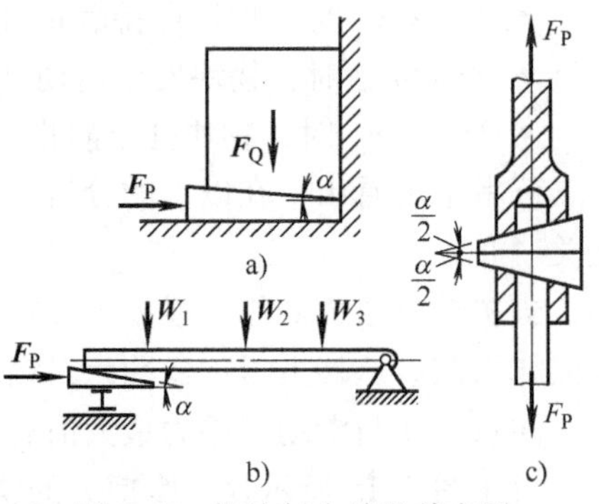

图 3-17 楔块与尖劈及其应用

楔块具有两个摩擦面。楔块被楔入两材料相同的物体后，要求当外加力除去时楔块不被挤压出来，即要求自锁。图 3-18a 所示为楔块受力的一般情形，其上两个侧面受有分布的法向约束力和摩擦力作用，全约束力均为 $\boldsymbol{F}_R$。临界状态下，两侧的全约束力共线平衡。根据图中的几何关系，得到自锁条件为 $\alpha \leqslant 2\varphi_m$。显然，当 $\alpha > 2\varphi_m$ 时（见图 3-18b），楔块将不能保持平衡，当施加于其上的主动力除去后，楔块将从被楔入的物体中挤出，或者根本无法被楔入。

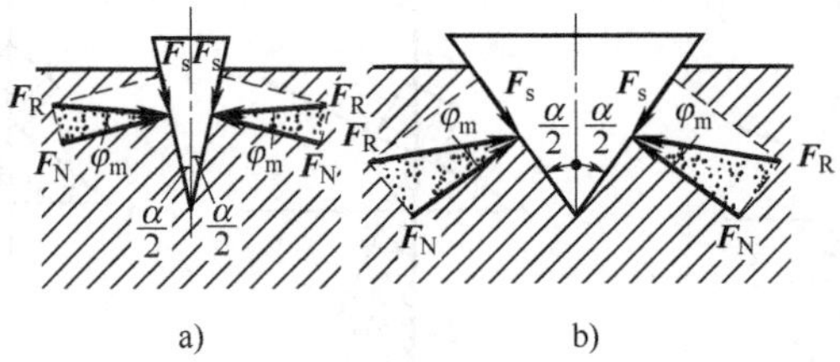

图 3-18 楔块与尖劈的自锁

3.3.3 摩擦平衡条件与平衡方程

求解摩擦平衡问题的基本方法，与无摩擦平衡问题相似，依然是从受力分析入手，画出研究对象的受力图，然后根据力系的特点建立平衡方程，并应用物理条件，即库仑摩擦定律［式（3-7）］和摩擦力的取值范围［式（3-8）］，求解所要求的未知量。

【例题 3-8】 图 3-19a 所示梯子 AB 一端靠在铅垂的墙壁上，另一端搁置在水平地面上。假设梯子与墙壁间为光滑接触，而与地面之间存在摩擦。已知静摩擦因数为 f_s；梯子自重为 W。

（1）若梯子在倾角 α_1 的位置保持平衡，求约束力 $\boldsymbol{F}_{NA}$、$\boldsymbol{F}_{NB}$ 和摩擦力 $\boldsymbol{F}_{sA}$；

（2）若使梯子不致滑倒，求其倾角的范围。

解：为简化计算，将梯子看成均质杆，设 $AB=l$。

（1）梯子在倾角 α_1 的位置保持平衡时的摩擦力和约束力

梯子的受力如图 3-19b 所示，其中将摩擦力 $\boldsymbol{F}_{sA}$ 作为一般的约束力，设其方向如图所示。于是有

$$\sum M_A(\boldsymbol{F})=0,\quad W\times\frac{l}{2}\cos\alpha_1-F_{NB}\times l\sin\alpha_1=0$$

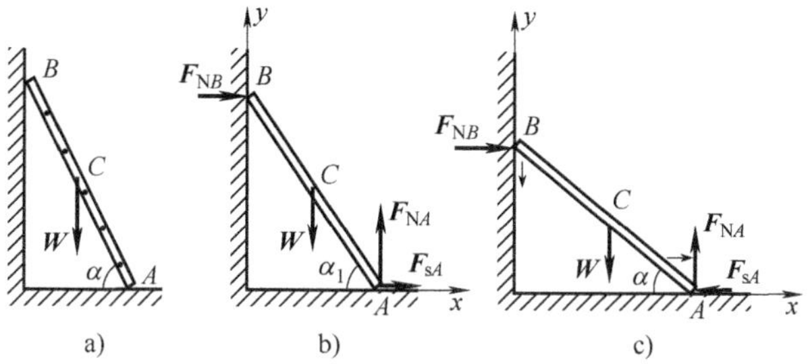

图 3-19　例题 3-8 图

$$F_{NB}=\frac{W\cos\alpha_1}{2\sin\alpha_1}=\frac{W}{2}\cot\alpha_1 \tag{a}$$

$$\sum F_y=0,\qquad F_{NA}=W \tag{b}$$

$$\sum F_x=0,\qquad F_{sA}+F_{NB}=0,\qquad F_{sA}=-\frac{W}{2}\cot\alpha_1 \tag{c}$$

与前面求约束力相类似，$F_{sA}<0$ 的结果表明图 3-19b 中所设的 F_{sA} 方向与实际方向相反。

（2）梯子不滑倒，倾角 α 的取值范围

摩擦力 F_{sA} 的方向必须根据梯子在地上的滑动趋势预先确定。

假设梯子有下滑的趋势，这种情形下，梯子的受力如图 3-19c 所示，于是平衡方程分别为

$$\sum M_A(\boldsymbol{F})=0,\quad W\times\frac{l}{2}\cos\alpha-F_{NB}\times l\sin\alpha=0 \tag{d}$$

$$\sum F_y=0,\qquad F_{NA}-W=0 \tag{e}$$

$$\sum F_x=0,\qquad F_{sA}-F_{NB}=0 \tag{f}$$

根据库仑摩擦定律，有

$$F_{sA}=f_s F_{NA} \tag{g}$$

据此不仅可以解出 A、B 两处的约束力，而且可以确定保持平衡时梯子的临界倾角

$$\alpha=\operatorname{arccot}(2f_s) \tag{h}$$

由常识可知，α 越大，梯子越易保持平衡，故平衡时梯子对地面的倾角范围为

$$\alpha\geqslant\operatorname{arccot}(2f_s) \tag{i}$$

【例题 3-9】　一棱柱体自重 $W=480\text{N}$，置于水平面上，接触面间的静摩擦因数 $f_s=\dfrac{1}{3}$，载荷 $\boldsymbol{F}_P$ 的方向如图 3-20a 所示。若 F_P 逐渐增加，试分析：棱柱体是先滑动还是先翻倒？并求出使其运动的最小值 $F_{P\min}$。

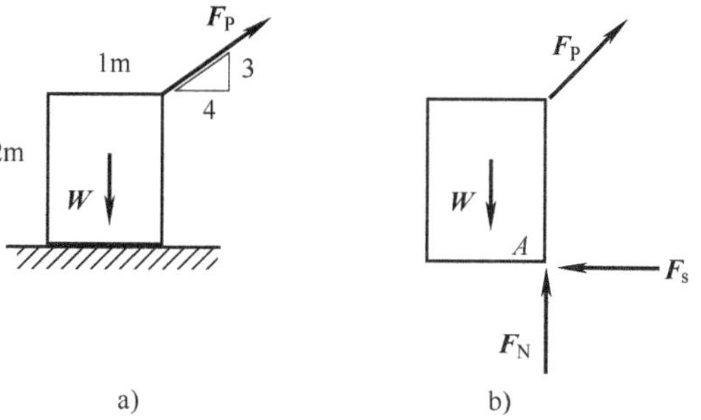

图 3-20　例题 3-9 图

解：本例属于判断存在摩擦时物体是否翻倒的问题，可首先假定处于翻倒的临界状态，然后根据结果进行分析。

取棱柱体为研究对象，当棱柱体处于刚要翻倒的临界状态时，其受力如图 3-20b 所示。根据平衡方程，有

$$\sum M_A(\boldsymbol{F})=0,\quad \frac{1}{2}W-2\times\frac{4}{5}F_{\mathrm{P}}=0$$

$$\sum F_y=0,\quad -W+F_{\mathrm{N}}+\frac{3}{5}F_{\mathrm{P}}=0$$

$$\sum F_x=0,\quad \frac{4}{5}F_{\mathrm{P}}-F_{\mathrm{s}}=0$$

所以

$$F_{\mathrm{P}}=\frac{5}{16}W=150\mathrm{N}$$

$$F_{\mathrm{s}}=\frac{4}{5}F_{\mathrm{P}}=120\mathrm{N}$$

$$F_{\mathrm{N}}=W-\frac{3}{5}F_{\mathrm{P}}=390\mathrm{N}$$

而

$$F_{\mathrm{smax}}=f_{\mathrm{s}}F_{\mathrm{N}}=\frac{1}{3}\times390\mathrm{N}=130\mathrm{N}$$

因为 $F_{\mathrm{s}}<F_{\mathrm{smax}}$，所以棱柱体不会滑动，而是先翻倒，翻倒的载荷最小值 $F_{\mathrm{Pmin}}=150\mathrm{N}$。

【例题 3-10】 图 3-21a 所示为攀登电线杆时所采用的脚套钩。已知套钩的尺寸 l、电线杆直径 D、静摩擦因数 f_{s}。试求套钩不致下滑时脚踏力 $\boldsymbol{F}_{\mathrm{P}}$ 的作用线与电线杆中心线的距离 d。

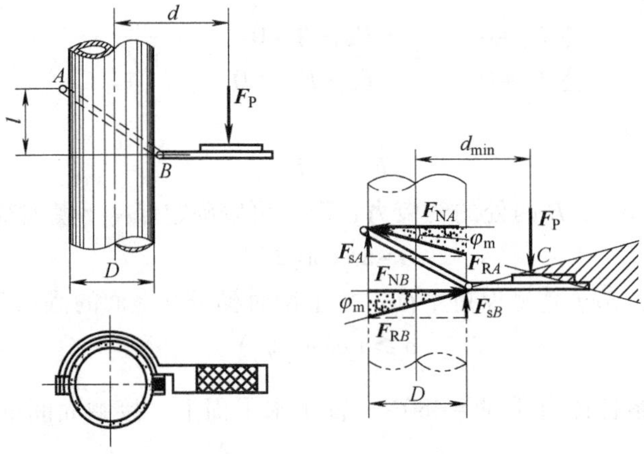

a) b)

图 3-21 例题 3-10 图

解：本例已知静摩擦因数以及外加力方向，求保持静止和临界状态的条件，因此需用平衡方程与库仑摩擦定律联合求解，现用解析法与几何法分别求解。

（1）解析法

以套钩为研究对象，其受力如图 3-21b 所示。注意到，套钩在 A、B 两处都有摩擦，两处将同时达到最大摩擦力。应用平面一般力系平衡方程和 A、B 两处摩擦力满足的条件，有

$$\sum F_x=0,\qquad F_{\mathrm{N}A}=F_{\mathrm{N}B} \tag{a}$$

$$\sum F_y = 0, \qquad F_{sA} + F_{sB} = F_P \tag{b}$$

$$\sum M_A(\boldsymbol{F}) = 0, \quad F_B D + F_{NB} l - F_P\left(d + \frac{D}{2}\right) = 0 \tag{c}$$

$$F_{sA\max} = f_s F_{NA}, \quad F_{sB\max} = f_s F_{NB} \tag{d}$$

联立求解得出套钩不致下滑的临界距离

$$d = \frac{l}{2f_s} \tag{e}$$

经判断，套钩不致下滑的范围为 $d \geqslant \dfrac{l}{2f_s}$。

（2）**几何法**

分别作出 A、B 两处的摩擦角，相应得到两处的全约束力 $\boldsymbol{F}_{RA}$ 和 $\boldsymbol{F}_{RB}$ 的方向（见图3-21b）。其中 $\boldsymbol{F}_{RA} = \boldsymbol{F}_A + \boldsymbol{F}_{NA}$，$\boldsymbol{F}_{RB} = \boldsymbol{F}_B + \boldsymbol{F}_{NB}$。于是，套钩应在 $\boldsymbol{F}_{RA}$、$\boldsymbol{F}_{RB}$、$\boldsymbol{F}_P$ 三个力作用下处于临界平衡状态，故三力必汇交于一点 C。根据图 3-21b 所示的几何关系，有

$$\left(d - \frac{D}{2}\right)\tan\varphi_m + \left(d + \frac{D}{2}\right)\tan\varphi_m = l$$

$$\left(d - \frac{D}{2}\right)\cdot f_s + \left(d + \frac{D}{2}\right)\cdot f_s = l$$

由此解出

$$d = \frac{l}{2f_s}$$

现在的问题是，如何用几何法确定保持平衡时 d 的变化范围。根据库仑摩擦定律，$\boldsymbol{F}_{RA}$、$\boldsymbol{F}_{RB}$ 只能位于各自的摩擦角内；同时，由三力平衡汇交定理，力 $\boldsymbol{F}_P$ 必须通过 $\boldsymbol{F}_{RA}$ 和 $\boldsymbol{F}_{RB}$ 二力的交点 C。为同时满足这两个条件，力 $\boldsymbol{F}_P$ 作用点必须位于图 3-21b 所示的三角形阴影线区域内，即

$$d \geqslant \frac{l}{2f_s}$$

3.4 小结与讨论

3.4.1 小结

1. 作用于刚体上的力系平衡的充分必要条件

力系的主矢和力系对任一点的主矩同时为零。

2. 平衡方程的一般形式

$$\begin{cases} \sum F_x = 0, & \sum M_x(\boldsymbol{F}) = 0 \\ \sum F_y = 0, & \sum M_y(\boldsymbol{F}) = 0 \\ \sum F_z = 0, & \sum M_z(\boldsymbol{F}) = 0 \end{cases}$$

3. 平面一般力系的平衡方程

(1) 基本式 $\sum F_x=0,\quad \sum F_y=0,\quad \sum M_O(\boldsymbol{F})=0$

(2) 二矩式 $\sum F_a=0,\quad \sum M_A(\boldsymbol{F})=0,\quad \sum M_B(\boldsymbol{F})=0$

(AB 连线不与 a 轴垂直)

(3) 三矩式 $\sum M_A(\boldsymbol{F})=0,\quad \sum M_B(\boldsymbol{F})=0,\quad \sum M_C(\boldsymbol{F})=0$

(A、B、C 三点不共线)

4. 静定和超静定

静定问题：系统中的未知力个数等于独立平衡方程的个数，可由静力学平衡方程求出全部未知力的问题。

超静定问题：系统中的未知力个数大于独立平衡方程的个数，无法仅由静力学平衡方程求出全部未知力的问题。

5. 有摩擦的平衡

在求解有摩擦的平衡问题时，要正确处理摩擦力，摩擦力的方向沿接触面的公切线并与相对滑动趋势相反，摩擦力的大小取决于主动力，但其最大值由库仑摩擦定律确定。

$$F_s \leqslant F_{smax}=f_s F_N$$

由于不等式的出现，有摩擦的平衡问题的求解结果是一个范围。

6. 考虑摩擦时平衡问题的几个重要概念

(1) **静摩擦力性质** 静摩擦力是在一定范围内取值（$0\leqslant F_s\leqslant F_{smax}=f_sF_N$）的约束力。它既是约束力，又不同于一般的约束力。

(2) **摩擦角**（锥）**与自锁概念**

① 摩擦角（锥）中，$\varphi=\angle(\boldsymbol{F}_R,\boldsymbol{F}_N)$，摩擦角的取值范围（$\theta\leqslant\varphi\leqslant\varphi_m$）是静摩擦力取值范围（$0\leqslant F_s\leqslant F_{smax}$）的几何表示。$\varphi_m=\arctan f_s$，$\varphi_m$ 与 f_s 二者等价地表示两接触面间的摩擦性质。

② 当主动力合力的作用线处于摩擦角（锥）的范围内（或外）时，无论主动力有多大或多小，物体必定（或一定不）保持平衡。这种力学现象称为自锁（或不自锁）。

(3) **滑动摩擦力的方向不能任意假设** 摩擦力不仅要与作用在物体上的其他力共同满足平衡方程，而且还要满足与摩擦有关的物理方程。

注意到，在物理方程（$F_{smax}=f_sF_N$）中，由于正压力 F_N 一般都沿真实方向，故 $F_N>0$，而摩擦因数 $f_s>0$，所以必有 $F_{smax}>0$。而在平衡方程中，若将力 $\boldsymbol{F}_s$ 假设任意方向且计算没有错时，会出现 $F_s<0$ 的情形。这样，包含同一摩擦力的平衡方程和物理方程便不相容，从而导致最后计算结果错误，而不仅仅是正负号的差异。这一问题请读者结合例题 3-8 中的第二个问题分析：如果梯子与地面之间的摩擦力方向假设反了，将会产生怎样的结果？

3.4.2 受力分析的重要性

读者从本章关于单个构件与简单物体系统平衡问题的分析中可以看出，受力分析是决定平衡问题求解成败的关键，只有当受力分析正确无误时，其后的分析才能取得正确的结果。初学者常常不习惯根据约束的性质分析约束力，而是根据不正确的直观判断确定约束力，例如“根据主动力的方向确定约束力及其方向”就是初学者最容易采用的错误方法。对于

图 3-22a所示的承受水平载荷 $\boldsymbol{F}_P$ 作用的平面刚架 ABC，应用上述错误方法，得到图 3-22b 所示的受力图。请读者分析：这种情形下，刚架 ABC 能平衡吗？这一受力图错在哪里？

又如，对于图 3-23a 所示的三铰拱，当考察其整体平衡时，得到图 3-23b 所示的受力图。根据这一受力图，三铰拱整体是平衡的，局部能够平衡吗？这一受力图又错在哪里呢？

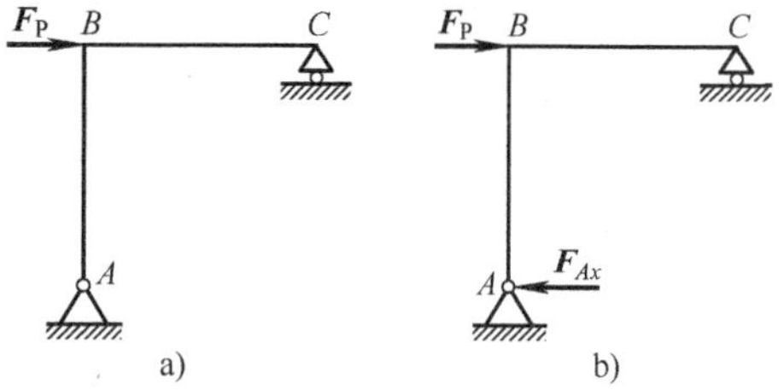

图 3-22　不正确的受力分析之一

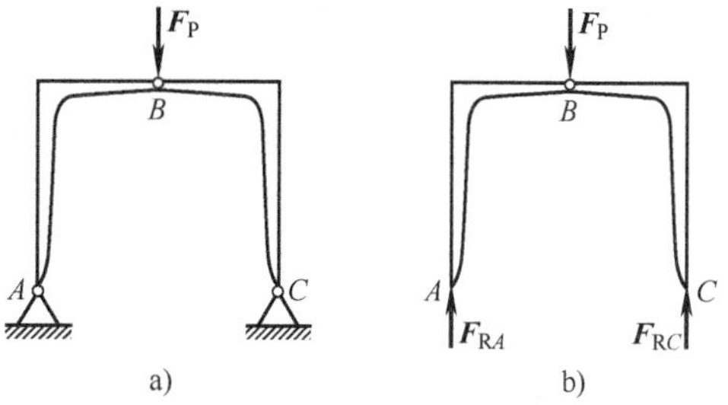

图 3-23　不正确的受力分析之二

3.4.3　关于简单物体系统平衡问题的讨论

根据物体系统的特点，分析和处理物体系统平衡问题时，注意以下四方面是很重要的。

1）**认真理解、掌握并能灵活运用"系统整体平衡，组成系统的每个局部必然平衡"的重要概念。**

某些受力分析，从整体上看，可以使整体平衡，似乎是正确的，但从局部看却是不平衡的，因而是不正确的，图 3-23b 所示受力即属此例。

2）**要灵活选择平衡对象。**

所谓平衡对象包括系统整体、单个物体以及由两个或两个以上物体组成的子系统。灵活选择其中之一或之二作为平衡对象，一般应遵循：尽量使一个平衡方程中只包含一个未知力，不解或少解联立方程。

3）**注意区分内约束力与外约束力、作用力与反作用力。**

内约束力只有在系统拆开时才会出现，故而在考察整体平衡时，无须考虑内约束力。

当同一约束处有两个或两个以上物体相互连接时，为了区分作用在不同物体上的约束力是否互为作用力与反作用力，必须逐个物体进行分析，分清哪一个是施力体，哪一个是受力体。

以图 3-24a 所示刚体系统为例，系统在固定铰支座 A 处，用销钉将刚体 AF 和刚体 AD 连接在一起。请读者分析，图 3-24b 所示刚体 AD 和 AF 的受力图中，A 处的约束力是否互为作用力与反作用力？

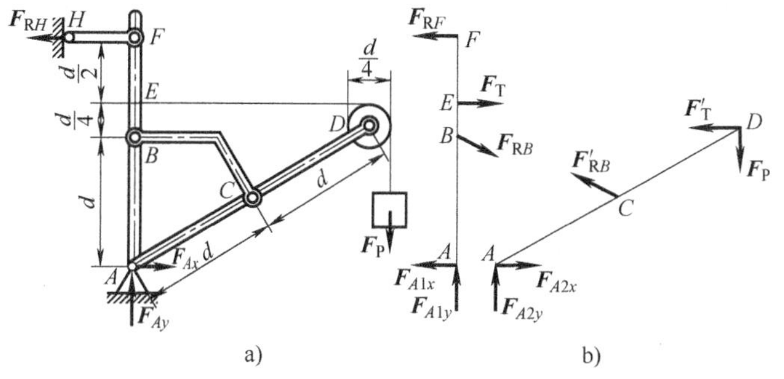

图 3-24　作用力与反作用力的判断

4）**注意对主动分布载荷进行等效简化。**

考察局部平衡时，分布载荷可以在拆开之前简化，也可以在拆开之后简化。要注意的是，先简化、后拆开时，简化后合力加在何处才能满足力系等效的要求。这一问题请读者结合例题 3-4 中图 3-6d、e 所示的受力图，加以分析。

3.4.4 正确的直观判断

正确地进行直观判断，可以不通过建立平衡方程，而直接确定某些未知力，甚至全部约束力。这在工程中，特别是现场工程分析中，是很重要的。同时，正确的直观判断，有利于保证理论分析与计算结果的正确性。

正确的直观判断，必须以平衡概念为基础，同时正确应用对称性和反对称性。

所谓对称性和反对称性，是指如果结构存在对称轴（平面问题）或对称面（空间问题），则称为对称结构。对称结构若承受对称载荷，则其约束力必然对称于对称轴；对称结构若承受反对称载荷，则其约束力必然是反对称的。

以图 3-25 中的三种结构为例。图 3-25a 所示为静力平面刚架，固定铰支座 A 处有铅垂和水平方向两个约束力 $\boldsymbol{F}_{Ax}$ 和 $\boldsymbol{F}_{Ay}$；D 处为辊轴支座，只有铅垂方向的约束力 $\boldsymbol{F}_{\mathrm{R}D}$。根据 x 方向的平衡条件得 $F_{Ax}=0$，于是由对称性得到 $F_{Ay}=F_{\mathrm{R}D}=F_{\mathrm{P}}$。

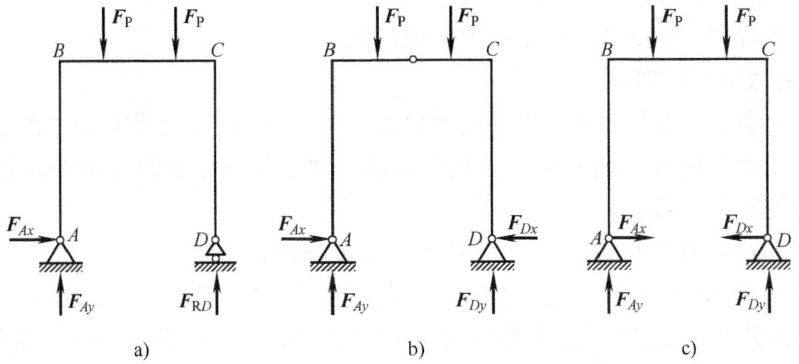

图 3-25 对称性分析

对于图 3-25b、c 所示三铰拱和超静定刚架，也都可以做出类似的分析：A、D 两处的水平约束力也是对称的，但二者都不等于零。

有兴趣的读者可以将图 3-25a、b 所示静定结构上的对称载荷改为反对称载荷，再分析其约束力是否具有反对称性。

3.4.5 关于桁架分析的讨论

桁架是一种常见的工程结构，特别是大跨度建筑物或大型机械中，诸如房屋、铁路桥梁、油田井架、起重设备、飞机结构、雷达天线、导弹发射架、输电线路铁塔以及某些电视发射塔等均属于桁架结构。图 3-26 与图 3-27 所示分别为屋顶桁架和桥梁桁架。

桁架是由若干直杆在两端按一定的方式连接所组成的工程结构。若组成桁架的所有杆件均位于相同的平面内，且所有载荷也作用在同一平面内，则称此结构为平面桁架（planar truss）；如果这些杆件位于不同平面，或者载荷没有作用在桁架所在的平面内，这样的结构称为空间桁架（space truss）。某些具有对称平面的空间结构，当载荷均作用在对称面内时，对称面两侧的结构也可以视为平面桁架加以分析。图 3-26 所示为房屋结构中的平面桁架；图 3-27 所示则为桥梁结构中的空间桁架，当载荷作用在对称面内时，可视为平面桁架。

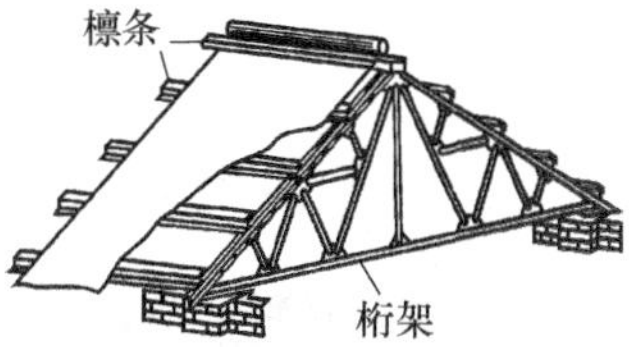

图 3-26 钢结构的屋顶桁架

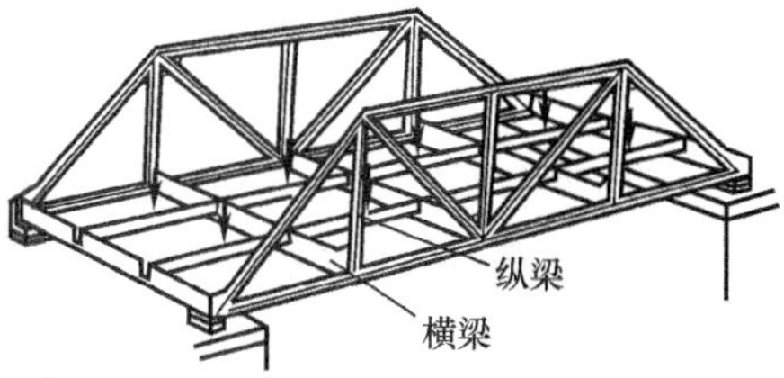

图 3-27 钢结构的桥梁桁架

工程中桁架结构的设计涉及结构形式的选择、杆件几何尺寸的确定以及材料的选用等，所有这些都与桁架杆件的受力有关。若将组成桁架的杆件视为弹性体，则这种分析又可称为桁架杆件的内力分析。

1. 桁架的力学模型

桁架中各杆的连接点称为节点，节点处的实际结构比较复杂，需要加以简化，才便于进行受力或内力分析。

（1）**杆件连接处的简化模型** 桁架杆端连接方式一般有铆接（见图 3-28a）、焊接（见图 3-28b）或螺栓连接等，即将有关的杆件连接在一角撑板上，或者简单地在相关杆端用螺栓直接连接（见图 3-28c）。

实际上，桁架杆端并不能完全自由转动，因此每根杆的杆端均作用有约束力偶。这将使桁架分析过程复杂化。

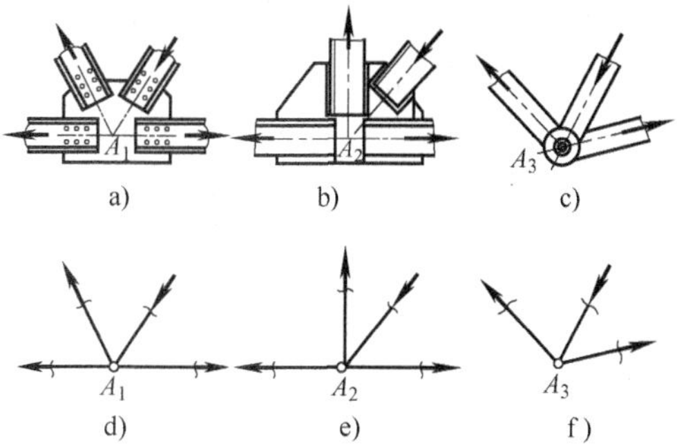

图 3-28 桁架杆端连接方式及简化模型

理论分析和实测结果表明，如果连接处的角撑板刚度不大，而且各杆轴线又汇交于一点（见图 3-28 中的点 A_1、A_2、A_3），则连接处的约束力偶很小。这时，可以将连接处的约束简化为光滑铰链（图 3-28d、e、f），从而使分析和计算过程大大简化。当要求更加精确地分析桁架杆件的内力时，才需要考虑杆端约束力偶的影响。这时，桁架将不再是静定的，而变为超静定的。但是，如果采用计算机分析，这类问题也不难解决。

（2）**节点与非节点载荷的简化模型** 理想桁架模型要求载荷都必须作用在节点上，这一要求对于某些屋顶和桥梁结构是能够满足的。图 3-26 所示屋顶桁架，屋顶的载荷通过檩条（梁）作用在桁架节点上；图 3-27 所示桥面板上的载荷先施加于纵梁上，然后再通过纵梁对横梁的作用，由后者施加在两侧桁架上。这两种桁架的简化模型分别如图 3-29、图 3-30所示。

对于载荷不直接作用在节点上的情形（见图 3-31），可以对承载杆做受力分析、确定杆端受力，再将其作为等效节点载荷施加于节点上。

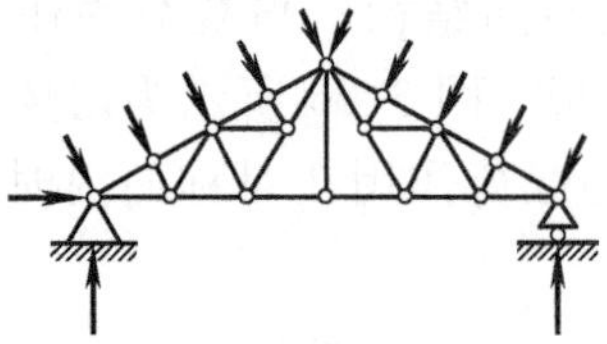

图 3-29 屋顶桁架模型

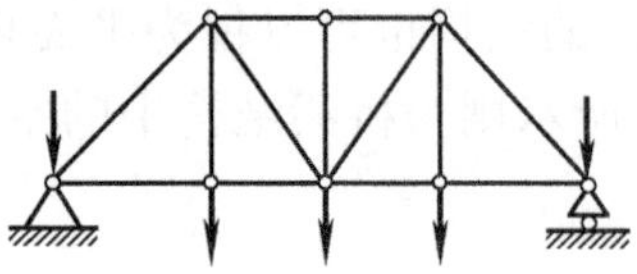

图 3-30 桥梁桁架模型

此外，对于桁架杆件自重，一般情形下由于其引起的杆件受力要比载荷引起的小得多，因而可以忽略不计。特殊情形下，也可采用非节点载荷的简化方法。

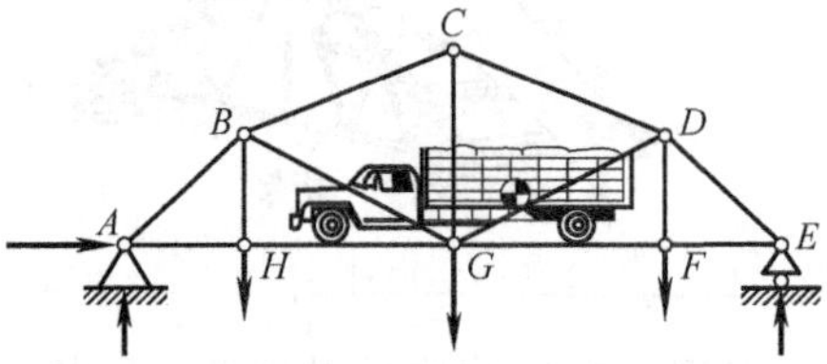

图 3-31 载荷不直接作用在节点上的桁架

根据上述简化得到的桁架模型，所有杆件都是二力构件，或者二力杆，即桁架杆件内力或为拉力（tensile force），或为压力（compressive force）。

2. 桁架静力分析的基本方法

若桁架保持平衡，则它的任一局部，包括节点、杆以及用假想截面截出的任意局部都必须是平衡的。据此，产生分析桁架内力的“节点法”和“截面法”。前者用于求解各杆内力，后者适于只需确定某几根杆的内力的情形。

3. 关于桁架的讨论

（1）**桁架的坚固性条件和静定性条件** 桁架在确定载荷作用下，保持初始几何形状不变的特性，称为坚固性。这不仅仅是因为组成桁架的每根杆件均被视为刚体，而且还因为结构的几何组成在载荷作用下不能发生变化（坍塌是这种变化的特殊情形）。图 3-32a、b 所示分别为几何可变的机构（mechanism）和几何不可变的结构（structure）。前者不具有坚固性，后者则是坚固的。

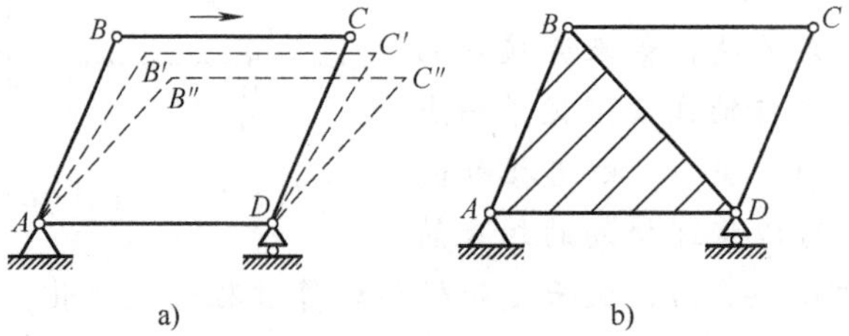

图 3-32 机构与结构

设桁架杆件总数为 m，铰节点数为 n。平面桁架基本单元由 3 根杆和 3 个铰节点组成，每增加 2 根杆和 1 个铰节点，即增加 1 个单元。这表明，所有新增单元中，杆数均为铰节点数的两倍。于是桁架静定性条件可写成

$$m-3=2(n-3)$$

即

$$m=2n-3$$

这种情形下，桁架不仅是坚固的，而且是静定的。

读者可自行分析，当 $m<2n-3$ 或 $m>2n-3$ 时，问题的性质将会发生怎样改变？

（2）**关于零力杆**　桁架中的零力杆虽然不受力，但却是保持结构坚固性所必需的。分析桁架内力时，如有可能应首先确定其中的零力杆，这将有利于后续分析。确定零力杆的方法是，观察桁架中的每个节点。若在一个节点上有两根杆件，且无载荷或约束力作用，则此二杆均为零力杆（见图 3-33a）；若一个节点上有三根杆件，且其中有两杆共线，在节点上同样无载荷或约束力作用，则不共线的杆必为零力杆（见图 3-33b）。

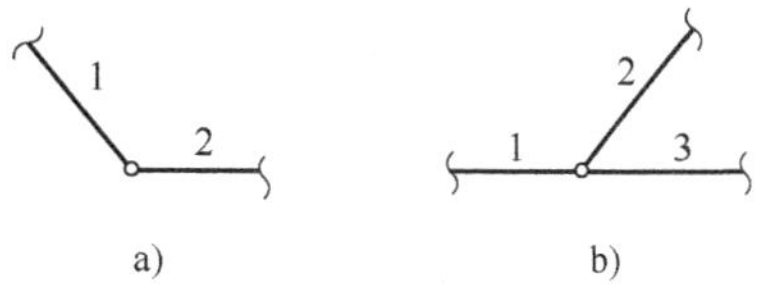

图 3-33　存在零力杆的两种节点

a）$F_1=F_2=0$　b）$F_2=0$

（3）**关于桁架内力的计算机分析**　读者不难发现，在桁架结构比较复杂、杆件总数和节点总数都比较大的情形下，若采用本书所介绍的节点法或截面法，计算都特别繁杂。而采用计算机分析方法，则要简单得多。目前一些工程力学应用软件中，都包含有分析静定和超静定桁架内力的程序。

习　题

选择填空题

3-1　如果一平面力系是平衡力系，则关于它的平衡方程，下列表述正确的是（　　）。

① 任何平面力系都具有三个独立的平衡方程

② 任何平面力系只能列出三个平衡方程

③ 在平面力系的平衡方程的基本形式中，两个投影轴必须互相垂直

④ 该平衡力系在任意选取的投影轴上投影的代数和必为零

3-2　图 3-34 所示空间平行力系中，设各力作用线都平行于 Oz 轴，则此力系独立的平衡方程为（　　）。

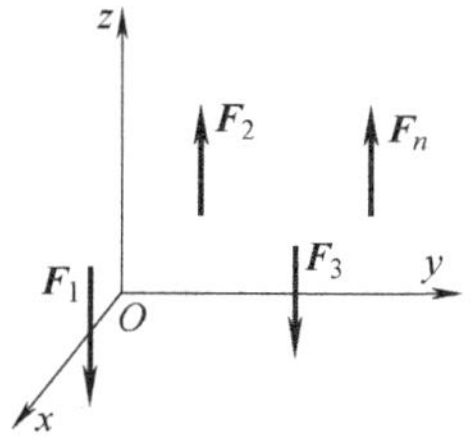

图 3-34　习题 3-2 图

① $\sum M_x(\boldsymbol{F})=0$，　$\sum M_y(\boldsymbol{F})=0$，　$\sum M_z(\boldsymbol{F})=0$

② $\sum F_x=0$，　$\sum F_y=0$，　$\sum M_x(\boldsymbol{F})=0$

③ $\sum F_z=0$，　$\sum M_x(\boldsymbol{F})=0$，　$\sum M_y(\boldsymbol{F})=0$

④ $\sum F_x=0$，　$\sum F_y=0$，　$\sum F_z=0$

3-3　水平梁 AB 由三根直杆支承，载荷和尺寸如图 3-35 所示。为了求出三根直杆的约束力，可采用以下（　　）所示的平衡方程。

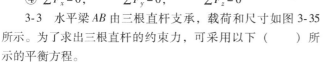

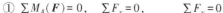

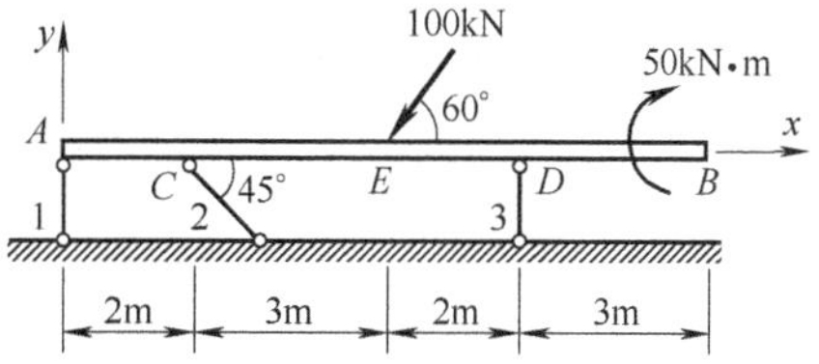

图 3-35　习题 3-3 图

① $\sum M_A(\boldsymbol{F})=0$，　$\sum F_x=0$，　$\sum F_y=0$

② $\sum M_A(\boldsymbol{F})=0$，　$\sum M_C(\boldsymbol{F})=0$，　$\sum F_y=0$

③ $\sum M_A(\boldsymbol{F})=0$，　$\sum M_C(\boldsymbol{F})=0$，　$\sum M_D(\boldsymbol{F})=0$

④ $\sum M_A(\boldsymbol{F})=0$，　$\sum M_C(\boldsymbol{F})=0$，　$\sum M_B(\boldsymbol{F})=0$

3-4　图 3-36 所示机构受力 $\boldsymbol{F}$ 作用，各杆重量不计，则支座 A 约束力的大小为（　　）。

① $\dfrac{F}{2}$　　② $\dfrac{\sqrt{3}}{2}F$　　③ F　　④ $\dfrac{\sqrt{3}}{3}F$

3-5　如图 3-37 所示杆系结构由相同的细直杆铰接而成，各杆重量不计。若 $F_A=F_C=F$，且其方向垂直于 BD，则杆 BD 的内力为（　　）。

① $-F$　　② $-\sqrt{3}F$　　③ $-\dfrac{\sqrt{3}}{3}F$　　④ $-\dfrac{\sqrt{3}}{2}F$

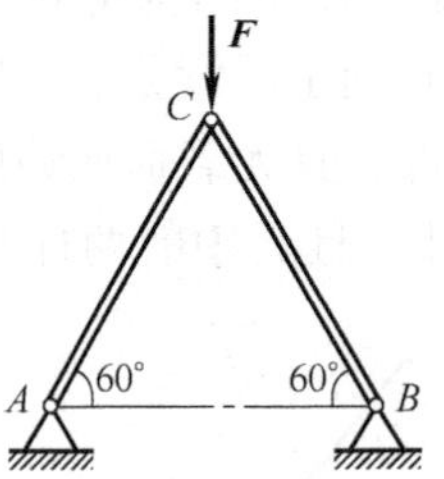

图 3-36　习题 3-4 图

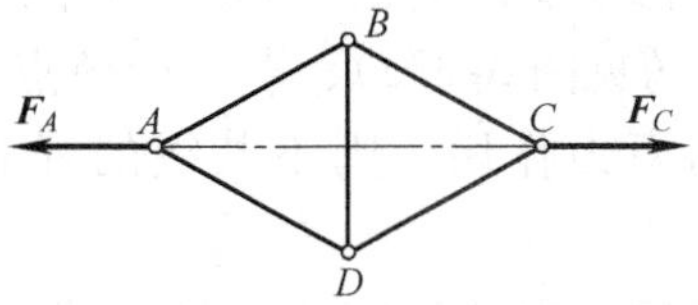

图 3-37　习题 3-5 图

3-6　杆 AF、BE、CD、EF 相互铰接，并支承，如图 3-38 所示。今在杆 AF 上作用一力偶（$\boldsymbol{F},\boldsymbol{F}'$），若不计各杆自重，则支座 A 处约束力的作用线（　　）。

① 过 A 点平行于力 $\boldsymbol{F}$　　② 过 A 点平行于 BG 连线

③ 沿 AG 直线　　④ 沿 AH 直线

3-7　图 3-39 所示长方体为刚体且仅受二力偶作用，已知其力偶矩矢满足 $\boldsymbol{M}_1=-\boldsymbol{M}_2$。则该长方体（　　）。

① 不平衡　　② 平衡　　③ 平衡与否无法确定

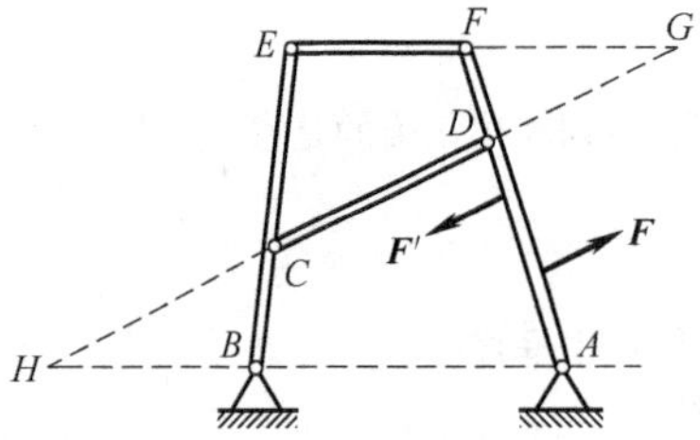

图 3-38　习题 3-6 图

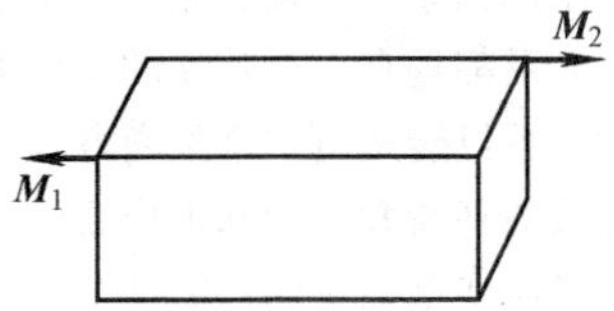

图 3-39　习题 3-7 图

3-8　图 3-40 所示结构中，静定结构是（　　），超静定结构是（　　）。

① 图 3-40a　　② 图 3-40b　　③ 图 3-40c　　④ 图 3-40d

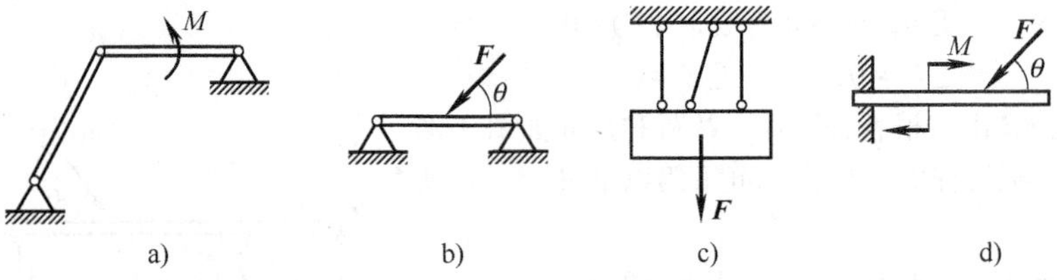

图 3-40　习题 3-8 图

3-9　在刚体的两个点上各作用一个空间共点力系（即汇交力系），刚体处于平衡。利用刚体的平衡条件可以求出的未知量（即独立的平衡方程）个数最多为（　　）。

① 3 个　　② 4 个　　③ 5 个　　④ 6 个

3-10　平面一般力系平衡方程的二矩式应满足的附加条件是（　　　　　　）。平面一般力系平衡方程的三矩式应满足的附加条件是（　　　　　　）。

3-11　若空间力系各力作用线都平行于某一固定平面，则其最多的独立平衡方程有（　　）个；

若空间力系各力作用线都垂直于某一固定平面，则其最多的独立平衡方程有（　　）个；

若空间力系各力作用线分别在两个平行的固定平面内，则其最多的独立平衡方程有（　　）个。

3-12　试写出各类力系所具有的最大的独立平衡方程数目。

(1) 平面汇交力系（　　）；　　(5) 空间汇交力系（　　）；
(2) 平面力偶系（　　）；　　(6) 空间力偶系（　　）；
(3) 平面平行力系（　　）；　　(7) 空间平行力系（　　）；
(4) 平面任意力系（　　）；　　(8) 空间任意力系（　　）。

3-13　不计重量的直角杆 CDA 和 T 字形杆 DBE 在 D 处铰接，如图 3-41 所示。若系统受力 $\boldsymbol{F}$ 作用，则支座 B 处约束力的大小为（　　），方向为（　　）。

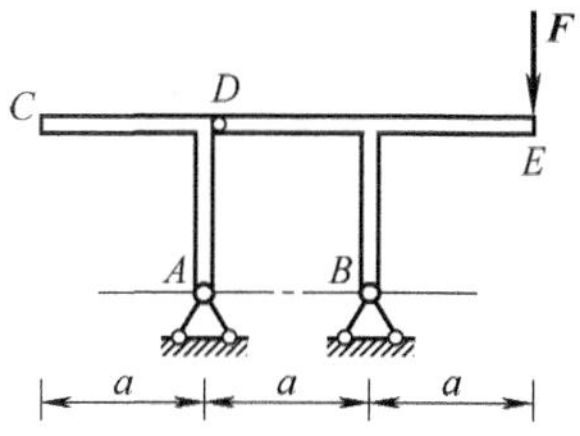

图 3-41　习题 3-13 图

3-14　由 n 个刚体组成的平衡系统，其中有 n_1 个刚体受到平面力偶系作用，n_2 个刚体受到平面共点力系作用，n_3 个刚体受到平面平行力系作用，其余的刚体受到平面一般力系作用，则该系统所能列出的独立平衡方程的最大总数是（　　　　）。

3-15　平面桁架受到大小均为 F 的三个力作用，如图 3-42 所示。则杆 1 内力的大小为（　　）；杆 2 内力的大小为（　　）；杆 3 内力的大小为（　　）。

① F　　② $\sqrt{2}F$　　③ 0　　④ $F/2$

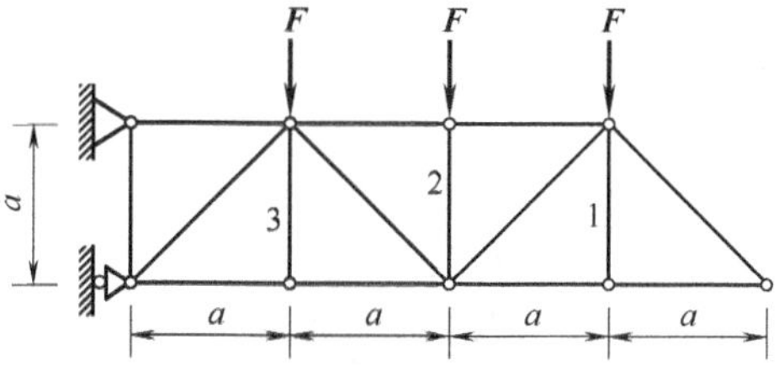

图 3-42　习题 3-15 图

3-16　试判断图 3-43 所示各平面桁架中的零力杆。

图 3-43a 中的（　　　　）号杆是零力杆；

图 3-43b 中的（　　　　）号杆是零力杆；

图 3-43c 中的（　　　　）号杆是零力杆。

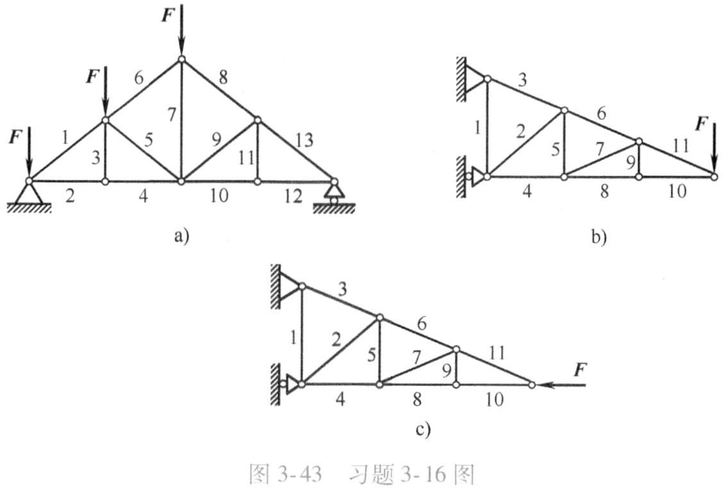

图 3-43　习题 3-16 图

3-17　物块自重为 G，置于倾角为 30° 的粗糙斜面上，如图 3-44 所示。物块上作用一力 $\boldsymbol{F}$，斜面与物块间的摩擦角为 $\varphi_m = 25°$。物块能平衡的情况是（　　）。

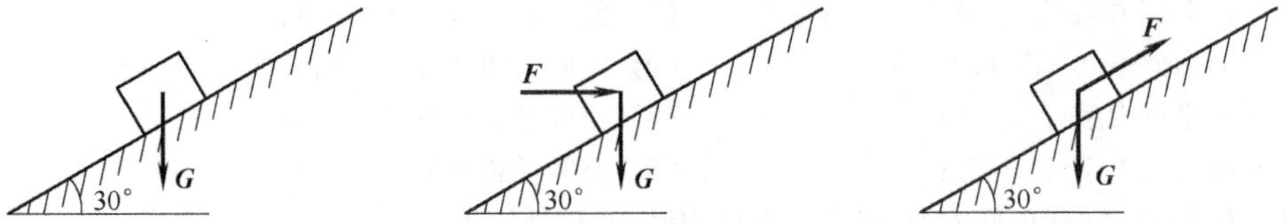

① $F=0$　　② $\boldsymbol{F}$水平向右，且$F=G$　　③ $\boldsymbol{F}$沿斜面向上，且$F=G$

图 3-44　习题 3-17 图

3-18　一均质圆盘重量为 G，半径为 R，置于粗糙的水平面上，如图 3-45 所示。已知 $M=FR$，在不计滚动阻力偶的情况下，受力分析如图中各图所示（圆盘并不一定处于平衡）。其中摩擦力 $\boldsymbol{F}_s$ 的方向正确的是（　　）。

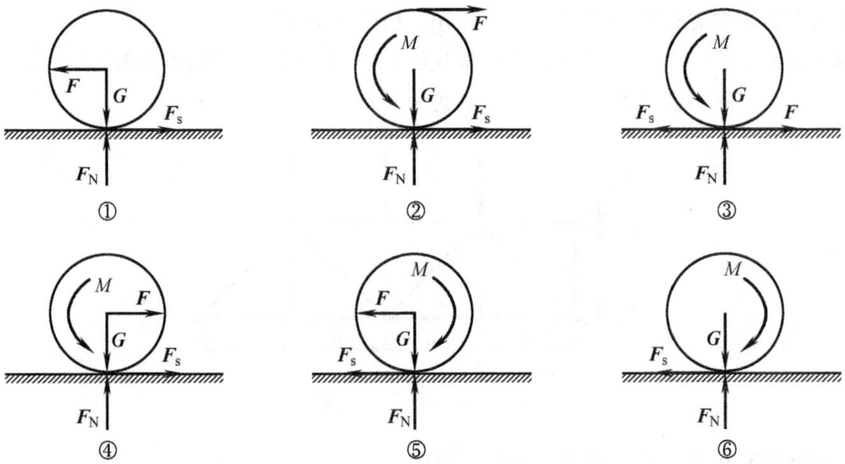

图 3-45　习题 3-18 图

3-19　如图 3-46 所示，自重分别为 W_A 和 W_B 的物体重叠地放置在粗糙的水平面上，水平力 $\boldsymbol{F}_P$ 作用于物体 A 上，设 A、B 间的摩擦力的最大值为 F_{Asmax}，B 与水平面间的摩擦力的最大值为 F_{Bsmax}，若 A、B 能各自保持平衡，则各力之间的关系为（　　）。

① $F_P>F_{Asmax}>F_{Bsmax}$　　② $F_P<F_{Asmax}<F_{Bsmax}$

③ $F_{Bsmax}>F_P>F_{Asmax}$　　④ $F_{Bsmax}<F_P<F_{Asmax}$

3-20　如图 3-47 所示，物体 A 重为 100 kN，物体 B 重为 25 kN，A 与地面间的静摩擦因数为 0.2，滑轮处摩擦不计。则物体 A 与地面间的静摩擦力的大小为（　　）。

① 20kN　　② 16kN　　③ 15kN　　④ 12kN

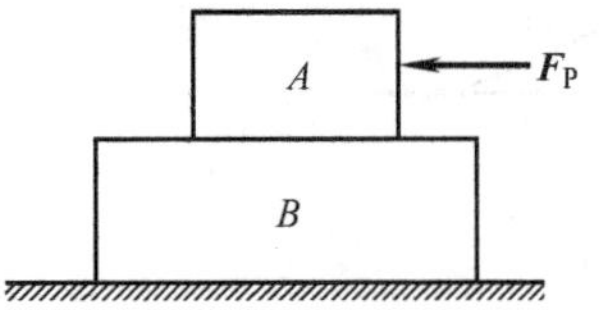

图 3-46　习题 3-19 图

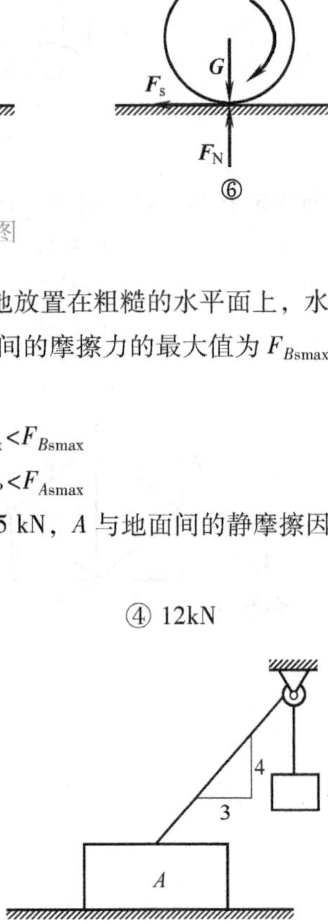

图 3-47　习题 3-20 图

3-21　如图 3-48 所示，当左右两木板所受的压力大小均为 F 时，物体 A 夹在木板中间静止不动。若两木板所受压力各增加到 $2F$ 时，物体 A 受到的摩擦力大小（　　）。

① 与原来相等　　② 是原来的 2 倍　　③ 是原来的 4 倍

3-22　如图 3-49 所示，已知物块重量为 $F_P=100$ N，用 $F=500$ N 的压力压在一铅垂面上，物块与墙面间的静摩擦因数 $f_s=0.3$，则物块受到的静摩擦力大小为（　　）。

① 150N　　② 100N　　③ 500N　　④ 30N

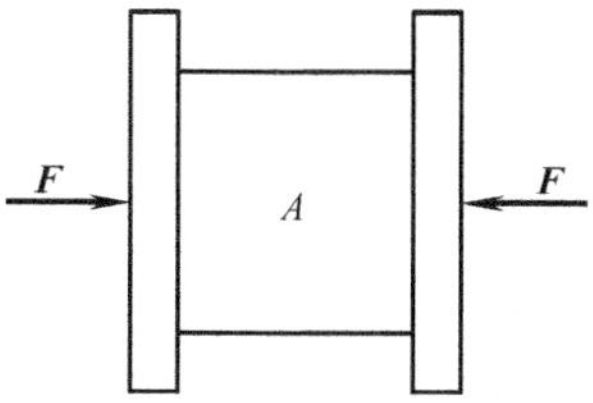

图 3-48　习题 3-21 图

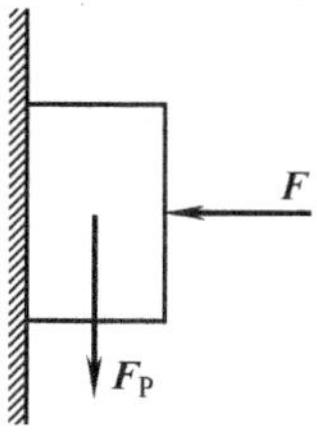

图 3-49　习题 3-22 图

3-23　一物块重量为 F_P，放在倾角为 θ 的斜面上，如图 3-50 所示，斜面与物块间的摩擦角为 φ_m，且 $\varphi_m>\alpha$。今在物块上作用一大小也等于 F_P 的力，则物块能在斜面上保持平衡时力 $\boldsymbol{F}_P$ 与斜面法线间的夹角 β 的最大值应为（　　）。

① $\beta_{max}=\varphi_m$　　② $\beta_{max}=\theta$

③ $\beta_{max}=\varphi_m-\theta$　　④ $\beta_{max}=2\varphi_m-\theta$

3-24　均质立方体重 F_P，置于倾角为 30°的粗糙斜面上，如图 3-51 所示。物体与斜面间的静摩擦因数 $f_s=0.25$。开始时，物体在拉力 $\boldsymbol{F}_T$ 作用下静止不动，然后逐渐增大力 $\boldsymbol{F}_T$，则物体先发生（　　）（滑动或翻动）；若物体在斜面上保持平衡静止时，$\boldsymbol{F}_T$ 的最大值为（　　）。

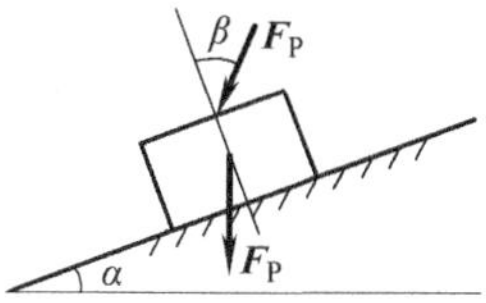

图 3-50　习题 3-23 图

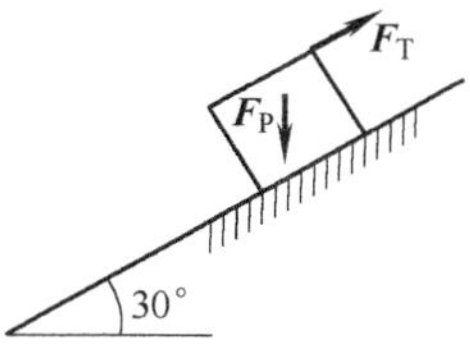

图 3-51　习题 3-24 图

3-25　试比较用同样材料制作、在相同的粗糙度和相同的皮带压力 $\boldsymbol{F}_P$ 作用下，平带与三角带的最大静摩擦力。由图 3-52a、b，根据平面一般力系的平衡方程，可得 $F_{N1}=$(　　)，$F_{N21}=F_{N22}=$(　　)。设接触面间的静摩擦因数为 f_s，则平带的最大静摩擦力 $F_{1smax}=$(　　)，三角带的最大静摩擦力 $F_{2smax}=$(　　)，故 F_{1smax}（　　）F_{2smax}（比较 F_{1smax} 与 F_{2smax} 的大小）。

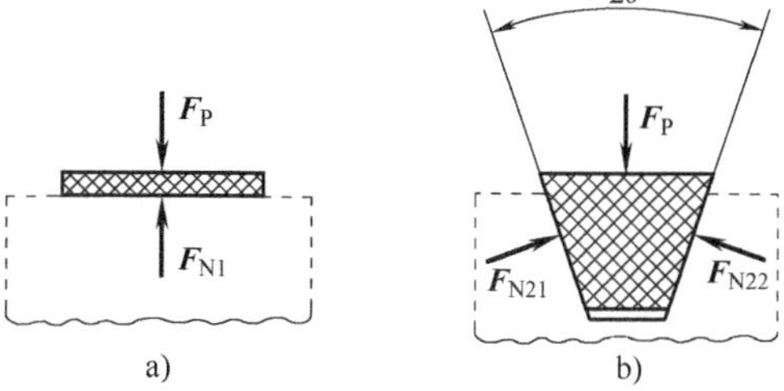

图 3-52　习题 3-25 图

分析计算题

3-26　图 3-53 所示两种正方形结构所受载荷均已知，且 $F=F'$，试求 1、2、3 三杆受力。

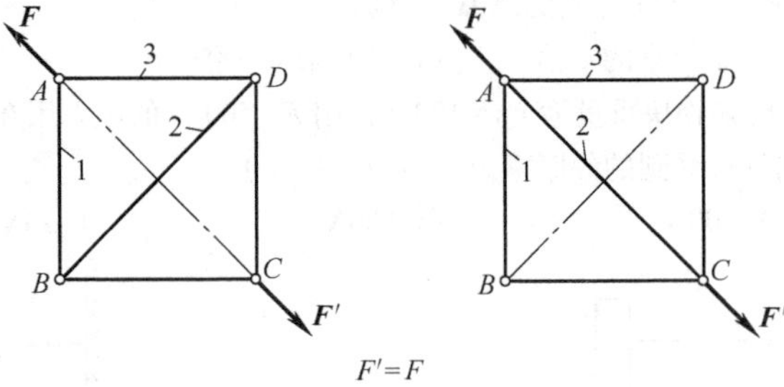

图 3-53 习题 3-26 图

3-27 图 3-54 所示为一绳索拔桩装置。绳索的 E、C 两点拴在架子上，点 B 与拴在桩 A 上的绳索 AB 连接，在点 D 加一铅垂向下的 F，AB 可视为铅垂，DB 可视为水平。已知 $\alpha=0.1\text{rad}$，$F=800\text{N}$。试求绳 AB 中产生的拔桩力（当 α 很小时，$\tan\alpha\approx\alpha$）。

3-28 杆 AB 及其两端滚子的整体重心在点 G，滚子搁置在倾斜的光滑刚性平面上，如图 3-55 所示。对于给定的 θ 角，试求平衡时的 β 角。

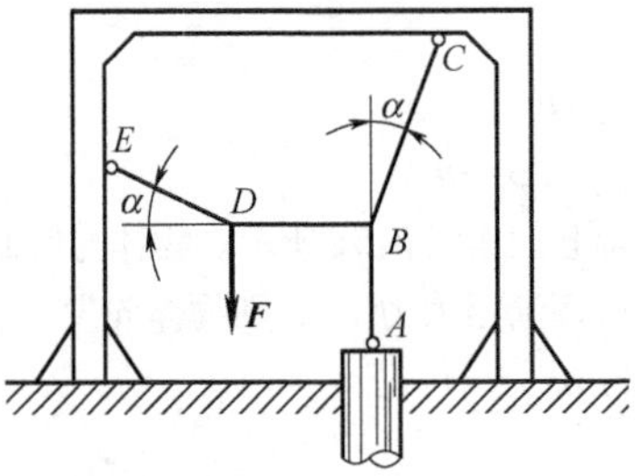

图 3-54 习题 3-27 图

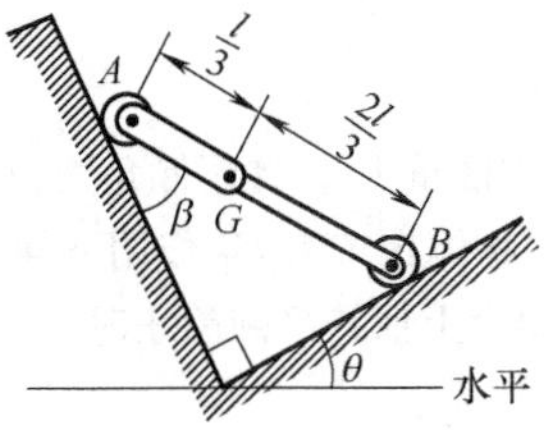

图 3-55 习题 3-28 图

3-29 试求图 3-56 所示两外伸梁 A、B 处的约束力，其中：（a）$M=60\text{kN}\cdot\text{m}$，$F_P=20\text{kN}$；（b）$F_P=10\text{kN}$，$F_{P1}=20\text{kN}$，$q=20\text{kN/m}$，$d=0.8\text{m}$。

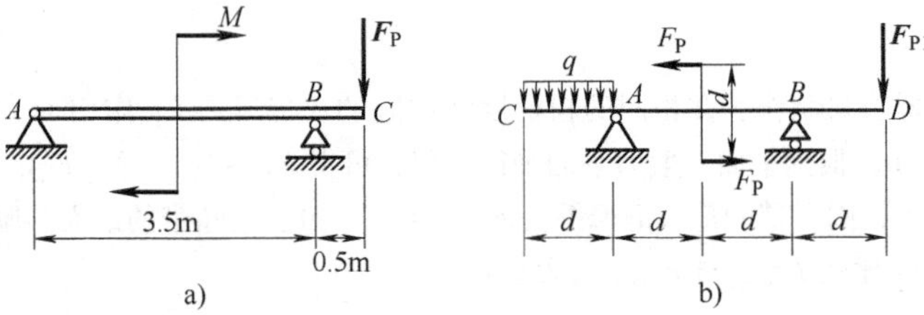

图 3-56 习题 3-29 图

3-30 直角折杆所受载荷、约束及尺寸均如图 3-57 所示。试求 A 处全部约束力。

3-31 如图 3-58 所示，拖车重 $W=20\text{kN}$，汽车对它的牵引力 $F=10\text{kN}$。试求拖车匀速直线行驶时，车轮 A、B 对地面的正压力。

3-32 起重机 ABC 具有铅垂转动轴 AB，起重机自重 $W=3.5\text{kN}$，重心在点 D。在 C 处吊有重 $W_1=10\text{kN}$ 的物体，如图 3-59 所示。试求向心轴承 A 和向心推力轴承 B 的约束力。

3-33 如图 3-60 所示，钥匙的截面为直角三角形，其直角边 $AB=d_1$，$BC=d_2$。设在钥匙上作用一个矩为 M 的力偶。试求其顶点 A、B、C 对锁孔边的压力。不计摩擦，且钥匙与锁孔之间的隙缝很小。

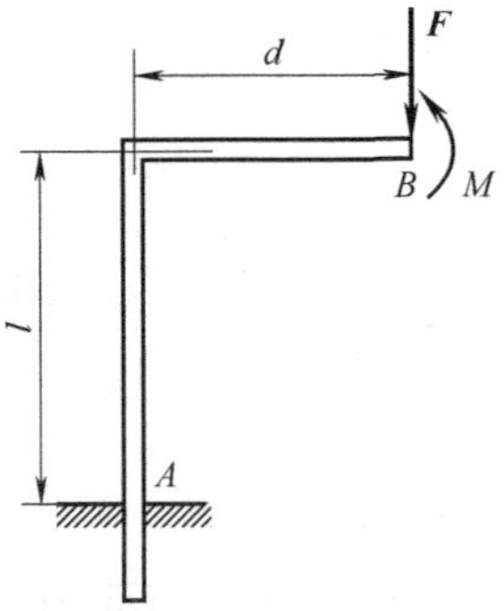

图 3-57 习题 3-30 图

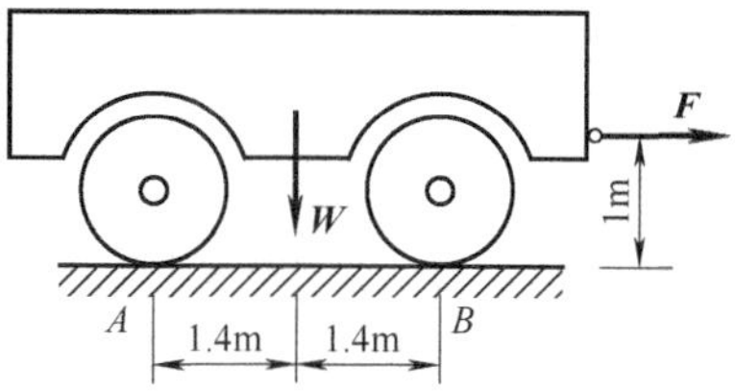

图 3-58　习题 3-31 图

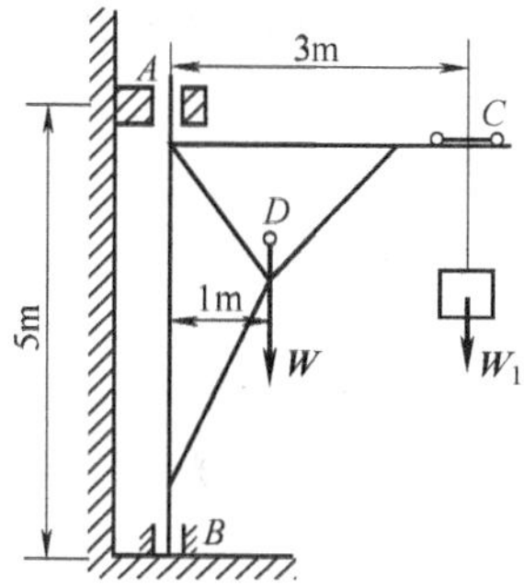

图 3-59　习题 3-32 图

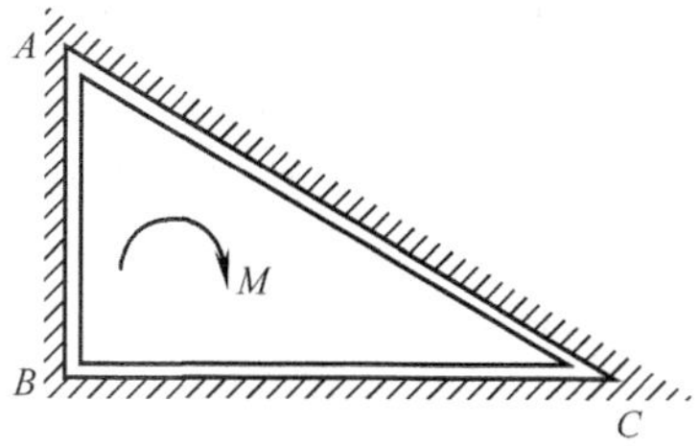

图 3-60　习题 3-33 图

3-34　一便桥自由地放置在支座 C 和 D 上，支座间的距离 $CD=2d=6\text{m}$，桥面重 $1\frac{2}{3}\text{kN/m}$。试求：当汽车从桥面驶过且未使桥面翻转时桥的悬臂部分的最大长度 l_{max}，如图 3-61所示。设汽车的前、后轮的负重分别为 20kN 和 40kN，两轮间的距离为 3m。

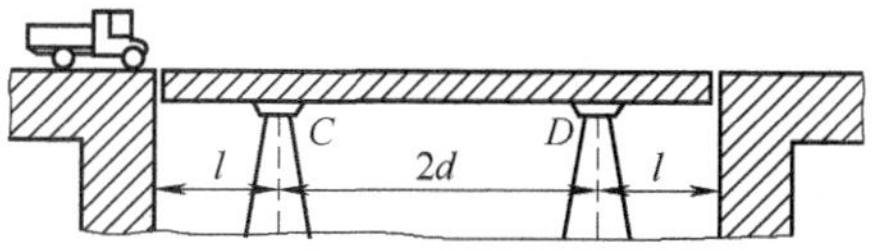

图 3-61　习题 3-34 图

3-35　如图 3-62 所示，起重机装有轮子，可沿轨道 A、B 移动。起重机桁架下弦 DE 的中点 C 上挂有滑轮（图未画出），用来提起挂在索链 CG 上的重物。从材料架上提起的物料重 $W=50\text{kN}$。当此重物离开材料架时，索链与铅垂线成 $\alpha=20°$角。为了避免重物摆动，又用水平绳索 GH 拉住重物。设索链张力的水平分力仅由右轨道 B 承受，试求当重物离开材料架时轨道 A、B 的受力。

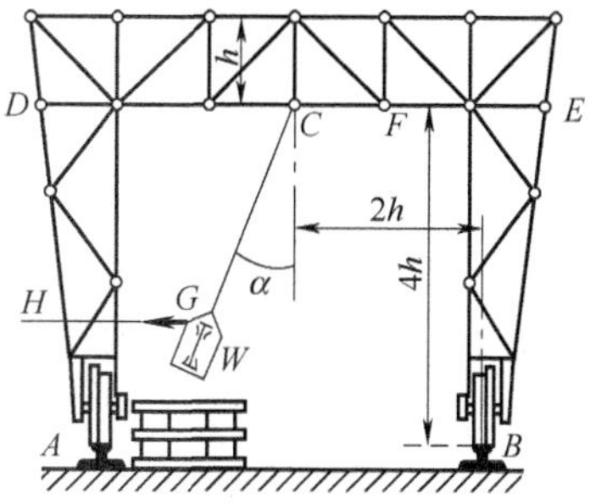

图 3-62　习题 3-35 图

3-36　试求图 3-63 所示静定梁在 A、B、C 三处的全部约束力。已知 d、q 和 M。注意比较和讨论图 3-52a、b、c 所示三梁的约束力以及图 3-52d、e 所示二梁的约束力。

3-37　木支架结构的尺寸如图 3-64 所示，各杆在 A、D、E、F 处均以螺栓连接，C、G 处用铰链与地面连接。在水平杆 AB 的 B 端挂一重物，其重 $W=5\text{kN}$。若不计各杆自重，试求 C、G、A、E 各处的约束力。

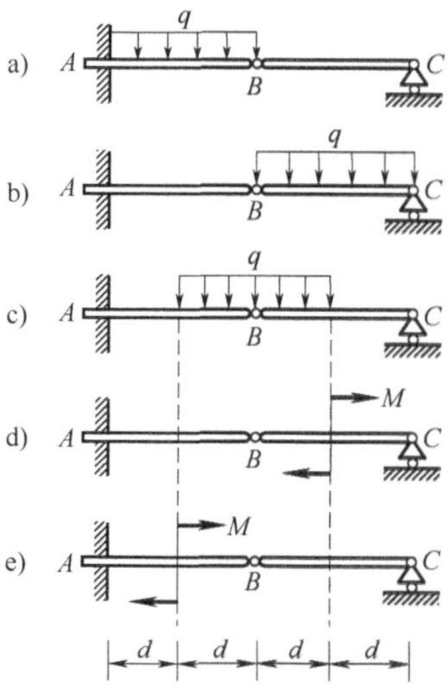

图 3-63　习题 3-36 图

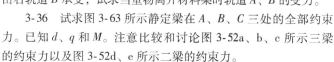

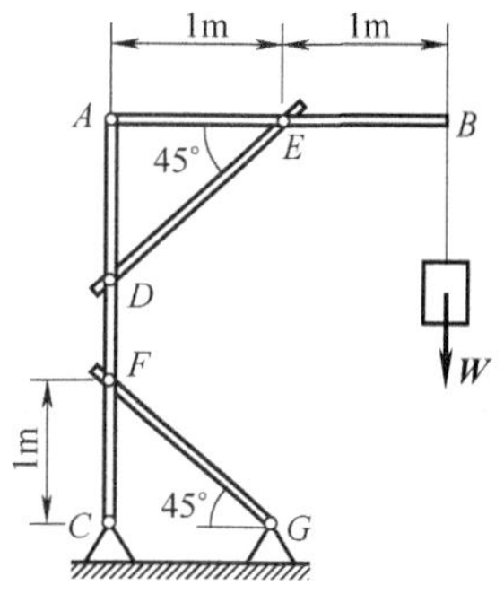

图 3-64　习题 3-37 图

3-38　一活动梯子放在光滑水平的地面上，梯子由 AC 与 BC 两部分组成，每部分均重150N，重心在杆子的中点，彼此用铰链 C 与绳子 EF 连接，如图3-65所示。今有一重为600N的人，站在 D 处，试求绳子 EF 的拉力和 A、B 两处的约束力。

3-39　如图3-66所示，一些相同的均质板彼此堆叠，每一块板都比下面的一块伸出一段。当这些板均保持平衡时，试求各伸出段的极限长度。已知板长为 $2l$。

（提示：在解题时，逐一地把从上开始的各板重量相加。）

3-40　承重装置如图3-67所示，A、B、C 三处均为光滑铰链连接，各杆和滑轮的自重均略去不计。试求 A、C 两处的约束力。

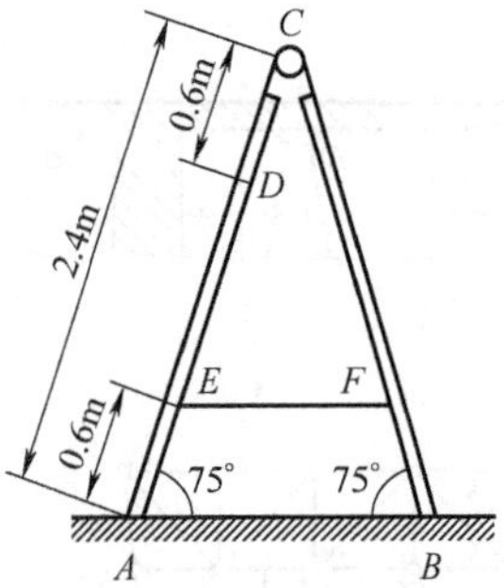

图3-65　习题3-38图

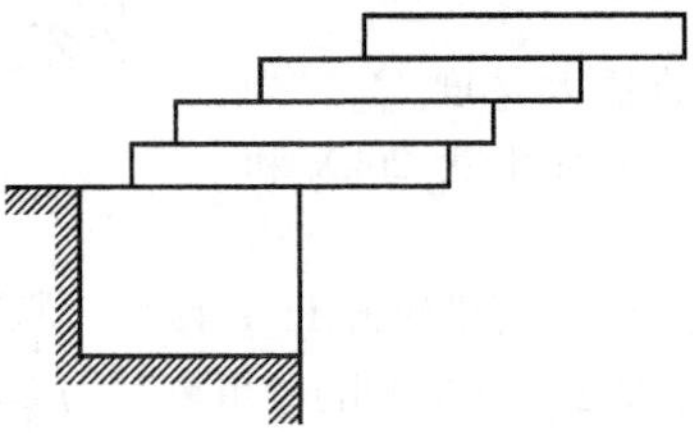

图3-66　习题3-39图

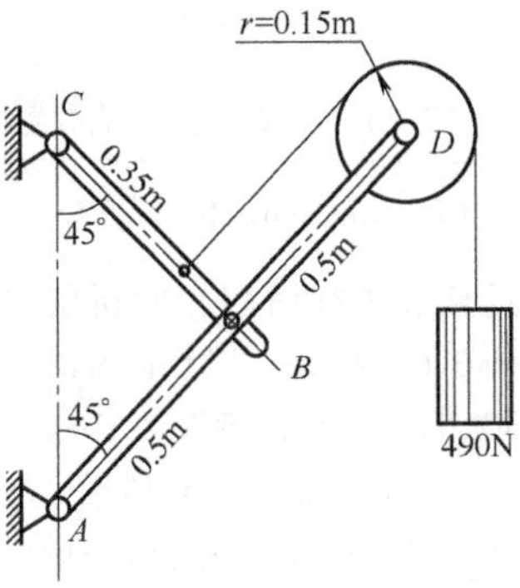

图3-67　习题3-40图

3-41　厂房构架为三铰拱架，如图3-68所示。桥式吊车顺着厂房（垂直于纸面方向）沿轨道行驶，吊车梁自重 $W_1=20\text{kN}$，其重心在梁的中点。吊车和起吊重物的重量 $W_2=60\text{kN}$。每个拱架自重 $W_3=60\text{kN}$，其重心分别在 D、E 两点，正好与吊车梁的轨道在同一铅垂线上。风压的合力为10kN，方向水平。试求当吊车位于离左边轨道的距离等于2m时，固定铰支承 A、B 两处的约束力。

3-42　图3-69所示为汽车台秤简图，BCF 为整体台面，杠杆 AB 可绕轴 O 转动，B、C、D 三处均为光滑铰链，杆 DC 处于水平位置。试求平衡时砝码重 W_1 与汽车重 W_2 的关系。

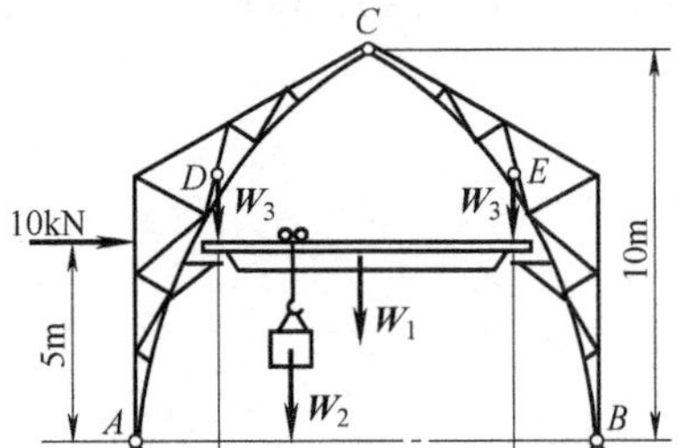

图3-68　习题3-41图

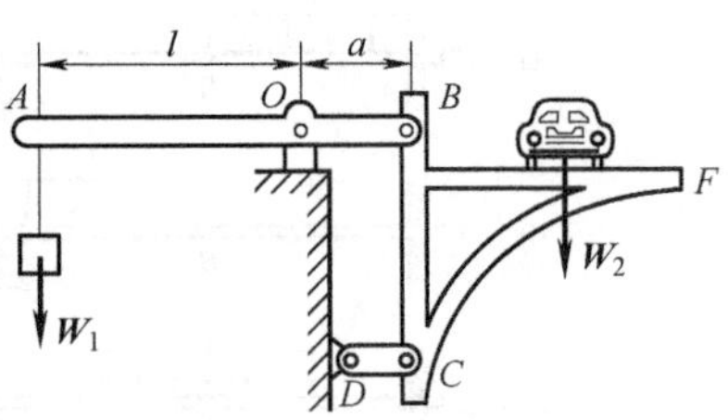

图3-69　习题3-42图

3-43　如图3-70所示，体重为 W 的体操运动员在吊环上做十字支撑。已知 l、θ、d（两肩关节距离）、W_1（两臂总重）。假设手臂为均质杆，试求肩关节受力。

3-44　如图3-71所示，圆柱形的杯子倒扣着两个重球，每个球重为 W，半径为 r，杯子半径为 R，$r<R<2r$。若不计各接触面间的摩擦，试求杯子不致翻倒的最小杯重 $P_{\min}$。

3-45　厂房屋架如图3-72所示，其上承受铅垂均布载荷。若不计各构件自重，试求1、2、3三杆的受力。

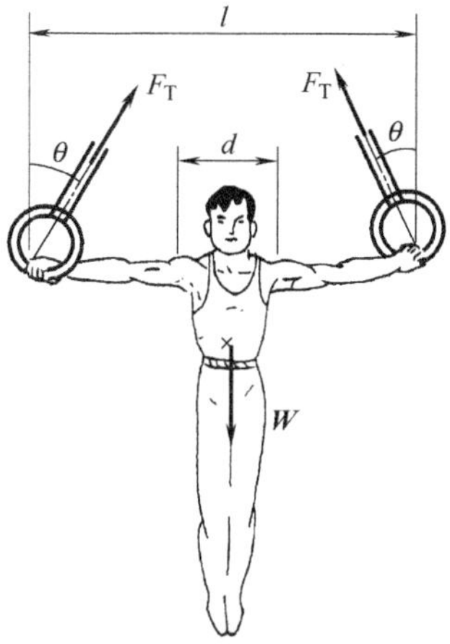

图 3-70 习题 3-43 图

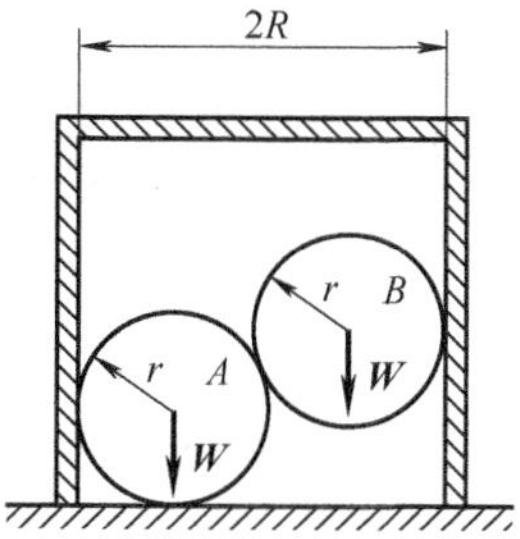

图 3-71 习题 3-44 图

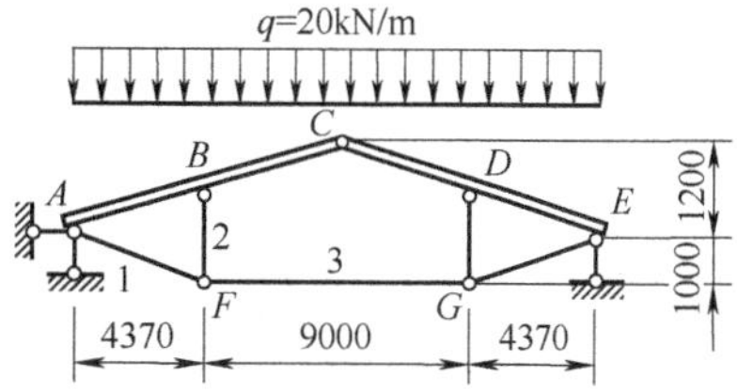

图 3-72 习题 3-45 图

3-46 结构由 AB、BC 和 CD 三部分组成，所受载荷及尺寸如图 3-73 所示。试求 A、B、C 和 D 处的约束力。

3-47 图 3-74 所示圆柱体的质量为 100kg，由三根绳子支承，其中一根与弹簧相连接，弹簧的刚度系数为 $k=1.5\text{kN/m}$。试求各绳中的拉力与弹簧的伸长量。

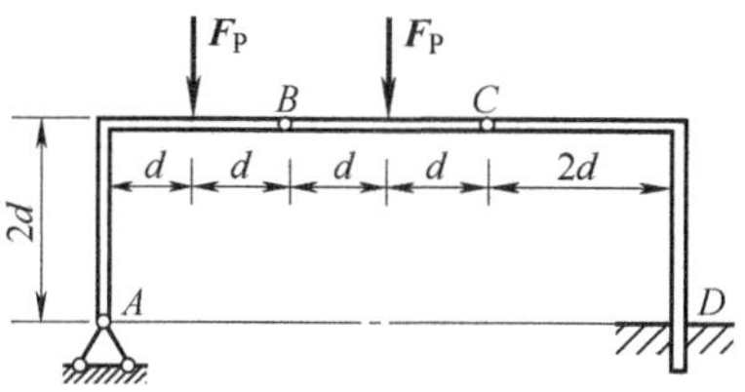

图 3-73 习题 3-46 图

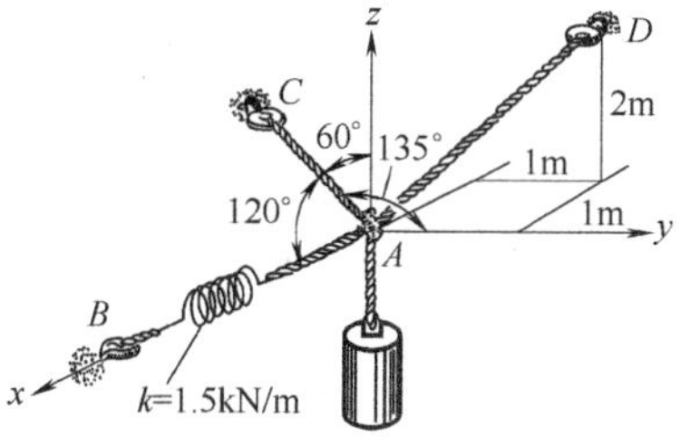

图 3-74 习题 3-47 图

3-48 平面桁架的尺寸以及所受的载荷如图 3-75 所示。试求杆 BH、CD 和 GD 的内力。

3-49 图 3-76 所示平面桁架所受的载荷 $\boldsymbol{F}_P$ 和尺寸 d 均为已知。试求杆 FK 和 JO 的内力。

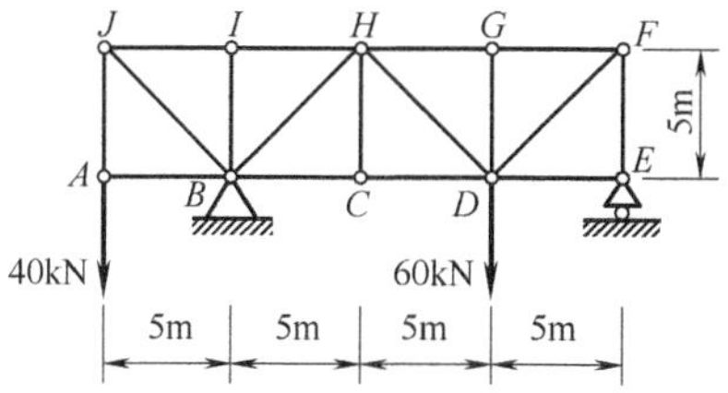

图 3-75 习题 3-48 图

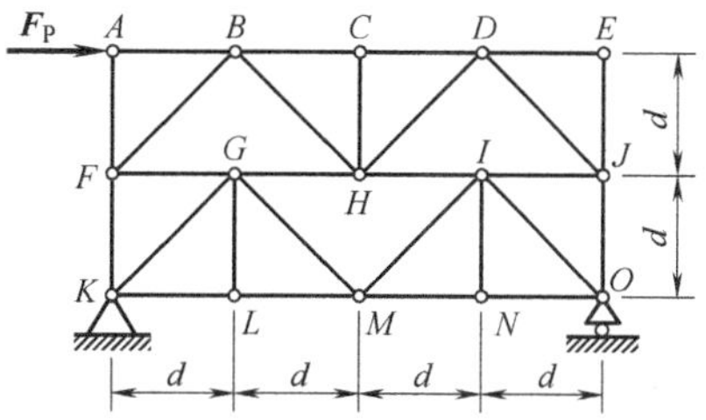

图 3-76 习题 3-49 图

3-50 图 3-77 所示平面桁架所受的载荷 $\boldsymbol{F}_P$ 和尺寸 d 均为已知。试求 1、2、3 三杆的内力。

3-51 如图 3-78 所示，两本书 A 和 B 各 100 页，相互插页按图示形状叠置。每页纸重 0.06N，纸间静摩擦因数是 0.2。若将书 A 固定于桌面，试求将书 B 从书 A 中拉出需要多大的水平力 F_P。

3-52 如图 3-79 所示，置于 V 形槽中的棒料上作用一力偶，力偶的矩 $M=15\text{N}\cdot\text{m}$ 时，刚好能转动此棒料。已知棒料重 $P=400\text{N}$，直径 $D=0.25\text{m}$，不计滚动阻力偶。试求棒料与 V 形槽间的静摩擦因数 f_s。

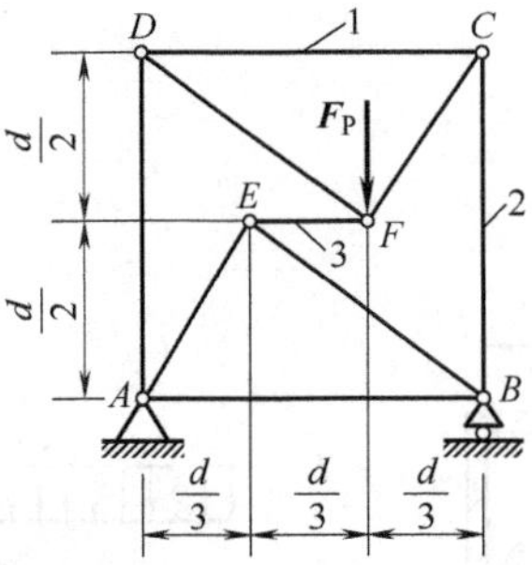

图3-77　习题3-50图

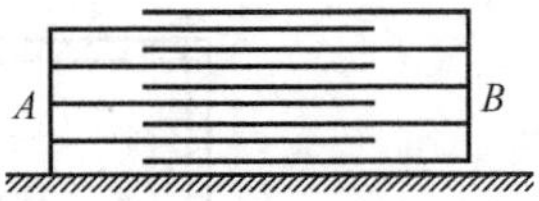

图3-78　习题3-51图

3-53　均质箱体A的宽度$b=1\text{m}$，高$h=2\text{m}$，重$P=200\text{kN}$，放在倾角$\theta=20°$的斜面上。箱体与斜面之间的静摩擦因数$f_s=0.2$。今在箱体的C点系一无重软绳，绳的另一端绕过定滑轮D挂一重物E，如图3-80所示。已知$BC=a=1.8\text{m}$。求使箱体处于平衡状态时重物E的重量F_{PE}。

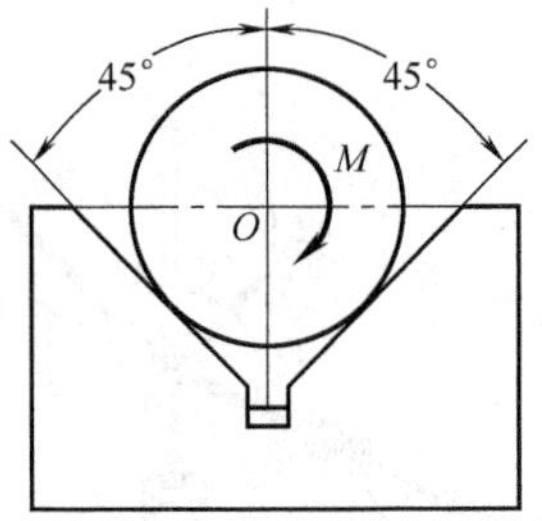

图3-79　习题3-52图

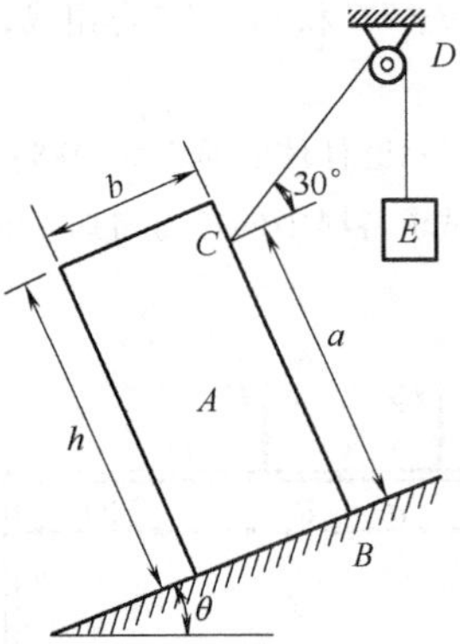

图3-80　习题3-53图

Part II

第 2 篇

运动学与动力学

运动学（kinematics）研究物体在空间相对某参考系的位置随时间变化的几何性质，包括点的运动方程、运动轨迹、速度和加速度，刚体的角速度与角加速度，以及刚体上各点的速度和加速度及其相互关系，但不涉及引起物体运动的物理原因。运动学主要研究分析工程运动规律的基本概念、基本理论和基本方法，如运动的分解与合成等，这些内容不仅是工程运动分析的基础，也是动力学的基础。

由于运动学讨论的许多力学量，如位移、速度、加速度等都是矢量，因此，研究运动学需要借助于矢量分析的工具。而且，一般情形下，这些矢量的大小和方向会随着时间的变化而变化，因而称为变矢量。变矢量对时间的导数是运动学的重点与难点。这是学习运动学时需要特别注意的。

动力学（dynamics）研究作用在物体上的力系与物体运动之间的关系，从而建立物体机械运动的普遍规律。动力学是理论力学中最重要的部分，在工程技术中的应用也非常广泛，如高速旋转的机械、发动机、汽轮机组、大型建筑结构、机器人、飞行器、航天器等。动力学的模型是质点和质点系（包括刚体及刚体系），因此动力学分为质点动力学与质点系动力学，其中质点动力学是质点系动力学的基础，质点系动力学是本书的重点内容。动力学主要研究两类基本问题，一是已知物体的运动，确定作用在物体上的力，称为动力学正问题；二是已知作用在物体上的力，确定物体的运动，称为动力学的反问题。实际工程问题多以这两类问题的交叉形式出现。

研究作用在物体上的力系与物体运动的关系，就是根据动力学基本定律（即牛顿运动三定律）、质点动力学基本方程（即牛顿第二定律）或动力学普遍定理建立运动微分方程，进而求解。建立运动微分方程的方法有矢量动力学方法和分析力学方法两种，本书主要介绍矢量动力学方法。

第4章 点的一般运动与刚体的基本运动

本章首先从几何学角度出发来研究单个质点或刚体上某个质点的一般运动，即研究动点相对某参考系的空间几何位置随时间变化的规律，包括点的运动方程、运动轨迹、速度和加速度及其相互关系。介绍描述点的运动的三种基本方法：矢量法、直角坐标法和弧坐标法。然后在点的一般运动基础上研究刚体的两种基本运动：平移和定轴转动。

4.1 点的一般运动

根据运动的相对性，描述某一物体的运动，必须选取另一物体作为参考，被参考的物体称为参考体（reference body），与参考体固连的坐标系称为参考系（reference system）。由于物体运动的位移、速度和加速度都是矢量，因此可选用矢量表示各种运动量之间的关系，这种方法便于进行理论分析及推导，同时所得的结果适用于所有坐标系。选用矢量研究点的运动称为矢量法。若要求解具体问题，可选用合适的投影坐标系。投影坐标系可选用直角坐标系、自然轴系（弧坐标）等形式，选用这些坐标系研究点的运动的方法称为直角坐标法和弧坐标法等。

4.1.1 描述点运动的矢量法

1. 运动方程

在图4-1所示的定参考系 $Oxyz$ 中，动点 M 沿某一空间曲线 $\widehat{AB}$ 运动。自坐标原点 O 可向动点 M 在 t 时刻经过的位置 P 做一矢量 $\boldsymbol{r}$，$\boldsymbol{r}$ 称为位矢（position vector）或矢径。当动点 M 由位置 P 运动到 P' 时，位矢 $\boldsymbol{r}$ 也随动点同步运动（$\boldsymbol{r}$ 变为 $\boldsymbol{r}'$），这样变矢量 $\boldsymbol{r}$ 就可唯一确定动点 M 在定参考系 $Oxyz$ 中的瞬时几何位置。因此

$$\boldsymbol{r}=\boldsymbol{r}(t) \tag{4-1}$$

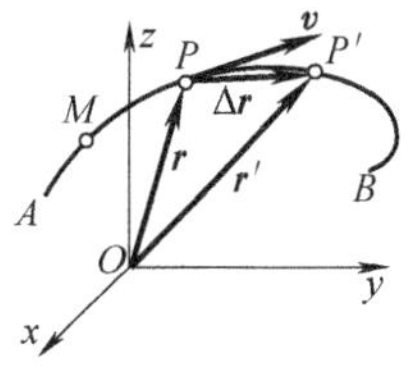

图4-1 点的运动

是时间 t 的单值连续函数。式（4-1）称为点的运动方程的矢量式。

动点 M 在运动过程中，其位矢 $\boldsymbol{r}$ 的端点描绘出一条空间连续曲线，称为位矢端图（hodograph of position vector）。显然，位矢端图就是动点 M 的运动轨迹（trajectory）。

2. 速度

经过时间间隔 Δt 后，动点 M 由位置 P 运动到 P'，其位矢改变量 $\Delta\boldsymbol{r}$（见图4-1）称为点的位移（displacement），即

$$\Delta \boldsymbol{r}=\boldsymbol{r}'(t+\Delta t)-\boldsymbol{r}(t) \tag{4-2}$$

根据平均速度的定义并引入取极限的思想，动点 M 在 t 时刻的速度（velocity）就等于动点 M 在 t 时刻的位矢对时间的一阶导数，即

$$\boldsymbol{v}=\lim_{\Delta t\to 0}\frac{\Delta \boldsymbol{r}}{\Delta t}=\frac{\mathrm{d}\boldsymbol{r}}{\mathrm{d}t}=\dot{\boldsymbol{r}} \tag{4-3}$$

$\boldsymbol{v}$ 是描述动点在该瞬时运动快慢和方向的矢量，其方向沿运动轨迹的切线方向，指向动点的运动方向，数值（称为速率）等于矢量式（4-3）的模，即

$$v=\left|\frac{\mathrm{d}\boldsymbol{r}}{\mathrm{d}t}\right|=|\dot{\boldsymbol{r}}| \tag{4-4}$$

3. 加速度

由式（4-3）可得，动点 M 在 t 时刻的加速度（acceleration）等于 t 时刻速度 $\boldsymbol{v}$ 对时间的一阶导数，或 t 时刻位矢 $\boldsymbol{r}$ 对时间的二阶导数（见图 4-2），即

$$\boldsymbol{a}=\lim_{\Delta t\to 0}\frac{\Delta \boldsymbol{v}}{\Delta t}=\frac{\mathrm{d}\boldsymbol{v}}{\mathrm{d}t}=\frac{\mathrm{d}^2\boldsymbol{r}}{\mathrm{d}t^2}=\dot{\boldsymbol{v}}=\ddot{\boldsymbol{r}} \tag{4-5}$$

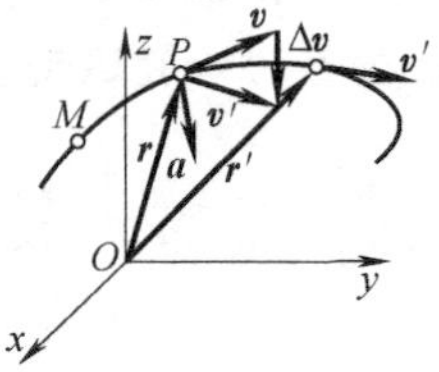

图 4-2 点的速度改变量与加速度

加速度 $\boldsymbol{a}$ 是描述动点在该瞬时速度大小和方向变化率的矢量，其方向为速度的改变量 $\Delta\boldsymbol{v}$ 的极限方向（见图 4-2），数值为矢量式（4-5）的模，即

$$a=\left|\frac{\mathrm{d}\boldsymbol{v}}{\mathrm{d}t}\right|=\left|\frac{\mathrm{d}^2\boldsymbol{r}}{\mathrm{d}t^2}\right|=|\dot{\boldsymbol{v}}|=|\ddot{\boldsymbol{r}}| \tag{4-6}$$

4.1.2 描述点运动的直角坐标法

1. 运动方程

在图 4-3 所示的定直角坐标系 $Oxyz$ 中，动点 M 在每一瞬时的空间位置 P 既可用相对于坐标原点 O 的位矢 $\boldsymbol{r}$ 来描述，也可用三个直角坐标 x、y、z 唯一确定。

位矢 $\boldsymbol{r}$ 和直角坐标 x、y、z 之间的关系为

$$\boldsymbol{r}=x\boldsymbol{i}+y\boldsymbol{j}+z\boldsymbol{k} \tag{4-7}$$

式中，$\boldsymbol{i}$、$\boldsymbol{j}$ 和 $\boldsymbol{k}$ 分别为沿三个直角坐标轴的单位矢量。

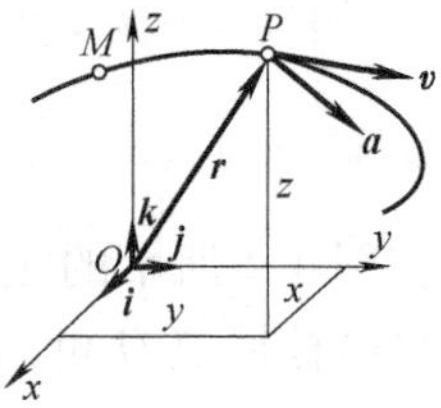

图 4-3 用直角坐标法描述点的运动

当动点运动时，直角坐标 x、y、z 与位矢 $\boldsymbol{r}$ 一样，也是时间 t 的单值连续函数，即

$$\begin{cases}x=x(t)\\y=y(t)\\z=y(t)\end{cases} \tag{4-8}$$

这就是用直角坐标描述的点的运动方程。消去式（4-8）中的时间 t，得到关于 x、y、z 的函数方程，这就是点的轨迹方程。

2. 速度

由于 $\boldsymbol{i}$、$\boldsymbol{j}$ 和 $\boldsymbol{k}$ 为单位常矢量，将式（4-7）代入式（4-3），有

$$\boldsymbol{v}=\dot{\boldsymbol{r}}=\dot{x}\boldsymbol{i}+\dot{y}\boldsymbol{j}+\dot{z}\boldsymbol{k}=v_x\boldsymbol{i}+v_y\boldsymbol{j}+v_z\boldsymbol{k} \tag{4-9}$$

该式表明，点的速度在直角坐标轴上的投影（v_x,v_y,v_z）等于点的各位置坐标对时间的一阶导数（$\dot{x},\dot{y},\dot{z}$）。

3. 加速度

同理，将式（4-9）代入式（4-5），有

$$\boldsymbol{a}=\dot{\boldsymbol{v}}=\ddot{\boldsymbol{r}}=\ddot{x}\boldsymbol{i}+\ddot{y}\boldsymbol{j}+\ddot{z}\boldsymbol{k}=a_x\boldsymbol{i}+a_y\boldsymbol{j}+a_z\boldsymbol{k} \tag{4-10}$$

该式表明，点的加速度在直角坐标轴上的投影（a_x, a_y, a_z）等于点的各位置坐标对时间的二阶导数（$\ddot{x}, \ddot{y}, \ddot{z}$）。

根据式（4-9）和式（4-10），可以分别写出速度 $\boldsymbol{v}$ 和加速度 $\boldsymbol{a}$ 的模及方向余弦与其三个投影之间的关系表达式。

【例题 4-1】　如图 4-4 所示椭圆规机构中，曲柄 OB 以等角速度 ω 绕轴 O 转动，通过连杆 AC 带动滑块 A 在水平滑槽内运动。已知：$AB=OB=200\text{mm}$，$BC=400\text{mm}$，曲柄 OB 与铅垂线的夹角 $\varphi=\omega t$（t 以 s 计）。试求：

（1）连杆 AC 上点 C 的运动方程及运动轨迹；

（2）当 $\varphi=\dfrac{\pi}{2}$时，点 C 的速度和加速度。

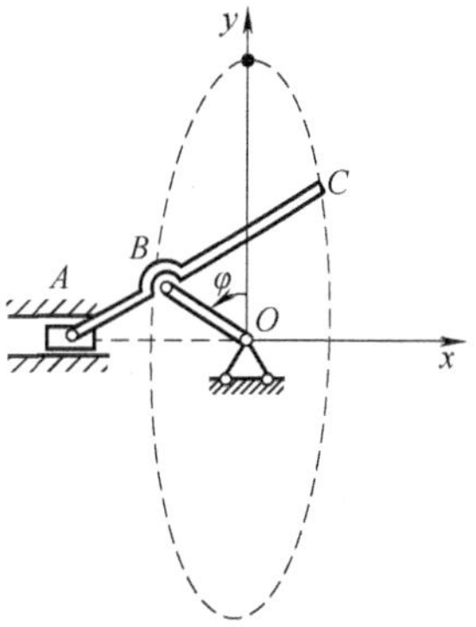

图 4-4　例题 4-1 图

解：（1）**确定点 C 的运动方程及运动轨迹**

由于点 C 的运动轨迹未知，故宜采用直角坐标法。建立直角坐标系 Oxy 如图 4-4 所示。

依题意可知：在任意瞬时 t，曲柄 OB 与 y 轴间的夹角 $\varphi=\omega t$，且△OBA 是等腰三角形，$\angle BAO=\angle BOA=\dfrac{\pi}{2}-\varphi$。于是，由几何关系可得点 C 的运动方程为

$$\begin{cases} x=AC\cos\left(\dfrac{\pi}{2}-\varphi\right)-(AB+OB)\cos\left(\dfrac{\pi}{2}-\varphi\right)=200\sin\omega t \\ y=AC\sin\left(\dfrac{\pi}{2}-\varphi\right)=600\cos\omega t \end{cases}$$

消去时间 t，得到其轨迹方程

$$\frac{x^2}{(200)^2}+\frac{y^2}{(600)^2}=1$$

这是标准的椭圆方程，可见点 C 的轨迹为椭圆（图 4-4 中虚线所示）。

（2）**确定点 C 的速度和加速度**

将运动方程对时间求导，可得点 C 的速度

$$\begin{cases} v_x=\dot{x}=200\omega\cos\omega t \\ v_y=\dot{y}=-600\omega\sin\omega t \end{cases}$$

将速度对时间求导，可得点 C 的加速度

$$\begin{cases} a_x=\ddot{x}=-200\omega^2\sin\omega t \\ a_y=\ddot{y}=-600\omega^2\cos\omega t \end{cases}$$

当 $\varphi=\omega t=\dfrac{\pi}{2}$时，

$$v_x=0,\quad v_y=-600\omega(\mathrm{mm/s})$$
$$a_x=-200\omega^2(\mathrm{mm/s^2}),\quad a_y=0$$

因此，当 $\varphi=\dfrac{\pi}{2}$ 时点 C 的速度为

$$v=\sqrt{v_x^2+v_y^2}=600\omega(\mathrm{mm/s})\quad（沿\ y\ 轴负向）$$

加速度为

$$a=\sqrt{a_x^2+a_y^2}=200\omega^2(\mathrm{mm/s^2})\quad（沿\ x\ 轴负向）$$

需要注意的是：在建立运动方程时，应将动点放在任意位置，使所建立的运动方程在动点的整个运动过程中都适用。对于线坐标应放在坐标正向，角坐标应置于第一象限，坐标原点应为固定不动的点。

4.1.3 描述点运动的弧坐标法

1. 运动方程

当动点 M 沿空间曲线运动时，其运动特征量如速度、加速度等均与运动轨迹的几何形状有关。弧坐标法正是通过建立与已知运动轨迹固连的坐标系来研究点的运动的。

若动点 M 的运动轨迹已知且为一空间曲线（例如火车在曲线铁轨上的运动），则可在其运动轨迹上任选一参考点 O 作为坐标原点，并设原点 O 的某一侧为正向，则另一侧为负向，分别用 s^+、s^- 表示，如图 4-5 所示。因此动点 M 在其运动轨迹上任一瞬时的位置 P 就可以用随时间 t 变化的一段有向弧长 s 来描述。弧长 s 为代数量，称为动点 M 的弧坐标（arc coordinate of a directed curve）。

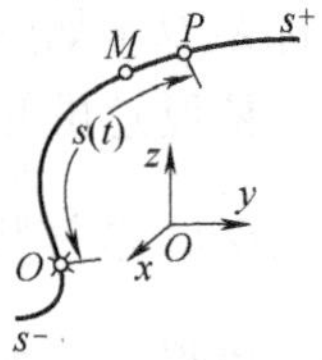

图 4-5 用弧坐标描述点的运动

当动点 M 沿曲线轨迹运动时，弧坐标 s 是时间 t 的单值连续函数，可表示为

$$s=s(t)\tag{4-11}$$

这就是用弧坐标表示的点的运动方程。

2. 自然轴系

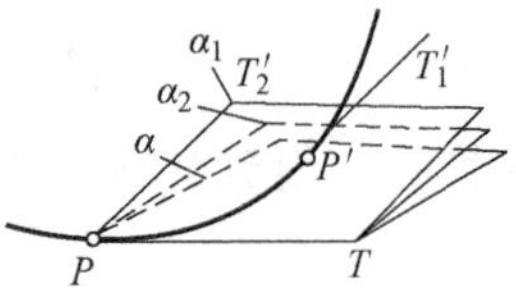

图 4-6 曲线在点 P 的密切面形成图像

假设有一任意空间曲线，如图 4-6 所示。它在点 P 的切线为 PT，在其邻近一点 P' 的切线为 $P'T_1'$。一般情形下，这两条切线不在同一平面内。若过点 P 作直线 $PT_2'/\!/P'T_1'$，则 PT 与 PT_2' 确定一平面 α_1。当 P' 无限趋近于 P 时，平面 α_1 趋近于某一极限平面 α，即

$$\lim_{P'\to P}\alpha_1=\alpha\tag{4-12}$$

此极限平面 α 称为曲线在点 P 的密切面（osculating plane）。

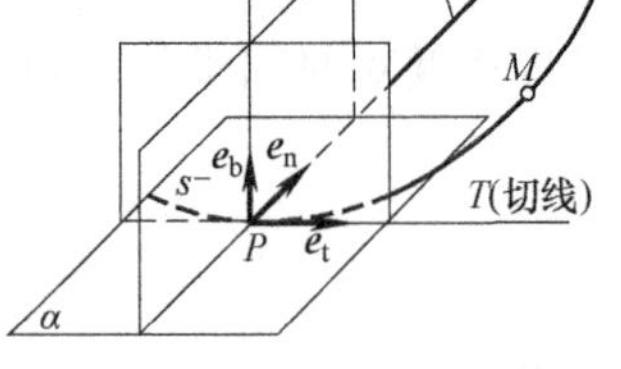

图 4-7 自然轴系及其基矢量

通过点 P 可以引出相互垂直的三条直线（见图 4-7）：轨迹的切线（tangential line）PT 与主法线（normal line）PN（二者均位于密切面内且互相垂直），以及副法线（binormal line）PB（垂直于密切面）。沿切线、主法线和副法线三个方向的单位矢量分别记为 $\boldsymbol{e}_t$、$\boldsymbol{e}_n$ 和 $\boldsymbol{e}_b$。$\boldsymbol{e}_t$ 指向弧坐标增加的方

向；$\boldsymbol{e}_{\mathrm{n}}$ 指向曲率中心；$\boldsymbol{e}_{\mathrm{b}}$ 的方向由 $\boldsymbol{e}_{\mathrm{b}}=\boldsymbol{e}_{\mathrm{t}}\times\boldsymbol{e}_{\mathrm{n}}$ 确定。

以点 P 为坐标原点，以通过该点的切线 PT、主法线 PN 和副法线 PB 为坐标轴，建立直角坐标系 $PTNB$，称为动点 M 在位置 P 的自然轴系（trihedral axes of a space curve）。自然轴系基于弧坐标而建立，其单位矢量 $\boldsymbol{e}_{\mathrm{t}}$、$\boldsymbol{e}_{\mathrm{n}}$ 和 $\boldsymbol{e}_{\mathrm{b}}$ 称为自然轴系的基矢量。**注意**：基矢量的方向随着动点 M 在曲线轨迹上的运动相应发生改变。

3. 速度

引入弧坐标 s，则由式（4-3）得

$$\boldsymbol{v}=\frac{\mathrm{d}\boldsymbol{r}}{\mathrm{d}t}=\frac{\mathrm{d}\boldsymbol{r}}{\mathrm{d}s}\cdot\frac{\mathrm{d}s}{\mathrm{d}t}=\dot{s}\frac{\mathrm{d}\boldsymbol{r}}{\mathrm{d}s} \tag{4-13}$$

又由图 4-8 可知

$$\left|\frac{\mathrm{d}\boldsymbol{r}}{\mathrm{d}s}\right|=\lim_{\Delta s\to 0}\left|\frac{\Delta\boldsymbol{r}}{\Delta s}\right|=1 \tag{4-14}$$

由于 $\Delta\boldsymbol{r}$ 的极限方向与基矢量 $\boldsymbol{e}_{\mathrm{t}}$ 一致，故 $\boldsymbol{v}$ 又可写成

$$\boldsymbol{v}=\dot{s}\boldsymbol{e}_{\mathrm{t}}=v\boldsymbol{e}_{\mathrm{t}} \tag{4-15}$$

该式表明，动点 M 在位置 P 时的速度在切线轴上的投影 v 等于弧坐标对时间的一阶导数 $\dot{s}$。速度的大小等于投影 v 的绝对值，方向沿曲线的切线方向，指向由投影 v 的正负决定。

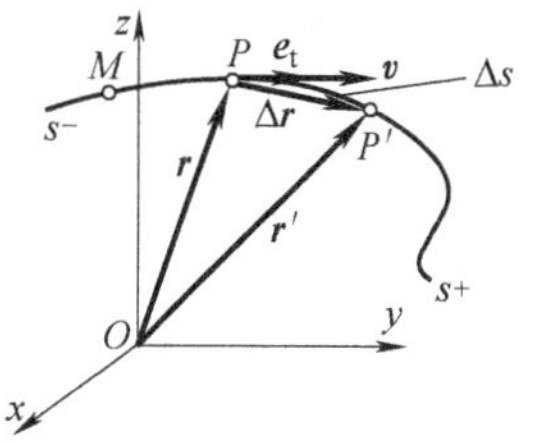

图 4-8　用弧坐标法分析速度

4. 加速度

将式（4-15）对时间 t 求一阶导数，注意到 v、$\boldsymbol{e}_{\mathrm{t}}$ 都是变量，有

$$\boldsymbol{a}=\frac{\mathrm{d}\boldsymbol{v}}{\mathrm{d}t}=\frac{\mathrm{d}}{\mathrm{d}t}(v\boldsymbol{e}_{\mathrm{t}})=\frac{\mathrm{d}v}{\mathrm{d}t}\boldsymbol{e}_{\mathrm{t}}+\frac{\mathrm{d}\boldsymbol{e}_{\mathrm{t}}}{\mathrm{d}t}v \tag{4-16}$$

式中，等号右边第一项为速度矢大小（投影 v）的变化率；第二项为速度矢方向（基矢量 $\boldsymbol{e}_{\mathrm{t}}$）的变化率。

下面先讨论第二项：速度矢方向（基矢量 $\boldsymbol{e}_{\mathrm{t}}$）的变化率。如图 4-9 所示，动点 M 在时间间隔 Δt 内，沿轨迹走过弧长 $\Delta s=\overset{\frown}{PP'}$。为了比较动点 M 在两个不同瞬时的切线基矢量 $\boldsymbol{e}_{\mathrm{t}}$ 的方向变化，过 P 点作 $\boldsymbol{e}_{\mathrm{t}}'$，并使之平行于 P' 点上的 $\boldsymbol{e}_{\mathrm{t}}'$。令 $\boldsymbol{e}_{\mathrm{t}}'$ 与 $\boldsymbol{e}_{\mathrm{t}}$ 的夹角为 $\Delta\varphi$，则相应的主法线基矢量 $\boldsymbol{e}_{\mathrm{n}}$ 与 $\boldsymbol{e}_{\mathrm{n}}'$ 的夹角也为 $\Delta\varphi$。设运动轨迹在 P 点的曲率半径为 ρ，则曲率

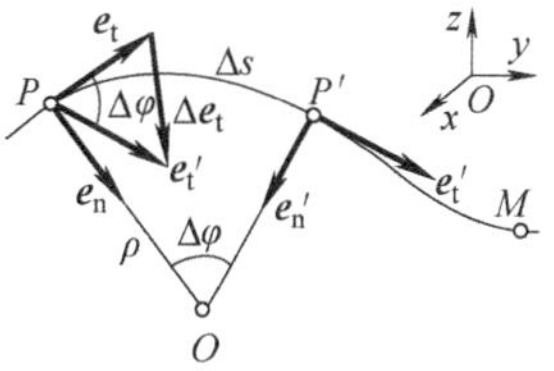

图 4-9　切线基矢量 $\boldsymbol{e}_{\mathrm{t}}$ 的变化率

$$\kappa=\frac{1}{\rho}=\lim_{\Delta s\to 0}\left|\frac{\Delta\varphi}{\Delta s}\right|=\frac{\mathrm{d}\varphi}{\mathrm{d}s} \tag{4-17}$$

引入弧坐标 s 并将 $\mathrm{d}\boldsymbol{e}_{\mathrm{t}}/\mathrm{d}t$ 分离变量，同时将式（4-17）代入，有

$$\frac{\mathrm{d}\boldsymbol{e}_{\mathrm{t}}}{\mathrm{d}t}=\frac{\mathrm{d}\boldsymbol{e}_{\mathrm{t}}}{\mathrm{d}\varphi}\cdot\frac{\mathrm{d}\varphi}{\mathrm{d}s}\cdot\frac{\mathrm{d}s}{\mathrm{d}t}=\frac{\mathrm{d}\boldsymbol{e}_{\mathrm{t}}}{\mathrm{d}\varphi}\cdot\frac{1}{\rho}\cdot\dot{s} \tag{4-18}$$

现在问题转化为求 $\mathrm{d}\boldsymbol{e}_{\mathrm{t}}/\mathrm{d}\varphi$。由矢量导数和极限的关系，结合图 4-9，则 $\mathrm{d}\boldsymbol{e}_{\mathrm{t}}/\mathrm{d}\varphi$ 的大小为

$$\left|\frac{\mathrm{d}\boldsymbol{e}_{\mathrm{t}}}{\mathrm{d}\varphi}\right|=\lim_{\Delta\varphi\to 0}\left|\frac{\Delta\boldsymbol{e}_{\mathrm{t}}}{\Delta\varphi}\right|=\lim_{\Delta\varphi\to 0}\frac{2\left|\boldsymbol{e}_{\mathrm{t}}\right|\sin\dfrac{\Delta\varphi}{2}}{\Delta\varphi}=\lim_{\Delta\varphi\to 0}\frac{2\times1\times\sin\dfrac{\Delta\varphi}{2}}{\Delta\varphi}=\lim_{\Delta\varphi\to 0}\frac{\sin\dfrac{\Delta\varphi}{2}}{\dfrac{\Delta\varphi}{2}}=1 \tag{4-19}$$

又因 $\boldsymbol{e}_t$ 与 $\boldsymbol{e}'_t$（包括 $\Delta\boldsymbol{e}_t$）构成的平面在 $\Delta\varphi\to0$ 时便是曲线在 P 点的密切面，且 $\Delta\boldsymbol{e}_t$ 的极限方向垂直于 $\boldsymbol{e}_t$，指向曲线的曲率中心 O，即沿着曲线在该点处的主法线 $\boldsymbol{e}_n$ 方向，于是有

$$\frac{d\boldsymbol{e}_t}{d\varphi}=\boldsymbol{e}_n \tag{4-20}$$

将式（4-20）代入式（4-18），再代入式（4-16），并因 $\dot{s}=v$，可得

$$\boldsymbol{a}=\dot{v}\boldsymbol{e}_t+\frac{v^2}{\rho}\boldsymbol{e}_n \tag{4-21}$$

若将点的加速度 $\boldsymbol{a}$ 分别投影到三个自然轴上，有

$$\boldsymbol{a}=(a_t,a_n,a_b)=a_t\boldsymbol{e}_t+a_n\boldsymbol{e}_n+a_b\boldsymbol{e}_b \tag{4-22}$$

比较式（4-21）与式（4-22），有

$$\boldsymbol{a}=(\boldsymbol{a}_t,\boldsymbol{a}_n,\boldsymbol{a}_b)=\left(\dot{v},\frac{v^2}{\rho},0\right)$$

或

$$\boldsymbol{a}=\boldsymbol{a}_t+\boldsymbol{a}_n=\ddot{s}\boldsymbol{e}_t+\frac{v^2}{\rho}\boldsymbol{e}_n \tag{4-23}$$

第一项 $\boldsymbol{a}_t$ 反映速度大小的变化率，称为**切向加速度**（tangential acceleration）。$a_t=\ddot{s}$ 是代数量，若 $a_t>0$，则 $\boldsymbol{a}_t$ 沿 $\boldsymbol{e}_t$ 正向，否则沿其负向。

第二项 $\boldsymbol{a}_n$ 反映速度方向的变化率，称为**法向加速度**（normal acceleration）。$\boldsymbol{a}_n$ 沿主法线方向，始终指向曲率中心。

第三项 $a_b=0$，说明加速度在副法线上没有投影。因此，加速度也位于密切面内。

【例题 4-2】 半径为 R 的圆盘沿直线轨道无滑动地滚动（纯滚动）（见图 4-10a），设圆盘在铅垂面内运动，且轮心 A 的速度为 v_0。试：

（1）分析圆盘边缘一点 M 的运动，并求当点 M 与地面接触时的速度和加速度，以及点 M 运动到最高处时轨迹的曲率半径；

（2）讨论当轮心的速度为常数时轮边缘上各点的速度和加速度分布。

解：（1）**分析圆盘边缘一点 M 的运动**

如图 4-10b 所示，取动点 M 所在的一个最低位置为坐标原点 O 建立定坐标系 Oxy，经过时间 t 后圆盘转过的角度为 $\angle CAM=\theta$（θ 为时间 t 的函数，C 是圆盘与轨道的接触点）。由于圆盘做纯滚动，所以 $x_A=OC=\overset{\frown}{CM}=R\theta$，于是动点 M 的运动方程为

$$\begin{cases}x=OC-AM\sin\theta\\y=AC-AM\cos\theta\end{cases}$$

即

$$\begin{cases}x=R(\theta-\sin\theta)\\y=R(1-\cos\theta)\end{cases}$$

（2）**确定动点 M 的速度和加速度**

由以上结果可得，动点 M 的速度分量为

$$\begin{cases}\dot{x}=R\dot{\theta}(1-\cos\theta)\\\dot{y}=R\dot{\theta}\sin\theta\end{cases} \tag{a}$$

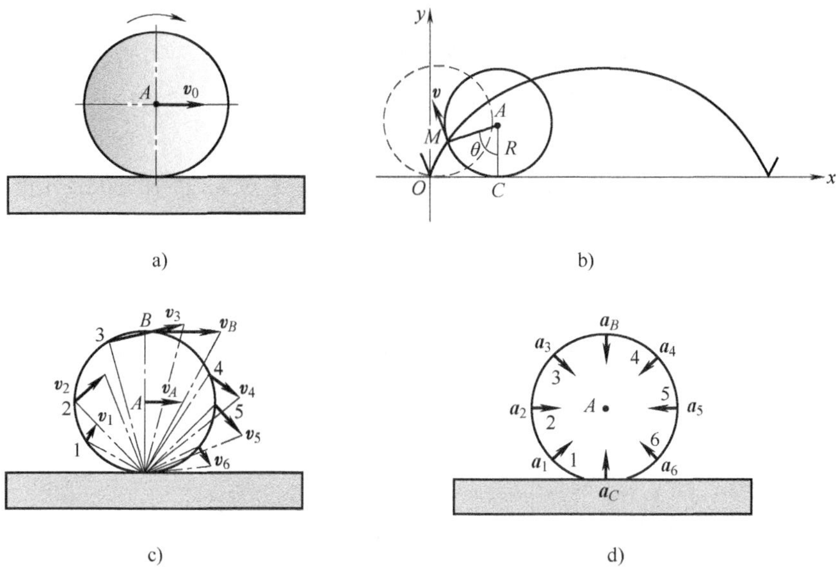

图 4-10　例题 4-2 图

加速度分量为

$$\begin{cases}\ddot{x}=R\ddot{\theta}(1-\cos\theta)+R\dot{\theta}^2\sin\theta \\ \ddot{y}=R\ddot{\theta}\sin\theta+R\dot{\theta}^2\cos\theta\end{cases} \tag{b}$$

（3）**建立 $\dot{\theta}$ 和 $\ddot{\theta}$ 与圆盘中心点 A 的速度 $v_0(t)$ 的关系**

因为动点 A 做水平直线运动，将 $x_A=R\theta$ 对时间 t 求一次导数，可得 $\dot{x}_A=R\dot{\theta}=v_0$，再求一次导数，可得 $\ddot{x}_A=R\ddot{\theta}=\dot{v}_0$，其中 $\dot{v}_0$ 为点 A 的加速度。若记 $a_0=\dot{v}_0$，$\omega=\dot{\theta}$，$\alpha=\ddot{\theta}$，则有

$$\begin{cases}\omega=\dfrac{v_0}{R} \\ \alpha=\dfrac{a_0}{R}\end{cases} \tag{4-24}$$

式（4-24）适用于圆盘做纯滚动的情形。

动点 M 的速度大小为

$$v=\sqrt{\dot{x}^2+\dot{y}^2}=R\,|\,\dot{\theta}\,|\,\sqrt{2(1-\cos\theta)}=\left|2v_0\sin\frac{\theta}{2}\right|=\left|\frac{v_0}{R}\cdot 2R\sin\frac{\theta}{2}\right|=\omega\cdot MC$$

即轮上动点 M 的速度大小与点 M 到点 C（轮上与地面接触点）的直线距离成正比。其方向由下式确定：

$$\cos\langle \boldsymbol{v},y\rangle=\frac{v_y}{v}=\cos\frac{\theta}{2},\quad \sin\langle \boldsymbol{v},x\rangle=\frac{v_x}{v}=\sin\frac{\theta}{2}$$

根据图 4-10b 中的几何关系，可以证明：任意点的速度矢量垂直于该点与轮和地面接触点的连线，即 $\boldsymbol{v}\perp MC$。于是，纯滚动时轮上各点的速度方向如图 4-10c 所示。

当 θ 分别等于 0 和 2π 时，动点 M 与地面接触，此时动点 M 的速度为零；加速度可由式（b）求得：$\boldsymbol{a}=R\dot{\theta}^2\boldsymbol{j}$，$\boldsymbol{j}$ 为 y 方向的单位矢量。由此可见，当点 M 与地面接触时，其加速度的大小不等于零，方向垂直于地面向上，此为切向加速度，其法向加速度为零（可由

图 4-10b中动点 M 的运动轨迹进行判断）。

（4）**确定动点 M 的运动轨迹在最高点处的曲率半径**

当 $\theta=\pi$ 时，动点 M 的速度和加速度分别为

$$\boldsymbol{v}=2v_0\boldsymbol{i},\quad \boldsymbol{a}=2a_0\boldsymbol{i}-R\omega^2\boldsymbol{j}$$

动点 M 的运动轨迹在最高点处的切线方向与 $\boldsymbol{i}$ 同向，$\boldsymbol{i}$ 为 x 方向的单位矢量；曲线向下弯曲，所以主法线方向与 $-\boldsymbol{j}$ 同向。于是，法向加速度的大小为

$$a_{\mathrm{n}}=R\omega^2=\frac{v_0^2}{R}$$

这时动点 M 的速率 $v=2v_0$，于是，运动轨迹在最高处的曲率半径为

$$\rho=\frac{v^2}{a_{\mathrm{n}}}=\frac{(2v_0)^2}{v_0^2/R}=4R$$

（5）**本例讨论**

根据式（4-24），若 $\boldsymbol{v}_0$ 为常矢量，则 ω 为常量，故 $\alpha=\dot{\omega}=\ddot{\theta}=0$，此时由式（b），得动点 M 的加速度大小恒为

$$a=\sqrt{\ddot{x}^2+\ddot{y}^2}=R\omega^2$$

动点 M 的加速度方向由下式确定：

$$\cos\langle \boldsymbol{a},x\rangle=\frac{a_x}{a}=\sin\theta,\quad \sin\langle \boldsymbol{a},y\rangle=\frac{a_y}{a}=\cos\theta$$

故此时轮缘上动点 M 的加速度方向均指向轮心 A，如图 4-10d 所示。此时的加速度既非切向加速度，也非法向加速度，而是这两种加速度的矢量和。注意：若 $\boldsymbol{v}_0$ 不是常矢量，则加速度方向并不指向轮心。

4.2 刚体的基本运动

刚体的平移和刚体的定轴转动是刚体的两种基本运动。

4.2.1 刚体的平移

刚体运动过程中，如果其上任意一条直线始终与其初始位置平行，这种运动称为刚体的平行移动，简称平移（translation）或平动。如气缸内活塞的运动、沿直线行驶的汽车的运动，以及油压操纵的摆动式运输机上货物的运动（见图 4-11）。

如图 4-12 所示，在做平移的刚体内任选两点 A 和 B，其位矢分别记为 $\boldsymbol{r}_A$ 和 $\boldsymbol{r}_B$，则位矢端图 $\widehat{AA_n}$ 和 $\widehat{BB_n}$ 就分别是点 A 和点 B 的运动轨迹。根据图中的几何关系，有

$$\boldsymbol{r}_A=\boldsymbol{r}_B+\boldsymbol{r}_{BA}\qquad\text{(a)}$$

由刚体平移的定义可知，线段 BA 的长度和方向均不随时间而变化，即 $\boldsymbol{r}_{BA}$ 为常矢量，从而得

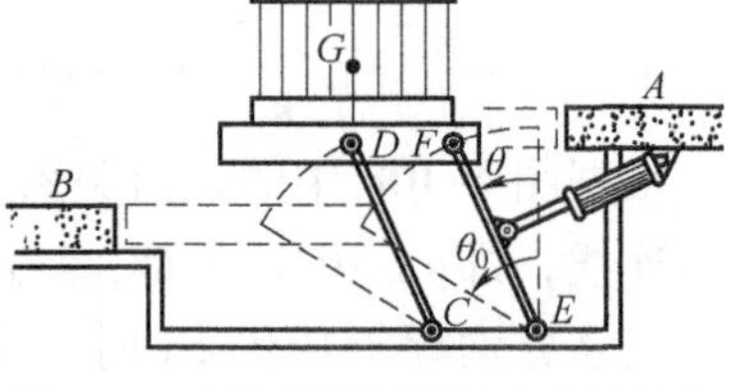

图 4-11　油压操纵的摆动式运输机

$$\frac{\mathrm{d}\boldsymbol{r}_{BA}}{\mathrm{d}t}=\boldsymbol{0} \qquad \text{(b)}$$

可见，点 A 和点 B 的运动轨迹形状完全相同。若刚体上各点的运动轨迹为直线，则称为直线平移（rectilinear translation）；若为曲线，则称为曲线平移（curvilinear translation）。

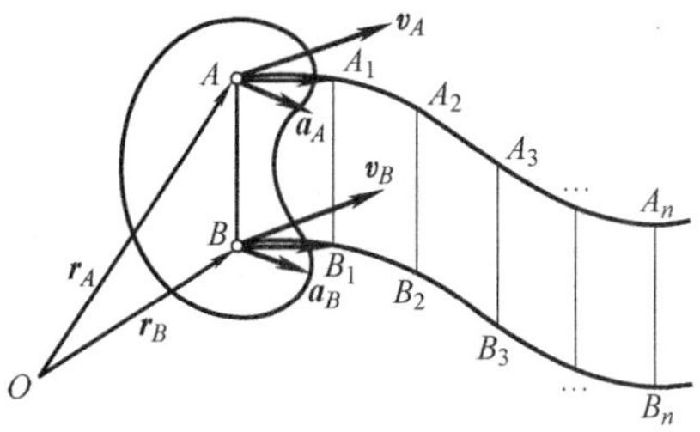

图 4-12　刚体平移

将式（a）对时间 t 分别求一阶和二阶导数得

$$\boldsymbol{v}_A=\boldsymbol{v}_B, \quad \boldsymbol{a}_A=\boldsymbol{a}_B \qquad (4\text{-}25)$$

该式表明，在任一瞬时，点 A 和点 B 的速度相同，加速度也相同。

因为点 A 和点 B 是任意选取的，因此可得如下结论：当刚体做平移时，其上各点的轨迹形状完全相同；在同一瞬时，刚体上各点的速度相同，各点的加速度也相同。

综上所述，研究刚体平移，可以归结为研究刚体上任一点（通常是质心）的运动。

4.2.2　刚体的定轴转动

刚体运动过程中，若其上（或其扩展部分）有一条直线始终保持不动，则称这种运动为定轴转动（fixed-axis rotation）。这条固定的直线称为刚体的转轴（见图 4-13），简称轴。

定轴转动是工程中较为常见的一种运动形式。如蜗轮蜗杆传动系统中蜗轮和蜗杆的运动、风力发电机中叶片的运动、电动机转子、机床主轴、各类传动轴等的运动都是定轴转动的例子。

1. 转动方程

设有一刚体绕定轴 z 转动，如图 4-13 所示，为确定刚体在任一瞬时的位置，可通过轴 z 作两个平面：平面 A 固定不动，称为定平面；平面 B 与刚体固连、随刚体一起转动，称为动平面。两平面间的夹角用 φ 表示，它确定了刚体在任一瞬时的位置，称为刚体的转角，单位为 rad（弧度）。转角 φ 为代数量，其正负号规定如下：从转轴的正向向负向看，逆时针方向为正；反之为负。当刚体转动时，转角 φ 随时间 t 变化，是时间 t 的单值连续函数，即

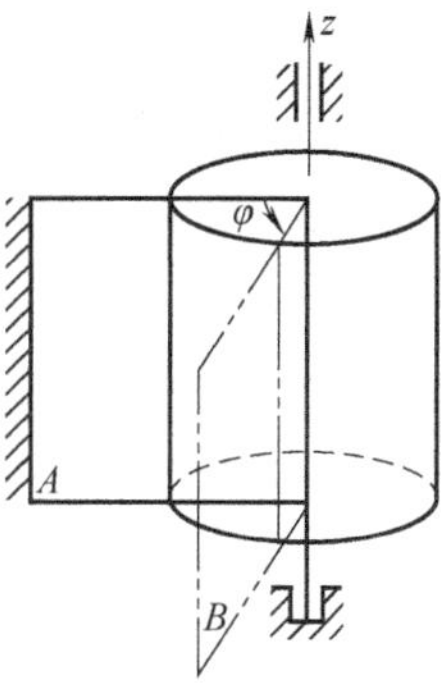

图 4-13　刚体定轴转动

$$\varphi=f(t) \qquad (4\text{-}26)$$

这一方程称为刚体的转动方程。

2. 角速度（angular velocity）

为度量刚体转动的快慢和转向，引入角速度的概念。设在时间间隔 Δt 内，刚体转角的改变量为 $\Delta\varphi$，则刚体的瞬时角速度定义为

$$\omega=\lim_{\Delta t\to 0}\frac{\Delta\varphi}{\Delta t}=\frac{\mathrm{d}\varphi}{\mathrm{d}t}=\dot{\varphi} \qquad (4\text{-}27)$$

即刚体的角速度等于转角对时间的一阶导数。角速度 ω 的单位是 rad/s（弧度/秒）。

工程中常用转速 n（单位：r/min）来表示刚体的转动速度，ω 与 n 之间的换算关系为

$$\omega=\frac{2n\pi}{60}=\frac{n\pi}{30} \tag{4-28}$$

3. 角加速度（angular acceleration）

为度量角速度变化的快慢和转向，引入角加速度的概念。设在时间间隔 Δt 内，转动刚体角速度的变化量是 $\Delta\omega$，则刚体的瞬时角加速度定义为

$$\alpha=\lim_{\Delta t\to 0}\frac{\Delta\omega}{\Delta t}=\frac{d\omega}{dt}=\dot{\omega}=\ddot{\varphi} \tag{4-29}$$

即刚体的角加速度等于角速度对时间的一阶导数，也等于转角对时间的二阶导数。角加速度 α 的单位为 rad/s^2。

角速度 ω 与角加速度 α 均为代数量。ω 与 α 分别以使 φ 与 ω 增加的转向为正，反之则为负。当 α 与 ω 同号时，表示角速度绝对值增大，刚体做加速转动；反之，当 α 与 ω 异号时，刚体做减速转动。

角速度和角加速度都是描述刚体整体运动的物理量。

4. 定轴转动刚体上各点的速度和加速度

刚体绕定轴转动时，除转轴上各点固定不动外，其他各点都在通过该点并垂直于转轴的平面内做圆周运动。因此，宜采用弧坐标法。

设刚体由定平面 A 绕定轴 O 转过一角度 φ，到达平面 B，其上任一动点由点 P_0 运动到了点 P，刚体的角速度为 ω，角加速度为 α，如图 4-14 所示。以固定点 P_0 为弧坐标原点，弧坐标的正向与 φ 角正向一致，则点 P 的弧坐标为

$$s=r\varphi \tag{4-30}$$

式中，r 为点 P 到转轴 O 的垂直距离，即转动半径。

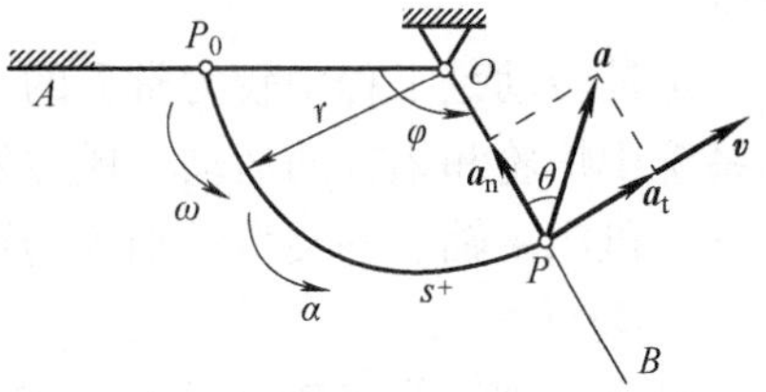

图 4-14　定轴转动刚体上点 P 的运动分析

将式（4-30）对 t 求一阶导数，得动点的速度为

$$v=\dot{s}=r\dot{\varphi}=r\omega \tag{4-31}$$

即：定轴转动刚体上任一点的速度，其大小等于该点的转动半径与刚体角速度的乘积，方向沿圆周的切线即垂直于转动半径，并指向转动的前方。

进一步可得动点的切向加速度和法向加速度分别为

$$a_t=\dot{v}=r\dot{\omega}=r\alpha \tag{4-32}$$

$$a_n=\frac{v^2}{\rho}=\frac{(r\omega)^2}{r}=r\omega^2 \tag{4-33}$$

即：定轴转动刚体上任一点的切向加速度，其大小等于该点的转动半径与刚体角加速度的乘积，方向垂直于转动半径，指向与角加速度的转向一致；法向加速度的大小等于该点的转动半径与刚体角速度平方的乘积，方向沿转动半径并指向轴心。

于是，动点的全加速度为

$$a=\sqrt{a_t^2+a_n^2}=r\sqrt{\alpha^2+\omega^4} \tag{4-34}$$

$$\tan\theta=\frac{|a_{\mathrm{t}}|}{a_{\mathrm{n}}}=\frac{|\alpha|}{\omega^2} \tag{4-35}$$

式中，θ 为加速度 $\boldsymbol{a}$ 与半径 OP 之间的夹角，如图 4-14 所示。

由式（4-31）~式（4-35）可得以下结论：

- 在同一瞬时，定轴转动刚体上各点的速度大小、各种加速度大小，均与该点的转动半径成正比。
- 在同一瞬时，定轴转动刚体上各点的速度方向与各点的转动半径垂直；各点的加速度方向与各点转动半径的夹角全部相同。

因此，定轴转动刚体上任一条通过且垂直于轴的直线上各点的速度和加速度呈线性分布，如图 4-15 所示。

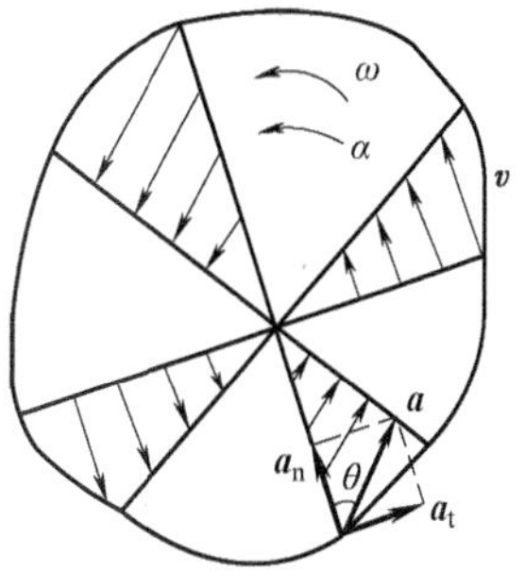

图 4-15　定轴转动刚体上各点速度和加速度分布

【例题 4-3】　长为 b、宽为 a 的矩形平板 $ABDE$ 悬挂在两根长度均为 l 且相互平行的直杆上，如图 4-16 所示。板与杆之间用光滑铰链 A 和 B 连接，两杆又分别用光滑铰链 O_1 和 O_2 与固定的水平面连接。已知杆 O_1A 的角速度与角加速度分别为 ω 和 α。试求：板中心点 C 的运动轨迹、速度和加速度。

解：分析杆与板的运动形式：两杆做定轴转动，板做平面曲线平移。因此，点 C 与点 A 的运动轨迹形状、图示瞬时的速度与加速度均相同。

点 A 的运动轨迹为以点 O_1 为圆心、l 为半径的圆弧。为此，过点 C 作线段 CO，使 $CO /\!/ AO_1$，并使 $CO=AO_1=l$，点 C 的轨迹为以点 O 为圆心，l 为半径的圆弧，而不是以点 O_1 为圆心或以点 O_2、O_3 为圆心的圆。

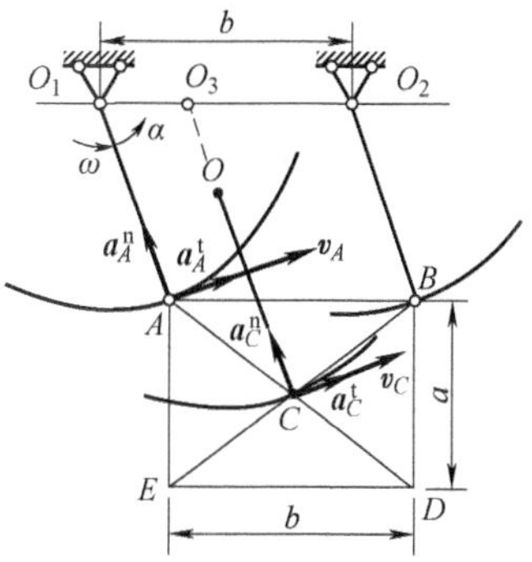

图 4-16　例题 4-3 图

点 C 的速度与加速度大小分别为

$$v_C=v_A=\omega l$$

$$a_C=a_A=\sqrt{(a_A^{\mathrm{t}})^2+(a_A^{\mathrm{n}})^2}=\sqrt{(\alpha l)^2+(\omega^2 l)^2}=l\sqrt{\alpha^2+\omega^4}$$

二者的方向分别示于图 4-16 上。

值得注意的是，虽然平板上各点的运动轨迹为圆，但平板并不做刚体定轴转动，而是做刚体曲线平移。因此，分析时要特别注意刚体运动与刚体上点的运动的区别。

---

5. 用矢量表示角速度与角加速度

研究图 4-17 所示绕定轴转动的刚体。图中，$Oxyz$ 为定参考系，轴 Oz 为刚体的转轴。设沿转轴 Oz 的单位矢量为 $\boldsymbol{k}$，则刚体的角速度矢和角加速度矢可以分别表示为矢量 $\boldsymbol{\omega}$ 和 $\boldsymbol{\alpha}$，即

$$\boldsymbol{\omega}=\omega\boldsymbol{k},\quad \boldsymbol{\alpha}=\alpha\boldsymbol{k} \tag{4-36}$$

其大小分别为 $|\omega|=\left|\dfrac{\mathrm{d}\varphi}{\mathrm{d}t}\right|$，$|\alpha|=\left|\dfrac{\mathrm{d}\omega}{\mathrm{d}t}\right|=\left|\dfrac{\mathrm{d}^2\varphi}{\mathrm{d}t^2}\right|$，方向沿轴 Oz，指向由右手螺旋法则确定：对于 $\boldsymbol{\omega}$，右手弯曲的四指表示刚体的转向，拇指指向则表示 $\boldsymbol{\omega}$ 的方向；对于 $\boldsymbol{\alpha}$，若刚体加速

转动，$\boldsymbol{\omega}$ 与 $\boldsymbol{\alpha}$ 同向（见图4-17a）；若减速转动则反向（见图4-17b）。

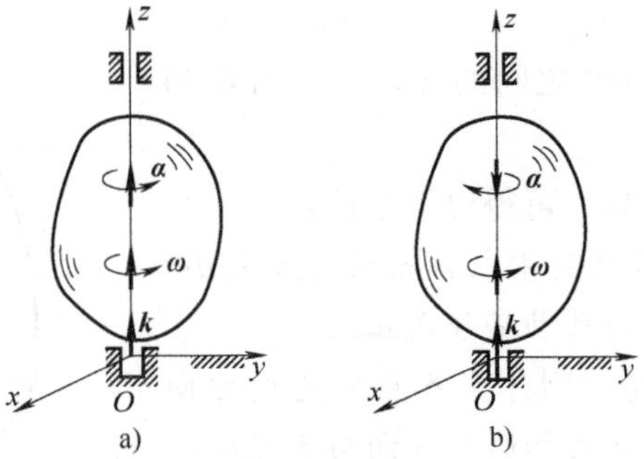

图4-17 用矢量表示角速度和角加速度

6. 用矢量积表示点的速度与加速度

如图4-18所示，刚体上点 P 的速度可表示为

$$\boldsymbol{v}_P=\boldsymbol{\omega}\times\boldsymbol{r}_P \tag{4-37}$$

式中，$\boldsymbol{r}_P$ 为点 P 相对于轴 Oz 上任意点 O（可以是非点 O，如点 O_1）的位矢。可以验证，该式中 $\boldsymbol{v}_P$ 的模与式（4-31）相同。

如果位矢是固连在刚体上的动参考系 $O'x'y'z'$ 的单位矢量 $\boldsymbol{i}'$、$\boldsymbol{j}'$、$\boldsymbol{k}'$，则这些单位矢量端点的速度可根据式（4-37）表示为

$$\frac{\mathrm{d}\boldsymbol{i}'}{\mathrm{d}t}=\boldsymbol{\omega}\times\boldsymbol{i}',\quad \frac{\mathrm{d}\boldsymbol{j}'}{\mathrm{d}t}=\boldsymbol{\omega}\times\boldsymbol{j}',\quad \frac{\mathrm{d}\boldsymbol{k}'}{\mathrm{d}t}=\boldsymbol{\omega}\times\boldsymbol{k}' \tag{4-38}$$

将式（4-37）对时间求一阶导数，得到点 P 的全加速度

$$\begin{aligned}\boldsymbol{a}_P&=\dot{\boldsymbol{v}}_P=\dot{\boldsymbol{\omega}}\times\boldsymbol{r}_P+\boldsymbol{\omega}\times\dot{\boldsymbol{r}}_P\\&=\boldsymbol{\alpha}\times\boldsymbol{r}_P+\boldsymbol{\omega}\times\boldsymbol{v}_P\\&=\boldsymbol{\alpha}\times\boldsymbol{r}_P+\boldsymbol{\omega}\times(\boldsymbol{\omega}\times\boldsymbol{r}_P)\\&=\boldsymbol{a}_P^{\mathrm{t}}+\boldsymbol{a}_P^{\mathrm{n}}\end{aligned} \tag{4-39}$$

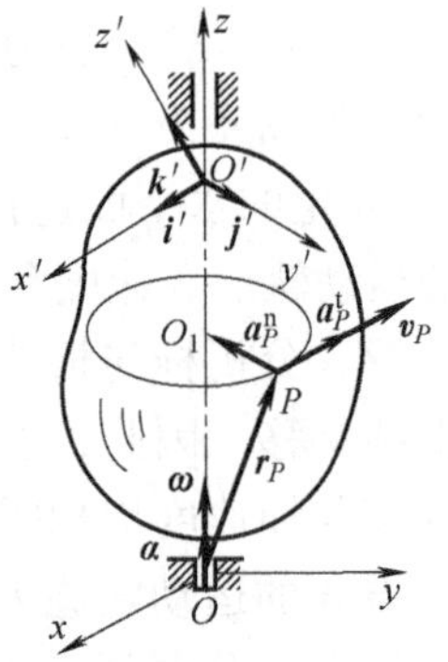

图4-18 用矢量积表示点的速度和加速度

式（4-39）表明，定轴转动刚体上点 P 的加速度由两部分组成，即切向加速度 $\boldsymbol{a}_P^{\mathrm{t}}$ 和法向加速度 $\boldsymbol{a}_P^{\mathrm{n}}$。$\boldsymbol{a}_P^{\mathrm{t}}$ 和 $\boldsymbol{a}_P^{\mathrm{n}}$ 的模分别对应式（4-32）、式（4-33）中加速度的大小。

刚体定轴转动的角速度矢 $\boldsymbol{\omega}$、角加速度矢 $\boldsymbol{\alpha}$ 与作用在刚体上的力矢 $\boldsymbol{F}$ 相类似，也是滑动矢量。

4.3 小结与讨论

4.3.1 小结

1. 描述点运动的三种方法

矢量法：$\boldsymbol{r}=\boldsymbol{r}(t)$，$\boldsymbol{v}=\dot{\boldsymbol{r}}$，$\boldsymbol{a}=\dot{\boldsymbol{v}}=\ddot{\boldsymbol{r}}$

直角坐标法：$x=x(t)$，$y=y(t)$，$z=z(t)$

$$\boldsymbol{v}=v_x\boldsymbol{i}+v_y\boldsymbol{j}+v_z\boldsymbol{k},\ v_x=\dot{x},\ v_y=\dot{y},\ v_z=\dot{z}$$

$$\boldsymbol{a}=a_x\boldsymbol{i}+a_y\boldsymbol{j}+a_z\boldsymbol{k},\ a_x=\dot{v}_x=\ddot{x},\ a_y=\dot{v}_y=\ddot{y},\ a_z=\dot{v}_z=\ddot{z}$$

弧坐标法：$s=s(t)$

$$\boldsymbol{v}=v\boldsymbol{e}_{\mathrm{t}},\quad v=\dot{s}$$

$$\boldsymbol{a}=a_{\mathrm{t}}\boldsymbol{e}_{\mathrm{t}}+a_{\mathrm{n}}\boldsymbol{e}_{\mathrm{n}},\quad a_{\mathrm{t}}=\dot{v}=\ddot{s},\quad a_{\mathrm{n}}=\frac{v^2}{\rho}$$

2. 刚体平移特征

刚体做平移时，其上各点的轨迹形状完全相同；在同一瞬时，各点的速度相同，各点的加速度也相同。

3. 定轴转动刚体的角速度和角加速度

$$\omega=\dot{\varphi},\quad \alpha=\dot{\omega}=\ddot{\varphi}$$

用矢量表示为

$$\boldsymbol{\omega}=\omega\boldsymbol{k},\quad \boldsymbol{\alpha}=\alpha\boldsymbol{k}$$

4. 定轴转动刚体上点的速度、切向加速度和法向加速度

$$v=r\omega,\quad a_{\mathrm{t}}=r\alpha,\quad a_{\mathrm{n}}=r\omega^2$$

用矢量积表示为

$$\boldsymbol{v}=\boldsymbol{\omega}\times\boldsymbol{r},\quad \boldsymbol{a}_{\mathrm{t}}=\boldsymbol{\alpha}\times\boldsymbol{r},\quad \boldsymbol{a}_{\mathrm{n}}=\boldsymbol{\omega}\times\boldsymbol{v}$$

4.3.2　建立点的运动方程与研究点的运动几何性质

这是本章的主要内容。二者之间既有密切联系，又有一定区别。

点的运动方程完全包括了点的运动几何性质。但是如果有了运动方程，不做物理上的分析，那还只是停留在数学公式上，仍然不能真正了解点的运动形象。因此，所谓“点的运动分析”，包含了这两方面内容。此外，研究点的运动形象，也可以采用其他方法而不必建立运动方程。

研究点的运动几何性质的方法：在点的运动轨迹上，画出并分析几个特定瞬时位置的 $\boldsymbol{v}$、$\boldsymbol{a}$ 关系。用离散的二者关系，表达连续的运动过程。

4.3.3　点的运动学的两类应用问题

第一类是已知点的运动方程，确定其速度和加速度，或者给出约束条件，确定运动方程，进而确定速度和加速度。第二类是已知点的加速度和运动初始条件，通过积分求得速度和运动方程及运动轨迹。

4.3.4　描述点的运动的极坐标形式

工程中，对于某些问题，采用极坐标形式描述点的运动更方便些。例如，图 4-19 中，(ρ,φ) 为极坐标，$(\boldsymbol{e}_\rho,\boldsymbol{e}_\varphi)$ 为极坐标的单位矢量（基矢量）。其运动方程为

$$\rho=\rho(t),\quad \varphi=\varphi(t) \tag{4-40}$$

速度为

$$\boldsymbol{v}_P=\dot{\rho}\boldsymbol{e}_\rho+\rho\dot{\varphi}\boldsymbol{e}_\varphi \tag{4-41}$$

加速度为

$$\boldsymbol{a}_P=(\ddot{\rho}-\rho\dot{\varphi}^2)\boldsymbol{e}_\rho+(\rho\ddot{\varphi}+2\dot{\rho}\dot{\varphi})\boldsymbol{e}_\varphi \tag{4-42}$$

有兴趣的读者可以用矢量导数的方法推导上述公式。

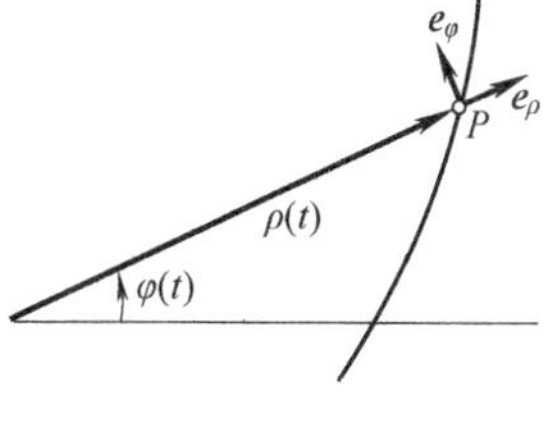

图 4-19　用极坐标描述点的运动

习　题

选择填空题

4-1　点以匀速率沿阿基米德螺线由外向内运动，如图4-20所示，则点的加速度（　　）。

① 不能确定　　② 越来越小

③ 越来越大　　④ 等于零

4-2　如图4-21所示，绳子的一端绕在滑轮上，另一端与置于水平面上的物块B相连，若物块B的运动方程为$x=kt^2$，其中k为常数，轮子半径为R，则轮缘上点A的加速度大小为（　　）。

① $2k$　　② $(4k^2t^2/R^2)^{\frac{1}{2}}$

③ $(4k^2+16k^4t^4/R^2)^{\frac{1}{2}}$　　④ $2k+4k^2t^2/R$

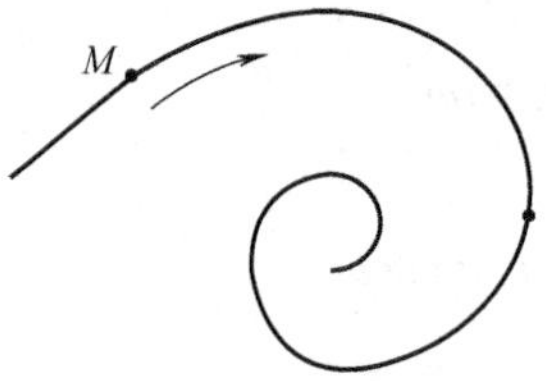

图4-20　习题4-1图

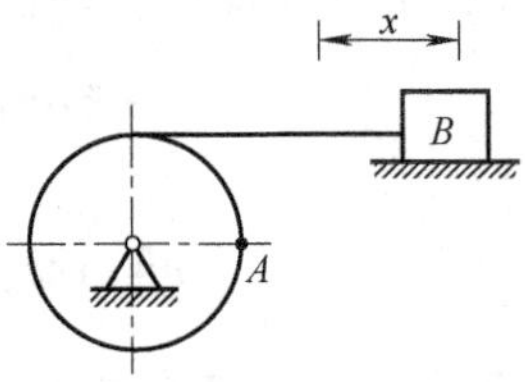

图4-21　习题4-2图

4-3　动点M在空间中做螺旋运动，其运动方程$x=2\cos t$，$y=2\sin t$，$z=2t$，其中x、y、z以m计，t以s计。则点M的切向加速度大小$a_t=$（　　），法向加速度大小$a_n=$（　　），运动轨迹的曲率半径$\rho=$（　　）。

4-4　如图4-22所示的平面机构中，三角板ABC与杆O_1A、O_2B铰接，若$O_1A=O_2B=r$，$O_2O_1=AB$，则顶点C的运动轨迹为（　　）。

① 以CO_1长为半径，以点O_1为圆心的圆

② 以CH长为半径，以点H为圆心的圆

③ 以CD长（$CD/\!/AO_1$）为半径，以点D为圆心的圆

④ 以$CO=r$长（$CO/\!/AO_1$）为半径，以点O为圆心的圆

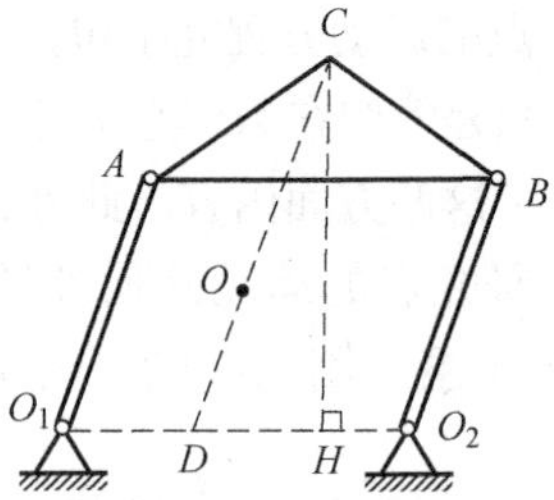

图4-22　习题4-4图

4-5　直角曲杆OBC可绕O轴做刚体定轴转动，如图4-23所示。已知：$OB=100$mm，图示位置$\varphi=60°$，曲杆的角速度$\omega=0.2$rad/s，角加速度$\alpha=0.2$rad/s^2，则曲杆上点M的切向加速度的大小为（　　），方向为（　　）；法向加速度的大小为（　　），方向为（　　）。

4-6　已知正方形板$ABCD$做刚体定轴转动，转轴垂直于板面，点A的速度大小$v_A=50$mm/s，加速度大小$a_A=50\sqrt{2}$mm/s^2，方向如图4-24所示。则该正方形板转轴O到点A的距离OA为（　　）mm。

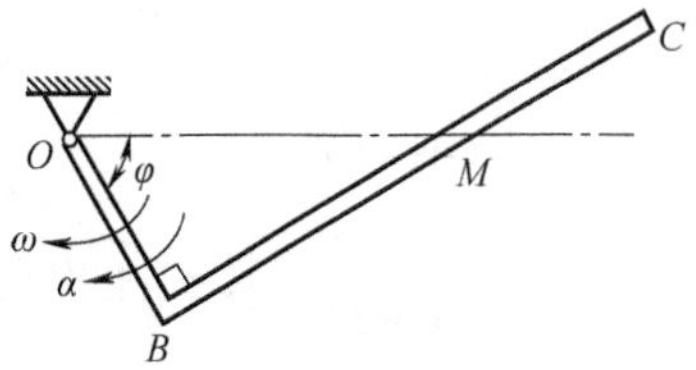

图4-23　习题4-5图

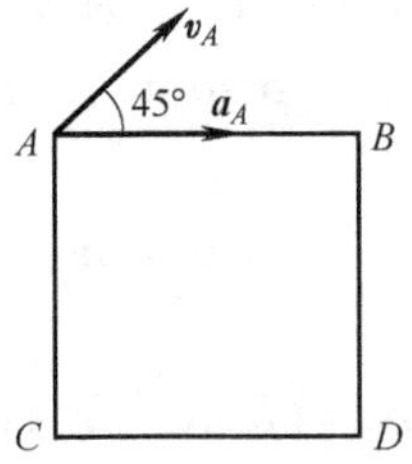

图4-24　习题4-6图

分析计算题

4-7　试对图 4-25 所示五种不同瞬时动点的运动进行分析。若可能，判断运动性质；若不可能，说明原因。

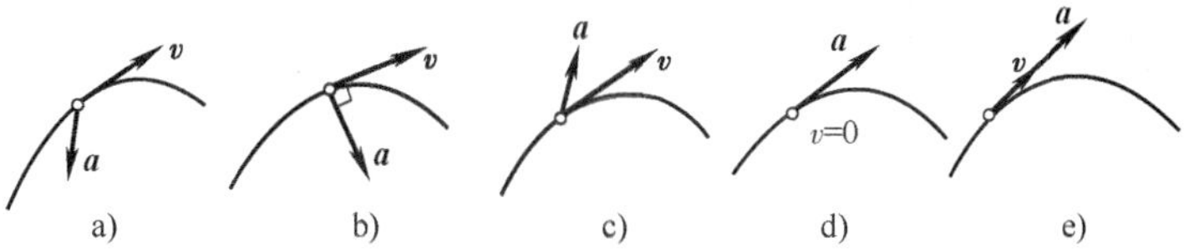

图 4-25　习题 4-7 图

4-8　点的弧坐标 s 与时间 t 的关系有如图 4-26 所示的三种情形。试分析：各点的运动轨迹可能是①直线，②平面曲线，③空间曲线，④不定；各点的运动性质可能是①加速运动，②减速运动，③等速运动，④不定。

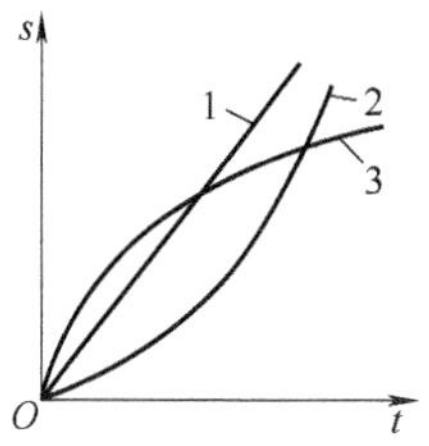

图 4-26　习题 4-8 图

4-9　已知运动方程如下，试画出运动轨迹曲线、不同瞬时点的$\boldsymbol{v}$ 和 $\boldsymbol{a}$ 图像，并说明运动性质。

（1）$\begin{cases} x = 4t-2t^2 \\ y = 3t-1.5t^2 \end{cases}$　　（2）$\begin{cases} x = 3\sin t \\ y = 2\cos 2t \end{cases}$

式中，t 以 s 计；x、y 以 mm 计。

4-10　如图 4-27 所示，半径为 R 的圆轮沿水平轨道做纯滚动。轮心 C 的速度大小为常数。试求轮缘上任一点 P 在 t 瞬时的速度和加速度，并求该点运动轨迹的曲率半径 ρ（C^* 为该瞬时轮上与地面相接触的点）。画出同一瞬时轮缘上各点的$\boldsymbol{v}$、$\boldsymbol{a}$ 分布图像。

4-11　如图 4-28 所示，绳的一端连在小车的点 A 上，另一端跨过点 B 的小滑轮绕在鼓轮 C 上，滑轮 B 离地面的高度为 h。若小车以匀速度$\boldsymbol{v}$ 沿水平方向向右运动，试求当 $\theta = 45°$时 B、C 之间绳上一点 P 的速度、加速度和绳 AB 与铅垂线夹角对时间的二阶导数 $\ddot{\theta}$ 各为多少？

4-12　如图 4-29 所示，摇杆滑道机构中的滑块 M 同时在固定的圆弧槽 BC 和摇杆 OA 的滑道中滑动。弧 BC 的半径为 R，摇杆 OA 的轴 O 在弧 BC 的圆周上。摇杆绕轴 O 以等角速度 ω 做定轴转动。当运动开始时，摇杆在水平位置。试分别用直角坐标法和弧坐标法给出滑块 M 的运动方程，并求其速度和加速度。

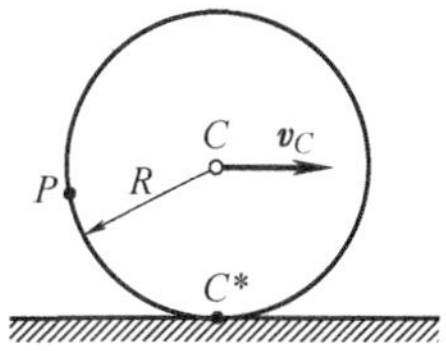

图 4-27　习题 4-10 图

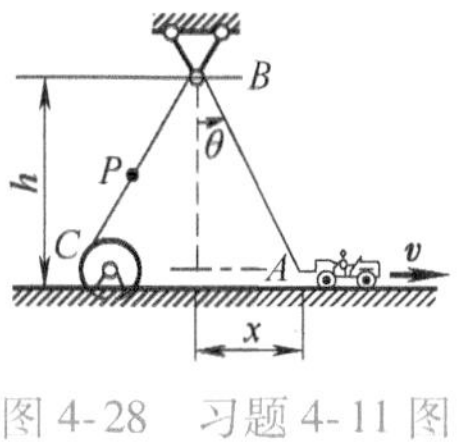

图 4-28　习题 4-11 图

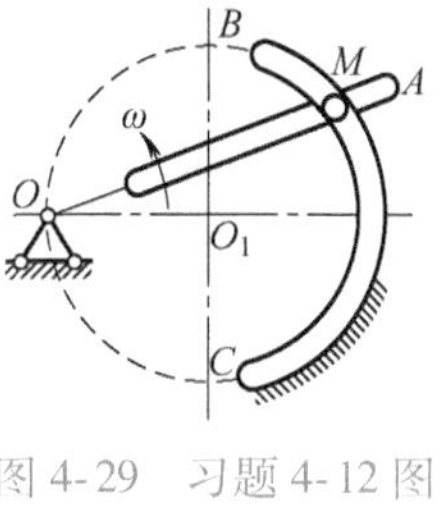

图 4-29　习题 4-12 图

4-13　如图 4-30 所示，凸轮顶板机构中，偏心凸轮的半径为 R，偏心距 $OC=e$，绕轴 O 以等角速 ω 转动，从而带动顶板 A 做平移。试列写顶板的运动方程，求其速度和加速度，并作三者随时间变化的曲线图。

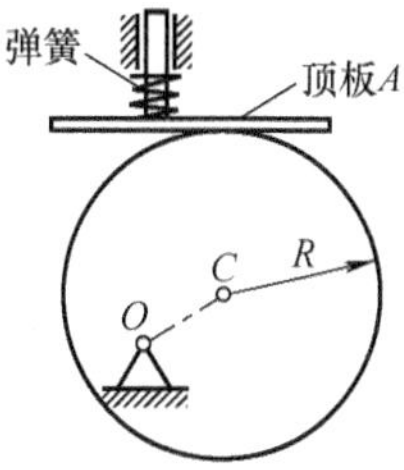

图 4-30　习题 4-13 图

4-14　图 4-31 所示机构中，齿轮 1 紧固在杆 AC 上，$AB = O_1O_2$，齿轮 1 和半径为 r_2 的齿轮 2 啮合，齿轮 2 可绕 O_2 轴转动且和曲柄 O_2B 没有联系。设 $O_1A = O_2B = l$，$\varphi = b\sin\omega t$，试确定 $t = \pi/2\omega$（s）时，轮 2 的角速度和角加速度。

4-15　为设置滑雪比赛用的路障，先用汽车进行参数试验，如图 4-32

所示。假设汽车的运动轨迹为正弦曲线，其最大速度为80km/h，最大侧向加速度（即 a_n）为0.7g（g为重力加速度）。若希望汽车顺利通过设置的路障，试求路障的设置间距 d 应为多大？

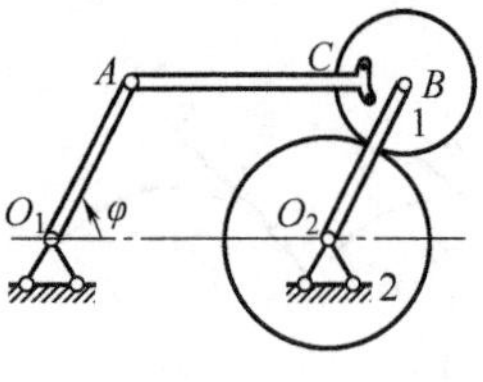

图4-31　习题4-14图

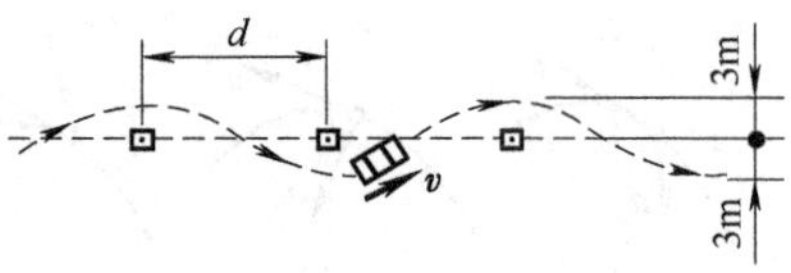

图4-32　习题4-15图

第5章 点的复合运动

同一动点相对于不同的参考系，其运动方程、轨迹、速度和加速度是不相同的。在许多力学问题中，常常需要研究同一点在不同参考系中的运动量（运动方程、轨迹、速度、加速度）及其相互关系，即研究点的复合运动。

本章将采用定、动两种参考系，描述同一动点的运动；分析两种运动之间的关系，并建立点的速度合成定理与加速度合成定理。

本章是运动学的重点内容之一。

5.1 点的复合运动的概念

5.1.1 两种参考系

一般工程问题中，当所研究的问题涉及两个参考系时，通常将固连在地球或相对地球不动的参考体上的坐标系称为定参考系（fixed reference system），简称定系，用 $Oxyz$ 坐标系表示；固连在其他相对于地球运动的参考体上的坐标系称为动参考系（moving reference system），简称动系，用 $O'x'y'z'$ 坐标系表示。例如，图 5-1 所示为沿水平直线轨道做纯滚动的车轮与车身。可以将平面定系（Oxy）固连于地球、平面动系（$O'x'y'$）固连于车身，分析轮缘上点 P（称为动点）的运动。又如，图 5-2 所示为夹持在车床三爪自定心卡盘上的圆柱体工件与切削车刀。卡盘-工件绕轴 y' 做定轴转动，车刀向左做直线平移，运动方向如图所示。若以刀尖上点 P 为动点，则可以将定系（$Oxyz$）固连于车床床身（也就是固连于地球）、动系（$O'x'y'z'$）固连于卡盘-工件。

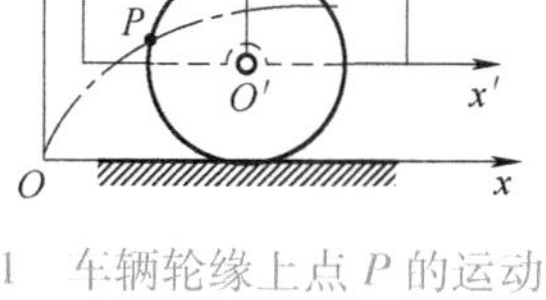

图 5-1 车辆轮缘上点 P 的运动分析

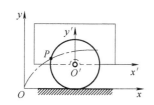

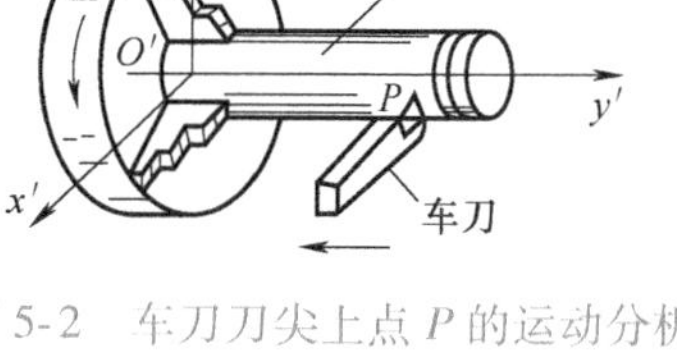

图 5-2 车刀刀尖上点 P 的运动分析

5.1.2 三种运动

绝对运动（absolute motion）是动点相对于定系的运动；

相对运动（relative motion）是动点相对于动系的运动；

牵连运动（convected motion）是动系相对于定系的运动。

图5-1中轮缘上动点 P 的绝对运动是沿旋轮线（也称摆线）（绝对轨迹）的曲线运动，相对运动是以 O' 为圆心、轮半径为半径的圆周（相对轨迹）运动，牵连运动是车身的水平直线平移。图5-2中刀尖上动点 P 的绝对运动为直线（绝对轨迹）运动，相对运动是工件圆柱面上的螺旋线（相对轨迹）运动，牵连运动是卡盘-工件绕轴 y' 的定轴转动。

需要注意的是：动点的绝对运动和相对运动均指点的运动（直线运动或曲线运动）；而牵连运动则指刚体的运动（平移、定轴转动或其他较复杂的刚体运动）。

5.1.3 三种速度和三种加速度

三种速度：

绝对速度（absolute velocity）是动点相对于定系运动的速度，用符号 $\boldsymbol{v}_a$ 来表示；

相对速度（relative velocity）是动点相对于动系运动的速度，用符号 $\boldsymbol{v}_r$ 来表示；

牵连速度（convected velocity）是动系上与动点相重合之点（称为牵连点）相对于定系运动的速度，用符号 $\boldsymbol{v}_e$ ㊀来表示。

需要注意的是：由于动点相对于动系是运动的，因此，在不同的瞬时，牵连点是动系上不同的点。

三种加速度：

绝对加速度（absolute acceleration）是动点相对于定系运动的加速度，用符号 $\boldsymbol{a}_a$ 来表示；

相对加速度（relative acceleration）是动点相对于动系运动的加速度，用符号 $\boldsymbol{a}_r$ 来表示；

牵连加速度（convected acceleration）是牵连点相对于定系运动的加速度，用符号 $\boldsymbol{a}_e$ 来表示。

当牵连运动为定轴转动时，还会出现第四种加速度——科氏加速度 $\boldsymbol{a}_C$，详见5.4节。

综上，点的复合运动问题可分为两大类：一是已知点的相对运动及动系的牵连运动，求点的绝对运动，这是运动合成的问题；二是已知点的绝对运动求其相对运动或动系的牵连运动，这是运动分解的问题。运动合成与分解的概念在理论上和实践上都有重要的意义，可以通过一些简单运动的合成，得到比较复杂的运动，也可将复杂的运动分解为比较简单的运动。

5.2 速度合成定理

本节将用几何法研究点的绝对速度、相对速度和牵连速度三者之间的关系。

如图5-3所示，在定系 $Oxyz$ 中，设想有刚性金属丝（其形状为一确定的空间任意曲线）由 t 瞬时的位置Ⅰ，经时间间隔 Δt 后运动至位置Ⅱ。金属丝上套一小环 M，在金属丝运动的过程中，小环 M 亦沿金属丝运动，因而小环也在同一时间间隔 Δt 内由位置 P 运动至位置 P'。小环 M 即为考察的动点，动系固连于金属丝。动点 M 的绝对运动轨迹为曲线 PP'，绝

㊀ $\boldsymbol{v}_e$ 的下标 e 为法文 entraînement 的第一个字母。

对运动位移为 $\Delta\boldsymbol{r}$；在 t 瞬时，动点 M 与动系上的点 P_1 相重合，在 $t+\Delta t$ 瞬时，点 P_1 运动至位置 P_1'。显然，动点 M 在同一时间间隔内的相对运动轨迹为曲线 $P_1'P'$，相对运动位移为 $\Delta\boldsymbol{r}'$；而在 t 瞬时，动系上与动点 M 相重合之点（即牵连点）P_1 的绝对运动轨迹为曲线 P_1P_1'，牵连点 P_1 的绝对位移为 $\Delta\boldsymbol{r}_1$。

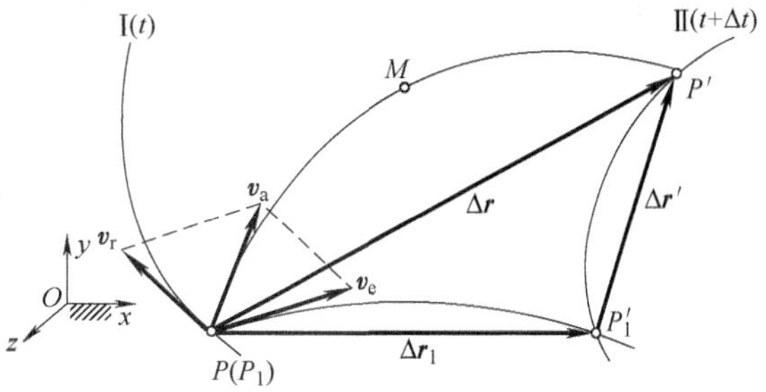

图 5-3　速度合成定理的几何法证明

由图 5-3 所示的几何关系不难看出，上述三个位移满足如下关系：

$$\Delta\boldsymbol{r}=\Delta\boldsymbol{r}_1+\Delta\boldsymbol{r}' \tag{5-1}$$

将式（5-1）中各项除以同一时间间隔 Δt，并令 $\Delta t\to 0$，取极限，得

$$\lim_{\Delta t\to 0}\frac{\Delta\boldsymbol{r}}{\Delta t}=\lim_{\Delta t\to 0}\frac{\Delta\boldsymbol{r}_1}{\Delta t}+\lim_{\Delta t\to 0}\frac{\Delta\boldsymbol{r}'}{\Delta t} \tag{5-2}$$

该式等号左侧项为动点 P 的绝对速度 $\boldsymbol{v}_a$；等号右侧第二项为动点 P 的相对速度 $\boldsymbol{v}_r$；而右侧第一项为在 t 瞬时，动系上与动点相重合之点（牵连点）P_1 的绝对速度（相对于定系的速度），即牵连速度 $\boldsymbol{v}_e$。

故式（5-2）可改写为

$$\boldsymbol{v}_a=\boldsymbol{v}_e+\boldsymbol{v}_r \tag{5-3}$$

式（5-3）称为速度合成定理（theorem for composition of velocities），即动点的绝对速度等于其牵连速度与相对速度的矢量和。

式（5-3）是一瞬时矢量等式，每一项都有大小、方向两个量，整个式子共六个量。在平面问题中，一个矢量方程相当于两个代数方程，如果已知其中四个量，就能求出两个未知量。

需要说明的是，在推导速度合成定理时，并未限制动系做何种运动，因此本定理适用于牵连运动为任何运动的情况。

【例题 5-1】　如图 5-4 所示，直管以等角速度 ω 绕轴 O 转动。管内质点 P 以匀速率 u 沿管运动。试求当点 P 距离圆心 O 分别为 $R/3$ 和 R 时，点 P 相对于地面的速度。

解：动点由 $P(1)$ 到达 $P(2)$ 位置的过程中，既沿管运动，又随管一起运动。因此，可用速度合成定理求解。

（1）选取动点和动系

动点：P；动系：直管。

（2）分析三种运动

绝对运动：动点 P 沿平面曲线的运动。

相对运动：动点 P 沿管的匀速直线运动。

牵连运动：直管绕轴 O 的定轴转动。

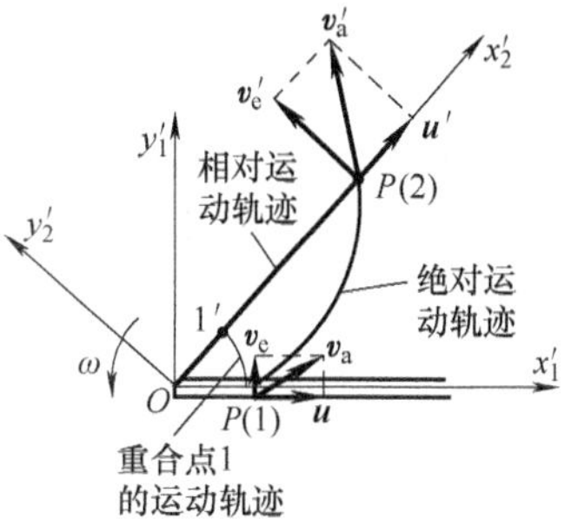

图 5-4　例题 5-1 图

（3）速度分析

分析位置 $P(1)$：建立动系 $Ox_1'y_1'$ 如图 5-4 所示。由式（5-3），得

$$\boldsymbol{v}_a=\boldsymbol{v}_e+\boldsymbol{v}_r=\boldsymbol{v}_e+\boldsymbol{u}=\frac{1}{3}R\omega\boldsymbol{j}_1'+u\boldsymbol{i}_1'$$

式中，$\boldsymbol{i}_1'$、$\boldsymbol{j}_1'$分别为动系 $Ox_1'y_1'$沿两个正交坐标轴的单位矢量。

分析位置 $P(2)$：建立动系 $Ox_2'y_2'$如图 5-4 所示。同理，得

$$\boldsymbol{v}_{\mathrm{a}}'=\boldsymbol{v}_{\mathrm{e}}'+\boldsymbol{v}_{\mathrm{r}}'=\boldsymbol{v}_{\mathrm{e}}'+\boldsymbol{u}'=R\omega\boldsymbol{j}_2'+u\boldsymbol{i}_2'$$

式中，$\boldsymbol{i}_2'$、$\boldsymbol{j}_2'$分别为动系 $Ox_2'y_2'$沿两个正交坐标轴的单位矢量。

当点 P 运动至 $P(1)$ 位置时，与管上点 1 相重合，此瞬时的牵连速度为点 1 的绝对速度，$\boldsymbol{v}_{\mathrm{e}}=\boldsymbol{v}_{1\mathrm{a}}$；而运动至 $P(2)$ 位置时，点 P 与管上点 2 相重合，$\boldsymbol{v}_{\mathrm{e}}'=\boldsymbol{v}_{2\mathrm{a}}'$。

在由位置 $P(1)$ 运动至位置 $P(2)$ 的过程中，点 P 与管上的重合点不断变化，牵连速度也相应发生变化。点 P 的绝对运动轨迹和相对运动轨迹，以及重合点 1 的运动轨迹均示于图 5-4 中。

【例题 5-2】　如图 5-5a 所示，仿形机床中半径为 R 的半圆形靠模凸轮以速度 $\boldsymbol{v}_0$ 沿水平轨道向右运动，带动顶杆 AB 沿铅垂方向运动。试求 $\varphi=30°$时顶杆 AB 的速度。

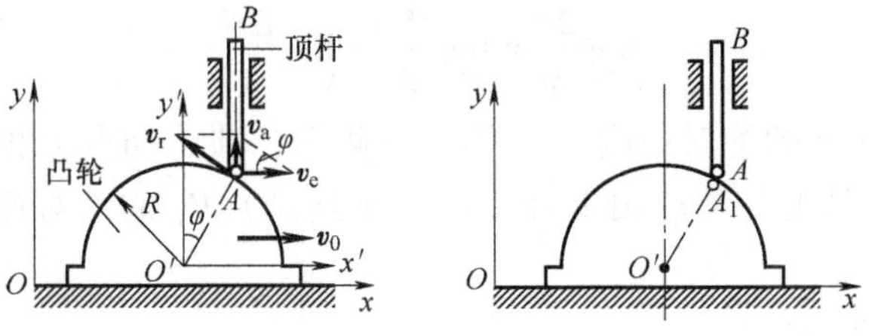

a)　　b)

图 5-5　例题 5-2 图

解：(1) **选取动点和动系**

由于顶杆 AB 做平移，所以要求顶杆 AB 的速度，只要求其上任一点的速度即可。故选顶杆 AB 上的点 A 为动点，动系固结于凸轮。

(2) **分析三种运动**

绝对运动：动点 A 沿铅垂方向的直线运动。

相对运动：动点 A 沿凸轮轮廓的圆周运动。

牵连运动：凸轮沿水平方向的直线平移。

(3) **速度分析**

根据速度合成定理

$$\boldsymbol{v}_{\mathrm{a}}=\boldsymbol{v}_{\mathrm{e}}+\boldsymbol{v}_{\mathrm{r}}$$

其中，$\boldsymbol{v}_{\mathrm{a}}$ 的方向竖直向上，大小未知；$\boldsymbol{v}_{\mathrm{e}}$ 的方向水平向右，大小为 v_0；$\boldsymbol{v}_{\mathrm{r}}$ 的方向垂直于 OA，大小未知。据此，作速度平行四边形，如图 5-5a 所示。

由平行四边形的几何关系，可得

$$v_{\mathrm{a}}=v_{\mathrm{e}}\tan\varphi=v_0\tan30°=\frac{\sqrt{3}}{3}v_0$$

此即顶杆 AB 在 $\varphi=30°$时的速度，方向为铅垂向上。

(4) **本例讨论**

本题的动点和动系有无其他选择？如图 5-5b 所示，将凸轮上与顶杆相重合之点（记为 A_1）选为动点，动系固结于顶杆 AB，是否可行？此时，赖以决定 $\boldsymbol{v}_{\mathrm{r}}$ 方向的相对运动轨迹是什么？

注意：作速度平行四边形时，应使绝对速度始终保持为平行四边形的对角线。

【例题 5-3】　刨床的急回机构（曲柄-摇杆机构）如图 5-6a 所示。曲柄 OA 以等角速度 ω_0 绕轴 O 转动，通过滑块 A 带动摇杆 O_1B 绕轴 O_1 转动。已知：$OA=r$，$\angle AO_1O=30°$。试求该瞬时摇杆 O_1B 的角速度。

解：（1）**选取动点和动系**

与曲柄 OA 铰接的滑块被约束在摇杆 O_1B 上滑动，所以，选滑块 A 为动点、摇杆 O_1B 为动系，则相对运动轨迹就是直线 O_1B，既简单又直观。

（2）**分析三种运动**

绝对运动：以点 O 为圆心、r 为半径的等速圆周运动。

相对运动：沿 O_1B 的直线运动。

牵连运动：摇杆绕轴 O_1 的定轴转动。

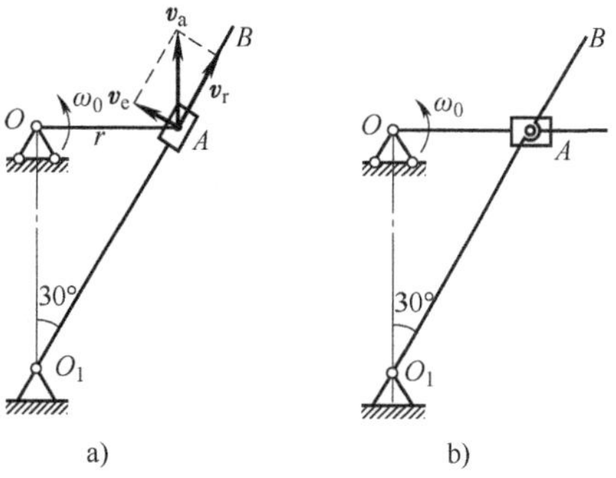

图 5-6　例题 5-3

（3）**速度分析**

根据速度合成定理

$$\boldsymbol{v}_a=\boldsymbol{v}_e+\boldsymbol{v}_r$$

其中，$\boldsymbol{v}_a$ 的方向铅垂向上，大小为 $r\omega_0$；$\boldsymbol{v}_e$ 的方向垂直于 O_1B，大小未知；$\boldsymbol{v}_r$ 的方向沿 O_1B，大小未知。据此，作速度平行四边形如图 5-6a 所示。

由平行四边形的几何关系，可得

$$v_e=v_a\sin30°=\frac{1}{2}r\omega_0$$

则摇杆 O_1B 的角速度为

$$\omega=\frac{v_e}{O_1A}=\frac{1}{4}\omega_0\quad（逆时针）$$

（4）**本例讨论**

若将图 5-6a 所示的曲柄-摇杆机构改为图 5-6b 所示的形式，即摇杆上的点 A 与滑块铰接，而滑块被约束在曲柄 OA 上滑动，则动点动系该如何选取？请读者对其进行运动分析和速度分析。

综合以上例题，请读者以小组为单位总结动点、动系的选择原则。

5.3　牵连运动为平移时点的加速度合成定理

点的复合运动中，加速度之间的关系比较复杂，因此，先分析动系做平移的情形。

设 $O'x'y'z'$ 为平移参考系，由于 x'、y'、z' 各轴方向不变，不妨使其与定坐标轴 x、y、z 分别平行，如图 5-7 所示。如动点 P 相对于动系的相对坐标为 x'、y'、z'，而由于 $\boldsymbol{i}'$、$\boldsymbol{j}'$、$\boldsymbol{k}'$ 为平移动坐标轴的单位常矢量，则点 P 的相对速度和相对加速度分别为

$$\boldsymbol{v}_r=\dot{x}'\boldsymbol{i}'+\dot{y}'\boldsymbol{j}'+\dot{z}'\boldsymbol{k}' \tag{5-4}$$

$$\boldsymbol{a}_r=\ddot{x}'\boldsymbol{i}'+\ddot{y}'\boldsymbol{j}'+\ddot{z}'\boldsymbol{k}' \tag{5-5}$$

利用点的速度合成定理

$$\boldsymbol{v}_a=\boldsymbol{v}_e+\boldsymbol{v}_r$$

因为牵连运动为平移，所以

$$\boldsymbol{v}_{O'}=\boldsymbol{v}_e \tag{5-6}$$

将式（5-4）和式（5-6）代入式（5-3）点的速度合成定理，得

$$\boldsymbol{v}_a=\boldsymbol{v}_{O'}+\dot{x}'\boldsymbol{i}'+\dot{y}'\boldsymbol{j}'+\dot{z}'\boldsymbol{k}' \tag{5-7}$$

将式（5-7）两边对时间求导，因动系平移，故$\boldsymbol{i}'$、$\boldsymbol{j}'$、$\boldsymbol{k}'$为常矢量，于是得

$$\boldsymbol{a}_a=\dot{\boldsymbol{v}}_{O'}+\ddot{x}'\boldsymbol{i}'+\ddot{y}'\boldsymbol{j}'+\ddot{z}'\boldsymbol{k}' \tag{5-8}$$

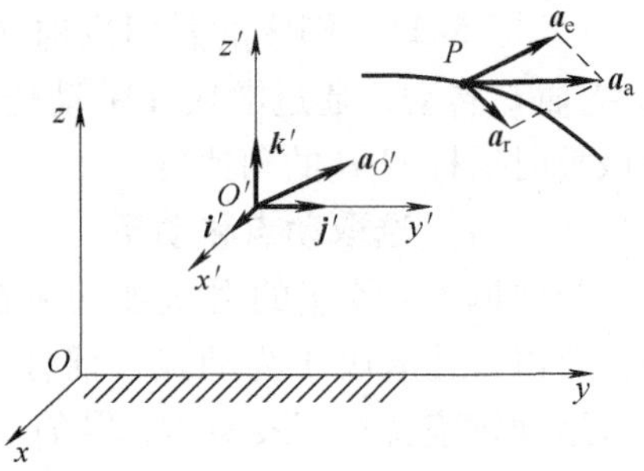

图 5-7 牵连运动为平移时的加速度合成定理证明

由于$\dot{\boldsymbol{v}}_{O'}=\boldsymbol{a}_{O'}$，又由于动系平移，故

$$\boldsymbol{a}_{O'}=\boldsymbol{a}_e \tag{5-9}$$

将式（5-5）和式（5-9）代入式（5-8），得

$$\boldsymbol{a}_a=\boldsymbol{a}_e+\boldsymbol{a}_r \tag{5-10}$$

式（5-10）称为**牵连运动为平移时点的加速度合成定理**，即当牵连运动为平移时，动点在某瞬时的绝对加速度等于该瞬时其牵连加速度与相对加速度之矢量和。

【例题 5-4】 图5-8所示为曲柄-导杆机构。滑块在水平滑槽中运动；与滑槽固结在一起的导杆在固定的铅垂滑道中运动。已知：曲柄 OA 转动的角速度为 ω_0，角加速度为 α_0（转向如图），曲柄长为 r。试求：当曲柄与铅垂线的夹角 $\theta<90°$时导杆的加速度。

解：（1）**选取动点和动系**

选取滑块 A 为**动点**，它是曲柄和导杆之间的联系点。由于滑块和曲柄相连，属于曲柄上的一个点，所以只能将**动系**固连于导杆。定坐标系 Oxy 的原点建立在轴 O 上，如图5-8所示。

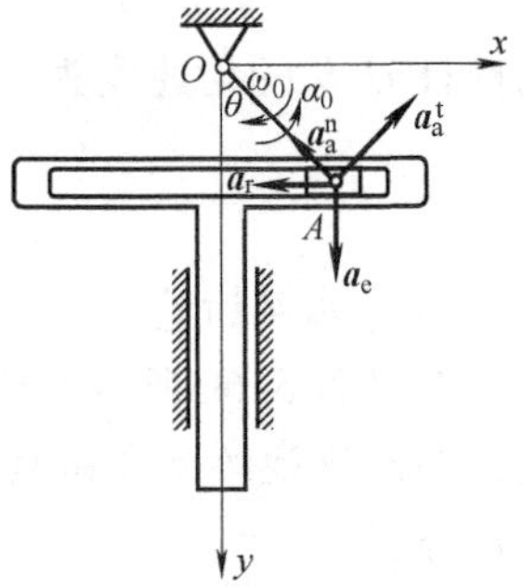

图 5-8 例题 5-4 图

（2）**运动分析**

绝对运动：以点 O 为圆心、r 为半径的圆周运动。

相对运动：沿滑槽的水平直线运动。

牵连运动：导杆沿铅垂方向的直线平移。

（3）**加速度分析**

由牵连运动为平移时点的加速度合成定理，得

$$\boldsymbol{a}_a=\boldsymbol{a}_a^t+\boldsymbol{a}_a^n=\boldsymbol{a}_e+\boldsymbol{a}_r$$

其中，$\boldsymbol{a}_a^t$的方向垂直于 OA，大小为 $r\alpha_0$；$\boldsymbol{a}_a^n$ 的方向由 A 指向 O，大小为 $r\omega_0^2$；$\boldsymbol{a}_e$ 的方向假设铅垂向下，大小未知；$\boldsymbol{a}_r$ 的方向假设水平向左，大小未知。

（4）**确定所求未知量**

应用投影方法，将加速度合成定理的矢量方程沿 y 方向投影，得

$$-a_a^t\sin\theta-a_a^n\cos\theta=a_e$$

代入已知条件，有

$$-r\alpha_0\sin\theta-r\omega_0^2\cos\theta=a_e$$

解得点 A 的牵连加速度

$$a_e=-r(\alpha_0\sin\theta+\omega_0^2\cos\theta)$$

此即导杆的加速度，负号表示 $\boldsymbol{a}_e$ 的实际指向与假设方向相反，为铅垂向上。

注意：在应用加速度合成定理时，一般需应用投影方法，将加速度合成定理的矢量方程沿特别的投影轴进行投影，并由此求得所需的加速度（或角加速度）。另外，加速度矢量方程的投影是在等式两边分别投影，这与静力学平衡方程全在等式一边进行投影不同。

5.4 牵连运动为转动时点的加速度合成定理

当牵连运动为定轴转动时，动点的加速度合成定理与式（5-10）形式不同。以图 5-9 所示的圆盘为例。设圆盘以等匀角速度 ω 绕垂直于盘面的固定轴 O 转动，动点 P 沿半径为 R 的盘上圆槽以匀速 v_r 相对圆盘运动。若将动系 $O'x'y'$ 固结于圆盘，则图示瞬时，动点的相对运动为匀速圆周运动，其相对加速度指向圆盘中心，大小为

$$a_r=\frac{v_r^2}{R}$$

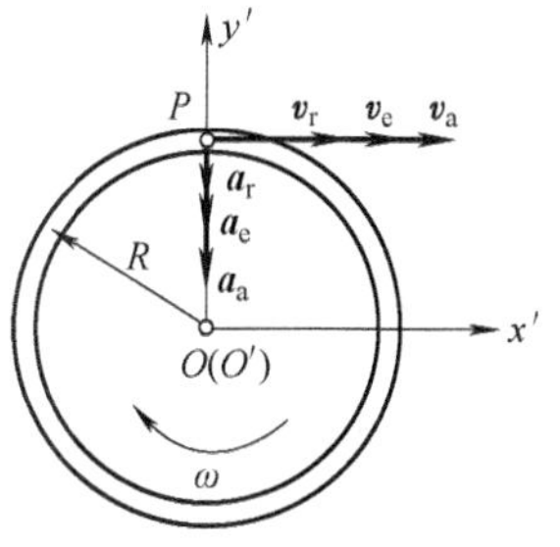

图 5-9　验证加速度关系一例

牵连运动为圆盘绕定轴 O 的匀角速转动，则牵连点的速度、加速度方向如图 5-9 所示，大小分别为

$$v_e=R\omega,\qquad a_e=R\omega^2$$

由式（5-3）可知，动点 P 的绝对速度为

$$v_a=v_e+v_r=R\omega+v_r=\text{常量}$$

可见，动点 P 的绝对运动也是半径为 R 的匀速圆周运动，故其绝对加速度的大小为

$$a_a=\frac{v_a^2}{R}=\frac{(R\omega+v_r)^2}{R}=R\omega^2+\frac{v_r^2}{R}+2\omega v_r=a_e+a_r+2\omega v_r$$

显然

$$a_a\neq a_e+a_r$$

该式表明，式（5-10）在牵连运动为定轴转动的情形下不再适用。

5.4.1　牵连运动为转动时点的加速度合成定理

如图 5-10 所示，$Oxyz$ 为定系，$\boldsymbol{i}$、$\boldsymbol{j}$ 和 $\boldsymbol{k}$ 为定系中各坐标轴的单位常矢量，$O'x'y'z'$ 为动系，$\boldsymbol{i}'$、$\boldsymbol{j}'$、$\boldsymbol{k}'$ 为动系中各坐标轴的单位矢量，随动系转动。设动系以角速度矢 $\boldsymbol{\omega}_e$ 绕定轴 Oz 转动，角加速度矢为 $\boldsymbol{\alpha}_e$。动点 P 的相对矢径、相对速度和相对加速度可分别表示为

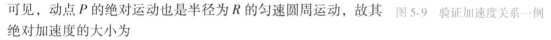

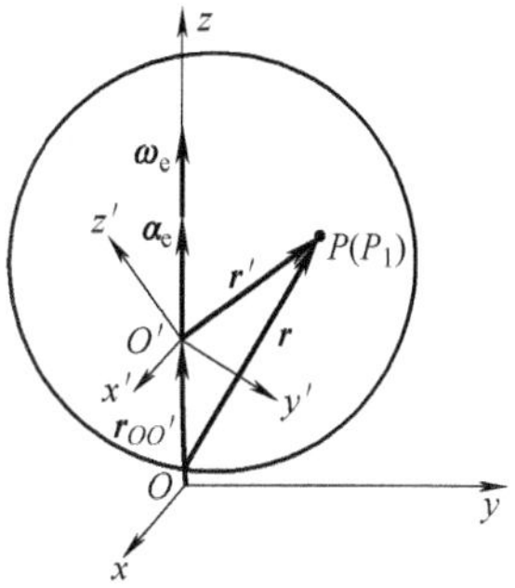

图 5-10　牵连运动为定轴转动时加速度合成定理证明

$$\boldsymbol{r}'=x'\boldsymbol{i}'+y'\boldsymbol{j}'+z'\boldsymbol{k}' \tag{5-11}$$

$$\boldsymbol{v}_r=\dot{x}'\boldsymbol{i}'+\dot{y}'\boldsymbol{j}'+\dot{z}'\boldsymbol{k}' \tag{5-12}$$

$$\boldsymbol{a}_r=\ddot{x}'\boldsymbol{i}'+\ddot{y}'\boldsymbol{j}'+\ddot{z}'\boldsymbol{k}' \tag{5-13}$$

设该瞬时动系 $O'x'y'z'$ 上与动点 P 重合的点为 P_1，P_1 即为牵连点。利用第 4 章中的式（4-37）和式（4-39），则动点 P 的牵连速度和牵连加速度（即牵连点 P_1 相对定系 $Oxyz$ 的绝对速度和绝对加速度）分别为

$$\boldsymbol{v}_{\mathrm{e}}=\boldsymbol{v}_{P_1}=\boldsymbol{\omega}_{\mathrm{e}}\times\boldsymbol{r} \tag{5-14}$$

$$\boldsymbol{a}_{\mathrm{e}}=\boldsymbol{a}_{P_1}=\boldsymbol{\alpha}_{\mathrm{e}}\times\boldsymbol{r}+\boldsymbol{\omega}_{\mathrm{e}}\times\boldsymbol{v}_{\mathrm{e}} \tag{5-15}$$

将动点的绝对矢径 $\boldsymbol{r}$ 对时间求一次导数，得

$$\dot{\boldsymbol{r}}=\boldsymbol{v}_{\mathrm{a}} \tag{5-16}$$

根据速度合成定理和式（5-12）、式（5-14），可得

$$\dot{\boldsymbol{r}}=\boldsymbol{v}_{\mathrm{a}}=\boldsymbol{v}_{\mathrm{e}}+\boldsymbol{v}_{\mathrm{r}}=\boldsymbol{\omega}_{\mathrm{e}}\times\boldsymbol{r}+\dot{x}'\boldsymbol{i}'+\dot{y}'\boldsymbol{j}'+\dot{z}'\boldsymbol{k}' \tag{5-17}$$

将式（5-17）对时间求一次导数，可得

$$\boldsymbol{a}_{\mathrm{a}}=\dot{\boldsymbol{v}}_{\mathrm{a}}=\dot{\boldsymbol{\omega}}_{\mathrm{e}}\times\boldsymbol{r}+\boldsymbol{\omega}_{\mathrm{e}}\times\dot{\boldsymbol{r}}+\ddot{x}'\boldsymbol{i}'+\ddot{y}'\boldsymbol{j}'+\ddot{z}'\boldsymbol{k}'+(\dot{x}'\dot{\boldsymbol{i}}'+\dot{y}'\dot{\boldsymbol{j}}'+\dot{z}'\dot{\boldsymbol{k}}') \tag{5-18}$$

其中，$\dot{\boldsymbol{\omega}}_{\mathrm{e}}=\boldsymbol{\alpha}_{\mathrm{e}}$，再利用式（5-17），式（5-18）等号右端前两项可表示为

$$\dot{\boldsymbol{\omega}}_{\mathrm{e}}\times\boldsymbol{r}+\boldsymbol{\omega}_{\mathrm{e}}\times\dot{\boldsymbol{r}}=\boldsymbol{\alpha}_{\mathrm{e}}\times\boldsymbol{r}+\boldsymbol{\omega}_{\mathrm{e}}\times\boldsymbol{v}_{\mathrm{e}}+\boldsymbol{\omega}_{\mathrm{e}}\times\boldsymbol{v}_{\mathrm{r}} \tag{5-19}$$

由式（5-13），有

$$\ddot{x}'\boldsymbol{i}'+\ddot{y}'\boldsymbol{j}'+\ddot{z}'\boldsymbol{k}'=\boldsymbol{a}_{\mathrm{r}} \tag{5-20}$$

再利用第4章式（4-38）和式（5-12），有

$$\begin{aligned}\dot{x}'\dot{\boldsymbol{i}}'+\dot{y}'\dot{\boldsymbol{j}}'+\dot{z}'\dot{\boldsymbol{k}}'&=\dot{x}'(\boldsymbol{\omega}_{\mathrm{e}}\times\boldsymbol{i}')+\dot{y}'(\boldsymbol{\omega}_{\mathrm{e}}\times\boldsymbol{j}')+\dot{z}'(\boldsymbol{\omega}_{\mathrm{e}}\times\boldsymbol{k}')\\&=\boldsymbol{\omega}_{\mathrm{e}}\times(\dot{x}'\boldsymbol{i}'+\dot{y}'\boldsymbol{j}'+\dot{z}'\boldsymbol{k}')=\boldsymbol{\omega}_{\mathrm{e}}\times\boldsymbol{v}_{\mathrm{r}}\end{aligned} \tag{5-21}$$

最后将式（5-19）~式（5-21）代入式（5-18），得

$$\boldsymbol{a}_{\mathrm{a}}=\boldsymbol{\alpha}_{\mathrm{e}}\times\boldsymbol{r}+\boldsymbol{\omega}_{\mathrm{e}}\times\boldsymbol{v}_{\mathrm{e}}+\boldsymbol{a}_{\mathrm{r}}+2\boldsymbol{\omega}_{\mathrm{e}}\times\boldsymbol{v}_{\mathrm{r}} \tag{5-22}$$

由式（5-15）可知，上式等号右端的前两项为牵连加速度 $\boldsymbol{a}_{\mathrm{e}}$。

式（5-22）最后一项记为

$$\boldsymbol{a}_{\mathrm{C}}=2\boldsymbol{\omega}_{\mathrm{e}}\times\boldsymbol{v}_{\mathrm{r}} \tag{5-23}$$

$\boldsymbol{a}_{\mathrm{C}}$ 称为科氏加速度（Coriolis acceleration）。于是式（5-22）最后可表示为

$$\boldsymbol{a}_{\mathrm{a}}=\boldsymbol{a}_{\mathrm{e}}+\boldsymbol{a}_{\mathrm{r}}+\boldsymbol{a}_{\mathrm{C}} \tag{5-24}$$

式（5-24）即为牵连运动为转动时点的加速度合成定理：当动系做定轴转动时，动点在某瞬时的绝对加速度等于该瞬时其牵连加速度、相对加速度与科氏加速度之矢量和。

可以证明，即使牵连运动为任意运动，式（5-24）仍然成立，因此它是点的加速度合成定理的一般形式。

5.4.2 科氏加速度

由式（5-23）可知，科氏加速度的表达式为

$$\boldsymbol{a}_{\mathrm{C}}=2\boldsymbol{\omega}_{\mathrm{e}}\times\boldsymbol{v}_{\mathrm{r}}$$

式中，$\boldsymbol{v}_{\mathrm{r}}$ 为动点的相对速度；$\boldsymbol{\omega}_{\mathrm{e}}$ 为动系相对静系转动的角速度矢量。因此动点的科氏加速度等于牵连运动的角速度与动点相对速度之矢量积的两倍。科氏加速度体现了动系有转动时相对运动与牵连运动的相互影响。

1. 科氏加速度的大小和方向

设动系转动的角速度矢 $\boldsymbol{\omega}_{\mathrm{e}}$ 与动点的相对速度矢 $\boldsymbol{v}_{\mathrm{r}}$ 间的夹角为 θ，则由矢量积运算规则，科氏加速度 $\boldsymbol{a}_{\mathrm{C}}$ 的大小为

$$a_{\mathrm{C}}=2\omega_{\mathrm{e}}v_{\mathrm{r}}\sin\theta$$

$\boldsymbol{a}_{\mathrm{C}}$ 的方向由右手法则确定：四指指向 $\boldsymbol{\omega}_{\mathrm{e}}$ 矢量的正向，再转到 $\boldsymbol{v}_{\mathrm{r}}$ 矢量的正向，最后拇指指向即为 $\boldsymbol{a}_{\mathrm{C}}$ 的方向，如图5-11所示。

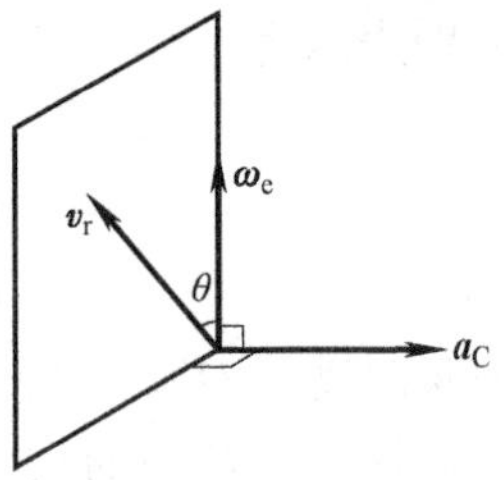

图5-11 科氏加速度的确定

当 $\boldsymbol{\omega}_e // \boldsymbol{v}_r$ 时，$a_C=0$；当 $\boldsymbol{\omega}_e \perp \boldsymbol{v}_r$ 时，$a_C=2\omega v_r$。

2. 当牵连运动为平移时，$\omega_e=0$，因此 $a_C=0$，一般式（5-24）将退化为特殊式（5-10）

【例题 5-5】 已知圆轮半径为 r，以匀角速度 ω 绕轴 O 转动，如图 5-12a 所示。试求杆 AB 在图示位置的角速度 ω_{AB} 以及角加速度 α_{AB}。

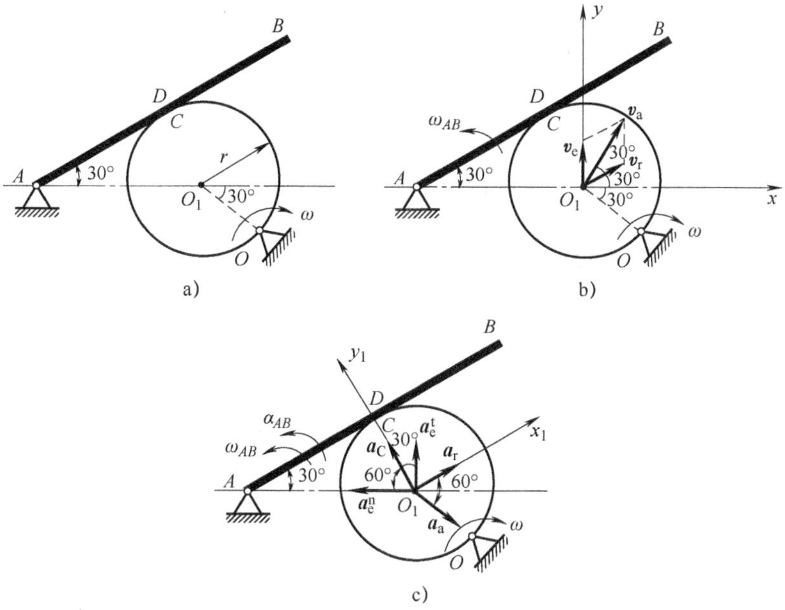

图 5-12　例题 5-5 图

解：（1）**选取动点和动系**

由于本例中两物体的接触点——圆轮上点 C 和杆 AB 上点 D 都随时间而变，故均不宜选作动点，其原因是对相对运动进行分析非常困难。

注意到在机构运动的过程中，圆轮始终与杆 AB 相切，且轮心 O_1 到杆 AB 的距离保持不变。此时，宜选非接触点 O_1 为动点，将动系固结于杆 AB，且随杆 AB 做定轴转动。于是，从动系杆 AB 看动点 O_1 的运动，就会发现：点 O_1 与杆 AB 的距离保持不变，并做与杆 AB 平行的直线运动。这样处理将使相对运动简单、明确。

（2）**运动分析**

绝对运动——动点 O_1 做以 O 为圆心、r 为半径的匀速圆周运动；

相对运动——动点 O_1 沿平行于杆 AB 的直线运动；

牵连运动——杆 AB 绕轴 A 的定轴转动。

（3）**速度分析——求 ω_{AB}**

根据速度合成定理

$$\boldsymbol{v}_a=\boldsymbol{v}_e+\boldsymbol{v}_r \tag{a}$$

式中，$\boldsymbol{v}_a$ 的方向垂直于 O_1O 右偏上，大小为 $r\omega$；$\boldsymbol{v}_e$ 的方向铅垂向上，大小为 $O_1A \cdot \omega_{AB}$，待求；$\boldsymbol{v}_r$ 的方向平行于 AB，大小未知。据此，作速度平行四边形如图 5-12b 所示。

由平行四边形的几何关系，可得

$$v_{\mathrm{e}}=v_{\mathrm{r}}=\frac{v_{\mathrm{a}}}{2\cos 30^{\circ}}=\frac{\sqrt{3}}{3}r\omega$$

于是杆 AB 的角速度

$$\omega_{AB}=\frac{v_{\mathrm{e}}}{O_1A}=\frac{\sqrt{3}}{6}\omega \quad （逆时针）$$

（4）**加速度分析**——求 α_{AB}

根据牵连运动为转动时点的加速度合成定理

$$\boldsymbol{a}_{\mathrm{a}}=\boldsymbol{a}_{\mathrm{e}}^{\mathrm{t}}+\boldsymbol{a}_{\mathrm{e}}^{\mathrm{n}}+\boldsymbol{a}_{\mathrm{r}}+\boldsymbol{a}_{\mathrm{C}} \tag{b}$$

式中，$\boldsymbol{a}_{\mathrm{a}}$ 的方向沿 O_1O，大小为 $r\omega^2$；$\boldsymbol{a}_{\mathrm{e}}^{\mathrm{t}}$的方向铅垂向上，大小为 $O_1A\cdot\alpha_{AB}$；$\boldsymbol{a}_{\mathrm{e}}^{\mathrm{n}}$的方向水平向左，大小为 $O_1A\cdot\omega_{AB}^2$；$\boldsymbol{a}_{\mathrm{r}}$ 的方向平行于 AB，大小未知；$\boldsymbol{a}_{\mathrm{C}}$ 的方向沿 y_1 轴正向，大小为 $2\omega_{AB}v_{\mathrm{r}}$，如图 5-12c 所示。

将加速度合成定理的矢量方程（b）沿 y_1 轴正向投影，得

$$-a_{\mathrm{a}}\cos 30^{\circ}=a_{\mathrm{e}}^{\mathrm{t}}\cos 30^{\circ}+a_{\mathrm{e}}^{\mathrm{n}}\cos 60^{\circ}+a_{\mathrm{C}} \tag{c}$$

其中

$$a_{\mathrm{e}}^{\mathrm{n}}=O_1A\cdot\omega_{AB}^2=\frac{1}{6}r\omega^2,\qquad a_{\mathrm{C}}=2\omega_{AB}v_r=\frac{1}{3}r\omega^2$$

解得

$$a_{\mathrm{e}}^{\mathrm{t}}=-\left(1+\frac{5\sqrt{3}}{18}\right)r\omega^2\approx-1.48r\omega^2$$

于是杆 AB 的角加速度

$$\alpha_{AB}=\frac{a_{\mathrm{e}}^{\mathrm{t}}}{O_1A}=-0.74\omega^2 \quad （顺时针）$$

（5）**本例讨论**

1）当两物体的接触点均随时间而改变时，为使动点相对动系的运动明确、清晰，应选取适当的非接触点为动点。

2）因机构中两物体均做定轴转动，出现了两个角速度，所以计算 $\boldsymbol{a}_{\mathrm{C}}$ 时应多加注意，牵连角速度是 ω_{AB}而非 ω。

【例题 5-6】　摆杆 AB 与水平杆 DG 通过铰链 A 连接，如图 5-13a 所示。水平杆 DG 做直

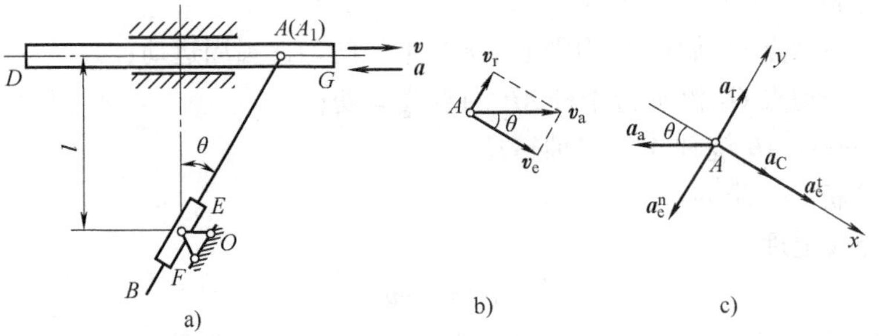

图 5-13　例题 5-6 图

线平移，摆杆 AB 穿过可绕轴 O 转动的套筒 EF，并可在套筒 EF 内滑动。已知：$l=2\text{m}$，$\theta=30°$，杆 DG 的速度 $v=2\text{m/s}$，加速度 $a=1\text{m/s}^2$。试求：

（1）图示瞬时杆 AB 的角速度以及杆 AB 在套筒中滑动的速度；

（2）图示瞬时杆 AB 的角加速度以及杆 AB 在套筒中滑动的加速度。

解：套筒-摆杆机构在工作的过程中，摆杆 AB 相对套筒 EF 的运动是沿套筒轴线做平移，因此杆 AB 上各点相对于套筒的相对速度相同，方向沿套筒轴线，同时摆杆 AB 与套筒 EF 具有相同的角速度和角加速度。若将动系固连于套筒，对既在摆杆 AB 也在水平杆 DG 上的铰链 A 进行点的复合运动分析，则各项运动的性质比较清晰，便于未知量的求解。

（1）选取动点和动系

动点：铰链 A。

动系：固连于套筒。

定系：固连于地面。

（2）运动分析

绝对运动：铰链 A 沿 DG 的水平直线运动。

相对运动：铰链 A 沿套筒轴线 EF 的直线运动。

牵连运动：动系随套筒 EF 绕轴 O 的定轴转动。

（3）速度分析

根据速度合成定理

$$\boldsymbol{v}_a=\boldsymbol{v}_e+\boldsymbol{v}_r$$

式中，$\boldsymbol{v}_a$ 的方向水平向右，大小为 v；$\boldsymbol{v}_e$ 的方向垂直于 OA，大小为 $OA\cdot\omega$，待求；$\boldsymbol{v}_r$ 的方向沿 EF，大小未知。据此，作速度平行四边形，如图 5-13b 所示，有

$$v_e=v_a\cos30°=1.73\text{m/s}$$

于是套筒的角速度（也是杆 AB 的角速度）

$$\omega=\omega_{AB}=\frac{v_e}{OA}=\frac{v_a\cos\theta}{l/\cos\theta}=0.75\text{rad/s}\quad（顺时针）$$

同时可得

$$v_r=v_a\sin\theta=1\text{m/s}$$

此即杆 AB 在套筒中滑动的速度，方向如图 5-13b 所示。

（4）加速度分析

根据牵连运动为转动时点的加速度合成定理

$$\boldsymbol{a}_a=\boldsymbol{a}_e^t+\boldsymbol{a}_e^n+\boldsymbol{a}_r+\boldsymbol{a}_C \tag{a}$$

其中，$\boldsymbol{a}_a$ 的方向水平向左，大小为 a；$\boldsymbol{a}_e^t$的方向垂直于 AB，大小未知；$\boldsymbol{a}_e^n$的方向沿 AB 指向 B，大小为 $OA\cdot\omega^2$；$\boldsymbol{a}_r$ 的方向沿 AB，大小未知；$\boldsymbol{a}_C$ 的方向垂直于 AB，大小为 $2\omega v_r$。

将加速度合成定理的矢量方程（a）沿 Ax 轴正向投影（见图 5-13c），得

$$-a_a\cos\theta=a_e^t+a_C$$

即

$$a_e^t=-a_a\cos30°-a_C=-2.37\text{m/s}^2$$

所以套筒的角加速度（也是杆 AB 的角加速度）

$$\alpha=\frac{a_e^t}{OA}=-\frac{a_e^t\cos\theta}{l}=-1.03\text{rad/s}^2 \quad (\text{逆时针})$$

将式（a）沿 Ay 轴正向投影（见图 5-13c），有

$$-a_a\sin\theta=-a_e^n+a_r$$

即

$$a_r=a_e^n-a_a\sin\theta=0.8\text{m/s}^2$$

此即杆 AB 在套筒中滑动的加速度，方向如图 5-13c 所示。

（5）**本例讨论**

1）本题的摆杆机构中含有“套筒”这样的特殊构件，套筒套在某个杆件上并与该杆件有相对滑动。对含有套筒的机构进行运动分析时，常采用点的复合运动的方法。请注意动点和动系的选择。

2）从套筒的角速度以及摆杆 AB 相对套筒的速度，可以求出摆杆上任意一点的速度。其中，任意一点的牵连速度与点到转轴 O 的距离成正比，而杆上各点相对于套筒的相对速度是相同的。

5.5 小结与讨论

5.5.1 小结

1. 动点的绝对运动为其牵连运动和相对运动的合成结果

绝对运动：动点相对于定系的运动；

相对运动：动点相对于动系的运动；

牵连运动：动系相对于定系的运动。

2. 点的速度合成定理

$$\boldsymbol{v}_a=\boldsymbol{v}_e+\boldsymbol{v}_r$$

绝对速度 $\boldsymbol{v}_a$：动点相对于定系运动的速度；

相对速度 $\boldsymbol{v}_r$：动点相对于动系运动的速度；

牵连速度 $\boldsymbol{v}_e$：动系上与动点相重合之点（即牵连点）相对于定系运动的绝对速度。

3. 点的加速度合成定理

$$\boldsymbol{a}_a=\boldsymbol{a}_e+\boldsymbol{a}_r+\boldsymbol{a}_C$$

绝对加速度 $\boldsymbol{a}_a$：动点相对于定系运动的加速度；

相对加速度 $\boldsymbol{a}_r$：动点相对于动系运动的加速度；

牵连加速度 $\boldsymbol{a}_e$：动系上与动点相重合之点（牵连点）相对于定系运动的绝对加速度；

科氏加速度 $\boldsymbol{a}_C$：牵连运动为转动时，牵连运动和相对运动相互影响而出现的一项附加的加速度。

$$\boldsymbol{a}_C=2\boldsymbol{\omega}_e\times\boldsymbol{v}_r$$

当动系做平移或 $\boldsymbol{v}_r=\boldsymbol{0}$ 或 $\boldsymbol{\omega}_e /\!/ \boldsymbol{v}_r$ 时，$\boldsymbol{a}_C=\boldsymbol{0}$。

5.5.2　正确选择动点和动系，是应用点的复合运动理论的重要基础

动点和动系选择的两条基本原则：一是，动点、动系应分别选在两个不同的刚体上；二是，应使相对运动轨迹简单或直观。其中第二条是选择的关键。这是因为，在一般情形下，加速度合成定理中的绝对、牵连和相对加速度都能分解为切向和法向两个分量，即

$$\boldsymbol{a}_{\mathrm{a}}^{\mathrm{t}}+\boldsymbol{a}_{\mathrm{a}}^{\mathrm{n}}=\boldsymbol{a}_{\mathrm{e}}^{\mathrm{t}}+\boldsymbol{a}_{\mathrm{e}}^{\mathrm{n}}+\boldsymbol{a}_{\mathrm{r}}^{\mathrm{t}}+\boldsymbol{a}_{\mathrm{r}}^{\mathrm{n}}+\boldsymbol{a}_{\mathrm{C}}$$

其中，相对切向加速度 $\boldsymbol{a}_{\mathrm{r}}^{\mathrm{t}}$ 的大小往往是未知的，若相对运动轨迹的曲率半径 ρ_{r} 未知，则相对法向加速度的大小（$a_{\mathrm{r}}^{\mathrm{n}}=v_{\mathrm{r}}^{2}/\rho_{\mathrm{r}}$）也未知，这样就有了两个未知量。如果是平面问题，已无法再求其他未知量。因此，选择动点和动系时，只有使与相对运动轨迹有关的几何性质已知，才能使问题有唯一解。

怎样选择动点和动系才能使相对运动轨迹简单或直观？主要是根据主动件与从动件的约束特点加以确定。图 5-14 所示为一些机构中常见的约束形式。这些约束的特点是：构件 AB 上至少有一个点 A 被另一构件 CD 所约束，使之只能在构件上或滑道内运动。若将被约束的点作为动点，约束该点的构件作为动系，则相对运动轨迹就是这一构件的轮廓线或滑道。这样相对运动轨迹必然简单或直观。

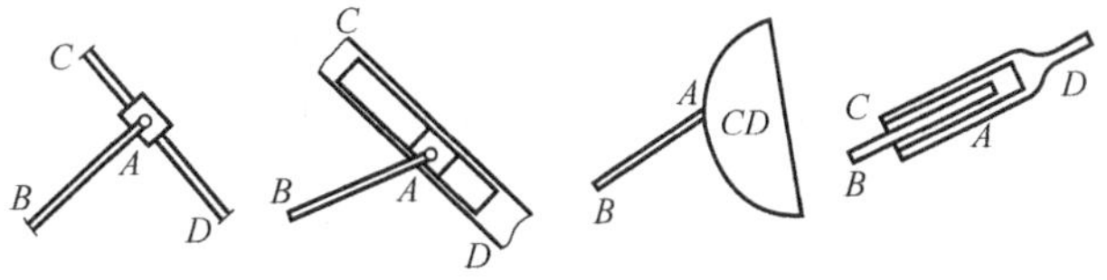

图 5-14　机构中几种有关的约束形式

5.5.3　牵连运动与牵连速度的概念

牵连运动是动系相对于定系的运动，而牵连速度则是指动系上与动点相重合之点即牵连点相对于定系运动的绝对速度。两者之间的联系纽带是牵连点，它是动系上与动点瞬时重合的点。

如图 5-15 所示，滑块 B 沿杆 OA 滑动的速度为 $\boldsymbol{v}$，而杆 OA 又以角速度 ω 绕轴 O 做定轴转动。图中几何尺寸均为已知，可根据需要自行假设。现以杆 OA 为动系，计算滑块上点 P 的绝对速度为

$$\boldsymbol{v}_P=\boldsymbol{v}_{\mathrm{e}}+\boldsymbol{v}\quad(v_{\mathrm{e}}=OC\cdot\omega)$$

其中，点 C 为“杆 OA 与滑块的瞬时重合点”。

请读者分析上述计算是否正确？另外，如果说“牵连运动是圆周运动”，对吗？

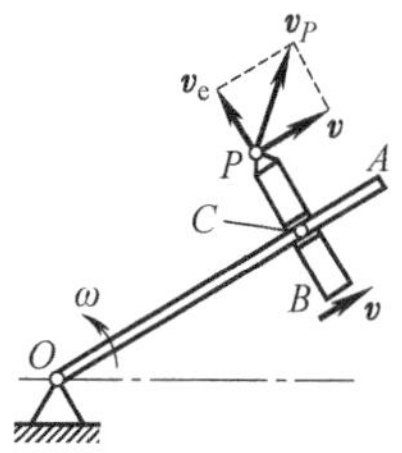

图 5-15　牵连速度概念

5.5.4　科氏加速度的概念与加速度合成定理投影式的正确应用

图 5-16 所示曲柄-摇杆机构中，曲柄 OA 以角速度 ω_0、角加速度 α_0 绕轴 O 做定轴转动，带动摇杆 O_1B 绕轴 O_1 做往复转动。若以滑块 A 为动点，摇杆 O_1B 为动系，则各项加速度如图所示。试问：

1）科氏加速度 $\boldsymbol{a}_{\mathrm{C}}=2\boldsymbol{\omega}_{\mathrm{e}}\times\boldsymbol{v}_{\mathrm{r}}$，此 $\boldsymbol{\omega}_{\mathrm{e}}$ 应是曲柄 OA 的角速度 ω_0，还是杆 O_1B 的角速度 ω_{01}？

2）为求摇杆 O_1B 的角加速度 α_{01} 和滑块 A 的相对加速度 $\boldsymbol{a}_{\mathrm{r}}$，写出的以下投影式正确吗？

$$\begin{cases}a_{\mathrm{a}}^{\mathrm{n}}\cos\varphi-a_{\mathrm{a}}^{\mathrm{t}}\sin\varphi+a_{\mathrm{e}}^{\mathrm{t}}+a_{\mathrm{C}}=0\\a_{\mathrm{a}}^{\mathrm{n}}\sin\varphi+a_{\mathrm{a}}^{\mathrm{t}}\cos\varphi+a_{\mathrm{e}}^{\mathrm{n}}-a_{\mathrm{r}}=0\end{cases}$$

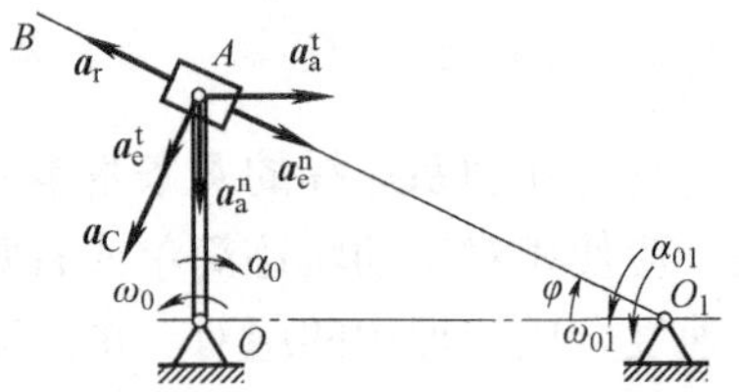

图 5-16　曲柄-摇杆机构中的加速度分析

习　题

选择填空题

5-1　两曲柄-摇杆机构分别如图 5-17a、b 所示。取套筒 A 为动点，则动点 A 的速度平行四边形（　　）。

① 图 5-17a、b 所示的都正确

② 图 5-17a 所示的正确，图 5-17b 所示的不正确

③ 图 5-17a 所示的不正确，图 5-17b 所示的正确

④ 图 5-17a、b 所示的都不正确

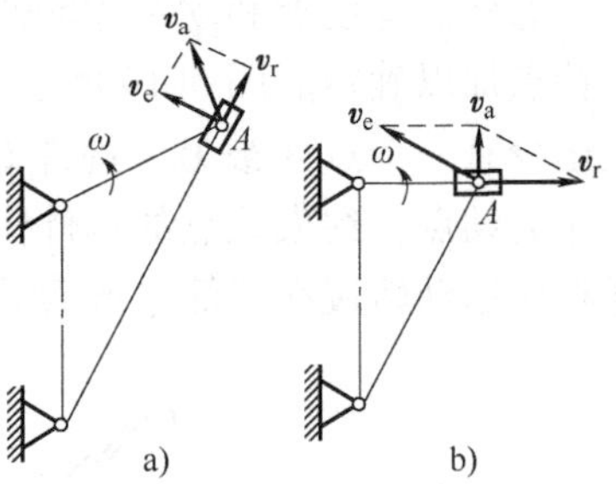

图 5-17　习题 5-1 图

5-2　在图 5-18 所示机构中，已知 $s=a+b\sin\omega t$，且 $\varphi=\omega t$（其中 a、b、ω 均为常数），杆长为 L。若取小球 A 为动点，动系固连于物块 B，定系固连于地面，则小球 A 的牵连速度 $\boldsymbol{v}_{\mathrm{e}}$ 的大小为（　　）；相对速度 $\boldsymbol{v}_{\mathrm{r}}$ 的大小为（　　）。

① $L\omega$　　② $b\omega\cos\omega t+L\omega\cos\omega t$

③ $b\omega\cos\omega t$　　④ $b\omega\cos\omega t+L\omega$

5-3　如图 5-19 所示，直角曲杆以匀角速度 ω 绕轴 O 转动，套在其上的小环 M 沿固定直杆滑动。取 M 为动点，动系固连于直角曲杆，则动点 M 的（　　）。

① $\boldsymbol{v}_{\mathrm{e}}\perp CD$，$\boldsymbol{a}_{\mathrm{C}}\perp CD$　　② $\boldsymbol{v}_{\mathrm{e}}\perp OM$，$\boldsymbol{a}_{\mathrm{C}}\perp CD$

③ $\boldsymbol{v}_{\mathrm{e}}\perp OM$，$\boldsymbol{a}_{\mathrm{C}}\perp OM$　　④ $\boldsymbol{v}_{\mathrm{e}}\perp CD$，$\boldsymbol{a}_{\mathrm{C}}\perp OM$

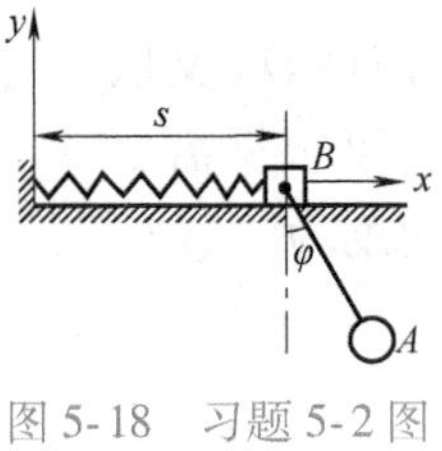

图 5-18　习题 5-2 图

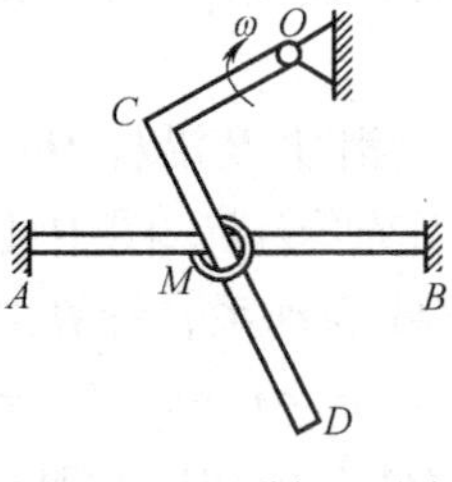

图 5-19　习题 5-3 图

5-4　平行四边形机构如图 5-20 所示。曲柄 O_1A 以匀角速度 ω 绕轴 O_1 转动。动点 M 沿杆 AB 运动的相对速度为 $\boldsymbol{v}_{\mathrm{r}}$。若将动坐标系固连于杆 AB，则动点 M 的科氏加速度的大小为（　　）。

① ωv_{r}　　② $2\omega v_{\mathrm{r}}$

③ 0　　④ $4\omega v_{\mathrm{r}}$

5-5　半径为 R 的圆盘，以匀角速度 ω 绕轴 O 定轴转动，如图 5-21 所示。动点 M 相对圆盘以匀速率 $v_{\mathrm{r}}=R\omega$ 沿圆盘边缘运动。若将动坐标系固连于圆盘，则在图示位置时，动点 M 的牵连加速度大小为（　　），方向为（　　）；动点 M 的相对加速度大小为（　　），方向为（　　）。

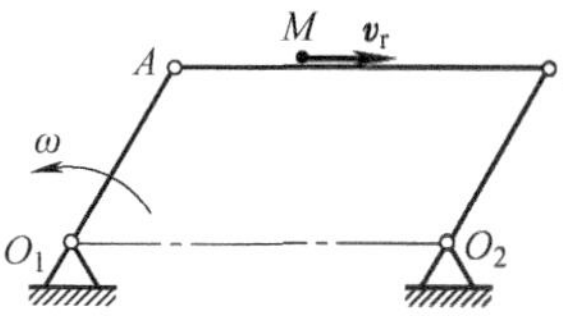

图 5-20　习题 5-4 图

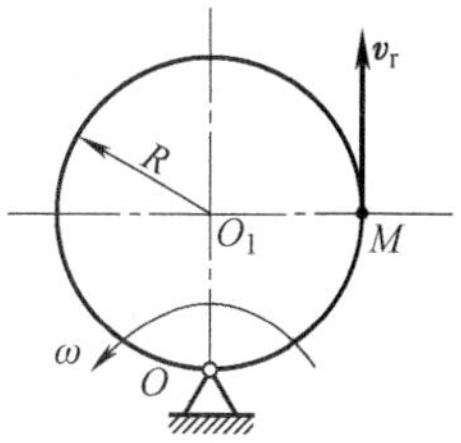

图 5-21　习题 5-5 图

5-6　图 5-22 所示曲柄-连杆机构中，已知曲柄的长 $OA = r$，连杆的长 $AB = l$，曲柄 OA 以匀角速度 ω 绕轴 O 逆时针转动。图示瞬时夹角 φ 与 θ 均已知。若选滑块 B 为动点，动系固连于曲柄 OA，定系固连于机座，则动点 B 的牵连速度大小为（　　），方向为（　　）；牵连加速度大小为（　　），方向为（　　）。

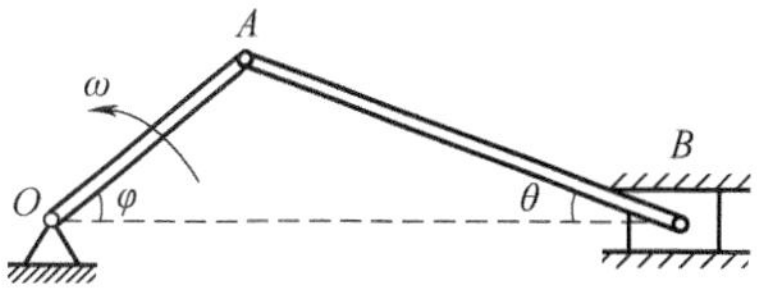

图 5-22　习题 5-6 图

分析计算题

5-7　如图 5-23 所示，车 A 沿半径为 R 的圆弧轨道运动，其速度为 $\boldsymbol{v}_A$。车 B 沿直线轨道行驶，其速度为 $\boldsymbol{v}_B$。试问：坐在车 A 中的观察者所看到的车 B 的相对速度 $\boldsymbol{v}_{BA}$，与坐在车 B 中的观察者看到的车 A 的相对速度 $\boldsymbol{v}_{AB}$，是否有 $\boldsymbol{v}_{BA} = \boldsymbol{v}_{AB}$？（试用矢量三角形加以分析）

5-8　图 5-24a、b 所示两种情形下，物块 B 均以速度 $\boldsymbol{v}_B$、加速度 $\boldsymbol{a}_B$ 沿水平直线向左做平移，从而推动杆 OA 绕点 O 做定轴转动，$OA = r$，$\varphi = 40°$。试问若应用点的复合运动方法求解杆 OA 的角速度与角加速度，其计算方案与步骤应当怎样？试将两种情形下的速度与加速度分量标注在图上，并写出计算表达式。

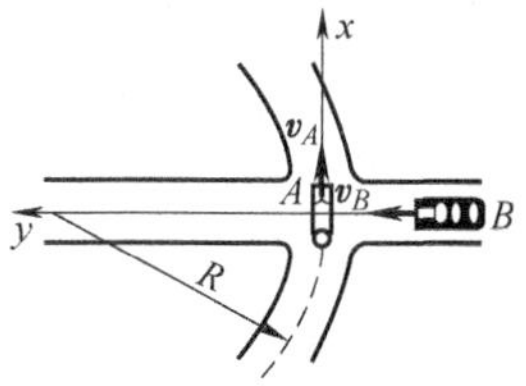

图 5-23　习题 5-7 图

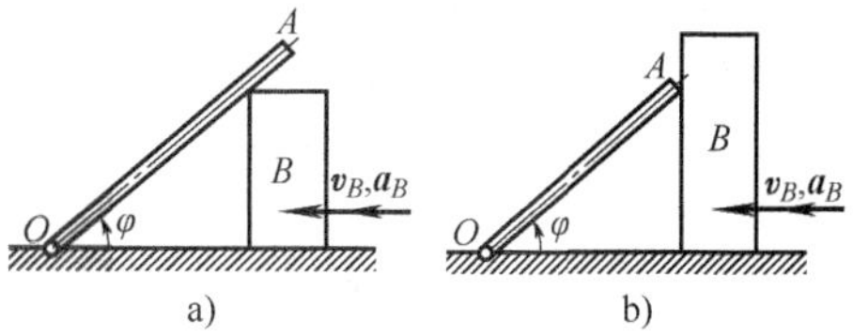

图 5-24　习题 5-8 图

5-9　图 5-25 所示刨床的加速机构由两平行轴 O 和 O_1、曲柄 OA 和滑道摇杆组成。曲柄 OA 的末端与滑块铰接，滑块可沿摇杆 O_1B 上的滑道滑动。已知曲柄 OA 长 r、以等角速度 ω 转动，两轴间的距离 $OO_1 = d$。试求滑块在滑道中的相对运动方程以及摇杆的转动方程。

5-10　在图 5-26a、b 所示的两种机构中，已知 $O_1O_2 = a = 200\text{mm}$，$\omega_1 = 3\text{rad/s}$。求图示位置时杆 O_2A 的角速度。

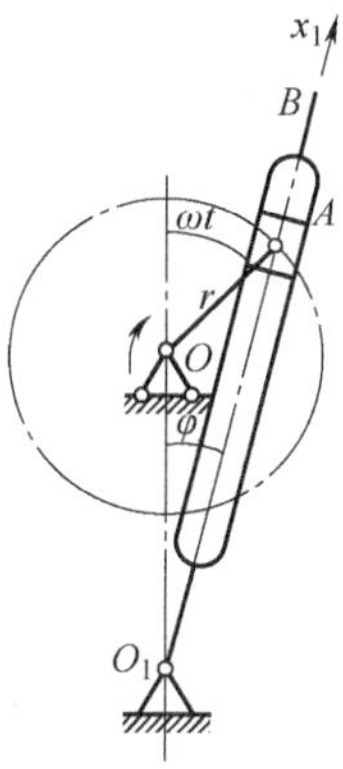

图 5-25　习题 5-9 图

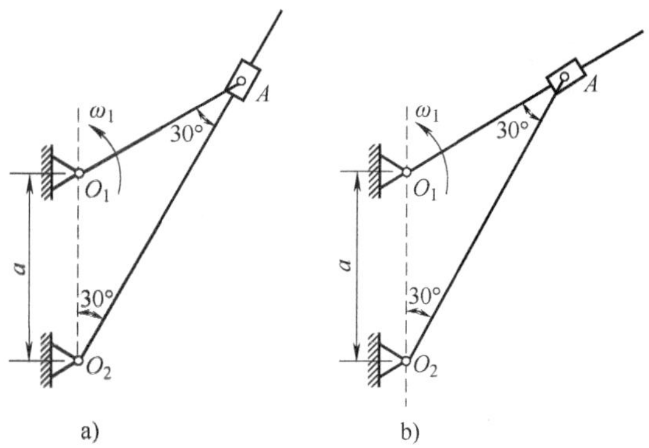

图 5-26　习题 5-10 图

5-11　图 5-27 所示正弦机构的曲柄 OA 长 200mm，以转速 $n=90\mathrm{r/min}$ 绕轴 O 转动。曲柄一端用销子与在滑道 BC 中滑动的滑块 A 相连，以带动滑道 BC 做往返运动。试求当曲柄 OA 与轴 Ox 的夹角为 30°时滑道 BC 的速度。

5-12　图 5-28 所示瓦特离心调速器以角速度 ω 绕铅垂轴转动。由于机器负荷的变化，调速器重球以角速度 ω_1 向外张开。已知：$\omega=10\mathrm{rad/s}$，$\omega_1=1.21\mathrm{rad/s}$，球柄长 $l=0.5\mathrm{m}$，悬挂球柄的支点到铅垂轴的距离 $e=0.05\mathrm{m}$，球柄与铅垂轴夹角 $\alpha=30°$。试求此时重球的绝对速度。

5-13　图 5-29 所示铰接四边形机构中，$O_1A=O_2B=100\mathrm{mm}$，$O_1O_2=AB$，杆 O_1A 以匀角速度 $\omega=2\mathrm{rad/s}$ 绕轴 O_1 转动。杆 AB 上有一套筒 C，此套筒与杆 CD 相铰接，机构各部件均位于同一铅垂面内。试求当 $\varphi=60°$时杆 CD 的速度和加速度。

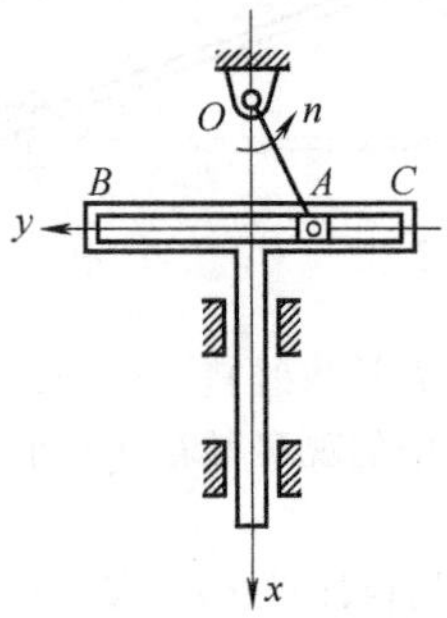

图 5-27　习题 5-11 图

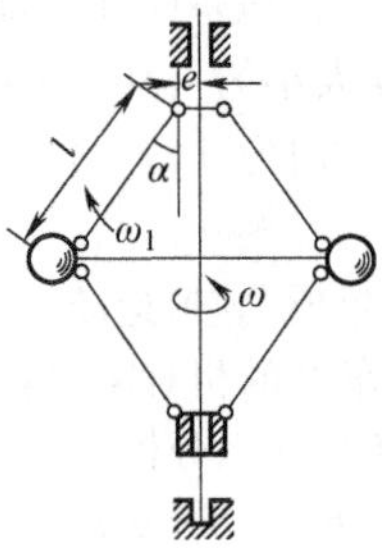

图 5-28　习题 5-12 图

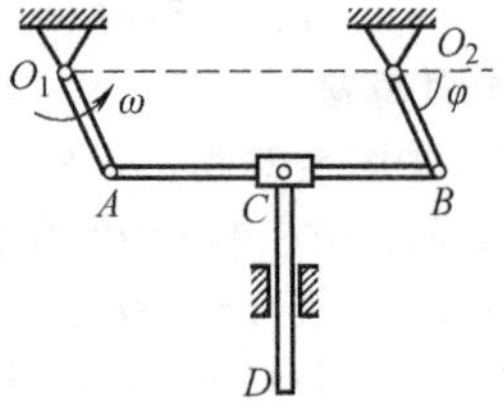

图 5-29　习题 5-13 图

5-14　如图 5-30 所示，直角曲杆 OBC 绕轴 O 转动，使套在其上的小环 M 沿固定直杆 OA 滑动。已知：$OB=0.1\mathrm{m}$，$OB\perp BC$，曲杆的角速度 $\omega=0.5\mathrm{rad/s}$。试求当 $\varphi=60°$时小环 M 的速度和加速度。

5-15　图 5-31 所示圆环以角速度 $\omega=4\mathrm{rad/s}$、角加速度 $\alpha=2\mathrm{rad/s^2}$ 绕轴 O 转动。圆环上的套管 A 在图示瞬时相对圆环的速度 $v_\mathrm{r}=5\mathrm{m/s}$、$a_\mathrm{r}^\mathrm{t}=8\mathrm{m/s^2}$，方向如图所示。试求套管 A 的绝对速度和绝对加速度。

5-16　图 5-32 所示偏心凸轮的偏心距 $OC=e$，轮半径 $r=\sqrt{3}e$。凸轮以匀角速度 ω_0 绕 O 轴转动。设某瞬时 $OC\perp CA$。试求该瞬时顶杆 AB 的绝对速度和绝对加速度。

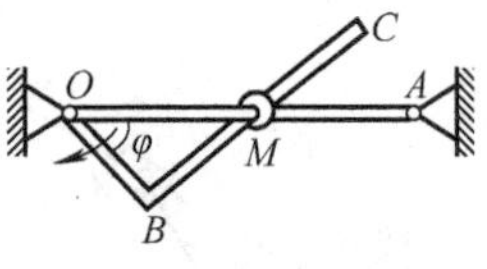

图 5-30　习题 5-14 图

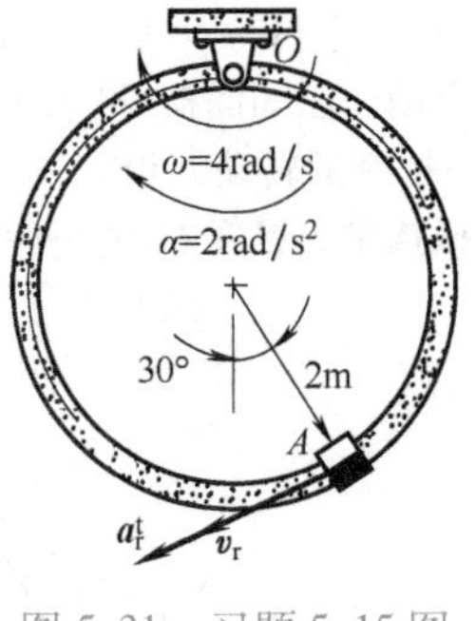

图 5-31　习题 5-15 图

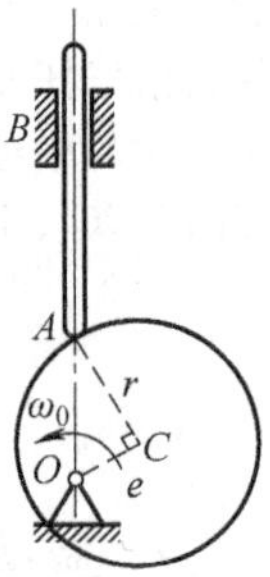

图 5-32　习题 5-16 图

5-17　图 5-33 所示偏心轮-摇杆机构中，摇杆 O_1A 借助弹簧压在半径为 R 的偏心轮 C 上。偏心轮 C 绕轴 O 往复摆动，带动摇杆绕轴 O_1 摆动。设 $OC\perp OO_1$ 时，轮 C 的角速度为 ω、角加速度为零，$\theta=60°$。试求该瞬时摇杆 O_1A 的角速度 ω_1 和角加速度 α_1。

5-18　图 5-34 所示直升机以速度 $v_H=1.22\mathrm{m/s}$ 和加速度 $a_H=2\mathrm{m/s^2}$ 向上运动。与此同时，机身（不是旋翼）绕铅垂轴 z 以匀角速度 $\omega_H=0.9\mathrm{rad/s}$ 转动。若尾翼相对机身转动的角速度 $\omega_{BH}=180\mathrm{rad/s}$，试求位于尾翼叶片顶端一点 P 的速度和加速度。

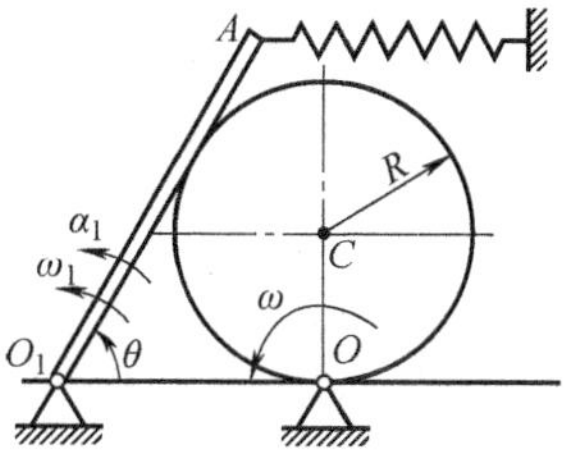

图 5-33　习题 5-17 图

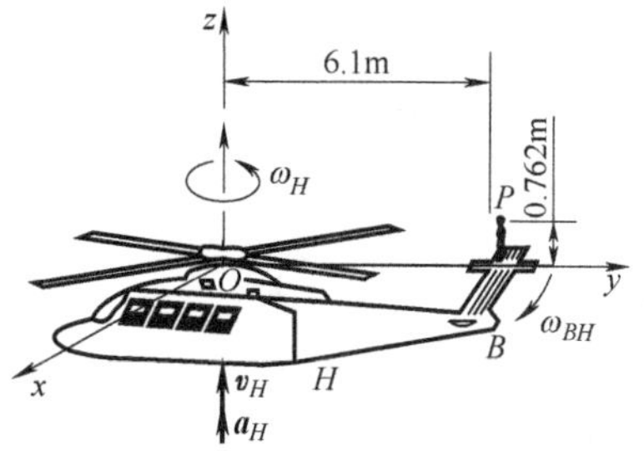

图 5-34　习题 5-18 图

第6章 刚体平面运动

刚体的平面运动是工程中一种常见而又比较复杂的运动形式。本章首先以刚体平移和定轴转动的分析结果为基础，应用运动分解和合成的方法，研究刚体平面运动的整体运动性质；然后，运用点的复合运动理论将刚体平面运动分解，建立刚体上各点的速度之间、加速度之间的关系。这既是运动学的重点内容之一，同时也是动力学的理论基础。

6.1 刚体平面运动方程

6.1.1 刚体平面运动力学模型的简化

图6-1所示的曲柄-连杆-滑块机构中，曲柄 OA 绕轴 O 做定轴转动，滑块 B 做水平直线平移，而连杆 AB 的运动既不是平移也不是定轴转动，但它运动时具有这样一个特点：运动过程中，刚体上任意一点到某一固定平面的距离始终保持不变。这种运动称为刚体的平面运动（planar motion）。又如，行星减速器机构中三个行星齿轮的运动（见图6-2），以及沿直线轨道做纯滚动的车轮的运动等。刚体做平面运动时，其上各点的运动轨迹各不相同，但均为平行于某一固定平面的平面曲线。

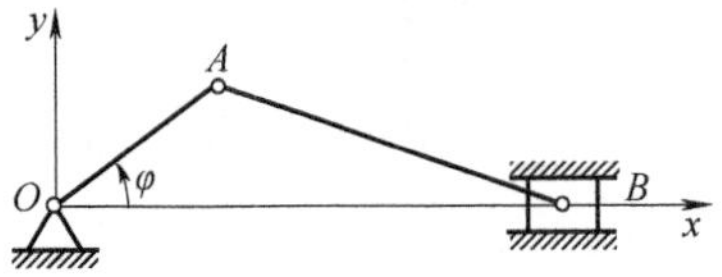

图6-1　曲柄-连杆-滑块机构

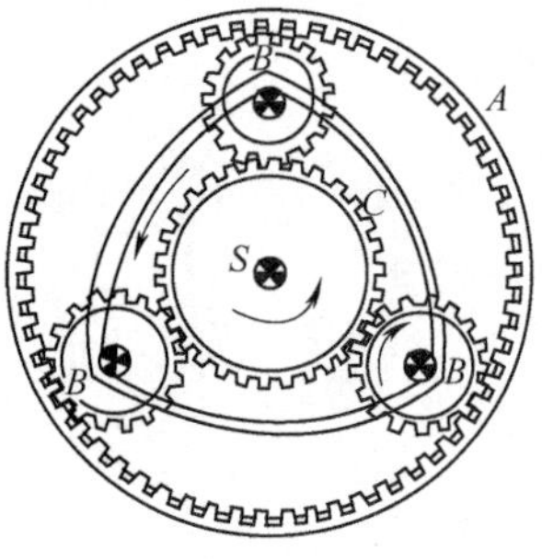

图6-2　行星减速器机构

行星减速器机构中的行星轮 B，它们既不是平移，也不是定轴转动，但它们有一个共同的运动特点：运动过程中，刚体上任意一点到某一固定平面的距离始终保持不变，即刚体上所有点均始终保持在与这一固定平面平行的某一平面内运动。

图6-3所示为做平面运动的一般刚体，刚体上各点至固定平面 α_1 的距离保持不变。过刚体上任意一点 A，作另一固定平面 α_2 与平面 α_1 平行，平面 α_2 与刚体相交并截出一平面

图形（section）S。当刚体做平面运动时，平面图形 S 就在平面 α_2 内运动。显然，刚体上过点 A 且垂直于平面 α_1 的直线上 $A_1, A_2, A_3, \cdots$ 各点的运动与点 A 是相同的（因直线 A_1A_2 做刚体平移）。因此，平面图形 S 上的各点的运动就代表了刚体内所有垂直于该平面的直线的运动，也就代表了整个刚体的运动。进而，平面图形 S 上的任意线段 AB 又能代表该图形的运动，如图 6-4 所示。于是，研究刚体的平面运动可以简化为研究平面图形 S 或其上任一线段 AB 在固定平面 α_2 内的运动。

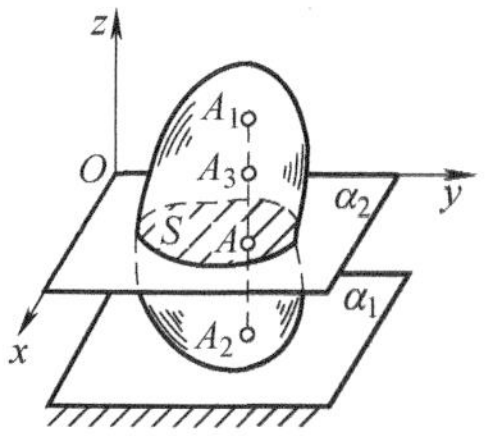

图 6-3 做平面运动的一般刚体

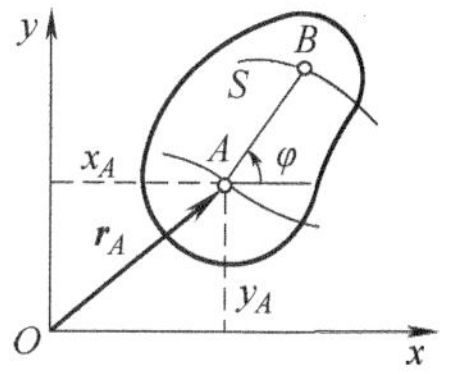

图 6-4 做平面运动的平面图形

6.1.2 刚体平面运动的运动方程

为了确定线段 AB 在平面 Oxy 上的位置（见图 6-4），需要三个独立变量，一般选用广义坐标 $q=(x_A, y_A, \varphi)$。其中，线坐标 x_A、y_A 确定点 A 在该平面上的位置，角坐标 φ 确定线段 AB 在该平面中的方位。所以，做平面运动的刚体有三个自由度，即 $N=3$。

刚体平面运动的运动方程为

$$\begin{cases} x_A = f_1(t) \\ y_A = f_2(t) \\ \varphi = f_3(t) \end{cases} \tag{6-1}$$

式中，x_A、y_A 和 φ 均为时间 t 的单值连续函数。显然，如果 φ 为常数，则刚体做平移；若 x_A 和 y_A 都是常数，则刚体做定轴转动。以上表明，平移和定轴转动是平面运动的特例，或者说，刚体的平面运动包含了平移和定轴转动两种基本运动。

式（6-1）描述了平面运动刚体的整体运动性质，该式完全确定了平面运动刚体的运动规律，也完全确定了该刚体上任一点的运动性质（轨迹、速度和加速度等）。

【例题 6-1】 图 6-5 所示的曲柄-连杆-滑块机构中，曲柄 OA 长为 r，以匀角速度 ω 绕轴 O 转动，连杆 AB 长为 l。试：

（1）写出连杆的平面运动方程；

（2）求连杆上任意点 $P(AP=l_1)$ 的轨迹、速度和加速度。

解：（1）**建立连杆的平面运动方程**

曲柄-连杆-滑块机构组成的三角形中，有

$$\frac{l}{\sin\varphi} = \frac{r}{\sin\psi}$$

即

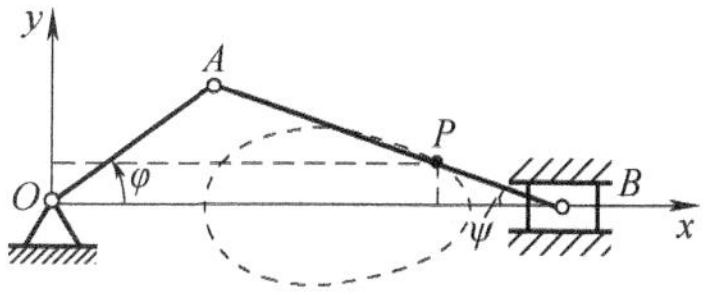

图 6-5 例题 6-1 图

$$\sin\psi = \frac{r}{l}\sin\omega t \tag{a}$$

式中，$\varphi=\omega t$。故连杆平面运动的运动方程为

$$\begin{cases}x_A=r\cos\omega t\\ y_A=r\sin\omega t\\ \psi=\arcsin\left(\dfrac{r}{l}\sin\omega t\right)\end{cases}\tag{b}$$

（2）求连杆上任意点 $P(AP=l_1)$ 的轨迹、速度和加速度

根据约束条件，可以写出连杆上任意点 P 的运动方程

$$\begin{cases}x_P=r\cos\omega t+l_1\cos\psi\\ y_P=(l-l_1)\sin\psi\end{cases}\tag{c}$$

将式（a）代入式（c），有

$$\begin{cases}x_P=r\cos\omega t+l_1\sqrt{1-\left(\dfrac{r}{l}\sin\omega t\right)^2}\\ y_P=\dfrac{r(l-l_1)}{l}\sin\omega t\end{cases}\tag{d}$$

式（d）即为点 P 的运动方程。

对式（d）求一阶和二阶导数，可以得到点 P 的速度和加速度表达式。

但由式（d）不易分析出点 P 的运动轨迹，首先分析几种特殊情形：

1）当 $l_1=0$ 时，即点 P 与点 A 重合时，其运动方程为

$$\begin{cases}x_P=r\cos\omega t\\ y_P=r\sin\omega t\end{cases}$$

运动轨迹为圆

$$x_P^2+y_P^2=r^2$$

2）当 $l_1=l$ 时，即点 P 与点 B 重合时，其运动方程为

$$\begin{cases}x_P=r\cos\omega t+\sqrt{l^2-r^2\sin^2\omega t}\\ y_P=0\end{cases}$$

运动轨迹为直线

$$y_P=0$$

3）当 $r=l$、$0<l_1<l$ 时，即曲柄和连杆等长，连杆上任意点 P 的运动方程为

$$\begin{cases}x_P=(r+l_1)\cos\omega t\\ y_P=(r-l_1)\sin\omega t\end{cases}$$

其运动轨迹为椭圆

$$\left(\frac{x_P}{r+l_1}\right)^2+\left(\frac{y_P}{r-l_1}\right)^2=1$$

在上述三种特殊情形下，点 P 的运动轨迹是一种“简单曲线”；而在一般情形下，点 P 的运动轨迹比较复杂，其轨迹的表达式较难得到。图6-5中的卵形双点画线线即为一般情形下点 P 的运动轨迹。它是上下对称、左宽右窄的封闭曲线，并且点 P 越接近点 A 其轨迹越接近于圆，点 P 越接近于点 B，轨迹形状越扁，越接近于直线。可见，做平面运动的刚体，其上各点的运动轨迹各不相同。

解析法可求得平面图形上各点速度、加速度的时间历程，是一种适宜于用计算机进行计算的方法。然而，为了了解同一瞬时平面图形上各点速度或加速度的关系，即任一瞬时平面图形上各点速度或加速度的分布情况，则宜采用几何法。

6.2 平面运动分解为平移和转动

本节将用运动合成与分解的方法，对刚体平面运动再次进行研究，并将比较复杂的平面运动看作是两个简单运动的合成。

以沿直线轨道行驶的车轮为例，如图 6-6 所示。第 5 章曾分析过轮缘上一点 P 的复合运动，现在来分析车轮整体的复合运动。定系 Oxy 固连于地面，动系 $O'x'y'$ 固连于车厢，则车轮的绝对运动为平面运动，相对运动为绕轴 O' 的转动，而牵连运动为平移。因此，车轮的平面运动可以看作是随动系 $O'x'y'$ 的平移与相对于动系的转动的合成。

再以做平面运动的一般刚体为例，如果平面图形 S 中的点 A 固定不动，则平面图形将绕轴 A 做定轴转动；如果平面图形 S 中的线段 AB 的方位保持不变（即 φ=常数），则平面图形将做平移。故此，平面图形的平面运动可以看作是平移和定轴转动的合成运动。

设在时间间隔 Δt 内，平面图形 S 从 t 瞬时的位置Ⅰ运动到 $t+\Delta t$ 瞬时的位置Ⅱ，相应地，位置Ⅰ处的任意线段 AB 运动至位置Ⅱ处的 $A'B'$，如图 6-7 所示。若 t 瞬时在点 A 处建立一平移动系 $Ax'y'$（人为设置的抽象平移动系且与定坐标系 Oxy 平行，也可与定坐标系有一固定夹角），并且在平面图形 S 做平面运动的过程中，该平移动系的坐标原点随同平面图形上的点 A 一起运动，坐标轴始终与其自身的初始位置平行，通常将这一平移动系的坐标原点 A 称为基点（base point）。

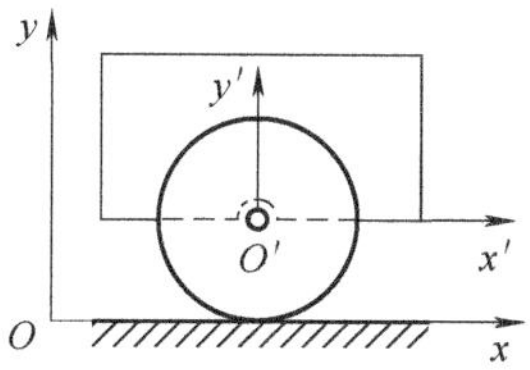

图 6-6 车轮的运动分解

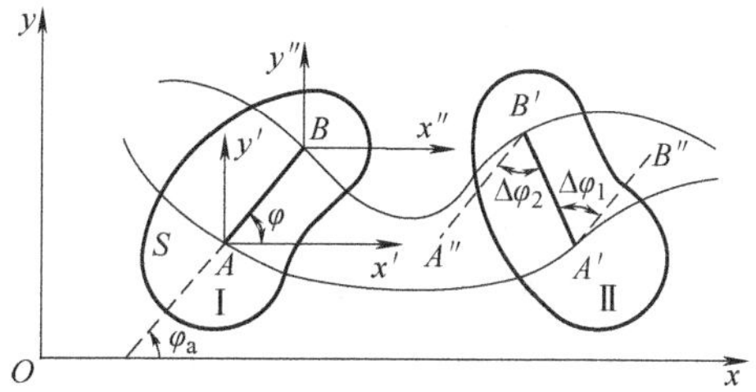

图 6-7 一般刚体平面运动的分解

于是，线段 AB 的平面运动（绝对运动）就可分解为：①随基点 A 的平移（牵连运动），即由 AB 到达 $A'B''(AB/\!/A'B'')$；②绕基点 A 的转动（相对运动），即由 $A'B''$ 转过角度 $\Delta\varphi_1$ 后到达 $A'B'$。若取点 B 为基点并建立以 B 为原点的平移动系 $Bx''y''$（该平移动系也可与 $Ax'y'$ 不平行），则线段 AB 的平面运动又可分解为：①随基点 B 的平移，即由 AB 到达 $A''B'(AB/\!/A''B')$；②绕基点 B 的转动，即由 $A''B'$ 转过角度 $\Delta\varphi_2$ 后到达 $A'B'$。事实上，当刚体做平面运动时，平移和转动总是同时进行的，而将复杂运动分解为不同步的简单运动的合成是为了便于研究。

当将平面运动分解为随基点的平移和绕基点的转动时，平移规律与基点的选择有关，而转动规律却与基点的选择无关。如图 6-7 所示，当取点 B 为基点时，由于它与点 A 的运动方程［式（6-1）的前两式］、运动轨迹（曲线 AA' 和曲线 BB'）、速度和加速度均不相同，牵连运动自然不同。但由于牵连运动为平移，相对运动即转过的角度的大小、转向均相同，并有

$$\Delta\varphi_1 = \Delta\varphi_2 = \Delta\varphi_a = \Delta\varphi \tag{6-2}$$

即平面图形相对于任一平移动系的转角也等于平面图形在定系中的绝对转角，称为平面图形的转角。

平面图形相对于平移动系的角速度就是平面图形的角速度，大小等于相对平移动系转过的角度对时间的变化率，即

$$\omega = \lim_{\Delta t\to 0}\frac{\Delta\varphi_1}{\Delta t} = \lim_{\Delta t\to 0}\frac{\Delta\varphi_2}{\Delta t} = \lim_{\Delta t\to 0}\frac{\Delta\varphi}{\Delta t} = \frac{d\varphi}{dt} \tag{6-3}$$

故平面图形的角速度 $\omega=\dot{\varphi}$，与基点的选择无关。同理，平面图形的角加速度 $\alpha=\ddot{\varphi}$，与基点的选择也无关。因此，平面运动刚体的角速度和角加速度是描述刚体整体转动情况的运动特征量。

6.3 平面图形上各点的速度分析

6.3.1 基点法

考察图6-8所示平面图形 S。已知在 t 瞬时，S 上点 A 的速度 $\boldsymbol{v}_A$ 和 S 的角速度 ω，为求 S 上点 B 在该瞬时的速度，可以点 A 为基点，建立平移动系 $Ax'y'$，则平面图形 S 的平面运动可分解为随 $Ax'y'$ 的平移和相对它的转动。这样，根据点的复合运动理论，点 B 的绝对运动（平面曲线运动）就被分解为做平移的牵连运动和做圆周运动的相对运动。根据速度合成定理，并沿用刚体运动的习惯符号，有

$$\boldsymbol{v}_B = \boldsymbol{v}_a = \boldsymbol{v}_e + \boldsymbol{v}_r = \boldsymbol{v}_A + \boldsymbol{v}_{BA}$$

即

$$\boldsymbol{v}_B = \boldsymbol{v}_A + \boldsymbol{v}_{BA} \tag{6-4}$$

式中，牵连速度即基点的速度 $\boldsymbol{v}_e=\boldsymbol{v}_A$；点 B 相对平移动系 $Ax'y'$ 的速度 $\boldsymbol{v}_r$ 记为 $\boldsymbol{v}_{BA}$，且 $\boldsymbol{v}_{BA}=\boldsymbol{\omega}\times\boldsymbol{r}_{AB}$，$\boldsymbol{r}_{AB}$ 为自基点 A 引向点 B 的位矢。几何上，由以 $\boldsymbol{v}_A$ 和 $\boldsymbol{v}_{BA}$ 为边的速度平行四边形，可求得点 B 的速度 $\boldsymbol{v}_B$。

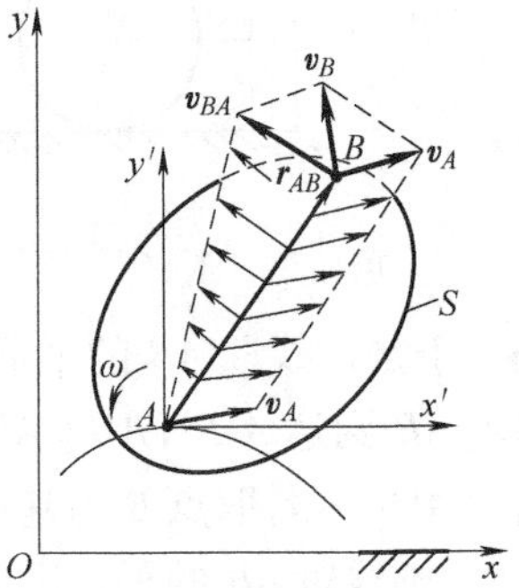

图 6-8 平面图形 S 上点的速度分析

式（6-4）表明，平面图形上任一点 B 的速度 v_B 等于基点的速度 v_A 与点 B 相对于以基点为原点的平移动系的相对速度 v_{BA} 之矢量和。这种确定平面图形上点的速度的方法称为基点法（method of base point）。

在图6-8中，还画出了平面图形上线段 AB 上各点的牵连速度 $\boldsymbol{v}_e=\boldsymbol{v}_A$ 与相对速度 $\boldsymbol{v}_{BA}$ 的分布。不难看出，AB 上各点的牵连速度呈均匀分布，而相对速度则与该点至基点 A 的距离呈线性分布。

总之，用基点法分析平面图形上点的速度，如图6-9所示，只是速度合成定理的具体应用而已。

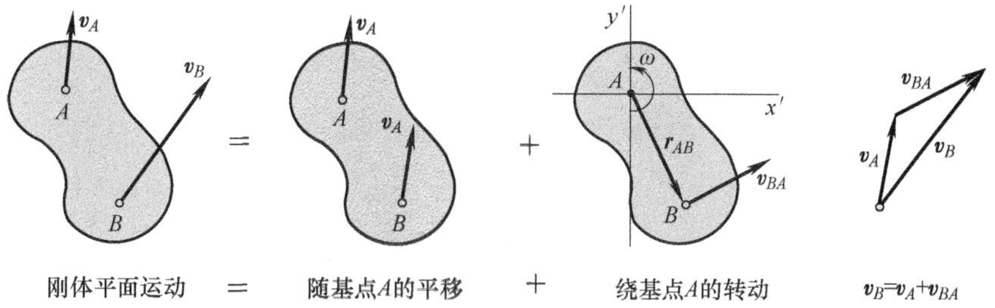

图 6-9　基点法分析平面图形上点的速度

6.3.2　速度投影法

将式（6-4）中的各项速度分别向 A、B 两点的连线 AB 投影，如图 6-10 所示，由于 $\boldsymbol{v}_{BA}=\boldsymbol{\omega}\times\boldsymbol{r}_{AB}$ 始终垂直于线段 AB，因此得

$$v_B\cos\beta=v_A\cos\alpha \tag{6-5}$$

式中，角 α、β 分别为速度 $\boldsymbol{v}_A$、$\boldsymbol{v}_B$ 与线段 AB 间的夹角。

式（6-5）表明，平面图形上任意两点的速度在该两点连线上的投影相等，这称为速度投影定理（theorem of projections of the velocity）。速度投影定理是一代数方程，故只能求解一个未知量。

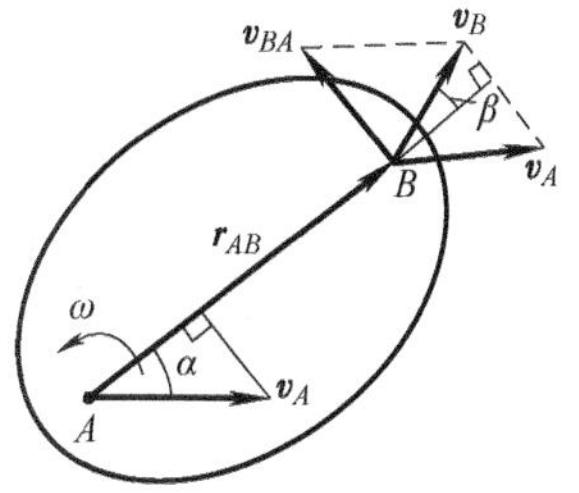

图 6-10　速度投影定理的几何表示

这个定理的正确性也可以从另一角度得到证明：平面是从刚体上截取的，图形上 A、B 两点的距离应保持不变。所以这两点的速度在 AB 方向的分量必须相等，否则两点距离必将伸长或缩短。因此，速度投影定理对所有的刚体运动形式都是适用的。

应用速度投影定理分析平面图形上点的速度的方法称为速度投影法。

值得注意的是，在应用式（6-4）和式（6-5）时，A、B 两点应是同一刚体上的不同点。

【例题 6-2】　图 6-11 所示的曲柄-连杆-滑块机构中，曲柄 OA 长为 r，以匀角速度 ω_0 绕轴 O 转动，连杆 AB 长为 l。试求当曲柄转角 $\varphi=\varphi_0$ 时（此瞬时 $\angle OAB=90°$），滑块 B 的速度 $\boldsymbol{v}_B$ 与连杆 AB 的角速度 ω_{AB}。

解：（1）**基点法**

因曲柄 OA 上点 A 的速度已知，故选点 A 为基点，并建立平移动系 $Ax'y'$。

由基点法，点 B 的速度可表示为

$$\boldsymbol{v}_B=\boldsymbol{v}_A+\boldsymbol{v}_{BA} \tag{a}$$

式中，$\boldsymbol{v}_B$ 的方向铅垂向上，大小未知；$\boldsymbol{v}_A$ 的方向垂直于 OA，指向点 B，大小为 $r\omega_0$；$\boldsymbol{v}_{BA}\perp AB$，指向右上方，大小未知。作速度平行四边形，如图 6-11 所示。

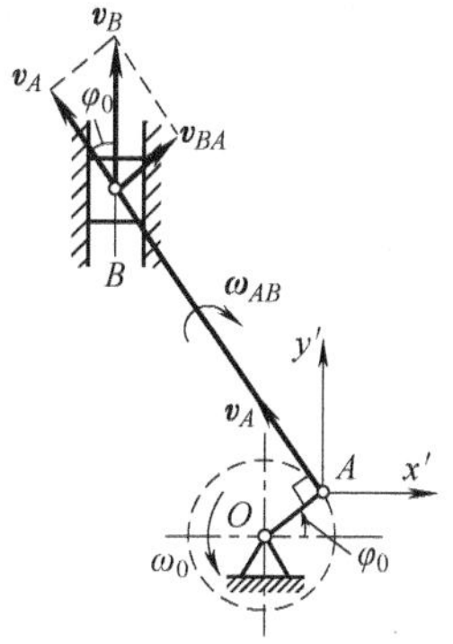

图 6-11　例题 6-2 图

由几何关系，可得

$$v_B = \frac{v_A}{\cos\varphi_0} = \frac{r\omega_0}{\cos\varphi_0} (\uparrow) \tag{b}$$

$$v_{BA} = v_A \tan\varphi_0 = r\omega_0 \tan\varphi_0$$

则连杆 AB 的角速度

$$\omega_{AB} = \frac{v_{BA}}{l} = \frac{r}{l}\omega_0 \tan\varphi_0 \quad (\text{顺时针}) \tag{c}$$

(2) **速度投影法**

由式(6-5)，有

$$v_A = v_B \cos\varphi_0$$

于是点 B 的速度大小

$$v_B = \frac{r\omega_0}{\cos\varphi_0} \ (\uparrow)$$

但速度投影法不能求出连杆 AB 的角速度。

6.3.3 瞬时速度中心法

1. 瞬时速度中心的定义

如果平面图形的角速度 $\omega \neq 0$，则在每一瞬时，平面图形或其扩展部分上都唯一存在一速度为零的点，该点称为瞬时速度中心（instantaneous center of velocity），简称速度瞬心，记为 C^*，即 $\boldsymbol{v}_{C^*} = \boldsymbol{0}$。

2. 瞬时速度中心的意义

若已知平面图形在 t 瞬时的速度瞬心 C^* 与角速度 ω，则可以点 C^* 为基点建立平移动系，分析图形上点的速度。此时，基点速度 $v_{C^*} = 0$，式(6-4)化为

$$\boldsymbol{v}_B = \boldsymbol{v}_{BC^*} = \boldsymbol{\omega} \times \boldsymbol{r}_{C^*B} \tag{6-6}$$

式中，$\boldsymbol{r}_{C^*B}$为自点 C^* 至点 B 的位矢。

式(6-6)表明，平面图形上待求速度点 B 的牵连速度等于零，绝对速度就等于相对速度。如图6-12所示，线段 C^*B 上各点的速度大小与该点至点 C^* 的距离呈线性分布，其速度方向垂直于线段 C^*B，指向与图形的转向相一致。图中，线段 C^*A 与 C^*C 上各点的速度分布亦相同。可见，就速度分布而言，平面图形在该瞬时的运动与假设它绕点 C^* 做定轴转动相类似。

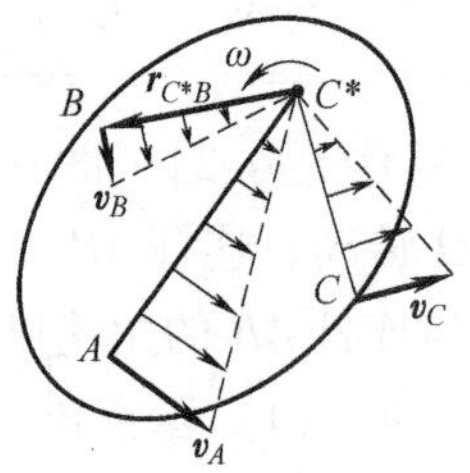

图6-12 平面图形在 t 瞬时的运动图像

因此，对运动比较复杂的平面图形，速度瞬心的概念给出了清晰的运动图像：平面图形的瞬时运动为，绕该瞬时的速度瞬心做瞬时转动，其连续运动为，绕图形上一系列的速度瞬心做瞬时转动；同时这也为分析平面图形上各点的速度提供了一种有效方法。若已知平面图形的速度瞬心 C^* 与角速度 ω，则图形上各点的速度均可求出。

3. 瞬时速度中心存在唯一性的证明（几何法）

在 t 瞬时，表征平面图形 S 运动的物理量 $\boldsymbol{v}_A$、ω 如图6-13所示。在平面图形 S 上，过

点 A 作垂直于该点速度 $\boldsymbol{v}_A$ 的直线 AP。根据式（6-4），以点 A 为基点，分析直线 AP 上各点的速度可知：AP 上各点的速度包括两部分：一是与基点速度相同的部分，呈均匀分布；另一部分是相对速度，这一部分速度自点 A 起沿 AP 呈线性分布，这两部分的速度不仅共线而且反向。所以在直线 AP 上唯一存在一点 C^*，使得

$$v_{C^*}=v_A-v_{C^*A}=v_A-AC^*\cdot\omega=0 \tag{6-7}$$

所以

$$AC^*=\frac{v_A}{\omega} \tag{6-8}$$

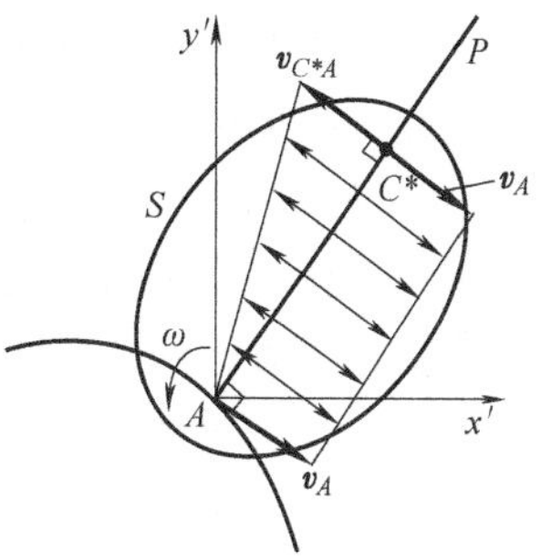

图 6-13　速度瞬心唯一存在的几何证明

由于表征平面图形运动的物理量是随时间变化的，即 $\boldsymbol{v}_A(t)$、$\boldsymbol{\omega}(t)$。因此，速度瞬心在图形上的位置也在不断变化，即：在不同瞬时，平面图形上有不同的速度瞬心。这是它与定轴转动的重要区别。

4. 瞬时速度中心的确定

确定平面图形在某一瞬时的速度瞬心，与已知定轴转动刚体上两点的速度信息确定刚体转轴位置的过程相似。下面介绍几种常见情形：

1）已知某瞬时平面图形上 A、B 两点速度的方向且互不平行，如图 6-14a 所示。由于各点速度垂直于该点与速度瞬心的连线，因此过 A、B 两点分别作速度 $\boldsymbol{v}_A$、$\boldsymbol{v}_B$ 的垂线，其交点就是速度瞬心 C^*。

2）已知某瞬时平面图形上 A、B 两点速度的大小与方向，且其方向均垂直于该两点的连线 AB，如图 6-14b、c 所示。则 A、B 两点速度矢端的连线与该两点连线（或连线的延长线）的交点就是速度瞬心 C^*。

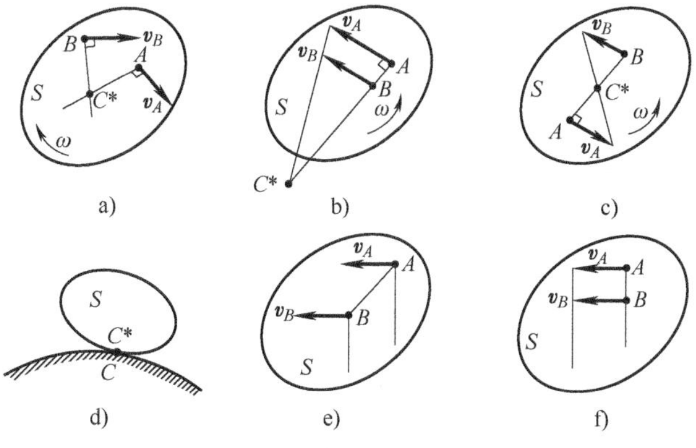

图 6-14　几种常见情形下速度瞬心位置的确定

3）已知平面图形在某固定面（水平面或曲面）上做纯滚动，则平面图形上与固定面的接触点就是速度瞬心 C^*，如图 6-14d 所示。因为此时平面图形上的接触点 C^* 和固定面上的接触点 C 之间无相对滑动，故有相等的速度零，所以平面图形上的接触点 C^* 即为速度瞬心。

4）已知某瞬时平面图形上 A、B 两点的速度平行，但不垂直于两点的连线 AB，如图 6-14e

所示，或两点的速度均垂直于两点连线 AB，且两速度大小相等、指向相同，如图 6-14f 所示。则此时图形的速度瞬心在无穷远处，平面图形的角速度 $\omega=0$，平面图形做**瞬时平移**(instantaneous translation)，该瞬时图形上各点的速度完全相同。例题 6-2 中，$\varphi=0°$的情形就是瞬时平移，请读者自行分析。

注意：瞬时平移与平移是不同的。发生瞬时平移的平面图形仅在这一瞬时其上各点的速度相同，而另一瞬时则不相同，而且即使在同一瞬时，各点的加速度并不一定相同；而对于平移而言，任一瞬时刚体上各点的速度与加速度均相同。

另外，速度瞬心 C^* 有时位于平面图形以内，有时却位于平面图形边界以外，图 6-14b 所示的就是一例，这时可以认为速度瞬心位于图形的扩展部分上。

用确定瞬时速度中心的方法分析平面图形上点的速度的方法称为瞬时速度中心法，简称**速度瞬心法**。

【例题 6-3】　图 6-15 所示多连杆机构中，曲柄 $OA=150\text{mm}$，连杆 $AB=200\text{mm}$，连杆 $BD=300\text{mm}$。在图示位置瞬时，$OA\perp OO_1$，$AB\perp OA$，$O_1B\perp BD$。曲柄 OA 的角速度为 $\omega=4\text{rad/s}$，求此瞬时点 B 和点 D 的速度，以及杆 AB 和杆 BD 的角速度。

解：由于杆 AB 和杆 BD 均做平面运动，且杆 AB 在点 A 与运动已知的杆 OA 相连接，所以，先以杆 AB 为研究对象。又由于杆 O_1B 做定轴转动，故杆 AB 上 A、B 两点的速度方向均已知，如图 6-15 所示。作两速度的垂线并交于点 O_{AB}，点 O_{AB} 即为杆 AB 的速度瞬心。

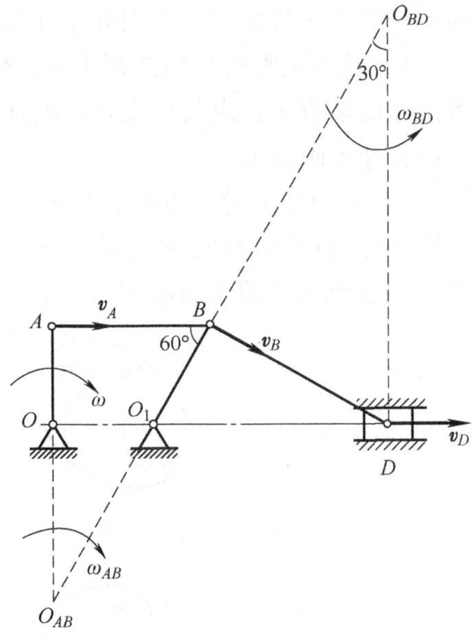

图 6-15　例题 6-3 图

显然

$$\omega_{AB}=\frac{v_A}{O_{AB}A}$$

式中，

$$O_{AB}A=AB\cdot\tan60°=200\sqrt{3}\,\text{mm}$$
$$v_A=\omega\cdot OA=600\text{mm/s}$$

于是，杆 AB 的角速度

$$\omega_{AB}=\frac{600}{200\sqrt{3}}\text{rad/s}=\sqrt{3}\,\text{rad/s}\ （顺时针）$$

由此可求得点 B 的速度

$$v_B=\omega_{AB}\cdot O_{AB}B=\left(\sqrt{3}\times\frac{200}{\cos60°}\right)\text{mm/s}=400\sqrt{3}\,\text{mm/s}$$

再以杆 BD 为研究对象。已知点 D 的速度方向为水平向右，作 B、D 两点速度的垂线并交于点 O_{BD}，点 O_{BD}即为杆 BD 的速度瞬心，如图 6-15 所示。由此得杆 BD 的角速度

$$\omega_{BD}=\frac{v_B}{O_{BD}B}$$

式中，

$$O_{BD}B = BD \cdot \cot30° = 300\sqrt{3}\,\text{mm}$$

进而得

$$\omega_{BD} = \frac{400\sqrt{3}}{300\sqrt{3}}\text{rad/s} = \frac{4}{3}\text{rad/s}\ （逆时针）$$

点 D 的速度

$$v_D = \omega_{BD} \cdot O_{BD}D = \left(\frac{4}{3} \cdot \frac{300}{\sin30°}\right)\text{mm/s} = 800\text{mm/s}$$

各杆角速度的转向以及各点速度的方向均如图 6-15 所示。

【例题 6-4】 半径为 R 的车轮沿直线轨道做纯滚动，如图 6-16 所示。已知轮心 O 的速度 $\boldsymbol{v}_O$。试求轮缘上点 1、2、3、4 的速度，并画出直线 12、13 与 14 上各点的速度分布。

解：因为车轮沿直线轨道做纯滚动，故车轮上点 1 即为速度瞬心 C^*，于是有

点 1：$v_1 = v_{C^*} = 0$

于是，车轮的角速度

$$\omega = \frac{v_O}{R}\quad（顺时针）$$

车轮上其余各点的速度均可看作该瞬时绕点 C^* 转动的速度，即

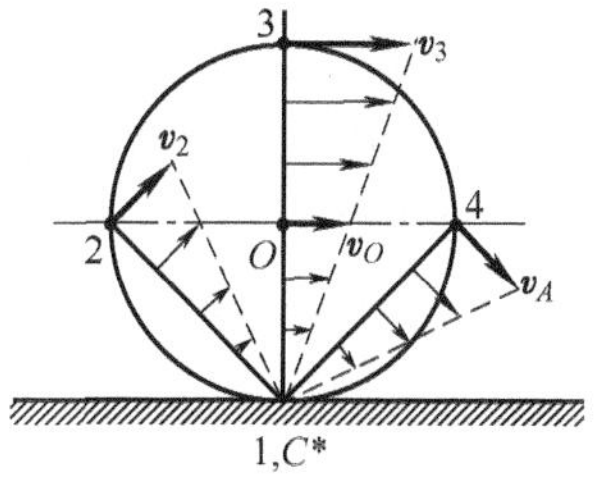

图 6-16　例题 6-4 图

点 2：$v_2 = \sqrt{2}R \cdot \omega = \sqrt{2}v_O$

点 3：$v_3 = 2R \cdot \omega = 2v_O$

点 4：$v_4 = \sqrt{2}R \cdot \omega = \sqrt{2}v_O$

各点速度方向以及车轮上直线 12、13 与 14 上所有点的速度分布均示于图 6-16 中。

请读者应用基点法（以点 O 为基点）校核由速度瞬心法所得结果，并思考本例能否用速度投影法求解？

6.4 平面图形上各点的加速度分析

本节只介绍确定平面图形上各点加速度的基点法。

如图 6-17a 所示，已知平面图形 S 上点 A 的加速度 $\boldsymbol{a}_A$、图形的角速度 ω 与角加速度 α。与平面图形上各点速度的分析相类似，选点 A 为基点，建立平移动系 $Ax'y'$，分解图形上任一点 B 的运动。

由于牵连运动为平移，可应用动系为平移时点的加速度合成定理的公式，并沿用刚体运动的习惯符号，有

$$\begin{aligned}\boldsymbol{a}_B = \boldsymbol{a}_\text{a} &= \boldsymbol{a}_\text{e} + \boldsymbol{a}_\text{r}\\ &= \boldsymbol{a}_A + \boldsymbol{a}_{BA}\\ &= \boldsymbol{a}_A + \boldsymbol{a}_{BA}^\text{t} + \boldsymbol{a}_{BA}^\text{n}\end{aligned}$$

即

$$\boldsymbol{a}_B = \boldsymbol{a}_A + \boldsymbol{a}_{BA}^\text{t} + \boldsymbol{a}_{BA}^\text{n} \tag{6-9}$$

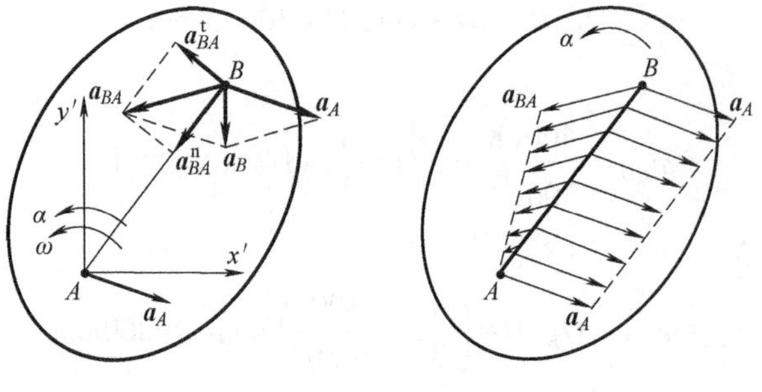

a) b)

图 6-17 平面图形上点的加速度分析

式中，$\boldsymbol{a}_{BA}$为点 B 相对于平移动系 $Ax'y'$ 做圆周运动的加速度，而 $\boldsymbol{a}_{BA}^t$ 与 $\boldsymbol{a}_{BA}^n$ 分别为相对切向加速度（relative tangential acceleration）与相对法向加速度（relative normal acceleration）。其中，$a_{BA}^t=AB\cdot\alpha$，方向垂直于 AB，指向与角加速度 α 的转向一致；$a_{BA}^n=AB\cdot\omega^2$，方向由点 B 指向基点 A。式（6-9）中的各运动量均已示于图 6-17a 中。

式（6-9）表明，平面图形上任一点的加速度 $\boldsymbol{a}_B$ 等于基点的加速度 $\boldsymbol{a}_A$ 与点 B 相对于以基点为原点的平移动系的相对切向加速度 $\boldsymbol{a}_{BA}^t$ 与相对法向加速度 $\boldsymbol{a}_{BA}^n$ 之矢量和。式（6-9）为一平面矢量方程，计算时常采用其投影式，可求解两个未知量。

图 6-17b 中，还画出了平面图形上线段 AB 之各点的牵连加速度 $\boldsymbol{a}_e=\boldsymbol{a}_A$ 与相对加速度 $\boldsymbol{a}_r=\boldsymbol{a}_{BA}$ 的分布。

【例题 6-5】 曲柄-连杆-滑块机构如图 6-18a 所示。曲柄 OA 长为 r、以匀角速度 ω_0 绕轴 O 转动，连杆 AB 长为 l。试求当曲柄转角 $\varphi=\varphi_0$（此时 $OA\perp OB$）与 $\varphi=0°$（此时 $OA/\!/AB$）两种情形下，滑块 B 的加速度 $\boldsymbol{a}_B$ 与连杆 AB 的角加速度 α_{AB}。

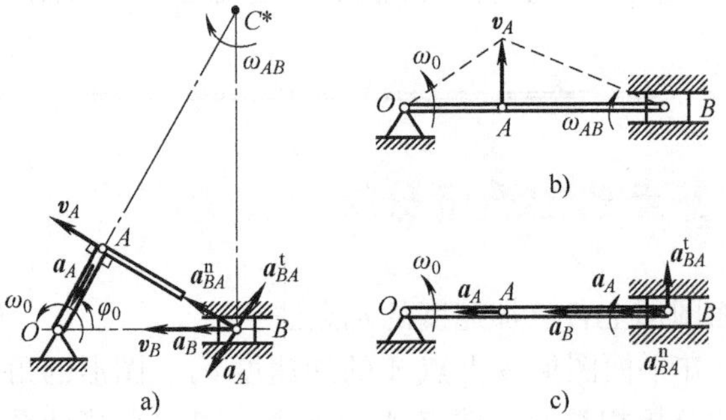

a) b) c)

图 6-18 例题 6-5 图

解：（1）$\varphi=\varphi_0$ **的情形**

连杆 AB 做平面运动，先用速度瞬心法分析速度。已知点 A 的速度 $\boldsymbol{v}_A$ 垂直于 OA，大小为 $v_A=r\omega_0$，点 B 的速度 $\boldsymbol{v}_B$ 方向水平。过 A、B 两点分别作 $\boldsymbol{v}_A$、$\boldsymbol{v}_B$ 的垂线，其交点 C^* 即为连杆 AB 的速度瞬心。则连杆 AB 的角速度

$$\omega_{AB}=\frac{v_A}{AC^*}=\frac{r\omega_0}{l^2/r}=\frac{r^2}{l^2}\omega_0 \tag{a}$$

再用基点法分析加速度。以点 A 为基点，由式（6-9），点 B 的加速度

$$\boldsymbol{a}_B=\boldsymbol{a}_A+\boldsymbol{a}_{BA}^{\mathrm{t}}+\boldsymbol{a}_{BA}^{\mathrm{n}} \tag{b}$$

式中，点 B 的加速度 $\boldsymbol{a}_B$ 方向水平，大小未知；基点 A 的加速度 $\boldsymbol{a}_A$ 方向沿 OA 指向 O，大小 $a_A=r\omega_0^2$；点 B 的相对切向加速度 $\boldsymbol{a}_{BA}^{\mathrm{t}}$的方向垂直于 AB，大小未知；相对法向加速度 $\boldsymbol{a}_{BA}^{\mathrm{n}}$的方向沿 BA 指向 A，大小 $a_{BA}^{\mathrm{n}}=AB\cdot\omega_{AB}^2=\dfrac{r^4}{l^3}\omega_0^2$。各加速度方向如图 6-18a 所示。

将式（b）中的各项加速度沿 BA 方向投影，有

$$a_B\sin\varphi_0=a_{BA}^{\mathrm{n}}$$

解得

$$a_B=\frac{a_{BA}^{\mathrm{n}}}{\sin\varphi_0}=\frac{r^4\omega_0^2}{l^3\sin\varphi_0}\quad(\leftarrow) \tag{c}$$

再将式（b）中的各项加速度沿 $\boldsymbol{a}_A$ 方向投影，有

$$a_B\cos\varphi_0=a_A-a_{BA}^{\mathrm{t}}$$

解得

$$a_{BA}^{\mathrm{t}}=a_A-a_B\cos\varphi_0=r\omega_0^2-\frac{r^4}{l^3}\omega_0^2\cot\varphi_0$$

于是，杆 AB 的角加速度

$$\alpha_{AB}=\frac{a_{BA}^{\mathrm{t}}}{AB}=\frac{r}{l}\omega_0^2\left(1-\frac{r^3}{l^3}\cot\varphi_0\right) \tag{d}$$

（2）$\varphi=0°$**的情形**

如图 6-18b 所示，过 A、B 两点分别作 $\boldsymbol{v}_A$、$\boldsymbol{v}_B$的垂线，其交点恰好位于点 B。因此，点 B 即为连杆 AB 的速度瞬心。于是，连杆 AB 的角速度

$$\omega_{AB}=\frac{v_A}{AB}=\frac{r\omega_0}{l} \tag{e}$$

仍用基点法分析加速度。此情形下，$\boldsymbol{a}_A$ 的大小与 $\varphi=\varphi_0$ 时相同，但 $a_{BA}^{\mathrm{n}}=AB\cdot\omega_{AB}^2=\dfrac{r^2}{l}\omega_0^2$。各加速度方向如图 6-18c 所示。

将式（b）中的各项加速度沿 BA 方向投影，有

$$a_B=a_A+a_{BA}^{\mathrm{n}}=r\omega_0^2\left(1+\frac{r}{l}\right)\quad(\leftarrow) \tag{f}$$

而沿 AB 的垂线方向只有 $\boldsymbol{a}_{BA}^{\mathrm{t}}$一个量，所以有

$$a_{BA}^{\mathrm{t}}=0,\quad \alpha_{AB}=0 \tag{g}$$

此情形下的结果表明，速度瞬心 B 的速度为零，但加速度不为零。这也说明在下一瞬时，点 B 将不再是速度瞬心，即速度瞬心是瞬时的。

【例题 6-6】　如图 6-19a 所示，半径为 R 的车轮沿直线轨道做纯滚动。已知轮心 O 的速度 $\boldsymbol{v}_O$和加速度 $\boldsymbol{a}_O$。试求轮缘上点 1、2、3、4 的加速度。

解：因车轮做平面运动，由例题 6-4 可知车轮的角速度

$$\omega=\frac{v_O}{R}\quad（顺时针） \tag{a}$$

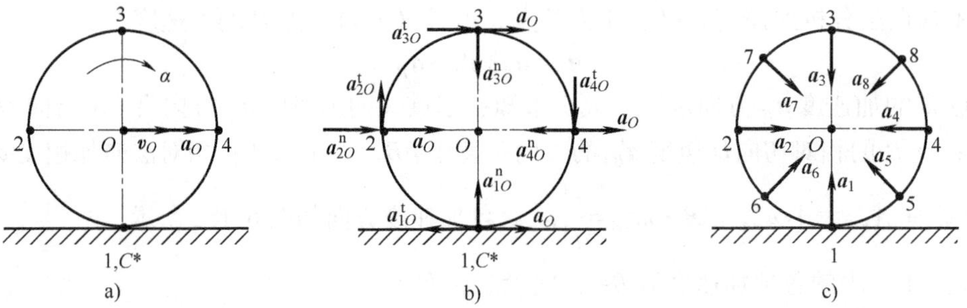

图 6-19　例题 6-6 图

因轮心 O 的加速度已知，故以轮心 O 为基点，再由式（6-9），轮缘上任一点 P（图中未标出）的加速度

$$\boldsymbol{a}_P=\boldsymbol{a}_O+\boldsymbol{a}_{PO}^{t}+\boldsymbol{a}_{PO}^{n} \tag{b}$$

上例中，待求点的加速度方向是已知的，而本例中，待求点的加速度大小、方向均未知。因此，必须先求出圆轮的角加速度 α，否则问题无法求解。

因式（a）在任一瞬时均成立，故可将其对时间求一阶导数，得

$$\alpha=\dot{\omega}=\frac{\dot{v}_O}{R}=\frac{a_O}{R}\quad（顺时针） \tag{c}$$

由此，式（b）中等号右边的三项，除 $\boldsymbol{a}_O$ 已知外其余两项的大小分别为

$$\begin{cases} a_{PO}^{t}=\alpha R=a_O \\ a_{PO}^{n}=\omega^2 R=\dfrac{v_O^2}{R} \end{cases} \tag{d}$$

由式（b）和式（d），轮缘上点 1、2、3、4 的加速度分别为

点 1：$\boldsymbol{a}_1=\dfrac{v_O^2}{R}\boldsymbol{j}$

点 2：$\boldsymbol{a}_2=\left(a_O+\dfrac{v_O^2}{R}\right)\boldsymbol{i}+a_O\boldsymbol{j}$

点 3：$\boldsymbol{a}_3=2a_O\boldsymbol{i}-\dfrac{v_O^2}{R}\boldsymbol{j}$

点 4：$\boldsymbol{a}_4=\left(a_O-\dfrac{v_O^2}{R}\right)\boldsymbol{i}-a_O\boldsymbol{j}$

各点加速度的方向如图 6-19b 所示。

本例结果表明，当车轮做纯滚动且轮心 O 做等速运动时，速度瞬心 C^* 的加速度不为零。此时轮缘上各点的加速度分布如图 6-19c 所示，即大小均相同，方向均指向轮心 O。

请读者思考，此时的加速度是“绝对法向加速度”吗？可参考例题 4-2 的结论。

【例题 6-7】　平面运动机构如图 6-20a 所示。已知：$OA=AB=l=200\text{mm}$，圆轮的半径 $r=50\text{mm}$，沿铅垂平面做纯滚动。在图示位置瞬时，曲柄 OA 水平，其角速度 $\omega=2\text{rad/s}$、角加速度 $\alpha=0$，连杆 $AB\perp OA$。试求该瞬时：

（1）圆轮的角速度 ω_B 和角加速度 α_B；

（2）连杆 AB 的角加速度 α_{AB}。

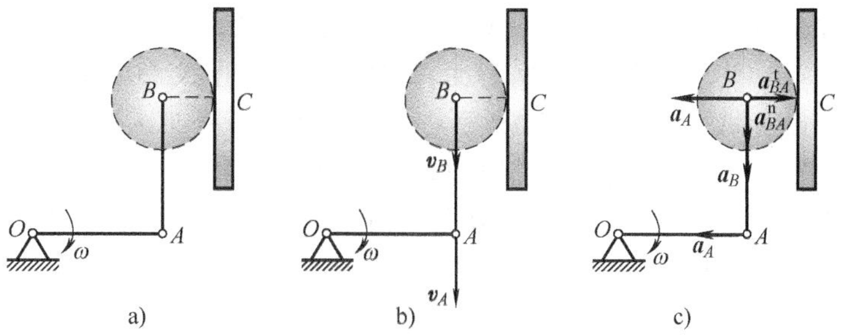

图 6-20　例题 6-7 图

解：(1) **机构的运动分析**

杆 OA 绕轴 O 做定轴转动，而杆 AB 和圆轮 B（纯滚动）均做平面运动，故可分别以点 A 和点 B 的运动量为中间量，通过已知量（杆 OA 转动的角速度 ω）求待求量 α_{AB} 以及 ω_B、α_B。

(2) **速度分析**

由于点 A 的速度垂直于 OA，圆轮 B 沿铅垂面做纯滚动，点 B 的速度与铅垂面平行（见图 6-20b）。所以，杆 AB 做瞬时平移，故

$$v_B = v_A = l\omega = 400\text{mm/s}$$

$$\omega_{AB} = 0 \tag{a}$$

由于点 C 为圆轮 B 的速度瞬心，故圆轮的角速度

$$\omega_B = \frac{v_B}{r} = \frac{400}{50}\text{rad/s} = 8\text{rad/s}$$

(3) **加速度分析**

以 A 为基点分析点 B 的加速度，由式 (6-9)，有

$$\boldsymbol{a}_B = \boldsymbol{a}_A^t + \boldsymbol{a}_A^n + \boldsymbol{a}_{BA}^t + \boldsymbol{a}_{BA}^n \tag{b}$$

式中，点 B 的加速度 $\boldsymbol{a}_B$ 方向铅垂；基点 A 的切向加速度 $a_A^t = l\alpha = 0$，只剩下法向加速度 $\boldsymbol{a}_A^n$，故 $\boldsymbol{a}_A = \boldsymbol{a}_A^n$，方向沿 OA 指向 O，大小为 $a_A = l\omega^2$；点 B 的相对切向加速度 $\boldsymbol{a}_{BA}^t$ 的方向垂直于 AB，大小未知；相对法向加速度 $\boldsymbol{a}_{BA}^n$ 的方向沿 BA 指向 A，大小为 $a_{BA}^n = l\omega_{AB}^2 = 0$。各加速度方向如图 6-20c 所示。

由于 $a_{BA}^n = 0$，将式 (b) 沿铅垂方向即 AB 连线方向投影，得

$$a_B = a_A^t = 0 \tag{c}$$

则圆轮 B 的角加速度

$$\alpha_B = \frac{\alpha_B}{r} = 0$$

将式 (b) 沿水平方向投影，得

$$a_{BA}^t = a_A = l\omega^2 = 800\text{mm/s}^2$$

则杆 AB 的角加速度

$$\alpha_{AB} = \frac{a_{BA}^t}{l} = \frac{800}{200}\text{rad/s}^2 = 4\text{rad/s}^2 \tag{d}$$

(4) **本例讨论**

1) 由式 (a) 和式 (d) 可知，刚体做瞬时平移时，其角速度等于零，而角加速度却不

等于零。这是瞬时平移和平移（恒有 $\omega=0$，$\alpha=0$）的重要区别。

2）式（c）表明，A、B 两点的加速度在 AB 连线上的投影是相等的，即 $[\boldsymbol{a}_B]_{AB}=[\boldsymbol{a}_A]_{AB}$。这就是加速度投影定理。请读者思考，加速度投影定理在什么条件下成立？

【例题 6-8】 图 6-21a 所示平面运动机构中，曲柄 OA 长为 r、以匀角速度 ω 绕轴 O 转动；摆杆 AB 可在套筒 C 中滑动，摆杆 AB 长为 $4r$；套筒 C 绕定轴 C 转动。试求图示瞬时（$\angle OAB=60°$）点 B 的速度。

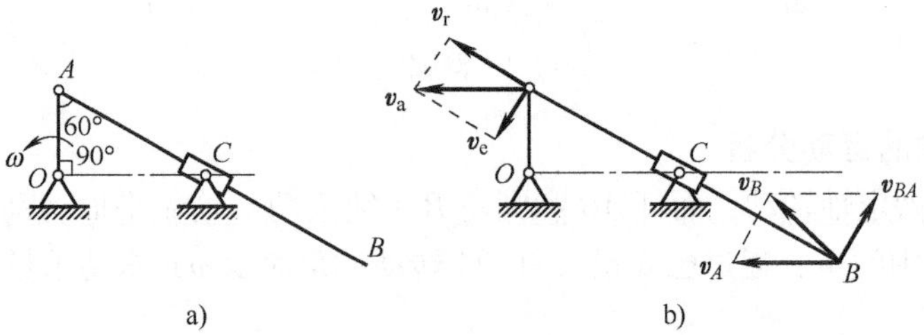

图 6-21 例题 6-8 图

解：根据题意，杆 OA 和套筒 C 均做定轴转动；杆 AB 做平面运动。现已知杆 AB 上点 A 的速度，欲求点 B 的速度，需先求杆 AB 的角速度。

（1）用点的复合运动理论求杆 AB 的角速度

因杆 AB 在套筒中滑动，所以杆 AB 的角速度与套筒 C 的角速度相同。以点 A 为动点，动系固连于套筒 C，则其绝对运动为以点 O 为圆心、OA 为半径的圆周运动；相对运动为沿套筒 C 即 AB 的直线运动；牵连运动为绕轴 C 的定轴转动。

根据速度合成定理

$$\boldsymbol{v}_a=\boldsymbol{v}_e+\boldsymbol{v}_r \tag{a}$$

式中，$v_a=r\omega$，各速度矢量方向如图 6-21b 所示。作速度平行四边形，解得

$$v_e=\frac{1}{2}r\omega$$

则杆 AB 的角速度

$$\omega_e=\frac{v_e}{AC}=\frac{\omega}{4}\quad（逆时针） \tag{b}$$

（2）用刚体平面运动理论求点 B 的速度

由基点法，即式（6-4），有

$$\boldsymbol{v}_B=\boldsymbol{v}_A+\boldsymbol{v}_{BA} \tag{c}$$

式中，$v_A=r\omega$，$v_{BA}=4r\omega_e=r\omega$，各速度矢量方向如图 6-21b 所示。作速度平行四边形，解得

$$v_B=r\omega\quad（\boldsymbol{v}_B 与 \boldsymbol{v}_A 的夹角为 60°）$$

（3）本例讨论

1）求杆 AB 的角速度时，也可取套筒 C 为动点，杆 AB 为动系，其绝对运动为静止，相对运动为沿 AB 的直线运动，牵连运动为平面运动。根据绝对速度为零，得相对速度和牵连速度等值、反向，再由杆 AB 上与动点 C 重合的点 C_1（图中未示出）的速度方向和点 A 的速度方向及大小确定杆 AB 的速度瞬心和角速度。有兴趣的读者不妨一试。

2）由于杆 AB 的角速度未知，故根据点 A 的速度求点 B 的速度需要综合应用点的复合

运动和刚体平面运动的理论求解。

6.5 小结与讨论

6.5.1 小结

1. 刚体平面运动方程

刚体平面运动可以简化为平面图形 S 在其自身平面内的运动，其运动方程为

$$x_A = f_1(t), \quad y_A = f_2(t), \quad \varphi = f_3(t)$$

2. 刚体平面运动分析

刚体平面运动可分解为随任选基点上建立的平移动系的平移和相对此平移动系的转动。其中，平移规律与基点的选择有关，而转动规律却与基点的选择无关。

3. 速度瞬心

每一瞬时，平面图形或其扩展部分上速度为零的点称为瞬时速度中心，简称速度瞬心。就速度分布而言，平面图形的运动可视为绕该瞬时的速度瞬心做瞬时转动。

4. 平面图形上点的速度分析方法

基点法：$\boldsymbol{v}_B = \boldsymbol{v}_A + \boldsymbol{v}_{BA}$

速度投影法：$[\boldsymbol{v}_B]_{AB} = [\boldsymbol{v}_A]_{AB}$

瞬时速度中心法：$\boldsymbol{v}_B = \boldsymbol{v}_{BC^*} = \boldsymbol{\omega} \times \boldsymbol{r}_{C^*B}$

5. 平面图形上点的加速度分析方法——基点法

$$\boldsymbol{a}_B = \boldsymbol{a}_A + \boldsymbol{a}_{BA}^{\mathrm{t}} + \boldsymbol{a}_{BA}^{\mathrm{n}}$$

6.5.2 刚体复合运动

第 4 章和本章只介绍了刚体的平移、定轴转动和平面运动，而实际上刚体还有其他运动形式。第 5 章中介绍的点的复合运动的分析方法，可推广应用到刚体的复合运动，在本章中我们已将平面运动分解为随基点的平移和绕基点的转动。类似于式（5-3）即 $\boldsymbol{v}_{\mathrm{a}} = \boldsymbol{v}_{\mathrm{e}} + \boldsymbol{v}_{\mathrm{r}}$，对于刚体绕相交轴转动的合成，有

$$\boldsymbol{\omega}_{\mathrm{a}} = \boldsymbol{\omega}_{\mathrm{e}} + \boldsymbol{\omega}_{\mathrm{r}} \tag{6-10}$$

式中，$\boldsymbol{\omega}_{\mathrm{a}}$ 为刚体的绝对角速度矢量；$\boldsymbol{\omega}_{\mathrm{e}}$ 为刚体的牵连角速度矢量；$\boldsymbol{\omega}_{\mathrm{r}}$ 为刚体的相对角速度矢量。

式（6-10）在机械传动中有着广泛应用。对于刚体绕平行轴转动的合成，该式退化为

$$\omega_{\mathrm{a}} = \omega_{\mathrm{e}} \pm \omega_{\mathrm{r}} \tag{6-11}$$

当 $\boldsymbol{\omega}_{\mathrm{r}}$ 与 $\boldsymbol{\omega}_{\mathrm{e}}$ 反向时，上式右边 ω_{r} 前取“负”号；而当 $\omega_{\mathrm{e}} - \omega_{\mathrm{r}} = 0$ 时，$\omega_{\mathrm{a}} = 0$，称为转动偶，此时刚体做平移。自行车的脚踏板运动就是这种情况。

6.5.3 平面图形上点的加速度分布也能看成绕速度瞬心 C^* 的旋转吗

如图 6-22 所示，半径各为 r 和 R 的圆柱体相互固结。小圆柱体在水平地面上做纯滚

动，其角速度为 ω，角加速度为 α。试对下面所列结果判断大圆柱体上点 A 的绝对速度、绝对切向加速度和绝对法向加速度大小的正误（其方向已示于图上），并将错者改正。

$$v_A=(R-r)\omega,\quad a_A^{\mathrm{t}}=(R-r)\alpha,\quad a_A^{\mathrm{n}}=(R-r)\omega^2$$

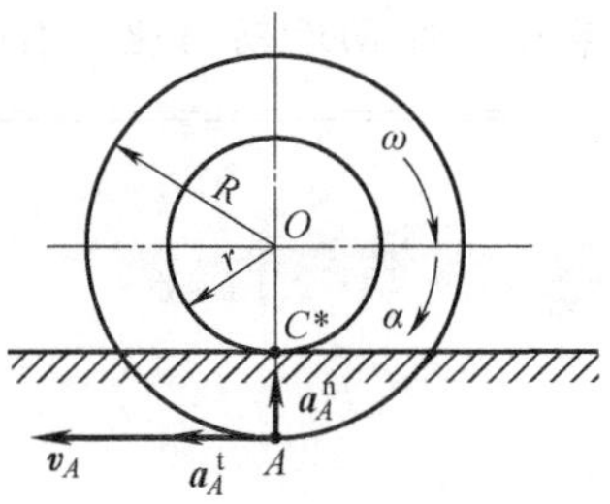

图6-22　做纯滚动的圆轮上点的加速度分析

6.5.4　平面图形的角速度 ω 与相对角速度 ω_{r}

如图6-23所示，半径为 r 的圆轮在半径为 R 的圆槽内做纯滚动。若已知直线 OO_1 绕定轴 O 转动的角速度为 $\dot{\varphi}$，现分析圆轮的（绝对）角速度 ω 与相对于直线 OO_1 的相对角速度 ω_{r} 的关系。

因有 $R\varphi=r\psi$，$R\dot{\varphi}=r\dot{\psi}$，若将动系固连于直线 OO_1，则 $\omega_{\mathrm{e}}=\dot{\varphi}$，$\omega_{\mathrm{r}}=\dot{\psi}$。因此

$$\omega=\omega_{\mathrm{a}}=\omega_{\mathrm{r}}-\omega_{\mathrm{e}}=\dot{\psi}-\dot{\varphi}\quad（顺时针）$$

假设 O_1P 在初始时位于铅垂位置，则转至图示位置瞬时其绝对转角应为

$$\theta=\psi-\varphi$$

这里，要特别注意分清绝对转角、相对转角和牵连转角三者间的区别和联系。

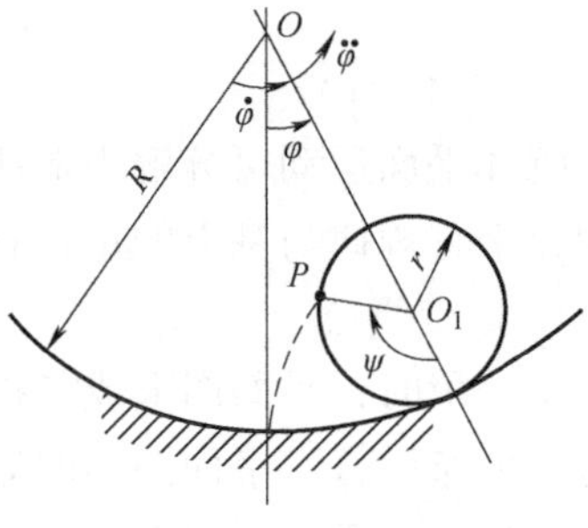

图6-23　圆轮 O_1 在圆槽内做纯滚动的 ω 与 ω_{r}

习　题

选择填空题

6-1　某瞬时，平面图形上任意两点 A、B 的速度分别 $\boldsymbol{v}_A$ 和 $\boldsymbol{v}_B$，如图6-24所示。则此时该两点连线中点 C 的速度 $\boldsymbol{v}_C$ 和点 C 相对基点 A 的速度 $\boldsymbol{v}_{CA}$ 分别为（　　）和（　　）。

① $\boldsymbol{v}_C=\boldsymbol{v}_A+\boldsymbol{v}_B$　　② $\boldsymbol{v}_C=(\boldsymbol{v}_A+\boldsymbol{v}_B)/2$

③ $\boldsymbol{v}_{CA}=(\boldsymbol{v}_A-\boldsymbol{v}_B)/2$　　④ $\boldsymbol{v}_{CA}=(\boldsymbol{v}_B-\boldsymbol{v}_A)/2$

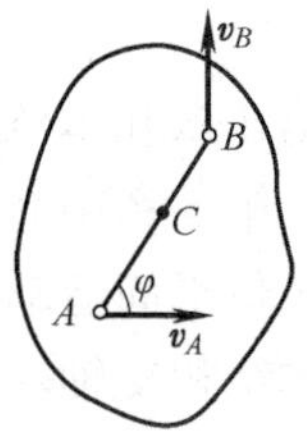

图6-24　习题6-1图

6-2　在图6-25所示三种运动情形下，平面运动刚体的速度瞬心：图6-25a所示为（　　）；图6-25b所示为（　　）；图6-25c所示为（　　）。

① 无穷远处　　② 点 A

③ 点 B　　④ 点 C

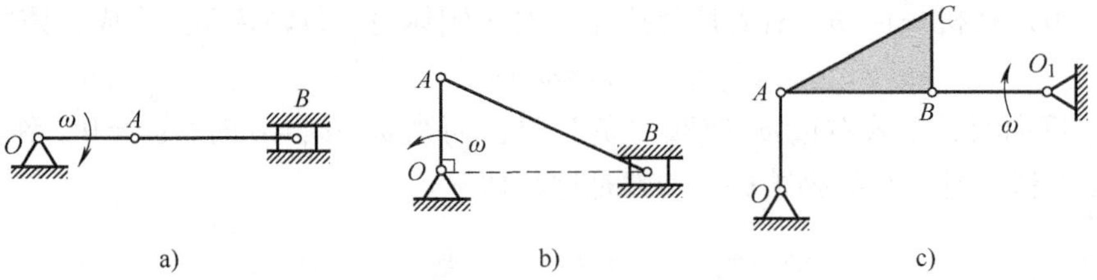

图6-25　习题6-2图

6-3　在图6-26所示瞬时，已知 $O_1A=O_2B$，且 $O_1A /\!/ O_2B$，则（　　）。

① $\omega_1=\omega_2$，$\alpha_1=\alpha_2$　　② $\omega_1\neq\omega_2$，$\alpha_1=\alpha_2$

③ $\omega_1=\omega_2$，$\alpha_1\neq\alpha_2$　　④ $\omega_1\neq\omega_2$，$\alpha_1\neq\alpha_2$

6-4　圆盘沿水平轨道做纯滚动，如图6-27所示，动点 M 沿圆盘边缘的圆槽以 $\boldsymbol{v}_r$ 做相对运动。已知：圆盘的半径为 R，盘中心以匀速 $\boldsymbol{v}_O$ 向右运动。若将动坐标系固连于圆盘，则在图示位置瞬时，动点 M 的牵连加速度为（　　）。

① 0　　② v_O^2/R

③ $2v_O^2/R$　　④ $4v_O^2/R$

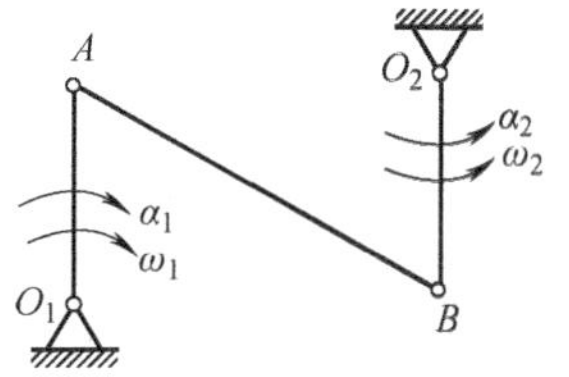

图6-26　习题6-3图

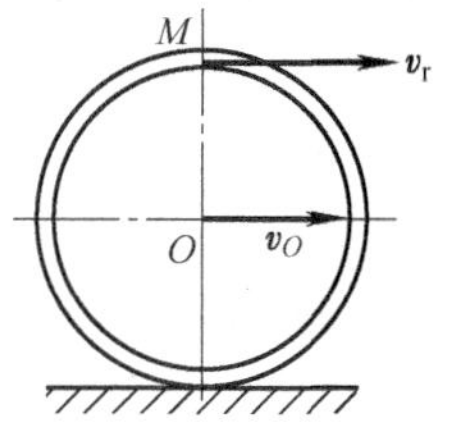

图6-27　习题6-4图

6-5　半径为 r 的圆柱形滚子沿半径为 R 的圆弧槽纯滚动。在图6-28所示瞬时，滚子中心 C 的速度为 $\boldsymbol{v}_C$，切向加速度为 $\boldsymbol{a}_C^t$，则速度瞬心的加速度大小为（　　　）。

6-6　在图6-29所示瞬时，平面图形上点 A 的速度 $\boldsymbol{v}_A\neq\boldsymbol{0}$，加速度 $\boldsymbol{a}_A=\boldsymbol{0}$，点 B 的加速度大小 $a_B=400\text{mm/s}^2$，与 AB 连线间的夹角 $\varphi=60°$。若 $AB=50\text{mm}$，则此瞬时该平面图形角速度的大小为（　　　）；角加速度的大小为（　　　）。

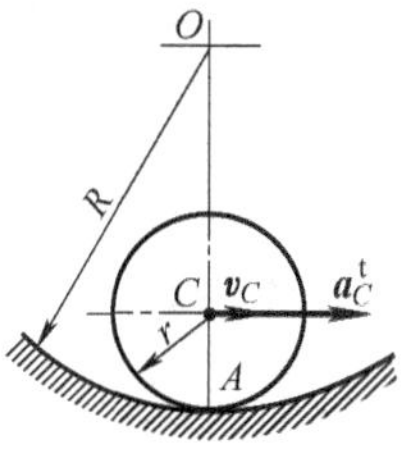

图6-28　习题6-5图

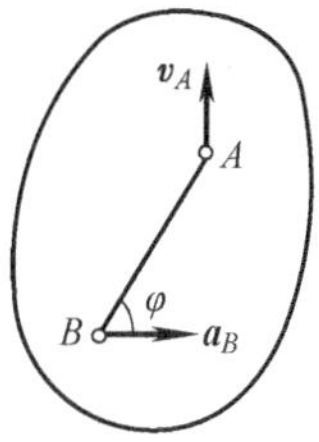

图6-29　习题6-6图

分析计算题

6-7　如图6-30所示，半径为 r 的动齿轮由曲柄 OA 带动、沿半径为 R 的固定齿轮做纯滚动，曲柄 OA 以匀角加速度 α 绕定轴 O 转动。当运动开始时，角速度 $\omega_0=0$，转角 $\varphi_0=0$。试求动齿轮以圆心 A 为基点的平面运动方程。

6-8　如图6-31所示，杆 AB 斜靠于高为 h 的台阶角 C 处，端点 A 以匀速 $\boldsymbol{v}_0$ 水平向右运动。试用杆 AB 与铅垂线的夹角 θ 表示杆 AB 的角速度。

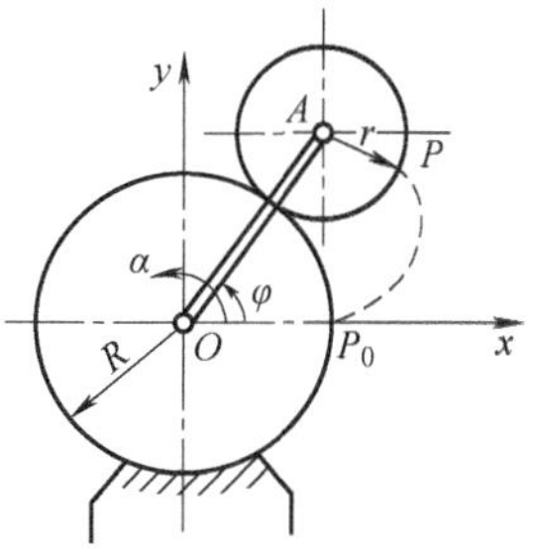

图6-30　习题6-7图

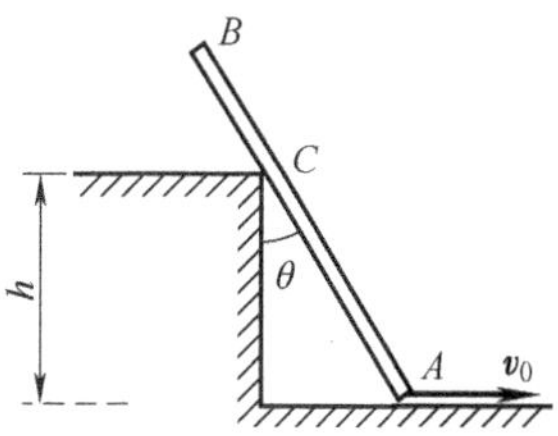

图6-31　习题6-8图

6-9 图6-32所示拖车的车轮 A 与垫滚 B 的半径均为 r。试问当拖车以速度 $\boldsymbol{v}$ 前进时，轮 A 与垫滚 B 的角速度 ω_A 与 ω_B 有什么关系？设轮 A 和垫滚 B 与地面之间以及垫滚 B 与拖车之间均无滑动。

6-10 图6-33所示飞机以速度 $v=200\text{km/h}$ 沿水平航线飞行，同时以角速度 $\omega=0.25\text{rad/s}$ 回收着陆轮。试求着陆轮 OC 的瞬时速度中心，并说明瞬时速度中心相对飞机的位置与角 θ 有无关系。

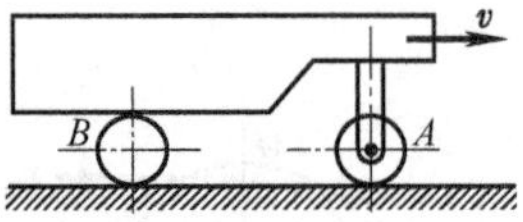

图6-32 习题6-9图

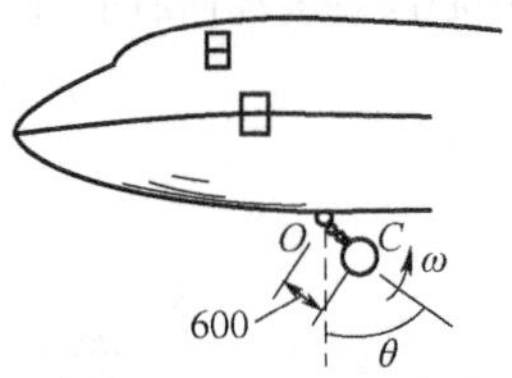

图6-33 习题6-10图

6-11 图6-34所示的四连杆机构 $OABO_1$ 中，$OA=O_1B=\dfrac{1}{2}AB$，曲柄 OA 的角速度 $\omega=3\text{rad/s}$。试求当 $\varphi=90°$ 而曲柄 O_1B 与 OO_1 的延长线重合时，连杆 AB 的角速度和曲柄 O_1B 的角速度。

6-12 如图6-35所示，绕电话线的卷轴在水平地面上做纯滚动，线上的点 A 有向右的速度 $v_A=0.8\text{m/s}$，试求卷轴中心 O 的速度与卷轴的角速度，并问此时卷轴是向左还是向右方滚动？

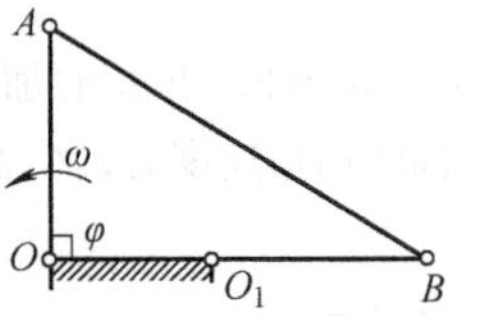

图6-34 习题6-11图

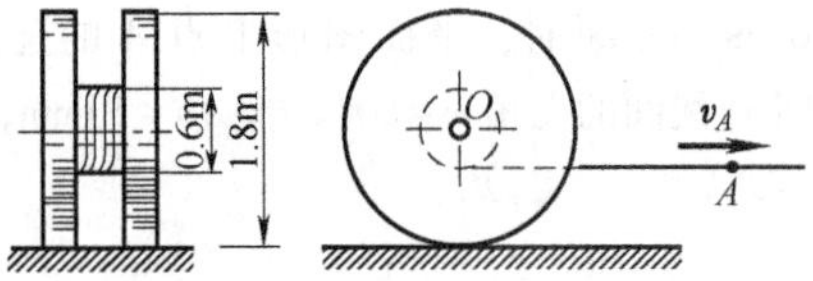

图6-35 习题6-12图

6-13 图6-36所示的曲柄-连杆-滑块机构中，曲柄 OA 的角速度 $\omega=20\text{rad/s}$。试求当曲柄 OA 分别处于铅垂位置和水平位置时，配汽机构中气阀推杆 DE 的速度。已知 $OA=400\text{mm}$，$AC=CB=200\sqrt{37}\text{mm}$。

6-14 图6-37所示滑轮组中，绳索以速度 $v_C=0.12\text{m/s}$ 匀速下降，各轮半径已知，如图所示。假设绳在轮上不打滑，试求轮 B 的角速度与重物 D 的速度。

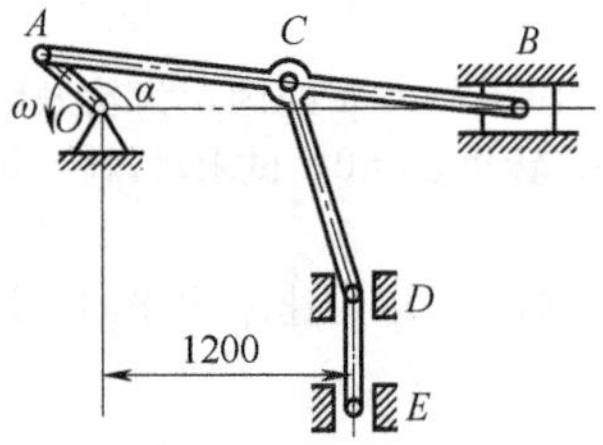

图6-36 习题6-13图

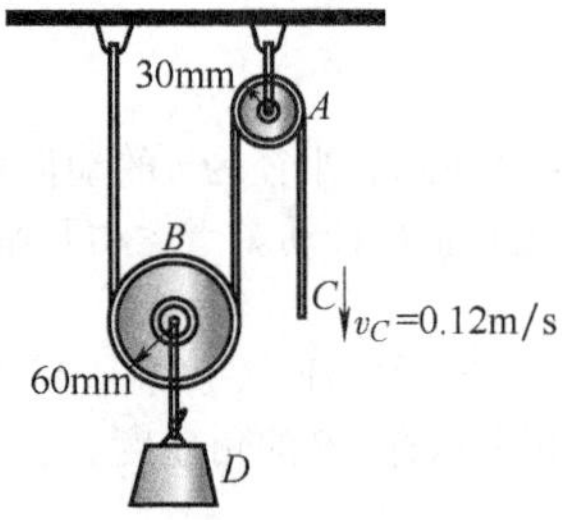

图6-37 习题6-14图

6-15 在瓦特行星传动机构中，平衡杆 O_1A 绕轴 O_1 转动，并借连杆 AB 带动曲柄 OB 运动；而曲柄 OB 活动地装置在轴 O 上，如图6-38所示。在轴 O 上装有齿轮Ⅰ，齿轮Ⅱ与连杆 AB 固连于一体。已知：$r_1=r_2=0.3\sqrt{3}\text{m}$，$O_1A=0.75\text{m}$，$AB=1.5\text{m}$；又平衡杆的角速度 $\omega_{O_1}=6\text{rad/s}$。试求当 $\gamma=60°$ 且 $\beta=90°$ 时，曲柄 OB 和齿轮Ⅰ的角速度。

6-16 链杆式摆动机构如图6-39所示，$DCEA$ 为一摇杆，且 $CA\perp DE$。曲柄 $OA=200\text{mm}$，$CD=CE=25\text{mm}$，$CO=200\sqrt{3}\text{mm}$，曲柄 OA 转速 $n=70\text{r/min}$。试求当 $\varphi=90°$ 且 OA 与 CA 成60°角时，F、G 两点的速度大小和方向。

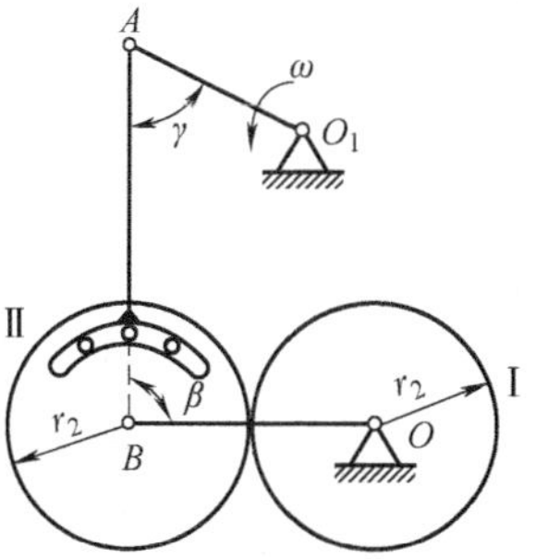

图 6-38 习题 6-15 图

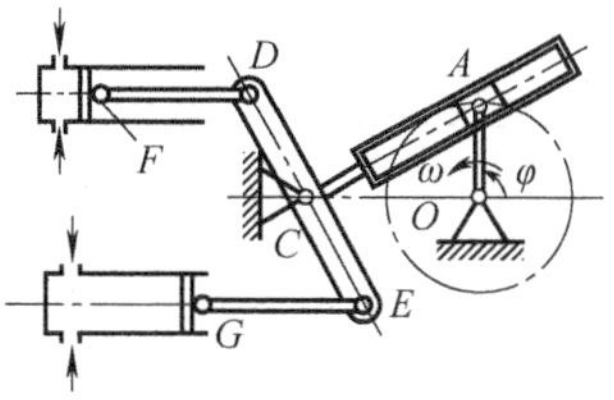

图 6-39 习题 6-16 图

6-17 如图 6-40 所示，曲柄 OA 长为 200mm，以匀角速度 $\omega=10\text{rad/s}$ 转动，并带动长为 1000mm 的连杆 AB 运动；滑块 B 沿铅垂滑道运动。试求当曲柄与连杆相互垂直并与水平轴线各成角度 $\alpha=45°$ 和 $\beta=45°$ 时，连杆 AB 的角速度、角加速度以及滑块 B 的加速度。

6-18 如图 6-41 所示，曲柄 OA 以匀角速度 $\omega=2\text{rad/s}$ 绕轴 O 转动，并借助连杆 AB 驱动半径为 r 的轮子在半径为 R 的圆弧槽中做无滑动的滚动。设 $OA=AB=R=2r=1\text{m}$。求图示瞬时点 B 和点 C 的速度和加速度。

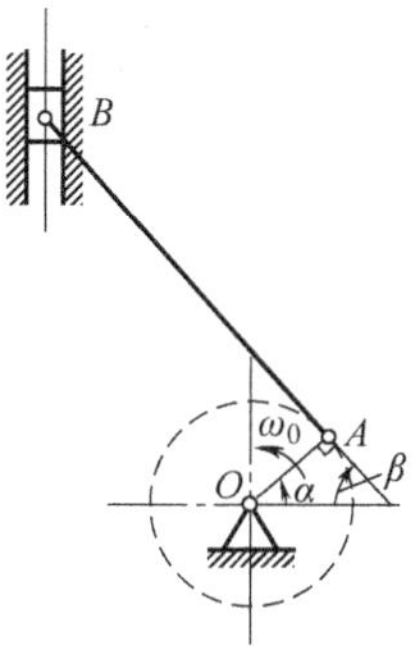

图 6-40 习题 6-17 图

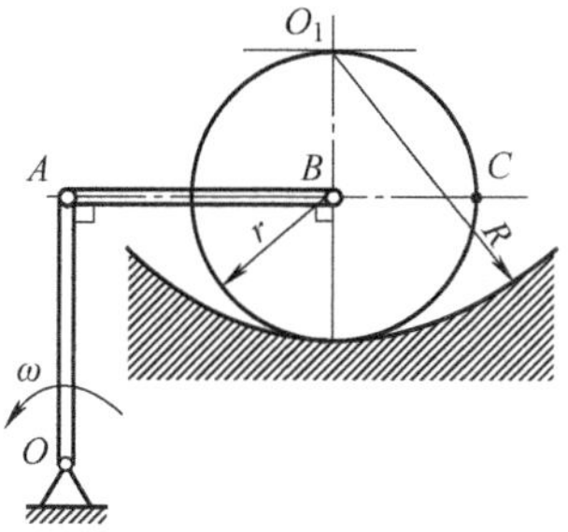

图 6-41 习题 6-18 图

6-19 在图 6-42 所示机构中，曲柄 OA 长为 r，绕轴 O 以匀角速度 ω_O 转动，连杆 $AB=6r$，连杆 $BC=3\sqrt{3}r$。求图示位置时，滑块 C 的速度和加速度。

6-20 图 6-43a、b 所示的两种情形均为半径为 r 的圆轮在半径为 R 的圆弧面上做纯滚动。圆轮的角速度为 ω，角加速度为 α。试求轮上与圆弧面相接触的点 C 的加速度。

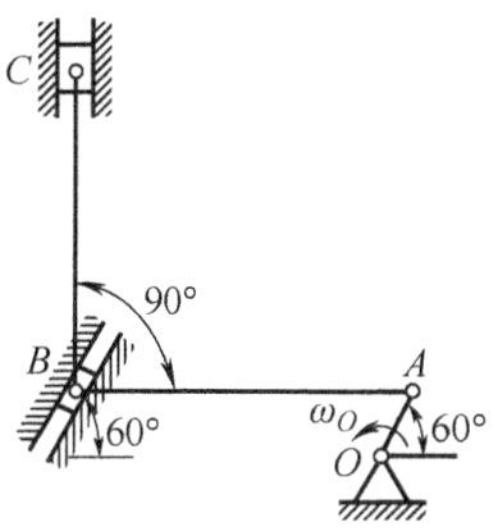

图 6-42 习题 6-19 图

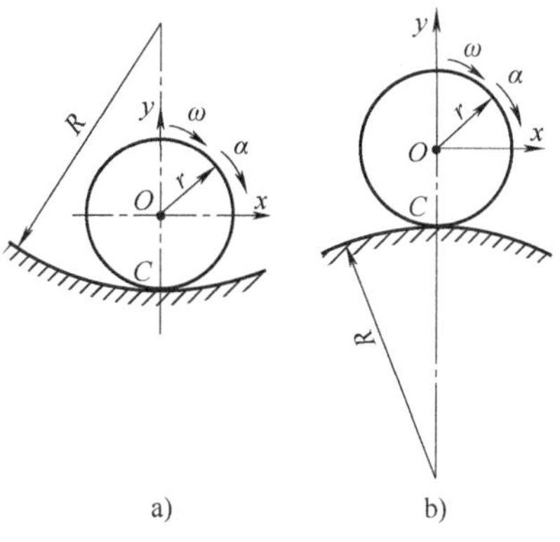

图 6-43 习题 6-20 图

6-21　由曲柄-连杆机构 OAB 带动、使摇杆 O_1D 做变角速的转动，如图6-44所示。曲柄 $OA=r=50\text{mm}$，转动的角速度 $\omega=10\text{rad/s}$，连杆 $AB=BD=l=130\text{mm}$。当曲柄 OA 处于铅垂位置时，摇杆 O_1D 与水平线成 $60°$ 角。试求此瞬时滑块 B 的加速度和摇杆 O_1D 的角速度。

6-22　测试火车车轮和铁轨间磨损的机构如图6-45所示，其中飞轮 A 以匀角速度 $\omega_A=20\pi\ \text{rad/s}$ 逆时针转动，车轮和铁轨间没有滑动。试求图示位置时车轮 D 的角速度 ω_D 和角加速度 α_D。

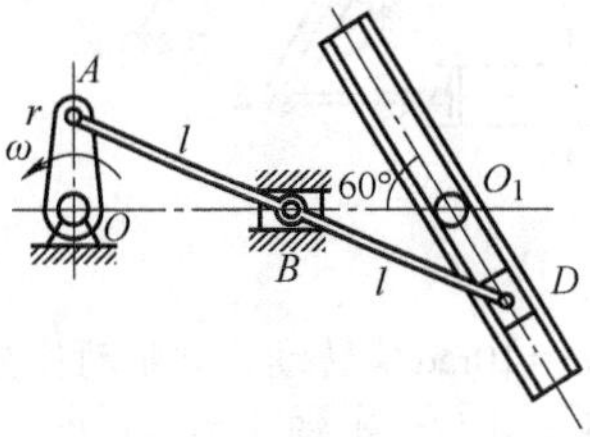

图6-44　习题6-21图

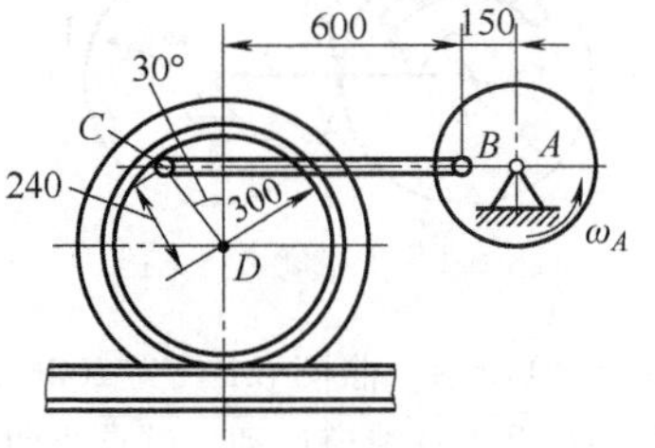

图6-45　习题6-22图

7

第 7 章 动量定理与动量矩定理

将适用于质点的牛顿第二定律扩展到质点系，将得到质点系的动量定理、动量矩定理和动能定理，统称为质点系的动力学普遍定理。本章和第 8 章介绍质点系的动力学普遍定理及其应用。

7.1 质点系动力学普遍定理概述

7.1.1 动力学普遍定理概述

对于绝大多数工程实际问题，我们并不需要求出质点系中每个质点的运动规律，而只需知道表征质点系整体运动的某些特征量。质点系动力学普遍定理（动量定理、动量矩定理和动能定理）正是从不同的侧面揭示了度量质点系整体运动状态的物理量（动量、动量矩和动能）与作用其上力系总效果（主矢、主矩和功）之间的关系，这些定理及其推论不仅使得质点系的动力学问题在数学求解方面得到了简化，而且具有明显的物理意义。

本章主要介绍动量定理和动量矩定理。

根据静力学中得到的结论，任意力系的简化结果为一主矢和一主矩，当主矢和主矩同时为零时，该力系平衡；而当主矢或主矩不为零时，物体将产生运动。质点系的动量定理建立了质点系动量对时间的变化率与主矢之间的关系。质点系的动量矩定理建立了质点系动量矩对时间的变化率与主矩之间的关系。质点系的动量和动量矩，可以理解为动量组成的系统（即动量系）的基本特征量——动量系的主矢和主矩。二者对时间的变化率分别等于外力系的两个基本特征量——外力系的主矢和主矩。

7.1.2 质点系的质心

考察由 n 个质点组成的质点系，如图 7-1 所示。其中第 i 个质点的质量、位矢、速度和加速度分别为 m_i、$\boldsymbol{r}_i$、$\boldsymbol{v}_i$ 和 $\boldsymbol{a}_i$，则质点系质心的位矢公式为

$$\boldsymbol{r}_C=\frac{\sum m_i\boldsymbol{r}_i}{m} \tag{7-1}$$

将式（7-1）对时间求一次导数和两次导数得

$$\boldsymbol{v}_C=\frac{\sum m_i\boldsymbol{v}_i}{m} \tag{7-2}$$

$$a_C = \frac{\sum m_i a_i}{m} \tag{7-3}$$

式中，r_C 为质点系质心的位矢；v_C 为质点系质心的速度；a_C 为质点系质心的加速度；$m=\sum m_i$ 为质点系的总质量。

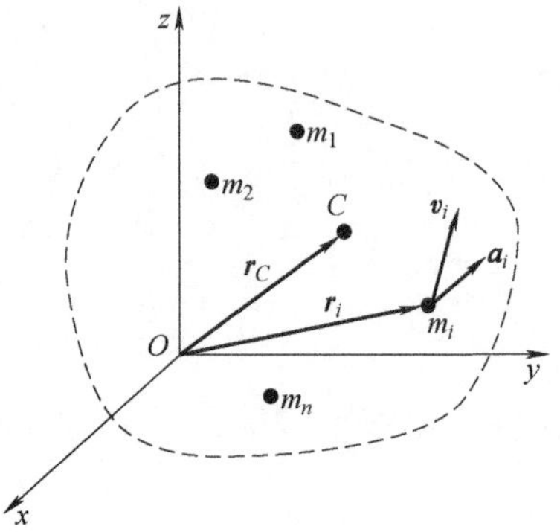

图 7-1　n 个质点组成的质点系

在均匀的重力场中，质点系的质心与重心的位置重合。值得注意的是，质心与重心是两个不同的概念，质心比重心具有更加广泛的力学意义。

7.1.3　质点系的外力和内力

如果研究对象为图 7-2 虚线所包围的质点系，则该质点系以外的物体作用于该质点系中各质点的力是外力，图中 F_i^e 即为外力（external forces），而质点系内各质点之间的相互作用力为内力，图中 F_i^i 和 $F_i'^i$ 均为内力（internal forces）。由于内力总是成对出现的，故有

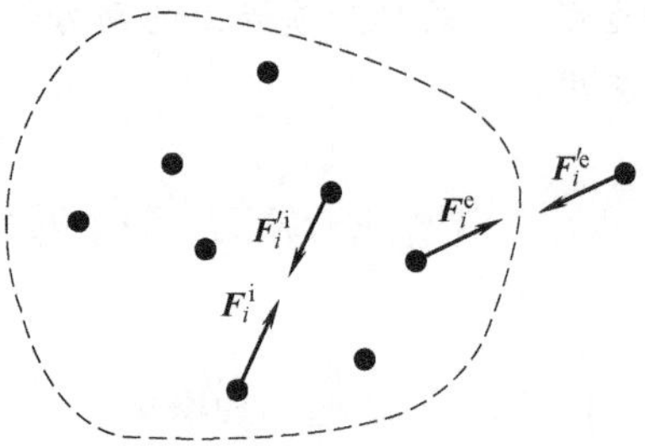

图 7-2　质点系的外力和内力

$$\sum F_i^i = 0 \tag{7-4}$$

$$\sum M_O(F_i^i) = 0 \tag{7-5}$$

即内力的主矢和对任一点的主矩均为零。

7.2　动量定理

7.2.1　质点系整体运动的基本特征量之一：动量的主矢

1. 质点的动量

如图 7-3 所示，质点的质量与速度的乘积称为质点的动量（momentum）或称线动量（linear-momentum），即

$$p_i = m_i v_i \tag{7-6}$$

质点的动量是定位矢量，是度量质点运动的基本特征量之一。例如：子弹的质量虽小，但由于其运动速度很大，所以能将钢板击穿；轮船的速度很小，但因其质量很大，故可以将钢筋混凝土码头撞坏。以上说明只有将质点的质量和速度这两个量综合为动量才可以度量运动的强弱，具有明显的物理意义。

2. 质点系的动量

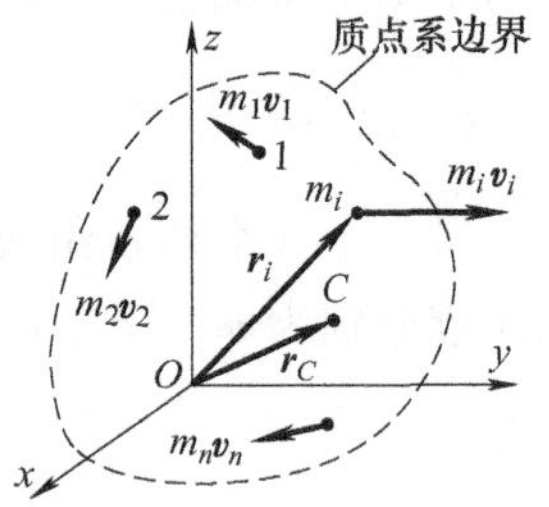

图 7-3　质点系的动量系

图 7-3 所示的质点系运动时，每个质点在每一瞬时均有各自的动量。它们就像作用在各质点上的力系一样，也是一个矢量系。力系是力的集合，动量系是各质点动量的集合，即 $p=(m_1v_1, m_2v_2, \cdots, m_nv_n)$。

质点系中所有质点动量的矢量和，即动量系的主矢，称为质点系的动量，即

$$\boldsymbol{p}=\sum m_i\boldsymbol{v}_i \tag{7-7}$$

质点系的动量是度量质点系整体运动的基本特征量之一。

根据式（7-2），式（7-7）可改写为

$$\boldsymbol{p}=m\boldsymbol{v}_C \tag{7-8}$$

式中，$\boldsymbol{v}_C$ 为质点系质心的速度；m 为质点系的总质量。

式（7-8）表明，质点系的动量大小等于质点系的总质量乘以质心速度的大小，方向与质心速度的方向相同，这相当于将质点系总质量集中于质心的质点的动量。因此，质点系的动量反映了其质心的运动，这是质点系整体运动的一部分。

【例题 7-1】　图 7-4a 所示椭圆规机构由质量为 m_1 的均质曲柄 OA、质量为 $2m_1$ 的连杆 BD 以及质量均为 m_2 的滑块 B、D 组成。已知 $OA=AB=AD=l$，曲柄以角速度 ω 绕轴 O 转动。试求：当曲柄 OA 与水平线夹角为 θ 时，曲柄 OA 及整个系统的总动量。

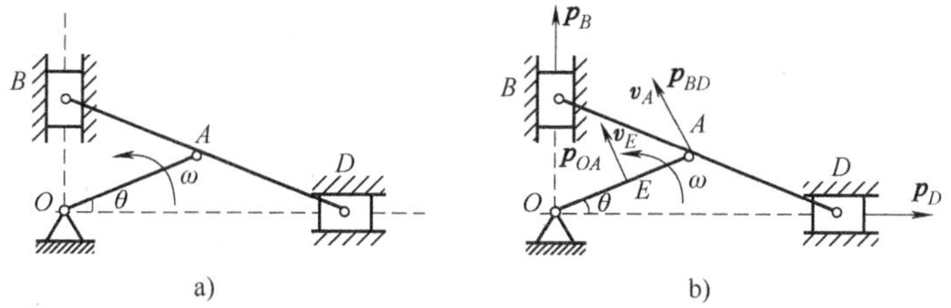

图 7-4　例题 7-1 图

解：（1）**曲柄的动量**

均质曲柄的质心在 OA 的中点 E 处（见图 7-4b）。由式（7-8），曲柄动量的大小为

$$p_{OA}=m_1v_E=m_1\frac{l}{2}\omega$$

方向与 $\boldsymbol{v}_E$ 相同。

（2）**系统的总动量**

系统的总动量等于曲柄、连杆及两滑块动量的矢量和，即

$$\boldsymbol{p}=\boldsymbol{p}_{OA}+\boldsymbol{p}_{BD}+\boldsymbol{p}_B+\boldsymbol{p}_D$$

若将均质连杆 BD 及两个滑块视为一个质点系，由于 B、D 滑块质量相同，则该质点系的质心即在 BD 中点 A 处，其动量可表示为

$$\boldsymbol{p}'=\boldsymbol{p}_{BD}+\boldsymbol{p}_B+\boldsymbol{p}_D=(2m_1+2m_2)\boldsymbol{v}_A$$

方向与 $\boldsymbol{v}_A$ 相同。由于 $\boldsymbol{v}_A$ 与 OA 中点 E 处的速度 $\boldsymbol{v}_E$ 方向相同，故 $\boldsymbol{p}'$ 与 $\boldsymbol{p}_{OA}$ 方向一致，于是系统总动量的大小为

$$p=p_{OA}+p'=m_1\frac{l}{2}\omega+2(m_1+m_2)l\omega=\left(\frac{5}{2}m_1+2m_2\right)l\omega$$

方向与 $\boldsymbol{p}'$、$\boldsymbol{p}_{OA}$ 相同。

7.2.2 动量定理

根据牛顿第二定律，对于质点系中第 i 个质点，有

$$\frac{\mathrm{d}}{\mathrm{d}t}(m_i\boldsymbol{v}_i)=\boldsymbol{F}_i$$

对质点系中所有质点写出此式并求和：

$$\sum\frac{\mathrm{d}}{\mathrm{d}t}(m_i\boldsymbol{v}_i)=\sum(\boldsymbol{F}_i^{\mathrm{i}}+\boldsymbol{F}_i^{\mathrm{e}}) \tag{7-9}$$

在等号左边交换求和与求导的次序，同时注意到式（7-4）和式（7-7），则上式可写为

$$\frac{\mathrm{d}\boldsymbol{p}}{\mathrm{d}t}=\sum\boldsymbol{F}_i^{\mathrm{e}}=\boldsymbol{F}_{\mathrm{R}}^{\mathrm{e}} \tag{7-10}$$

式中，$\sum\boldsymbol{F}_i^{\mathrm{e}}$ 或 $\boldsymbol{F}_{\mathrm{R}}^{\mathrm{e}}$为作用在质点系上的外力系主矢。式（7-10）表明，质点系动量的主矢对时间的一阶导数等于作用在该质点系上外力系的主矢。这就是质点系动量定理（theorem of the momentum of the system of particles）。

由式（7-10）可知，质点系动量的变化仅取决于外力系的主矢，内力系不能改变质点系的动量。式（7-10）是质点系动量定理的微分形式，将其对时间积分即可得到质点系动量定理的积分形式。

7.2.3 质心运动定理

将式（7-8）代入式（7-10），得

$$m\boldsymbol{a}_C=\boldsymbol{F}_{\mathrm{R}}^{\mathrm{e}} \tag{7-11}$$

该式表明，质点系的质量与其质心加速度的乘积等于作用在该质点系上外力系的主矢。这就是质量中心运动定理，简称质心运动定理（theorem of the motion of the centre of mass）。

式（7-11）与牛顿第二定律表达式 $m\boldsymbol{a}=\boldsymbol{F}$ 在形式上类似，但前者是描述质点系整体运动的动力学方程，后者仅描述单个质点的动力学关系。

质心运动定理是动量定理的推论。这一推论进一步说明了动量定理的实质：外力系的主矢仅决定质点系质心的运动状态变化。

7.2.4 动量定理与质心运动定理的投影式与守恒式

1）质点系动量定理与质心运动定理在实际应用时通常采用投影式。式（7-10）与式（7-11）在直角坐标系中的投影式分别为

$$\begin{cases}\dfrac{\mathrm{d}p_x}{\mathrm{d}t}=F_{\mathrm{R}x}^{\mathrm{e}}\\[2ex]\dfrac{\mathrm{d}p_y}{\mathrm{d}t}=F_{\mathrm{R}y}^{\mathrm{e}}\\[2ex]\dfrac{\mathrm{d}p_z}{\mathrm{d}t}=F_{\mathrm{R}z}^{\mathrm{e}}\end{cases} \tag{7-12}$$

$$\begin{cases}ma_{Cx}=F_{\mathrm{R}x}^{\mathrm{e}}\\ ma_{Cy}=F_{\mathrm{R}y}^{\mathrm{e}}\\ ma_{Cz}=F_{\mathrm{R}z}^{\mathrm{e}}\end{cases} \tag{7-13}$$

2）若作用于质点系上的外力主矢恒等于零，即 $\boldsymbol{F}_{\mathrm{R}}^{\mathrm{e}}=\mathbf{0}$，则根据式（7-10）和式（7-11），有

$$\boldsymbol{p}=\boldsymbol{C}_1 \tag{7-14}$$

$$\boldsymbol{v}_C=\boldsymbol{C}_2 \tag{7-15}$$

两式中的 $\boldsymbol{C}_1$ 与 $\boldsymbol{C}_2$ 均为常矢量，由运动的初始条件确定。式（7-14）称为质点系动量守恒（conservation of momentum of system of particles），式（7-15）称为质点系质心速度守恒。

3）若作用于质点系上的外力主矢在某一坐标轴（如 x 轴）上的投影恒等于零，即 $F_{\mathrm{R}x}^{\mathrm{e}}=0$，根据式（7-12）与式（7-13），则分别有

$$p_x=C_3 \tag{7-16}$$

$$v_{Cx}=C_4 \tag{7-17}$$

两式中的 C_3 与 C_4 为两个常标量，由运动的初始条件确定。式（7-16）和式（7-17）分别表示质点系动量和质心速度在 x 轴上的投影守恒。

7.2.5　动量定理应用于简单刚体系统

因为刚体的质心易于确定，所以将动量定理应用于单个刚体时，主要采用其质心运动形式——质心运动定理；对刚体系统而言，因为系统中每个刚体的质心比整个系统的质心易于确定，所以质心运动定理可变换为

$$M\boldsymbol{a}_C=\sum(M_i\boldsymbol{a}_{Ci})=\boldsymbol{F}_{\mathrm{R}}^{\mathrm{e}} \tag{7-18}$$

或

$$\frac{\mathrm{d}}{\mathrm{d}t}(M\boldsymbol{v}_C)=\frac{\mathrm{d}}{\mathrm{d}t}(\sum M_i\boldsymbol{v}_{Ci})=\boldsymbol{F}_{\mathrm{R}}^{\mathrm{e}} \tag{7-19}$$

式中，M_i、$\boldsymbol{v}_{Ci}$和 $\boldsymbol{a}_{Ci}$分别为系统中第 i 个刚体的质量及其质心的速度和加速度；M 为刚体系统的质量。

【例题 7-2】　图 7-5a 所示的电动机用螺栓固定在刚性基础上。设其外壳和定子的总质量为 m_1，质心位于转子转轴的中心 O_1；转子质量为 m_2，由于制造或安装时的偏差，转子质心 O_2 不在转轴中心上，偏心距 $O_1O_2=e$。已知转子以匀角速 ω 转动，试求基础对电动机机座的约束力。

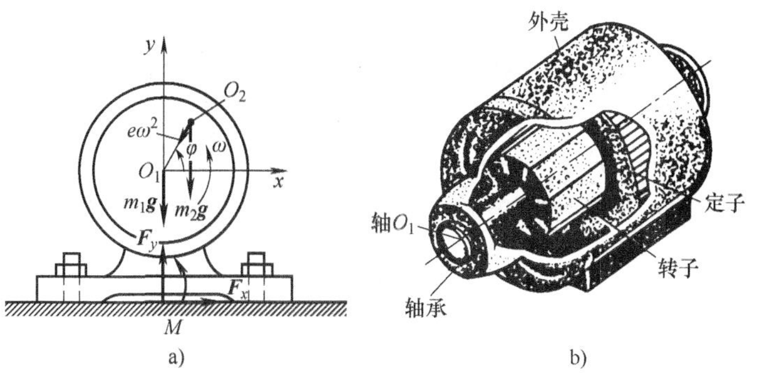

图 7-5　例题 7-2 图

解：本例已知转子的运动，求电动机所受的约束力，可用质心运动定理求解。

选择转子、定子、外壳组成的刚体系统为研究对象，这样可不考虑使转子转动的电磁内力偶、转子与定子轴承间的内约束力。系统受到的外力有：外壳和定子、转子的重力分别为

$m_1\boldsymbol{g}$ 与 $m_2\boldsymbol{g}$；机座上的分布约束力经向其中点简化得到一对正交约束力（$\boldsymbol{F}_x,\boldsymbol{F}_y$）以及一约束力偶 M。

外壳和定子静止，其动量为零，且无变化。转子以匀角速 ω 做定轴转动，其质心有法向加速度，大小为 $e\omega^2$。

根据式（7-19），有

$$\sum_i m_i a_{Cix} = F^{e}_{Rx},\quad m_1\cdot 0 - m_2 e\omega^2\cos\omega t = F_x \tag{a}$$

$$\sum_i m_i a_{Ciy} = F^{e}_{Ry},\quad m_1\cdot 0 - m_2 e\omega^2\sin\omega t = F_y - m_1 g - m_2 g \tag{b}$$

由此，解出机座的约束力

$$F_x = -m_2 e\omega^2\cos\omega t \tag{c}$$

$$F_y = m_1 g + m_2 g - m_2 e\omega^2\sin\omega t \tag{d}$$

由上述结果，可以得到关于转子偏心引起的动约束力或轴承动约束力的几点结论：

1）电动机约束力由两部分组成：由重力 $m_1\boldsymbol{g}$ 与 $m_2\boldsymbol{g}$ 引起的**静约束力**（或**静反力**）；由转子质心的运动状态变化引起的**动约束力**（或称**动反力**），其在 x 方向上的分量为 $-m_2 e\omega^2\cos(\omega t)$，在 y 方向上的分量为 $-m_2 e\omega^2\sin(\omega t)$。

2）动约束力与 ω^2 成正比。当转子的转速很高时，其数值可以达到静约束力的几倍，甚至十几倍。而且，这种约束力呈周期性变化，必然引起机座和基础的振动，进而影响安放在基础上其他设备的精度和强度，同时还会在有关构件内引起交变应力，并产生疲劳破坏。

请读者思考，能否应用质点系动量定理求解电动机机座上约束力偶的大小 M？

【例题 7-3】　若例题 7-2 中的电动机机座与基础之间无螺栓固定，且为绝对光滑，电动机外壳与定子只能做平移运动，如图 7-6a 所示。初始时，$\varphi=0$，$v_{O_2x}=0$，$v_{O_2y}=e\omega$，当电动机转子仍以匀角速度 ω 转动时，试求：

（1）机座铅垂方向的约束力；

（2）电动机跳起的条件；

（3）外壳在水平方向的运动方程。

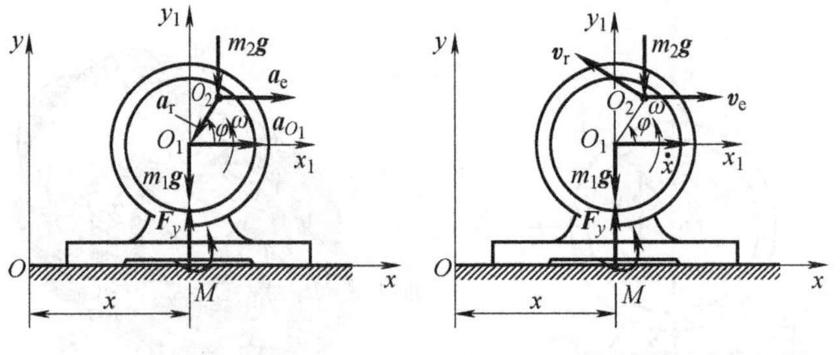

图 7-6　例题 7-3 图

解：仍以电动机整体作为研究对象。它所受到的外力除重力 $m_1\boldsymbol{g}$ 与 $m_2\boldsymbol{g}$ 外，机座上被简化的约束力只有 $\boldsymbol{F}_y$ 和约束力偶 M。

建立定坐标系 Oxy，动坐标系 $O_1x_1y_1$ 为原点置于点 O_1 的平移系。将电动机外壳置于轴 x 的正方向上，转子的偏心距 O_1O_2 置于角 φ 的一般位置（$O_1x_1y_1$ 的第一象限）上。因为转

子以角速度 ω 做匀角速转动，故 $\varphi=\omega t$。

（1）**机座的铅垂方向约束力**

本例中，外壳的运动为平移，设其质心 O_1 的加速度 $\boldsymbol{a}_{O_1}$沿轴 x 的正向；转子为平面运动，其质心 O_2 的加速度由牵连加速度 $\boldsymbol{a}_e=\boldsymbol{a}_{O_1}$与相对加速度 $\boldsymbol{a}_r(a_r=e\omega^2)$ 组成，如图 7-6a 所示。

在 y 方向上应用质心运动定理，有

$$m_1\times0-m_2e\omega^2\sin(\omega t)=F_y-m_1g-m_2g$$

$$F_y=m_1g+m_2g-m_2e\omega^2\sin\omega t \tag{a}$$

其结果与例题 7-2 中所得结果［式（d）］相同。

（2）**电动机跳起的条件**

式（a）虽然在形式上与上例的式（d）一样，但由于约束条件不同（本例在 y 方向上只限制向下的运动，不限制向上的运动），所以本例存在上例中不可能存在的跳起问题，也称脱离约束问题，即电动机跳离地面从而脱离地面约束。

脱离约束的力学含义是约束力为零。于是令约束力的表达式等于零，即可得到脱离约束条件。由式（a）可知，是否有 $F_y=0$，这取决于角速度 ω 的大小。为了求得电动机跳起的最小角速度 $\omega_{\min}$，令

$$\sin\omega t=1 \tag{b}$$

此时转子质心 O_2 处于最高位置。根据式（a），并令 $F_y=0$，解得

$$\omega_{\min}=\sqrt{\frac{(m_1+m_2)g}{m_2e}} \tag{c}$$

（3）**外壳在水平方向的运动方程**

因电动机在 x 方向不受力，即 $F_{Rx}^e=0$，故在 x 方向动量守恒。初始时，x 方向的动量为零，根据式（7-16），有

$$p_x=0,\quad m_1v_{O_1x}+m_2v_{O_2x}=0 \tag{d}$$

如图 7-4b 所示，设外壳质心速度 $\boldsymbol{v}_{O_1}$沿轴 x 的正向，$v_{O_1x}=\dot{x}$；转子质心 O_2 的牵连速度 $\boldsymbol{v}_e=\boldsymbol{v}_{O_1}=\dot{x}$；相对速度 $\boldsymbol{v}_r$ 的大小为 $e\omega$，方向垂直于 O_1O_2，与角速度 ω 的转动方向一致。于是，式（d）变成

$$m_1\dot{x}+m_2(\dot{x}-e\omega\sin\omega t)=0 \tag{e}$$

整理后得

$$(m_1+m_2)\dot{x}=m_2e\omega\sin\omega t \tag{f}$$

考虑本例中所给的运动初始条件，积分式（f）得

$$\int_0^x \mathrm{d}x=\frac{m_2e}{m_1+m_2}\int_0^t \sin\omega t\,\mathrm{d}(\omega t)$$

故

$$x=\frac{m_2e}{m_1+m_2}(1-\cos\omega t) \tag{g}$$

此即电动机在水平方向的运动方程。这一方程表明：电动机在 x 方向上，以 $x=\dfrac{m_2e}{m_1+m_2}$为平

衡位置、$\frac{m_2e}{m_1+m_2}$为振幅做简谐运动。当角 φ 按逆时针方向从 0 到 π 时，电动机向右运动两个振幅；当 φ 再从 π 到 2π 时，电动机又向左运动两个振幅；如此循环往复。

（4）**本例讨论**

本例题中，电动机的水平运动与跳起运动是蛤蟆夯（又称蛙式打夯机）的力学模型。蛤蟆夯是建筑工地上常用的一种小型施工机械，其作用是夯实地面（见图 7-7）。在电动机起动后，固结在转子轴 1 上的小带轮便通过传动带带动大带轮以角速度 ω 绕轴 2 转动。由于大带轮与安装偏心块的飞轮相固结，因此二者运动相同。夯体可绕轴 3 转动，同时又套在轴 2 上。工作时夯体在偏心飞轮带动下不断地跳起再落下，从而将地面夯实。

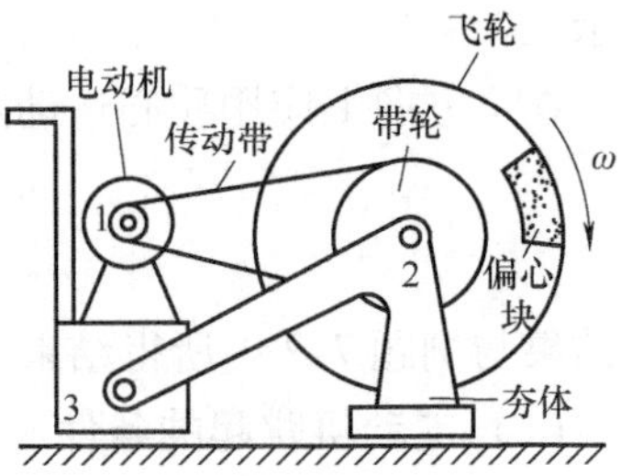

图 7-7 蛤蟆夯

蛤蟆夯的动作与电动机运动的不同点是，其整体并不在地面上做简谐运动，而是像蛤蟆（青蛙）一样自动地跳动向前，从而不断地夯实新的地面。有兴趣的读者可以对其进行动力学分析。

7.3 动量矩定理

本节主要研究质点系的动量矩定理、刚体定轴转动微分方程和刚体平面运动微分方程：首先将物理学中的质点动量矩定理推广到质点系，得到质点系对定点的动量矩定理，然后再由质点系对定点的动量矩定理推导质点系相对质心的动量矩定理。对刚体动力学而言，本节还将导出刚体定轴转动微分方程和刚体平面运动微分方程。

7.3.1 质点系对定点的动量矩定理

1. 质点系整体运动的基本特征量之二：动量的主矩

考察由 n 个质点组成的质点系，如图 7-8 所示。其中第 i 个质点的质量、位矢和速度分别为 m_i、$\boldsymbol{r}_i$ 和 $\boldsymbol{v}_i$。

（1）**质点的动量矩** 质点 i 的动量对于点 O 之矩称为质点的动量矩（moment of momentum）。即

$$\boldsymbol{L}_{Oi}=\boldsymbol{r}_i\times m_i\boldsymbol{v}_i \tag{7-20}$$

质点的动量矩是定位矢量，其作用点在所选的矩心 O 上。它是度量质点运动的另一个基本特征量。例如，行星围绕太阳在椭圆轨道上运动，虽然由太阳引向行星的位矢和动量都在不断变化，但是行星动量对太阳中心之矩却是不变的，即动量矩守恒（开普勒的面积速度定律）。以上说明用动量矩可以度量质点运动的另一种效应，并具有明显的物理意义。

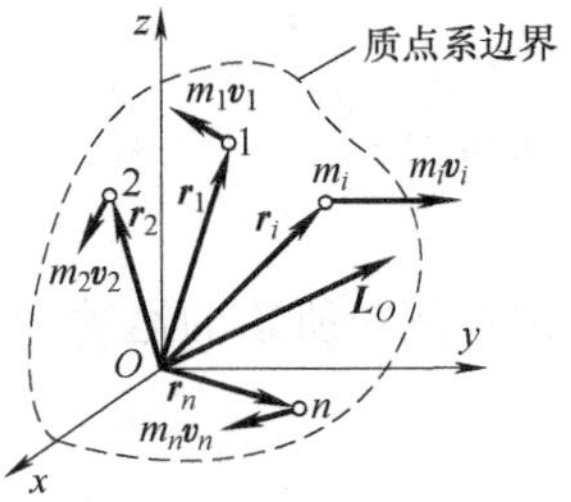

图 7-8 质点系的动量系及其主矩

（2）**质点系的动量矩** 图 7-8 所示动量系为 $(m_1\boldsymbol{v}_1, m_2\boldsymbol{v}_2, \cdots, m_n\boldsymbol{v}_n)$。质点系中各质点动量对点 O 之矩的矢量和即动量系主矩称为质点系对点 O 的动量矩，即

$$L_O=\sum r_i\times m_i v_i \tag{7-21}$$

质点系的动量矩是定位矢量，其作用点在所选的矩心 O 上，它是度量质点系整体运动的另一个基本特征量。

2. 质点系对定点的动量矩定理

质点的动量矩对时间求导，得

$$\begin{aligned}\frac{\mathrm{d}}{\mathrm{d}t}(\boldsymbol{r}\times m\boldsymbol{v})&=\frac{\mathrm{d}\boldsymbol{r}}{\mathrm{d}t}\times m\boldsymbol{v}+\boldsymbol{r}\times\left(m\frac{\mathrm{d}\boldsymbol{v}}{\mathrm{d}t}\right)\\&=\boldsymbol{v}\times m\boldsymbol{v}+\boldsymbol{r}\times\boldsymbol{F}=\boldsymbol{M}_O\end{aligned} \tag{7-22}$$

式中，$\boldsymbol{F}$ 为作用于质点上的力；$\boldsymbol{M}_O$ 为力 $\boldsymbol{F}$ 对定点 O 之矩。该式表明，质点对定点 O 的动量矩对时间的一阶导数，等于作用在质点上的力对同一点之矩。

现将质点系中第 i 个质点上的作用力分为外力 $\boldsymbol{F}_i^{\mathrm{e}}$ 和内力 $\boldsymbol{F}_i^{\mathrm{i}}$，并将式（7-22）改写为

$$\frac{\mathrm{d}}{\mathrm{d}t}(\boldsymbol{r}_i\times m_i\boldsymbol{v}_i)=\boldsymbol{r}_i\times\boldsymbol{F}_i^{\mathrm{e}}+\boldsymbol{r}_i\times\boldsymbol{F}_i^{\mathrm{i}} \tag{7-23}$$

对于由 n 个质点组成的质点系，对所有质点求和得

$$\sum\frac{\mathrm{d}}{\mathrm{d}t}(\boldsymbol{r}_i\times m_i\boldsymbol{v}_i)=\sum\boldsymbol{r}_i\times\boldsymbol{F}_i^{\mathrm{e}}+\sum\boldsymbol{r}_i\times\boldsymbol{F}_i^{\mathrm{i}}$$

互换求导和求和的运算顺序，并注意到 $\sum\boldsymbol{r}_i\times\boldsymbol{F}_i^{\mathrm{i}}=\boldsymbol{0}$，得

$$\frac{\mathrm{d}}{\mathrm{d}t}\sum(\boldsymbol{r}_i\times m_i\boldsymbol{v}_i)=\sum\boldsymbol{r}_i\times\boldsymbol{F}_i^{\mathrm{e}} \tag{7-24a}$$

或

$$\frac{\mathrm{d}\boldsymbol{L}_O}{\mathrm{d}t}=\boldsymbol{M}_O^{\mathrm{e}} \tag{7-24b}$$

这表明，质点系对定点 O 的动量矩对时间的一阶导数等于作用在该质点系上外力系对同一点的主矩。此即质点系对定点的动量矩定理（theorem of the moment of momentum of a system of particles）。

由式（7-24）可知，质点系动量矩的变化仅取决于外力系的主矩，内力不能改变质点系的动量矩。式（7-24）是质点系动量矩定理的微分形式。

（1）质点系动量矩定理的投影式——质点系对定轴的动量矩定理 将式（7-24b）等号两边的各项投影到以定点 O 为原点的直角坐标系 $Oxyz$ 上，得

$$\begin{cases}\dfrac{\mathrm{d}L_x}{\mathrm{d}t}=M_x^{\mathrm{e}}\\[2mm]\dfrac{\mathrm{d}L_y}{\mathrm{d}t}=M_y^{\mathrm{e}}\\[2mm]\dfrac{\mathrm{d}L_z}{\mathrm{d}t}=M_z^{\mathrm{e}}\end{cases} \tag{7-25}$$

这就是质点系对定点的动量矩定理的投影形式，也称为质点系对定轴的动量矩定理，即质点系对定轴的动量矩对时间的一阶导数等于作用在质点系上的外力系对同一轴之矩。

（2）质点系动量矩定理的守恒形式 在式（7-24b）中，若外力系对定点 O 的主矩 $\boldsymbol{M}_O^{\mathrm{e}}=\boldsymbol{0}$，则质点系对该点的动量矩守恒，即

$$\boldsymbol{L}_O=\boldsymbol{C} \tag{7-26}$$

在式（7-25）中，若外力系对定轴（如对 z 轴）之矩为零，则质点系对该轴的动量矩守恒，即

$$L_z=C_1 \tag{7-27}$$

【例题 7-4】 图 7-9 所示为二猴爬绳比赛。猴 A 与猴 B 的质量相等，即 $m_A=m_B=m$。爬绳时，猴 A 相对绳爬得快，猴 B 相对绳爬得慢。二猴分别抓住缠绕在定滑轮 O 上的软绳的两端，从同一高度，由静止开始同时向上爬。假设不计绳子与滑轮质量，不计轴 O 的摩擦，试分析比赛结果。另外，若已知二猴相对绳子的速度大小分别为 $v_{A\mathrm{r}}$ 与 $v_{B\mathrm{r}}$，试分析绳子的绝对速度 v。

解：考察由滑轮、绳、二猴组成的质点系。由于二猴重力对轴 O 之矩的代数和为零，即

$$m_Bgr-m_Agr=0 \tag{a}$$

式中，r 为滑轮半径。所以，质点系对轴 O 的动量矩守恒，且等于零，即

$$L_O=m_Av_{A\mathrm{a}}r-m_Bv_{B\mathrm{a}}r=0 \tag{b}$$

即

$$v_{A\mathrm{a}}=v_{B\mathrm{a}} \tag{c}$$

这一结果表明，二猴的绝对速度大小永远相等，方向相同，比赛结果为同时到达顶端。

假设绳子运动的绝对速度大小为 v，则有

$$v_{A\mathrm{a}}=v_{A\mathrm{r}}-v,\quad v_{B\mathrm{a}}=v_{B\mathrm{r}}+v \tag{d}$$

这样得到绳子的绝对速度

$$v=\frac{v_{A\mathrm{r}}-v_{B\mathrm{r}}}{2} \tag{e}$$

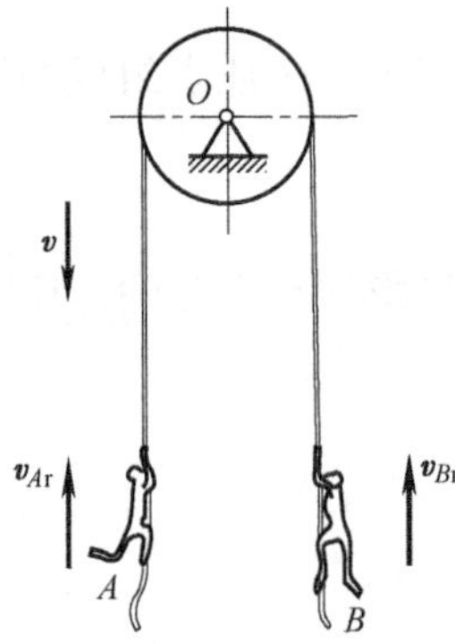

图 7-9　例题 7-4 图

实际上，猴子的体力差别只影响它们相对绳子的运动速度。为了满足系统整体对轴 O 的动量矩为零，绳子必然同弱猴一起向上运动，同时以自己的速度作为弱猴向上的牵连速度而帮助它运动。因此，弱猴即使不向上爬，而只将身体吊挂在绳子上，绳子也会在强猴到达终点的同时将其带到同一高度上。

请读者思考： 若考虑滑轮的质量且绳与滑轮间没有相对滑动，则如何求解本题？

7.3.2　刚体定轴转动微分方程

1. 刚体定轴转动微分方程

应用质点系对定轴的动量矩定理［式（7-25）］，可以得到刚体定轴转动微分方程。设刚体绕定轴 z 转动（见图 7-10），其角速度与角加速度分别为 ω 与 α。刚体上第 i 个质点的质量为 m_i，至轴 z 的距离为 r_i，其动量 $p_i=m_ir_i\omega$，则刚体对定轴 z 的动量矩为

$$L_z=\sum m_ir_i\omega\cdot r_i=\sum(m_ir_i^2)\omega=J_z\omega \tag{7-28}$$

式中，

$$J_z=\sum m_ir_i^2$$

称为刚体对轴 z 的转动惯量（moment of inertia）。

将式（7-28）代入式（7-25）的第三式，得

$$J_z\dot{\omega}=M_z^{\mathrm{e}} \tag{7-29a}$$

或

$$J_z\alpha=M_z^{\mathrm{e}} \tag{7-29b}$$

上式表明，刚体对定轴的转动惯量与角加速度的乘积，等于作用在刚体上的外力系对同一轴之矩，这就是刚体定轴转动微分方程（differential equations of rotation of rigid body with a fixed axis）。

式（7-29）也可以看作是质点系对定轴动量矩定理的一个推论。工程中做定轴转动的刚体较为普遍，所以式（7-29）具有重要的工程意义。

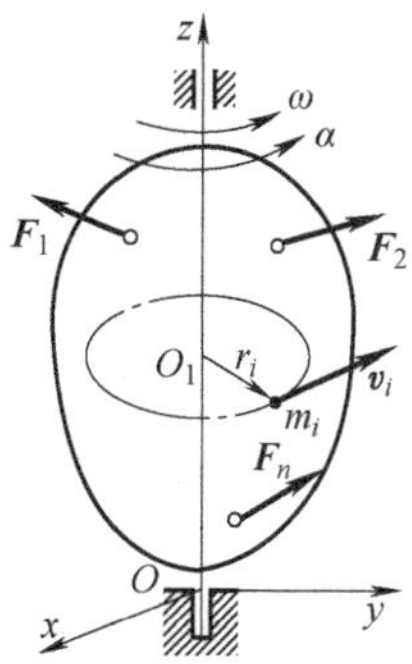

图 7-10 刚体定轴转动的动力学分析

2. 刚体对轴的转动惯量

（1）**转动惯量** 物理学中已初步建立了刚体对定轴 z 的转动惯量的概念，即

$$J_z=\sum m_i r_i^2=\sum m_i(x_i^2+y_i^2) \tag{7-30a}$$

或

$$J_z=\int_m r^2\mathrm{d}m=\int_m(x^2+y^2)\mathrm{d}m \tag{7-30b}$$

式中，$\mathrm{d}m$ 为第 i 个质点的质量微元。式（7-30）表明，转动惯量不仅与刚体的质量有关，而且与质量相对轴 z 的分布状况有关。

将牛顿第二定律 $m\boldsymbol{a}=\boldsymbol{F}$ 与刚体定轴转动微分方程 $J_z\alpha=M_z^{\mathrm{e}}$ 逐项进行比较，可以看出：转动惯量是刚体做定轴转动的惯性度量。

图 7-11a 所示为机器主轴上安装的飞轮，其作用是，用自身很大的转动惯量储存动能，以便在主轴出现转速波动时进行调节从而稳定主轴转速。即主轴转速下降时，由飞轮输出动能；相反则吸收动能。因此，它不仅质量大，而且将约 95%的质量集中在轮缘处，使其对转轴的转动惯量尽可能大。图 7-11b 所示为仪表的指针，它要求有较高的灵敏度，能较快且较准确地反映出仪器所测物理量的最小信号。因此，指针对转轴的转动惯量要小。为此不仅要用较少的轻金属制成，而且要将较多质量集中在转轴附近。

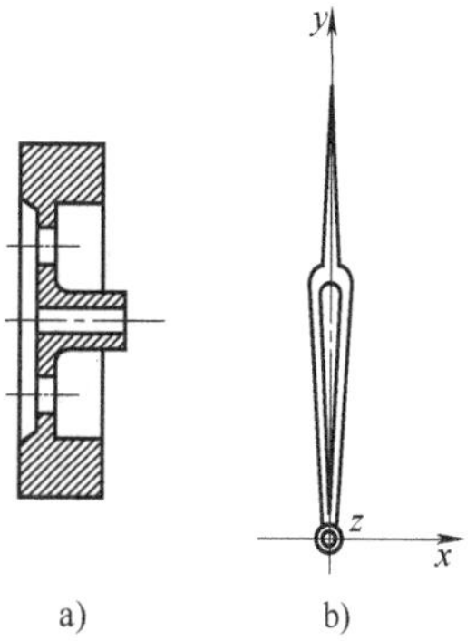

图 7-11 机器飞轮与仪表指针的转动惯量比较

（2）**回转半径** 质量为 m 的刚体对轴 z 的转动惯量 J_z 可表示为

$$J_z=m\rho_z^2 \quad 或 \quad \rho_z=\sqrt{\frac{J_z}{m}} \tag{7-31}$$

式中，ρ_z 称为回转半径（radius of gyration）。回转半径的含义是，若将刚体的质量 m 集中在距离轴 z 为 ρ_z 的圆周上，其转动惯量与原刚体的转动惯量相等。

（3）**转动惯量的平行轴定理** 图 7-12 所示的轴 z 和轴 z_C 互相平行，轴 z_C 通过刚体质心。根据刚体转动惯量的定义，可以证明，刚体对于平行轴的转动惯量存在以下关系：

$$J_z=J_{zC}+md^2 \tag{7-32}$$

该式表明，刚体对某轴（例如轴 z）的转动惯量，等于刚体对通过质心 C 并与之平行的轴（例如轴 z_C）的转动惯量，加上刚体质量 m 与两轴距离 d 的平方的乘积。这就是**转动惯量的平行轴定理**（parallel-axis theorem of moment of inertia）。

请读者思考：在图 7-12 中另有与轴 z 平行的轴 z_1，刚体对该两轴的转动惯量是否能够写出以下关系，即 $J_{z1}=J_z+md_1^2$？其中，d_1 为轴 z 与 z_1 之间的距离。

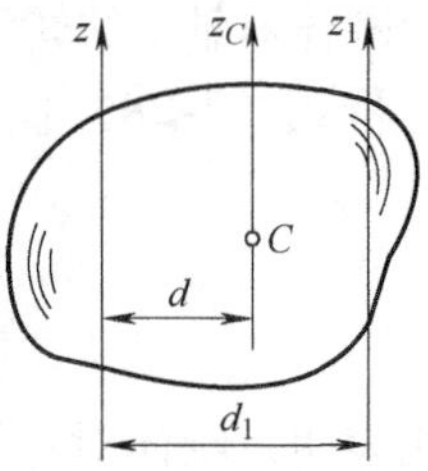

图 7-12 刚体对平行轴的转动惯量

（4）**具有简单几何形状的均质刚体的转动惯量** 图 7-13 与图 7-14分别表示质量为 m、长为 l 的均质细直杆与质量为 m、半径为 R 的均质圆板。其转动惯量均示于表 7-1 中。

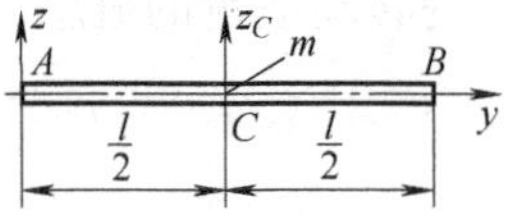

图 7-13 质量为 m、长为 l 的均质细直杆

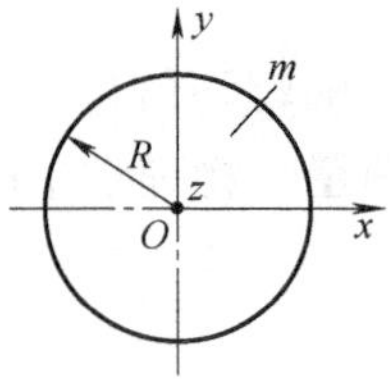

图 7-14 质量为 m、半径为 R 的均质圆板

表 7-1 具有简单几何形状的均质刚体的转动惯量

质量为 m、长为 l 的均质细直杆	$J_z=\frac{1}{3}ml^2$，$J_{zC}=\frac{1}{12}ml^2$
质量为 m、半径为 R 的均质圆板	$J_x=J_y=\frac{1}{4}mR^2$，$J_z=\frac{1}{2}mR^2$

【例题 7-5】 如图 7-15 所示，飞轮以初角速度 ω_O 绕轴 O 转动，飞轮对轴 O 的转动惯量为 J_O。制动时其摩擦阻力矩 $M=-k\omega$（k 为比例系数），试求：（1）飞轮经过多长时间角速度减小为初角速度的一半；（2）同一时间段内飞轮转过的转数是多少？

解：（1）**求飞轮经过多长时间角速度减少为初角速度的一半**

飞轮绕轴 O 转动的微分方程为

$$J_O\frac{\mathrm{d}\omega}{\mathrm{d}t}=M \quad \text{(a)}$$

将摩擦阻力矩 $M=-k\omega$ 代入上式有

$$J_O\frac{\mathrm{d}\omega}{\mathrm{d}t}=-k\omega \quad \text{(b)}$$

采用分离变量法，积分下式

$$\int_{\omega_O}^{\frac{\omega_O}{2}}J_O\frac{\mathrm{d}\omega}{\omega}=-\int_0^t k\mathrm{d}t$$

解得时间

$$t=\frac{J_O}{k}\ln 2$$

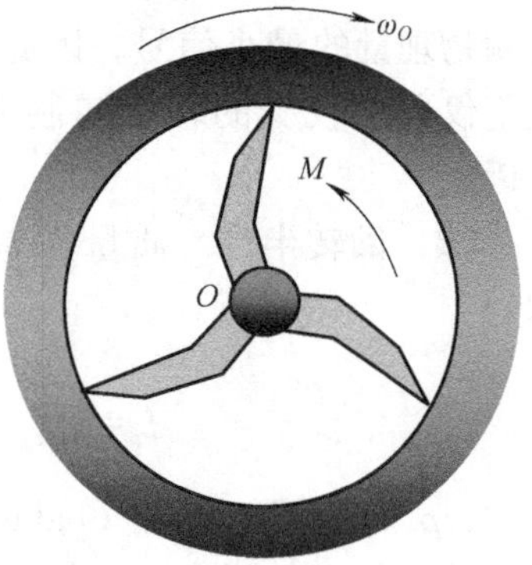

图 7-15 例题 7-5 图

（2）**求角速度减少为初角速度的一半时飞轮转过的转数**

式（b）右边可改写为

$$J_O\frac{\mathrm{d}\omega}{\mathrm{d}t}=-k\frac{\mathrm{d}\varphi}{\mathrm{d}t}$$

方程的两边消去 dt，并做积分得

$$\int_{\omega_O}^{\frac{\omega_O}{2}}J_O\mathrm{d}\omega=\int_0^{\varphi}(-k)\mathrm{d}\varphi$$

解得飞轮转过的角度

$$\varphi=\frac{J_O\omega_O}{2k}$$

因此飞轮转过的转数

$$n=\frac{\varphi}{2\pi}=\frac{J_O\omega_O}{4\pi k}$$

【例题 7-6】　在重力作用下能绕固定轴摆动的物体称为复摆（compound pendulum）或物理摆（physical pendulum），如图 7-16 所示。复摆的质心不在悬挂轴上。设摆的质量为 m，质心为 C，物体对通过质心并平行于悬挂轴的回转半径为 ρ_C，d 为质心到悬挂轴的距离。试求复摆做小摆动时的周期。

解：取复摆为研究对象，并规定以逆时针转向为正。

由式（7-29b），复摆的运动微分方程为

$$m(\rho_C^2+d^2)\ddot{\varphi}=-mgd\sin\varphi$$

$$\ddot{\varphi}+\frac{gd}{\rho_C^2+d^2}\sin\varphi=0 \tag{a}$$

当摆角 φ 很小时，有 $\sin\varphi\approx\varphi$，式（a）可化为

$$\ddot{\varphi}+\frac{gd}{\rho_C^2+d^2}\varphi=0 \tag{b}$$

因此复摆做小摆动时的周期

$$T=2\pi\sqrt{\frac{\rho_C^2+d^2}{gd}} \tag{c}$$

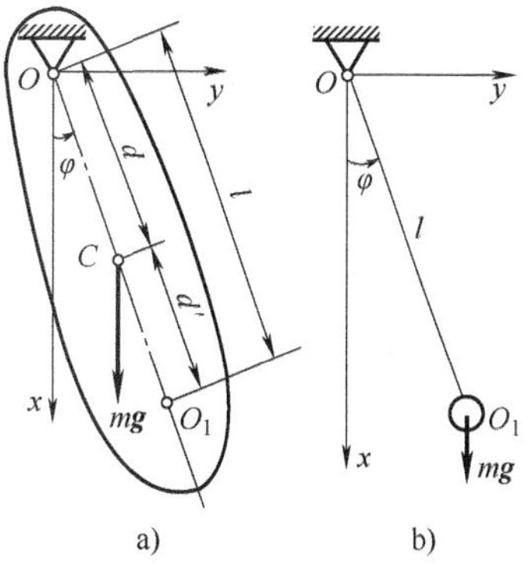

图 7-16　例题 7-6 图

本例讨论：

（1）**利用复摆测量物体对轴的转动惯量**

将物体悬挂在轴上，并测量出摆的周期后，可按由式（7-32）与本例题式（c）得出的下式，计算物体对于通过质心 C 的水平轴的转动惯量：

$$J_C=m\rho_C^2=mgd\left(\frac{T^2}{4\pi^2}-\frac{d}{g}\right) \tag{d}$$

这样，利用转动惯量的平行轴定理，即可求出物体对于过任一点的水平轴的转动惯量。

（2）**复摆的简化摆长**（或称等价摆长）

由式（b）和式（c）可以看出，复摆与单摆的运动微分方程类似，运动规律也类似，故可以找到与复摆的摆动完全一样的等价单摆（见图 7-16b）。

质量为 m、长为 l 的单摆的小幅摆动周期为

$$T=2\pi\sqrt{\frac{l}{g}}$$

将此式与式（c）相比较可知，若取长度 $l=\dfrac{\rho_C^2+d^2}{d}$ 作为单摆摆长，则单摆与复摆的运动规律类似，这一摆长称为复摆的简化摆长（或等价摆长）。

（3）用三线摆法测量复杂形状物体的转动惯量

由三根等长的平行线等间距地悬挂，并能绕其对称轴做扭转摆动的装置称为三线摆，如图 7-17a 所示。设每根线的长度均为 l、转动惯量待测的圆盘（或转动惯量待测的复杂形状物体）外径为 R，三根线对称地拴在圆盘外圆周上，圆盘重（或复杂形状物体重）W。

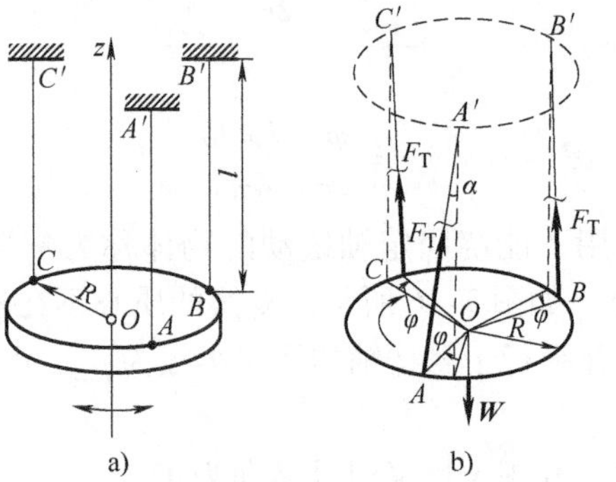

图 7-17　三线摆装置及其在一般位置上的运动与受力分析

请读者用对定轴 z 的动量矩定理列写三线摆的运动微分方程，并说明用它测量物体转动惯量 J_z 的力学原理；设计测量 J_z 的方法与步骤，例如测量对通过汽车质心的铅垂轴 z 的转动惯量 J_z。

7.3.3　质点系相对质心的动量矩定理

采用式（7-24b）和式（7-25）表述动量矩定理时，其动量矩和外力矩的矩心（或轴）为惯性参考系中的固定点（或轴）。质点系中各质点的动量也是其质量与绝对速度的乘积。但实际中常需要研究质点系在质心平移系（非惯性参考系）中做相对运动时，对质心的动量矩变化率与外力系对质心主矩之间的关系。例如，运动员腾空后，可通过质心运动定理描述其质心的运动，但相对质心所做的各种转体动作则需采用相对质心的动量矩定理描述。

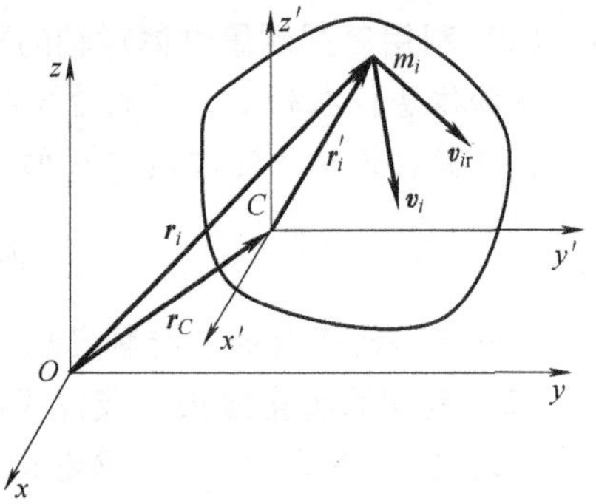

图 7-18　质点系对质心的动量矩

1. 质点系相对质心的动量矩

如图 7-18 所示，$Oxyz$ 为固定参考系，$Cx'y'z'$ 为跟随质心平移的参考系。质点系边界内第 i 个质点的质量为 m_i，$\boldsymbol{r}_i$ 和 $\boldsymbol{r}_i'$ 分别为质点 i 相对于点 O 和质心 C 的位矢，$\boldsymbol{v}_i$ 和 $\boldsymbol{v}_{ir}$ 分别为质点 i 相对于固定参考系 $Oxyz$ 和动系 $Cx'y'z'$ 的速度。

质点系中各质点在平移参考系 $Cx'y'z'$ 中的相对运动动量对质心 C 之矩的矢量和，或其相对运动动量的主矩，称为质点系相对质心 C 的动量矩，即

$$\boldsymbol{L}_C=\sum \boldsymbol{r}_i'\times m_i\boldsymbol{v}_{ir} \tag{7-33}$$

根据

$$\boldsymbol{v}_i=\boldsymbol{v}_C+\boldsymbol{v}_{ir}$$

和

$$\sum \boldsymbol{r}_i'\times m_i\boldsymbol{v}_C=(\sum m_i\boldsymbol{r}_i')\times\boldsymbol{v}_C=m\boldsymbol{r}_C'\times\boldsymbol{v}_C=\boldsymbol{0}$$

可得

$$\boldsymbol{L}_C=\sum \boldsymbol{r}_i'\times m_i\boldsymbol{v}_i \tag{7-34}$$

注意：$\boldsymbol{L}_C$ 也是定位矢量，其作用点在质心 C 处。

2. 质点系相对质心的动量矩定理

由图 7-18 可见

$$\boldsymbol{r}_i=\boldsymbol{r}_C+\boldsymbol{r}_i'$$

故质点系对定点 O 的动量矩

$$\boldsymbol{L}_O=\sum \boldsymbol{r}_i\times m_i\boldsymbol{v}_i=\boldsymbol{r}_C\times\sum m_i\boldsymbol{v}_i+\sum \boldsymbol{r}_i'\times m_i\boldsymbol{v}_i$$

将质点系的动量 $\sum m_i\boldsymbol{v}_i=m\boldsymbol{v}_C$ 代入上式得

$$\boldsymbol{L}_O=\sum \boldsymbol{r}_i\times m_i\boldsymbol{v}_i=\boldsymbol{r}_C\times m\boldsymbol{v}_C+\sum \boldsymbol{r}_i'\times m_i\boldsymbol{v}_i$$

注意到式（7-34），得

$$\boldsymbol{L}_O=\sum \boldsymbol{r}_i\times m_i\boldsymbol{v}_i=\boldsymbol{r}_C\times m\boldsymbol{v}_C+\boldsymbol{L}_C \tag{7-35}$$

上式表明，质点系对定点 O 的动量矩等于集中于质心 C 的动量对定点 O 的动量矩，以及质点系相对质心 C 的动量矩之矢量和。

根据质点系对定点 O 的动量矩定理，有

$$\frac{\mathrm{d}}{\mathrm{d}t}(\boldsymbol{r}_C\times m\boldsymbol{v}_C+\boldsymbol{L}_C)=\sum \boldsymbol{r}_i\times\boldsymbol{F}_i^{\mathrm{e}}$$

将 $\boldsymbol{r}_i=\boldsymbol{r}_C+\boldsymbol{r}_i'$代入上式得

$$\frac{\mathrm{d}\boldsymbol{r}_C}{\mathrm{d}t}\times m\boldsymbol{v}_C+\boldsymbol{r}_C\times\frac{\mathrm{d}m\boldsymbol{v}_C}{\mathrm{d}t}+\frac{\mathrm{d}\boldsymbol{L}_C}{\mathrm{d}t}=\sum \boldsymbol{r}_C\times\boldsymbol{F}_i^{\mathrm{e}}+\sum \boldsymbol{r}_i'\times\boldsymbol{F}_i^{\mathrm{e}}$$

注意到

$$\frac{\mathrm{d}\boldsymbol{r}_C}{\mathrm{d}t}\times m\boldsymbol{v}_C=\boldsymbol{v}_C\times m\boldsymbol{v}_C=\boldsymbol{0}$$

$$\boldsymbol{r}_C\times\frac{\mathrm{d}m\boldsymbol{v}_C}{\mathrm{d}t}=\boldsymbol{r}_C\times\sum\boldsymbol{F}_i^{\mathrm{e}}=\sum \boldsymbol{r}_C\times\boldsymbol{F}_i^{\mathrm{e}}$$

于是得

$$\frac{\mathrm{d}\boldsymbol{L}_C}{\mathrm{d}t}=\sum \boldsymbol{r}_i'\times\boldsymbol{F}_i^{\mathrm{e}}$$

或

$$\frac{\mathrm{d}\boldsymbol{L}_C}{\mathrm{d}t}=\boldsymbol{M}_C^{\mathrm{e}} \tag{7-36}$$

这一结果表明，质点系相对质心的动量矩对时间的一阶导数，等于作用于质点系上的外力系

对质心的主矩。此即质点系相对质心的动量矩定理。

3. 关于质点系相对质心动量矩定理的讨论

1）质点系相对质心的动量矩的变化仅决定于外力系的主矩，内力不能改变质点系相对质心的动量矩。

2）式（7-36）在形式上与质点系对定点的动量矩定理完全相同。需要注意的是，只有动点取为质心时才有此形式。这里再次显示出质心这个特殊点的动力学性质。

3）质点系动量定理与相对质心的动量矩定理

$$\frac{\mathrm{d}\boldsymbol{p}}{\mathrm{d}t}=\boldsymbol{F}_{\mathrm{R}}^{\mathrm{e}},\quad \frac{\mathrm{d}\boldsymbol{L}_C}{\mathrm{d}t}=\boldsymbol{M}_C^{\mathrm{e}}$$

分别描述了质点系质心的运动和相对质心的运动。因此，两定理联合完成了对一般质点系整体运动的动力学描述。二者相辅相成，共同构成质点系普遍定理的动量方法。

4）若外力系对质心的主矩为零，即 $\boldsymbol{M}_C^{\mathrm{e}}=\boldsymbol{0}$，则由式（7-36）得

$$\boldsymbol{L}_C=\text{常矢量} \tag{7-37}$$

称为质点系相对质心的动量矩守恒。

4. 刚体平面运动微分方程

将质心运动定理与相对质心的动量矩定理应用于刚体平面运动动力学分析，得到用动量法完整描述刚体平面运动的动力学方程。所用方法与所得结果不仅对刚体平面运动动力学，而且对现代多刚体系统动力学都有重要意义，成为现代动力学中与由分析动力学发展的方法相并列的一种重要方法。

图7-19中的平面图形 S 是过平面运动刚体质心 C 的对称平面，在此平面内受外力系 $\boldsymbol{F}=(\boldsymbol{F}_1,\boldsymbol{F}_2,\cdots,\boldsymbol{F}_n)$ 作用。设 $Cx'y'$ 为原点固结于质心 C 的平移坐标系，则刚体平面运动可分解为随质心的平移和相对此平移系的转动。

由运动学分析结果，平面图形上任一点相对于质心 C（平移坐标系）的速度大小

$$v_{i\mathrm{r}}=r_i\omega$$

式中，ω 为平面图形的角速度；r_i 为该点到质心 C 的距离。于是刚体相对质心的动量矩可用代数量表示为

$$L_C=\sum r_i m_i v_{i\mathrm{r}}=\sum r_i m_i r_i\omega=\left(\sum m_i r_i^2\right)\omega=J_C\omega$$

式中，J_C 为刚体对于质心轴（过质心 C 且垂直于运动平面的轴）的转动惯量。

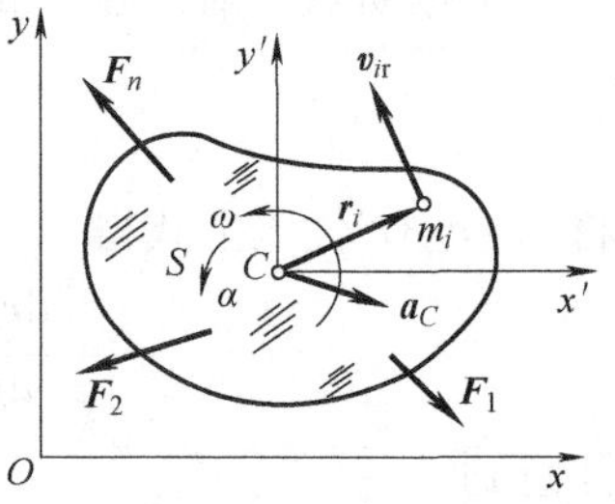

图7-19　平面图形 S 相对质心运动的动力学分析

当刚体做平面运动时，应用质心运动定理和相对质心的动量矩定理得

$$\begin{cases} m\boldsymbol{a}_C=\sum \boldsymbol{F}^{\mathrm{e}} \\ J_C\alpha=\sum M_C^{\mathrm{e}} \end{cases} \tag{7-38a}$$

式中，m 为刚体的质量；$\boldsymbol{a}_C$ 为刚体质心的加速度；α 为刚体的角加速度。式（7-38a）也可改写为投影形式的微分方程

$$\begin{cases} m\ddot{x}_C=\sum F_x^{\mathrm{e}} \\ m\ddot{y}_C=\sum F_y^{\mathrm{e}} \\ J_C\ddot{\varphi}=\sum M_C^{\mathrm{e}} \end{cases} \tag{7-38b}$$

式（7-38a）、式（7-38b）即为刚体平面运动微分方程（differential equation of planar motion of rigid body）。

1）质点系动量定理与相对质心的动量矩定理共同应用于刚体平面运动动力学分析时，前者描述了刚体质心的运动，后者描述了刚体相对质心（平移坐标）的转动。总之，二者联合完成了对刚体平面运动的整体运动，也是全部运动的动力学描述。

2）静力学研究作用于刚体上力系的基本特征量：主矢与主矩；运动学研究将刚体平面运动分解为随基点的平移和相对基点的转动。动力学将上述概念分别联系起来，而且只有对质心这个特殊点才能联系起来。

3）若式（7-38）等号的左边项均恒等于零，即刚体的动量与动量矩均恒无变化，则得到静力学中平面一般力系的平衡方程，即外力系的主矢与主矩均等于零。因此，质点系动量定理与动量矩定理还联合完成了对刚体平面运动的特例——平衡情形的静力学描述。这充分表明，静力学是刚体动力学的特例。

【例题 7-7】　如图 7-20 所示，半径为 r 的匀质圆轮从静止开始，沿倾斜角为 θ 的斜面无滑动地滚下，试求：

（1）圆轮滚至任意位置时质心的加速度 a_C；

（2）圆轮在斜面上不打滑的最小静摩擦因数。

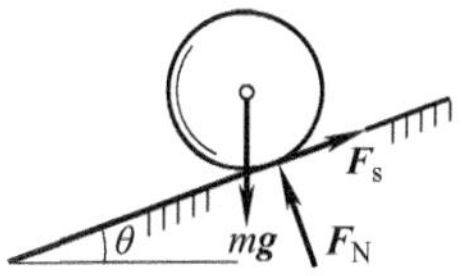

图 7-20　例题 7-7 图

解：圆轮在任意位置均受有重力 $m\boldsymbol{g}$、斜面支承力（光滑接触面约束力）$\boldsymbol{F}_{\mathrm{N}}$ 和静滑动摩擦力 $\boldsymbol{F}_{\mathrm{s}}$ 作用。不考虑滚动阻力偶。

（1）圆轮质心的加速度

圆轮做平面运动。根据刚体平面运动微分方程（7-38b），有

$$ma_C = mg\sin\theta - F \tag{a}$$

$$0 = mg\cos\theta - F_{\mathrm{N}} \tag{b}$$

$$J_C\alpha = F_{\mathrm{s}}r \tag{c}$$

上述三个方程中包含四个未知量：a_C、α、F_{N} 和 F_{s}，还需根据圆轮做纯滚动这一约束条件，补充运动学关系

$$a_C = r\alpha \tag{d}$$

由式（c）与式（d），得

$$F_{\mathrm{s}} = J_C \cdot \frac{\alpha}{r} = \frac{1}{2}mr^2 \cdot \frac{a_C}{r^2} = \frac{1}{2}ma_C \tag{e}$$

将式（e）代入式（a），得

$$a_C = \frac{2}{3}g\sin\theta \quad （沿斜面向下） \tag{f}$$

（2）圆轮在斜面上不打滑的最小静摩擦因数

将式（f）代入式（e），再考虑到圆轮在斜面上做纯滚动时，其滑动摩擦力一般小于最大静摩擦力这一性质，有

$$F_{\mathrm{s}} = \frac{1}{3}mg\sin\theta \leqslant F_{\mathrm{N}}f_{\mathrm{s}} \tag{g}$$

将式（b）代入式（g），得圆轮不打滑的最小静摩擦因数

$$f_{s,\min}=\frac{1}{3}\tan\theta \tag{h}$$

（3）**本例讨论**

圆轮在地面上从静止开始做纯滚动时，一般既有滚动阻力偶，也有滑动摩擦力。即使忽略前者，也必有后者，因为滑动摩擦力是使圆轮滚动的驱动力。此滑动摩擦力一般为静摩擦力，远小于最大静摩擦力。这正是使物体变滑动为滚动的得益之处。

如果式（h）不满足，则圆轮将产生滑动，图7-20中的 $\boldsymbol{F}_s$ 变为动摩擦力

$$F_s=F_N f_k \tag{i}$$

式中，f_k 为动摩擦因数。做此分析时，式（a）~式（c）在形式上没有变化，但式（d）不成立。读者可根据有关方程求解圆轮滑动时的质心加速度与角加速度。

【例题7-8】 质量为 m、长为 l 的均质杆 AB，A 端置于光滑水平面上，B 端用铅直绳 BD 连接，$\theta=60°$，如图7-21a所示。试求绳 BD 突然被剪断瞬时，杆 AB 的角加速度和 A 处的约束力。

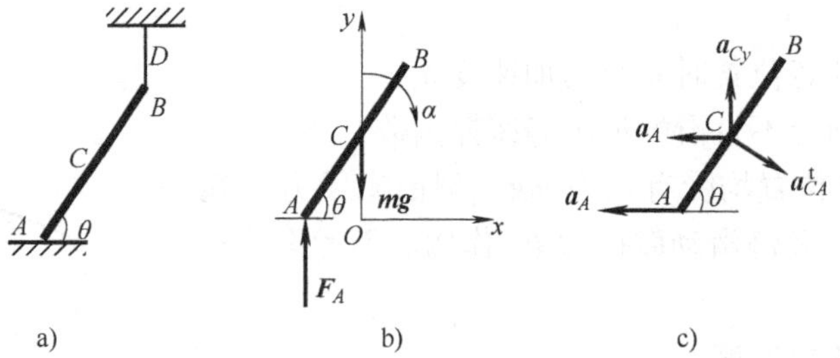

图7-21 例题7-8图

解：绳被剪断后，杆 AB 做平面运动，受力如图7-21b所示，应用式（7-38），有

$$ma_{Cx}=0 \tag{a}$$

$$ma_{Cy}=F_A-mg \tag{b}$$

$$J_C\alpha=F_A\cdot\frac{l}{2}\cos\theta \tag{c}$$

由式（a）可知，杆在水平方向质心守恒，即 $a_C=a_{Cy}$，质心 C 只在铅垂方向运动。式（b）和式（c）中有 a_{Cy}、F_A 和 α 三个未知量，需补充运动学方程。若以 A 为基点（见图7-21c），则根据平面运动刚体的速度分析的基点法，将各加速度在 y 方向投影，有

$$a_{Cy}=-a_{CA}^{t}\cos\theta=-\frac{l}{4}\alpha \tag{d}$$

联立式（b）~式（d），解得

$$\alpha=\frac{12g}{7l}$$

$$F_A=\frac{4}{7}mg$$

7.4 小结与讨论

7.4.1 小结

1. 动量定理

应用牛顿第二定律

$$m\boldsymbol{a}=\boldsymbol{F}$$

可以导出质点系的动量定理的微分形式：

$$\frac{\mathrm{d}\boldsymbol{p}}{\mathrm{d}t}=\sum \boldsymbol{F}_i^{\mathrm{e}}=\boldsymbol{F}_{\mathrm{R}}^{\mathrm{e}}$$

引入质心的概念，将动量表达式

$$\boldsymbol{p}=\sum m_i\boldsymbol{v}_i=M\boldsymbol{v}_C$$

代入上式后，便得到质心运动定理：

$$m\boldsymbol{a}_C=\boldsymbol{F}_{\mathrm{R}}^{\mathrm{e}}$$

比较牛顿第二定律和质心运动定理，可以发现二者具有基本相同的形式。但前者适用于质点，而后者适用于质点系。

2. 动量矩定理

1）质点系对点 O 的动量矩：

$$\boldsymbol{L}_O=\sum \boldsymbol{r}_i\times m_i\boldsymbol{v}_i$$

质点系相对质心 C 的动量矩：

$$\boldsymbol{L}_C=\sum \boldsymbol{r}_i'\times m_i\boldsymbol{v}_{i\mathrm{r}}=\sum \boldsymbol{r}_i'\times m_i\boldsymbol{v}_i$$

质点系对点 O 的动量矩与质点系相对质心 C 的动量矩之间的关系：

$$\boldsymbol{L}_O=\boldsymbol{r}_C\times m\boldsymbol{v}_C+\boldsymbol{L}_C$$

2）质点系对定点 O 的动量矩定理：

$$\frac{\mathrm{d}\boldsymbol{L}_O}{\mathrm{d}t}=\boldsymbol{M}_O^{\mathrm{e}}$$

质点系相对质心 C 的动量矩定理：

$$\frac{\mathrm{d}\boldsymbol{L}_C}{\mathrm{d}t}=\boldsymbol{M}_C^{\mathrm{e}}$$

3）刚体定轴转动微分方程：

$$J_z\alpha=M_z^{\mathrm{e}}$$

刚体平面运动微分方程：

$$\begin{cases}m\boldsymbol{a}_C=\sum \boldsymbol{F}^{\mathrm{e}}\\ J_C\alpha=\sum M_C^{\mathrm{e}}\end{cases}$$

7.4.2 几个有意义的实例

1. 驱动汽车行驶的力

一辆大马力的汽车，在崎岖不平的山路上可以畅通无阻。一旦开到结冰的光滑河面上，它却寸步难行。同一辆汽车，同样的发动机，为何有不同的结果？在汽车的发动机中，曲轴将扭矩传递给驱动轮，M 就是汽车行驶的原动力啊。你能解释清楚吗？（见图 7-22）

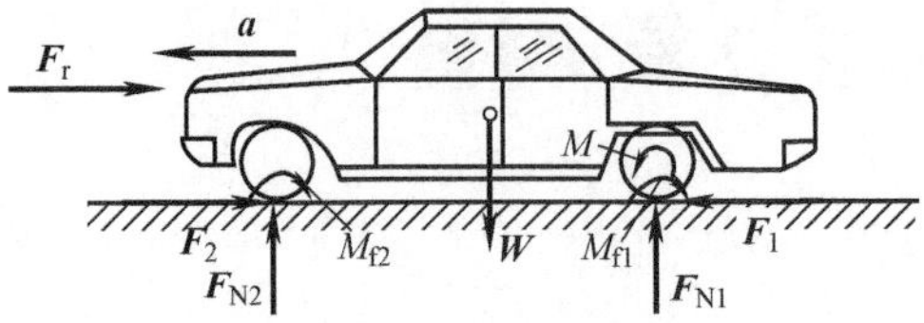

图 7-22 驱动汽车行驶的力

2. 直升机尾桨的平衡作用

直升机的旋翼转动时，空气对飞机产生升力，故它又称为升力螺旋桨。现在假设升力与重力相平衡，即直升机处于悬停状态，旋翼以匀角速 ω 绕定轴 z 转动（见图 7-23a）。

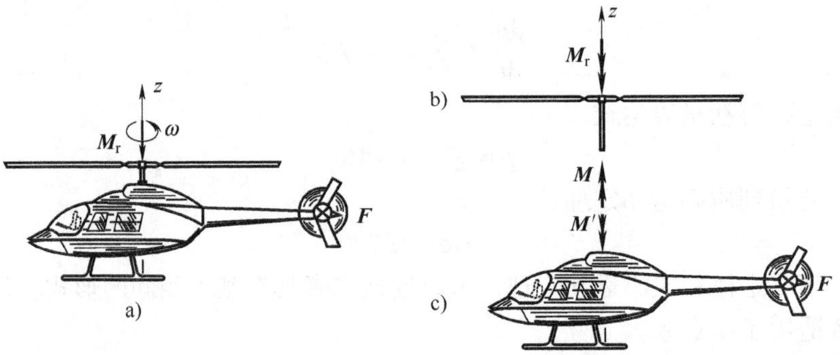

图 7-23 直升机整体系统与旋翼、机身子系统

考察直升机整体系统。空气除对其产生升力外，还产生气动阻力偶 $\boldsymbol{M}_r$。$\boldsymbol{M}_r$ 作用在旋翼上，也是作用在系统整体上，其方向与 ω 相反。这样，根据式（7-25）的第三式，如果没有尾桨，机身将在 $\boldsymbol{M}_r$ 作用下，产生与角速度 ω 反向的旋转。而尾桨旋转时，空气对其叶片产生垂直于纸面向内的气动力 $\boldsymbol{F}$，并使该力对轴 z 之矩与阻力偶 $\boldsymbol{M}_r$ 大小相等、方向相反，即 $\boldsymbol{M}_z(\boldsymbol{F})=-\boldsymbol{M}_r$，以使机身在空中保持平衡。

上述问题还可以将整体系统分为旋翼与机身两个子系统进行分析（见图 7-23b、c）。旋翼受气动阻力偶 $\boldsymbol{M}_r$ 与发动机的内主动力偶（对现在的考察对象则为外主动力偶）$\boldsymbol{M}$ 作用。因 $\boldsymbol{M}_r=-\boldsymbol{M}$，故由式（7-29a），旋翼将以匀角速 ω 旋转。另外，机身上受到反作用力偶 $\boldsymbol{M}'$ 的作用，若要维持飞机在空中悬停，即要尾桨提供上述力 $\boldsymbol{F}$，以使 $\boldsymbol{M}'=-\boldsymbol{M}_z(\boldsymbol{F})$。

一般的玩具直升机上没有尾桨。当上紧旋翼的发条，并让旋翼转动的同时置于地上，则尽管地面作用其支承轮以摩擦力，但机身仍然做与旋翼角速度方向相反的转动。

以上只对尾桨产生气动力矩 $\boldsymbol{M}_z(\boldsymbol{F})$ 用以平衡旋翼上的气动阻力偶 $\boldsymbol{M}_r$ 的作用进行了分析。尾桨的其他功能如操纵航向并使其保持稳定等不再赘述。

此外，根据动量定理，作用在尾桨上的气动力 $\boldsymbol{F}$ 会使直升机的质心产生由纸面向纸内的运动。这可由倾斜主旋翼轴产生的另一与之相反方向的气动力与之平衡来解决。这里不再赘述。

3. 航天器的反作用轮姿态控制系统

航天器中的反作用轮姿态控制系统是根据动量矩守恒定理而设计的一种由飞轮储存动量矩，航天器同时也获得反向动量矩，从而实现姿态控制的装置。

图 7-24a 所示为航天器中轴对称结构的本体，其中安装有与本体同轴的反作用轮控制系

统。设初瞬时，本体与反作用轮在太空中均处于静止。然后，为实现本体绕轴 z 的姿态改变，与反作用轮同轴的电动机施加常力偶 M，使轮绕轴 z 按图示方向转动。M 的反力偶 M' 则作用在本体上，并使其绕轴 z 且与轮相反的方向转动。若本体与反作用轮整体对轴 z 的转动惯量为 J，轮对轴 z 的转动惯量为 J_1，试分析航天器本体在瞬时 t 的角速度 ω 与反作用轮相对航天器的角速度 ω_{1r}。

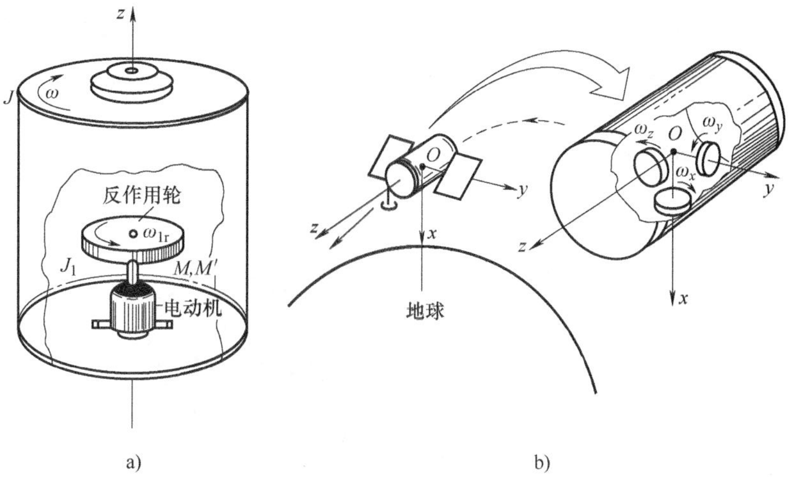

图 7-24　反作用轮姿态控制系统的简单示意图与装配示意图

考察反作用轮的运动。其上只作用有电动机施加的常力偶 M。因其相对角速度大于航天器本体的角速度（牵连角速度），即 $\omega_{1r}>\omega$，且方向相反，故轮的绝对角速度 $\omega_{1a}=\omega_{1r}-\omega$。根据刚体定轴转动微分方程［式（7-29a）］，有

$$J_z\frac{\mathrm{d}\omega}{\mathrm{d}t}=M_z,\quad J_1\int_0^{\omega_{1r}-\omega}\mathrm{d}\omega=\int_0^t M\mathrm{d}t$$

$$J_1(\omega_{1r}-\omega)=Mt$$

再考察整体系统。因电动机包含在系统之中，所以，M、M'为内力偶，且不考虑该系统的其他受力，系统对轴 z 的动量矩守恒，且为零：

$$L_z=0,\quad (J-J_1)\omega-J_1(\omega_{1r}-\omega)=0$$

$$J\omega=J_1\omega_{1r}$$

联立解出

$$\omega=\frac{Mt}{J-J_1},\quad \omega_{1r}=\frac{JMt}{J_1(J-J_1)}$$

图 7-24b 所示为地球扫描卫星并以周期 T 沿绕地圆轨道运行。初瞬时，卫星的角速度 $\omega_x=\omega_z=0$，$\omega_y=2\pi/T$，以保证卫星的轴 x 总是指向地心。为了实现对卫星的全方位姿态控制，其上装有三个转轴相互正交的反作用轮，以及相应的控制电动机。通过各自的电动机对相应的反作用轮施加变力偶，并使之分别以相对卫星本体的角速度 ω_x、ω_y、ω_z 转动，从而完成对地球定向扫描的任务。

7.4.3　质点系矢量动力学的两个矢量系（外力系与动量系）及其关系

如图 7-25a 所示，作用在由 n 个质点组成的质点系上的外力系（$\boldsymbol{F}_1,\boldsymbol{F}_2,\cdots,\boldsymbol{F}_n$），其基

本特征量：主矢 $\boldsymbol{F}_{\mathrm{R}}^{\mathrm{e}}=\sum \boldsymbol{F}_i$，对点 O 的主矩 $\boldsymbol{M}_O^{\mathrm{e}}=\sum \boldsymbol{M}_O(\boldsymbol{F}_i^{\mathrm{e}})$。

如图 7-25b 所示，作用在同一质点系上的动量系（$m_1\boldsymbol{v}_1, m_2\boldsymbol{v}_2, \cdots, m_n\boldsymbol{v}_n$），其基本特征量：主矢，即质点系动量，$\boldsymbol{p}=\sum m_i\boldsymbol{v}_i$，对点 O 的主矩，即质点系对同一点的动量矩，$\boldsymbol{L}_O=\sum \boldsymbol{r}_i\times m_i\boldsymbol{v}_i$。

两个矢量系的关系：

动量系主矢对时间的变化率等于外力系的主矢，即为质点系动量定理 $\dfrac{\mathrm{d}\boldsymbol{p}}{\mathrm{d}t}=\boldsymbol{F}_{\mathrm{R}}^{\mathrm{e}}$。

动量系对定点 O（或质心 C）的主矩对时间的变化率等于外力系对同一点的主矩，即质点系动量矩定理 $\dfrac{\mathrm{d}\boldsymbol{L}_O}{\mathrm{d}t}=\boldsymbol{M}_O^{\mathrm{e}}$ 或 $\dfrac{\mathrm{d}\boldsymbol{L}_C}{\mathrm{d}t}=\boldsymbol{M}_C^{\mathrm{e}}$。

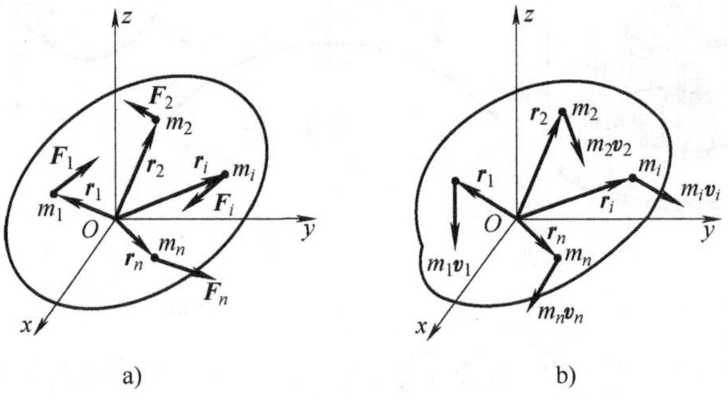

图 7-25　同一质点系的外力系与动量系

7.4.4　突然解除约束问题

图 7-26 所示为用刚性细绳以不同形式悬挂的均质杆 AB。杆长均为 l，质量均为 m，若突然将 B 端细绳剪断，请读者分析两种情形下 A 端的约束力。这类问题称为突然解除约束问题，简称突解约束问题。

突解约束问题的力学特征：系统解除约束后，其自由度一般会增加；解除约束的前后瞬时，其一阶运动量（速度与角速度）连续，但二阶运动量（加速度与角加速度）发生突变。因此，突解约束问题属于动力学问题，而不属于静力学问题。

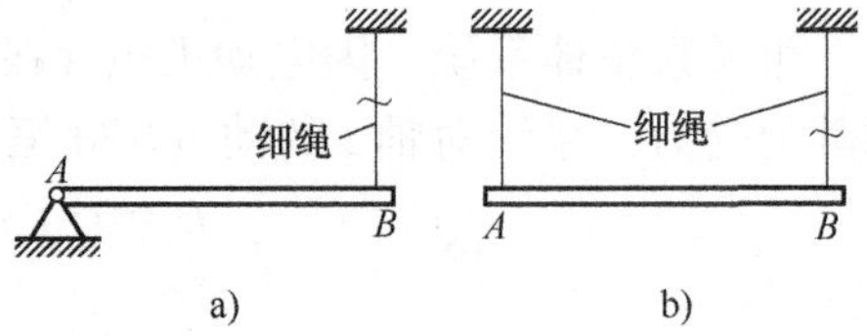

图 7-26　突然解除约束问题

习　题

选择填空题

7-1　两个完全相同的圆盘，放在光滑水平面上，如图 7-27 所示。在两个圆盘的不同位置上，分别作用两个相同的力 $\boldsymbol{F}$ 和 $\boldsymbol{F}'$。设两圆盘从静止开始运动，某瞬时两圆盘动量大小 p_A 和 p_B 的关系是（　　）。

① $p_A<p_B$　　② $p_A>p_B$

③ $p_A=p_B$　　④ 不能确定

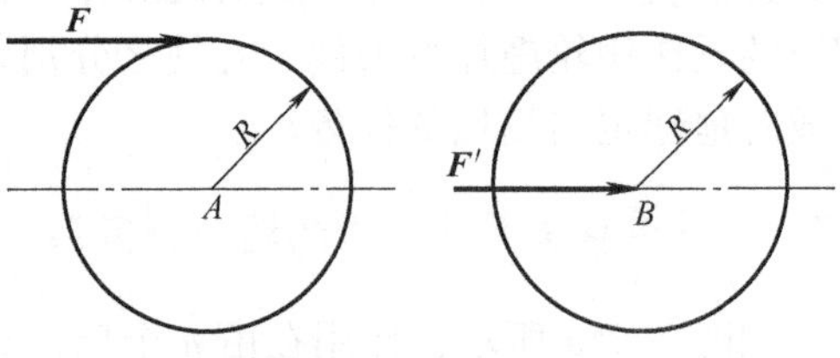

图 7-27　习题 7-1 图

7-2 均质杆 AB 重 G，其 A 端置于光滑水平面上，B 端用绳子悬挂，如图 7-28 所示。建立坐标系 Oxy，此时该杆质心 C 的 x 坐标 $x_C=0$。若将绳子剪断，则（　　）。

① 杆倒向地面的过程中，其质心 C 运动的轨迹为圆弧

② 杆倒至地面后，$x_C>0$

③ 杆倒至地面后，$x_C=0$

④ 杆倒至地面后，$x_C<0$

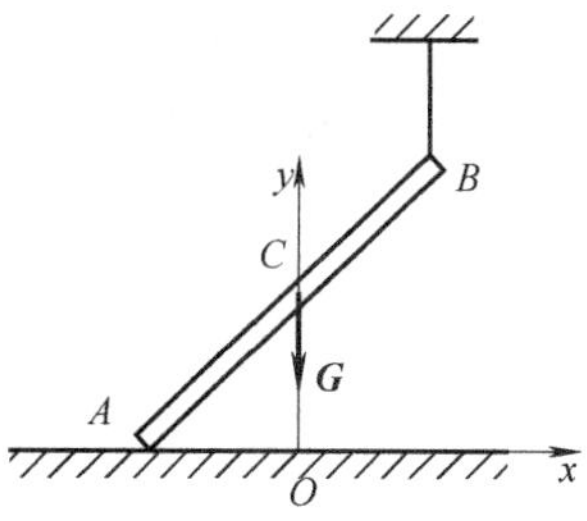

图 7-28　习题 7-2 图

7-3 杆 OA 绕轴 O 逆时针转动，均质圆盘沿杆 OA 做纯滚动，如图 7-29 所示。已知圆盘的质量 $m=20\text{kg}$，半径 $R=10\text{cm}$。在图示位置时，杆 OA 的倾角为 $30°$，其转动的角速度 $\omega_1=1\text{rad/s}$，圆盘相对于杆 OA 转动的角速度 $\omega_2=4\text{rad/s}$，$OB=10\sqrt{3}\,\text{cm}$，则此时圆盘的动量大小为（　　）。

① 6.93N·s　　② 8N·s　　③ 8.72N·s　　④ 4N·s

7-4 图 7-30 所示平面四连杆机构中，曲柄 O_1A、O_2B 和连杆 AB 皆可视为质量为 m、长为 $2r$ 的均质细杆。图示瞬时，曲柄 O_1A 逆时针转动的角速度为 ω，则该瞬时此系统的动量 $\boldsymbol{p}$ 为（　　）。

① $2mr\omega\boldsymbol{i}$　　② $3mr\omega\boldsymbol{i}$　　③ $4mr\omega\boldsymbol{i}$　　④ $6mr\omega\boldsymbol{i}$

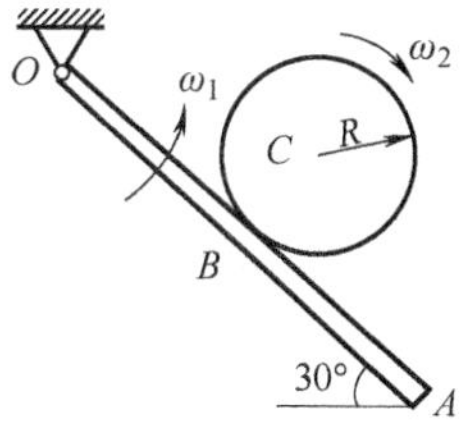

图 7-29　习题 7-3 图

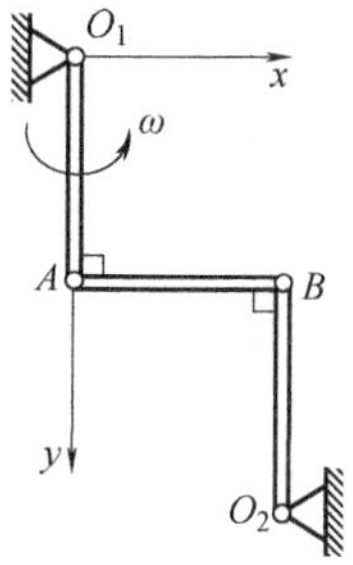

图 7-30　习题 7-4 图

7-5 图 7-31 所示平面机构中，物块 A 的质量为 m_1，可沿水平直线轨道滑动；均质杆 AB 的质量为 m_2、长为 $2l$，其 A 端与物块铰接，B 端固连一质量为 m_3 的质点。图示瞬时，物块的速度为 $\boldsymbol{v}$，杆的角速度为 ω，则此平面机构在该瞬时的动量 $\boldsymbol{p}$ 为（　　）。

① $(m_1+m_2+m_3)v\boldsymbol{i}$

② $[m_1v-(m_2+2m_3)l\omega\cos\theta]\boldsymbol{i}-(m_2+2m_3)l\omega\sin\theta\boldsymbol{j}$

③ $[m_1v-(m_2+2m_3)l\omega\cos\theta]\boldsymbol{i}+(m_2+2m_3)l\omega\sin\theta\boldsymbol{j}$

④ $[(m_1+m_2+m_3)v-(m_2+2m_3)l\omega\cos\theta]\boldsymbol{i}-(m_2+2m_3)l\omega\sin\theta\boldsymbol{j}$

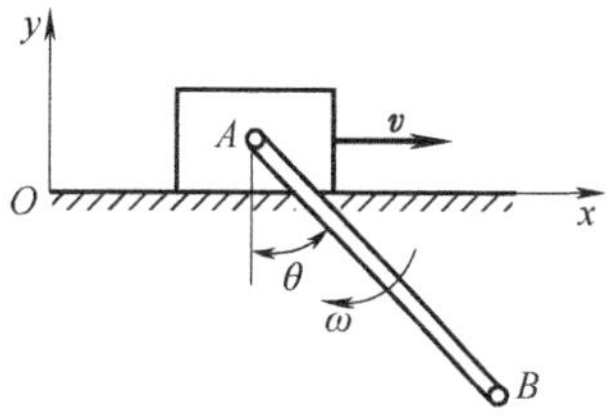

图 7-31　习题 7-5 图

7-6 已知三棱柱体 A 质量为 m_1，物块 B 质量为 m_2，在图 7-32 所示三种情形下，物块均由三棱柱体顶端无初速释放。若三棱柱体初始静止，不计各处摩擦，不计弹簧质量，则运动过程中（　　）情形动量守恒。

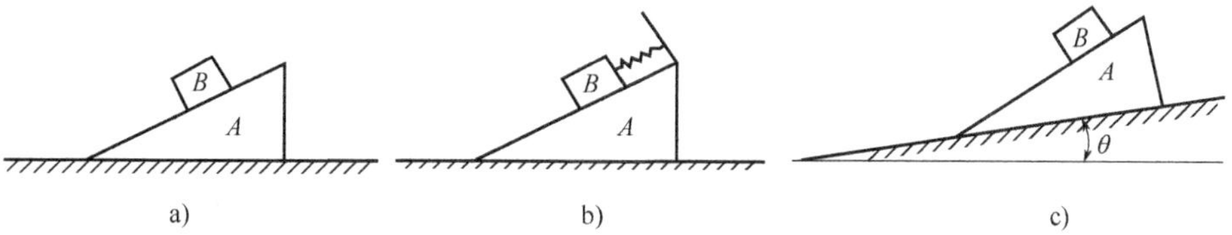

图 7-32　习题 7-6 图

7-7　图 7-33 所示均质圆环的质量为 m，内、外直径分别为 d 和 D。则此圆环对垂直于圆环面的中心轴 O 的转动惯量为（　　）。

① $md^2/8$　　② $mD^2/8$

③ $m(D^2-d^2)/8$　　④ $m(D^2+d^2)/8$

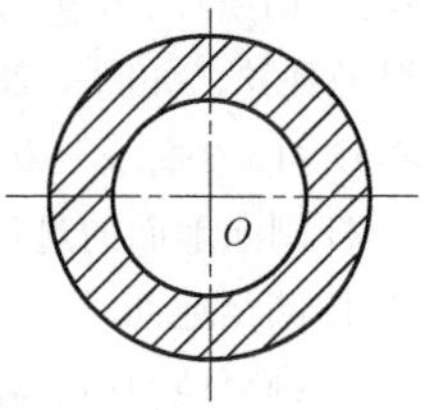

图 7-33　习题 7-7 图

7-8　一均质杆 OA 与均质圆盘在圆盘中心 A 处铰接，在图 7-34 所示位置时，杆 OA 绕固定轴 O 转动的角速度为 ω，圆盘相对于杆 OA 的角速度也为 ω。设杆 OA 与圆盘的质量均为 m，圆盘的半径为 r，杆长 $l=3r$，则此时该系统对固定轴 O 的动量矩大小为（　　）。

① $L_O=22mr^2\omega$　　② $L_O=12.5mr^2\omega$

③ $L_O=13mr^2\omega$　　④ $L_O=12mr^2\omega$

7-9　图 7-35a 所示均质圆盘沿水平地面做直线平移，图 7-35b 所示均质圆盘沿水平直线做纯滚动。设两盘质量皆为 m，半径皆为 r，轮心 C 的速度皆为$\boldsymbol{v}$，则图示瞬时，它们各自对轮心 C 和对与地面接触点 D 的动量矩分别为

图 7-35a：$L_C=$(　　　　)，$L_D=$(　　　　)；

图 7-35b：$L_C=$(　　　　)，$L_D=$(　　　　)。

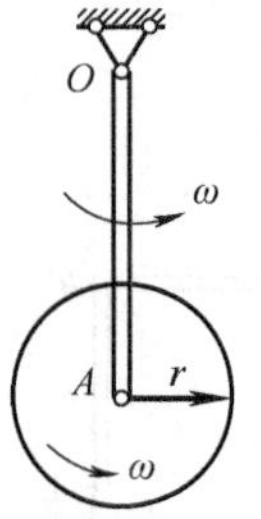

图 7-34　习题 7-8 图

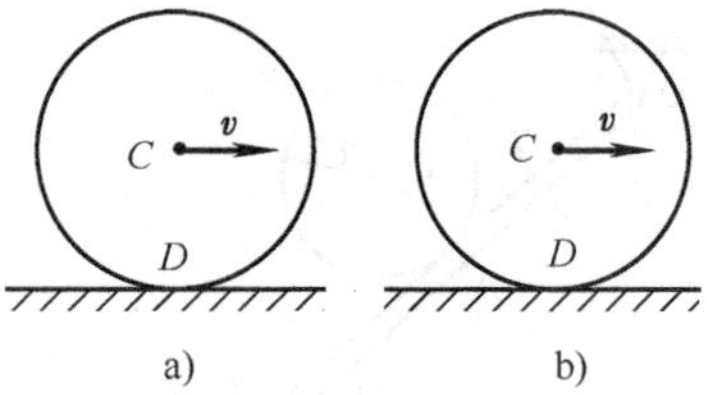

图 7-35　习题 7-9 图

7-10　如图 7-36 所示，一半径为 R、质量为 m 的均质圆轮，在下列两种情况下沿平面做纯滚动：(1) 轮上作用一顺时针力偶矩为 M 的力偶；(2) 轮心作用一大小等于 M/R 的水平向右的力 $\boldsymbol{F}$。若不计滚动摩擦，则两种情况下（　　）。

① 轮心加速度相等，滑动摩擦力大小相等

② 轮心加速度不相等，滑动摩擦力大小相等

③ 轮心加速度相等，滑动摩擦力大小不相等

④ 轮心加速度不相等，滑动摩擦力大小不相等

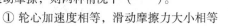

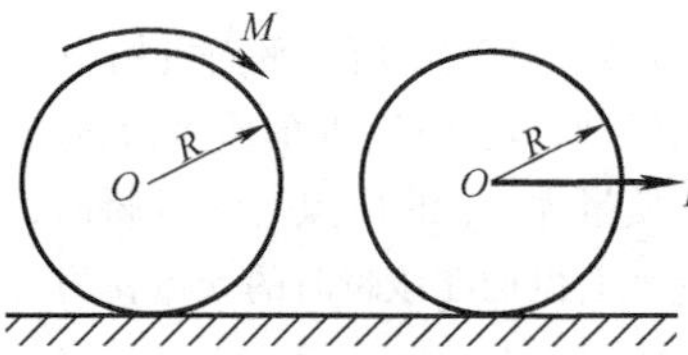

图 7-36　习题 7-10 图

7-11　如图 7-37 所示，均质长方形板由 A、B 两处的滑轮支撑在光滑水平面上。初始时板处于静止状态，若突然撤去 B 端的支撑轮，试问此瞬时（　　）。

① 点 A 有水平向左的加速度

② 点 A 有水平向右的加速度

③ 点 A 加速度方向垂直向上

④ 点 A 加速度为零

7-12　如图 7-38 所示，水平均质杆 OA 重量为 P，细绳 AB 未剪断前点 O 处的约束力为 $P/2$。现将绳剪断，试判断在刚剪断绳 AB 瞬时，下列说法正确的是（　　）。

① 点 O 处约束力仍为 $P/2$　　② 点 O 处约束力小于 $P/2$

③ 点 O 处约束力大于 $P/2$　　④ 点 O 处约束力为 0

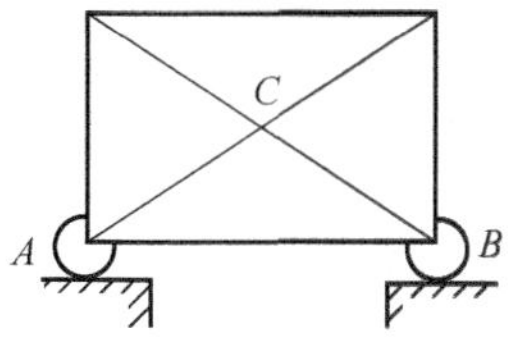

图 7-37　习题 7-11 图

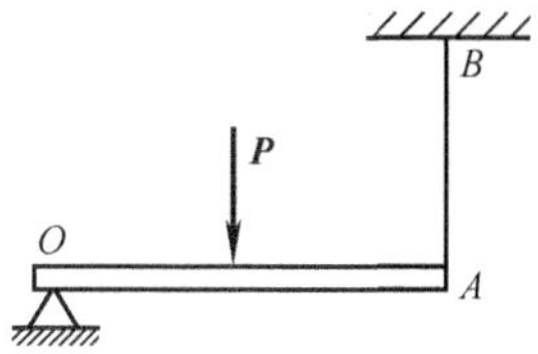

图 7-38　习题 7-12 图

分析计算题

7-13　计算图 7-39 所示情况下系统的动量。

（1）已知 $OA=AB=l$，ω 为常量，均质连杆 AB 的质量为 m，而曲柄 OA 和滑块 B 的质量不计，如图 7-39a 所示（$\theta=45°$）。

（2）质量均为 m 的均质细杆 AB、BC 和均质圆盘 CD 用铰链连接在一起，如图 7-39b 所示。已知 $AB=BC=CD=2R$，图示瞬时 A、B、C 处于同一水平直线位置，而 CD 铅直，杆 AB 以角速度 ω 转动。

（3）图 7-39c 所示小球 M 质量为 m_1，固结在长为 l、质量为 m_2 的均质细杆 OM 上，杆的一端 O 铰接在不计质量且以速度 $\boldsymbol{v}$ 运动的小车上，杆 OM 以角速度 ω 绕轴 O 转动。

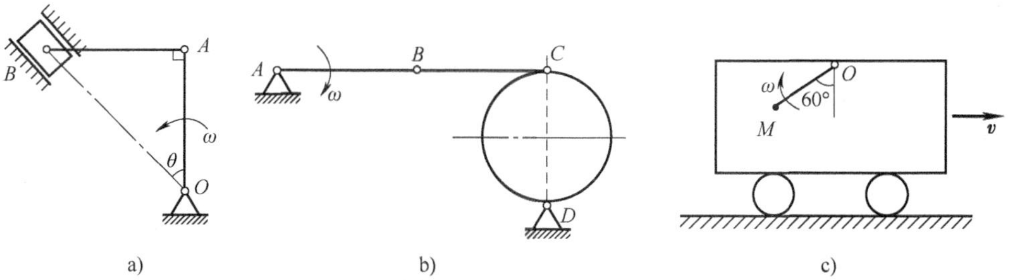

图 7-39　习题 7-13 图

7-14　图 7-40 所示机构中，已知均质杆 AB 质量为 m，长为 l；均质杆 BC 质量为 $4m$，长为 $2l$。图示瞬时杆 AB 的角速度为 ω，求此时系统的动量。

7-15　两均质杆 AC 和 BC 的质量分别为 m_1 和 m_2，在点 C 用铰链连接，两杆竖立于铅垂平面内，如图 7-41所示。设地面光滑，两杆在图示位置无初速倒向地面。问：当 $m_1=m_2$ 和 $m_1=2m_2$ 时，点 C 的运动轨迹是否相同？

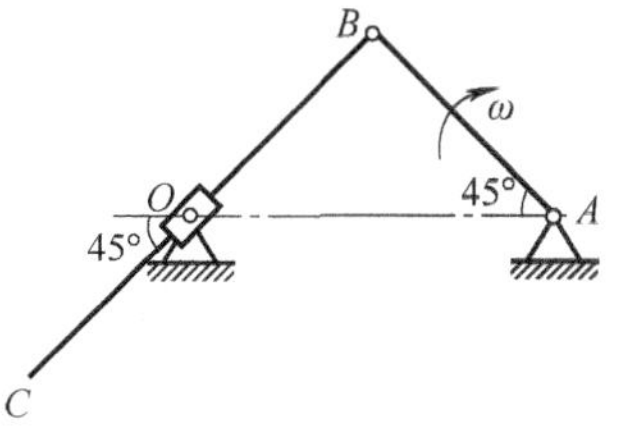

图 7-40　习题 7-14 图

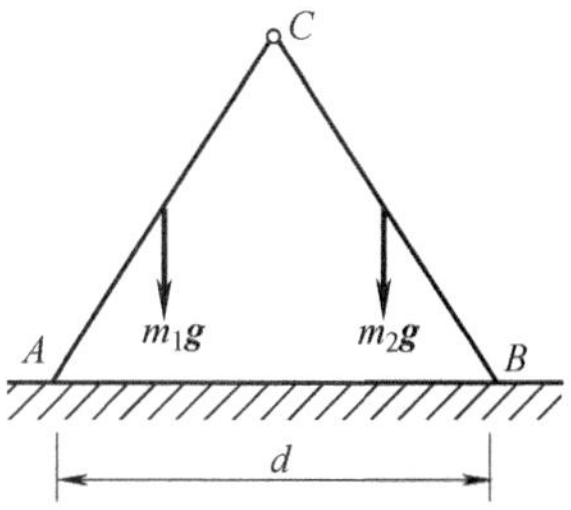

图 7-41　习题 7-15 图

7-16　图 7-42 所示水泵的固定外壳 D 和基础 E 的质量为 m_1，曲柄 $OA=d$，质量为 m_2，滑道 B 和活塞 C 的质量为 m_3。若曲柄 OA 以角速度 ω 做匀角速转动，试求水泵在汲水时给地面的动压力（曲柄可视为均质杆）。

7-17　图 7-43 所示均质滑轮 A 质量为 m，重物 M_1、M_2 质量分别为 m_1 和 m_2，斜面的倾角为 θ，忽略摩擦。试求重物 M_2 的加速度 $\boldsymbol{a}$ 及轴承 O 处的约束力（表示成 a 的函数）。

7-18　板 AB 质量为 m，放在光滑水平面上，其上用铰链连接四连杆机构 $OCDO_1$（见图 7-44）。已知 $OC=O_1D=b$，$CD=OO_1$，均质杆 OC、O_1D 质量皆为 m_1，均质杆 CD 质量为 m_2。当杆 OC 与铅垂线夹角为 θ 且由静止开始转到水平位置时，试求板 AB 的位移。

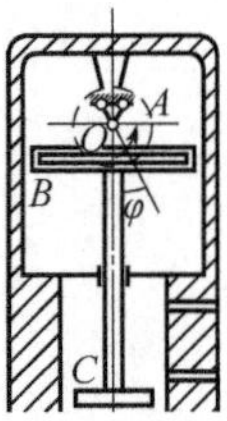

图 7-42　习题 7-16 图

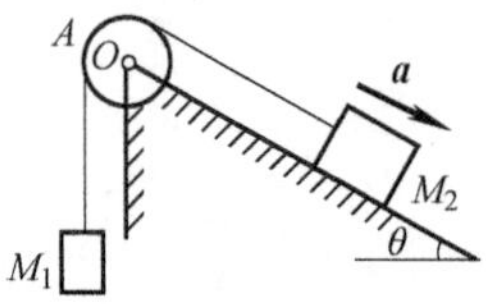

图 7-43　习题 7-17 图

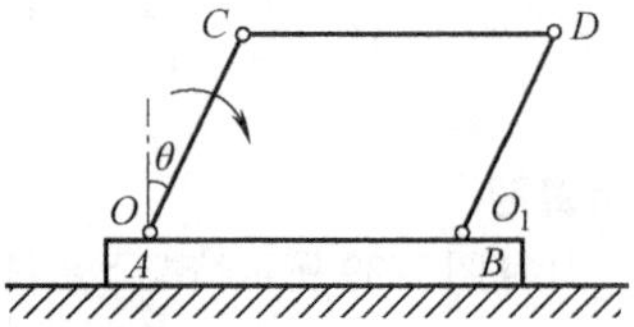

图 7-44　习题 7-18 图

7-19　均质杆 AB 长 $2l$，B 端放置在光滑水平面上。杆在图 7-45 所示位置自由倒下，试求点 A 的轨迹方程。

7-20　计算下列情形下系统的动量矩。

（1）圆盘以匀角速度 ω 绕轴 O 转动，质量为 m 的小球 M 可沿圆盘的径向凹槽运动，图 7-46a 所示瞬时小球以相对于圆盘的速度 $\boldsymbol{v}_r$ 运动到 $OM=s$ 处；

（2）图 7-46b 所示质量为 m 的偏心轮在水平面上做平面运动。轮心为 A，质心为 C，且 $AC=e$；轮子半径为 R，对轮心 A 的转动惯量为 J_A；C、A、B 三点在同一铅垂线上。①当轮子只滚不滑时，若 $\boldsymbol{v}_A$ 已知，求轮子的动量和对点 B 的动量矩；②当轮子又滚又滑时，若 $\boldsymbol{v}_A$、ω 已知，求轮子的动量和对点 B 的动量矩。

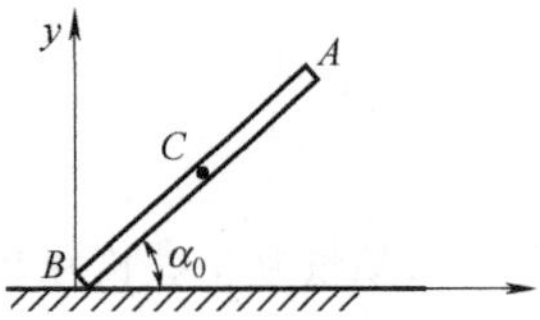

图 7-45　习题 7-19 图

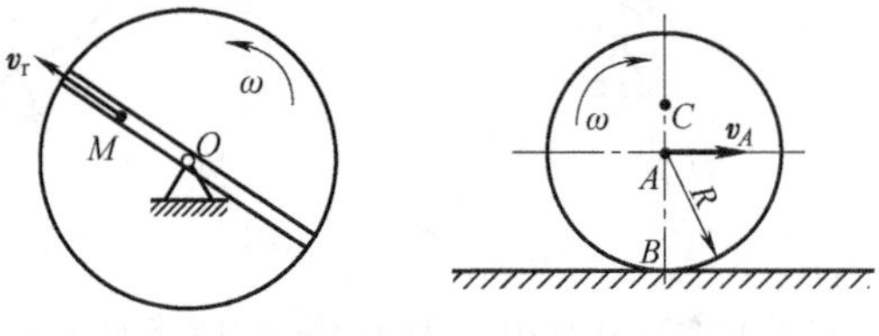

a)　b)

图 7-46　习题 7-20 图

7-21　图 7-47 所示系统中，已知鼓轮以匀角速度 ω 绕轴 O 转动，其大、小半径分别为 R、r，对轴 O 的转动惯量为 J_O；物块 A、B 的质量分别为 m_A 和 m_B；试求系统对轴 O 的动量矩。

7-22　图 7-48 所示均质细杆 OA 和 EC 的质量分别为 50kg 和 100kg，并在点 A 焊接成一体。若此结构在图示位置由静止状态释放，计算刚释放时，杆的角加速度及铰链 O 处的约束力。不计铰链摩擦。

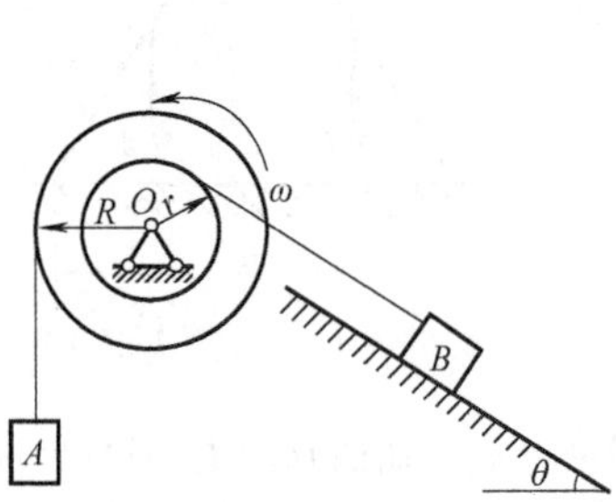

图 7-47　习题 7-21 图

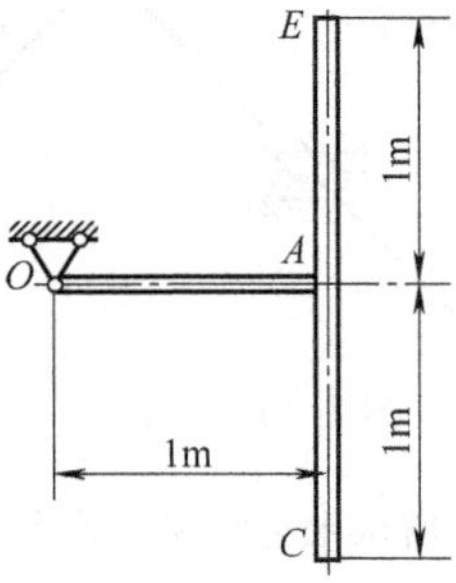

图 7-48　习题 7-22 图

7-23　卷扬机机构如图 7-49 所示。绕固定轴转动的轮 B、C，其半径分别为 R 和 r，对自身转轴的转动惯量分别为 J_1 和 J_2。被提升重物的质量为 m，作用于轮 C 的主动力偶的力偶矩为 M，求重物 A 的加速度。

7-24　图 7-50 所示电动绞车提升一质量为 m 的物体，在其主动轴上作用一矩为 M 的主动力偶。已知主动轴和从动轴连同安装在这两轴上的齿轮以及其他附属零件对各自转动轴的转动惯量分别为 J_1 和 J_2；传动比 $r_1:r_2=i$；吊索缠绕在鼓轮上，此轮半径为 R。设轴承的摩擦和吊索的质量忽略不计，求重物的加速度。

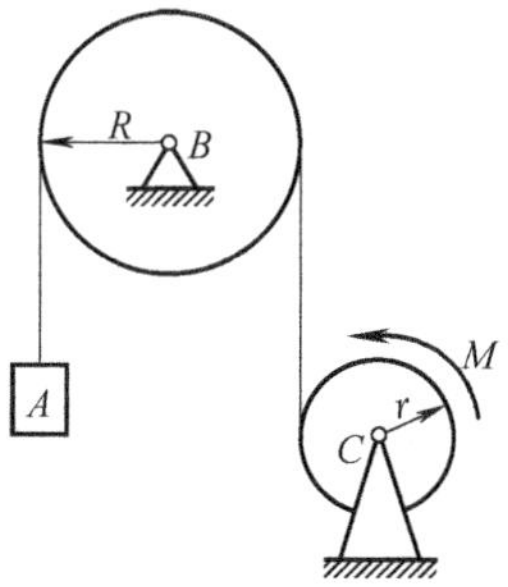

图 7-49　习题 7-23 图

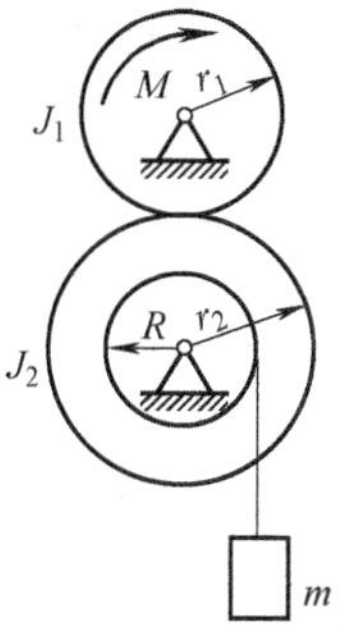

图 7-50　习题 7-24 图

7-25　均质细杆长 $2l$，质量为 m，放在两个支座 A 和 B 上，如图 7-51 所示。杆的质心 C 到两支座的距离相等，即 $AC=CB=e$。现在突然移去支座 B，求在刚移去支座 B 瞬时支座 A 上压力的改变量 ΔF_A。

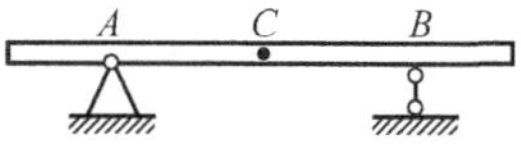

图 7-51　习题 7-25 图

7-26　为了求得连杆的转动惯量，用一细圆杆穿过十字头销 A 处的衬套管，并使连杆绕此细杆的水平轴线摆动，如图 7-52a、b 所示。摆动 100 次半周期 T 所用的时间为 $100T=100\text{s}$。另外，如图 7-52c 所示，为了求得连杆重心到悬挂轴的距离 $AC=d$，将连杆水平放置，在点 A 处用杆悬挂，点 B 放置于台秤上，台秤的读数 $F=490\text{N}$。已知连杆质量为 80kg，A 与 B 间的距离 $l=1\text{m}$，十字头销的半径 $r=40\text{mm}$。试求连杆对于通过重心 C 并垂直于图面的轴的转动惯量 J_C。

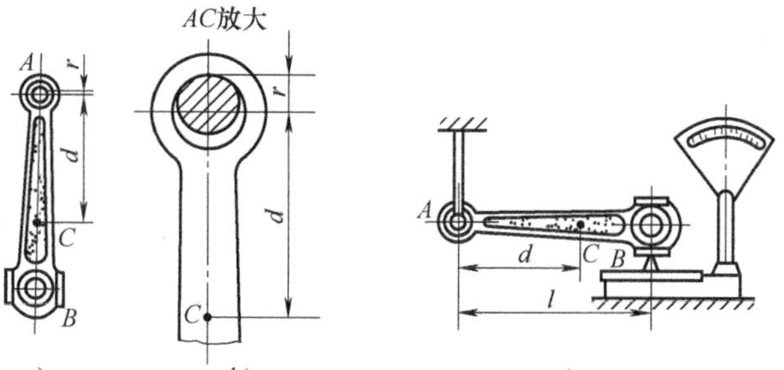

a)　　b)　　c)

图 7-52　习题 7-26 图

7-27　图 7-53 所示圆柱体 A 的质量为 m，在其中部绕以细绳，绳的一端 B 固定。圆柱体沿绳子解开从而降落，其初速为零。求当圆柱体的轴降落了高度 h 时圆柱体中心 A 的速度 v 和绳子的拉力 F_T。

7-28　鼓轮如图 7-54 所示，其内、外半径分别为 r 和 R，质量为 m，对质心轴 O 的回转半径为 ρ，且 $\rho^2=Rr$，鼓轮在拉力 $\boldsymbol{F}$ 的作用下沿倾角为 θ 的斜面向上做纯滚动，力 $\boldsymbol{F}$ 与斜面平行，不计滚动摩阻。试求质心 O 的加速度。

7-29　图 7-55 所示重物 A 的质量为 m，当其下降时，借无重且不可伸长的绳使滚子 C 沿水平轨道纯滚动。绳子跨过定滑轮 D 并绕在滑轮 B 上，滑轮 D 质量不计。滑轮 B 与滚子 C 固结为一体。已知滑轮 B 的半径为 R，滚子 C 的半径为 r，二者总质量为 m'，其对与图面垂直的轴 O 的回转半径为 ρ。试求重物 A 的加速度。

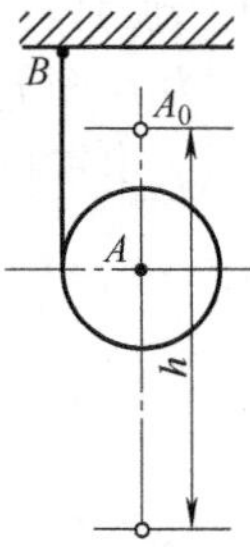

图7-53　习题7-27图

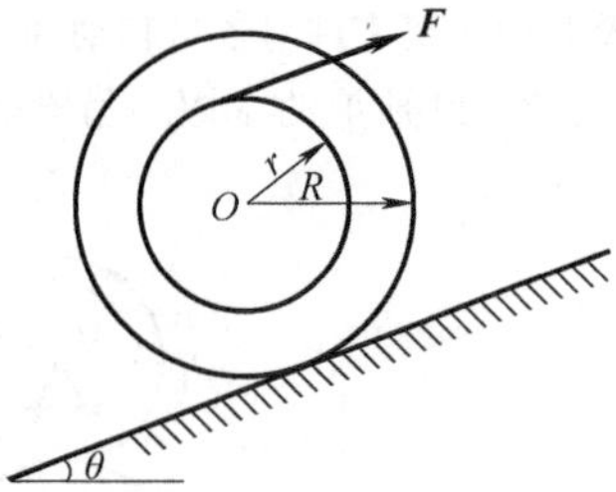

图7-54　习题7-28图

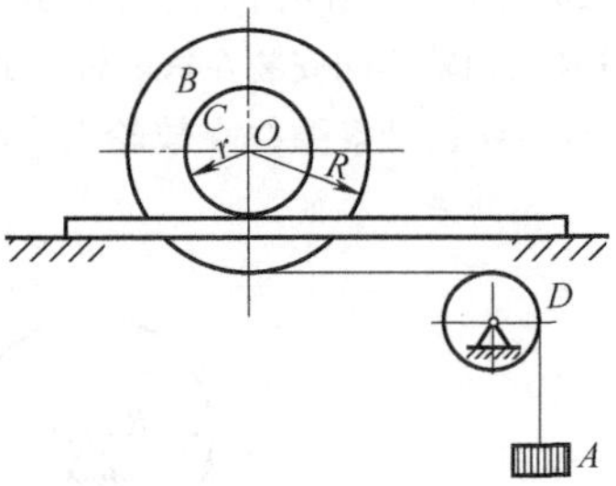

图7-55　习题7-29图

7-30　跨过定滑轮 D 的细绳，一端缠绕在均质圆柱体 A 上，另一端系在光滑水平面上的物体 B 上，如图7-56所示。已知圆柱 A 的半径为 r，质量为 m_1；物块 B 的质量为 m_2。试求物块 B 和圆柱质心 C 的加速度以及绳索的拉力。滑轮 D 和细绳的质量以及轴承摩擦均忽略不计。

7-31　图7-57所示均质圆轮的质量为 m，半径为 r，静止地放置在水平胶带上。若在胶带上作用拉力 $\boldsymbol{F}$，并使胶带与轮子间产生相对滑动。设轮子和胶带间的动滑动摩擦因数为 f_k。试求轮子中心 O 经过距离 s 所需的时间和此时轮子的角速度。

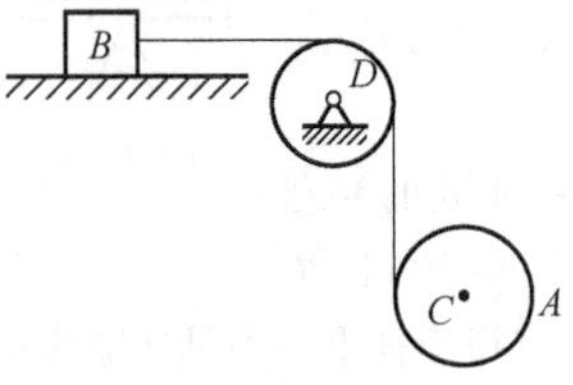

图7-56　习题7-30图

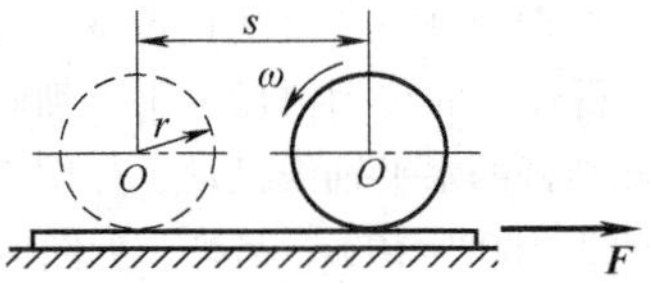

图7-57　习题7-31图

7-32　图7-58所示均质细杆 AB 质量为 m，长为 l，在图示位置由静止开始运动。若水平面和铅垂面的摩擦均略去不计，试求杆的初始角加速度。

7-33　如图7-59所示，圆轮 A 的半径为 R，与其固连的轮轴半径为 r，两者的重力共为 $\boldsymbol{W}$，对质心 C 的回转半径为 ρ，缠绕在轮轴上的软绳水平地固定于点 D。均质平板 BE 的重力为 $\boldsymbol{P}$，可在光滑水平面上滑动，板与圆轮间无相对滑动。若在平板上作用一水平力 $\boldsymbol{F}$，试求平板 BE 的加速度。

7-34　图7-60所示水枪中水平管长为 $2l$，横截面面积为 A，可绕铅垂轴 z 转动。水从铅垂管向上流入，并以相对速度 $\boldsymbol{v}_r$ 从水平管喷出。设水的密度为 ρ，试求当水枪的角速度为 ω 时流体作用在水枪上的力偶矩 M_z。

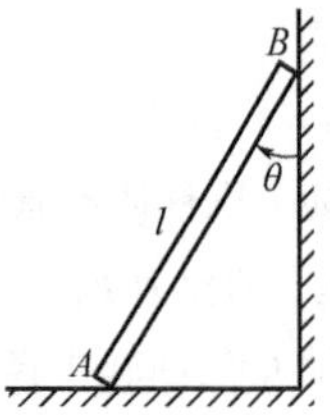

图7-58　习题7-32图

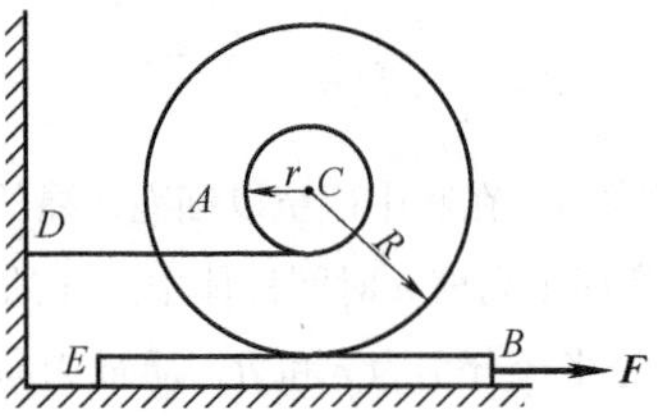

图7-59　习题7-33图

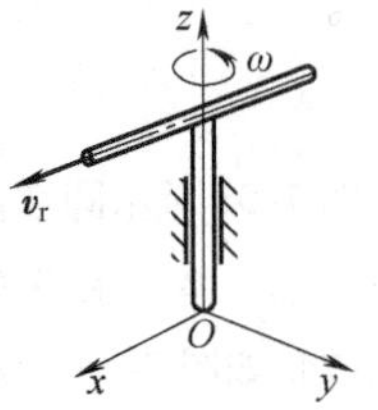

图7-60　习题7-34图

第8章 动能定理

能量的概念以及相应的分析方法与动量、动量矩一样，都是动力学普遍定理中的基本概念与基本方法。本章重点讨论质点系的动能定理。

动量定理、动量矩定理用矢量方程描述，动能定理则用标量方程表示。求解实际问题时，往往需要综合应用动量定理、动量矩定理和动能定理。本章的最后将介绍动力学普遍定理的综合应用

8.1 力的功

8.1.1 力的功的定义

设质点系中的第 i 个质点在力 $\boldsymbol{F}_i$的作用下沿图 8-1 所示的轨迹运动，$\mathrm{d}\boldsymbol{r}_i$ 是力 $\boldsymbol{F}_i$作用点的无限小位移，它在该点沿轨迹的切线方向。

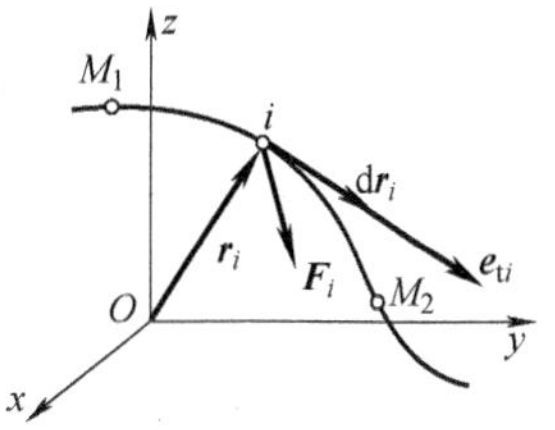

图 8-1 力的功

1. 力 F_i 的元功

力 $\boldsymbol{F}_i$ 的元功

$$\delta W = \boldsymbol{F}_i \cdot \mathrm{d}\boldsymbol{r}_i = F_i \mathrm{d}s\cos\langle \boldsymbol{F}_i, \boldsymbol{e}_{ti}\rangle = F_x\mathrm{d}x + F_y\mathrm{d}y + F_z\mathrm{d}z \tag{8-1}$$

式中，$\mathrm{d}s$ 为力 $\boldsymbol{F}_i$在点 i 沿轨迹方向的弧长微元；$\boldsymbol{e}_{ti}$为轨迹上点 i 沿切线的基矢量；$\boldsymbol{F}_i=(F_x,F_y,F_z)$，$\mathrm{d}\boldsymbol{r}_i=(\mathrm{d}x,\mathrm{d}y,\mathrm{d}z)$。需要注意的是，一般情形下，$\delta W$ 并不是功函数 W 的全微分，仅是点积 $\boldsymbol{F}_i\cdot\mathrm{d}\boldsymbol{r}_i$ 的记号。

2. 力 F_i 在点的轨迹上、从点 M_1 到点 M_2 所做的功

如图 8-1 所示，力 $\boldsymbol{F}_i$ 在点的轨迹上、从点 M_1 到点 M_2 所做的功

$$W_{12} = \int_{M_1}^{M_2} \boldsymbol{F}_i \cdot \mathrm{d}\boldsymbol{r}_i \tag{8-2}$$

由此得到了两个常见力的功的表达式。

3. 常见力的功

（1）重力的功

对质点

$$W_{12} = mg(z_1 - z_2) \tag{8-3}$$

对质点系

$$W_{12}=Mg(z_{C1}-z_{C2}) \tag{8-4}$$

式中，z_{C1}和z_{C2}为质点系质心的坐标。

（2）**弹性力的功**

1）直线弹簧力的功。如图8-2所示，处于弹性范围内的直线弹簧（简称为线簧）力可以表示为$\boldsymbol{F}=-kx\boldsymbol{i}$。其中，$k$为弹簧的刚度系数，$x$为弹簧的伸长量。

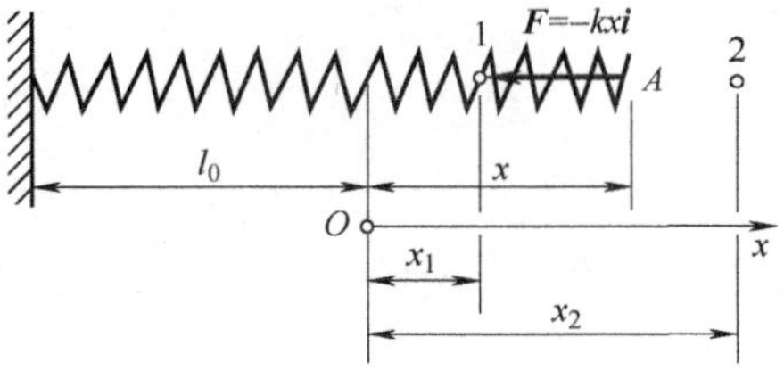

图8-2 直线弹簧力的功

弹簧力$\boldsymbol{F}$的作用点从位置1运动到位置2时$\boldsymbol{F}$所做的功

$$W_{12}=\int_{x_1}^{x_2}(-kx)\mathrm{d}x=\frac{1}{2}k(x_1^2-x_2^2) \tag{8-5}$$

若上述初位置1与末位置2是空间中任意两点，式（8-5）仍然成立。

2）扭转弹簧力矩的功。如图8-3所示，扭转弹簧（简称为扭簧）的一端固定于铰O，另一端固定于做定轴转动的刚体（图中为直杆）上。设杆在水平位置（$\theta=0°$）时，扭簧未变形，且扭簧变形时处于弹性范围，则扭簧作用在杆上的力对于点O的矩$M=-k\theta$，其中，k为扭簧的刚度系数。当杆从角θ_1转动至角θ_2时，力矩M做的功

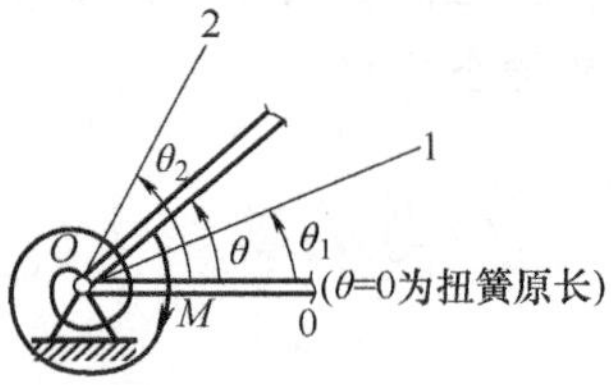

图8-3 扭转弹簧力矩的功

$$W_{12}=\int_{\theta_1}^{\theta_2}(-k\theta)\mathrm{d}\theta=\frac{1}{2}k(\theta_1^2-\theta_2^2) \tag{8-6}$$

8.1.2 作用在刚体上力偶的功

图8-4所示为做平面运动的刚体。刚体上作用力偶的力偶矩为M，若在时间间隔$\mathrm{d}t$内刚体的角位移为$\mathrm{d}\varphi$，则力偶M在上述位移上做的元功

$$\delta W=M\mathrm{d}\varphi \tag{8-7a}$$

力偶M在角位移从φ_1到φ_2的过程中所做的功

$$W_{12}=\int_{\varphi_1}^{\varphi_2}M\mathrm{d}\varphi \tag{8-7b}$$

上式同样适用于刚体做定轴转动的情形。

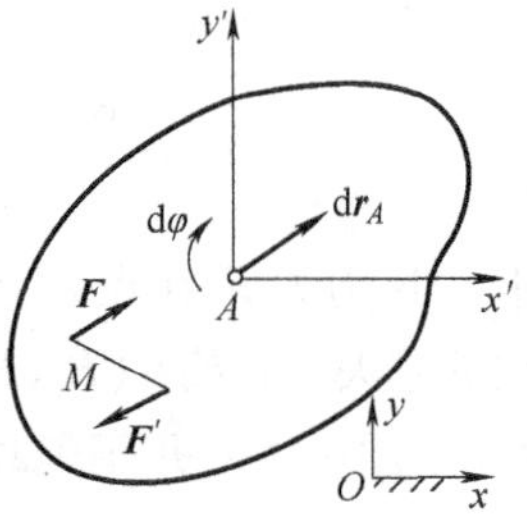

图8-4 作用在平面运动刚体上力偶的功

8.1.3 质点系内力的功

1. 内力功分析

虽然内力是成对出现的，其矢量和为零，但内力之功可能不等于零。

如图8-5所示，设两质点A、B之间相互作用的内力为$\boldsymbol{F}_A$、$\boldsymbol{F}_B$，且$\boldsymbol{F}_A=-\boldsymbol{F}_B$。质点$A$、$B$相对于固定点$O$的位矢分别为$\boldsymbol{r}_A$、$\boldsymbol{r}_B$，且$\boldsymbol{r}_B=\boldsymbol{r}_A+\boldsymbol{r}_{AB}$。若在$\mathrm{d}t$时间间隔内，$A$、$B$

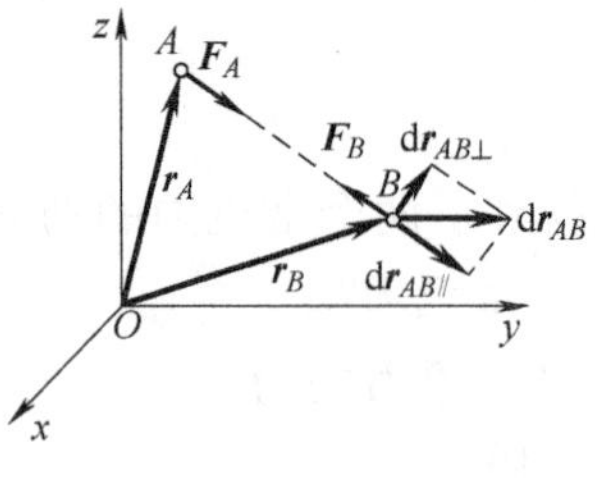

图8-5 内力功分析

两点的无限小位移分别为 $\mathrm{d}\boldsymbol{r}_A$、$\mathrm{d}\boldsymbol{r}_B$，则内力在该位移上的元功之和为

$$\begin{aligned}\delta W_i &= \boldsymbol{F}_A \cdot \mathrm{d}\boldsymbol{r}_A + \boldsymbol{F}_B \cdot \mathrm{d}\boldsymbol{r}_B \\ &= \boldsymbol{F}_B \cdot (-\mathrm{d}\boldsymbol{r}_A + \mathrm{d}\boldsymbol{r}_B) = \boldsymbol{F}_B \cdot \mathrm{d}(\boldsymbol{r}_B - \boldsymbol{r}_A) \\ &= \boldsymbol{F}_B \cdot \mathrm{d}\boldsymbol{r}_{AB}\end{aligned}$$

可将 $\mathrm{d}\boldsymbol{r}_{AB}$ 分解为平行于 $\boldsymbol{F}_B$ 和垂直于 $\boldsymbol{F}_B$ 的两部分，即

$$\mathrm{d}\boldsymbol{r}_{AB} = \mathrm{d}\boldsymbol{r}_{AB//} + \mathrm{d}\boldsymbol{r}_{AB\perp}$$

于是

$$\delta W_i = \boldsymbol{F}_B \cdot (\mathrm{d}\boldsymbol{r}_{AB//} + \mathrm{d}\boldsymbol{r}_{AB\perp}) = \boldsymbol{F}_B \cdot \mathrm{d}\boldsymbol{r}_{AB//} \tag{8-8}$$

式（8-8）表明，当 A、B 两质点间的相对距离变化时，其内力的元功之和不等于零。

2. 工程上内力做功的几种情形

1）所有发动机作为整体考察，其内力都做功。例如，蒸汽机、内燃机、涡轮机、电动机和发电机等。汽车内燃机气缸内膨胀的气体质点之间及气体对活塞和气缸的作用力都是内力。这些力做功使汽车的动能增加。

2）机器中有相对滑动的两个零件之间的内摩擦力做负功，消耗机器的能量。例如，轴与轴承、相互啮合的齿轮、滑块与滑道等。

3）在弹性构件中的内力分量（轴力、剪力和弯矩等）做负功，并转变为弹性势能，即弹性应变能。

8.1.4　理想约束力的功

约束力不做功或做功之和等于零的约束称为理想约束。下面介绍几种常见的理想约束及其约束力所做的功。

1）光滑固定面接触、一端固定的柔索、光滑活动铰链支座约束等，由于约束力都垂直于力作用点的位移，故约束力不做功。

2）光滑固定铰支座、固定端等约束，由于约束力所对应的位移为零，故约束力也不做功。

3）光滑铰链、刚性二力杆等作为系统内的约束时，其约束力总是成对出现的，若其中一个约束力做正功，则另一个约束力必做数值相同的负功，最后约束力做功之和等于零。例如，图 8-6a 所示的光滑铰链 O 处相互作用的约束力 $\boldsymbol{F} = -\boldsymbol{F}'$，在铰链中心 O 处的任何位移 $\mathrm{d}\boldsymbol{r}$ 上所做的元功之和为

$$\boldsymbol{F} \cdot \mathrm{d}\boldsymbol{r} + \boldsymbol{F}' \cdot \mathrm{d}\boldsymbol{r} = \boldsymbol{F} \cdot \mathrm{d}\boldsymbol{r} - \boldsymbol{F} \cdot \mathrm{d}\boldsymbol{r} = 0$$

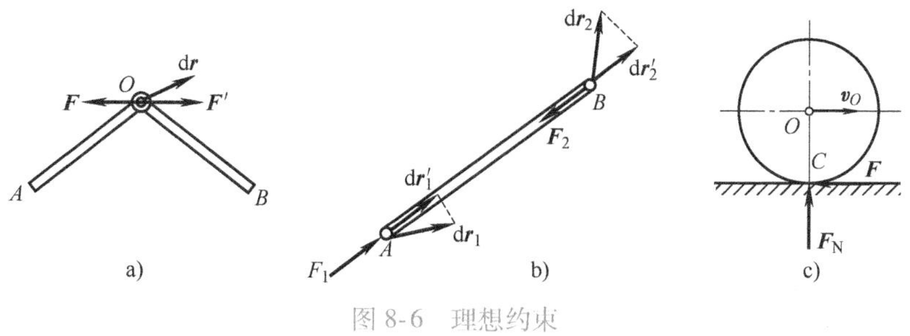

图 8-6　理想约束

又如，图 8-6b 所示的刚性二力杆对 A、B 两点的约束力 $\boldsymbol{F}_1 = -\boldsymbol{F}_2$，两作用点的位移分别为 $\mathrm{d}\boldsymbol{r}_1$、$\mathrm{d}\boldsymbol{r}_2$，因为杆 AB 是刚性杆，故其两端位移在其连线方向的投影相等，即 $\mathrm{d}\boldsymbol{r}'_1 = \mathrm{d}\boldsymbol{r}'_2$，

这样约束力所做的元功之和为

$$\boldsymbol{F}_1 \cdot \mathrm{d}\boldsymbol{r}_1+\boldsymbol{F}_2 \cdot \mathrm{d}\boldsymbol{r}_2=\boldsymbol{F}_1 \cdot \mathrm{d}\boldsymbol{r}_1'-\boldsymbol{F}_1 \cdot \mathrm{d}\boldsymbol{r}_2'=0$$

4）光滑面滚动（纯滚动）的约束，如图 8-6c 所示。当一圆轮在固定约束面上无滑动滚动时，若滚动摩阻力偶可略去不计，由运动学知，C 为瞬时速度中心，即点 C 的位移 $\mathrm{d}\boldsymbol{r}_C$ 等于零，这样，作用于点 C 的约束力 $\boldsymbol{F}_\mathrm{N}$ 和摩擦力 $\boldsymbol{F}$ 所做的元功之和为

$$\boldsymbol{F}_\mathrm{N} \cdot \mathrm{d}\boldsymbol{r}_C+\boldsymbol{F} \cdot \mathrm{d}\boldsymbol{r}_C=0$$

需要特别指出的是，一般情况下，滑动摩擦力与物体的相对位移反向，摩擦力做负功，不是理想约束，只有纯滚动时的接触点才是理想约束。

8.1.3 与 8.1.4 两小节中所述两种力所做之功表明：虽然内力不能改变质点系的动量和动量矩，但可能改变其能量；外力能改变质点系的动量和动量矩，但不一定能改变其能量。

8.2 质点系与刚体的动能

物体由于机械运动而具有的能量，称为动能（kinetic energy）。动能的概念与计算不仅是质点系动能定理的基础，而且是分析动力学的重要基础。

8.2.1 质点系的动能

物理学已定义质点的动能

$$T=\frac{1}{2}mv^2$$

式中，m、v 分别为质点的质量和速度。质点动能是度量质点运动的又一个物理量。动能为正标量。

质点系的动能为系统内所有质点动能之和，即

$$T=\sum \frac{1}{2}m_iv_i^2 \tag{8-9}$$

质点系动能是度量质点系整体运动的又一物理量。质点系动能也是正标量，只取决于各质点的质量和速度大小，而与速度方向无关。

【例题 8-1】 图 8-7 所示系统，设重物 A、B 的质量为 $m_A=m_B=m$，三角块 D 的质量为 M，置于光滑地面上。圆轮 C 和绳的质量忽略不计。系统初始静止，求当物块以相对速度$\boldsymbol{v}_\mathrm{r}$下落时系统的动能。

解：开始运动后，系统的动能为

$$T=\frac{1}{2}m_Av_A^2+\frac{1}{2}m_Bv_B^2+\frac{1}{2}m_Dv_D^2 \tag{a}$$

其中

$$\boldsymbol{v}_A=\boldsymbol{v}_D+\boldsymbol{v}_{A\mathrm{r}},\quad \boldsymbol{v}_B=\boldsymbol{v}_D+\boldsymbol{v}_{B\mathrm{r}}$$

或

$$v_A^2=v_D^2+v_\mathrm{r}^2 \tag{b}$$

$$v_B^2=v_D^2+v_\mathrm{r}^2-2v_Dv_\mathrm{r}\cos\alpha=(v_D-v_\mathrm{r}\cos\alpha)^2+(v_\mathrm{r}\sin\alpha)^2 \tag{c}$$

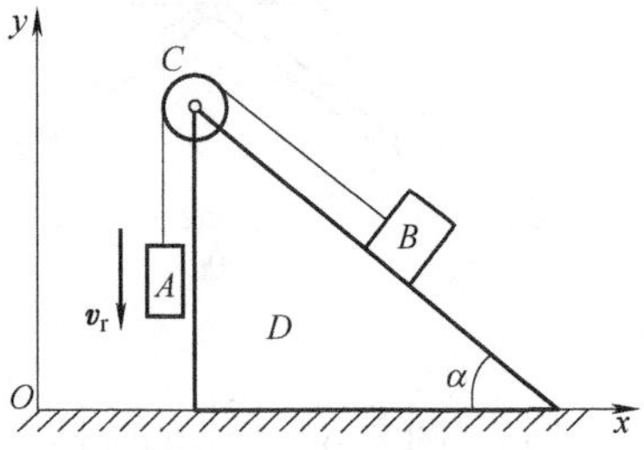

图 8-7　例题 8-1 图

注意到，系统水平方向上动量守恒，故有

$$m_A v_{Ax} + m_B v_{Bx} + m_D v_{Dx} = 0$$

即

$$m v_D + m(v_D - v_r \cos\alpha) + M v_D = 0$$

也就是

$$v_D = \frac{m v_r \cos\alpha}{2m+M} \tag{d}$$

将式（b）~式（d）代入式（a），得到

$$\begin{aligned} T &= \frac{1}{2}m(v_D^2+v_r^2)+\frac{1}{2}m(v_D^2+v_r^2-2v_D v_r\cos\alpha)+\frac{1}{2}Mv_D^2 \\ &= \frac{2m(2m+M)-m^2\cos^2\alpha}{2(2m+M)}v_r^2 \end{aligned} \tag{e}$$

本例讨论： 通过本例的分析可以看出，确定系统动能时需注意以下几点：

1）系统动能中所用的速度必须是绝对速度。

2）合理运用运动学知识确定各部分的速度。

3）有时需要综合应用动量定理、动量矩定理与动能定理。

8.2.2 刚体的动能

刚体的运动形式不同，其动能表达式不同。

1. 平移刚体的动能

刚体平移时，其上各点在同一瞬时均具有相同的速度，并且都等于质心速度。因此，平移刚体的动能

$$T = \sum \frac{1}{2}m_i v_i^2 = \frac{1}{2}(\Sigma m_i)v_C^2 = \frac{1}{2}mv_C^2 \tag{8-10}$$

式中，m 为刚体的质量。式（8-10）表明，刚体平移时的动能，相当于将刚体的质量集中于质心时的动能。

2. 定轴转动刚体的动能

刚体以角速度 ω 绕定轴 z 转动时，其上一点的速度为 $v_i = r_i\omega$。因此，定轴转动刚体的动能

$$T = \frac{1}{2}\sum m_i(r_i\omega)^2 = \frac{1}{2}\omega^2\left(\sum m_i r_i^2\right) = \frac{1}{2}J_z\omega^2 \tag{8-11}$$

式中，J_z 为刚体对定轴 z 的转动惯量。

3. 平面运动刚体的动能

刚体的平面运动可分解为随质心的平移和绕质心的相对转动，由式（8-10）、式（8-11）即可得平面运动刚体的动能

$$T = \frac{1}{2}mv_C^2 + \frac{1}{2}J_C\omega^2 \tag{8-12}$$

式中，v_C 为刚体质心的速度；J_C 为刚体对质心轴的转动惯量。式（8-12）表明，刚体平面运动的动能等于随质心平移的动能与相对于质心转动的动能之和。

请读者证明：刚体平面运动的动能可以写为 $T=\frac{1}{2}J_{C^*z}\omega^2$ 吗？其中，J_{C^*z}为刚体对通过速度瞬心 C^* 且垂直于运动平面的轴的转动惯量。

【例题 8-2】 如图 8-8 所示，均质轮 I 的质量为 m_1，半径为 r_1，在曲柄 O_1O_2 的带动下绕轴 O_2 转动，并沿轮Ⅱ的轮缘做纯滚动。轮Ⅱ固定不动，半径为 r_2。曲柄 O_1O_2 的质量为 m_2，长度为 $l=r_1+r_2$。若曲柄的角速度为 ω，试求系统的动能。

解：因为曲柄 O_1O_2 做定轴转动，轮 I 做平面运动，所以系统的动能由三部分组成：曲柄定轴转动的动能、轮 I 平移与转动的动能。于是，当曲柄 O_1O_2 转过 φ 角时系统的动能

$$T=\frac{1}{2}\left(\frac{1}{3}m_2l^2\right)\omega^2+\frac{1}{2}m_1v_{O_1}^2+\frac{1}{2}\left(\frac{1}{2}m_1r_1^2\right)\omega_1^2 \quad (*)$$

式中

$$\omega_1=\frac{v_{O_1}}{r_1}=\frac{\omega l}{r_1}$$

代入式（*），得

$$T=\frac{1}{2}\left(\frac{m_2}{3}+\frac{3m_1}{2}\right)\omega^2l^2$$

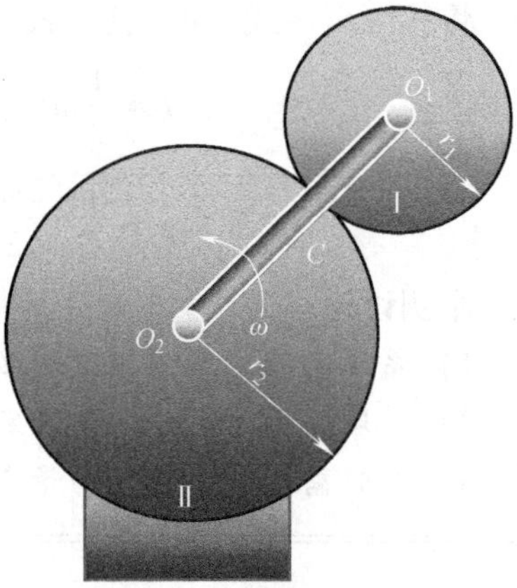

图 8-8 例题 8-2 图

8.3 动能定理

8.3.1 质点和质点系的动能定理

1. 质点动能定理

物理学中已经由牛顿第二定律推导出**质点动能定理的微分形式**

$$d\left(\frac{1}{2}mv^2\right)=\delta W=\boldsymbol{F}\cdot d\boldsymbol{r} \tag{8-13}$$

式中，$\boldsymbol{F}$ 为作用在质点上的合力。式（8-13）表明，质点动能的微分等于作用在质点上合力的元功。

将式（8-13）积分，得到**质点动能定理的积分形式**

$$\frac{1}{2}mv_2^2-\frac{1}{2}mv_1^2=W_{12}=\int_1^2\boldsymbol{F}\cdot d\boldsymbol{r} \tag{8-14}$$

该式表明，质点从初位置 1 运动到末位置 2 的过程中，其动能的改变量等于作用在质点上的合力所做的功。

2. 质点系动能定理

对质点系中所有质点写出式（8-13）并求和，再交换等号左边的求和与微分运算符号，得到**质点系动能定理的微分形式**

$$d\left(\sum\frac{1}{2}m_iv_i^2\right)=\sum\delta W_i=\sum \boldsymbol{F}_i\cdot d\boldsymbol{r}_i \tag{8-15a}$$

或简写为

$$dT=\delta W \tag{8-15b}$$

该式表明，质点系动能的微分，等于作用在质点系上所有力的元功之和。

式（8-15b）还可以写成

$$\frac{dT}{dt}=\frac{\delta W}{dt}=P \tag{8-16}$$

其中

$$P=\sum\frac{\delta W_i}{dt}=\sum P_i$$

为系统中所有力的功率的代数和。力的功率为单位时间内该力所做的功。

对质点系中所有质点写出式（8-14）并求和，得到**质点系动能定理的积分形式**

$$T_2-T_1=W_{12} \tag{8-17}$$

该式表明，质点系从初位形 1 运动到末位形 2 的过程中，其动能的改变量等于作用在质点系上所有力所做功的代数和。

需要注意的是，式（8-17）等号右侧的功 W_{12} 为系统全部力所做功的总和，它包括外力功和内力功，并且这些力可能是主动力也可能是约束力。只有在理想约束系统中，约束力才不做功。

8.3.2　动能定理的应用举例

【例题 8-3】　平面机构由两质量均为 m、长均为 l 的均质杆 AB、BO 组成。在杆 AB 上作用一不变的力偶矩 M，从图 8-9a 所示位置由静止开始运动。不计摩擦，试求当杆 AB 的 A 端运动到固定铰支座 O 的瞬时 A 端的速度。（θ 为已知）

解：选杆 AB、杆 OB 这一整体为研究对象，其约束均为理想约束，可应用动能定理求解。

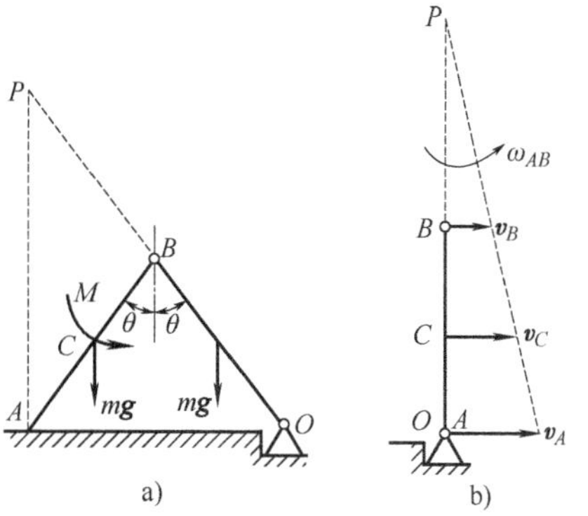

图 8-9　例题 8-3 图

（1）**计算动能**

设系统由静止运动到图 8-9b 所示位置时杆 AB、杆 OB 的角速度分别为 ω_{AB}、ω_{OB}，且杆 AB 做平面运动，杆 OB 做定轴转动。始、末位置系统的动能分别为

$$T_1=0$$

$$T_2=\frac{1}{2}mv_C^2+\frac{1}{2}J_C\omega_{AB}^2+\frac{1}{2}J_O\omega_{OB}^2$$

在图 8-9a 所示位置，杆 AB 的速度瞬心 P 到点 A 的距离 $AP=2l\cos\theta$，到达图 8-9b 所示位置时 $\theta=0°$时，$AP=2l$，则 $\omega_{AB}=\dfrac{v_B}{l}=\omega_{OB}$，$v_C=\dfrac{3}{2}l\omega_{AB}$，代入 T_2 表达式，有

$$T_2=\frac{1}{2}\left[m\left(\frac{3}{2}l\right)^2+\frac{1}{12}ml^2+\frac{1}{3}ml^2\right]\omega_{AB}^2=\frac{4}{3}ml^2\omega_{AB}^2$$

（2）计算功

做功的力有两杆的重力和外力偶矩，所以有

$$W_{12}=M\theta-2mg\frac{l}{2}(1-\cos\theta)$$

（3）应用动能定理求点 A 的速度

$$\frac{4}{3}ml^2\omega_{AB}^2=M\theta-2mg\frac{l}{2}(1-\cos\theta)$$

$$v_A=2l\omega_{AB}=\sqrt{\frac{3}{m}[M\theta-mgl(1-\cos\theta)]}$$

【例题8-4】　均质圆轮 A、B 的质量均为 m，半径均为 r，轮 A 沿斜面做纯滚动，轮 B 做定轴转动，B 处摩擦不计。物块 C 的质量也为 m。A、B、C 用轻绳（质量不计）相连。在圆盘 A 的质心处有一不计质量的弹簧，其刚度系数为 k。初始时系统处于静平衡状态，如图 8-10所示。

试求：系统的等效质量、等效刚度与系统的固有频率。

解：这是一个单自由度振动的刚体系统，现研究怎样将其简化为质量-弹簧模型。

可以根据动能定理建立系统的运动微分方程，从而得到系统的等效质量和等效刚度。

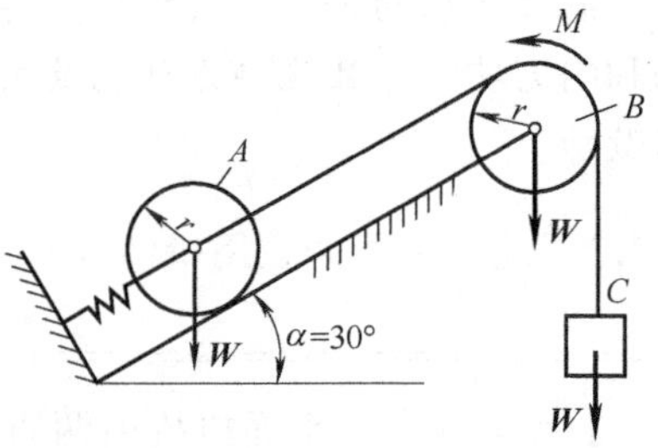

图 8-10　例题 8-4 图

（1）分析运动，确定各部分的速度、角速度，写出系统的动能表达式

注意到轮 A 做平面运动；轮 B 做定轴转动；物块 C 做平移。于是，系统的动能

$$T=\left(\frac{1}{2}mv_A^2+\frac{1}{2}J_A\omega_A^2\right)+\frac{1}{2}J_B\omega_B^2+\frac{1}{2}mv_C^2 \tag{a}$$

由运动学分析，得

$$v_A=r\omega_A,\quad v_C=r\omega_B,\quad v_A=v_C \tag{b}$$

代入式（a），得

$$\begin{aligned}T&=\frac{1}{2}mv_A^2+\frac{1}{2}\left(\frac{1}{2}mr^2\right)\left(\frac{v_A}{r}\right)^2+\frac{1}{2}\left(\frac{1}{2}mr^2\right)\left(\frac{v_A}{r}\right)^2+\frac{1}{2}mv_A^2\\&=\frac{3}{2}mv_A^2\end{aligned} \tag{c}$$

以物块 C 的位移 x 为广义坐标，则

$$v_C=\dot{x},\quad \omega_B=\frac{\dot{x}}{r},\quad v_A=v_C=\dot{x}$$

则动能表达式（a）可以写为

$$T=\frac{3}{2}m\dot{x}^2 \tag{d}$$

（2）**计算外力的功**

作用在系统上的外力（轮 A 的重力和物块 C 的重力）所做的功

$$W=mgx-mgx\cos 60°-\frac{k}{2}[(x+\delta_{st})^2-\delta_{st}^2] \tag{e}$$

由于系统初始时处于静平衡状态，对轮 A、轮 B 和物块 C 分别列出静力平衡方程，整理后，有

$$mg-mg\cos 60°-k\delta_{st}=0$$

将其代入功的表达式（e），得

$$W=-\frac{1}{2}kx^2 \tag{f}$$

根据动能定理的微分形式，有

$$\frac{d\left(\frac{3}{2}m\dot{x}^2\right)}{dt}=\frac{d\left(-\frac{1}{2}kx^2\right)}{dt}$$

即

$$3m\ddot{x}=-kx \tag{g}$$

化成标准方程为

$$3m\ddot{x}+kx=0 \tag{h}$$

即等效质量为 $3m$，等效刚度就是弹簧的刚度系数 k。于是，刚体系统便简化为一质量-弹簧系统。其振动方程为

$$\ddot{x}+\frac{k}{3m}x=0 \tag{i}$$

因此，系统的固有频率

$$\omega_n=\sqrt{\frac{k}{3m}} \tag{j}$$

8.4 势能的概念与机械能守恒定律

8.4.1 有势力和势能

1. 有势力的概念

若力在有限路程上所做的功仅与其起点和终点的位置有关，而与其作用点经过的路径无关，则这种力称为有势力（potential force）或保守力（conservative force）。例如，重力、弹性力等均属于有势力。

2. 势能

受有势力作用的质点系，其势能的表达式为

$$V=\int_M^{M_0}\boldsymbol{F}\cdot d\boldsymbol{r}=\int_M^{M_0}(F_x dx+F_y dy+F_z dz) \tag{8-18}$$

式中，M_0 为势能等于零的位置（点），称为零势位置（零势点）；M 为所要考察的任意位置（点）。式（8-18）表明，势能是质点系（质点）从某一位置（点）M 运动到任选的零势位置（零势点）M_0 时，有势力所做的功。

由于零势位置（零势点）可以任选，所以，对于同一个所考察的位置的势能，将因零势位置（零势点）的不同而有不同的数值。

为了使分析和计算过程简单、方便，对零势位置（零势点）要加以适当的选择。例如，对常见的质量-弹簧系统，往往以其静平衡位置为零势位置，这样可以使势能的表达式更简洁、明了。

需要指出的是，这里的“零势位置（零势点）”与物理学中的“零势点”有所不同：物理学中的零势点是针对质点的，这里的零势位置其实是组成质点系的每一个质点的零势点的集合。例如，质点系在重力场中的零势位置是质点系中各质点在同一时刻的 z 坐标 z_{10}，z_{20}，…，z_{n0} 的集合。因此，质点系在各质点的 z 坐标分别为 z_1，z_2，…，z_n 时的势能

$$V=\sum m_i g(z_i-z_{i0})=mg(z_C-z_{C0}) \tag{8-19}$$

3. 弹性势能

对于弹簧一般都以未变形时的位置作为零势位置。

（1）**直线弹簧的势能**　如图 8-2 所示，变形为 λ 时直线弹簧的弹性势能可据式（8-5）写为

$$V=\int_{\lambda}^{0}(-kx)\,\mathrm{d}x=\frac{1}{2}k\lambda^2 \tag{8-20}$$

（2）**扭转弹簧的弹性势能**　如图 8-3 所示，设扭转弹簧受力后转过的角度为 θ，则其弹性势能可据式（8-6）写为

$$V=\int_{\theta}^{0}(-k\theta)\,\mathrm{d}\theta=\frac{1}{2}k\theta^2 \tag{8-21}$$

4. 有势力的功与势能的关系

根据有势力的定义和功的概念，可得到有势力的功和势能的关系

$$W_{12}=V_1-V_2 \tag{8-22}$$

这一结果表明，有势力所做的功等于质点系在运动过程的起始位置与终止位置的势能差。这一关系可以更好地帮助理解功和势能的概念。

8.4.2　机械能守恒定律

物理学指出，质点系在某瞬时动能和势能的代数和称为机械能（mechanical energy）。当对系统做功的力均为有势力时，其机械能保持不变（这类系统称为保守系统）。这就是机械能守恒定律（theorem of conservation of mechanical energy），其数学表达式为

$$T_1+V_1=T_2+V_2 \tag{8-23}$$

事实上，在很多情形下，质点系会受到非保守力作用，此时系统称为非保守系统。不过只要在动能定理中加上非保守力的功 W'_{12} 即可，即

$$T_2-T_1=V_1-V_2+W'_{12}$$

或者

$$(T_2+V_2)-(T_1+V_1)=W'_{12} \tag{8-24}$$

例如，如果系统上除了保守力外还有摩擦力做功，则 W'_{12} 就是摩擦力的功。

式（8-23）和式（8-24）都是由动能定理导出的，有兴趣的读者不妨一试。

【例题8-5】 为使质量 $m=10\text{kg}$、长 $l=1.2\text{m}$ 的均质细杆（见图8-11）刚好能达到水平位置（$\theta=90°$），则杆在初始铅垂位置（$\theta=0°$）时的初角速度 ω_0 应为多少？设各处摩擦忽略不计，弹簧在初始位置时未发生变形，且其刚度系数 $k=200\text{N/m}$。

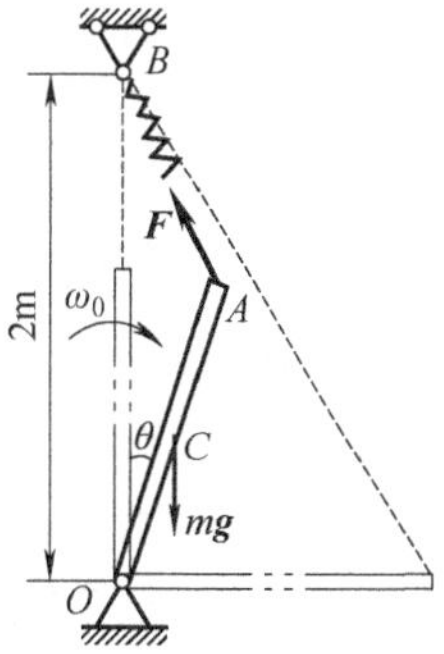

图8-11 例题8-5图

解：以杆 OA 为研究对象，其上作用的重力和弹性力均为有势力，轴承 O 处的约束力不做功，所以杆的机械能守恒。

（1）**计算始、末位置的动能**

杆在初始铅垂位置的角速度为 ω_0，而在末了水平位置时角速度为零，所以始末位置的动能分别为

$$T_1=\frac{1}{2}J_O\omega_0^2=\frac{1}{2}\cdot\frac{1}{3}ml^2\omega_0^2=\frac{1}{6}\times10\times1.2^2\omega_0^2=2.4\omega_0^2$$

$$T_2=0$$

（2）**计算始、末位置的势能**

设水平位置为杆重力势能的零势位置，则始末位置的重力势能分别为

$$V_1'=\frac{l}{2}mg=\left(\frac{1.2}{2}\times10\times9.8\right)\text{J}=58.8\text{J}$$

$$V_2'=0$$

设初始铅垂位置弹簧自然长度为弹性力势能的零势位置，则始末位置的弹性力势能分别为

$$V_1''=0$$

$$V_2''=\frac{1}{2}k(\delta_2^2-\delta_1^2)$$

其中

$$\delta_1=0,\quad \delta_2=[\sqrt{2^2+1.2^2}-(2-1.2)]\text{m}=1.532\text{m}$$

代入上式，得

$$V_2''=\left[\frac{200}{2}(1.532^2-0^2)\right]\text{J}=234.7\text{J}$$

（3）**应用机械能守恒定律求杆的初角速度**

由于系统在运动过程中机械能守恒，即

$$T_1+V_1'+V_1''=T_2+V_2'+V_2''$$

$$2.4\omega_0^2+58.8\text{J}+0=0+0+234.7\text{J}$$

由此式解得杆的初角速度

$$\omega_0=\sqrt{\frac{234.7-58.8}{2.4}}=8.56\text{rad/s}\quad（顺时针方向）$$

8.5 动力学普遍定理的综合应用

动量定理、动量矩定理与动能定理统称为动力学普遍定理。

动力学的三个定理包括了矢量方法和能量方法。

动量定理给出了质点系动量的变化与外力主矢之间的关系，可以用于求解质心运动或某些外力。

动量矩定理描述了质点系动量矩的变化与主矩之间的关系，可以用于具有转动特性的质点系，求解其角加速度等运动量和外力。

动能定理建立了做功的力与质点系动能变化之间的关系，可以用于复杂的质点系、刚体系求运动。

在很多情形下，需要综合应用这三个定理，才能得到问题的解答。正确分析问题的性质，灵活应用三个定理，往往会达到事半功倍的效果。

此外，这三个定理都存在不同形式的守恒形式，分析问题时也要给予特别的重视。

【例题 8-6】 图 8-12a 所示均质圆盘，可绕轴 O 在铅垂平面内转动。圆盘的质量为 m，半径为 R，在其质心 C 上连接一刚度系数为 k 的水平弹簧，弹簧的另一端固定在点 A，$CA=2R$ 为弹簧的原长。圆盘在常力偶（力偶矩为 M）的作用下，由最低位置无初速地绕轴 O 逆时针方向转动。试求当圆盘到达最高位置时轴承 O 处的约束力。

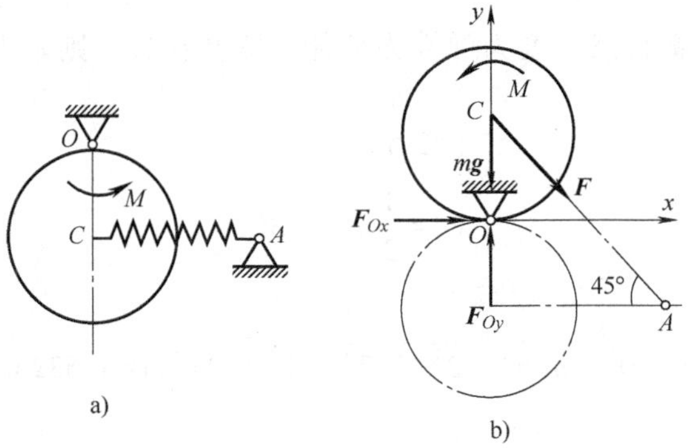

图 8-12 例题 8-6 图

解： 选择圆盘为研究对象，其运动为绕轴 O 的定轴转动，圆盘的质心 C 做圆周运动。

对圆盘进行受力分析，其受力如图 8-12b 所示，圆盘受重力 $m\boldsymbol{g}$、弹簧力 $\boldsymbol{F}$、外力偶矩 M 和轴 O 处的约束力 $\boldsymbol{F}_{Ox}$、$\boldsymbol{F}_{Oy}$。为求圆盘达到最高位置时，轴承 O 处的约束力，需采用质心运动定理，即

$$\begin{cases} ma_{Cx}=F\cos45°+F_{Ox} \\ ma_{Cy}=F_{Oy}-mg-F\sin45° \end{cases} \tag{a}$$

由于圆盘做定轴转动，为求质心的加速度，需先求出刚体转动的角速度和角加速度。

（1）应用质点系动能定理确定角速度

定轴转动刚体的动能在始、末位置分别为

$$T_1=0$$

$$T_2=\frac{1}{2}J_O\omega^2=\frac{1}{2}\left(\frac{1}{2}mR^2+mR^2\right)\omega^2$$

所有力做的功

$$W_{12}=M\varphi-mgh+\frac{1}{2}k(\delta_1^2-\delta_2^2)$$

$$=M\pi-mg\cdot 2R+\frac{1}{2}k[0-(2\sqrt{2}R-2R)^2]$$

由动能定理 $T_2-T_1=W_{12}$，可求得圆盘的角速度

$$\omega^2=\frac{4}{3mR^2}(M\pi-2Rmg-0.343kR^2) \tag{b}$$

（2）**应用定轴转动微分方程求角加速度**

$$J_O\alpha=M-FR\cos45°$$

$$\frac{3}{2}mR^2\alpha=M-k(2\sqrt{2}-2)R^2\frac{1}{\sqrt{2}}$$

圆盘的角加速度

$$\alpha=\frac{2(M-0.586kR^2)}{3mR^2} \tag{c}$$

圆盘在图 8-12b 位置，质心 C 的加速度为

$$\begin{cases}a_{Cx}=-R\alpha\\a_{Cy}=-R\omega^2\end{cases} \tag{d}$$

将式（b）、式（c）代入式（d）后再代入式（a），可得轴 O 处的约束力为

$$\begin{cases}F_{Ox}=-0.195kR-0.667\dfrac{M}{R}\\F_{Oy}=3.667mg+1.043kR-4.189\dfrac{M}{R}\end{cases}$$

（3）**本例讨论**

1）本例用动能定理求得的 ω，是圆盘特定位置时的角速度，故不可用 $\mathrm{d}\omega/\mathrm{d}t$ 来求角加速度。若用动能定理求一般位置的 ω，弹性力的功的计算比较复杂。因此在求角加速度时，本题应用了定轴转动微分方程，而没有采用对角速度求导的方法。

2）定轴转动刚体的轴承约束力一般应设为两个正交分力 $\boldsymbol{F}_{Ox}$、$\boldsymbol{F}_{Oy}$，不可毫无根据地设为一个力。

【例题 8-7】 图 8-13a 所示均质圆盘 A 和滑块 B 的质量均为 m，圆盘半径为 r，杆 AB 质量不计，平行于斜面，斜面倾角为 θ。已知斜面与滑块间静摩擦因数为 f_s，圆盘在斜面上做纯滚动。系统在斜面上无初速运动，求滑块的加速度。

解：本例所涉及的是刚体系统，所要求的是运动量（加速度），故应用动能定理求解最为适宜。可在一般位置上建立动能定理的方程，求得速度，然后将其对时间求导数，得到加速度。

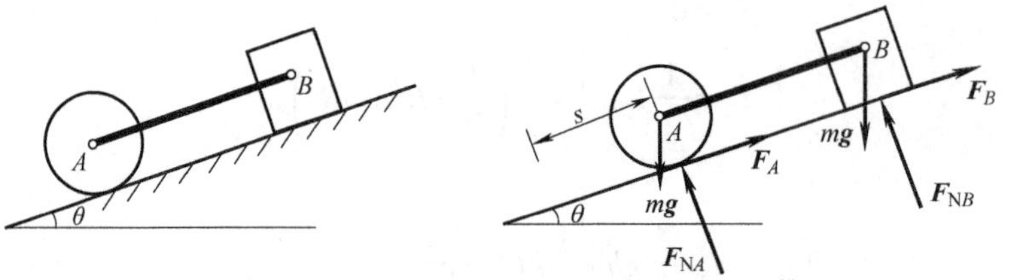

图 8-13 例题 8-7 图

(1) **选系统整体作为研究对象，进行受力分析**

系统受力如图 8-13b 所示。由于光滑铰链 A、B 的约束力做功之和为零，与将系统拆开来分析相比，选择整体要简便得多。又由于圆盘做纯滚动，斜面固定不动，故摩擦力 $\boldsymbol{F}_{sA}$，法向约束力 $\boldsymbol{F}_{NA}$、$\boldsymbol{F}_{NB}$均不做功。

设圆盘质心沿斜面下滑距离为 s（s 为时间的函数），则重力的功

$$W_1 = 2mgs\sin\theta \tag{a}$$

摩擦力 $\boldsymbol{F}_{sB}$的功为

$$W_2 = -F_{sB}s = -f_s F_{NB}s \tag{b}$$

(2) **对系统进行运动分析**

设圆盘质心沿斜面下滑距离 s 时，其速度为 v（滑块速度亦同），圆盘转动的角速度为 ω，则系统的动能分别为

$$T_1 = 0$$

$$T_2 = 2\times\frac{1}{2}mv^2 + \frac{1}{2}J_A\omega^2 \tag{c}$$

由于圆盘在斜面上做纯滚动，由运动学关系

$$\omega = \frac{v}{r}$$

将其代入式（c），并考虑到

$$J_A = \frac{1}{2}mr^2$$

则系统任意瞬时的动能

$$T_2 = \frac{5}{4}mv^2 \tag{d}$$

将式（a）、式（b）、式（d）代入动能定理表达式 $T_2 - T_1 = W_1 + W_2$ 中，可得

$$\frac{5}{4}mv^2 = mgs(2\sin\theta - f_s\cos\theta)$$

将上式对时间求一次导数，得

$$\frac{5}{2}mv\dot{v} = mg\dot{s}(2\sin\theta - f_s\cos\theta)$$

注意到运动学关系 $\dot{v} = a$，$\dot{s} = v$，代入上式，可解得滑块的加速度

$$a = \frac{2}{5}g(2\sin\theta - f_s\cos\theta)$$

（3）本例讨论

1）由于圆盘沿斜面做纯滚动，二者接触点处无相对滑动，故摩擦力 F_A 做功为零。

2）系统下滑距离 s 是变量，代表一般位置，故建立的方程可求导。由于圆盘质心和滑块是直线运动，才有 $\dot{v}=a$，否则 $\dot{v}=a_t$。

【例题 8-8】 均质杆 AB 长为 l，质量为 m，上端 B 靠在光滑墙面上，另一端 A 用光滑铰链与车轮轮心相连接。已知车轮质量为 M，半径为 R，在水平面上做纯滚动，滚阻不计，如图 8-14a 所示。设系统从图示位置（$\theta=45°$）无初速开始运动，求该瞬时轮心 A 的加速度。

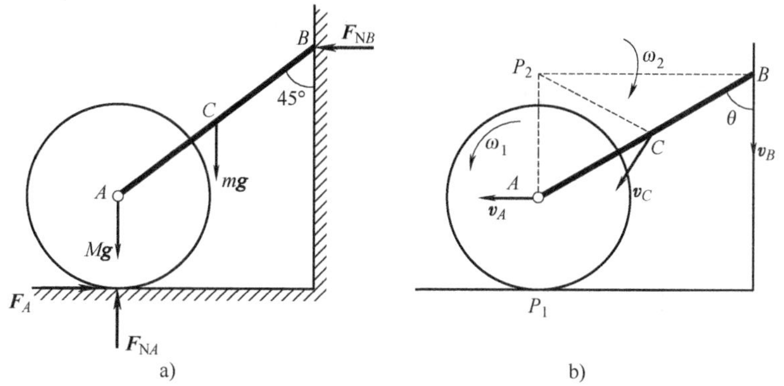

图 8-14 例题 8-8 图

解：本例为刚体系统，所要求的量为加速度，可应用动能定理求解。同时，由于系统中只有有势力做功，故也可用机械能守恒定律求解。

在一般位置上建立动能定理（机械能守恒定律）的方程，通过对时间求导得到加速度。

（1）选系统整体作为研究对象，进行受力分析

系统受力如图 8-14a 所示。考察杆 AB 由图 8-14a 所示位置（$\theta=45°$）运动到图 8-14b 所示位置（$\theta>45°$）。

以水平面为零势位置，则两位置处系统的势能分别为

$$V_1=\text{常量}$$

$$V_2=mg\left(R+\frac{l}{2}\cos\theta\right)+MgR$$

（2）对系统进行运动分析

设在任意位置时，轮心速度为 $\boldsymbol{v}_A$（水平向左），由于墙面约束的关系，点 B 的速度铅直向下；车轮做纯滚动，其速度瞬心为 P_1；而杆 AB 做平面运动，其速度瞬心为 P_2，如图 8-14b 所示，其中

$$CP_2=\frac{l}{2}$$

于是，可得下列运动学关系式：

$$\omega_1=\frac{v_A}{R},\quad \omega_2=\frac{v_A}{l\cos\theta},\quad v_C=\frac{l}{2}\omega_2=\frac{v_A}{2\cos\theta}$$

据此，得到系统在两位置处的动能分别为

$$T_1=0$$

$$T_2=\frac{1}{2}Mv_A^2+\frac{1}{2}J_A\omega_1^2+\frac{1}{2}mv_C^2+\frac{1}{2}J_C\omega_2^2$$

将运动学关系代入动能 T_2 的表达式，并考虑到

$$J_A=\frac{1}{2}MR^2,\quad J_C=\frac{1}{12}ml^2$$

则有

$$T_2=\left(\frac{3}{4}M+\frac{1}{6\cos^2\theta}m\right)v_A^2$$

（3）**应用机械能守恒定律求加速度**

将上述结果代入机械能守恒定律表达式

$$T_1+V_1=T_2+V_2$$

得

$$V_1=\left(\frac{3}{4}M+\frac{1}{6\cos^2\theta}m\right)v_A^2+mg\left(R+\frac{l}{2}\cos\theta\right)+MgR$$

将上式对时间求一次导数，有

$$\left(\frac{3}{2}M+\frac{1}{3\cos^2\theta}m\right)v_A\dot{v}_A+\left(\frac{\sin\theta\dot{\theta}}{3\cos^3\theta}m\right)v_A^2-mg\ \frac{l}{2}\sin\theta\dot{\theta}=0$$

注意到

$$\dot{v}_A=a_A,\qquad \dot{\theta}=\omega_2=\frac{v_A}{l\cos\theta}$$

则

$$\left(\frac{3}{2}M+\frac{1}{3\cos^2\theta}m\right)a_A+\left(\frac{\sin\theta}{3l\cos^4\theta}m\right)v_A^2-mg\ \frac{1}{2}\tan\theta=0$$

上式对 $\theta\geqslant45°$ 到 B 端离开墙面之前的全过程均成立。

当 $\theta=45°$ 时，$v_A=0$，代入上式有

$$a_A=\frac{3mg}{9M+4m}$$

（4）**本例讨论**

1）本例也可应用积分形式的动能定理求解，所得结果是一致的。读者可自行验证。

2）当系统从静止开始运动瞬时，物体上各点的速度、刚体的角速度均为零，要想求该瞬时的加速度，需首先考察系统在任意位置的动能和势能，然后才可以对机械能守恒定律的表达式求导。

3）因为机械能守恒定律给出的是一个标量方程，只能解一个未知量，因此对于本例中两个做平面运动的刚体，要应用刚体平面运动的速度分析方法，将所有的运动量用一个未知量来表示。

【例题 8-9】 图 8-15a 所示滚轮 C 由半径为 r_1 的轴和半径为 r_2 的圆盘固结而成，其重力为 $\boldsymbol{F}_{P3}$，对质心 C 的回转半径为 ρ，轴沿 AB 做无滑动滚动；均质滑轮 O 的重力为 $\boldsymbol{F}_{P2}$，半径为 r；物块 D 的重力为 $\boldsymbol{F}_{P1}$。试求：

(1) 物块 D 的加速度；

(2) EF 段绳的张力；

(3) O_1 处的静摩擦力。

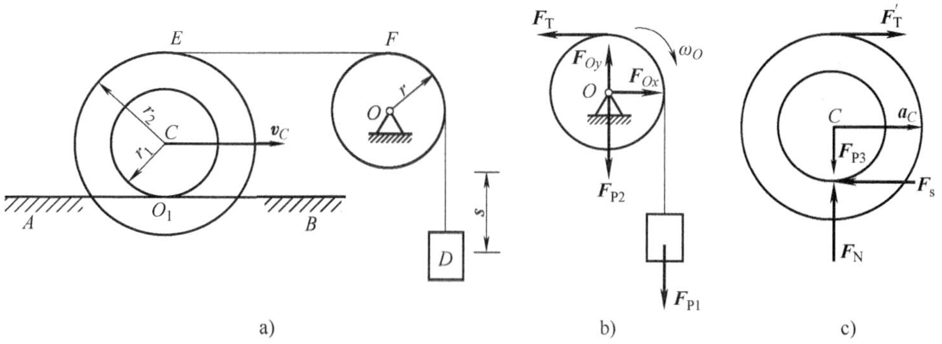

图 8-15 例题 8-9 图

解: 将滚轮 C、滑轮 O、物块 D 所组成的刚体系统作为研究对象，系统具有理想约束，由动能定理建立系统的运动与主动力之间的关系。

(1) **系统在物块下降任意距离 s 时的动能**

$$T=\frac{1}{2}\frac{F_{P1}}{g}v_D^2+\frac{1}{2}J_O\omega_O^2+\frac{1}{2}\frac{F_{P3}}{g}v_C^2+\frac{1}{2}J_C\omega_C^2$$

其中

$$\omega_O=\frac{v_D}{r},\quad \omega_C=\frac{v_D}{r_1+r_2},\quad v_C=\frac{r_1}{r_1+r_2}v_D,\quad J_O=\frac{1}{2}\frac{F_{P2}}{g}r^2,\quad J_C=\frac{F_{P3}}{g}\rho^2$$

所以

$$T=\frac{1}{2}\left[\frac{F_{P1}}{g}+\frac{1}{2}\frac{F_{P2}}{g}+\frac{F_{P3}}{g}\left(\frac{r_1}{r_1+r_2}\right)^2+\frac{F_{P3}}{g}\left(\frac{\rho}{r_1+r_2}\right)^2\right]v_D^2$$

若令

$$m_{eq}=\frac{F_{P1}}{g}+\frac{1}{2}\frac{F_{P2}}{g}+\frac{F_{P3}}{g}\left(\frac{r_1}{r_1+r_2}\right)^2+\frac{F_{P3}}{g}\left(\frac{\rho}{r_1+r_2}\right)^2$$

称为当量质量或折合质量，则有

$$T=\frac{1}{2}m_{eq}v_D^2$$

由动能定理

$$T-T_0=\sum W_{12}$$

$$\frac{1}{2}m_{eq}v_D^2-T_0=F_{P1}s$$

将上式对时间求导，有

$$m_{eq}v_Da_D=F_{P1}\dot{s}=F_{P1}v_D$$

求得物块的加速度，为

$$a_D=\frac{F_{P1}}{m_{eq}}=\frac{F_{P1}}{\frac{F_{P1}}{g}+\frac{1}{2}\frac{F_{P2}}{g}+\frac{F_{P3}}{g}\left(\frac{r_1}{r_1+r_2}\right)^2+\frac{F_{P3}}{g}\left(\frac{\rho}{r_1+r_2}\right)^2}$$

$$=\frac{2(r_1+r_2)^2F_{P1}g}{(2F_{P1}+F_{P2})(r_1+r_2)^2+2F_{P3}(r_1^2+\rho^2)}$$

（2）**考察滑轮与物块组成的系统**

将绳 EF 剪断，考虑滑轮与物块组成的系统，如图 8-14b 所示。系统对轴 O 的动量矩和力矩分别为

$$L_O=J_O\omega_O+\frac{F_{P1}}{g}rv_D=\frac{1}{2}\frac{F_{P2}}{g}r^2\frac{v_D}{r}+\frac{F_{P1}}{g}rv_D$$

$$M_O=F_{P1}r-F_Tr$$

代入动量矩定理表达式

$$\frac{dL_O}{dt}=M_O$$

有

$$\frac{d}{dt}\left(\frac{1}{2}\frac{F_{P2}}{g}r^2\frac{v_D}{r}+\frac{F_{P1}}{g}rv_D\right)=F_{P1}r-F_Tr$$

由此得到绳子的张力为

$$F_T=F_{P1}-\left(\frac{1}{2}\frac{F_{P2}}{g}+\frac{F_{P1}}{g}\right)a_D$$

$$=\frac{2(r_1^2+\rho^2)F_{P1}F_{P3}}{(2F_{P1}+F_{P2})(r_1+r_2)^2+2F_{P3}(r_1^2+\rho^2)}$$

（3）**以滚轮为研究对象，应用质心运动定理**

滚轮受力图如图 8-15c 所示。由质心运动定理，有

$$\frac{F_{P3}}{g}a_C=F'_T-F_s$$

可得

$$F_s=F'_T-\frac{F_{P3}}{g}a_C=F_T-\frac{F_{P3}}{g}\frac{r_1}{r_1+r_2}a_D$$

$$=\frac{2(\rho^2-r_1r_2)F_{P1}F_{P3}}{(2F_{P1}+F_{P2})(r_1+r_2)^2+2F_{P3}(r_1^2+\rho^2)}$$

（4）**本例讨论**

1）对于具有理想约束的单自由度系统，一般以整体系统作为研究对象，应用动能定理直接建立主动力的功与广义速度之间的关系，在方程中不涉及未知的约束力。对时间求一次导数，可得到作用在系统上的主动力与加速度之间的关系。

待运动确定后，再选择不同的研究对象，应用动量或动量矩定理求解未知的约束力。

2）特别需要指出的是：采用只能求解一个未知量的动能定理来解决多个物体组成的刚体系统，必须附加运动学的补充方程，因此各物体速度间的运动学关系一定要明确。如本题

中 v_C、v_D、ω_C、ω_O 的关系。

3）若一开始就将系统拆开，以单个刚体作为研究对象，则需分别应用刚体平面运动微分方程、动量矩定理（定轴转动微分方程）、牛顿第二定律等，分别建立动力学方程，然后联立求解。读者可试用此方法求解后与本例中的方法相比较，自行得出采用何种方法更为简便易算的结论。

【例题 8-10】 图 8-16a 所示平面机构中，沿斜面做纯滚动的轮 A 和轮 O 可视为均质圆盘，质量均为 m，半径均为 R。斜面倾角 $\theta=30°$，绳 BD 段与斜面平行，绳子质量不计。若在轮 O 上作用一力偶矩为 $M=mgR$ 的常力偶，试求：

（1）轮 O 的角加速度；

（2）绳子的拉力；

（3）斜面作用在轮 A 上的静摩擦力。

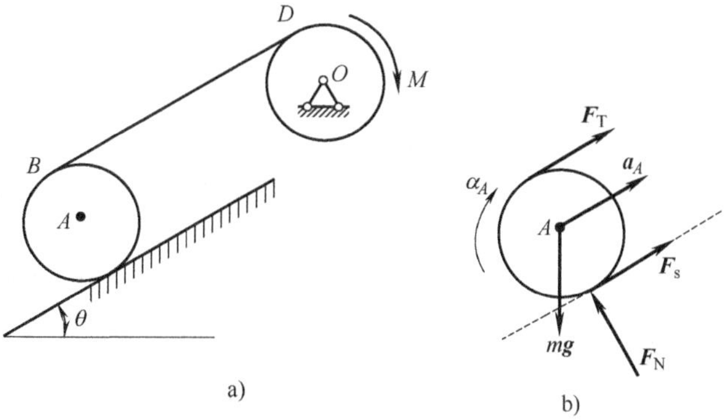

图 8-16 例题 8-10 图

解：（1）**以整体为研究对象**

当鼓轮转过 φ 角，外力所做的功以及动能分别为

$$W_{12}=\frac{1}{2}(2M-mgR\sin\theta)\varphi=\frac{3}{4}mgR\varphi$$

$$T_1=C(C\text{ 为常数}),\quad T_2=\frac{1}{2}mv_A^2+\frac{1}{2}J_A\omega_A^2+\frac{1}{2}J_O\omega_O^2=\frac{7}{16}mR^2\omega_O^2$$

应用动能定理，有

$$\frac{7}{16}mR^2\omega_O^2-C=\frac{3}{4}mgR\varphi$$

等式两边求导数，得到

$$\alpha_O=\frac{6g}{7R}$$

（2）**以轮 A 为研究对象**

轮 A 的受力如图 8-16b 所示。由刚体平面运动微分方程，有

$$ma_A=F_T+F_s-mg\sin\theta$$

$$\frac{1}{2}mR^2\alpha_A=(F_T-F_s)R$$

将

$$a_A=\frac{\alpha_O R}{2},\quad \alpha_A=\frac{\alpha_O}{2}$$

代入上式后，解得

$$F_{\mathrm{T}}=\frac{4}{7}mg$$

$$F_{\mathrm{s}}=\frac{5}{14}mg\text{（沿斜面向上）}$$

【例题 8-11】 质量为 m_1、杆长为 l 的均质杆 OA，一端铰支、另一端用光滑铰链连接一可绕轴 A 自由旋转、质量为 m_2 的均质圆盘，如图 8-17a 所示。初始时，杆处于铅垂位置，圆盘静止，设杆 OA 无初速释放，不计摩擦。试求当杆转至水平位置时，杆 OA 的角速度和角加速度及铰链 O 处的约束力。

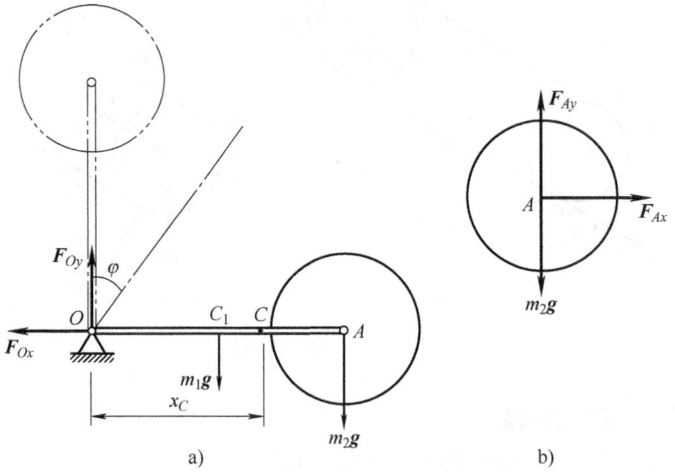

图 8-17 例题 8-11 图

解： 取整体为研究对象，系统为理想约束系统。

（1）**运动分析**

杆 OA 做定轴转动；为分析圆盘的运动，取圆盘为研究对象（见图 8-17b），并应用相对质心的动量矩定理。

设圆盘的角加速度为 α，则圆盘绕质心 A 的转动微分方程

$$J_A\alpha=0$$

据此，得

$$\alpha=0$$

又因为无初速释放，故有

$$\omega=\omega_0=0$$

以上表明，圆盘在杆下摆过程中角速度始终为零，因此圆盘做平移。

（2）**应用动能定理求角速度与角加速度**

系统在初始位置和任意位置时的动能分别为

$$T_1=0$$

$$T_2=\frac{1}{2}J_O\omega^2+\frac{1}{2}m_2v_A^2$$

$$=\frac{1}{2}\frac{1}{3}m_1l^2\omega^2+\frac{1}{2}m_2l^2\omega^2=\frac{m_1+3m_2}{6}l^2\omega^2$$

杆在角度 φ 时，重力做的功

$$W=m_1g\left(\frac{l}{2}-\frac{l}{2}\cos\varphi\right)+m_2g(l-l\cos\varphi)$$

$$=\left(\frac{m_1}{2}+m_2\right)gl(1-\cos\varphi)$$

应用动能定理，有

$$\frac{m_1+3m_2}{6}l^2\omega^2=\left(\frac{m_1}{2}+m_2\right)gl(1-\cos\varphi)$$

解得

$$\omega^2=\frac{m_1+2m_2}{m_1+3m_2}\frac{3g}{l}(1-\cos\varphi) \tag{a}$$

当 $\varphi=90°$时，杆在水平位置的角速度

$$\omega=\sqrt{\frac{m_1+2m_2}{m_1+3m_2}\frac{3g}{l}} \tag{b}$$

将式（a）对时间求导，得

$$2\omega\alpha=\frac{m_1+2m_2}{m_1+3m_2}\frac{3g}{l}\sin\varphi\dot{\varphi}$$

因为 $\dot{\varphi}=\omega$，所以 $\varphi=90°$时即杆在水平位置的角加速度

$$\alpha=\frac{m_1+2m_2}{m_1+3m_2}\frac{3g}{2l}\sin\varphi=\frac{m_1+2m_2}{m_1+3m_2}\frac{3g}{2l} \tag{c}$$

（3）**确定 O 处的约束力**

首先确定系统质心的位置，然后应用质心运动定理，求解 O 处的约束力。

根据质心坐标公式，有

$$x_C=\frac{m_1\dfrac{l}{2}+m_2l}{m_1+m_2}=\frac{m_1+2m_2}{m_1+m_2}\frac{l}{2} \tag{d}$$

代入质心运动定理表达式，有

$$\begin{cases}(m_1+m_2)x_C\omega^2=F_{Ox}\\-(m_1+m_2)x_C\alpha=F_{Oy}-(m_1+m_2)g\end{cases} \tag{e}$$

将式（b）~式（d）代入（e），最后得到

$$\begin{cases}F_{Ox}=\dfrac{(m_1+2m_2)^2}{(m_1+3m_2)}\dfrac{3g}{2}\\F_{Oy}=-\dfrac{(m_1+2m_2)^2}{(m_1+3m_2)}\dfrac{3g}{4}+(m_1+m_2)g\end{cases} \tag{f}$$

(4) **本例讨论**

1) 如果圆盘有初始角速度，在随杆下摆时，角速度将保持不变，这种情形下计算动能时需要加上圆盘绕质心转动的动能。

2) 为求角加速度 α，可将角速度 ω 对时间求一次导数，但此时的 ω 一定是一般位置 φ 时的角速度，不能用某个特定位置（例如水平位置）时的 ω 求导数，否则导数必为零。

3) 采用质心运动定理求约束力时，不一定先求系统质心的位置，也可以将每个物体质心的位置找到（不必计算），然后代入质心运动定理的另一种表达式：$\sum m_i \boldsymbol{a}_{Ci} = \boldsymbol{F}_{\mathrm{R}}^{\mathrm{e}}$，同样会得到相同的结果，建议读者结合本例自行验证。

8.6 小结与讨论

8.6.1 小结

1. 力的功是力对物体作用的累积效应的度量

$$W_{12} = \int_{12} \boldsymbol{F} \cdot \mathrm{d}\boldsymbol{r} = \int_s F\mathrm{d}s\cos\langle \boldsymbol{F}, \boldsymbol{e}_t \rangle = \int_{12} (F_x \mathrm{d}x + F_y \mathrm{d}y + F_z \mathrm{d}z)$$

重力的功

$$W_{12} = mg(z_1 - z_2) \quad （质点）$$

$$W_{12} = Mg(z_{C1} - z_{C2}) \quad （质点系）$$

弹性力的功

$$W_{12} = \frac{1}{2}k(x_1^2 - x_2^2) \quad （直线弹簧）$$

$$W_{12} = \frac{1}{2}k(\theta_1^2 - \theta_2^2) \quad （扭转弹簧）$$

刚体上力偶的功

$$W_{12} = \int_{\varphi_1}^{\varphi_2} M\mathrm{d}\varphi$$

2. 动能是物体机械运动的一种度量

质点系的动能 $T = \sum \frac{1}{2} m_i v_i^2$

平移刚体的动能 $T = \frac{1}{2} m v_C^2$

定轴转动刚体的动能 $T = \frac{1}{2} J_z \omega^2$

平面运动刚体的动能 $T = \frac{1}{2} m v_C^2 + \frac{1}{2} J_C \omega^2 = \frac{1}{2} J_{C^* z} \omega^2$

3. 动能定理

微分形式 $\mathrm{d}T = \delta W$

积分形式 $T_2 - T_1 = W_{12}$

4. 有势力的功

有势力在有限路程上所做之功仅与其起点和终点的位置有关，而与其作用点经过的路径无关。

势能是系统从某一位置运动到零势位置时，其上有势力所做的功。

机械能守恒：系统仅在有势力作用下运动时，其机械能保持不变，即

$$T+V=E=\text{常数}$$

8.6.2　功率方程的概念

功率的计算公式为

$$P=\frac{\delta W}{\mathrm{d}t}=\boldsymbol{F}\cdot\frac{\mathrm{d}\boldsymbol{r}}{\mathrm{d}t}=F_{\mathrm{t}}v$$

作用在转动刚体上力的功率为

$$P=\frac{\delta W}{\mathrm{d}t}=M_z\cdot\frac{\mathrm{d}\varphi}{\mathrm{d}t}=M_z\omega$$

工程上，机器的功率可分为三部分，即：输入功率、输出功率、损耗功率。其中输出功率是对外做功的有用功率；而损耗功率是摩擦、热能损耗等不可避免的无用功率。这样，式（8-16)可改写为

$$\frac{\mathrm{d}T}{\mathrm{d}t}=P_{\text{输入}}-P_{\text{输出}}-P_{\text{损耗}}$$

或

$$P_{\text{输入}}=\frac{\mathrm{d}T}{\mathrm{d}t}+P_{\text{输出}}+P_{\text{损耗}}$$

任何机器在工作时都需要从外界输入功率，同时也不可避免地要消耗一定功率，消耗越少则机器性能越好。工程上，机械效率定义为

$$\eta=\frac{P_{\text{有用}}}{P_{\text{输入}}}\times100\%=\frac{P_{\text{输出}}+\dfrac{\mathrm{d}T}{\mathrm{d}t}}{P_{\text{输入}}}\times100\%<1$$

这是衡量机器性能的指标之一。若机器有多级（假设为 n 级）传动，机械效率为

$$\eta=\eta_1\eta_2\cdots\eta_n$$

8.6.3　应用动力学普遍定理时的运动分析

在动量、动量矩、动能定理的应用中，运动学方程起着非常重要的作用。很多情形下，动力学关系非常容易得到，但运动学关系却很复杂。这时正确地进行运动分析以建立运动学补充方程显得尤为重要。

以图 8-18a 所示问题为例，均质杆 AB 重力为 $\boldsymbol{W}$，A、B 两处均为光滑接触面约束。杆在铅垂位置时，无初速开始下滑，求图示位置时 A、B 两处的约束力。

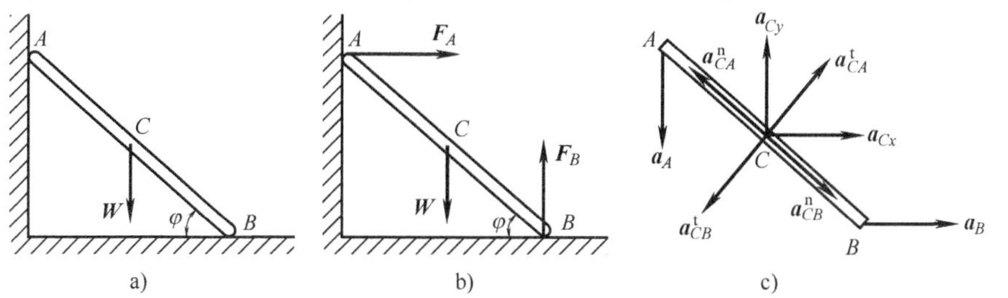

图 8-18　杆的运动学分析

对于杆 AB，其动量、动量矩、动能的表达式都很容易写出。为了确定约束力，可以采用质心运动定理，即

$$\begin{cases}\dfrac{W}{g}a_{Cx}=F_A\\ \dfrac{W}{g}a_{Cy}=F_B-W\end{cases}\tag{a}$$

方程简洁明了，关键是质心加速度 a_{Cx}、a_{Cy} 如何确定，也就是如何建立相关的运动学方程。

杆端 A 和 B 的加速度方向已知，故分别取其为基点，可得

$$\boldsymbol{a}_C=\boldsymbol{a}_A+\boldsymbol{a}_{CA}^{\mathrm{n}}+\boldsymbol{a}_{CA}^{\mathrm{t}}\tag{b}$$

$$\boldsymbol{a}_C=\boldsymbol{a}_B+\boldsymbol{a}_{CB}^{\mathrm{n}}+\boldsymbol{a}_{CB}^{\mathrm{t}}\tag{c}$$

注意到 $\boldsymbol{a}_A$ 方向铅垂向下，$\boldsymbol{a}_B$ 方向水平向右，得到

$$\begin{cases}a_{Cx}=-a_{CA}^{\mathrm{n}}\cos\varphi+a_{CA}^{\mathrm{t}}\sin\varphi\\ a_{Cy}=-a_{CB}^{\mathrm{n}}\sin\varphi-a_{CB}^{\mathrm{t}}\cos\varphi\end{cases}$$

加速度一旦确定，其余问题便迎刃而解。可见，正确建立运动学方程至关重要。

习　题

选择填空题

8-1　如图8-19所示，三棱柱 B 沿三棱柱 A 的斜面运动，三棱柱 A 沿光滑水平面向左运动。已知 A 的质量为 m_1，B 的质量为 m_2；某瞬时 A 的速度为 $\boldsymbol{v}_1$，B 沿斜面的速度为 $\boldsymbol{v}_2$。则此时三棱柱 B 的动能为（　　）。

① $\dfrac{1}{2}m_2v_2^2$　　② $\dfrac{1}{2}m_2(v_1-v_2)^2$

③ $\dfrac{1}{2}m_2(v_1^2-v_2^2)$　　④ $\dfrac{1}{2}m_2[(v_1-v_2\cos\theta)^2+v_2^2\sin^2\theta]$

8-2　一质量为 m、半径为 r 的均质圆轮以匀角速度 ω 沿水平面做纯滚动，均质杆 OA 与圆轮在轮心 O 处铰接，如图8-20所示。设杆 OA 长 $l=4r$，质量 $M=m/4$。在图示杆与铅垂线的夹角 $\varphi=60°$ 时，其绝对角速度 $\omega_{OA}=\omega/2$，则此时该系统的动能为（　　）。

① $T=\dfrac{25}{24}mr^2\omega^2$　　② $T=\dfrac{11}{12}mr^2\omega^2$　　③ $T=\dfrac{7}{6}mr^2\omega^2$　　④ $T=\dfrac{2}{3}mr^2\omega^2$

8-3　均质圆盘 A，半径为 r，质量为 m，在半径为 R 的固定圆柱面内做纯滚动，如图8-21所示。则圆盘的动能为（　　）。

① $T=\dfrac{3}{4}mr^2\dot{\varphi}^2$　　② $T=\dfrac{3}{4}mR^2\dot{\varphi}^2$

③ $T=\dfrac{1}{2}m(R-r)^2\dot{\varphi}^2$　　④ $T=\dfrac{3}{4}m(R-r)^2\dot{\varphi}^2$

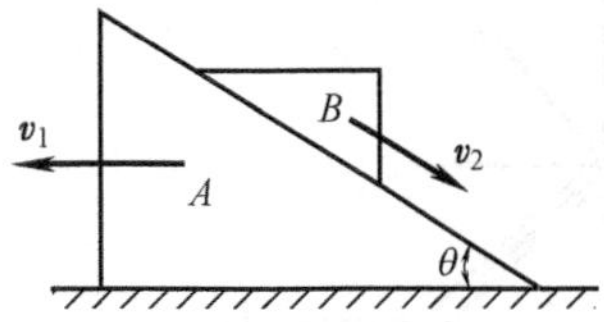

图8-19　习题8-1图

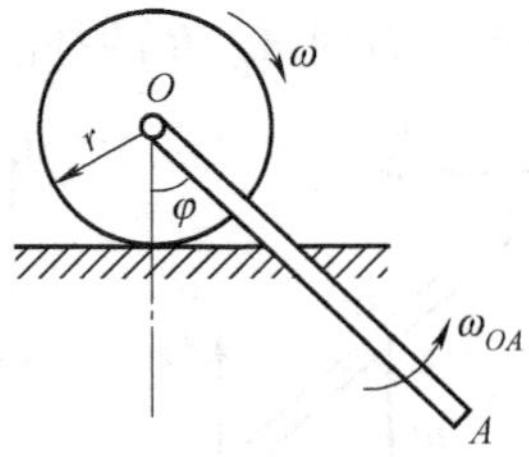

图8-20　习题8-2图

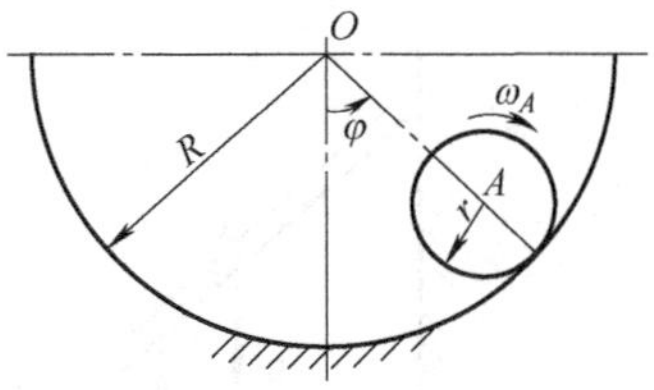

图8-21　习题8-3图

8-4 图8-22所示均质圆盘沿水平直线轨道做纯滚动，在盘心移动了距离s的过程中，水平常力$\boldsymbol{F}_T$做的功为（　　）；轨道给圆轮的摩擦力$\boldsymbol{F}_s$做的功为（　　）。

① $F_T s$　　② $2F_T s$　　③ 0　　④ $-F_s s$

8-5 图8-23所示两均质圆盘A和B，它们的质量相等，半径相同，各置于光滑水平面上，分别受到$\boldsymbol{F}$和$\boldsymbol{F}'$的作用，由静止开始运动。若$\boldsymbol{F}=\boldsymbol{F}'$，则在运动同时开始后并到相同的任一瞬时，两圆盘动能T_A和T_B的关系为（　　）。

① $T_A=T_B$　　② $T_A=2T_B$　　③ $2T_A=T_B$　　④ $3T_A=T_B$

8-6 如图8-24所示，轮Ⅱ由系杆O_1O_2带动在固定轮Ⅰ上做无滑动滚动，两轮半径分别R_1、R_2。若轮Ⅱ的质量为m，系杆的角速度为ω，则轮Ⅱ的动能为（　　　　），轮Ⅱ对固定轴O_1的动量矩为（　　　　）。

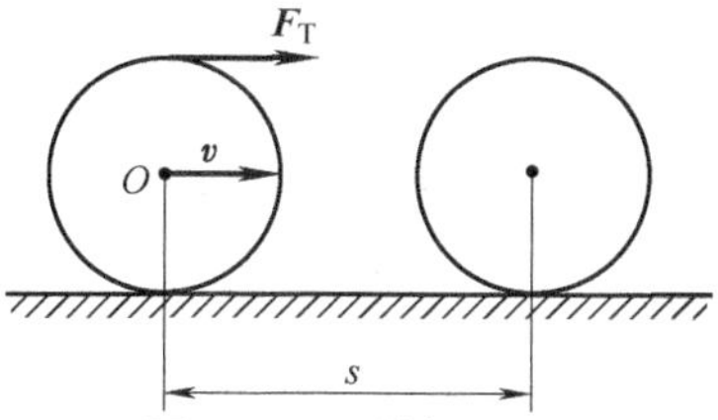

图8-22　习题8-4图

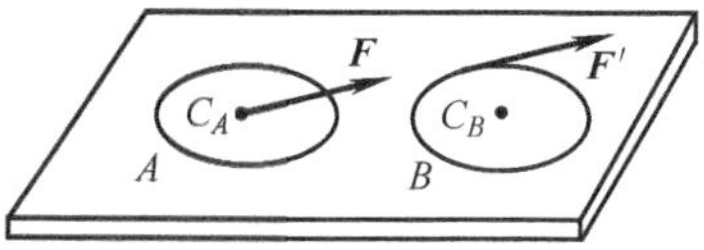

图8-23　习题8-5图

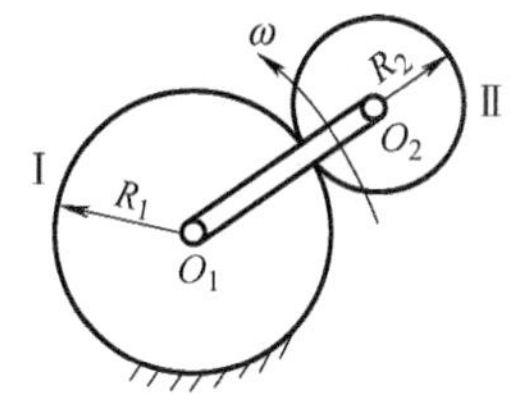

图8-24　习题8-6图

分析计算题

8-7 计算图8-25所示各系统的动能：

（1）质量为m、半径为r的均质圆盘在其自身平面内做平面运动。在图示位置时，若已知圆盘上A、B两点的速度方向如图所示，点B的速度为$\boldsymbol{v}_B$，$\theta=45°$（见图8-25a）。

（2）图示质量为m_1的均质杆OA，一端铰接在质量为m_2的均质圆盘中心，另一端放置在水平面上，圆盘在地面上做纯滚动，圆心速度为$\boldsymbol{v}$（见图8-25b）。

（3）质量为m的均质细圆环半径为R，其上固结一个质量也为m的质点A。细圆环在水平面上做纯滚动，图示瞬时其角速度为ω（见图8-25c）。

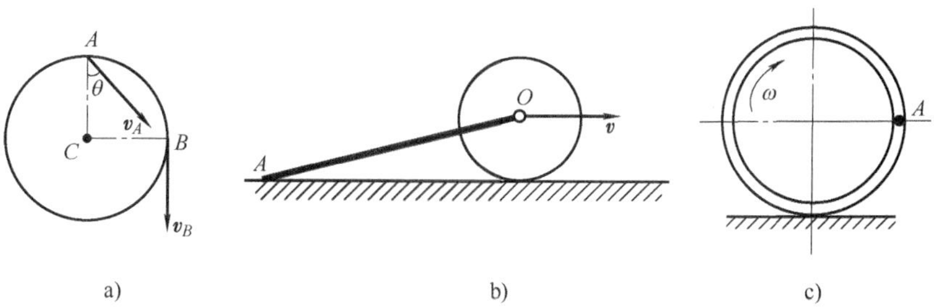

图8-25　习题8-7图

8-8 图8-26所示滑块A重为W_1，可在滑道内滑动，与滑块A用铰链连接的是重为W_2、长为l的均质杆AB。现已知滑块沿滑道的速度为$\boldsymbol{v}_1$，杆AB的角速度为ω_1。当杆与铅垂线的夹角为φ时，试求系统的动能。

8-9 如图8-27所示重为F_P、半径为r的齿轮Ⅱ与半径为$R=3r$的固定内齿轮Ⅰ相啮合。齿轮Ⅱ通过均质的曲柄OC带动而运动。曲柄的重量为F_Q，角速度为ω，齿轮可视为均质圆盘。试求行星齿轮机构的动能。

8-10 图8-28所示一重物A质量为m_1，当其下降时，借一无重且不可伸长的绳索使滚子C沿水平轨道滚动而不滑动。绳索跨过一不计质量的定滑轮D并绕在滑轮B上。滑轮B的半径为R，与半径为r的滚子C固结，两者总质量为m_2，其对O轴的回转半径为ρ。试求重物A的加速度。

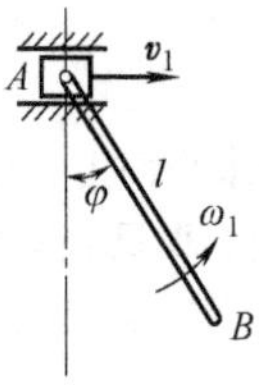

图 8-26 习题 8-8 图

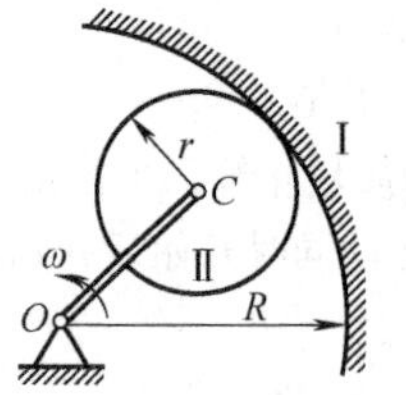

图 8-27 习题 8-9 图

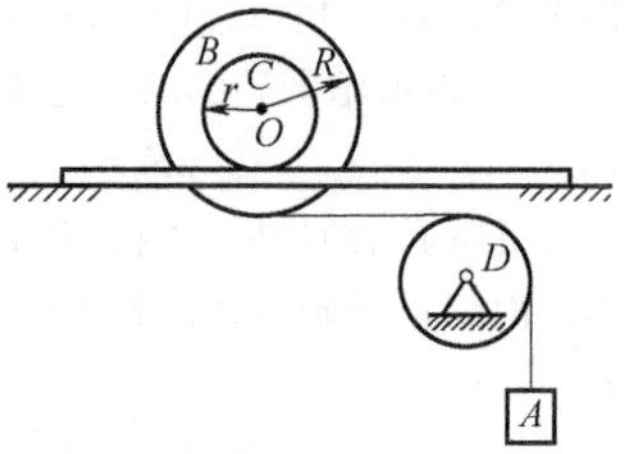

图 8-28 习题 8-10 图

8-11 图 8-29 所示机构中，均质杆 AB 长为 l，质量为 $2m$，两端分别与质量均为 m 的滑块铰接，两光滑直槽相互垂直。设弹簧的刚度系数为 k，且当 $\theta=0°$ 时，弹簧为原长。若机构在 $\theta=60°$ 时无初速开始运动，试求当杆 AB 处于水平位置时的角速度和角加速度。

8-12 图 8-30a、b 所示分别为圆盘与圆环，二者质量均为 m，半径均为 r，均置于距地面为 h 的斜面上，斜面倾角均为 α，盘与环都从时间 $t=0$ 开始，在斜面上做纯滚动。分析圆盘与圆环哪一个先到达地面？

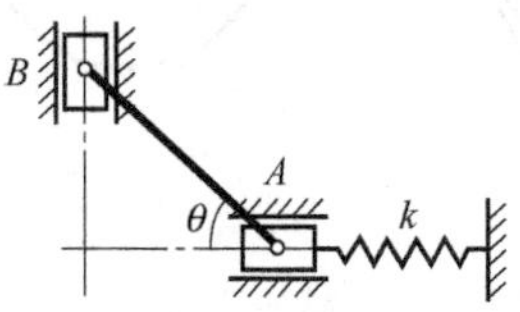

图 8-29 习题 8-11 图

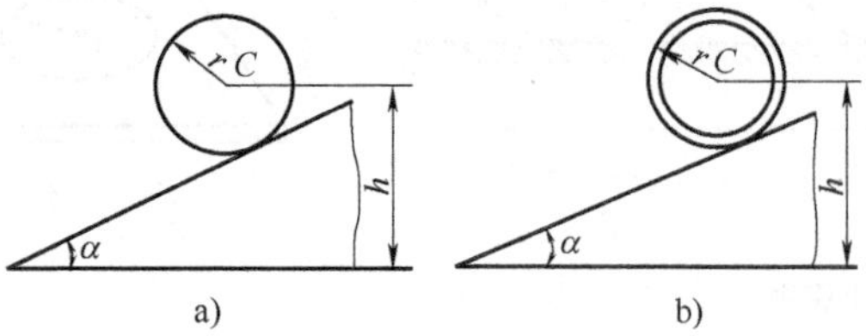

图 8-30 习题 8-12 图

8-13 两匀质杆 AC 和 BC，质量均为 m，长度均为 l，在点 C 由光滑铰链相连接，A、B 端放置在光滑水平面上，如图 8-31 所示。杆系在图示位置的铅垂面内由静止开始运动，试求铰链 C 下落到地面时的速度。

8-14 质量为 15kg 的细杆可绕轴转动，杆端 A 连接刚度系数为 $k=50\text{N/m}$ 的弹簧。弹簧另一端固结于点 B，弹簧原长 1.5m。试求杆从水平位置以初角速度 $\omega_0=0.1\text{rad/s}$ 下落到图 8-32 所示位置时的角速度。

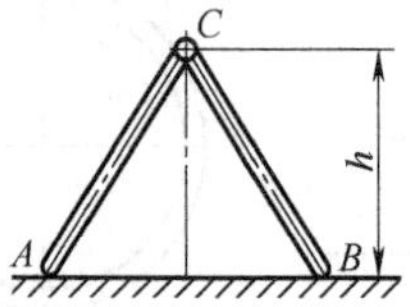

图 8-31 习题 8-13 图

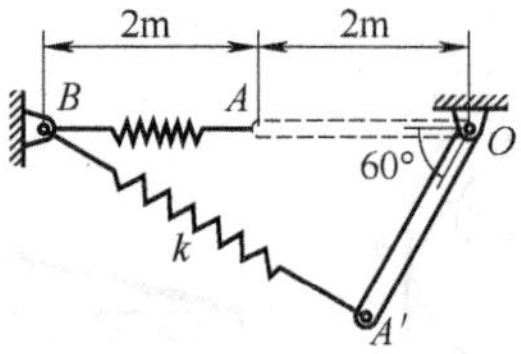

图 8-32 习题 8-14 图

8-15 在图 8-33 所示机构中，已知：均质圆盘的质量为 m、半径为 r，可沿水平面做纯滚动。刚度系数为 k 的弹簧一端固定于 B，另一端与圆盘中心 O 相连。运动开始时，弹簧处于原长，此时圆盘角速度为 ω，试求：

（1）圆盘向右运动到最右位置时，弹簧的伸长量；

（2）圆盘到达最右位置时的角加速度 α 及圆盘与水平面间的静摩擦力。

8-16 在图 8-34 所示机构中，鼓轮 B 的质量为 m，内、外半径分别为 r 和 R，对转轴 O 的回转半径为 ρ，其上绕有细绳，一端吊一质量为 m 的物块 A，另一端与质量为 M、半径为 r 的均质圆轮 C 相连，斜面倾角为 φ，绳的倾斜段与斜面平行。试求：

（1）鼓轮的角加速度 α；

（2）斜面的静摩擦力及连接物块 A 的绳子的张力。

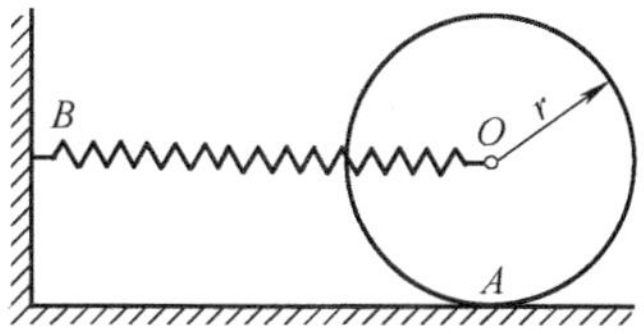

图 8-33　习题 8-15 图

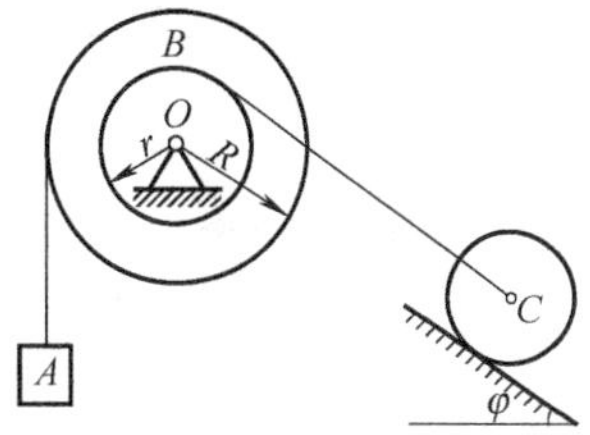

图 8-34　习题 8-16 图

8-17　均质圆盘的质量为 m_1、半径为 r，圆盘与处于水平位置的弹簧一端铰接且可绕固定轴 O 转动，可用于起吊重物 A，如图 8-35 所示。若重物 A 的质量为 m_2，弹簧的刚度系数为 k，试求系统的固有频率。

8-18　图 8-36 所示圆盘质量为 m、半径为 r，在中心处与两根水平放置的弹簧固结，且在平面上做无滑动滚动。弹簧的刚度系数均为 k_0。试求系统做微振动的固有频率。

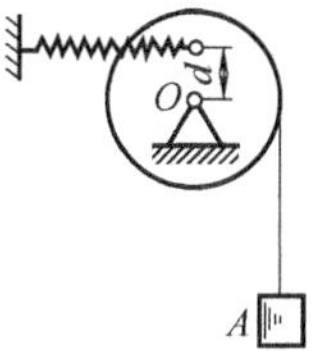

图 8-35　习题 8-17 图

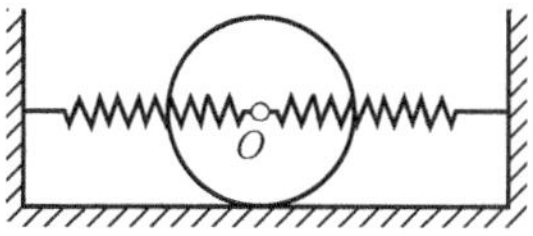

图 8-36　习题 8-18 图

8-19　测量机器功率的功率计，由胶带 $ACDB$ 和一杠杆 BOF 组成，如图 8-37 所示。胶带具有铅垂的两段 AC 和 DB，并套住试验机器滑轮 E 的下半部，杠杆则以刀口搁在支点 O 上，借升高或降低支点 O，可以变更胶带的拉力，同时变更胶带与滑轮间的静摩擦力。在 F 处挂一重锤 P，杠杆 BF 即可处于水平平衡位置。若用来平衡胶带拉力的重锤的质量 $m=3\text{kg}$，$L=500\text{mm}$，试求当发动机的转速 $n=240\text{r/min}$ 时发动机的功率。

8-20　在图 8-38 所示机构中，物块 A 质量为 m_1，放置在光滑水平面上。均质圆盘 C、B 质量均为 m，半径均为 R，物块 D 质量为 m_2。不计绳的质量，设绳与滑轮之间无相对滑动，绳的 AE 段与水平面平行，系统由静止开始释放。试求物块 D 的加速度以及 BC 段绳的张力。

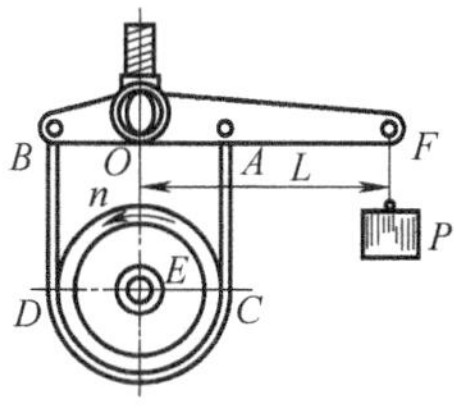

图 8-37　习题 8-19 图

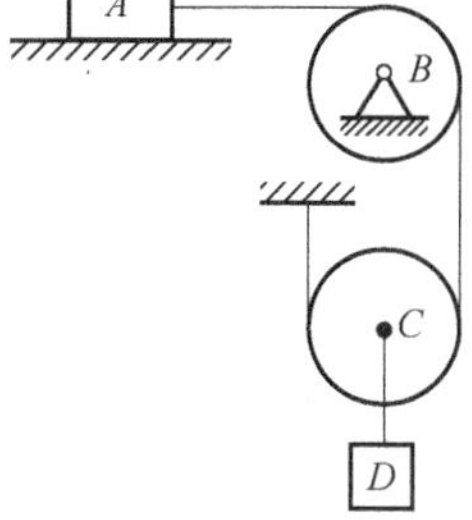

图 8-38　习题 8-20 图

8-21　图 8-39 所示机构中，物块 A、B 质量均为 m，均质圆盘 C、D 质量均为 $2m$，半径均为 R。轮 C 铰接于长为 $3R$ 的无重悬臂梁 CK 上，D 为动滑轮，绳与轮之间无相对滑动。系统由静止开始运动，试求：

（1）物块 A 上升的加速度；

（2）HE 段绳的张力；

（3）固定端 K 处的约束力。

8-22　两个相同的滑轮，视为均质圆盘，质量均为 m，半径均为 R，用绳缠绕连接，如图 8-40 所示。

若系统由静止开始运动，试求动滑轮质心 C 的速度 v 与下降距离 h 的关系，并确定 AB 段绳子的张力。

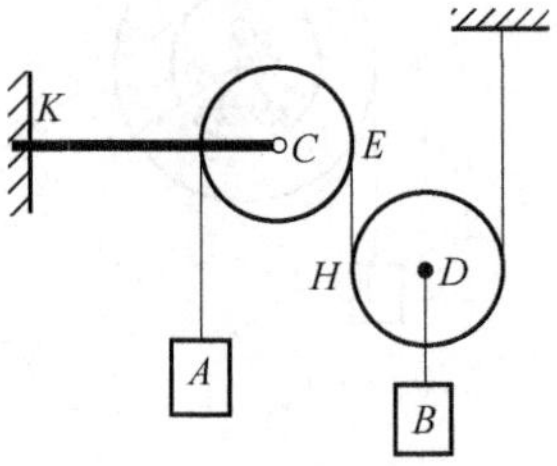

图 8-39 习题 8-21 图

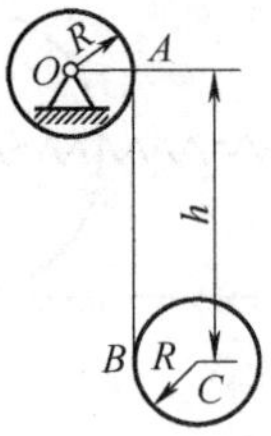

图 8-40 习题 8-22 图

第9章 达朗贝尔原理

牛顿运动定律的研究范围仅限于单个自由质点的运动。法国科学家达朗贝尔于1743年将牛顿的工作推广至受约束质点，提出了求解受约束质点动力学问题的原理，即达朗贝尔原理（d' Alembert principle），达朗贝尔原理为非自由质点系动力学的发展奠定了基础。应用达朗贝尔原理基础上，后人引入惯性力的概念，用静力学中研究平衡问题的方法研究动力学中不平衡的问题，并将这一原理发展成为求解非自由质点系动力学的普遍而有效的方法，这一方法称为动静法（methods of kineto statics）。由于静力学的方法简单直观，易于掌握，因而动静法在工程技术中得到了广泛应用。

达朗贝尔原理虽然与动力学普遍定理具有不同的思路，但却获得了与动量定理、动量矩定理在形式上等价的动力学方程。

9.1 惯性力与达朗贝尔原理

9.1.1 质点的达朗贝尔原理

考察惯性参考系 $Oxyz$ 中的非自由质点 M。如图9-1所示，设质点 M 的质量为 m，加速度为 $\boldsymbol{a}$，质点在主动力 $\boldsymbol{F}$、约束力 $\boldsymbol{F}_{\mathrm{N}}$ 作用下运动。根据牛顿第二定律，有

$$m\boldsymbol{a}=\boldsymbol{F}+\boldsymbol{F}_{\mathrm{N}}$$

若将上式左端的 $m\boldsymbol{a}$ 移至右端，则上式可以改写为

$$\boldsymbol{F}+\boldsymbol{F}_{\mathrm{N}}+(-m\boldsymbol{a})=\boldsymbol{0} \tag{9-1}$$

令

$$\boldsymbol{F}_{\mathrm{I}}=-m\boldsymbol{a}$$

$\boldsymbol{F}_{\mathrm{I}}$ 称为达朗贝尔惯性力（d' Alembert inertial force），简称为惯性力（inertial force）。该式表明，质点惯性力的大小等于质点的质量与加速度的乘积，方向与质点加速度方向相反。

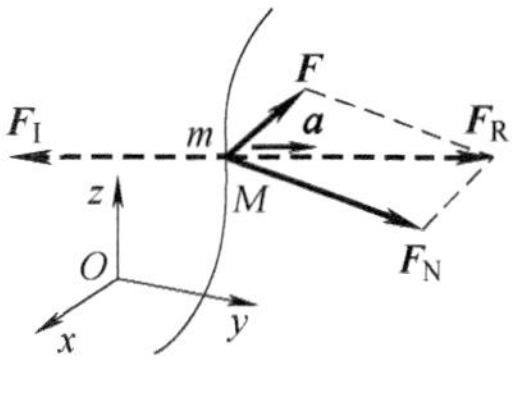

图9-1 质点的达朗贝尔原理

将惯性力代入式（9-1），则式（9-1）可以写成

$$\boldsymbol{F}+\boldsymbol{F}_{\mathrm{N}}+\boldsymbol{F}_{\mathrm{I}}=\boldsymbol{0} \tag{9-2}$$

形式上这是一静力学平衡方程，该方程表明，质点运动的每一瞬时，作用在质点上的主动力、约束力和质点的惯性力组成一形式上的平衡力系。此即达朗贝尔原理（d' Alembert principle）。

于是，应用惯性力的概念和达朗贝尔原理，质点动力学问题便转化为形式上的静力学平

衡问题。这种方法称为动静法（method of kineto statics）。

需要指出的是，实际质点上只受主动力和约束力的作用，而惯性力是为了用静力学方法求解动力学问题而假设的虚拟力。式（9-2）反映的仍然是实际受力与运动之间的动力学关系。

达朗贝尔原理的矢量方程式（9-2）在直角坐标系中的投影形式为

$$\begin{cases} F_x+F_{Nx}+F_{Ix}=0 \\ F_y+F_{Ny}+F_{Iy}=0 \\ F_z+F_{Nz}+F_{Iz}=0 \end{cases} \tag{9-3}$$

应用上述方程时，除了要分析主动力、约束力外，还必须分析惯性力，并假想地加在质点上。其余过程与求解静力学平衡问题完全相同。

【例题 9-1】　圆锥摆如图 9-2 所示。其中质量为 m 的小球 M，系于长度为 l 的细线一端，细线另一端固定于点 O，与铅垂线的夹角为 θ。小球在垂直于铅垂线的平面内做匀速圆周运动。已知：$m=1\text{kg}$；$l=300\text{mm}$；$\theta=60°$。试求小球的速度和细线所受的拉力。

解：以小球为研究对象。作用在小球上的力有：主动力——小球重力 m$\boldsymbol{g}$；约束力——细线对小球的拉力 $\boldsymbol{F}_T$，数值上等于细线所受的拉力。

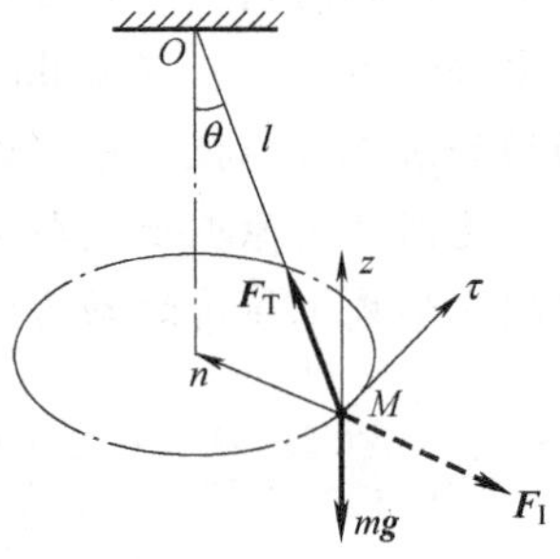

图 9-2　例题 9-1 图

由于小球做匀速圆周运动，故小球只有向心的法向加速度 $\boldsymbol{a}_n$；切向加速度 $\boldsymbol{a}_t=\boldsymbol{0}$。

惯性力的大小为

$$F_I=ma_n=m\frac{v^2}{r}=m\frac{v^2}{l\sin\theta} \tag{a}$$

方向与 $\boldsymbol{a}_n$ 相反。

对小球应用动静法，$m\boldsymbol{g}$、$\boldsymbol{F}_T$、$\boldsymbol{F}_I$ 构成形式上的平衡力系，即

$$m\boldsymbol{g}+\boldsymbol{F}_T+\boldsymbol{F}_I=\boldsymbol{0} \tag{b}$$

以三力的汇交点（小球）M 为原点，建立 $M\tau nz$ 坐标系如图 9-2 所示。将平衡方程（b）写成投影的形式，则有

$$\begin{cases} \sum F_t=0, & \text{自然满足} \\ \sum F_n=0, & F_T\sin\theta-F_I=0 \\ \sum F_z=0, & F_T\cos\theta-mg=0 \end{cases} \tag{c}$$

由此解得细线所受拉力

$$F_T=\frac{mg}{\cos\theta}=\frac{1\times9.8}{\cos60°}\text{N}=19.6\text{N}$$

由式（c）知惯性力 $F_I=F_T\sin\theta$，利用式（a），可求得小球速度$\boldsymbol{v}$ 的大小

$$v=\sqrt{\frac{F_Tl\sin^2\theta}{m}}=\sqrt{\frac{19.6\times0.3\times\sin^2 60°}{1}}\text{m/s}=2.1\text{m/s}$$

9.1.2 质点系的达朗贝尔原理

质点的达朗贝尔原理可以扩展到质点系。

考察由 n 个质点组成的非自由质点系，对每个质点都施加惯性力，则 n 个质点上所受的全部主动力、约束力和假想的惯性力将构成空间一般力系。

对于每个质点，达朗贝尔原理均成立，即认为作用在质点上的主动力、约束力和惯性力组成形式上的平衡力系，则由 n 个质点组成的质点系上的主动力、约束力和惯性力，也组成形式上的平衡力系。

根据静力学中力系的平衡条件和平衡方程，空间一般力系平衡时，力系的主矢和对任意一点 O 的主矩必须同时等于零。

为方便起见，将真实力分为内力和外力（各自包含主动力和约束力）。于是，主矢、主矩同时等于零可以表示为

$$\begin{cases}\boldsymbol{F}_{\mathrm{R}}=\sum\boldsymbol{F}_i^{\mathrm{e}}+\sum\boldsymbol{F}_i^{\mathrm{i}}+\sum\boldsymbol{F}_{\mathrm{I}i}=\boldsymbol{0}\\ \boldsymbol{M}_O=\sum\boldsymbol{M}_O(\boldsymbol{F}_i^{\mathrm{e}})+\sum\boldsymbol{M}_O(\boldsymbol{F}_i^{\mathrm{i}})+\sum\boldsymbol{M}_O(\boldsymbol{F}_{\mathrm{I}i})=\boldsymbol{0}\end{cases}\tag{9-4}$$

注意到质点系中各质点间的内力总是成对出现，且等值、反向，故式（9-4）中

$$\sum\boldsymbol{F}_i^{\mathrm{i}}=\boldsymbol{0},\quad \sum\boldsymbol{M}_O(\boldsymbol{F}_i^{\mathrm{i}})=\boldsymbol{0}$$

据此，式（9-4）可写为

$$\begin{cases}\sum\boldsymbol{F}_i^{\mathrm{e}}+\sum\boldsymbol{F}_{\mathrm{I}i}=\boldsymbol{0}\\ \sum\boldsymbol{M}_O(\boldsymbol{F}_i^{\mathrm{e}})+\sum\boldsymbol{M}_O(\boldsymbol{F}_{\mathrm{I}i})=\boldsymbol{0}\end{cases}\tag{9-5}$$

由这两个矢量式可以写出 6 个投影方程。

根据上述原理，只要在质点系上正确地施加惯性力，就可以应用平衡方程式（9-5）求解动力学问题，这就是质点系的动静法。

【例题 9-2】 半径为 r、质量为 m 的滑轮可绕固定轴 O（垂直于图平面）转动。缠绕在滑轮上的绳两端分别悬挂质量为 m_1、m_2 的重物 A 和 B（见图 9-3）。若 $m_1>m_2$，并设滑轮的质量均匀分布在轮缘上，即将滑轮简化为均质圆环。求滑轮的角加速度。

解：以重物 A、B 以及滑轮组成的质点系作为研究对象，其受力如图 9-3 所示。其中滑轮的质量分布在周边上，若设滑轮以角速度 ω 和角加速度 α 转动，则对于质量为 m_i 的质点，其切向惯性力和法向惯性力的大小分别为

$$\begin{cases}F_{\mathrm{I}i}^{\mathrm{t}}=m_i a_{it}=m_i r\alpha\\ F_{\mathrm{I}i}^{\mathrm{n}}=m_i a_{in}=m_i r\omega^2\end{cases}\tag{a}$$

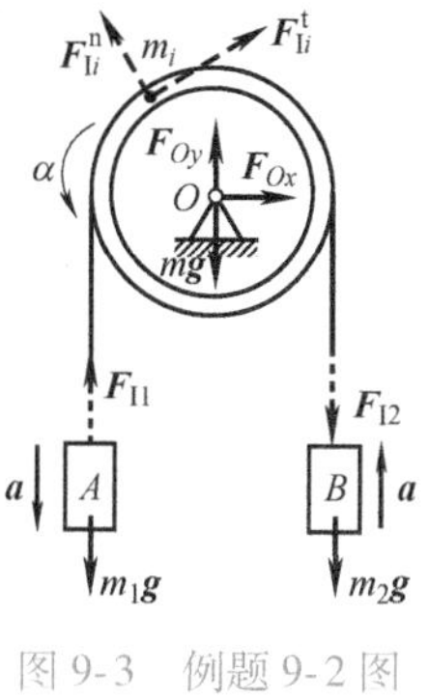

图 9-3 例题 9-2 图

重物 A、B 的惯性力分别为 $\boldsymbol{F}_{\mathrm{I1}}$ 和 $\boldsymbol{F}_{\mathrm{I2}}$，其大小分别为

$$F_{\mathrm{I1}}=m_1 a=m_1 r\alpha,\quad F_{\mathrm{I2}}=m_2 a=m_2 r\alpha\tag{b}$$

二者方向均与其加速度的方向相反。

应用动静法，作用在系统上的所有主动力、约束力和惯性力组成平衡力系。故所有力对滑轮的转轴之矩的平衡条件为

$$\sum M_O(\boldsymbol{F})=0$$

$$(m_1g-F_{I1}-F_{I2}-m_2g)r-\sum F_{Ii}^{t}r=0 \tag{c}$$

将式（a）、式（b）代入式（c），有

$$(m_1g-m_1\alpha r-m_2\alpha r-m_2g)r-\sum m_i r\alpha\cdot r=0$$

因为

$$\sum m_i r\alpha\cdot r=mr^2\alpha$$

从而解得滑轮的角加速度

$$\alpha=\frac{m_1-m_2}{m_1+m_2+m}\frac{g}{r}$$

9.2 刚体惯性力系的简化

9.2.1 惯性力系的主矢与主矩

与一般力系一样，由所有惯性力组成的力系称为惯性力系。惯性力系中所有惯性力的矢量和称为惯性力系的主矢，即

$$\boldsymbol{F}_I=\sum \boldsymbol{F}_{Ii}=\sum(-m_i\boldsymbol{a}_i)=-m\boldsymbol{a}_C$$

惯性力系的主矢 $\boldsymbol{F}_I$与刚体的运动形式无关。

惯性力系中所有力向同一点简化，所得力偶的力偶矩矢量的矢量和，称为惯性力系的主矩，即

$$\boldsymbol{M}_{IO}=\sum \boldsymbol{M}_O(\boldsymbol{F}_{Ii})$$

惯性力系的主矩 $\boldsymbol{M}_{IO}$与刚体的运动形式有关。

下面分别介绍刚体做平移、定轴转动和平面运动时惯性力系的简化结果。

9.2.2 刚体平移时惯性力系的简化

质量为 m 的刚体平移时，其上各点在同一瞬时具有相同的加速度，设质心的加速度为 $\boldsymbol{a}_C$。对于质量为 m_i 的任意质点 M_i，其惯性力为

$$\boldsymbol{F}_{Ii}=-m_i\boldsymbol{a}_i=-m_i\boldsymbol{a}_C$$

可见，刚体上各质点的惯性力组成平行力系（见图 9-4），力系中各力的大小与质点各自的质量成正比。将惯性力系向刚体的质心简化，注意到

$$\sum m_i\boldsymbol{r}_i=\boldsymbol{0},\quad \sum m_i=m$$

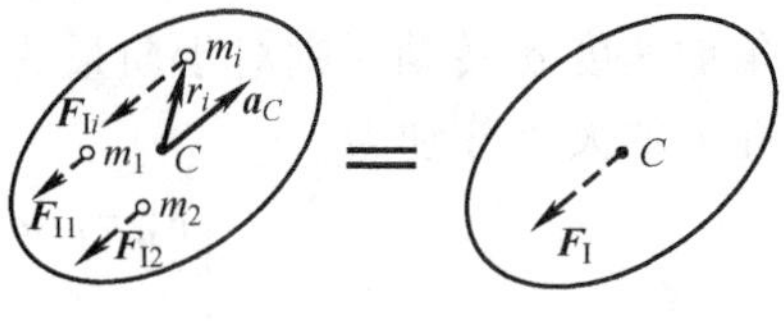

图 9-4　刚体平移时惯性力系的简化

则惯性力系的主矢和主矩分别为

$$\boldsymbol{F}_I=\sum \boldsymbol{F}_{Ii}=\sum(-m_i\boldsymbol{a}_C)=-m\boldsymbol{a}_C \tag{9-6}$$

$$\boldsymbol{M}_{IC}=\sum \boldsymbol{M}_C(\boldsymbol{F}_{Ii})=\sum \boldsymbol{r}_i\times(-m_i\boldsymbol{a}_C)=-(\sum m_i\boldsymbol{r}_i)\times\boldsymbol{a}_C=\boldsymbol{0} \tag{9-7}$$

上述结果表明，在任一瞬时，平移刚体的惯性力系均可简化为一通过质心的合力，合力的大小等于刚体的质量与加速度的乘积，方向与加速度方向相反。

9.2.3 刚体做定轴转动时惯性力系的简化

仅考察刚体具有质量对称平面、转轴垂直于对称平面的情形，如图 9-5 所示。此时，当刚体做定轴转动时，可先将惯性力系简化为位于质量对称面内的平面力系，再将平面力系做进一步的简化。

下面讨论这一平面惯性力系向对称面与转轴交点 O（称为轴心）简化的结果。设刚体的质量为 m，角速度为 ω，角加速度为 α，二者转向如图 9-6a 所示。考察质量为 m_i、距点 O 为 r_i 的对称平面内的质点，其切向加速度和法向加速度分别为

$$\boldsymbol{a}_{it}=\boldsymbol{\alpha}\times\boldsymbol{r}_i$$

$$\boldsymbol{a}_{in}=\boldsymbol{\omega}\times(\boldsymbol{\omega}\times\boldsymbol{r}_i)$$

则质点的切向惯性力和法向惯性力分别为

$$\boldsymbol{F}_{Ii}^{t}=-m_i\boldsymbol{a}_{it}$$

$$\boldsymbol{F}_{Ii}^{n}=-m_i\boldsymbol{a}_{in}$$

方向如图 9-6a 所示。

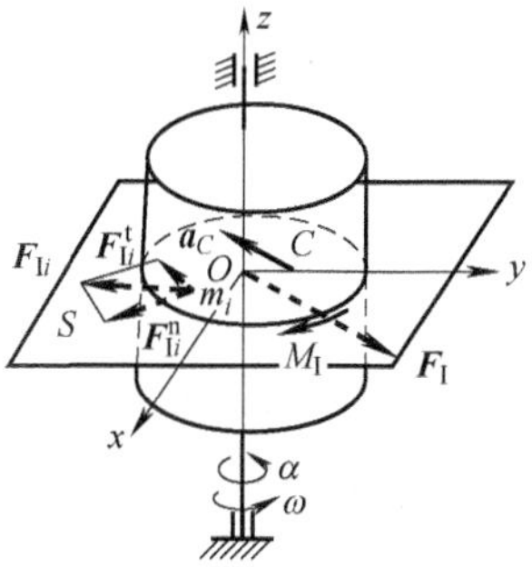

图 9-5 刚体做定轴转动

将惯性力系向轴心 O 简化，考虑到

$$\sum m_i\boldsymbol{a}_i=m\boldsymbol{a}_C$$

则惯性力系的主矢为

$$\boldsymbol{F}_I=\sum(-m_i\boldsymbol{a}_i)=-m\boldsymbol{a}_C=-m(\boldsymbol{a}_{Ct}+\boldsymbol{a}_{Cn})=\boldsymbol{F}_{It}+\boldsymbol{F}_{In} \tag{9-8}$$

考虑到各法向惯性力均通过转轴 O，且对转轴之矩为零，故惯性力系的主矩为

$$\boldsymbol{M}_{IO}=\sum\boldsymbol{r}_i\times\boldsymbol{F}_{Ii}^{t}=\sum\boldsymbol{r}_i\times(-m_i\boldsymbol{\alpha}\times\boldsymbol{r}_i)=-\sum(m_ir_i^2)\boldsymbol{\alpha}$$

上式可表示为

$$\boldsymbol{M}_{IO}=-J_O\boldsymbol{\alpha} \tag{9-9}$$

式（9-8）和式（9-9）表明，具有质量对称面的刚体绕垂直于对称面的轴转动时，其惯性力系向轴心简化，得到一主矢和一主矩。主矢的大小等于刚体的质量与质心加速度的乘积，其方向与质心加速度方向相反。主矩的大小等于刚体对转轴的转动惯量与刚体转动角加速度的乘积，转向与角加速度的转向相反（见图 9-6b）。

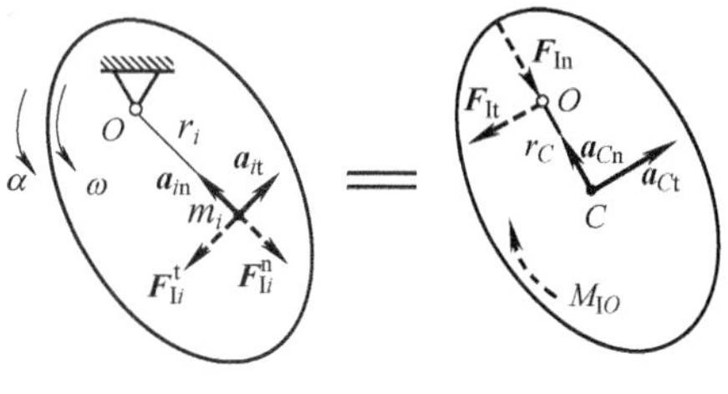

a) b)

图 9-6 刚体做定轴转动时惯性力系的简化

下列特殊情形下，问题可以得到进一步简化：

1）转轴过质心，角加速度 $\alpha\neq0$（见图 9-7a）。由于质心加速度 $\boldsymbol{a}_C=\boldsymbol{0}$，惯性力系简化为一力偶，其力偶矩为 $\boldsymbol{M}_{IC}=-J_C\boldsymbol{\alpha}$。

2）刚体做匀角速转动，即角加速度 $\alpha=0$，但转轴不通过质心 C（见图 9-7b），则惯性力系简化为一合力 $\boldsymbol{F}_I=-m\boldsymbol{a}_{Cn}$，其大小为 $F_I=mr_C\omega^2$。

3）转轴过质心，且角加速度 $\alpha=0$（见图 9-7c），则惯性力系的主矢和主矩均为零。

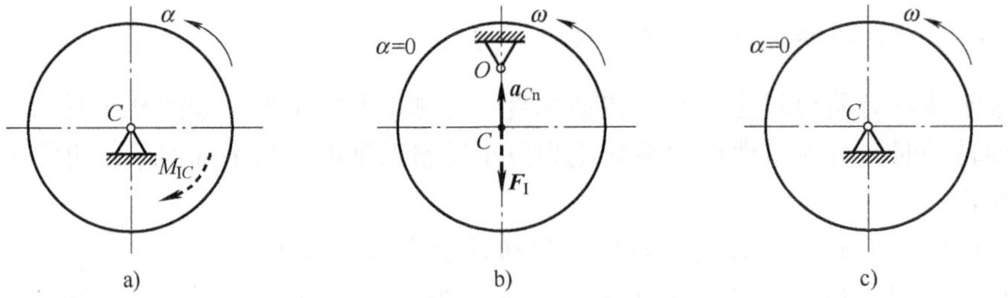

图 9-7 转动刚体惯性力系简化的特殊情形

9.2.4 刚体做平面运动时惯性力系的简化

在工程构件中，做平面运动的刚体往往都具有质量对称面，而且刚体在平行于这一平面的平面内运动。因此，仍先将惯性力系简化为对称面内的平面力系，然后再做进一步简化。

以质心 C 为基点，平面运动可分解为随质心的平移和相对于质心的转动。

将惯性力系向质心 C 简化，平移部分与本节刚体做平移的情形相同，简化结果为一过质心 C 的力 $\boldsymbol{F}_{\mathrm{I}}$，相当于惯性力系的主矢；转动部分与图 9-7a 所示情形相同，简化结果为一力偶矩为 $M_{\mathrm{I}C}$ 的惯性力偶，相当于惯性力系对质心 C 的主矩，如图 9-8 所示。

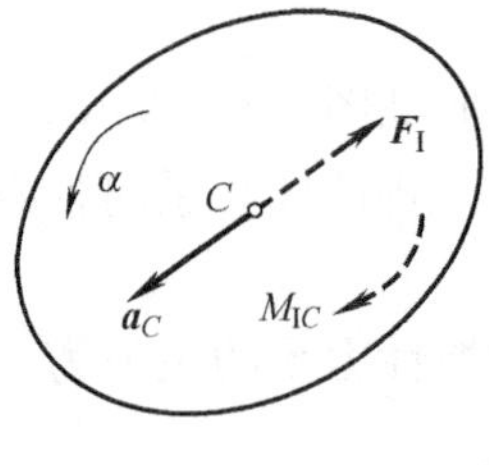

图 9-8 刚体做平面运动时惯性力系的简化

设质量为 m 的刚体，质心 C 的加速度为 $\boldsymbol{a}_C$，转动的角加速度为 α，对通过质心 C 且垂直于对称平面轴的转动惯量为 J_C，则有

$$\begin{cases}\boldsymbol{F}_{\mathrm{I}}=-m\boldsymbol{a}_C\\ \boldsymbol{M}_{\mathrm{I}C}=-J_C\boldsymbol{\alpha}\end{cases}\tag{9-10}$$

式（9-10）表明，在任一瞬时，做平面运动刚体的惯性力系向质心简化，得到在质量对称面内的一个力和一个力偶。该力通过刚体质心，大小等于刚体的质量与质心加速度的乘积，方向与质心加速度方向相反；其力偶的力偶矩大小等于刚体对通过质心且垂直于质量对称面的轴的转动惯量与刚体转动角加速度的乘积，转向与角加速度转向相反。

9.3 达朗贝尔原理的应用示例

将达朗贝尔原理即动静法应用于分析和求解刚体动力学问题，一般应按以下步骤进行：

1）受力分析——先分析主动力和约束力，再根据刚体的运动，对惯性力系加以简化；

2）画受力图——分别画出真实力和惯性力；

3）列平衡方程，求解。

【例题 9-3】 图 9-9a 所示质量为 m、半径为 R 的均质圆盘可绕轴 O 转动。已知 $OB=l$，圆盘初始静止，试用动静法求撤去 B 处约束瞬时，质心 C 的加速度和 O 处约束力。

解：（1）**运动与受力分析**

圆盘在撤去 B 处约束瞬时，以角加速度 α 绕轴 O 做定轴转动，质心的加速度 $a_C=R\alpha$，这一瞬时圆盘的角速度 $\omega=0$。受力如图 9-9b 所示。

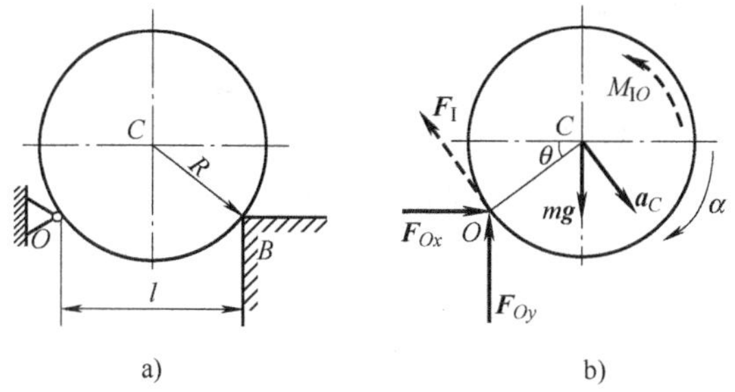

图 9-9　例题 9-3 图

按定轴转动刚体惯性力系的简化结果，将惯性力画在图中。此外，圆盘还受到重力 mg 和 O 处的正交约束力 $\boldsymbol{F}_{Ox}$、$\boldsymbol{F}_{Oy}$ 作用。

（2）**确定惯性力**

根据式（9-8）和式（9-9），惯性力的大小为

$$F_{\mathrm{I}}=ma_C$$

$$M_{\mathrm{I}C}=J_O\alpha=\left(\frac{1}{2}mR^2+mR^2\right)\frac{a_C}{R}=\frac{3}{2}mRa_C$$

（3）**建立平衡方程，确定质心加速度及 O 处约束力**

应用动静法，建立下列平衡方程：

$$\sum M_O(\boldsymbol{F})=0,\quad M_{\mathrm{I}O}-mg\frac{l}{2}=0$$

$$\sum F_x=0,\quad F_{Ox}-F_{\mathrm{I}}\sin\theta=0$$

$$\sum F_y=0,\quad F_{Oy}+F_{\mathrm{I}}\cos\theta-mg=0$$

其中

$$\sin\theta=\frac{\sqrt{4R^2-l^2}}{2R},\quad \cos\theta=\frac{l}{2R}$$

由上述方程联立解得

$$a_C=\frac{gl}{3R}$$

$$F_{Ox}=\frac{mgl}{6R^2}\sqrt{4R^2-l^2}$$

$$F_{Oy}=mg\left(1-\frac{l^2}{6R^2}\right)$$

（4）**本例讨论**

若将惯性力系向质心 C 简化，其受力图及惯性力的主矢和主矩将有何变化？建议读者通过具体分析，比较两种简化方法的利弊。

【例题 9-4】　均质圆轮质量为 m_A，半径为 r。细长杆长 $l=2r$，质量为 m。杆端点 A 与轮心为光滑铰接，如图 9-10a 所示。如在 A 处加一水平拉力 $\boldsymbol{F}$，使圆轮沿水平面做纯滚动。试分析：

（1）施加多大的力 F 才能使杆的 B 端刚离开地面？

（2）为保证圆盘做纯滚动，轮与地面间的静摩擦因数应为多大？

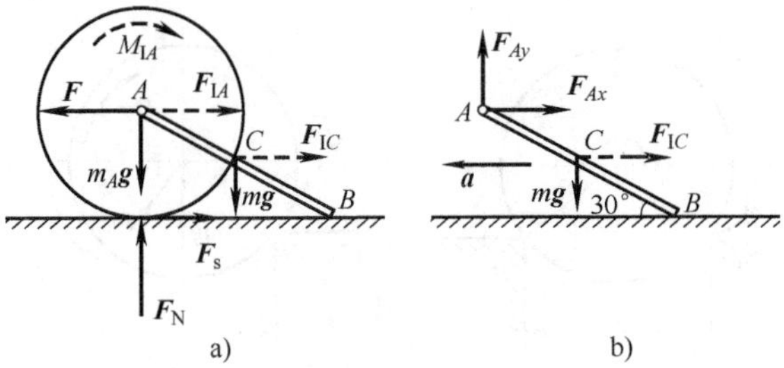

图 9-10 例题 9-4 图

解：(1) **确定轮与地面之间的静摩擦因数**

细杆 B 端刚离开地面的瞬时，仍为平行移动，地面 B 处约束力为零。设此时杆的加速度为 $\boldsymbol{a}$，杆承受的主动力、其他约束力以及惯性力如图 9-10b 所示，其中

$$F_{IC}=ma$$

由平衡方程

$$\sum M_A(\boldsymbol{F})=0,\quad F_{IC}r\sin30°-mgr\cos30°=0$$

解出

$$a=\sqrt{3}g$$

整个系统承受的力以及惯性力如图 9-10a 所示，其中

$$F_{IA}=m_Aa$$

$$M_{IA}=\frac{1}{2}m_Ar^2\ \frac{a}{r}$$

由平衡方程

$$\sum F_y=0,\quad F_N-(m_A+m)g=0$$

解得地面的静摩擦力

$$F_s\leqslant f_sF_N=f_s(m_A+m)g$$

再以圆轮为研究对象，由平衡方程

$$\sum M_A(\boldsymbol{F})=0,\quad F_sr-M_{IA}=0$$

解得

$$F_s=\frac{1}{2}m_Aa=\frac{\sqrt{3}}{2}m_Ag$$

据此，轮与地面之间的静摩擦因数为

$$f_s=\frac{F_s}{F_N}=\frac{\sqrt{3}m_A}{2\ (m_A+m)}$$

(2) **确定水平力的大小**

以整个系统为研究对象，根据图 9-10a 建立平衡方程

$$\sum F_x=0,\quad F-F_{IA}-F_{IC}-F_s=0$$

解出水平力

$$F=\left(\frac{3m_A}{2}+m\right)\sqrt{3}g$$

【例题 9-5】 图 9-11a 所示均质圆轮在无自重的斜置悬臂梁上自上而下做纯滚动。已知

圆轮半径 $R=100\text{mm}$，质量 $m=18\text{kg}$；AB 长 $l=800\text{mm}$；斜置悬臂梁与铅垂线的夹角 $\theta=60°$。求圆轮到达 B 端的瞬时，A 端的约束力。

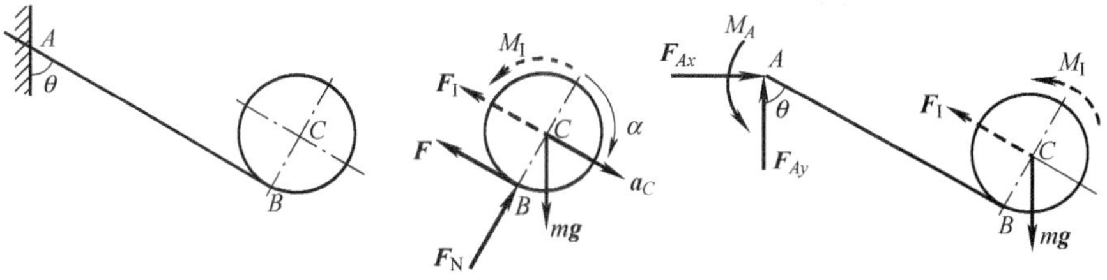

图 9-11　例题 9-5 图

解：（1）**运动与受力分析**

以圆轮为研究对象，并设圆轮到达 B 端瞬时的角加速度为 α。由于圆轮做纯滚动，其质心加速度的大小为 $a_C=R\alpha$。按平面运动刚体惯性力系简化的结果施加惯性力 $\boldsymbol{F}_I$、M_I，受力如图 9-11b 所示。

（2）**确定惯性力**

圆轮做平面运动，其惯性力可表示为

$$F_I=ma_C=mR\alpha \tag{a}$$

$$M_{IC}=J_C\alpha=\frac{1}{2}mR^2\alpha \tag{b}$$

（3）**建立平衡方程，求角加速度及惯性力**

以圆轮为研究对象，根据

$$\sum M_B(\boldsymbol{F})=0$$

有

$$F_IR+M_{IC}-(mg\cos\theta)R=0 \tag{c}$$

将式（a）和式（b）代入式（c），解得圆轮的角加速度

$$\alpha=\frac{(2\cos\theta)g}{3R} \tag{d}$$

将式（d）代入式（a）和式（b），得到惯性力

$$F_I=\frac{2\cos\theta}{3}mg \tag{e}$$

$$M_{IC}=\frac{\cos\theta}{3}Rmg \tag{f}$$

（4）**求 A 端约束力**

以圆轮和杆组成的整体为研究对象，其受力如图 9-11c 所示。建立平衡方程

$$\sum M_A(\boldsymbol{F})=0,\quad M_{IC}+F_IR-mgR\cos\theta-mgl\sin\theta+M_A=0$$

$$\sum F_x=0,\quad F_{Ax}-F_I\sin\theta=0$$

$$\sum F_y=0,\quad F_I\cos\theta-mg+F_{Ay}=0$$

据此，解得悬臂梁固定端的约束力分别为

$$M_A=mg\left(R\cos\theta+l\sin\theta-\frac{\cos\theta}{3}R-\frac{2\cos\theta}{3}R\right)=mgl\sin\theta=122.2\text{N}\cdot\text{m}$$

$$F_{Ax}=\frac{2\cos\theta\sin\theta}{3}mg=50.9\text{N}$$

$$F_{Ay}=mg-\frac{2\cos^2\theta}{3}mg=\frac{5}{6}mg=147\text{N}$$

9.4 小结与讨论

9.4.1 小结

1. 质点的达朗贝尔原理

若假想地在运动质点上施加惯性力 $\boldsymbol{F}_{\text{I}}=-m\boldsymbol{a}$，则可以认为作用在质点上的主动力 $\boldsymbol{F}$、约束力 $\boldsymbol{F}_{\text{N}}$ 和惯性力 $\boldsymbol{F}_{\text{I}}$在形式上组成平衡力系，即

$$\boldsymbol{F}+\boldsymbol{F}_{\text{N}}+\boldsymbol{F}_{\text{I}}=\boldsymbol{0}$$

2. 质点系的达朗贝尔原理

作用于质点系上的外力系与惯性力系在形式上组成平衡力系，即

$$\begin{cases}\sum\boldsymbol{F}_i^{\text{e}}+\sum\boldsymbol{F}_{\text{I}i}=\boldsymbol{0}\\ \sum\boldsymbol{M}_O(\boldsymbol{F}_i^{\text{e}})+\sum\boldsymbol{M}_O(\boldsymbol{F}_{\text{I}i})=\boldsymbol{0}\end{cases}$$

3. 刚体惯性力系的简化结果

（1）**刚体平移** 惯性力系向质心 C 简化，主矢和主矩分别为

$$\boldsymbol{F}_{\text{IR}}=-m\boldsymbol{a}_C,\quad \boldsymbol{M}_{\text{I}C}=\boldsymbol{0}$$

（2）**刚体定轴转动** 假设刚体有质量对称平面，且转轴 z 垂直于质量对称平面，惯性力系向质量对称平面与转轴 z 的交点 O 简化，主矢和主矩分别为

$$\boldsymbol{F}_{\text{IR}}=-m\boldsymbol{a}_C,\quad M_{\text{I}O}=-J_z\alpha$$

（3）**刚体平面运动** 假设刚体有质量对称平面，且运动平面与质量对称平面平行，惯性力系向质心 C 简化，主矢和主矩分别为

$$\boldsymbol{F}_{\text{IR}}=-m\boldsymbol{a}_C,\quad M_{\text{I}C}=-J_C\alpha$$

9.4.2 正确施加与简化惯性力系是应用达朗贝尔原理的关键

只要对质点系正确施加并简化惯性力系，则用静力学方法就可求解它的动力学关系。

请读者注意掌握以下两种运动形式的惯性力系简化。

1. 刚体有质量对称平面且转轴垂直于该对称平面的定轴转动情形

如图 9-12 所示，长为 l、重为 W 的均质杆 OA 绕轴 O 做定轴转动，其角速度 ω 与角加速度 α 均为已知。请读者判断惯性力系简化的两种结果（见图 9-12a、b）的正确性。

2. 刚体有质量对称平面且运动平面与质量对称平面平行的平面运动情形

图 9-13 所示为做平面运动刚体的质量对称平面，其角速度为 ω、角加速度为 α、质量为 m，对通过平面上任一点 A（非质心 C）且垂直于对称平面的轴的转动惯量为 J_A。若将

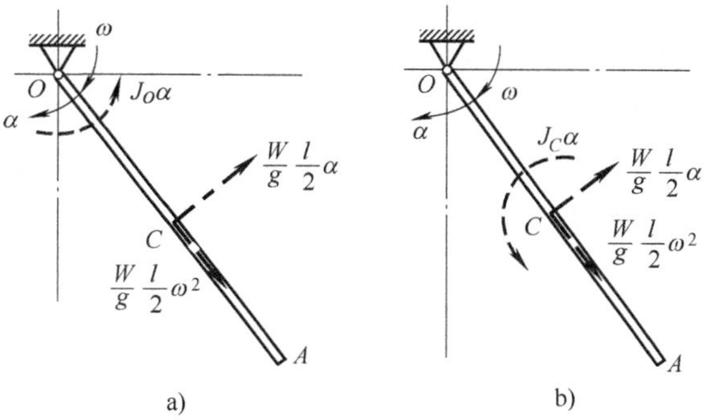

图 9-12　直杆做定轴转动的两种惯性力系简化结果判断

刚体的惯性力系向该点简化，试分析图示的结果的正确性。

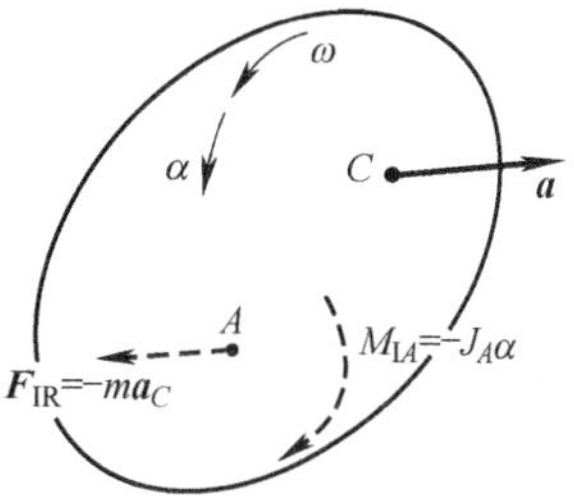

图 9-13　刚体平面运动的惯性力系向非质心点 A 简化结果判断

9.4.3　惯性力系的主矢与主矩的物理意义

1）将惯性力系主矢与主矩和动量与动量矩对时间的变化率相比较，不难发现：惯性力系的主矢与质点系的动量对时间的变化率相比，二者仅相差一负号，即

$$\boldsymbol{F}_{IR}=-m\boldsymbol{a}_C=-\frac{\mathrm{d}\boldsymbol{p}}{\mathrm{d}t} \tag{9-11}$$

2）有质量对称平面的刚体做定轴转动，且转轴垂直于质量对称平面时，惯性力系向转轴点 O 简化的主矩与刚体对同一点的动量矩对时间的变化率相比，也只相差一负号，即

$$M_{IO}=-J_O\alpha=-\frac{\mathrm{d}L_O}{\mathrm{d}t} \tag{9-12}$$

3）有质量对称平面的刚体做平面运动，且运动平面平行于此对称平面时，惯性力系向质心 C 简化的主矩与刚体相对质心动量矩对时间的变化率相比，也只相差一负号，即

$$M_{IC}=-J_C\alpha=-\frac{\mathrm{d}L_C}{\mathrm{d}t} \tag{9-13}$$

9.4.4　动能定理与达朗贝尔原理综合应用

动力学普遍定理综合应用的要点是：对单自由度的理想约束系统，先用动能定理求运动，再用动量或动量矩定理求约束力。对质点系正确施加并简化惯性力系之后，由于达朗贝尔原理可将动力学问题变为静力学问题求解，并且没有取矩点的限制条件，因此，上述综合应用的要点也可叙述为：对单自由度的理想约束系统，先用动能定理求运动，再用达朗贝尔原理求约束力。

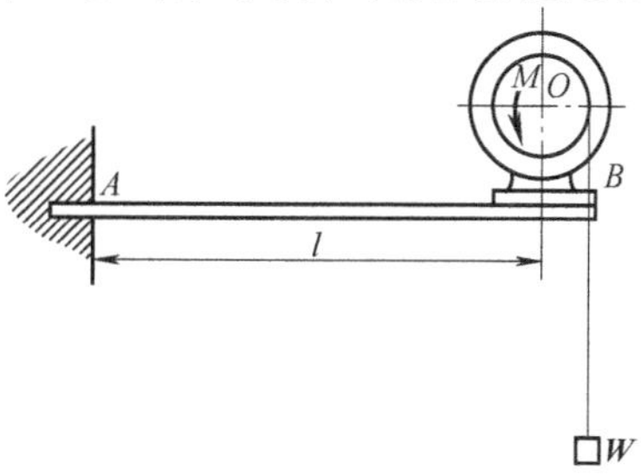

图 9-14　安装在悬臂梁端的电动机提升设备

请读者分析图 9-14 所述问题：

悬臂梁 AB 的一端固定有电动机提升设备。电

动机重 W_1，梁自重忽略，与电动机转子同轴安装的滑轮重 W_2，认为转子与滑轮半径相同，均为 R，二者对轴 O 的回转半径为 ρ，轴 O 至悬臂梁另一端 A 的距离为 l。转子与滑轮在电磁力偶 M 的作用下，加速提升重物 W。试求 A 处的约束力。

读者可以考察整体系统分析这一问题，并与全部应用动力学普遍定理求解的方法进行比较，从而体会本小节提出动能定理与达朗贝尔原理综合应用的优点。

习　题

选择填空题

9-1　如图 9-15 所示，均质细杆 AB 长为 l，重为 P，与铅垂轴固结成角 $\alpha=30°$，并以匀角速度 ω 转动，则杆 AB 惯性力系的合力大小等于（　　）。

① $\dfrac{\sqrt{3}l^2P\omega^2}{8g}$　　② $\dfrac{l^2P\omega^2}{2g}$

③ $\dfrac{lP\omega^2}{2g}$　　④ $\dfrac{lP\omega^2}{4g}$

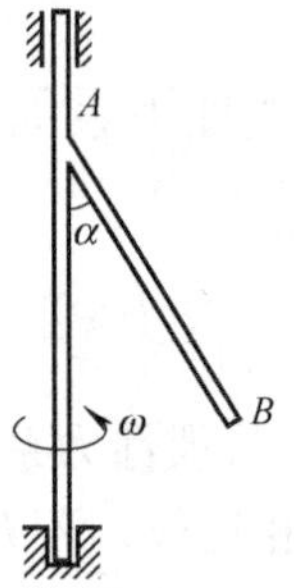

图 9-15　习题 9-1 图

9-2　定轴转动刚体，其转轴垂直于质量对称平面，且不通过质心 C。设转轴与质量对称平面的交点为 O。当角速度 $\omega=0$，角加速度 $\alpha\neq0$ 时，其惯性力系的合力大小为 $F_{IR}=ma_C$，下角关于合力作用线的位置正确的说法是（　　）。

① 合力作用线通过转轴轴心，且垂直于 OC

② 合力作用线通过质心，且垂直于 OC

③ 合力作用线至轴心的垂直距离为 $h=J_O\alpha/(ma_C)$

④ 合力作用线至轴心的垂直距离为 $h=J_C\alpha/(ma_C)$

9-3　质量为 m、半径为 r 的均质圆柱体，沿半径为 R 的圆弧面做纯滚动，其瞬时角速度 ω 及角加速度 α 如图 9-16 所示，将其上的惯性力系向其质心简化，所得惯性力系的主矢、主矩大小分别为：

主矢切向 =（　　　　　），

主矢法向 =（　　　　　），

主矩 =（　　　　　）。

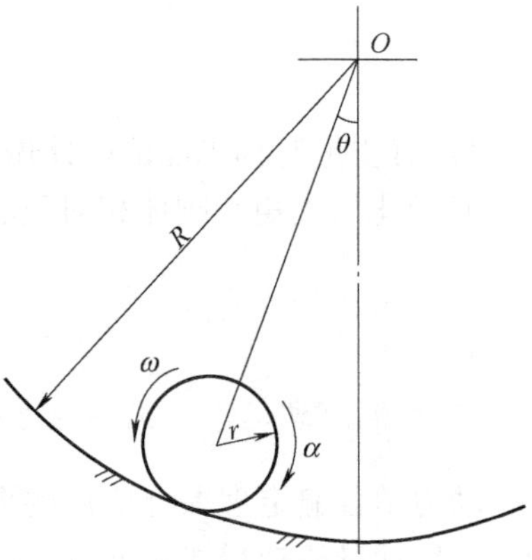

图 9-16　习题 9-3 图

9-4　均质圆柱体质量为 m、半径为 r，相对于一运动的平板做纯滚动，其角速度与角加速度的方向如图 9-17 所示，且平板的速度与加速度都是水平向右。将圆柱体上的惯性力系向其质心简化时，其惯性力系的主矢、主矩的大小分别为

主矢 =（　　　　　），

主矩 =（　　　　　）。

9-5　均质圆盘的质量为 m、半径为 r，在水平直线轨道上做纯滚动，如图 9-18 所示。若圆盘中心 C 的加速度为 $\boldsymbol{a}_C$，则圆盘的惯性力系向盘上最高点 A 简化的主矢大小为（　　　　），方向为（　　　　）；主矩大小为（　　　　），转向为（　　　　）。

9-6　均质杆 AB 的质量为 m，用三根等长细绳悬挂在水平位置，在图 9-19 所示位置突然割断绳 O_1B，则该瞬时杆 AB 的加速度为（　　　　）。（表示为 θ 的函数，方向在图中画出）

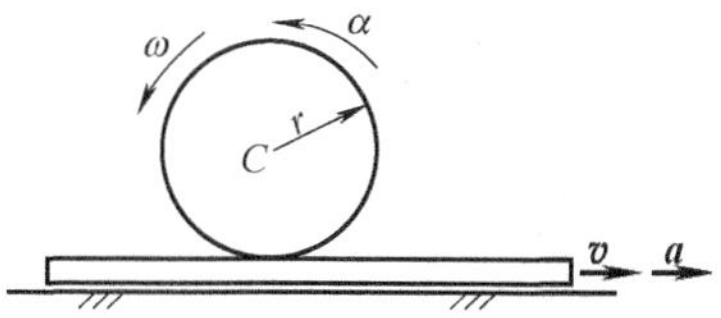

图 9-17　习题 9-4 图

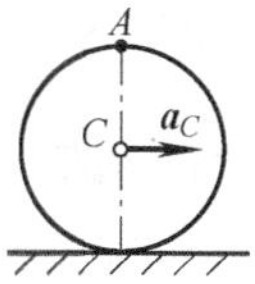

图 9-18　习题 9-5 图

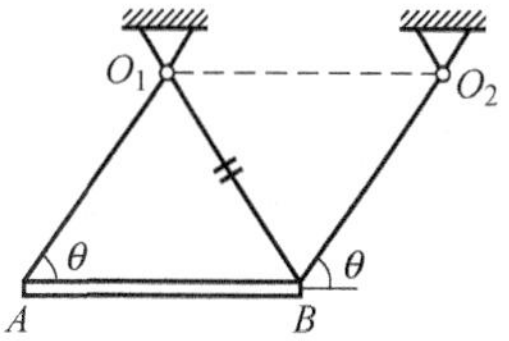

图 9-19　习题 9-6 图

分析计算题

9-7　矩形均质平板尺寸如图 9-20 所示，质量 27kg，由两个销子 A、B 悬挂。若突然撤去销子 B，求在撤去的瞬时平板的角加速度和销子 A 的约束力。

9-8　在均质直角构件 ABC 中，AB、BC 两部分的质量各为 3.0kg，用连杆 AD、BE 以及绳子 AE 保持在图 9-21 所示位置。若突然剪断绳子，求此瞬时连杆 AD、BE 所受的力。连杆的质量忽略不计，已知 $l=1.0\text{m}$，$\varphi=30°$。

9-9　图 9-22 所示两种情形的定滑轮质量均为 m，半径均为 r。图 9-22a 中的绳所受拉力为 $\boldsymbol{W}$；图 9-22b 中物块重为 $\boldsymbol{W}$。试分析两种情形下定滑轮的角加速度、绳中拉力和定滑轮轴承处的约束力是否相同？

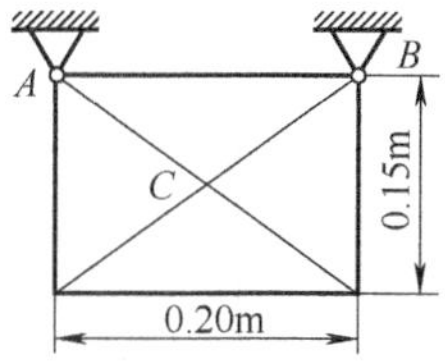

图 9-20　习题 9-7 图

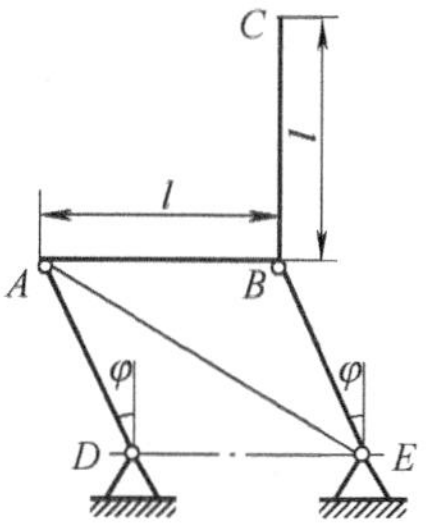

图 9-21　习题 9-8 图

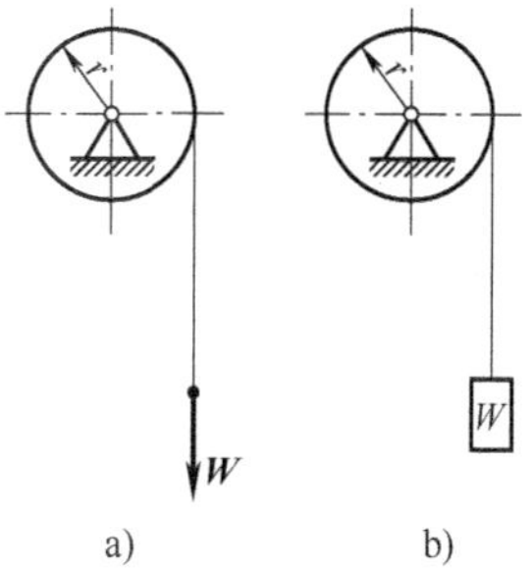

图 9-22　习题 9-9 图

9-10　图 9-23 所示调速器由两个质量各为 m_1 的圆柱状的盘子所构成，两圆盘被偏心地悬挂于与调速器转轴相距为 a 的十字形框架上，而此调速器则以匀角速度 ω 绕铅垂轴转动。圆盘的中心到悬挂点的距离为 l，调速器的外壳质量为 m_2，放在这两个圆盘上并可沿铅垂轴上下滑动。如不计摩擦，试求调速器的角速度 ω 与圆盘偏离铅垂线的角度 φ 之间的关系。

9-11　图 9-24 所示两重物通过无重滑轮用绳连接，滑轮又铰接在无重支架上。已知物块 G_1、G_2 的质量分别为 $m_1=50\text{kg}$，$m_2=70\text{kg}$，杆 AB 长 $l_1=1200\text{mm}$，A、C 间的距离 $l_2=800\text{mm}$，夹角 $\theta=30°$。试求杆 CD 所受的力。

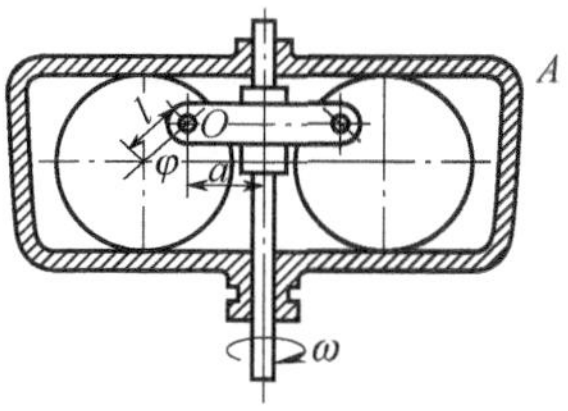

图 9-23　习题 9-10 图

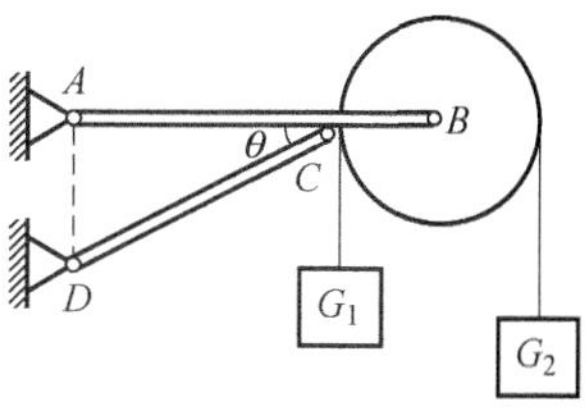

图 9-24　习题 9-11 图

9-12　半径为 0.61m、重 890N 的均质圆柱以图 9-25 所示方式放置在卡车的箱板上，为防止运输时圆柱前后滚动，在其底部垫上高 10.2cm 的小木块，试求圆柱不致产生滚动时卡车最大的加速度。

9-13　两均质杆焊成图 9-26 所示形状，绕水平轴 A 在铅垂平面内做匀角速转动。在图示位置时，角速度 $\omega=\sqrt{0.3}\,\text{rad/s}$。设杆的单位长度重量为 100N/m。试求轴承 A 的约束力。

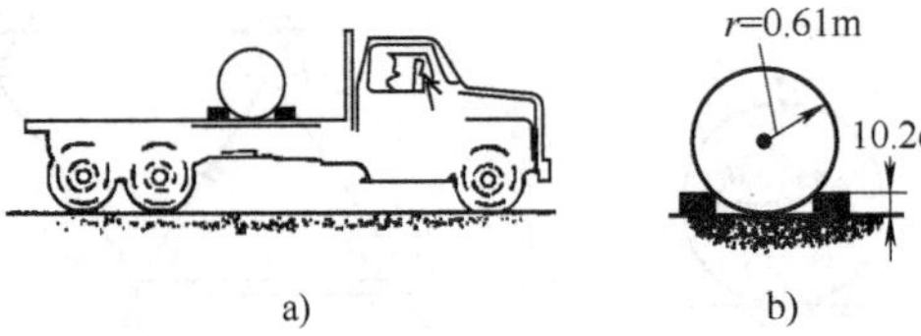

图 9-25　习题 9-12 图

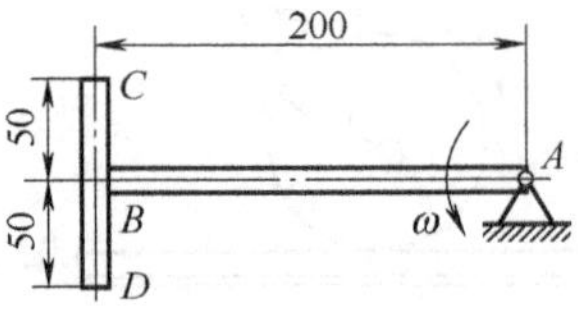

图 9-26　习题 9-13 图

9-14　图 9-27 所示均质圆轮铰接在支架上。已知轮半径 $r=0.1\text{m}$，重力的大小 $F_Q=20\text{kN}$，重物 E 重力的大小 $F_P=100\text{N}$，支架尺寸 $l=0.3\text{m}$，不计支架质量。轮上作用一常力偶，其矩 $M=32\text{kN}\cdot\text{m}$。试求：

（1）重物 E 上升的加速度；

（2）支座 B 的约束力。

9-15　图 9-28 所示系统位于铅垂面内，由鼓轮 C 与重物 A 组成。已知鼓轮质量为 m，内径为 r，外径 $R=2r$，对过 C 且垂直于鼓轮平面的轴的回转半径 $\rho=1.5r$，重物 A 质量为 $2m$。试求：

（1）鼓轮中心 C 的加速度；

（2）AB 段绳与 DE 段绳的张力。

9-16　如图 9-29 所示，凸轮导板机构中，偏心轮的偏心距 $OA=e$。偏心轮绕轴 O 以匀角速度 ω 转动。当导板 CD 在最低位置时弹簧的压缩量为 b，导板质量为 m。为使导板在运动过程中始终不离开偏心轮，试求弹簧刚度系数的最小值。

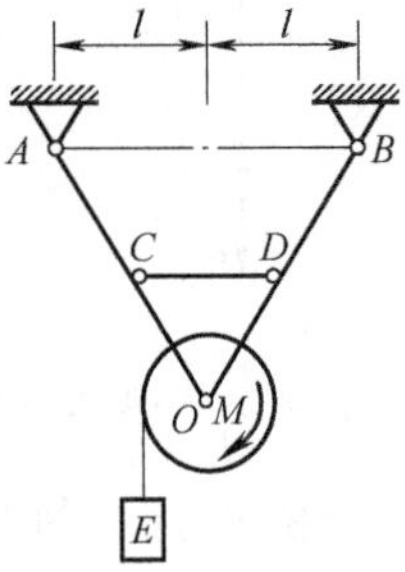

图 9-27　习题 9-14 图

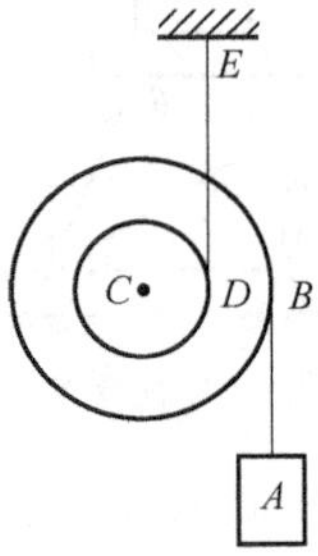

图 9-28　习题 9-15 图

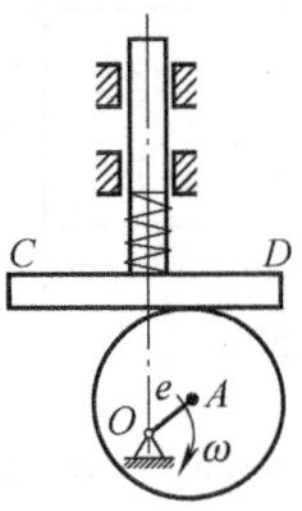

图 9-29　习题 9-16 图

9-17　图 9-30 所示小车在力 $\boldsymbol{F}$ 作用下沿水平直线行驶，均质细杆 A 端铰接在小车上，另一端靠在车的光滑竖直壁上。已知杆质量 $m=5\text{kg}$，倾角 $\theta=30°$，车的质量 $M=50\text{kg}$。车轮质量及地面与车轮间的摩擦不计。试求水平力 F 多大时，杆 B 端的受力为零。

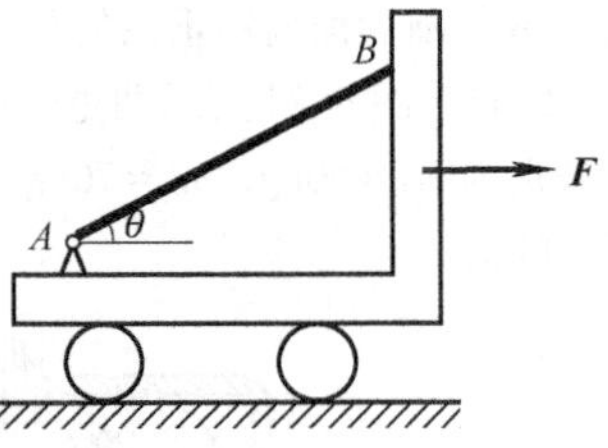

图 9-30　习题 9-17 图

9-18　图 9-31 所示系统位于铅垂面内，由均质细杆及均质圆盘铰接而成。已知杆长为 l、质量为 m，圆盘半径为 r、质量也为 m。试求杆在 $\theta=30°$ 位置开始运动瞬时：

（1）杆 AB 的角加速度；

（2）支座 A 处的约束力。

9-19　重力大小为 100N 的平板放置于水平面上，二者之间的静摩擦因数 $f_s=0.20$，板上有一重力大小为 300N、半径为 200mm 的均质圆柱。圆柱与板之间无相对滑动，滚动摩阻可略去不计。若平板上作用一水平力 $F=200\text{N}$，如图 9-32 所示。求平板的加速度以及圆柱相对于平板滚动的角加速度。

9-20　图 9-33 所示系统由不计质量的定滑轮 O、均质动滑轮 C 和重物 A、B 用绳连接而成。已知轮 C 重力的大小 $F_P=200\text{N}$，物块 A、B 重力的大小均为 $F_Q=100\text{N}$，B 与水平支承面间的静摩擦因数 $f_s=0.2$。试求系统由静止开始运动瞬时 D 处绳子的张力。

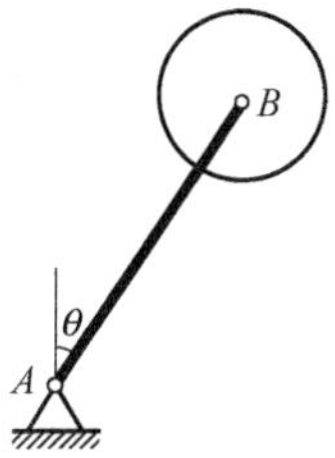

图9-31 习题9-18图

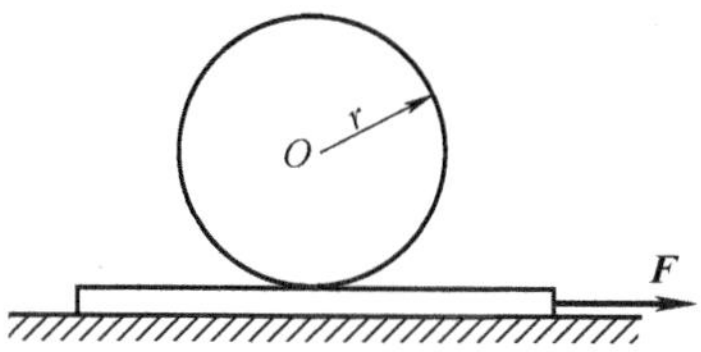

图9-32 习题9-19图

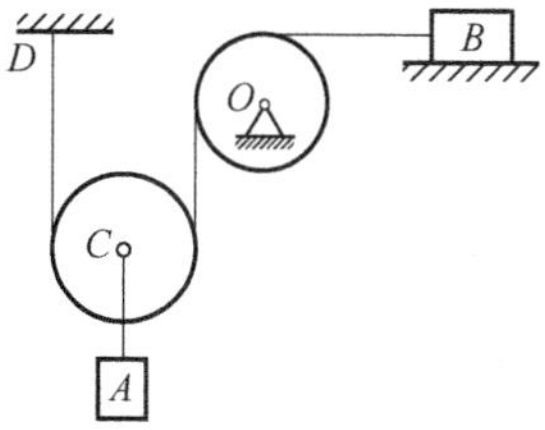

图9-33 习题9-20图

Part III

第3篇

材料力学

材料力学（mechanics of materials）的主要研究对象是弹性体。对于弹性体，除了平衡问题外，还将涉及变形，以及由于变形而产生的内力、应力、应变、位移和能量转换。此外，由于变形，在材料力学中还将涉及弹性体的失效以及与失效有关的设计准则。

材料力学将应用工程静力学的理论，研究构件在各种载荷作用下的强度、刚度和稳定性问题。其主要研究任务是对工程实际构件进行常规静力学设计，以使其在正常工作条件下具有足够的承载能力，并兼顾合理选材与节省成本。

第 10 章 材料力学基础

在工程静力学中，忽略了物体的变形，将所研究的对象抽象为刚体。实际上，任何固体受力后其内部质点之间均将产生相对运动，导致其初始位置发生了绝对改变，称之为位移(displacement)，质点间的相对位移导致固体发生变形（deformation)，可变形固体由此产生。

工程中，绝大多数可变形固体的变形均被限制在弹性范围内，即当外加载荷消除后，物体的变形随之完全消失，这时的变形称为弹性变形（elastic deformation)，相应的可变形固体称为弹性体（elastic body)。

变形体力学包括四大部分：材料力学、结构力学、弹性力学、塑性力学。它们都是研究可变形固体的应力、变形、能量及其失效。

材料力学只研究杆类的构件和零件，统称杆件。杆件所受的力和变形线性相关，同时在弹性范围内加载，因此属于线弹性问题。

简而言之，材料力学研究杆件在外力作用下所产生的变形（线弹性范围内)，以及由于变形而产生的附加内力、应力、应变、位移；并研究由于变形而发生的能量改变。此即材料力学的基础性。

同时，材料力学通过实验研究材料的宏观力学性能，研究杆件的失效（强度、刚度、稳定性失效）以及控制失效的准则，在此基础上导出工程构件静力学设计的基本方法。此即材料力学的工程性。

10.1 材料力学的基本假设

组成杆件的材料，其微观结构和性能一般都比较复杂。当研究杆件的应力和变形时，如果考虑这些微观结构上的差异，不仅在理论分析中会遇到极其复杂的数学和物理问题，而且在将理论应用于工程实际时也会带来极大的不便。因此，在满足工程精度要求的前提下，需要对变形固体做一些合理的假设。

10.1.1 均匀连续性假设

均匀连续性假设（homogenization and continuity assumption)——假设材料无空隙、均匀地分布于变形体所占的整个空间。

从微观结构看，材料的微观粒子当然不是处处连续分布的，但从统计学的角度看，只要所考察的物体的几何尺寸足够大，则可以认为物体的全部体积内材料是均匀、连续分布的。根据这一假设，变形体内的受力、变形等力学量均可以表示为各点坐标的连续函数，并认为各处的力学性能相同。

10.1.2　各向同性假设

各向同性假设（isotropy assumption）——假设材料在所有方向上均具有相同的物理和力学性能。

大多数工程材料虽然微观上不是各向同性的，例如金属材料，其单个晶粒呈结晶各向异性（anisotropy of crystallographic），但当它们形成多晶聚集的金属时，呈随机取向，因而在宏观上表现为各向同性。除金属外，玻璃、工程塑料等亦为典型的各向同性材料。

如果材料在不同方向上具有不同的物理和力学性能，则称这种材料为各向异性（anisotropy）材料，如木材、竹子、复合材料等。

10.1.3　小变形假设

小变形假设（assumption of small deformation）——假设变形体在外力作用下所产生的变形与其本身的几何尺寸相比是很小的。材料力学提出的小变形假设，主要包含两个方面的内容：

（1）原始尺寸原理　当研究杆件的平衡和运动问题时，一般可以略去变形的影响，采用杆件变形前的原始尺寸和形状分析计算，如图 10-1a 所示。

（2）线性化原理　当研究杆件的位移和变形的几何关系时，杆件的位移有时是一圆弧线，为简化分析计算，可用一直线（垂线或切线）代替，简称以直代曲，如图 10-1b 所示。当研究杆 BC 的伸长量时，本该以 B 为圆心、BC 为半径作圆弧 CC_1，与 BC' 交于 C_1，则线段 $C'C_1$ 即为杆 BC 的伸长量。但在小变形假设下，弧线 CC_1 可用其切线（垂直于 BC）或垂线（垂直于 BC'）CC_2 代替，因此这里将线段 $C'C_2$ 看作杆 BC 的伸长量。

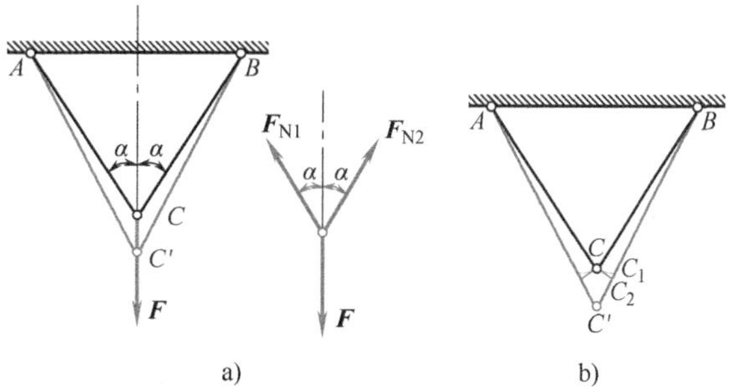

图 10-1　小变形假设

另外，当研究位移或变形的数学关系时，若出现非线性或高次幂的情况，可将非线性问题线性化，高次幂略去不计。在进行泰勒级数展开时，只保留线性项。

10.2　外力、内力和应力

10.2.1　外力

作用在杆件上的外力包括外加载荷和约束力，二者组成平衡力系。外力分为体积力和表面力，简称体力和面力。体力分布于整个物体内，并作用在物体的每一个质点上。重力、磁力以及由于运动加速度在质点上产生的惯性力都是体力。面力是指周围物体直接作用在研究对象表面上的力。

10.2.2 内力与内力分量

材料力学中的内力不同于工程静力学中物体系统各个部分之间的相互作用力，也不同于物理学中基本粒子之间的相互作用力，而是指构件受力后发生变形，其内部各点（宏观上的点）的相对位置发生变化，由此而产生的附加内力，即变形固体因变形而产生的内力。这种内力确实存在，例如受拉的弹簧，其内力力图使弹簧恢复原状；人用手提起重物时，手臂肌肉内便产生内力等。

为了揭示承载物体内的内力，通常采用**截面法**（section method）。

这种方法是，用一假想截面将处于平衡状态下的承载物体截为 A、B 两部分，如图 10-2a 所示。为了使其中任意一部分保持平衡，必须在所截的截面上作用某个力系，这就是 A、B 两部分相互作用的内力，如图 10-2b 所示，根据静力学基本原理 4，作用在 A 部分截面上的内力与作用在 B 部分同一截面上的内力在对应的点上，大小相等、方向相反。

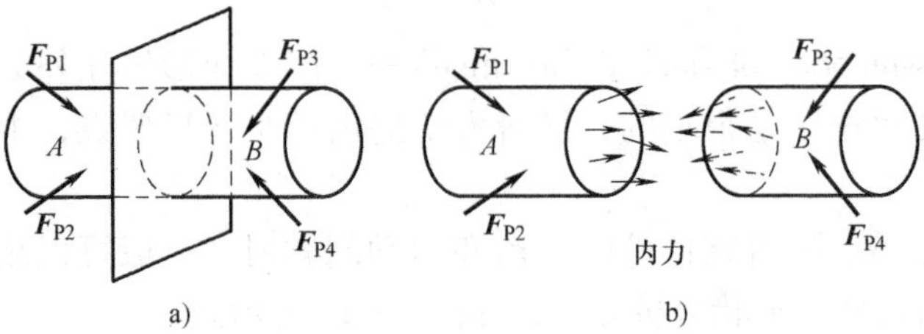

图 10-2 截面法显示弹性体内力

根据材料的连续性假设，作用在截面上的内力应是一个连续分布的力系。在截面上内力分布规律未知的情形下，不能确定截面上各点的内力。但是应用力系简化的基本方法，这一连续分布的内力系可以向截面形心 O 简化为一主矢 $\boldsymbol{F}_{\mathrm{R}}$ 和一主矩 $\boldsymbol{M}_O$，再将其沿三个特定的坐标轴分解，便得到该截面上的 6 个内力分量，如图 10-3 所示。

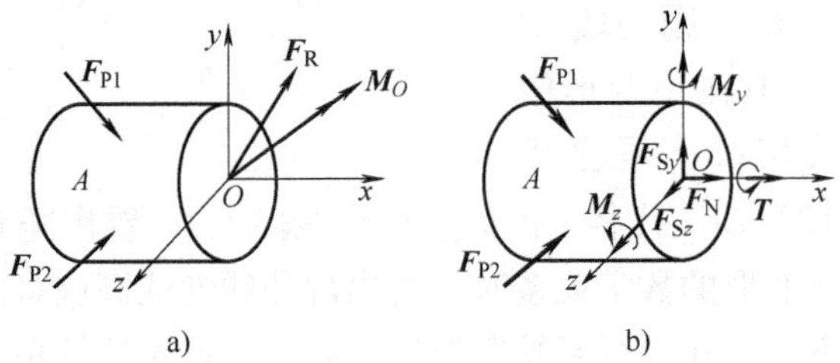

图 10-3 内力与内力分量

图 10-3 中的沿着杆件轴线方向的内力分量 F_{N}将使杆件产生沿轴线方向的伸长或缩短变形，这一内力分量称为**轴力**（axial force）；$F_{\mathrm{S}y}$和 $F_{\mathrm{S}z}$将使两个相邻截面分别产生沿 y 和 z 方向的相互错动，这种变形称为剪切变形，这两个内力分量称为**剪力**（shearing force）；内力偶 T 将使杆件的两个相邻截面产生绕杆件轴线的相对转动，这种变形称为扭转变形，这一内力偶矩称为**扭矩**（torsional moment，torque）；M_y和 M_z则使杆件的两个相邻截面产生绕横截面上的某一轴线的相互转动，从而使杆件分别在 x-z 平面内和 x-y 平面内发生弯曲变形，这

两个内力偶矩称为弯矩（bending moment）。

若杆件在外力作用下保持平衡，用假想截面截开后，任意一个局部也将在作用在该局部杆件上的外力和截面上的内力分量共同作用下保持平衡。

对于静定问题，根据 3 个力的投影平衡方程

$$\begin{cases}\sum F_x=0\\ \sum F_y=0\\ \sum F_z=0\end{cases} \tag{10-1}$$

可以确定一个轴力和两个剪力。

根据 3 个力矩平衡方程

$$\begin{cases}\sum M_x=0\\ \sum M_y=0\\ \sum M_z=0\end{cases} \tag{10-2}$$

可以确定一个扭矩和两个弯矩。

10.2.3　应力

前面已经提到，在外力作用下，杆件横截面上的内力是一个连续分布的力系。一般情形下，这个分布的内力系在横截面上各点处的强弱程度是不相等的。材料力学不仅要研究和确定杆件横截面上分布内力系的主矢、主矩及其分量，而且还要研究和确定横截面上的内力是怎样分布的，进而确定哪些点处内力最大。

怎样度量一点处内力的强弱程度？这就需要引进一个新的概念——应力（stress）。

考察图 10-4 中杆件横截面上一微元面积 ΔA，设其上总内力为 $\Delta \boldsymbol{F}_{\mathrm{R}}$，于是在此微元面积上，应力的平均值为

$$\bar{\sigma}=\frac{\Delta F_{\mathrm{R}}}{\Delta A} \tag{10-3}$$

称为平均应力（average stress）。当所取面积为无限小时，上述平均应力便趋于一极限值，这一极限值便能反映内力在该点处的强弱程度。内力在一点的强弱程度，称为集度（density），应力就是内力在一点处的集度。

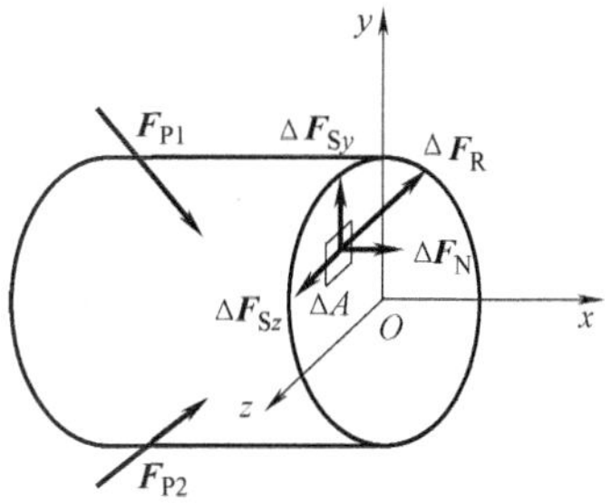

图 10-4　横截面上的应力定义

将 $\Delta \boldsymbol{F}_{\mathrm{R}}$ 分解为 x、y、z 三个方向的分量 ΔF_{N}、$\Delta F_{\mathrm{S}y}$、$\Delta F_{\mathrm{S}z}$，其中 ΔF_{N} 垂直于横截面，$\Delta F_{\mathrm{S}y}$、$\Delta F_{\mathrm{S}z}$ 平行于横截面且相互垂直。

根据上述应力定义，可以得到两种应力分量：一种垂直于横截面；另一种平行于横截面，前者称为正应力（normal stress），用希腊字母 σ 表示；后者称为切应力（shearing stress），用希腊字母 τ 表示：

$$\sigma=\lim_{\Delta A\to 0}\frac{\Delta F_{\mathrm{N}}}{\Delta A} \tag{10-4}$$

$$\tau=\lim_{\Delta A\to 0}\frac{\Delta F_{\mathrm{S}}}{\Delta A} \tag{10-5}$$

其中，ΔF_S可以是ΔF_{Sy}，也可以是ΔF_{Sz}，或者是二者的合力。需要指出的是，上述两式只是作为应力定义的表达式，对于实际应力计算并无意义。

应力的国际制单位为 Pa（N/m^2），由于这个单位太小，常用 MPa（$1MPa=10^6Pa$）和 GPa（$1GPa=10^3MPa=10^9Pa$）。

需要指出的是，应力不能作为力参与平衡，而必须乘以其作用面积，积分后形成力，如图 10-5 所示，才可以参与平衡。

图 10-5 一方面表示应力与内力分量间的关系，另一方面也表明，如果已知内力分量并且能够确定横截面上的应力是怎样分布的，就可以确定横截面上各点处的应力数值。

同时，图 10-5 还表明，仅仅根据平衡条件，只能确定横截面上的内力分量与外力之间的关系，不能确定各点处的应力。因此，确定横截面上的应力还需增加其他条件。

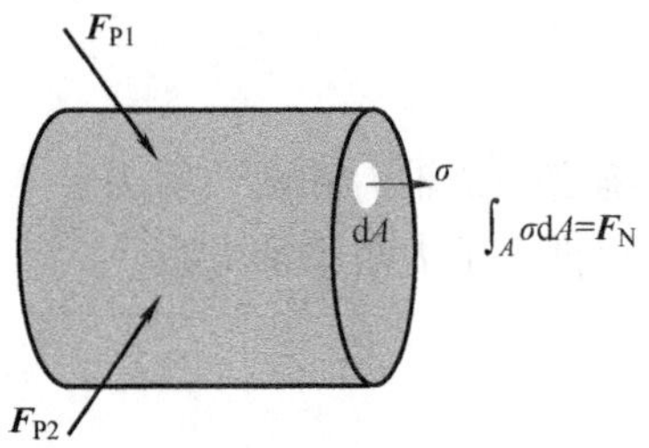

图 10-5 应力乘以其作用面积形成力

10.3 变形、位移和应变

10.3.1 变形与位移

变形——杆件受力后其形状和大小发生的变化。变形是杆件受力后的整体行为，它可以归结为长度的改变和角度的改变。

位移——受力前后杆件横截面位置发生的改变。位移是杆件受力后的局部行为。

变形与位移有关，但不是同一个概念。没有变形也可能有位移。如图 10-6a 所示，梁的中点承受集中力作用，AC 段将承受弯矩，因而会发生弯曲变形，同时横截面也会发生位移；CB 段没有弯矩作用，不会发生弯曲变形，但是这段梁上的横截面都发生了位移，如图 10-6b 所示。

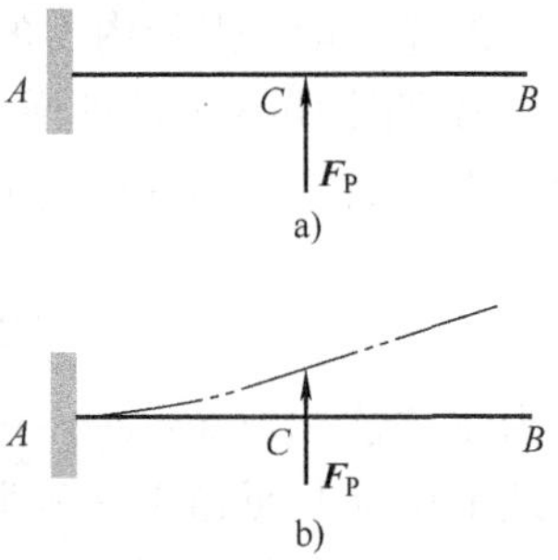

图 10-6 没有变形也会有位移

图 10-7a、b 所示两根相同的梁、承受相同的载荷作用，变形后的梁轴线具有相同的形状（曲率），但是由于约束不同，相同位置的截面其位移各不相同。

变形与杆件的受力和刚度有关；位移不仅与杆件的受力和刚度有关，而且与约束条件密切相关。约束相当于参考系，没有约束，无从论位移，如图 10-7c 所示。

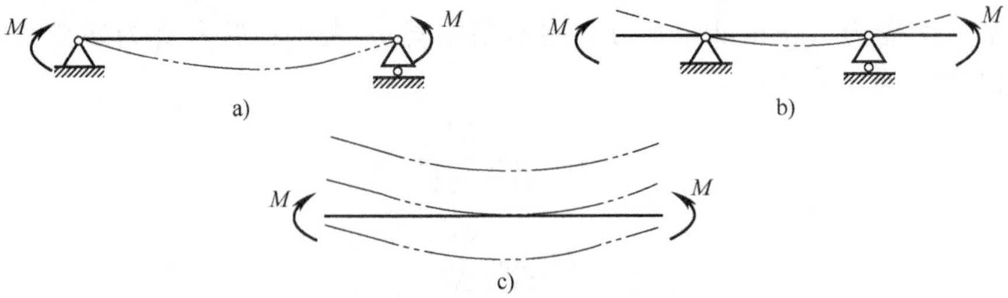

图 10-7 位移与约束密切相关

10.3.2　应变

如果将弹性体看作由许多微单元体所组成，这些微单元体简称微元体或微元(element)，弹性体整体的变形就是所有微元变形累加的结果。而微元的变形则与作用在其上的应力有关。

围绕受力弹性体中的任意点截取微元（通常为正六面体），一般情形下微元的各个面上均有应力作用。下面考察两种最简单的情形，分别如图 10-8a、b 所示。

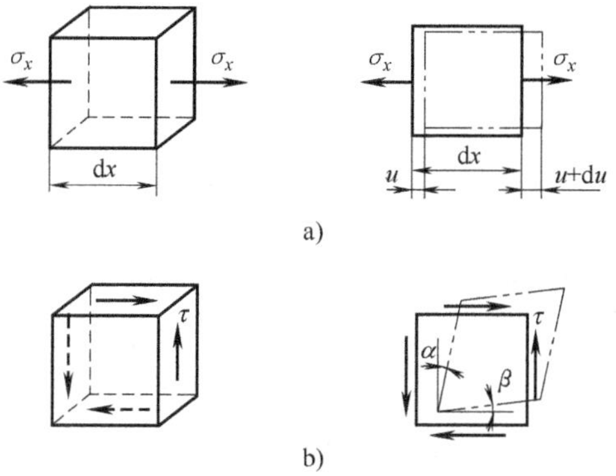

图 10-8　线应变与切应变

对于正应力作用下的微元（见图 10-8a），沿着正应力方向和垂直于正应力方向将分别产生伸长和缩短，这种变形称为线变形。描述弹性体在各点处线变形程度的量，称为线应变或正应变（normal strain），用 ε_x 表示。根据微元变形前后 x 方向长度 dx 的相对改变量，有

$$\varepsilon_x = \frac{\mathrm{d}u}{\mathrm{d}x} \tag{10-6}$$

式中，dx 为变形前微元在正应力作用方向的长度；du 为微元变形后相距为 dx 的两截面沿正应力方向的相对位移；ε_x 的下标 x 表示应变方向。同理可得 ε_y、ε_z。线应变以伸长为正，缩短为负。

切应力作用下的微元将发生剪切变形，剪切变形程度用微元直角的改变量度量。微元直角的改变量称为切应变或剪应变（shearing strain），用 γ 表示。在图 10-8b 中，$\gamma=\alpha+\beta$。γ 的单位为 rad（弧度）。使微元夹角由 $\frac{\pi}{2}$ 减小的切应变为正，反之为负。

线应变与切应变均为量纲为一的量。弹性体的整体变形，是各微元局部变形组合的结果。

10.4　杆件变形的基本形式

实际杆类构件的受力多种多样，相应的变形也是各式各样，但总可以归纳为：轴向拉伸(或压缩)、扭转、弯曲和剪切等基本形式，以及两种或两种以上基本变形形式的组合。

1. 轴向拉伸或压缩（axial tension or compression）

当杆件两端所受外力或外力合力的作用线与杆件轴线重合时，杆件将产生轴向伸长或缩

短变形（见图 10-9a、b）。轴向拉伸和压缩时，杆件横截面上只有轴力 $\boldsymbol{F}_N$ 一个内力分量。

2. 扭转（torsion or twist）

在作用面垂直于杆件轴线的外力偶作用下，杆件各横截面将产生绕轴线的相对转动，如图 10-10 所示。杆件承受扭转变形时，其横截面上只有扭矩 T 一个内力分量。

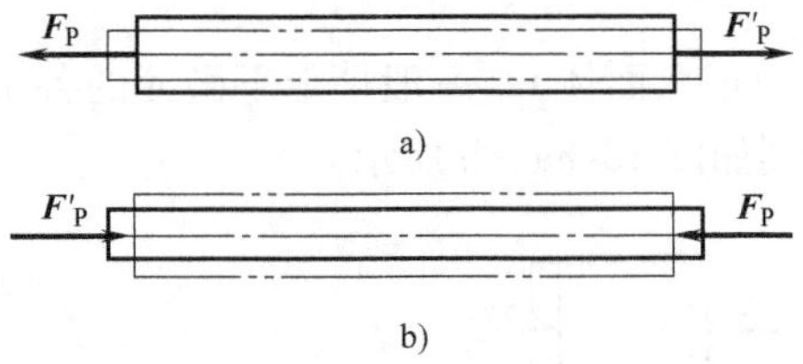

图 10-9　轴向拉压

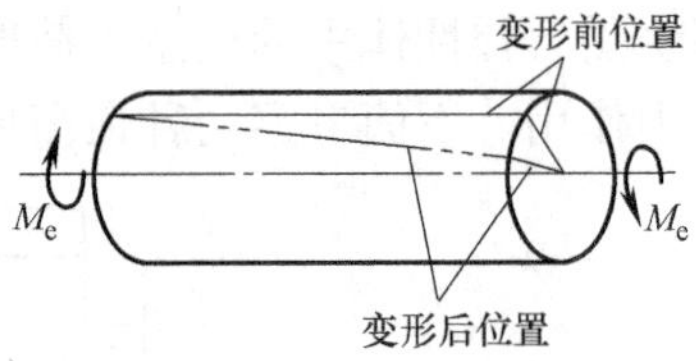

图 10-10　扭转

3. 平面弯曲（bending）

当外加力偶或横向力作用于杆件纵向的某一平面内时（见图 10-11），杆件的轴线将在加载平面内由直线弯曲成曲线。图 10-11a 所示的情形下，杆件横截面上只有弯矩一个内力分量 M（M_y 或 M_z），这时的平面弯曲称为**纯弯曲**（pure bending）。

对于图 10-11b 所示的情形，横截面上除弯矩外尚有剪力存在。这种平面弯曲称为**横向弯曲**（transverse bending）。

4. 剪切（shearing）

当受到与杆件横截面平行、大小相等、方向相反、相距很近的一对横向外力作用时，杆件将沿着剪切面产生相互错动，如图 10-12 所示。剪切时，杆件横截面上只有剪力 $\boldsymbol{F}_S$（$\boldsymbol{F}_{Sy}$ 或 $\boldsymbol{F}_{Sz}$）一个内力分量。

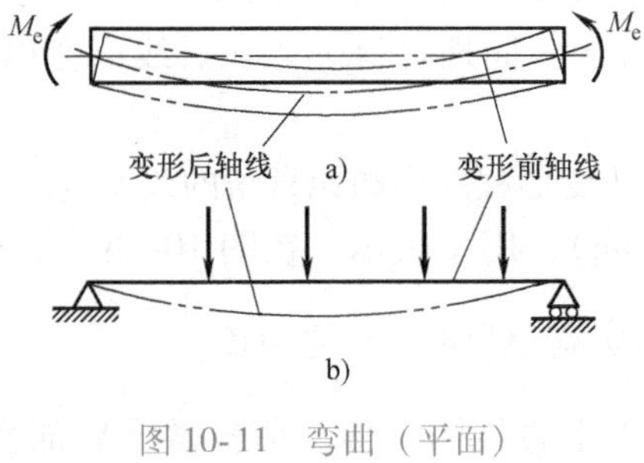

图 10-11　弯曲（平面）

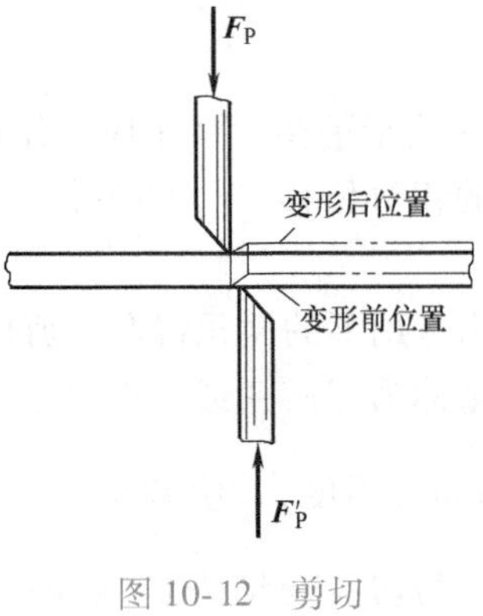

图 10-12　剪切

5. 组合变形（complex deformation）

由两种或两种以上不同基本变形组成的变形形式称为**组合变形**。例如，图 10-13 所示杆件的受力即为拉伸与弯曲的组合受力，其中力 $\boldsymbol{F}_P$ 与力偶 M 都作用在同一平面内，这种情形下，杆件将同时承受拉伸变形与弯曲变形。

杆件承受组合变形时，其横截面上将存在两个或两个以上的内力分量。譬如公路上的指示牌，在风载和自重的共同作用下，其立柱上将有轴力、扭

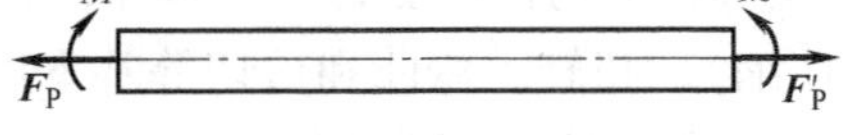

图 10-13　承受拉伸与弯曲共同作用的杆件

矩、剪力和弯矩四种内力分量。

实际杆件的受力不管多么复杂，在一定的条件下，都可以简化为基本变形形式的组合。

前面已经提到，工程上将承受拉伸的杆件统称为拉杆；承受压缩的杆件统称为压杆或柱，如桁架杆、吊杆、活塞杆以及悬索桥和斜拉桥的钢缆等都是拉杆或压杆；主要承受扭转的杆件统称为轴，如电动机的主轴、汽车的传动轴等；主要承受弯曲的杆件统称为梁，如房屋的大梁、桥面桥梁等；机械或结构中的连接件，如铆钉、螺栓、键等都将产生剪切变形。

10.5 小结与讨论

10.5.1 小结

1. 材料力学的基本假设

材料力学的基本假设有：均匀连续性、各向同性和小变形。

2. 外力、内力和应力

外力是来自构件外部的力（包括外加载荷和约束力）。

内力是指在外力作用下，构件内部各质点间相互作用力的改变量，即附加作用力，称为“附加内力”，简称为内力。

截面法是研究杆件内力的基本方法，基本步骤为截（取）、代、平。采用截面法，可确定杆件内的六个内力分量：一个轴力、两个剪力；一个扭矩、两个弯矩。

应力就是内力在一点处的集度，将其分解可得到两种应力：垂直于横截面的，称为正应力（σ）；平行于横截面的，称为切应力（τ）。

3. 变形、位移和应变

变形——杆件受力后其形状和大小发生的变化。变形是杆件受力后的整体行为，它可以归结为长度的改变和角度的改变。

位移——受力前后杆件横截面位置发生的改变。位移是杆件受力后的局部行为。

单位长度线段的伸长或缩短定义为正应变（ε），而切应变（γ）是指微元相邻棱边所夹直角的改变量。

4. 杆件变形的基本形式

杆件变形的基本形式有：轴向拉压、剪切、扭转、弯曲。

10.5.2 弹性体受力与变形特征

弹性体受力后，由于变形，其内部将产生相互作用的内力。而且在一般情形下，截面上的内力组成一非均匀分布力系。

由于整体平衡的要求，对于截开的每一部分也必须是平衡的。因此，作用在每一部分上的外力必须与截面上的分布内力相平衡，组成平衡力系。这是弹性体受力、变形的第一个特征。这表明，弹性体由变形引起的内力不能是任意的。

在外力作用下，弹性体的变形应使弹性体各相邻部分，既不能断开，也不能发生重叠。图10-14所示为从一弹性体中取出的两相邻部分的三种变形状况，其中图10-14a所示两部分在变形后发生互相重叠，这当然是不正确的；图10-14b所示的两部分在变形后断开了，显然这也是不正确的；图 10-14c 所示的两部分在变形后协调一致，所以是正确的。

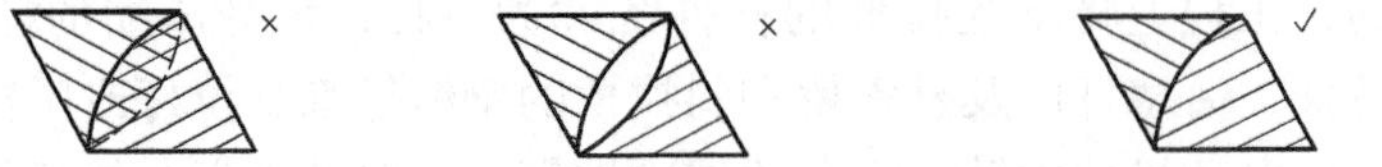

图 10-14 弹性体变形后各相邻部分之间的相互关系

上述分析表明，弹性体受力后发生的变形也不是任意的，必须满足协调（compatibility）一致的要求。这是弹性体受力、变形的第二个特征。此外，弹性体受力后发生的变形还与材料的力学性能有关，这表明，受力与变形之间存在确定的关系，称为物理关系。

综上，弹性体在载荷作用下，将产生连续分布的内力。弹性体内力应满足：与外力的平衡关系；弹性体自身的变形协调关系；力与变形之间的物理关系。这是材料力学与工程静力学的重要区别。

10.5.3 材料力学的分析方法

工程中绝大多数构件受力后所产生的变形相对于构件本身的尺寸都是很小的，这种变形通常称为“小变形”。在小变形条件下，工程静力学中关于平衡的理论和方法能否应用于材料力学，下列问题的讨论对于回答这一问题是有益的：

1）若将作用在弹性杆上的力（见图 10-15a），沿其作用线方向移动（见图 10-15b）。

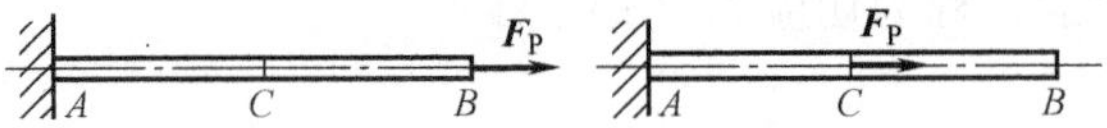

图 10-15 力沿作用线移动的结果

2）若将作用在弹性杆上的力（见图 10-16a），向另一点平移（见图 10-16b）。

请读者分析：上述两种情形下，力的移动会对弹性杆的平衡和变形各产生什么影响？

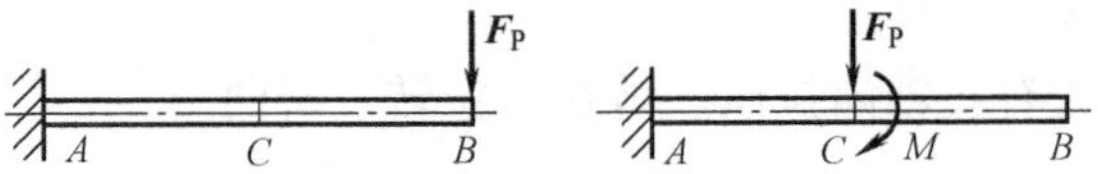

图 10-16 力向一点平移的结果

习题

选择填空题

10-1 图 10-17 所示矩形截面直杆，右端固定，左端在杆的对称平面内作用有集中力偶，数值为 M。关于固定端处横截面 A—A 上的内力分布，有 4 种答案，如图所示。请根据弹性体横截面连续分布内力的合力必须与外力平衡这一特点，分析图示的 4 种答案中哪一种比较合理。（ ）

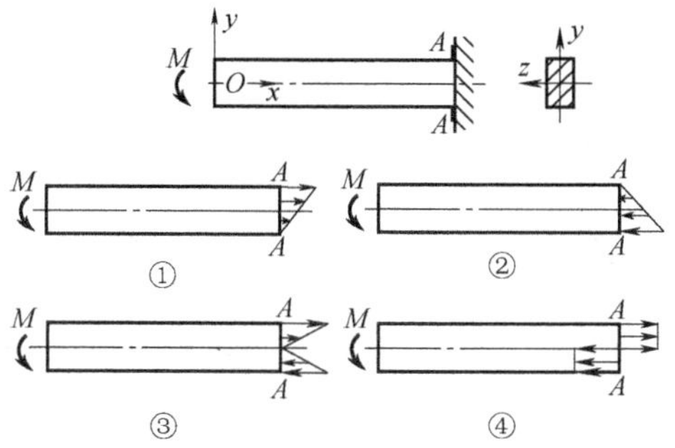

图 10-17　习题 10-1 图

分析计算题

10-2　确定图 10-18 所示结构中螺栓指定截面Ⅰ—Ⅰ上的内力分量，并指出两种结构中的螺栓分别属于哪一种基本变形形式。

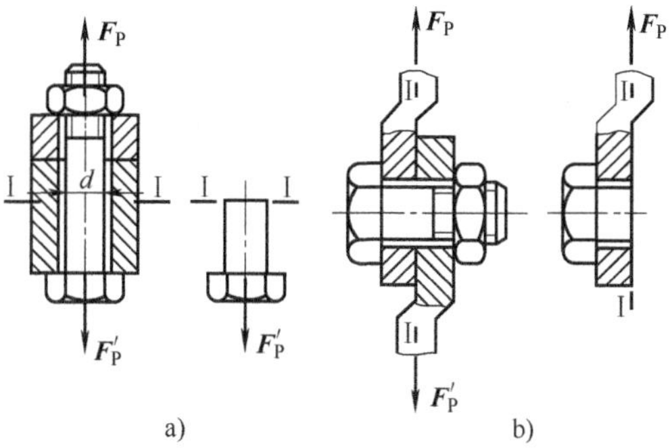

图 10-18　习题 10-2 图

10-3　悬臂梁承受集度为 q 的均布载荷作用，如图所示 10-19 所示。试用截面法确定 C 截面上的剪力和弯矩（包括大小和方向）。

10-4　微元在两种情形下受力后的变形分别如图 10-20a、b 所示，请根据切应变的定义确定两种情形下微元的切应变。

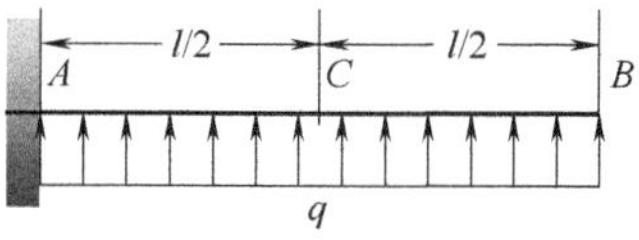

图 10-19　习题 10-3 图

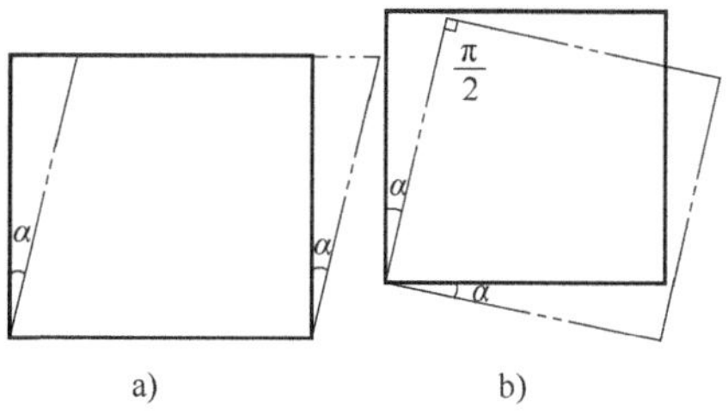

图 10-20　习题 10-4 图

10-5　如图 10-21 所示，由金属丝弯成的直径为 d 的弹性圆环（图中的实线），受力变形后变成直径为 $d+\Delta d$ 的圆（图中的虚线）。如果 d 和 Δd 都是已知的，请应用正应变的定义确定：

（1）圆环直径的相对改变量；

（2）圆环沿圆周方向的正应变。

10-6　图 10-22 所示三角形薄板因受外力作用而变形，角点 B 垂直向上的位移为 0.03mm，但 AB 和 BC 仍保持为直线。试求沿 OB 的平均应变，并求 AB 与 BC 两边在 B 点的角度改变。

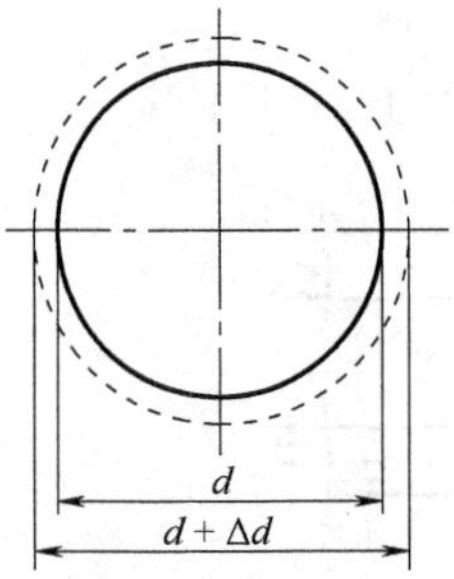

图 10-21 习题 10-5 图

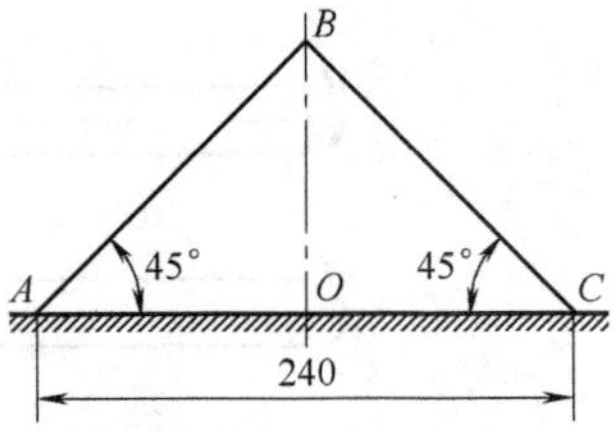

图 10-22 习题 10-6 图

第11章 内力分析与内力图

杆件在外力作用下，横截面上将产生轴力、扭矩、剪力、弯矩等内力分量。在很多情形下，内力分量沿杆件长度方向的分布是不均匀的。研究强度问题，需要知道哪些横截面可能最先发生失效，这些横截面称为危险截面。内力分析是应力分析、强度设计与刚度设计的基础。

本章将根据平衡原理和力系简化方法，确定内力分量与载荷之间的关系，以及相关内力分量之间的关系。在此基础上，分别介绍轴力图、扭矩图、剪力图和弯矩图的画法，重点是剪力图和弯矩图。

11.1 基本概念与基本方法

11.1.1 弹性体的平衡原理

弹性杆件或杆系在外力作用下若保持平衡，则从其上截取的任意部分也必须保持平衡。前者称为整体平衡或总体平衡（global equilibrium）；后者称为局部平衡（local equilibrium）。

所谓整体是指单根杆件或简单的杆系。

所谓局部是指：

1）杆系中的单根杆件或杆件组合。

2）用某一假想截面将杆件截成的两部分中的任一部分。

3）两个相距无穷小的截面所截出的某一微段。

4）微段的局部。

5）围绕某一点截取的某一微元或微元的局部等。

这种整体平衡与局部平衡的关系，不仅适用于弹性杆件，而且适用于所有弹性体，称为弹性体平衡原理（equilibrium principle for elastic body）。

11.1.2 控制面

当作用在杆件上的外力（包括载荷与约束力）沿杆的轴线方向发生突变时，杆件横截面上内力分量的变化规律也将发生变化。

外力突变是指有集中力、集中力偶以及不连续的分布载荷作用。

内力分量的变化规律是指描述内力分量的数学方程和图形形状发生的变化。

根据以上分析，若在某段杆上，内力按同一种函数规律变化，则这段杆的两个端截面称为控制面（controled cross-section）。控制面也是函数定义域的两个端截面。常见控制面有：

1）集中力作用点两侧的截面。

2）集中力偶作用点两侧的截面。

3）集度相同的均布载荷起点和终点处的截面。

图 11-1 所示杆段上的 A、B、C、D、E、F、G、H、I、J、K、L、M、N 等截面都是控制面。

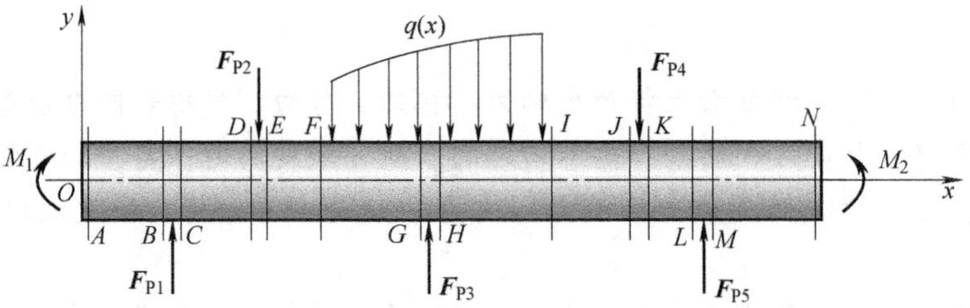

图 11-1 控制面

11.1.3 杆件内力分量的正负号规则

为了保证杆件同一截面左、右两侧的内力分量具有相同的正负号，约定如下：

轴力 F_N——无论作用在哪一侧截面上，使杆件产生拉伸变形的轴力，即指向横截面以外的轴力为正；使杆件产生压缩变形的轴力，亦即指向横截面以内的轴力为负。

扭矩 T——扭矩矢量方向（右手法则）与横截面外法线方向一致者为正；反之为负。

剪力 F_S（F_{Sy} 或 F_{Sz}）——使杆件截开部分产生顺时针方向转动者为正；逆时针方向转动者为负。

弯矩 M（M_y 或 M_z）——作用在左侧面上使截开部分逆时针方向转动，或者作用在右侧截面上使截开部分顺时针方向转动者为正；反之为负。或者使梁的下面受拉上面受压的弯矩为正；使梁的下面受压上面受拉的弯矩为负。

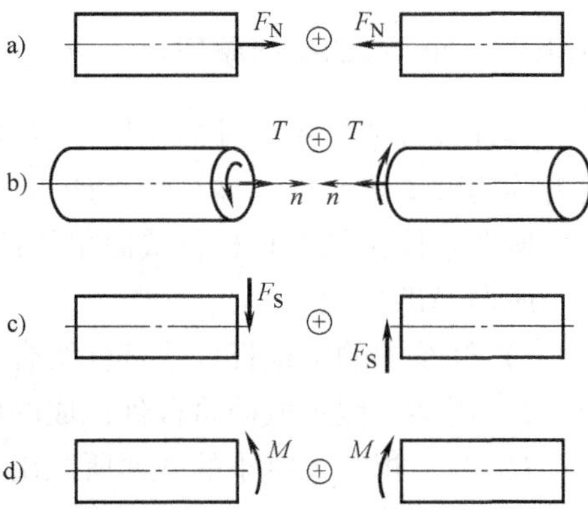

图 11-2 内力分量的正负号规则

图 11-2 所示的 F_N、T、F_S、M 均为正方向。

11.2 确定内力分量的力系简化方法

力系简化方法是从截面法演化而来的确定杆件横截面上内力分量的简易方法。这一方法的优点是“三不用”：不用将截面截开，不用画受力图，也不用写平衡方程。

以图 11-3a 所示拉杆为例，为求指定横截面上的内力分量，将作用在左端点的力 F_P 直接向横截面简化（平移），从左边看，简化的结果依然是外力（见图 11-3b），内力与之大小相等、方向相反。但是，对于右边局部，简化的结果就是该横截面上的内力分量，如图 11-3c 所示。

以上分析表明，将横截面一侧（左）的外力向横截面的另一侧（右）进行简化，所得到的简化结果就是该横截面上的内力分量。

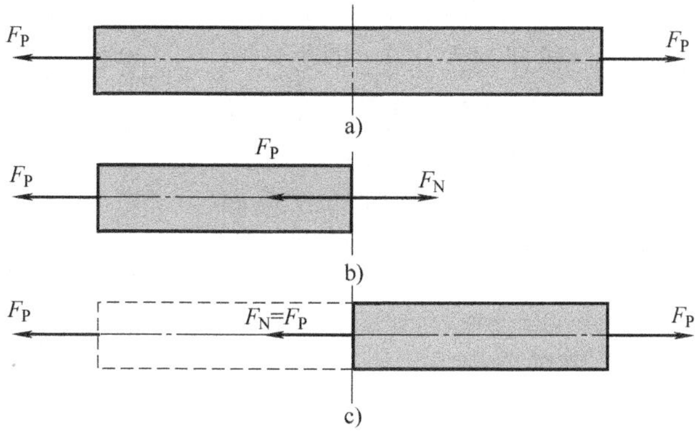

图 11-3　力系简化方法确定拉杆的轴力

再以图 11-4a 所示悬臂梁为例。为求 B 处横截面上的内力分量，可以将作用在点 A 的外力 F_P 向横截面 B 进行简化，对于与外力在同一侧的部分，简化的结果是外力，内力与之大小相等、方向相反（见图 11-4b），但从另一侧看（见图 11-4c），简化的结果就是该横截面上的内力分量（见图 11-4d）。

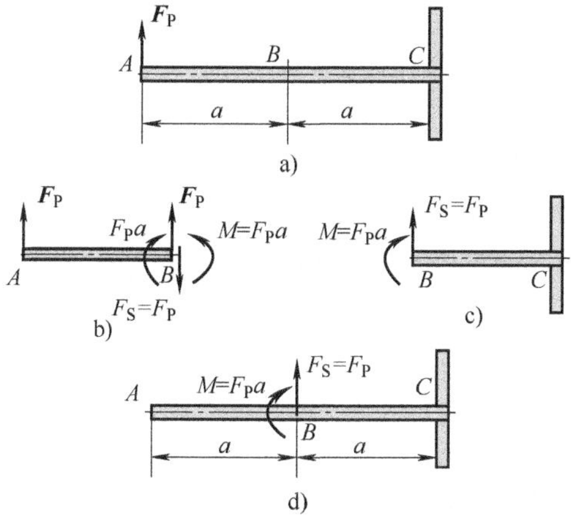

图 11-4　力系简化方法确定悬臂梁横截面上的内力分量

实际操作时，完全可以省去图 11-4b、c 的步骤，直接将外力向与外力不在同一侧的部分简化，即将外力向异侧截面简化，得到的结果就是异侧横截面上的内力分量，如图 11-4d 所示。

经过一定训练之后，图 11-4d 的操作步骤也可以略去。

【例题 11-1】　悬臂梁 ABC 的 A 端自由、C 端固定，在 AB 段承受集度为 q 的均布载荷作用（集度 q 为单位长度上的力），如图 11-5a 所示。试用力系简化方法确定横截面 B 上的剪力和弯矩。

解：为应用力系简化方法，一般首先需要确定约束力，但对于本例的情形，已知力（均布载荷）作用在 AB 段，如果将外力从左边向右边简化，无须求约束力。

其次，为应用力系简化方法，需将分布载荷合成一合力。对于本例的均布载荷，其合力大小 qa 即为均布载荷集度乘以分布的长度，合力的作用点在其分布长度 AB 的中点，即距点 A 为 $a/2$ 处，如图 11-5b 所示。

最后，将分布载荷的合力 qa 直接向右侧的 B 截面简化，如图 11-5c 所示，由此得到 B 截面上的剪力和弯矩：

$$F_S = qa$$

$$M = \frac{qa^2}{2}$$

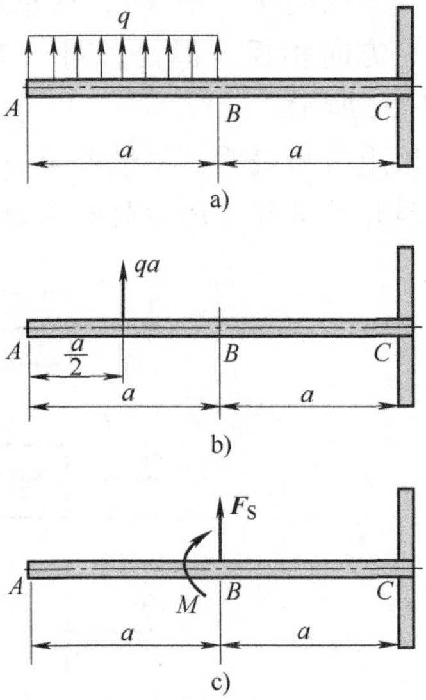

图 11-5 例题 11-1 图

11.3 轴力图与扭矩图

11.3.1 轴力图

沿着杆件轴线方向作用的载荷，通常称为**轴向载荷**（normal load）。杆件承受轴向载荷作用时，横截面上只有轴力一种内力分量 $\boldsymbol{F}_N$。

杆件只在两个端截面处承受轴向载荷时，则杆件的所有横截面上的轴力都是相同的。如果杆件上作用有两个以上的轴向载荷，杆件上的轴力就会随着中间集中载荷的出现而发生变化。

表示轴力沿杆件轴线方向变化的图形，称为**轴力图**（diagram of normal force）。

为了绘制轴力图，需要根据外力的作用位置，判断轴力的大致变化趋势，从而确定轴力图要不要分段，分几段，以及在哪些截面处需要分段？

综上所述，绘制轴力图的方法如下：

1）确定约束力。

2）根据杆件上作用的载荷及约束力确定控制面，也就是轴力图的分段点。

3）应用力系简化方法确定各段横截面上的轴力。

4）建立 F_N-x 坐标系，将所求得的轴力值标在坐标系中，画出轴力图。

下面举例说明轴力图的画法。

【例题 11-2】 图 11-6a 所示直杆，在 A、B、C 三处分别作用有集中载荷 $F_A = 35\text{kN}$、$F_B = 15\text{kN}$ 和 $F_C = 20\text{kN}$。试画出轴力图。

解：（1）**确定约束力**

本例没有约束，作用在直杆的 3 个外载荷自相平衡。

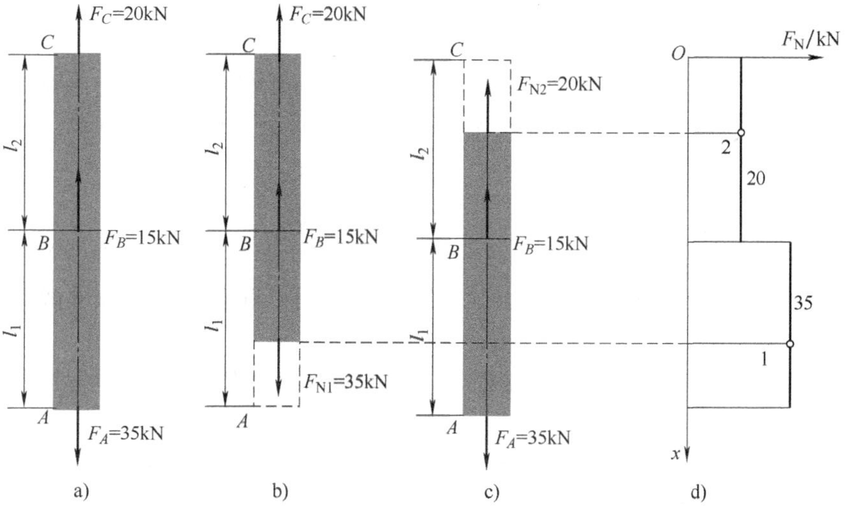

图 11-6　例题 11-2 图

（2）**确定分段**

因为 A、B、C 三处作用有集中力，中间没有分布载荷作用，所以每两个加力点之间的横截面上的轴力均为常数：AB 段所有横截面上的轴力都相同；BC 段所有横截面上的轴力也都相同。

所以，在每一段中，只需任取一截面，这一截面上的轴力就等于这一段中所有截面上的轴力。

（3）**应用力系简化方法确定各段横截面上的轴力**

在 AB 段任取一截面，如图 11-6b 所示，将作用在这一截面下方的外力 $F_A=35\text{kN}$ 向上方的截面简化，得到 AB 段的轴力：

$$F_{N1}=35\text{kN}$$

其方向自截面向外，如图 11-6b 所示，其为拉力，故为正。

对于 BC 段，在其上任取一截面，如图 11-6c 所示，将作用在这一截面上方的外力 $F_C=20\text{kN}$ 向下方的截面简化，得到 BC 段各截面的轴力：

$$F_{N2}=20\text{kN}$$

其方向自截面向外，如图 11-6c 所示，其为拉力，故为正。

当然，也可以将作用在截面下方的外力 $F_A=35\text{kN}$ 和 $F_B=15\text{kN}$，分别向上方截面简化，二者的代数值之和即为轴力：

$$F_{N2}=(35-15)\text{kN}=20\text{kN}$$

这与将外力 $F_C=20\text{kN}$ 向下方截面简化所得结果相同。

（4）**建立坐标系，画出轴力图**

建立 F_N-x 坐标系，如图 11-6d 所示，其中 x 沿着杆轴线方向向下，F_N垂直于 x。

将 AB 段和 BC 段的轴力 $F_{N1}=35\text{kN}$ 和 $F_{N2}=20\text{kN}$，标在 F_N-x 坐标系中得到点 1 和点 2。过点 1 和点 2 分别作平行于 x 轴的直线。于是，得到杆的轴力图如图 11-6d 所示。

11.3.2 扭矩图

作用于传递功率的圆轴上的外加力偶，其力偶矩与轴的转速、传递功率有关。在传动轴计算中，通常给出传递功率 P 和转速 n，则传动轴所受外加力偶的力偶矩 M_e 可由下式计算：

$$\{M_e\}_{N\cdot m}=9549\frac{\{P\}_{kW}}{\{n\}_{r/min}} \tag{11-1}$$

式中，P 为功率，单位为 kW（千瓦）；n 为轴的转速，单位为 r/min（转/分）。

外加力偶的力偶矩 M_e 确定后，应用力系简化方法可以确定受扭圆轴横截面上的内力分量——扭矩。

用图形描述横截面上扭矩沿轴线的变化，这种图形称为扭矩图。绘制扭矩图的方法与过程同轴力图。

【例题 11-3】 图 11-7a 所示圆轴受有四个绕轴线转动的外加力偶作用，各力偶的力偶矩的大小和方向均示于图中，其中力偶矩的单位为 N·m，尺寸单位为 mm。试画出圆轴的扭矩图。

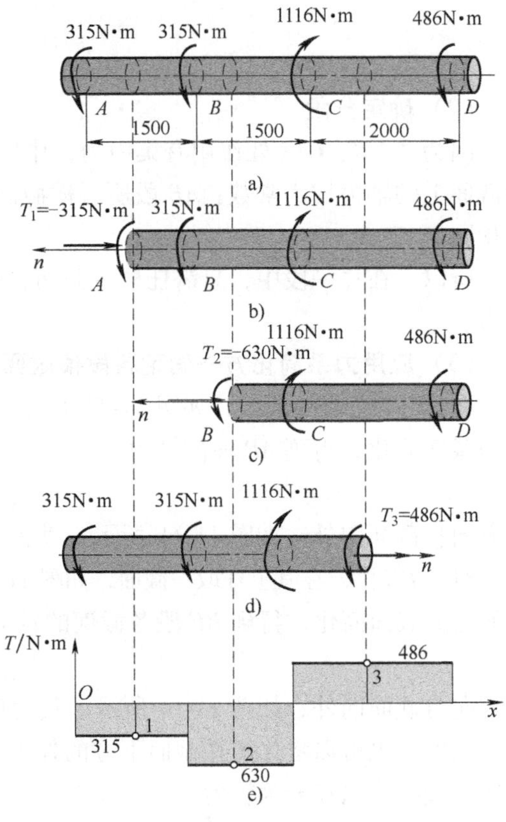

图 11-7 例题 11-3 图

解：（1）**确定约束力**

本例没有约束，作用在圆轴上的外加扭转力偶自相平衡。

（2）**确定分段**

A、B、C、D 四处作用有 4 个外加集中力偶，将圆轴分为 AB、BC、CD 三段，各段都没有分布外力偶作用，因此各段横截面上的扭矩均为常数，即 AB、BC、CD 各段所有横截面上的扭矩都相同。

所以，在每一段中只要任取一截面，该截面上的扭矩就等于这一段中所有截面上的扭矩。

（3）**应用力系简化方法确定各段横截面上的扭矩**

在 AB 段任取一截面，如图 11-7b 所示，将作用在这一截面左侧的外力偶矩 315N·m 向右侧截面简化，得到 AB 段的扭矩：

$$T_1=-315\text{N}\cdot\text{m}$$

根据右手法则，其矢量与截面法线正方向相反，如图 11-7b 所示，故为负。

对于 BC 段，在其上任取一截面，如图 11-7c 所示，将作用在这一截面左侧的两个外力偶矩 315N·m（截面 A）和 315N·m（截面 B）向右侧的截面简化，得到 BC 段各截面的扭矩：

$$T_2=-630\text{N}\cdot\text{m}$$

其矢量与截面法线正方向相反，如图 11-7c 所示，故为负。

对于 CD 段，在其上任取一截面，如图 11-7d 所示，将作用在这一截面右侧的外力偶矩 486N · m 向左侧的截面简化，得到 CD 段各截面的扭矩：

$$T_3 = 486\text{N} \cdot \text{m}$$

其矢量与截面法线正方向相同，如图 11-7d 所示，故为正。

（4）**建立坐标系，画出扭矩图**

建立 T-x 坐标系，如图 11-7e 所示，其中 x 沿着圆轴轴线方向，T 垂直于 x。

将 AB 段、BC 段和 CD 段的扭矩 $T_1 = -315\text{N} \cdot \text{m}$、$T_2 = -630\text{N} \cdot \text{m}$ 以及 $T_3 = 486\text{N} \cdot \text{m}$ 标在 T-x 坐标系中，得到点 1、点 2 和点 3。过点 1、点 2 和点 3 分别作平行于 x 轴的直线。于是，得到圆轴的扭矩图如图 11-7e 所示。

11.4 剪力图与弯矩图

11.4.1 工程中的承弯构件及其力学模型

材料力学中将主要承受弯曲变形的杆件称为梁。根据梁的支承形式和支承位置不同，可以将梁分为悬臂梁（见图 11-8a）、简支梁（见图 11-8b）和外伸梁（见图 11-8c、d）。

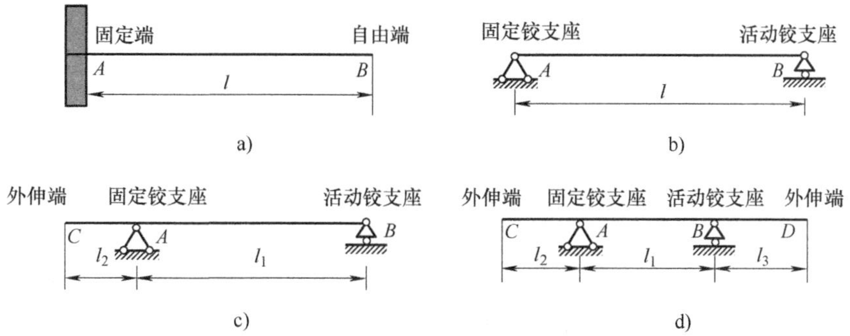

图 11-8　梁的力学模型

a）悬臂梁　b）简支梁　c）一端外伸梁　d）两端外伸梁

悬臂梁的一端固定另一端自由（没有支承或约束）。简支梁的一端为固定铰支座、另一端为活动铰支座。外伸梁有一个固定铰支座和一个活动铰支座，这两个支座中有一个不在梁的端点或者两个都不在梁的端点，分别称为一端外伸梁和两端外伸梁。

对工程结构进行设计时，可以看作梁的对象有很多。

图 11-9　可以简化为悬臂梁的直升机旋翼的桨叶

图 11-9 所示的直升机旋翼的桨叶，就可以看成一端固定另一端自由的悬臂梁，在重力和

空气动力作用下桨叶将发生弯曲变形。

工业厂房车间内的行车大梁（见图 11-10），通过行走轮支承在车间两侧的轨道梁上，可以看作简支梁。大梁设计中除了考虑起吊设备（电动机）和起吊重物的重量外，还要考虑大梁自身的质量，前者为集中力，后者为均布载荷。

工程中可以简化为外伸梁的对象也不少见。例如，图 11-11 所示的整装待运的化工容器，可以简化为承受均布载荷（自重和装载物质量）的两端外伸梁。

图 11-10 工厂车间内的行车大梁可以简化为简支梁

图 11-11 静置的化工容器可以简化为承受均布载荷的外伸梁

图 11-12 所示为正在吊装的风力发电机叶片，这时的叶片可以简化为在自重作用下的两端外伸梁，但作用在叶片上的自重载荷不是均布载荷，而是非均布载荷。

图 11-12 吊装中风机叶片可以简化为承受非均布载荷的外伸梁

11.4.2 剪力方程和弯矩方程

描述内力分量沿杆件轴线方向变化的数学表达式称为内力方程。工程上用得最多的是剪力方程（equation of shearing force）和弯矩方程（equation of bending moment）。

建立剪力方程和弯矩方程，可以采用截面法，也可以采用力系简化方法。本书采用力系简化方法。

为了建立剪力方程和弯矩方程，必须首先建立 Oxy 坐标系，其中 O 为坐标原点，x 坐标轴与梁的轴线一致，坐标原点 O 一般取在梁的左端，x 坐标轴的正方向自左至右，y 坐标轴铅垂向上。

建立剪力方程和弯矩方程时，需要根据梁上的外力（包括载荷和约束力）作用情况，确定要不要分段，以及分几段。

确定了分段之后，在每一段内任取一截面，假设这一截面的位置坐标为 x；然后应用力系简化方法即可得到剪力 $F_S(x)$ 和弯矩 $M(x)$ 的表达式，这就是所要求的剪力方程 $F_S(x)$ 和弯矩方程 $M(x)$。

【例题 11-4】 图 11-13a 所示的简支梁承受集度为 q 的均布载荷作用，梁的长度为 l。试写出该梁的剪力方程和弯矩方程。

解：(1) **确定约束力**

由平衡方程及对称性条件，可得

$$F_{RA}=F_{RB}=\frac{ql}{2}\ (\downarrow)$$

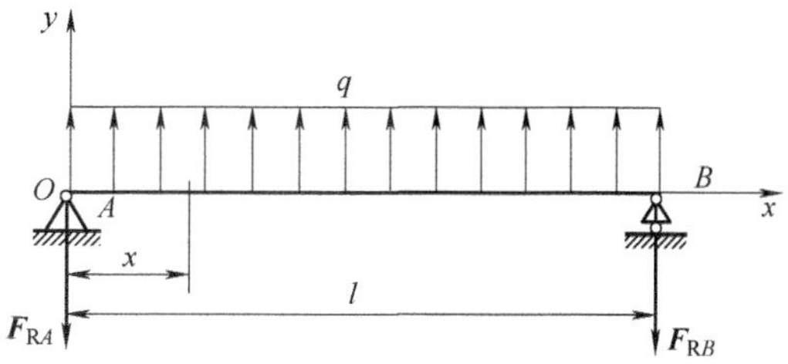

图 11-13　例题 11-4 图

(2) **确定分段**

因为梁上只作用有连续分布载荷（载荷集度没有突变），没有集中力和集中力偶的作用，所以，从 A 到 B $(0\leqslant x\leqslant l)$ 梁的横截面上的剪力和弯矩可以分别用一个方程描述，因而无须分段建立剪力方程和弯矩方程。

(3) **建立 Oxy 坐标系**

以梁的左端 A 为坐标原点 O，建立 Oxy 坐标系，如图 11-13 所示。

(4) **确定剪力方程和弯矩方程**

根据力系简化方法，得到梁的剪力方程

$$F_S(x)=F_{S1}(x)+F_{S2}(x)=-F_{RA}+qx=-\frac{ql}{2}+qx\quad(0<x<l)$$

根据力系简化方法，得到梁的弯矩方程：

$$M(x)=M_1(x)+M_2(x)=\frac{qx^2}{2}-\frac{ql}{2}x\quad(0\leqslant x\leqslant l)$$

这一结果表明，梁上的剪力方程是 x 的线性函数；弯矩方程是 x 的二次函数。

11.4.3　分布载荷集度与剪力、弯矩间的微分关系

考察仅在 Oxy 平面有外力作用的情形，如图 11-14a 所示，假设分布载荷集度 $q(x)$ 向上为正。

用坐标为 x 和 $x+\mathrm{d}x$ 的两个相邻横截面从受力的梁中截取长度为 $\mathrm{d}x$ 的微段，如图 11-14b 所示，微段的两侧截面上的剪力和弯矩分别为

x 横截面　　$F_S(x)$，$M(x)$

$x+\mathrm{d}x$ 横截面　　$F_S(x)+\mathrm{d}F_S(x)$，$M(x)+\mathrm{d}M(x)$

由于 $\mathrm{d}x$ 为无穷小距离，因此梁微段上的分布载荷可以看作是均匀分布的，即

$$q(x)=\text{常数}$$

考察微段的平衡，由平衡方程可得

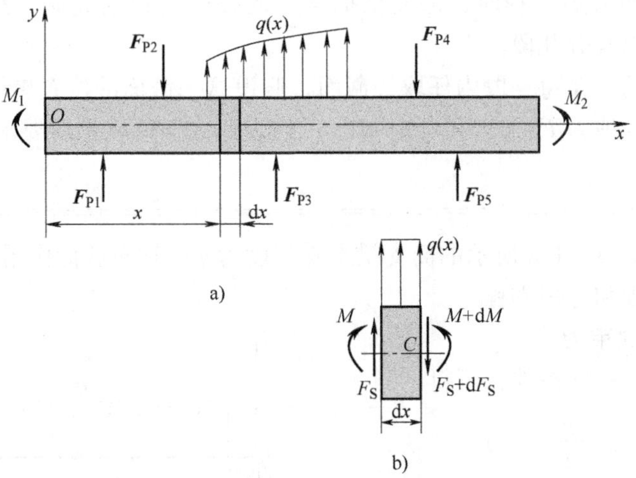

图 11-14 载荷集度、剪力、弯矩之间的微分关系

$$\sum F_y=0,\quad F_S(x)+q(x)\,dx-[F_S(x)+dF_S(x)]=0$$

$$\sum M_C=0,\quad -M(x)-F_S(x)\,dx-q(x)\,dx\left(\frac{dx}{2}\right)+[M(x)+dM(x)]=0$$

忽略力矩平衡方程中的二阶小量，得到

$$\frac{dF_S(x)}{dx}=q(x) \tag{11-2}$$

$$\frac{dM(x)}{dx}=F_S(x) \tag{11-3}$$

将式（11-3）再对 x 求一次导数，便得到

$$\frac{d^2M(x)}{dx^2}=q(x) \tag{11-4}$$

这就是载荷集度、剪力、弯矩之间的微分关系。

式（11-2）~式（11-4）表明，剪力图和弯矩图图线的几何形状与作用在梁上的载荷集度有关：

1）剪力图的斜率等于作用在梁上的均布载荷集度；弯矩图在某一点处的斜率等于对应截面处剪力的数值。

2）如果一段梁上没有分布载荷作用，即 $q=0$，这一段梁上剪力的一阶导数等于零，则剪力方程为常数，因此，这一段梁的剪力图为平行于 x 轴的水平直线；弯矩的一阶导数等于常数，弯矩方程为 x 的线性函数，因此，弯矩图为斜直线。

3）如果一段梁上作用有均布载荷，即 q=常数，这一段梁上剪力的一阶导数等于常数，则剪力方程为 x 的线性函数，因此，这一段梁的剪力图为斜直线；弯矩的一阶导数为 x 的线性函数，弯矩方程为 x 的二次函数，因此弯矩图为二次抛物线。

4）弯矩图二次抛物线的凹凸性，与载荷集度 q 的正负有关：当 q 为正（向上）时，抛物线为凹曲线，凹的方向与 M 坐标正方向一致（见图 11-15a）；当 q 为负（向下）时，抛物线为凸曲线，凸的方向与 M 坐标正方向一致（见图 11-15b）。

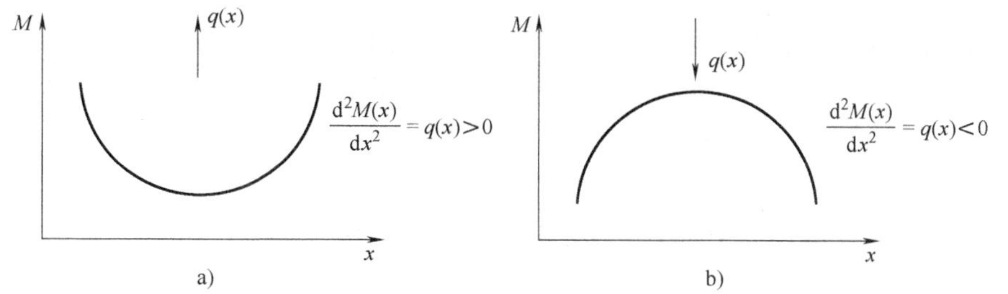

图 11-15　抛物线的凹凸性与载荷集度关系

11.4.4　剪力图与弯矩图

若作用在梁上的平面载荷仅包含横向力（力偶），这时梁的横截面上只有剪力和弯矩。表示剪力和弯矩沿梁轴线方向变化的图形，分别称为剪力图（diagram of shearing force）和弯矩图（diagram of bending moment）。

剪力图和弯矩图在内力图中最为重要。这是因为，剪力图和弯矩图包含了材料力学课程以及其他相关课程的大量信息；工程设计中涉及剪力图和弯矩图的问题也大量存在；通过剪力图、弯矩图的学习和研究既能锻炼基本功，还能增长智慧。

练好绘制剪力图与弯矩图的基本功，以下几点很重要：

1）根据梁上作用的外力（包括载荷与约束力）确定是否需要分段；分几段；每一段的起点和终点。应用力系简化方法确定起点和终点的剪力、弯矩的大小和正负号，从而确定了剪力图和弯矩图的位置。

2）区分各段梁上作用的外力类型（集中力、集中力偶、分布力），根据剪力、弯矩与载荷集度之间的微分关系式（11-2）~式（11-4）：

$$\frac{dF_S(x)}{dx}=q(x),\quad \frac{dM(x)}{dx}=F_S(x),\quad \frac{d^2M(x)}{dx^2}=q(x)$$

确定各段梁的剪力图和弯矩图的大致形状——对于没有分布载荷作用的梁段，其剪力图为平行于梁轴线的直线；弯矩图为斜直线。对于有均布载荷作用的梁段，其剪力图为斜直线；弯矩图为抛物线。据此剪力图和弯矩图的形状大致确定。

3）对于有均布载荷作用的梁段，可以根据均布载荷集度 q 的正或负（q 向上为正；向下为负），由弯矩的二阶导数的正负，判断弯矩图抛物线的凹凸性。但是，如果能够正确地判断抛物线有没有极值点、极值点的位置和极值点弯矩的数值，就可以很快地画出抛物线的弯矩图，而不必纠结于抛物线的凹凸性。

以上是绘制剪力图和弯矩图的三要点——区间端点确定图形位置；微分方程确定图形形状；对于有分布载荷作用的情形，弯矩图的极值点至关重要。

下面举例说明三要点的应用。

【例题 11-5】　悬臂梁受力如图 11-16a 所示。试画出其剪力图和弯矩图。

解：（1）**根据外力确定是否分段，分几段**

虽然存在固定端约束，但无须确定固定端处的约束力即可求解。根据梁上载荷作用情况，本例需分成 AC 和 CB 两段。

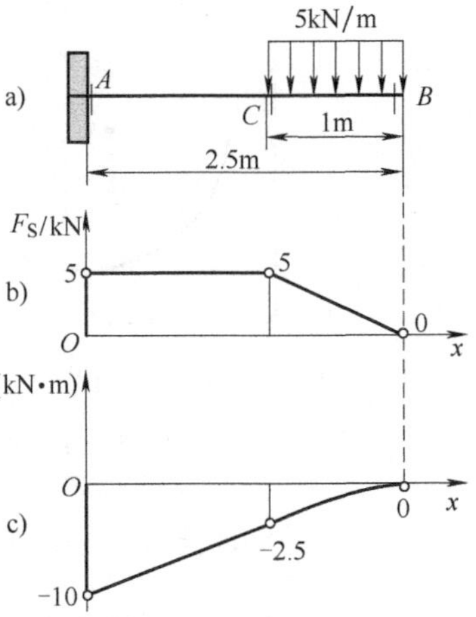

图 11-16 例题 11-5 图

(2) 根据载荷性质确定各梁段剪力和弯矩图的大致形状

AC 段没有分布载荷作用，所以，剪力图为平行于梁轴线的直线，弯矩图为斜直线；CB 段作用有均布载荷，所以剪力图为斜直线，弯矩图为抛物线。

(3) 应用力系简化方法确定各梁段两端点的剪力和弯矩

从固定端 A 处开始，自左向右，应用力系简化方法，确定 AC 段和 CB 段的剪力和弯矩：

A：$F_{SA}=5\text{kN/m}\times1\text{m}=5\text{kN}$——均布力合力向 A 简化得到的剪力使左侧部分顺时针转动，故为正；

$M_A=-(5\text{kN/m}\times1\text{m})(2.5\text{m}-0.5\text{m})=-10\text{kN}\cdot\text{m}$——均布力合力向 A 简化得到的弯矩使左侧部分截面上面受拉下面受压，故为负。

C：$F_{SC}=5\text{kN/m}\times1\text{m}=5\text{kN}$——与 A 截面相同；

$M_C=-(5\text{kN/m}\times1\text{m})(0.5\text{m})=-2.5\text{kN}\cdot\text{m}$——均布力合力向 C 简化得到的弯矩使左侧部分截面上面受拉下面受压，故为负。

B：$F_{SB}=0$——自由端处没有集中力作用；

$M_B=0$——自由端处没有集中力偶作用。

(4) 建立坐标系

建立 F_S-x，M-x 坐标，分别如图 11-16b、c 所示。

将上面所求得的各段端点的剪力和弯矩分别标在各自的坐标系中，分别如图 11-16b、c 中的圆圈所示。

(5) 画出剪力图和弯矩图

对于剪力图：AC 段由 5kN 和 5kN 两点连接成一平行于梁轴线的直线；CB 段由 5kN 和 0 两点连成一斜直线，如图 11-16b 所示。

对于弯矩图：AC 段由 $-10\text{kN}\cdot\text{m}$ 和 $-2.5\text{kN}\cdot\text{m}$ 两点连接成一斜直线；CB 段弯矩图为抛物线，由 $-2.5\text{kN}\cdot\text{m}$ 和 0 两点不能确定曲线的形状。

根据 $\dfrac{\mathrm{d}M(x)}{\mathrm{d}x}=F_S(x)$，当 $\dfrac{\mathrm{d}M(x)}{\mathrm{d}x}=0$ 时，弯矩图上有极值点。由图 11-16b 所示的剪力图可以确定 B 处剪力等于零，所以弯矩图在 B 处取极值，也即 B 处为抛物线顶点。据此即可画出 CB 段的弯矩图，如图 11-16c 所示。

【例题 11-6】 外伸梁受力如图 11-17a 所示。试画出其剪力图与弯矩图。

解：**(1) 确定约束力**

设 A 和 E 处的约束力分别为 F_A 和 F_E。由平衡方程

$$\sum M_A=0,\quad \sum M_E=0$$

分别列出

$$F_E\times4\text{m}-12\text{kN}\cdot\text{m}-4\text{kN/m}\times2\text{m}\times5\text{m}=0$$

$$F_A\times4\text{m}-12\text{kN}\cdot\text{m}-4\text{kN/m}\times2\text{m}\times1\text{m}=0$$

由此解出

$$F_E=13\text{kN}\ (\uparrow),\quad F_A=5\text{kN}\ (\downarrow)$$

利用平衡方程

$$\sum F_y=0$$

校核

$$13\text{kN}-5\text{kN}-8\text{kN}=0$$

上述约束力是正确的。

（2）根据外力确定是否分段，分几段

根据梁上载荷以及约束力的作用情况，本例需分成 AB、CD 和 EF 三段。

（3）根据载荷性质确定各梁段剪力和弯矩图的大致形状

AB 和 CD 段都没有分布载荷作用，所以，剪力图均为平行于梁轴线的直线，弯矩图为斜直线；EF 段作用有均布载荷，所以剪力图为斜直线，弯矩图为抛物线。

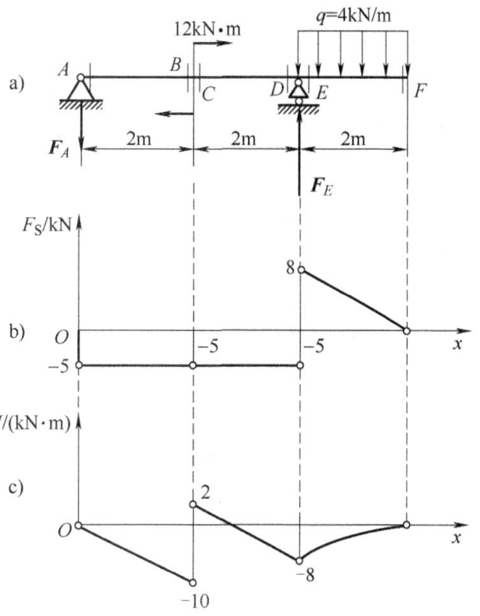

图 11-17　例题 11-6 图

（4）应用力系简化方法确定各梁段两端点的剪力和弯矩

确定 AB 和 CD 段端点 A、B、C、D 的剪力和弯矩，将外力（包括约束力）从左向右简化；确定 EF 段端点 E、F 的剪力和弯矩，将外力（包括约束力）从右向左简化。

A：$F_{SA}=F_A=-5\text{kN}$

$M_A=F_A\times 0=0$

B：$F_{SB}=F_{SA}=-5\text{kN}$

$M_B=-5\text{kN}\times 2\text{m}=-10\text{kN}\cdot\text{m}$

C：$F_{SC}=F_{SB}=F_{SA}=-5\text{kN}$

$M_C=(-5\times 2+12)\text{kN}\cdot\text{m}=2\text{kN}\cdot\text{m}$

D：$F_{SD}=F_{SC}=F_{SB}=F_{SA}=-5\text{kN}$

$M_D=(-5\times 4+12)\text{kN}\cdot\text{m}=-8\text{kN}\cdot\text{m}$

E：$F_{SE}=4\text{kN/m}\times 2\text{m}=8\text{kN}$

$M_E=-(4\text{kN/m}\times 2\text{m})(2\text{m}/2)=-8\text{kN}\cdot\text{m}$

F：$F_{SF}=0$

$M_F=0$

（5）建立坐标系

建立 F_S-x，M-x 坐标系，分别如图 11-17b、c 所示。

将上面所求得的三梁段端点的剪力和弯矩分别标在各自的坐标系中，如图 11-17b、c 中的圆圈所示。

（6）画出剪力图和弯矩图

对于剪力图：AB 段由 -5kN 和 -5kN 两点连接成一平行于梁轴线的直线；CD 段也是由 -5kN和 -5kN 两点连接成一平行于梁轴线的直线；EF 段由于有均布载荷作用，由 8kN 和 0

两点连接成一斜直线。如图 11-17b 所示。

对于弯矩图：AB 段由 0 和−10kN · m 两点连接成一斜直线；CD 段由 2kN · m 和−8kN · m 两点连接成一斜直线；EF 段弯矩图为抛物线，由 0 和−8kN · m 两点不能确定曲线的形状。

根据$\frac{\mathrm{d}M(x)}{\mathrm{d}x}=F_S(x)$，当$\frac{\mathrm{d}M(x)}{\mathrm{d}x}=0$ 时，弯矩图上有极值点。由图 11-17b 所示的剪力图可以确定 F 处剪力等于零，所以弯矩图在 F 处取极值，即 F 处为抛物线顶点。据此即可画出 EF 段的弯矩图，如图 11-17c 所示。

【例题 11-7】　简支梁受力如图 11-18a 所示。试画出梁的剪力图和弯矩图，并确定剪力和弯矩绝对值的最大值。

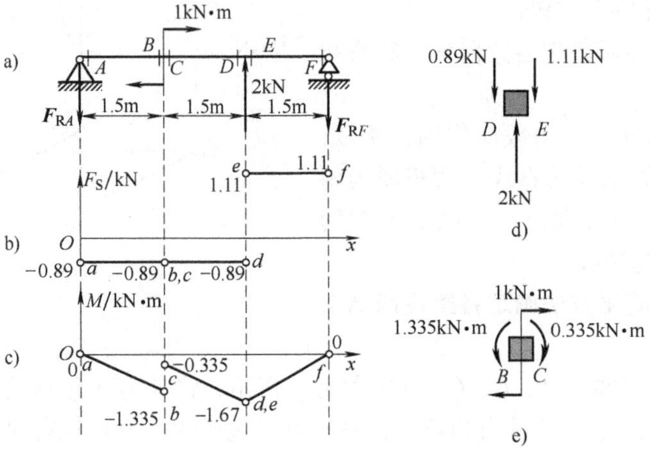

图 11-18　例题 11-7 图

解：(1) **确定约束力**

根据平衡方程

$$\sum M_A=0,\quad \sum M_F=0$$

求得 A、F 两处的约束力 $F_{RA}=0.89\text{kN}$，$F_{RF}=1.11\text{kN}$，方向如图 11-18a 所示。求得的约束力与作用在梁上的集中力互相平衡，即满足

$$\sum F_y=0$$

因此求得的约束力是正确的。

(2) **根据外力确定是否分段，分几段**

根据梁上载荷以及约束力的作用情况，本例需分成 AB、CD 和 EF 三段。

(3) **根据载荷性质确定各梁段剪力图和弯矩图的大致形状**

AB、CD 和 EF 段都没有分布载荷作用，所以，剪力图均为平行于梁轴线的直线，弯矩图均为斜直线。

(4) **应用力系简化方法确定各梁段两端点的剪力和弯矩**

确定端点 A、B、C 的剪力和弯矩，将外力（包括约束力）从左向右简化；确定端点 D、E、F 的剪力和弯矩，将外力（包括约束力）从右向左简化：

A：$F_{SA}=F_{RA}=-0.89\text{kN}$

$M_A=F_{RA}\times 0=0$

B：$F_{SB}=F_{SA}=-0.89\text{kN}$

　　$M_B=-0.89\text{kN}\times1.5\text{m}=-1.335\text{kN}\cdot\text{m}$

C：$F_{SC}=F_{SB}=F_{SA}=-0.89\text{kN}$

　　$M_C=-0.89\text{kN}\times1.5\text{m}+1\text{kN}\cdot\text{m}=-0.335\text{kN}\cdot\text{m}$

D：将右侧的约束力和集中外力向 D 截面简化得到

　　$F_{SD}=F_{RF}-2\text{kN}=1.11\text{kN}-2\text{kN}=-0.89\text{kN}$

　　$M_D=-F_{RF}\times1.5\text{m}=-1.11\text{kN}\times1.5\text{m}=-1.665\text{kN}\cdot\text{m}$

E：$F_{SE}=1.11\text{kN}$

　　$M_E=-F_{RF}\times1.5\text{m}=-1.11\text{kN}\times1.5\text{m}=-1.665\text{kN}\cdot\text{m}$

F：$F_{SF}=1.11\text{kN}$

　　$M_F=0$

（5）建立坐标系

建立 F_S-x，M-x 坐标系，分别如图 11-18b、c 所示。

将上面所求得的三梁段端点的剪力和弯矩分别标在各自的坐标系中，如图 11-18b、c 中的圆圈所示。

（6）画出剪力图和弯矩图

对于剪力图：AB 段由−0.89kN 和−0.89kN 两点连接成一平行于梁轴线的直线；CD 段也是由−0.89kN 和−0.89kN 两点连接成一平行于梁轴线的直线；EF 段由 1.11kN 和 1.11kN 两点连接成一平行于梁轴线的直线。如图 11-18b 所示。

对于弯矩图：AB 段由 0 和−1.335kN·m 两点连接成一斜直线；CD 段由−0.335kN·m 和−1.665kN·m 两点连接成一斜直线；EF 段由−1.665kN·m 和 0 两点连接成一斜直线。如图 11-18c 所示。

（7）确定剪力与弯矩的最大值

从图 11-18b 中不难得到剪力绝对值的最大值为

$$|F_S|_{max}=1.11\text{kN}\ (\text{发生在 }EF\text{ 段})$$

从图 11-18c 中不难看出，弯矩绝对值的最大值为

$$|M|_{max}=1.665\text{kN}\cdot\text{m}\ (\text{发生在集中力作用点处})$$

（8）本例讨论

1）从所得到的剪力图和弯矩图中不难看出，AB 段与 CD 段的剪力相等，因而这两段内的弯矩图具有相同的斜率。

2）在集中力作用点两侧截面上的剪力有一个突变，这是不是一种普遍规律呢？从集中力作用点处截取一微段，如图 11-18d 所示。微段上作用有集中外力 2kN（↑）；微段的左侧截面（D）作用有剪力−0.89kN（↓）；微段的右侧截面（E）作用有剪力 1.11kN（↓）；在这 3 个力的作用下，梁的微段保持平衡。此即整体平衡与局部平衡的要求。因此，可以得出结论：在集中力作用点的两侧截面上的剪力将会发生突变，突变的数值就等于外加集中力（包括载荷与约束力）的大小。

3）在集中力偶作用处两侧截面上的弯矩有一个突变，这是不是一种普遍规律呢？从集中力偶作用点处截取一微段，如图 11-18e 所示。微段上作用有外加集中力偶矩 1kN·m（顺时针方向）；微段的左侧截面（B）作用有弯矩−1.335kN·m（逆时针方向）；微段的右侧截面

(C) 作用有弯矩 0.335kN·m（顺时针方向）；在这3个力偶矩的作用下，梁的微段保持平衡。这同样是整体平衡与局部平衡的要求。因此，可以得出结论：在集中力偶作用点的两侧截面上的弯矩将会发生突变，突变的数值就等于外加集中力偶（包括载荷与约束力偶）的力偶矩。

4）上面2）和3）所述的突变关系适用于所有集中力和集中力偶作用的情况（包括轴力图、扭矩图），作用点截面两侧的某些内力分量会发生突变，突变的数值就等于外加集中力（偶）的数值。

11.5 小结与讨论

11.5.1 小结

1）根据弹性体的平衡原理，应用刚体静力学中的平衡方程，可以确定静定杆件上任意横截面上的内力分量。

2）内力分量的正负号的规则不同于刚体静力学，但在建立平衡方程时，依然可以规定某一方向为正、相反者为负。

3）剪力方程与弯矩方程都是横截面位置坐标 x 的函数表达式，不是某一个指定横截面上剪力与弯矩的数值。

4）无论是写剪力与弯矩方程，还是画剪力与弯矩图，都需要注意分段。因此，正确确定控制面是很重要的。

5）在轴力图、扭矩图、剪力图和弯矩图中，最重要最难的是剪力图与弯矩图。可以根据剪力方程和弯矩方程绘制剪力图和弯矩图，也可以不写方程直接利用载荷集度、剪力、弯矩之间的微分关系绘制剪力图和弯矩图。当有分布轴向载荷或分布扭转载荷作用时，载荷集度与轴力或扭矩之间的微分关系同样成立。

6）注意集中力（偶）作用时内力图的突变。

11.5.2 两个值得思考的问题

问题一　图 11-19 中所示为3种不同支承梁的载荷以及剪力图和弯矩图。请分析研究3种梁的载荷、受力（包括载荷与约束力）、剪力图和弯矩图有什么相同之处和不同之处。从中可以得到哪些重要结论？

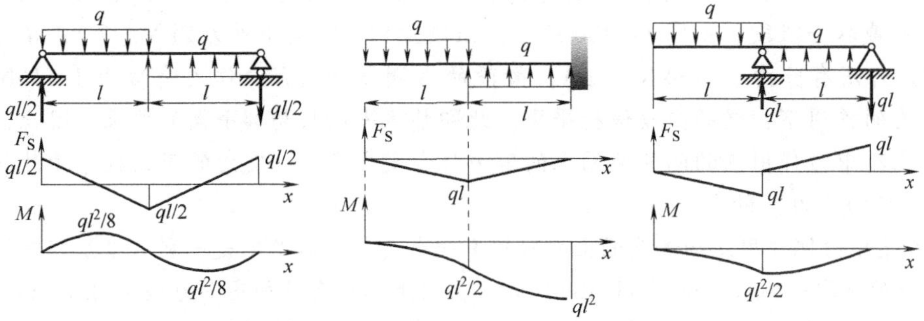

图 11-19　值得思考的问题一

问题二　反问题：已知静定梁的剪力图和弯矩图如图 11-20 所示，试分析确定梁的支承以及梁上的载荷。解答是否具有唯一性？为什么？

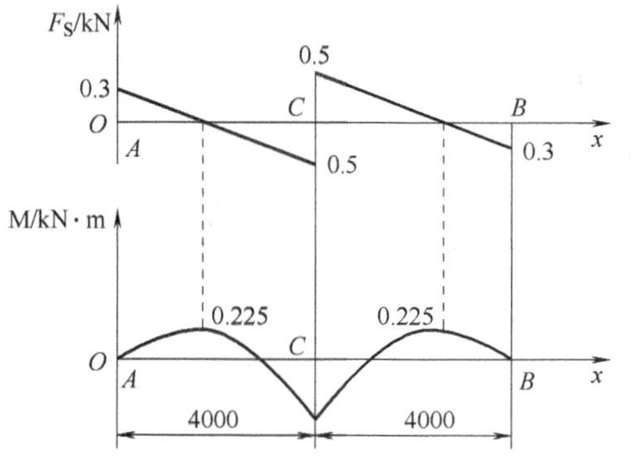

图 11-20　值得思考的问题二

习　题

选择填空题

11-1　平衡微分方程中的正负号由哪些因素所确定？简支梁受力及 Ox 坐标取向如图 11-21 所示。试分析下列平衡微分方程中哪一个是正确的？(　　)

① $\dfrac{dF_S}{dx}=q(x)$，　$\dfrac{dM}{dx}=F_S$

② $\dfrac{dF_S}{dx}=-q(x)$，　$\dfrac{dM}{dx}=-F_S$

③ $\dfrac{dF_S}{dx}=-q(x)$，　$\dfrac{dM}{dx}=F_S$

④ $\dfrac{dF_S}{dx}=q(x)$，　$\dfrac{dM}{dx}=-F_S$

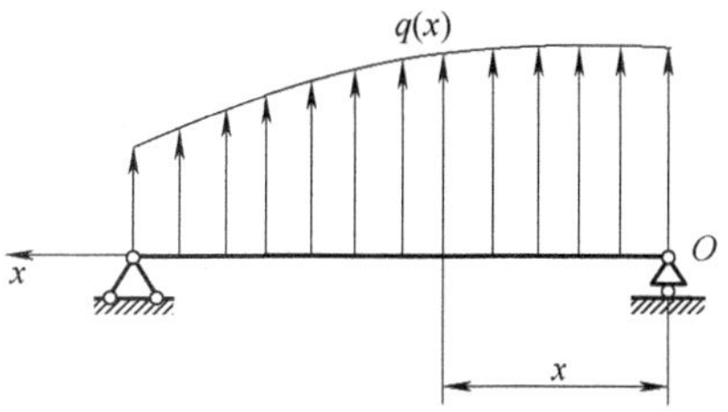

图 11-21　习题 11-1 图

11-2　对于图 11-22 所示承受均布载荷 q 的简支梁，其弯矩图凹凸性与哪些因素相关？试判断下列四种答案中哪几种是正确的：(　　)。

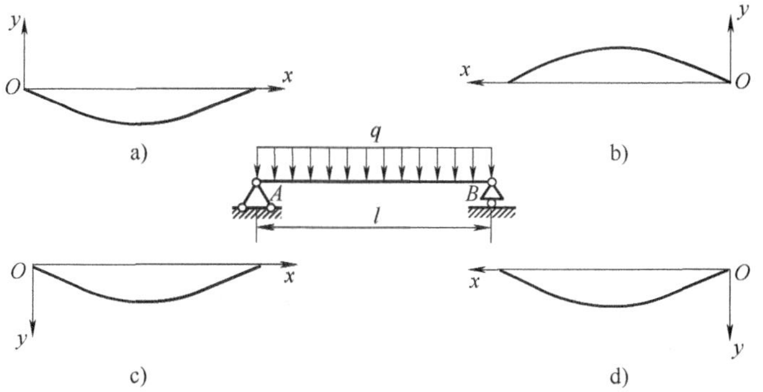

图 11-22　习题 11-2 图

分析计算题

11-3 两根直径不同的实心截面杆，在 B 处焊接在一起，受力和尺寸等均标在图 11-23 中。试画出其轴力图。

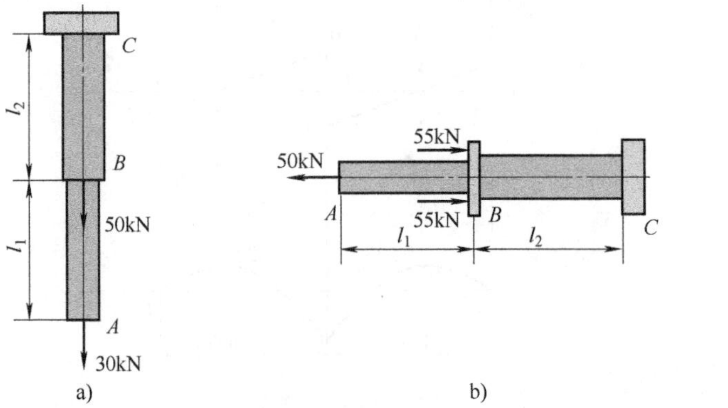

图 11-23 习题 11-3 图

11-4 等截面直杆受力如图 11-24 所示。试画出其轴力图。

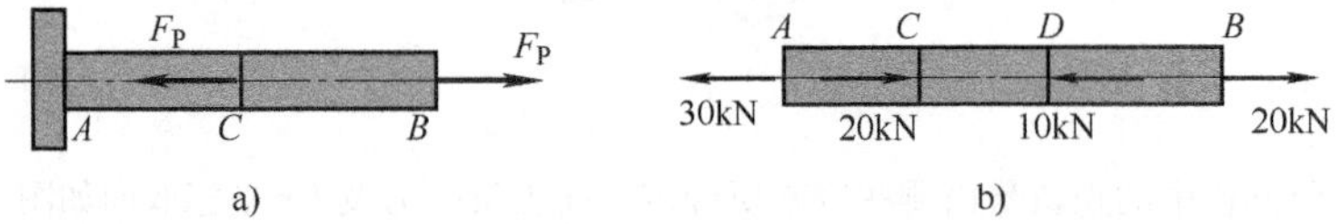

图 11-24 习题 11-4 图

11-5 变截面轴受力如图 11-25 所示，图中尺寸单位为 mm。若已知 $M_{e1}=1765\text{N}\cdot\text{m}$，$M_{e2}=1171\text{N}\cdot\text{m}$，材料的切变模量 $G=80.4\text{GPa}$，试画出扭矩图，并确定最大扭矩。

11-6 传递功率的阶梯圆轴上安装有三个带轮，如图 11-26 所示，其中轮 1 输入功率 $P_1=30\text{kW}$，轮 2 和轮 3 输出功率分别为 $P_2=13\text{kW}$ 和 $P_3=17\text{kW}$。轴做匀速转动，转速 $n=200\text{r/min}$。试画出轴的扭矩图。

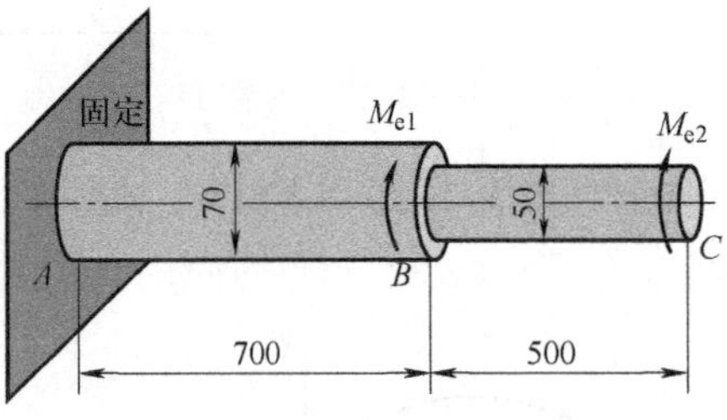

图 11-25 习题 11-5 图

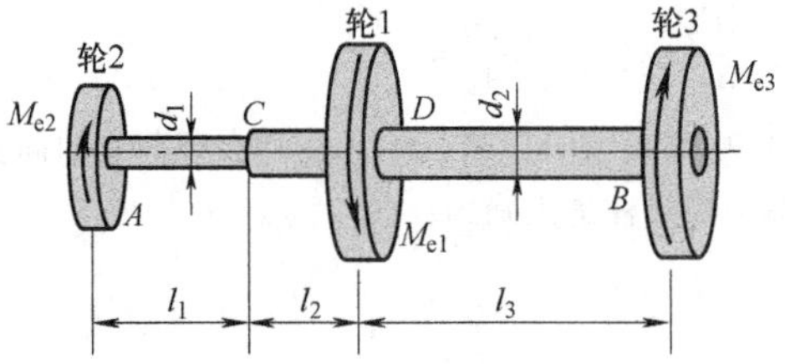

图 11-26 习题 11-6 图

11-7 圆轴一端固定另一端自由，承受 4 个扭转外加力偶作用，各力偶的力偶矩均示于图 11-27 中，试画出轴的扭矩图。

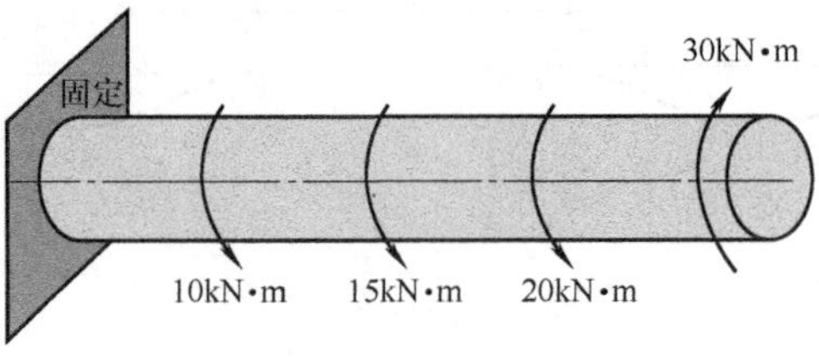

图 11-27 习题 11-7 图

11-8　试用力系简化方法求图 11-28 所示悬臂梁指定截面上的剪力 F_S 和弯矩 M。

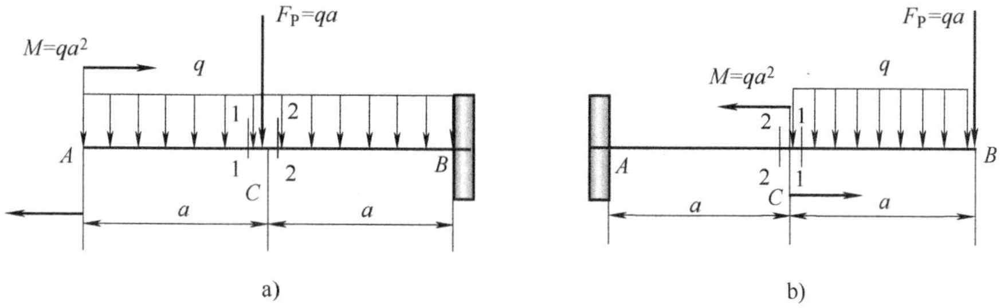

图 11-28　习题 11-8 图

11-9　试用力系简化方法求图 11-29 所示外伸梁和简支梁指定截面上的剪力 F_S 和弯矩 M。

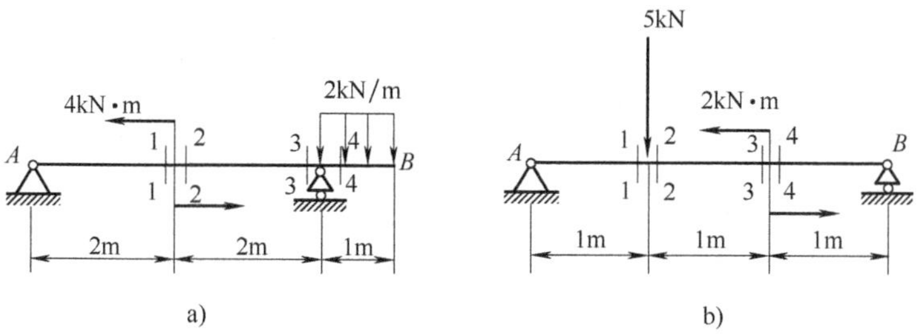

图 11-29　习题 11-9 图

11-10　试建立图 11-30 所示各梁的剪力方程和弯矩方程。

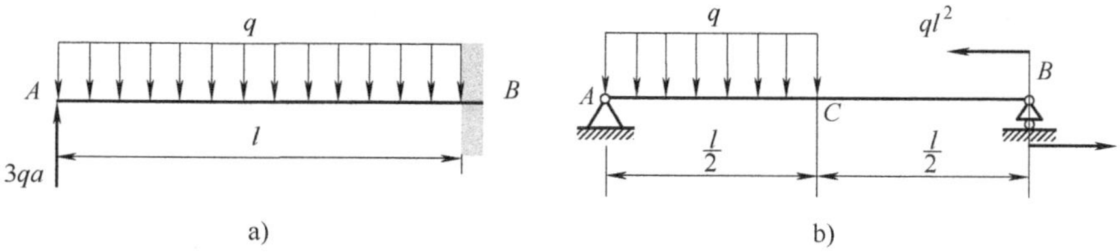

图 11-30　习题 11-10 图

11-11　试建立图 11-31 所示各梁的剪力方程和弯矩方程。

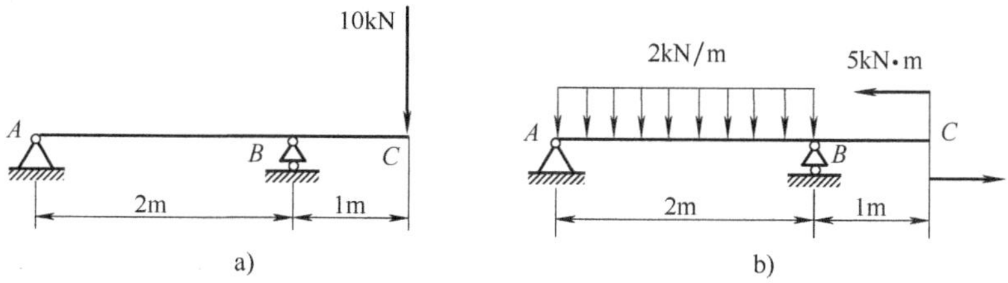

图 11-31　习题 11-11 图

11-12　静定梁承受平面载荷作用，但无集中力偶，其剪力图如图 11-32 所示。若已知 A 端弯矩 $M(A)=0$。试确定梁上的载荷及梁的弯矩图。并指出梁在何处有约束，且为何种约束。

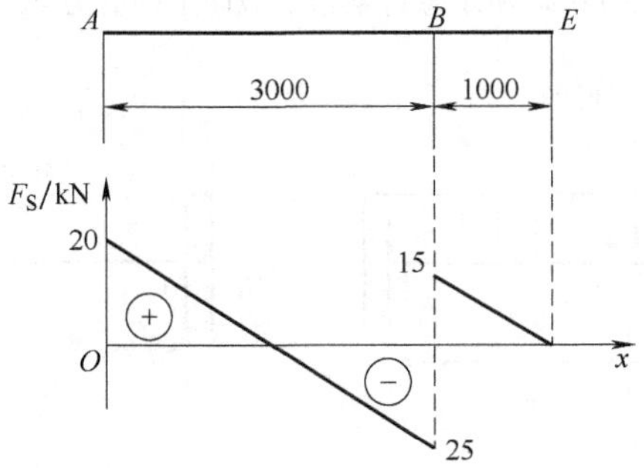

图 11-32 习题 11-12 图

11-13 试画出图 11-33 所示各梁的剪力图和弯矩图，并确定 $|F_S|_{max}$、$|M|_{max}$（不写剪力方程和弯矩方程）。

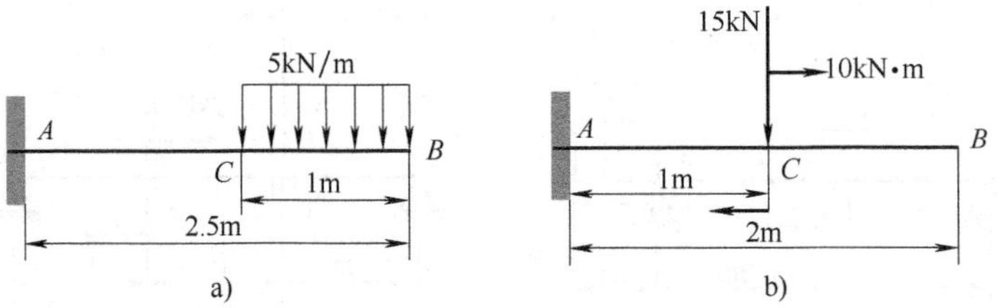

图 11-33 习题 11-13 图

11-14 试画出图 11-34 所示各梁的剪力图和弯矩图，并确定 $|F_S|_{max}$、$|M|_{max}$（不写剪力方程和弯矩方程）。

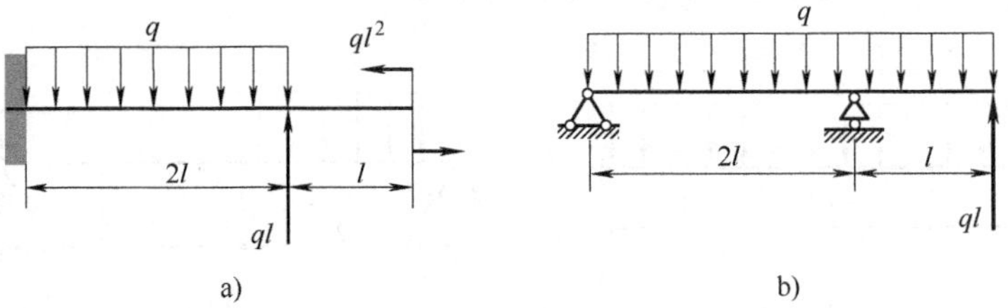

图 11-34 习题 11-14 图

11-15 试画出图 11-35 所示各梁的剪力图和弯矩图，并确定 $|F_S|_{max}$、$|M|_{max}$（不写剪力方程和弯矩方程）。

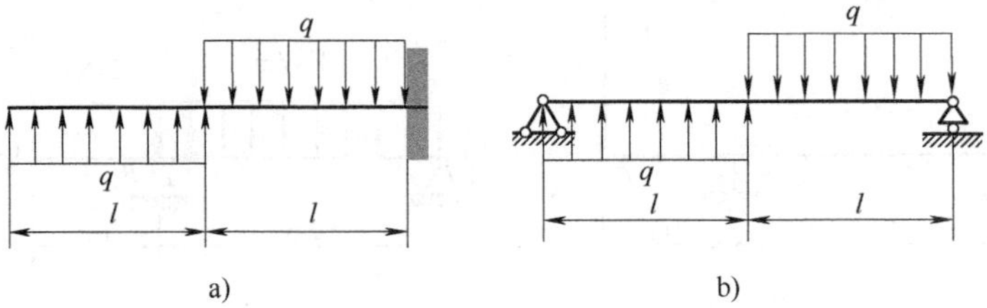

图 11-35 习题 11-15 图

11-16 图 11-36a、b 所示组合梁由梁 AB 和梁 BC 在 B 处用中间铰连接而成，组合梁 A 端固定、C 端由活动铰支承。试画出组合梁的剪力图和弯矩图（图中无符号标注）。

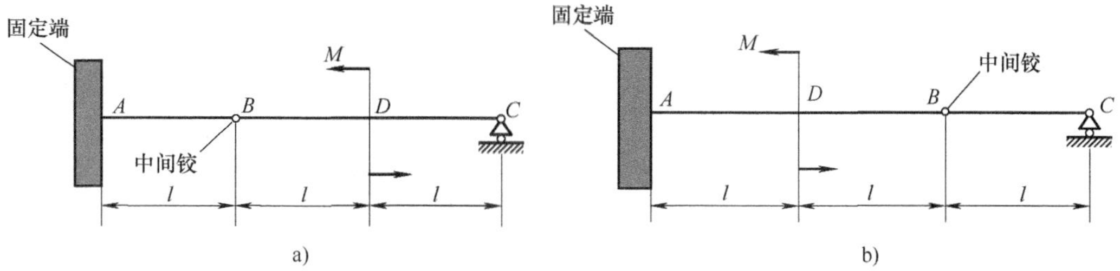

图 11-36　习题 11-16 图

11-17　图 11-37 所示组合梁 AB 由梁 BC 在 B 处用中间铰连接而成，组合梁 A 端固定、C 端由活动铰支承。试画出组合梁的剪力图和弯矩图。

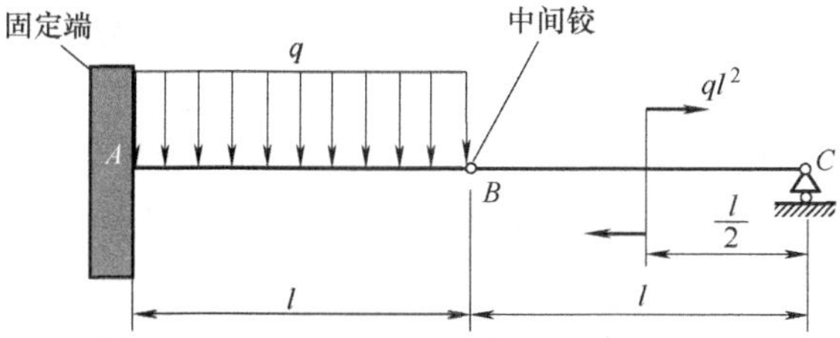

图 11-37　习题 11-17 图

第 12 章 轴向拉伸或压缩

所谓轴向载荷是指沿着杆件的轴线作用的集中力或分布力。

构成杆件轴向载荷的条件是：①直杆或柔索；②多数情况下，杆件两端都是光滑铰链约束，若非铰链约束，则必须提供给杆件沿轴线的外力；③杆件两端及两端之间没有非轴向载荷作用。

承受轴向载荷的杆件将产生拉伸或压缩变形，这样的杆件称为拉杆或压杆，统称拉压杆。桁架结构中，拉杆比较细，压杆比较粗。注意：二力杆是拉压杆的必要条件但不是充分条件。

轴向拉伸或压缩是杆件基本受力与变形形式中最简单的一种，所涉及的一些基本原理与方法也比较简单，但在材料力学中却有一定的普遍意义。

本章主要介绍杆件承受拉伸或压缩的基本问题，包括：轴向载荷作用下杆件横截面上的应力与变形分析；材料在拉伸或压缩时的力学性能以及强度设计，目的是使读者对材料力学有一个初步的、比较全面的了解。

承受轴向载荷的拉（压）杆在工程中的应用非常广泛，例如机器和结构（机构）中所用的各种紧固螺栓，图 12-1 所示即为其中的一种，紧固时要对螺栓施加预紧力，则螺栓承受轴向拉力，将发生伸长变形；图 12-2 所示由气缸、活塞、连杆所组成的机构中，不仅连接气缸缸体和气缸盖的螺栓承受轴向拉力，带动活塞运动的连杆由于两端都是铰链约束，因而也是承受轴向载荷的杆件。此外，起吊重物的钢索、桥梁桁架结构中的杆件等，也都是承受拉伸或压缩的杆件。

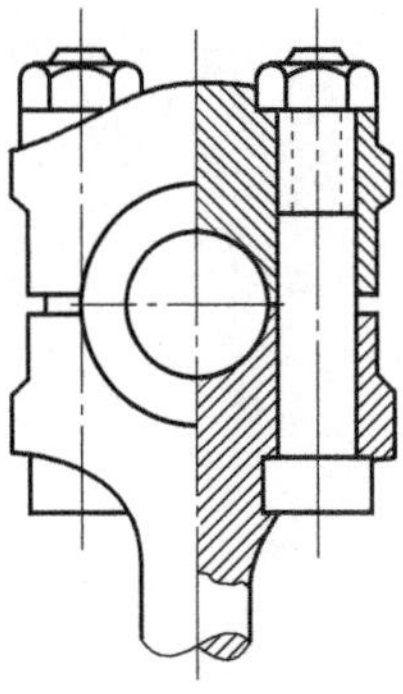

图 12-1　承受轴向拉伸的紧固螺栓

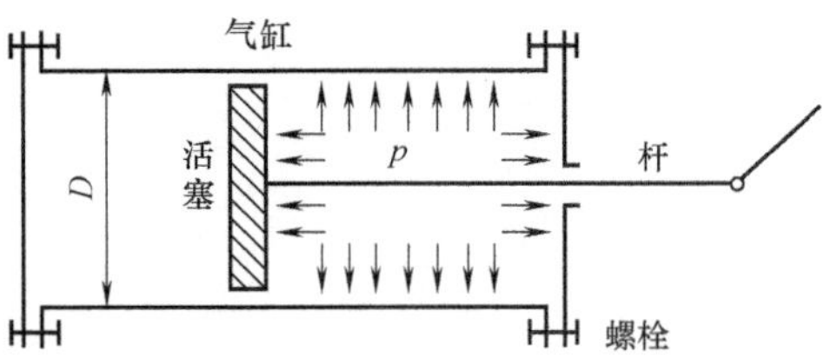

图 12-2　承受轴向拉伸的连杆

12.1 拉压杆的应力分析与计算

当外力沿着杆件的轴线作用时，其横截面上只有轴力 F_N 一个内力分量。与轴力相对应，杆件横截面上将只有与横截面垂直的正应力。

轴力是拉压杆横截面上分布内力的合力，因此不同的应力分布却可以组成相同的轴力。图 12-3a、b 中的横截面上的正应力分布只是其中的两种。

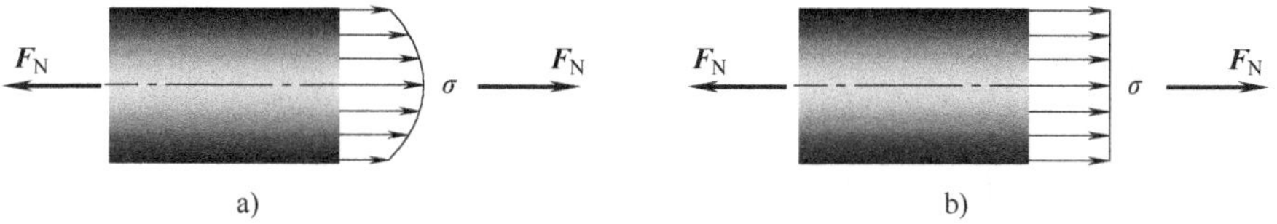

图 12-3　拉杆横截面上的两种可能应力分布

那么怎样确定横截面上的正应力分布呢？这实际上是一个超静定问题，需要综合变形几何关系、物理关系和静力学关系进行分析。

考察图 12-4a 所示的等截面直杆，受力前在其外表面任意两个相邻的横截面上画上周向线 1—1 和 2—2，当拉杆受到轴向载荷作用后，两周向线沿轴向发生相对平行移动，而且每一条周向线仍位于一个平面内。根据这一现象可由表及里对内部变形进行假设：实验前为平面的横截面，变形后仍保持为平面，并且仍垂直于杆的轴线，此即所谓的平面假设。

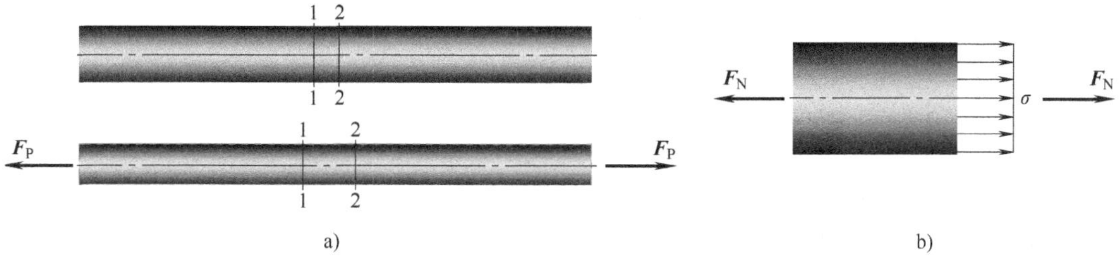

图 12-4　拉杆的变形分析与应力分布

根据平面假设，拉杆任意两个横截面之间纵向线段的伸长变形是均匀的。这就是变形的几何关系。

根据物理学知识，如果材料是均匀的，那么当变形为弹性变形时，变形和力成正比。由于各纵向线段的变形是均匀的，由此可以推断，横截面上各点的正应力是相同的，亦即横截面上的正应力均匀分布，如图 12-4b 所示。

最后根据静力学关系，即横截面上均布的应力与横截面上的轴力之间的等效关系，即可确定拉压杆横截面上的正应力表达式：

$$\sigma=\frac{F_N}{A} \tag{12-1}$$

式中，F_N 为横截面上的轴力，由截面法或力系简化方法求得；A 为横截面面积。

【例题 12-1】 三角架结构尺寸及受力如图 12-5a 所示，其中 $F_P=22.2\text{kN}$；钢杆 BD 的直径 $d_1=25.4\text{mm}$；钢杆 CD 的横截面面积 $A_2=2.32\times10^3\text{mm}^2$。试求杆 BD 与杆 CD 横截面上的正应力。

解：（1）**受力分析，确定各杆的轴力**

首先对组成三角架结构的杆件做受力分析，因为 B、C、D 三处均为销钉连接，故 BD 与 CD 均为二力构件，受力如图 12-5b 所示。由平衡方程

$$\sum F_y=0,\quad \sum F_x=0$$

依次解得二杆的轴力分别为

$$F_{NBD}=\sqrt{2}F_P=\sqrt{2}\times22.2\text{kN}=31.4\text{kN}\ （拉）$$
$$F_{NCD}=-F_P=-22.2\text{kN}\ （压）$$

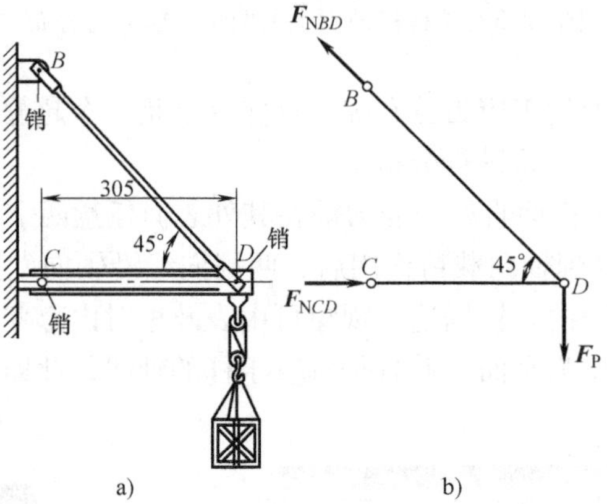

图 12-5 例题 12-1 图

（2）**计算各杆的应力**

应用拉压杆横截面上的正应力公式（12-1），杆 BD 与杆 CD 横截面上的正应力分别为

杆 BD：$$\sigma_x=\frac{F_{NBD}}{A_{BD}}=\frac{F_{NBD}}{\frac{\pi d_1^2}{4}}=\frac{4\times31.4\times10^3}{\pi\times25.4^2\times10^{-6}}\text{Pa}=62\times10^6\text{Pa}=62\text{MPa}\ （拉）$$

杆 CD：$$\sigma_x=\frac{F_{NCD}}{A_{CD}}=\frac{F_{NCD}}{A_2}=\frac{-22.2\times10^3}{2.32\times10^3\times10^{-6}}\text{Pa}=-9.57\times10^6\text{Pa}=-9.57\text{MPa}\ （压）$$

12.2 轴向载荷作用下材料的力学性能

材料在外力作用下表现出的变形和破坏等方面的特征，称为材料的力学性能。通过拉伸和压缩试验，可以测得材料的宏观性能，如弹性性能、塑性性能、强度等。试验要根据国家标准试验方法（简称国标），采用由不同材料制成的标准试样，在经过国家计量部门标定合

格的试验机上进行。

低碳钢和铸铁是工程中广泛使用的两种材料，其破坏形式可归纳为塑性屈服和脆性断裂。以低碳钢为代表的一类材料，称为塑性材料；以铸铁为代表的材料，称为脆性材料。它们的力学性能比较典型，本节介绍这两种材料在室温、静载下拉伸和压缩时的力学性能。

12.2.1 材料拉伸时的应力-应变曲线

进行拉伸试验，首先需要将被试验的材料按国家标准制成标准试样（standard specimen）（见图 12-6）；然后将试样安装在试验机上（见图 12-7），使试样承受轴向拉伸载荷。通过缓慢的加载过程，试验机自动记录下试样所受的载荷和变形，将试样几何尺寸的影响因素消除，得到应力与应变的关系曲线，称为应力-应变曲线（stressstrain curve）或 σ-ε 曲线。

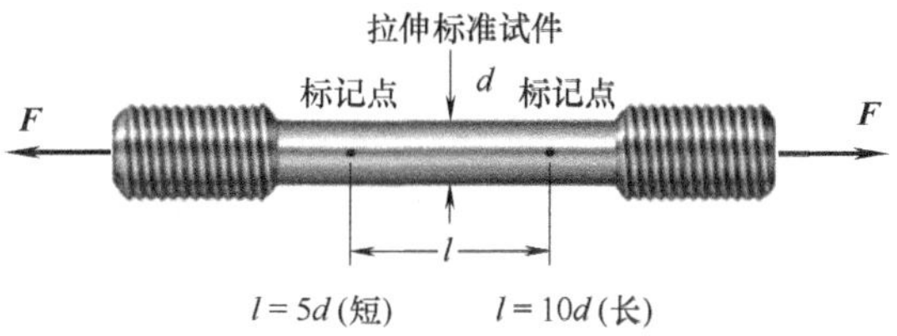

图 12-6 标准拉伸试样

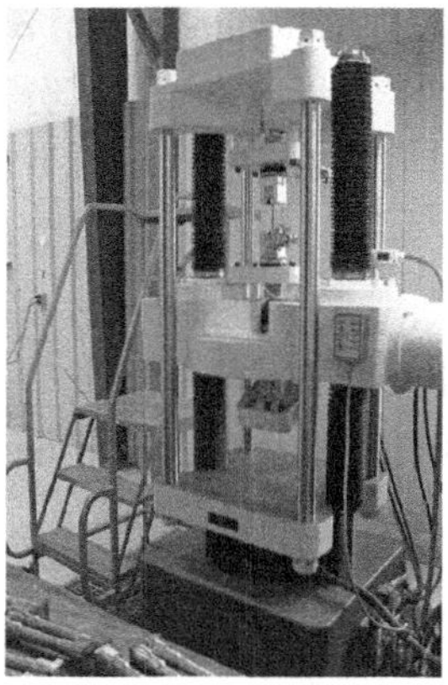

图 12-7 试验机

不同的材料，其应力-应变曲线有很大的差异。图 12-8 所示为典型的塑性材料（ductile materials）——低碳钢的拉伸应力-应变曲线；图 12-9 所示为典型的脆性材料（brittle materials）——铸铁的拉伸应力-应变曲线。

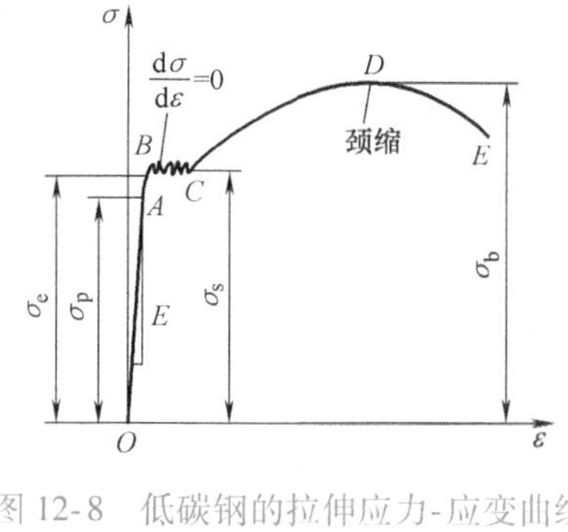

图 12-8 低碳钢的拉伸应力-应变曲线

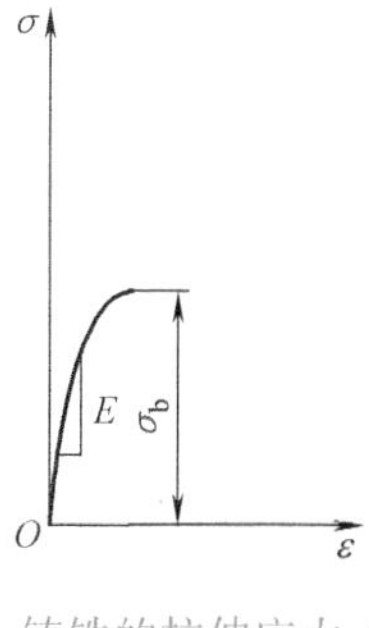

图 12-9 铸铁的拉伸应力-应变曲线

通过分析拉伸应力-应变曲线，可以得到材料的若干力学性能指标。

12.2.2 塑性材料拉伸时的力学性能

1. 弹性模量

应力-应变曲线中的直线段称为线弹性阶段，如图 12-8 中曲线的 OA 部分。线弹性阶段中的应力与应变成正比，即材料服从胡克定律，比例常数即为材料的弹性模量 E，于是，$\sigma=E\varepsilon$。对于大多数脆性材料，其应力-应变曲线上没有明显的直线段，图 12-9 所示的铸铁的应力-应变曲线即属此例。因为没有明显的直线部分，常用割线的斜率作为这类材料的弹性模量，称为割线模量。

2. 比例极限与弹性极限

应力-应变曲线上线弹性阶段应力的最高限称为比例极限（proportional limit），用 σ_p 表示。线弹性阶段之后，应力-应变曲线上有一小段微弯的曲线（见图 12-8 中的 AB 段），这表明应力超过比例极限以后，应力与应变不再成正比关系。但是，如果在这一阶段，卸去试样上的载荷，试样的变形将随之完全消失。这表明这一阶段内的变形都是弹性变形，因此包括线弹性阶段在内，统称为弹性阶段（见图 12-8 中的 OB 段）。弹性阶段应力的最高限称为弹性极限（elastic limit），用 σ_e 表示。大部分塑性材料的比例极限与弹性极限极为接近，只有通过精密测量才能加以区分。

如图 12-10 所示，当应力超过 B 点后卸载，试样的一部分变形随之消失，这是弹性变形 ε_e；还有一部分变形不能消失而残留在构件内部，故称之为塑性变形或残余变形，用 ε_p 表示。所以，过了弹性阶段后，试样的变形包含弹性变形和塑性变形两部分。工程实践中有时会利用卸载再加载规律将低碳钢进行预张拉以提高材料的比例极限，但其塑性却降低了，这种现象叫作冷作硬化（cold hardening）。

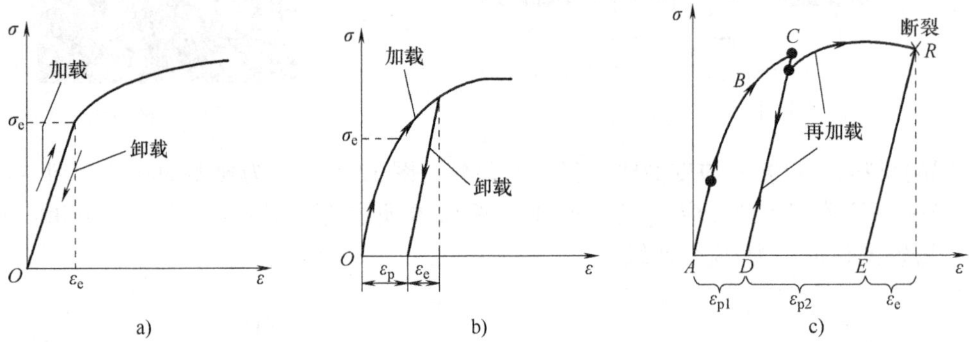

图 12-10 弹性极限内与超出弹性极限加卸载

a）完全弹性阶段的加卸载 b）超出弹性极限加卸载 c）超出弹性极限卸载再加载

3. 屈服应力

在弹性阶段之后，出现近似的水平段，这一阶段中应力几乎不变，而变形急剧增加，这种现象称为屈服（yield），例如图 12-8 所示曲线的 BC 段。排除初始瞬时效应后的最低点之后，这一阶段曲线最低点的应力值称为屈服应力或屈服强度（yield stress），用 σ_s 表示。

对于没有明显屈服阶段的塑性材料，工程上则规定产生 0.2% 塑性应变时的应力值为其屈服应力，称为材料的条件屈服应力（conditional yield stress），用 $\sigma_{0.2}$ 表示。

4. 强度极限

应力超过屈服应力或条件屈服应力后，要使试样继续变形，必须再继续增加载荷。这一阶段称为强化（strengthening）阶段，例如图 12-8 所示曲线上的 CD 段。这一阶段应力的最高限称为强度极限（strength limit），用 σ_b 表示。

5. 颈缩与断裂

某些塑性材料（例如低碳钢和铜），应力超过强度极限以后，试样开始发生局部变形，局部变形区域内横截面尺寸急剧缩小，这种现象称为颈缩（neck）。出现颈缩之后，试样变形所需拉力相应减小，应力-应变曲线出现下降段，如图 12-8 所示曲线上的 DE 段，至点 E 试样在颈缩处被拉断。

6. 断后伸长率与断面收缩率

通过拉伸试验还可得到衡量材料塑性性能的指标——断后伸长率 δ 和截面收缩率 ψ：

$$\delta=\frac{l_1-l_0}{l_0}\times100\% \tag{12-2}$$

$$\psi=\frac{A_0-A_1}{A_0}\times100\% \tag{12-3}$$

式中，l_0 为试样原长（规定的标距）；A_0 为试样的初始横截面面积；l_1 和 A_1 分别为试样拉断后的长度（变形后的标距长度）和断口处最小的横截面面积。

断后伸长率和截面收缩率的数值越大，表明材料的塑性越好。工程中一般认为 $\delta\geqslant5\%$ 者为塑性材料；$\delta<5\%$ 者为脆性材料。

12.2.3　脆性材料拉伸时的力学性能

对于脆性材料，从开始加载直至试样被拉断，试样的变形都很小。而且，大多数脆性材料拉伸的应力-应变曲线上，都没有明显的直线段，且几乎没有塑性变形，也不会出现屈服和颈缩现象，如图 12-9 所示。因而只有断裂时的应力值——强度极限 σ_b。

图 12-11a、b 所示为塑性材料试样发生颈缩和断裂时的照片，断口呈杯状，周边是剪切破坏，中心部分是拉伸断裂；图 12-11c 所示为脆性材料试样断裂时的照片，断面平齐，是典型的脆性拉伸破坏。

a)

b)

c)

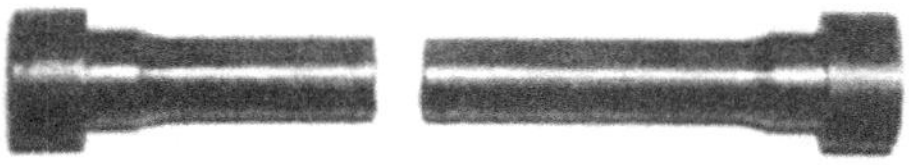

图 12-11　试样的颈缩与断裂

12.2.4　压缩时材料的力学性能

金属材料压缩试验，通常采用短而粗的圆柱体，即高度约为直径的 1~3.5 倍。低碳钢压缩时的应力-应变曲线如图 12-12 所示。与拉伸时的应力-应变曲线相比，屈服前拉伸和压缩的曲线基本重合，即拉伸、压缩时的弹性模量与屈服应力相同，但屈服后，由于试样越压越扁，应力-应变曲线不断上升，试样不会发生破坏。

铸铁压缩时的应力-应变曲线如图 12-13 所示，与拉伸时的应力-应变曲线不同的是，压缩时的强度极限远大于拉伸时的数值，通常是拉伸强度极限的4~5倍。对于拉伸和压缩强度极限不等的材料，拉伸强度极限和压缩强度极限分别用σ_b^+和σ_b^-表示。这种压缩强度极限明显高于拉伸强度极限的脆性材料，通常用于制作受压构件。图12-13的断口位置说明了铸铁的抗剪切能力较强。

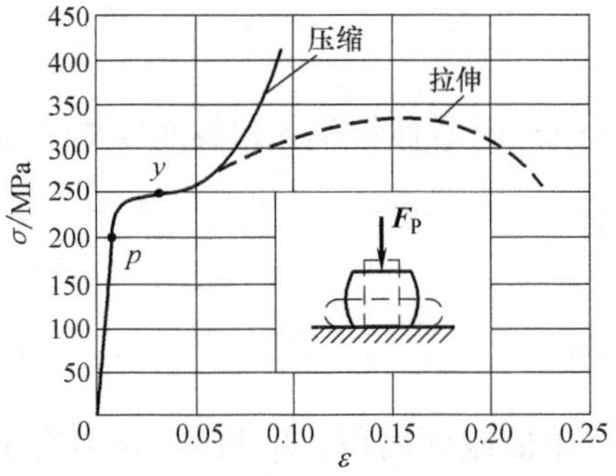

图12-12 低碳钢压缩时的应力-应变曲线

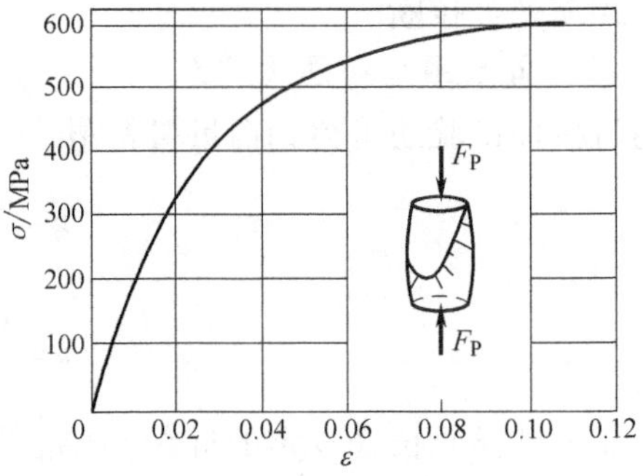

图12-13 铸铁压缩时的应力-应变曲线

表12-1中所列为我国常用工程材料的主要力学性能。

表12-1 我国常用工程材料的主要力学性能

材料名称	牌号	屈服强度σ_s/MPa	强度极限σ_b/MPa	δ_5（%）
普通碳素钢	Q216	186~216	333~412	31
	Q235	216~235	373~461	25~27
	Q274	255~274	490~608	19~21
优质碳素结构钢	15	225	373	27
	40	333	569	19
	45	353	598	16
普通低合金结构钢	12Mn	274~294	432~441	19~21
	16Mn	274~343	471~510	19~21
	15MnV	333~412	490~549	17~19
	18MnMoNb	441~510	588~637	16~17
合金结构钢	40Cr	785	981	9
	50Mn2	785	932	9
碳素铸钢	ZG15	196	392	25
	ZG35	274	490	16
可锻铸铁	KTZ45-5	274	441	5
	KTZ70-2	539	687	2
球墨铸铁	QT40-10	294	392	10
	QT45-5	324	441	5
	QT60-2	412	588	2
灰铸铁	HT15-33		98.1~274（压）	
	HT30-54		255~294（压）	

注：表中δ_5是指$l_0=5d_0$时标准试样的断后伸长率。

12.2.5 强度失效概念与失效应力

如果构件发生断裂，将完全丧失正常功能，这是强度失效的一种最明显的形式。如果构件没有发生断裂而是产生明显的塑性变形，这在很多工程中也是不允许的，因此，当发生屈服，即产生明显塑性变形时，也是失效。根据拉伸试验过程中观察到的现象，强度失效的形式可以归纳为

塑性材料的强度失效——屈服与断裂

脆性材料的强度失效——断裂

因此，发生屈服或断裂时的应力，就是失效应力（failure stress），也就是强度设计中的极限应力。塑性材料与脆性材料的强度失效应力分别为

塑性材料的强度失效应力——屈服强度 σ_s（或条件屈服强度 $\sigma_{0.2}$）、强度极限 σ_b

脆性材料的强度失效应力——强度极限 σ_b^+或 σ_b^-

12.3 拉压杆的强度设计

在工程应用中，确定应力很少是最终目的，而只是工程师借助于完成下列主要任务的中间过程：

1）分析已有的或设想中的机器或结构，确定它们在特定载荷条件下的性态；

2）设计新的机器或新的结构，使之安全而经济地实现特定的功能。

例如，对于图 12-5a 所示的三角架结构，前面已经计算出拉杆 *BD* 和压杆 *CD* 横截面上的正应力。现在可能有以下几方面的新问题：

1）在这样的应力水平下，两杆分别选用什么材料，才能保证三角架结构可以安全可靠地工作？

2）在给定载荷和材料的情形下，怎样判断三角架结构能否安全可靠地工作？

3）在给定杆件截面尺寸和材料的情形下，怎样确定三角架结构所能承受的最大载荷？

为了回答上述问题，需要引入强度设计的概念。

12.3.1 强度设计准则、安全因数与许用应力

所谓强度设计（strength design）就是指将杆件中的最大工作应力限制在工程允许的范围内，以保证杆件正常工作，不仅不发生强度失效，而且还要具有一定的安全裕度。对于拉压杆，杆件中的最大正应力应满足

$$\sigma_{max} \leqslant [\sigma] \tag{12-4}$$

这一表达式称为拉压杆的强度设计准则（criterion for strength design），又称为强度条件。其中 $[\sigma]$ 称为许用应力（allowable stress），与杆件的材料力学性能以及工程对杆件安全裕度的要求有关，由下式确定：

$$[\sigma] = \frac{\sigma^0}{n} \tag{12-5}$$

式中，σ^0 为材料的极限应力或危险应力（critical stress），由材料的拉伸或压缩试验确定；n 为安全因数，对于不同的机器或结构，在相应的设计规范中都有不同的规定。

12.3.2 三类强度计算问题

应用强度设计准则，可以解决下列 3 类强度计算问题。

（1）**强度校核** 已知杆件的几何尺寸、受力大小以及许用应力，校核杆件或结构的强度是否安全，也就是验证设计准则表达式（12-4）是否满足。如果满足，则杆件或结构的强度是安全的；否则，是不安全的。

（2）**截面设计** 已知杆件的受力大小以及许用应力，根据设计准则，计算所需要杆件的横截面面积，进而设计出合理的横截面尺寸。根据式（12-4）得

$$\sigma_{\max} \leqslant [\sigma] \Rightarrow \frac{F_N}{A} \leqslant [\sigma] \Rightarrow A \geqslant \frac{F_N}{[\sigma]} \tag{12-6}$$

式中，F_N 和 A 分别为产生最大正应力的横截面上的轴力和面积。

（3）**确定杆件或结构所能承受的许用载荷**（allowable load） 根据设计准则表达式（12-4），确定杆件或结构所能承受的最大轴力，进而求得所能承受的外加载荷。由

$$\sigma_{\max} \leqslant [\sigma] \Rightarrow \frac{F_N}{A} \leqslant [\sigma] \Rightarrow F_N \leqslant [\sigma] A \Rightarrow [F_P] \tag{12-7}$$

式中，$[F_P]$ 为许用载荷。

12.3.3 强度设计应用举例

【例题 12-2】 螺纹内径 $d=15\text{mm}$ 的螺栓，紧固时所承受的预紧力为 $F_P=20\text{kN}$。若已知螺栓的许用应力 $[\sigma]=150\text{MPa}$，试校核螺栓的强度是否安全。

解：（1）**确定螺栓所受轴力**

应用截面法或力系简化方法，很容易求得螺栓所受的轴力即为预紧力：

$$F_N = F_P = 20\text{kN}$$

（2）**计算螺栓横截面上的正应力**

根据拉压杆横截面上的正应力公式（12-1），螺栓在预紧力作用下，横截面上的正应力

$$\sigma = \frac{F_N}{A} = \frac{F_P}{\dfrac{\pi d^2}{4}} = \frac{4F_P}{\pi d^2} = \frac{4\times 20\times 10^3}{\pi\times(15\times 10^{-3})^2}\text{Pa} = 113.2\times 10^6\text{Pa} = 113.2\text{MPa}$$

（3）**应用强度设计准则进行强度校核**

已知许用应力

$$[\sigma] = 150\text{MPa}$$

而（2）的计算结果表明，螺栓横截面上的实际应力

$$\sigma = 113.2\text{MPa} < [\sigma] = 150\text{MPa}$$

所以，螺栓的强度是安全的。

【例题 12-3】 图 12-14a 所示为可以绕铅垂轴 OO_1 旋转的吊车简图，其中斜拉杆 AC 由两根 50mm×50mm×5mm 的等边角钢组成，水平横梁 AB 由两根 10 号槽钢组成。杆 AC 和梁 AB 的材料都是 Q235 钢，许用应力 $[\sigma]=120\text{MPa}$。当行走小车位于点 A 时（小车的两个轮子之间的距离很小，小车作用在横梁上的力可以看作是作用在点 A 的集中力），试求允许的最大起吊重量 W（包括行走小车和电动机的自重）。杆和梁的自重忽略不计。

解：（1）**受力分析** 因为所要求的是小车在点 A 时所能起吊的最大重量，这种情形下，梁 AB 与杆 AC 的两端都可以简化为铰链连接。所以，吊车的计算模型可以简化为图 12-14b。

于是 AB 和 AC 都是二力杆，二者分别承受压缩和拉伸。

（2）**确定二杆的轴力**

以节点 A 为研究对象，并设 AB 和 AC 二杆的轴力均为正即拉力，分别记为 F_{N1} 和 F_{N2}。于是节点 A 的受力如图 12-14c 所示。由平衡方程得

$$\sum F_x=0,\quad -F_{N1}-F_{N2}\cos\alpha=0$$

$$\sum F_y=0,\quad -W+F_{N2}\sin\alpha=0$$

再由图 12-14a 中的几何尺寸，有

$$\sin\alpha=\frac{1}{2},\quad \cos\alpha=\frac{\sqrt{3}}{2}$$

于是解得

$$F_{N1}=-1.732W,\quad F_{N2}=2W$$

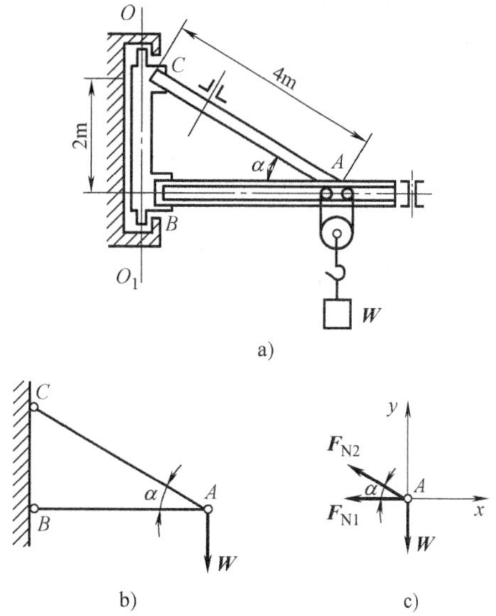

图 12-14 例题 12-3 图

（3）**确定最大起吊重量**

对于杆 AB，由型钢表查得单根 10 号槽钢的横截面面积为 12.748cm^2，注意到杆 AB 由两根槽钢组成，因此，杆横截面上的正应力

$$\sigma(AB)=\frac{|F_{N1}|}{A_1}=\frac{1.732W}{2\times12.748\text{cm}^2}$$

将其代入强度设计准则，得到

$$\sigma(AB)=\frac{|F_{N1}|}{A_1}=\frac{1.732W}{2\times12.748\text{cm}^2}\leqslant[\sigma]$$

由此解出保证杆 AB 强度安全所能承受的最大起吊重量

$$W_1\leqslant\frac{2\times[\sigma]\times12.748\times10^{-4}}{1.732}=\frac{2\times120\times10^6\times12.748\times10^{-4}}{1.732}\text{N}$$

$$=176.6\times10^3\text{N}=176.6\text{kN}$$

对于杆 AC，由型钢表查得单根 50mm×50mm×5mm 等边角钢的横截面面积为 4.803cm^2，注意到杆 AC 由两根角钢组成，杆横截面上的正应力

$$\sigma(AC)=\frac{F_{N2}}{A_2}=\frac{2W}{2\times4.803\text{cm}^2}$$

将其代入强度设计准则，得到

$$\sigma(AC)=\frac{F_{N2}}{A_2}=\frac{W}{4.803\text{cm}^2}\leqslant[\sigma]$$

由此解出保证杆 AC 强度安全所能承受的最大起吊重量

$$W_2\leqslant[\sigma]\times4.803\times10^{-4}=(120\times10^6\times4.803\times10^{-4})\text{N}$$

$$=57.6\times10^3\text{N}=57.6\text{kN}$$

为保证整个吊车结构的强度安全，吊车所能起吊的最大重量，应取上述 W_1 和 W_2 中较小者。于是，吊车的最大起吊重量

$$W=57.6\text{kN}$$

(4) **本例讨论**

根据以上分析，在最大起吊重量 $W=57.6\text{kN}$ 的情形下，显然杆 AB 的强度尚有富裕。因此，为了节省材料，可以重新设计杆 AB 的横截面尺寸。

根据强度设计准则，有

$$\sigma(AB)=\frac{|F_{N1}|}{A_1}=\frac{1.732W}{2\times A_1'}\leqslant[\sigma]$$

其中 A_1' 为单根槽钢的横截面面积。于是，有

$$A_1'\geqslant\frac{1.732W}{2[\sigma]}=\frac{1.732\times57.6\times10^3}{2\times120\times10^6}\text{m}^2=4.2\times10^{-4}\text{m}^2=4.2\text{cm}^2$$

由型钢表可以查得，5 号槽钢即可满足这一要求。

这种设计实际上是一种等强度的设计，即在保证构件与结构安全的前提下，最经济合理的设计。

12.4 拉压杆的变形、位移分析与计算

1. 绝对变形和拉压刚度

设一长度为 l、横截面面积为 A 的等截面直杆，承受轴向拉伸载荷后，其长度变为 $l+\Delta l$，其中 Δl 为杆的伸长量（见图 12-15a）。实验结果表明：如果所施加的载荷使杆件的变形处于线弹性范围内，杆的伸长量 Δl 与杆所承受的轴向载荷成正比，如图 12-15b 所示。写成关系式为

$$\Delta l=\pm\frac{F_N l}{EA}\tag{12-8}$$

这是描述线弹性范围内杆件承受轴向载荷时力与变形间关系的**胡克定律**（Hooke's law）。式中，F_N 为杆件横截面上的轴力，当杆件只在两端承受轴向载荷 F_P 作用时，$F_N=F_P$；E 为杆件材料的弹性模量，它与正应力具有相同的单位；EA 称为杆件的**拉伸（或压缩）刚度**（tensile or compression rigidity）；"+"号表示伸长变形；"-"号表示缩短变形。

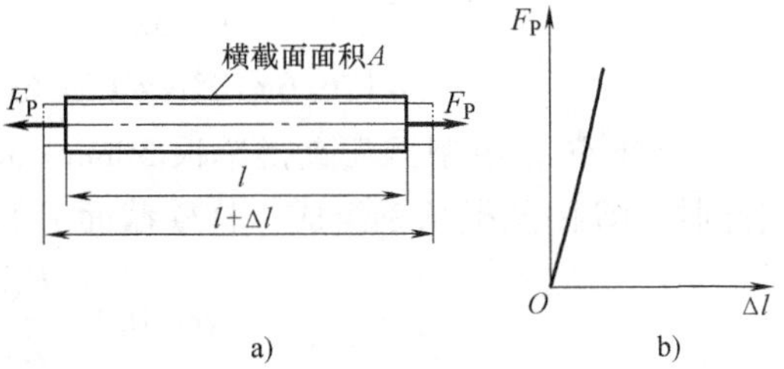

图 12-15　轴向载荷作用下杆件的变形

当拉压杆有两个以上的外力作用时，需要先画出轴力图，然后按式（12-8）分段计算各段的轴向变形，各段变形的代数和即为杆的总伸长量（或缩短量）：

$$\Delta l=\sum\frac{F_{Ni}l_i}{E_iA_i}\tag{12-9}$$

2. 相对变形和线应变

对于杆件沿长度方向均匀变形的情形，其相对伸长量 $\Delta l/l$ 表示轴向相对变形的程度，也是这种情形下杆件的线应变：

$$\varepsilon_x = \frac{\Delta l}{l} \tag{12-10}$$

将式（12-8）代入式（12-10），考虑到 $\sigma_x = F_N/A$，得到

$$\varepsilon_x = \frac{\Delta l}{l} = \frac{\frac{F_N l}{EA}}{l} = \frac{\sigma_x}{E} \tag{12-11}$$

需要指出的是，上述关于线应变的表达式（12-11）只适用于杆件各处均匀变形的情形。对于各处变形不均匀的情形（见图 12-16），则必须考察杆件上沿轴向的微段 dx 的变形，并用微段 dx 的相对变形来度量杆件局部的变形程度。这时，

$$\varepsilon_x = \frac{\Delta(\mathrm{d}x)}{\mathrm{d}x} = \frac{\frac{F_N(x)\mathrm{d}x}{EA(x)}}{\mathrm{d}x} = \frac{\sigma_x}{E}$$

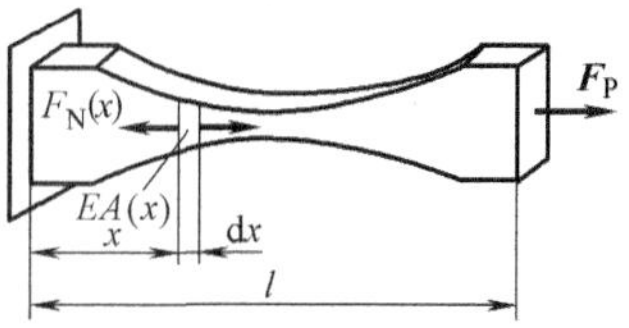

图 12-16　杆件轴向变形不均匀的情形

可见，无论变形均匀还是不均匀，正应力与线应变之间的关系都是相同的。

3. 横向变形与泊松比

杆件承受轴向载荷时，除了轴向变形外，在垂直于杆件轴线方向也同时产生变形，称为横向变形。图 12-17 所示分别为拉伸杆件轴向和横向变形的情形。

实验结果表明，若在线弹性范围内加载，轴向应变 ε_x 与横向应变 ε_y 之间存在下列关系：

$$\varepsilon_y = -\nu\varepsilon_x \tag{12-12}$$

式中，ν 为材料的另一个弹性常数，称为泊松比（Poisson ratio）。泊松比是量纲为一的量。

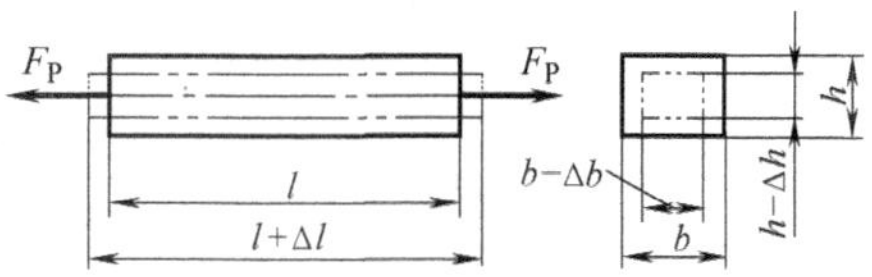

图 12-17　轴向变形与横向变形

表 12-2 中给出了几种常用金属材料的 E、ν 的数值。

表 12-2　常用金属材料的 E、ν 的数值

材　料	E/GPa	ν
低碳钢	196~216	0.25~0.33
合金钢	186~216	0.24~0.33
灰铸铁	78.5~157	0.23~0.27
铜及其合金	72.6~128	0.31~0.42
铝合金	70	0.33

【例题 12-4】　图 12-18a 所示的变截面直杆，ADE 段为铜制，EBC 段为钢制；在 A、D、B、C 四处承受轴向载荷。已知：$ADEB$ 段杆的横截面面积 $A_{AB} = 10\times10^2\text{mm}^2$，$BC$ 段杆的横截面面积 $A_{BC} = 5\times10^2\text{mm}^2$；$F_P = 60\text{kN}$；铜的弹性模量 $E_c = 100\text{GPa}$，钢的弹性模量 $E_s = 210\text{GPa}$；各段杆的长度如图所示，单位为 mm。试求：

（1）直杆横截面上绝对值最大的正应力 $|\sigma|_{max}$；

（2）直杆的总变形量 Δl_{AC}。

解：（1）**作轴力图**

由于直杆上作用有4个轴向载荷，而且 AB 段与 BC 段杆横截面面积不相等，为了确定直杆横截面上的最大正应力和杆的总变形量，必须首先确定各段杆中横截面上的轴力。

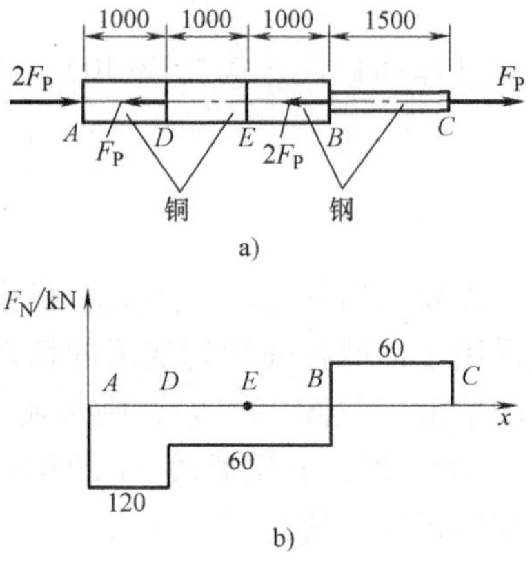

图 12-18 例题 12-4 图

应用力系简化方法，可以确定 AD、DEB、BC 段杆横截面上的轴力分别为

$$F_{NAD}=-2F_P=-120\text{kN}$$

$$F_{NDE}=F_{NEB}=-F_P=-60\text{kN}$$

$$F_{NBC}=F_P=60\text{kN}$$

于是，在 F_N-x 坐标系中可以画出轴力图，如图 12-18b 所示。

（2）**计算直杆横截面上绝对值最大的正应力**

根据式（12-1），横截面上绝对值最大的正应力将发生在轴力绝对值最大的横截面，或者横截面面积最小的横截面上。本例中，AD 段轴力最大；BC 段横截面面积最小。所以，最大正应力将发生在这两段杆的横截面上：

$$\sigma(AD)=\frac{F_{NAD}}{A_{AD}}=-\frac{120\times10^3}{10\times10^2\times10^{-6}}\text{Pa}=-120\times10^6\text{Pa}=-120\text{MPa}$$

$$\sigma(BC)=\frac{F_{NBC}}{A_{BC}}=\frac{60\times10^3}{5\times10^2\times10^{-6}}\text{Pa}=120\times10^6\text{Pa}=120\text{MPa}$$

于是，直杆中绝对值最大的正应力为

$$|\sigma|_{max}=|\sigma(AD)|=\sigma(BC)=120\text{MPa}$$

（3）**计算直杆的总变形量**

直杆的总变形量等于各段杆变形量的代数和。根据式（12-9），有

$$\begin{aligned}\Delta l&=\sum\frac{F_{Ni}l_i}{E_iA_i}=\Delta l_{AD}+\Delta l_{DE}+\Delta l_{EB}+\Delta l_{BC}\\&=\frac{F_{NAD}l_{AD}}{E_cA_{AD}}+\frac{F_{NDE}l_{DE}}{E_cA_{DE}}+\frac{F_{NEB}l_{EB}}{E_sA_{EB}}+\frac{F_{NBC}l_{BC}}{E_sA_{BC}}\\&=-\frac{120\times10^3\times1000\times10^{-3}}{100\times10^9\times10\times10^2\times10^{-6}}\text{m}-\frac{60\times10^3\times1000\times10^{-3}}{100\times10^9\times10\times10^2\times10^{-6}}-\\&\quad\frac{60\times10^3\times1000\times10^{-3}}{210\times10^9\times10\times10^2\times10^{-6}}+\frac{60\times10^3\times1500\times10^{-3}}{210\times10^9\times5\times10^2\times10^{-6}}\\&=-1.2\times10^{-3}\text{m}-0.6\times10^{-3}\text{m}-0.286\times10^{-3}\text{m}+8.571\times10^{-3}\text{m}\\&=6.485\times10^{-3}\text{m}=6.485\text{mm}\end{aligned}$$

上述计算中，DE 和 EB 段杆的横截面面积以及轴力虽然都相同，但由于材料不同，所以需要分段计算变形量。

*12.5 拉伸或压缩超静定问题简述

前面几节讨论的问题中，作用在杆件上的外力或杆件横截面上的内力，都能够由静力学平衡方程直接确定，这类问题称为静定问题。

工程实际中，为了提高结构的强度、刚度，或者为了满足构造及其他工程技术要求，常常在静定结构中再附加某些约束（包括添加杆件）。这时，由于未知力的个数多于所能提供的独立的平衡方程的数目，因而仅仅依靠静力学平衡方程无法确定全部未知力。这类问题称为超静定问题。

未知力个数与独立的平衡方程个数之差，称为超静定次数（degree of statically indeterminate problem）。在静定结构上附加的约束称为多余约束（redundant constraint），这种“多余”只是对保证结构的平衡与几何不变性而言的，对于提高结构的强度、刚度则是必需的。

关于静定与超静定问题的概念，本书在第 3 章中曾经做过简单介绍。但是，由于那时所涉及的是刚体模型，所以无法求解超静定问题。现在，研究了拉伸或压缩杆件的受力与变形后，通过变形体模型，就可以求解超静定问题了。

多余约束使结构由静定变为超静定，问题由静力学平衡方程可解变为静力学平衡方程不可解，这只是问题的一方面。问题的另一方面是，多余约束对结构或构件的变形起着一定的限制作用，而结构或构件的变形又是与受力密切相关的，这就为求解超静定问题提供了补充条件。

因此，求解超静定问题，除了根据静力学平衡条件列出平衡方程外，还必须在多余约束处寻找各构件变形之间的关系，或者构件各部分变形之间的关系，这种变形之间的关系称为变形协调关系或变形协调条件（compatibility relations of deformation），进而根据线弹性范围内的力和变形之间关系（胡克定律），即物理关系，建立补充方程。总之，求解超静定问题需要综合考察几何（即变形协调）、物理和静力学三方面的关系，这是分析超静定问题的基本方法。现举例说明求解超静定问题的一般过程以及超静定结构的特性。

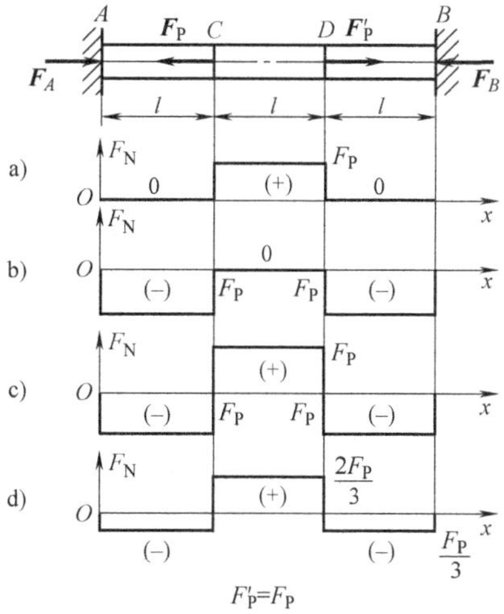

图 12-19 简单的超静定问题

考察图 12-19 所示的两端固定的等截面直杆，杆件沿轴线方向承受一对大小相等、方向相反的集中力 $\boldsymbol{F}_P=-\boldsymbol{F}'_P$，假设杆件的拉伸与压缩刚度均为 EA，其中 E 为材料的弹性模量，A 为杆件的横截面面积。现要求各段杆横截面上的轴力，并画出轴力图。

首先，分析约束力，判断超静定次数。在轴向载荷的作用下，固定端 A、B 两处各有一个沿杆件轴线方向的约束力 $\boldsymbol{F}_A$ 和 $\boldsymbol{F}_B$，独立的平衡方程只有一个

$$\sum F_x=0,\quad F_A-F_P+F'_P-F_B=0,\quad F_A=F_B \qquad \text{(a)}$$

因此，超静定次数 $n=2-1=1$ 次。故除了平衡方程外还需要一个补充方程。

其次，为了建立补充方程，需要先建立变形协调方程。杆件在载荷与约束力作用下，AC、CD、DB 三段都要发生轴向变形，但是，由于两端都是固定端，杆件的总的轴向变形量

必须等于零：

$$\Delta l_{AB}=\Delta l_{AC}+\Delta l_{CD}+\Delta l_{DB}=0 \tag{b}$$

这就是变形协调条件，也称为几何关系。

根据胡克定律，即式（12-9），杆件各段的轴力与变形的关系为

$$\Delta l_{AC}=\frac{F_{NAC}l}{EA},\quad \Delta l_{CD}=\frac{F_{NCD}l}{EA},\quad \Delta l_{DB}=\frac{F_{NDB}l}{EA} \tag{c}$$

此即物理关系。应用力系简化方法，式（c）中的轴力分别为

$$F_{NAC}=-F_A(\text{压}),\quad F_{NCD}=F_P-F_A(\text{拉}),\quad F_{NDB}=-F_B(\text{压}) \tag{d}$$

最后将式（a）~式（d）联立，即可解出两固定端的约束力

$$F_A=F_B=\frac{F_P}{3}$$

据此即可求得直杆各段的轴力，直杆的轴力图如 12-19d 所示。

最后请读者从平衡或变形协调两方面分析图 12-19a、b、c 中的轴力图为什么是不正确的？

12.6 小结与讨论

12.6.1 小结

1. 正应力

$$\sigma=\frac{F_N}{A}$$

2. 材料的力学性能

1）低碳钢的拉伸：

4 个阶段：弹性阶段、屈服（流动）阶段、强化阶段、局部变形（颈缩）阶段。

4 个极限应力：比例极限 σ_p、弹性极限 σ_e、屈服（流动）极限 σ_s 或 $\sigma_{0.2}$、强度极限 σ_b。

2 个塑性指标：断后伸长率 δ 和截面收缩率 ψ。

2）衡量脆性材料拉伸强度的唯一指标是拉伸强度极限 σ_b^+。

3）材料压缩时的力学性能：塑性材料压缩时的力学性能与拉伸时的基本无异。脆性材料拉、压力学性能有较大差别，抗压能力明显高于抗拉能力，压缩强度极限为 σ_b^-。

3. 强度设计准则

$$\sigma_{max}\leqslant[\sigma]$$

根据强度条件，可以解决 3 种类型的强度问题：强度校核、截面设计和确定许用载荷。

4. 拉压变形

$$\Delta l=\sum\frac{F_{Ni}l_i}{E_iA_i}$$

12.6.2 关于应力和变形公式的应用条件

本章得到了承受拉伸或压缩时杆件横截面上的正应力公式与变形公式

$$\sigma_x = \frac{F_N}{A}$$

$$\Delta l = \frac{F_N l}{EA}$$

其中，正应力公式只有杆件沿轴向均匀变形时，才是适用的。怎样从受力或内力判断杆件沿轴向变形是否均匀呢？这一问题请读者对图 12-20 所示的两杆加以比较、分析和总结。

图 12-20a 所示的直杆，载荷作用线沿着杆件的轴线方向，所有横截面上的轴力作用线都通过横截面的形心。因此，这一杆件的所有横截面上的应力都是均匀分布的，这表明：正应力公式 $\sigma = \frac{F_N}{A}$ 对所有横截面都是适用的。

图 12-20b 所示的直杆则不然。这种情形下，对于某些横截面上轴力的作用线通过横截面中心；而另外的一些横截面，当将外力向截面形心简化时，不仅得到一个轴力，而且还有一个弯矩。请读者想一想，这些横截面将会发生什么变形？哪些横截面上的正应力可以应用 $\sigma = \frac{F_N}{A}$ 计算？哪些横截面则不能应用上述公式？

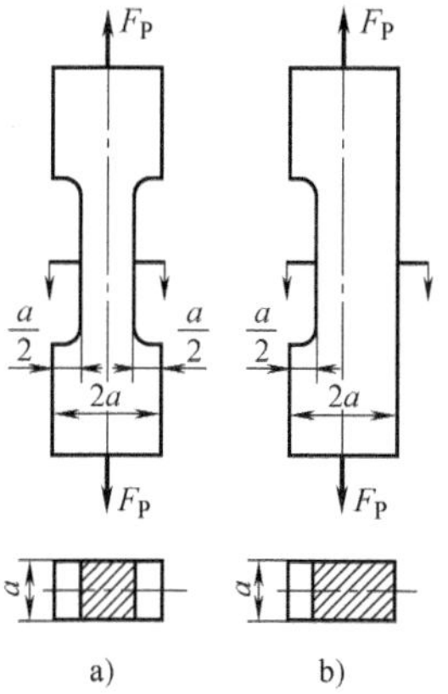

图 12-20　拉伸与压缩正应力公式的适用性

对于变形公式 $\Delta l = \frac{F_N l}{EA}$，应用时有两点必须注意：一是因为导出这一公式时应用了胡克定律，因此，只有杆件在线弹性范围内加载时才能应用上述公式；二是公式中的 F_N 为一段杆件内的轴力，只有当杆件仅在两端受力时 F_N 才等于外力 F_P。当杆件上有多个外力作用时，则必须先计算各段轴力，再分段计算变形然后按代数值相加。

读者还可以思考：为什么变形公式只适用于线弹性范围，而正应力公式就没有线弹性范围的限制呢？

*12.6.3　关于加力点附近区域的应力分布

前面已经提到拉伸或压缩时的正应力公式，只有在杆件沿轴线方向的变形均匀时，横截面上正应力均匀分布才是正确的。因此，对杆件端部的加载方式有一定的要求。

当杆端承受集中载荷或其他非均匀分布载荷时，杆件并非所有横截面都能保持平面，从而不能产生均匀的轴向变形。这种情形下，上述正应力公式并不是对杆件上的所有横截面都适用。

考察图 12-21a 所示的橡胶拉杆模型，为观察各处的变形大小，加载前在杆表面画上小方格。当集中力通过刚性平板施加于杆件时，若平板与杆端面的摩擦极小，这时杆的各横截面均发生均匀轴向变形，如图 12-21b 所示。若载荷通过尖楔块施加于杆端，则在加力点附近区域的变形是不

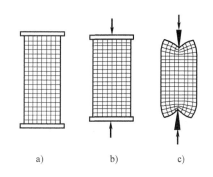

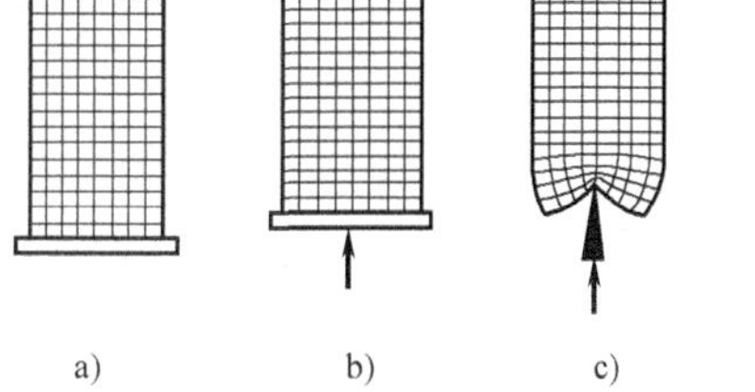

图 12-21　加力点附近局部变形的不均匀性

均匀的：一是横截面不再保持平面；二是越接近加力点的小方格变形越大，如图 12-21c 所示。但是，距加力点稍远处，轴向变形依然是均匀的，因此在这些区域，正应力公式仍然成立。

上述分析表明，如果杆端两种外加载荷静力等效，则距离加力点稍远处，静力等效对应力分布的影响很小，可以忽略不计。这一思想最早是由法国科学家圣维南（Saint-Venant）在研究弹性力学问题时提出的。1885 年布森涅斯克（Boussinesq）将这一思想加以推广，并称之为圣维南原理（Saint-Venant principle）。当然，圣维南原理也有不适用的情形，这已超出本书的范围。

*12.6.4 关于应力集中的概念

12.5.3 节的分析说明，在加力点的附近区域，由于局部变形，应力的数值会比一般截面上的大。

除此之外，当构件的几何形状不连续（discontinuity），诸如开孔或截面突变等处，也会产生很高的局部应力（localized stresses）。图 12-22a 所示为开孔板条承受轴向载荷时，通过孔中心线的截面上的应力分布。图 12-22b 所示为轴向加载的变宽度矩形截面板条，在宽度突变处截面上的应力分布。几何形状不连续处应力局部增大的现象，称为应力集中（stress concentration）。

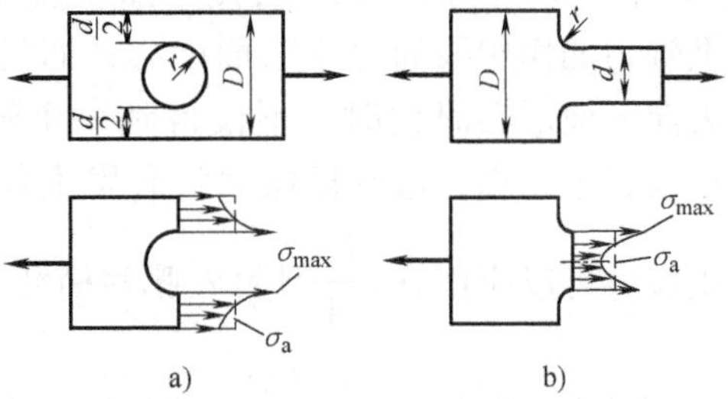

图 12-22 几何形状不连续处的应力集中现象

应力集中的程度用应力集中因数描述。应力集中处横截面上的应力最大值 $\sigma_{\max}$ 与不考虑应力集中时的应力值 σ_a（名义应力）之比，称为应力集中因数（factor of stress concentration），用 K 表示，即

$$K=\frac{\sigma_{\max}}{\sigma_a} \tag{12-13}$$

12.6.5 拉压杆斜截面上的应力

考察一橡皮拉杆模型，其表面画有一正置小方格和一斜置小方格，分别如图 12-23a、b 所示。

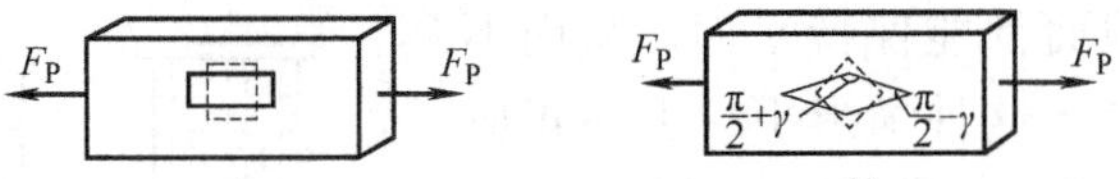

a) b)

图 12-23 拉杆中的剪切变形

受力后，正置小方格的直角并未发生改变，而斜置小方格变成了菱形，直角发生了变化。这种现象表明，在拉、压杆件中，虽然横截面上只有正应力，但在斜截面方向却产生剪切变形，这种剪切变形必然与斜截面上的切应力有关。

为确定拉（压）杆斜截面上的应力，可以用假想截面沿斜截面方向将杆截开（见图 12-24a），斜截面法线与杆轴线的夹角设为 θ。考察截开后任意部分的平衡，求得该斜截

面上的总内力为 $F_R=F_P$，如图 12-24b 所示。力 F_R 对斜截面而言，既非轴力又非剪力，故需将其分解为沿斜截面法线和切线方向上的分量：F_N 和 F_S（见图 12-24c），且

$$\begin{cases} F_N=F_P\cos\theta \\ F_S=F_P\sin\theta \end{cases} \tag{12-14}$$

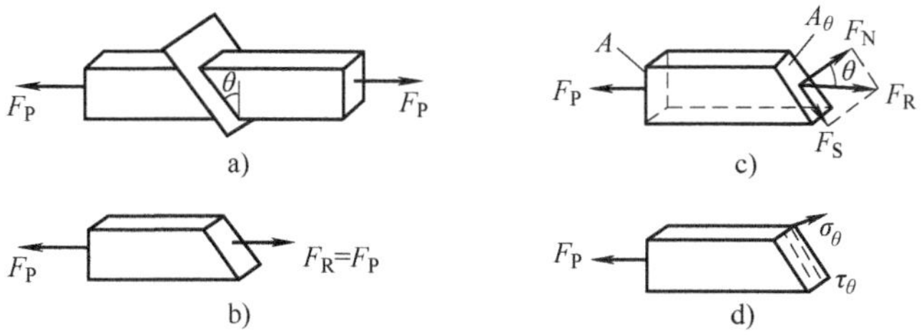

图 12-24　拉杆斜截面上的应力

F_N 和 F_S 分别由整个斜截面上的正应力和切应力所组成（见图 12-24d）。在轴向均匀拉伸或压缩的情形下，两个相互平行的相邻斜截面之间的变形也是均匀的，因此，可以认为斜截面上的正应力和切应力都是均匀分布的。于是斜截面上的正应力和切应力分别为

$$\begin{cases} \sigma_\theta=\dfrac{F_N}{A_\theta}=\dfrac{F_P\cos\theta}{A_\theta}=\sigma_x\cos^2\theta \\ \tau_\theta=\dfrac{F_S}{A_\theta}=\dfrac{F_P\sin\theta}{A_\theta}=\dfrac{1}{2}\sigma_x\sin(2\theta) \end{cases} \tag{12-15}$$

式中，σ_x 为杆横截面上的正应力，由式（12-1）确定；A_θ 为斜截面面积，即

$$A_\theta=\frac{A}{\cos\theta}$$

上述结果表明，杆件承受拉伸或压缩时，横截面上只有正应力；斜截面上则既有正应力又有切应力。而且，对于不同倾角的斜截面，其上的正应力和切应力各不相同。

根据式（12-15），在 $\theta=0°$ 的截面（即横截面）上，σ_θ 取最大值，即

$$\sigma_{\theta\max}=\sigma_x=\frac{F_P}{A} \tag{12-16}$$

在 $\theta=45°$ 的斜截面上，τ_θ 取最大值，即

$$\tau_{\theta\max}=\tau_{45°}=\frac{\sigma_x}{2}=\frac{F_P}{2A} \tag{12-17}$$

在这一斜截面上，除切应力外，还存在正应力，其值为

$$\sigma_{45°}=\frac{\sigma_x}{2}=\frac{F_P}{2A} \tag{12-18}$$

应用上述结果，可以对两种强度失效的原因做简单的解释：

1）低碳钢试样拉伸至屈服时，如果试样表面经过抛光，将会在试样表面出现与轴线夹角为 45°的条纹，称为滑移线。通过拉、压杆件斜截面上的应力分析，在与轴线夹角为 45°的斜截面上切应力取最大值。因此，可以认为，这种材料的屈服是由于切应力最大的斜截面相互错动产生滑移，导致应力虽然不增加但应变继续增加。

2）灰铸铁拉伸时，最后将沿横截面断开，显然是由于拉应力拉断的。但是，灰铸铁压缩至破坏时，却是沿着约55°的斜截面错动破坏的，而且断口处有明显的由于相互错动引起的痕迹。这显然不是由于正应力所致，而是与切应力相关。

习　题

选择填空题

12-1　等直杆受力如图12-25所示，其横截面面积 $A=100\text{mm}^2$，问给定横截面 $m—m$ 上正应力的四个答案中哪一个是正确的？（　　）

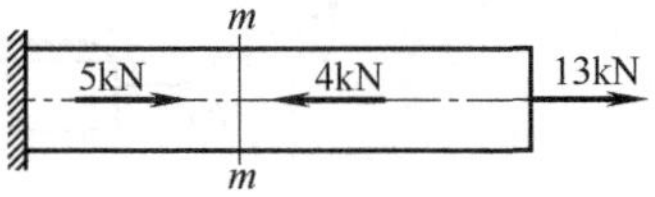

图12-25　习题12-1图

（A）50MPa（压应力）

（B）40MPa（压应力）

（C）90MPa（压应力）

（D）90MPa（拉应力）

12-2　以下关于材料力学一般性能的结论中哪一个是正确的？（　　）

（A）脆性材料的抗拉能力低于其抗压能力

（B）脆性材料的抗拉能力高于其抗压能力

（C）塑性材料的抗拉能力高于其抗压能力

（D）塑性材料的抗拉能力高于其抗剪能力

12-3　直径为 d 的圆截面钢杆受轴向拉力作用，已知其纵向线应变为 ε，弹性模量为 E，给出杆轴力的四种答案，问哪一种是正确的？（　　）

（A）$\dfrac{\pi d^2\varepsilon}{4E}$　　（B）$\dfrac{\pi d^2 E}{4\varepsilon}$　　（C）$\dfrac{4E\varepsilon}{\pi d^2}$　　（D）$\dfrac{\pi d^2 E\varepsilon}{4}$

12-4　图12-26所示等直杆，杆长为 $3a$，材料的拉压刚度为 EA，受力如图所示。问杆中点横截面的铅垂位移正确的是哪一个？（　　）

（A）0　　（B）$\dfrac{Fa}{EA}$　　（C）$\dfrac{2Fa}{EA}$　　（D）$\dfrac{3Fa}{EA}$

12-5　在 A 和 B 两点连接绳索 ACB，绳索上悬挂物重 P，如图12-27所示。点 A 和点 B 的距离保持不变，绳索的许用拉应力为［σ］。试问：当 α 角取何值时，绳索的用料最省？（　　）

（A）0°　　（B）30°　　（C）45°　　（D）60°

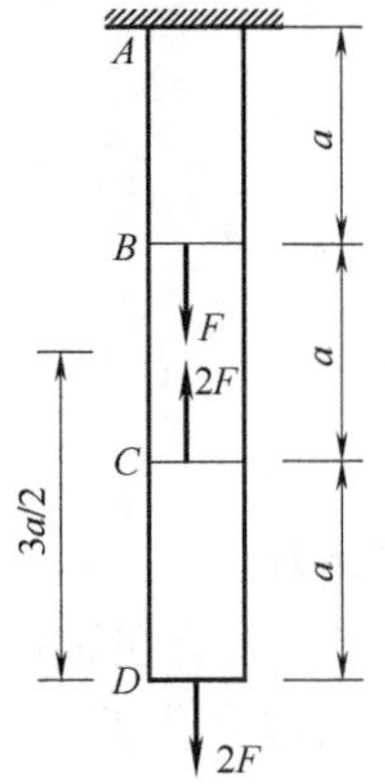

图12-26　习题12-4图

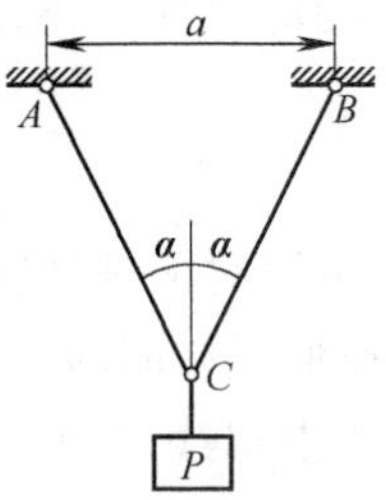

图12-27　习题12-5图

分析计算题

12-6　螺旋压紧装置如图 12-28 所示。现已知工件所受的压紧力为 $F=4\text{kN}$。装置中旋紧螺栓螺纹的内径 $d_1=13.8\text{mm}$；固定螺栓内径 $d_2=17.3\text{mm}$。两根螺栓材料相同，其许用应力 $[\sigma]=53.0\text{MPa}$。试校核各螺栓的强度是否安全。

12-7　现场施工所用起重机吊环由两根侧臂组成。每一侧臂 AB 和 BC 都由两根矩形截面杆所组成，A、B、C 三处均为铰链连接，如图 12-29 所示。已知起重载荷 $P=1200\text{kN}$，每根矩形杆截面尺寸比例 $b/h=0.3$，材料的许用应力 $[\sigma]=78.5\text{MPa}$。试设计矩形杆的截面尺寸 b 和 h。

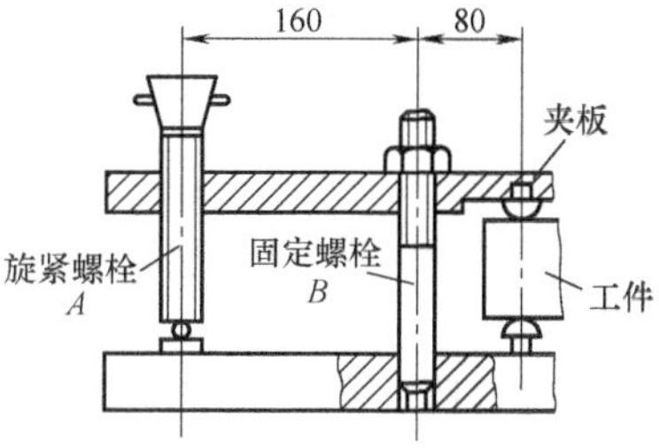

图 12-28　习题 12-6 图

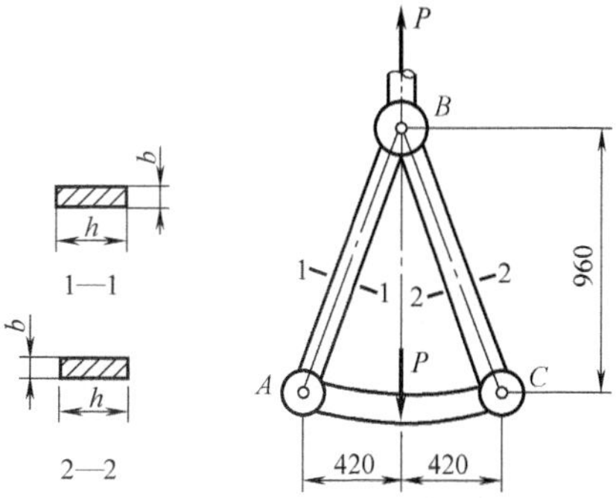

图 12-29　习题 12-7 图

12-8　图 12-30 所示为硬铝试样，$l=200\text{mm}$，$b=20\text{mm}$，$h=2\text{mm}$；标距 $l_0=70\text{mm}$。在轴向拉力 $F_P=7.2\text{kN}$ 作用下，测得标距伸长 $\Delta l_0=0.18\text{mm}$，板宽缩短 $\Delta b=0.0168\text{mm}$。试计算硬铝的弹性模量 E 和泊松比 ν。

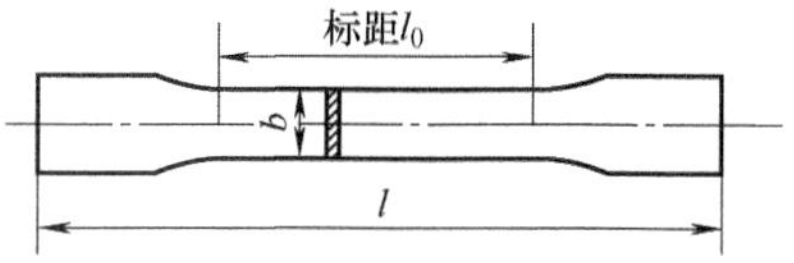

图 12-30　习题 12-8 图

12-9　图 12-31 所示的等截面直杆由钢杆 ABC 与铜杆 CD 在 C 处粘接而成。直杆各部分的直径均为 $d=36\text{mm}$，受力如图所示。若不考虑杆的自重，试求 AC 段和 AD 段杆的轴向变形量 Δl_{AC} 和 Δl_{AD}。

12-10　如图 12-32 所示，长度 $l=1.2\text{m}$、横截面面积为 $1.10\times10^{-3}\text{m}^2$ 的铝制圆筒放置在固定刚性块上；直径 $d=15.0\text{mm}$ 的钢杆 BC 悬挂在铝筒顶端的刚性板上；铝制圆筒的轴线与钢杆的轴线重合。现在钢杆的 C 端施加轴向拉力 F_P，且已知钢和铝的弹性模量分别为 $E_s=200\text{GPa}$，$E_a=70\text{GPa}$；轴向载荷 $F_P=60\text{kN}$，试求钢杆 C 端向下移动的距离。

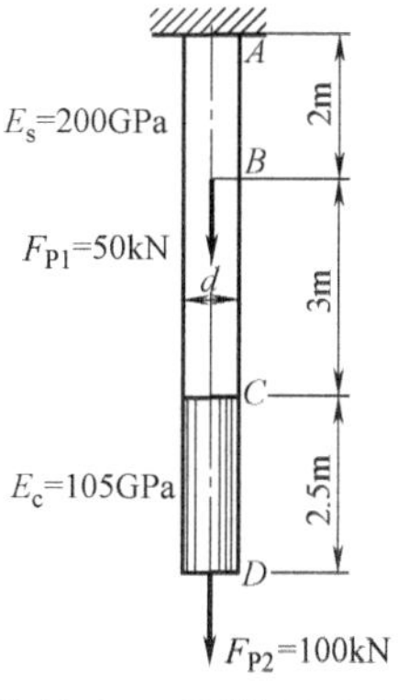

图 12-31　习题 12-9 图

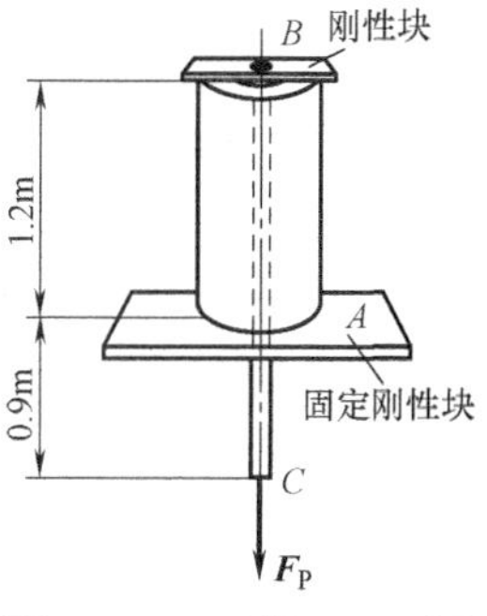

图 12-32　习题 12-10 图

12-11　图 12-33 所示结构中 BC 和 AC 都是圆截面直杆，直径均为 $d=20\text{mm}$，材料都是 Q235 钢，其许用应力 $[\sigma]=157\text{MPa}$。试求该结构的许用载荷 $[F_P]$。

12-12 图 12-34 所示杆件结构中，1、2 杆为木制，3、4 杆为钢制。已知 1、2 杆的横截面面积 $A_1 = A_2 = 4000\text{mm}^2$，3、4 杆的横截面面积 $A_3 = A_4 = 800\text{mm}^2$；1、2 杆的许用应力 $[\sigma_w] = 20\text{MPa}$，3、4 杆的许用应力 $[\sigma_s] = 120\text{MPa}$。试求结构的许用载荷 $[F_P]$。

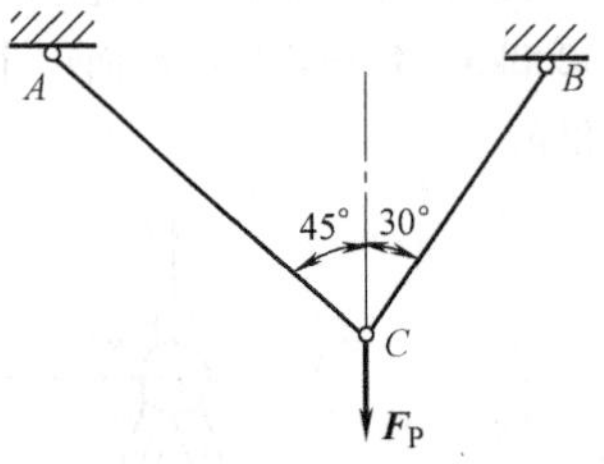

图 12-33 习题 12-11 图

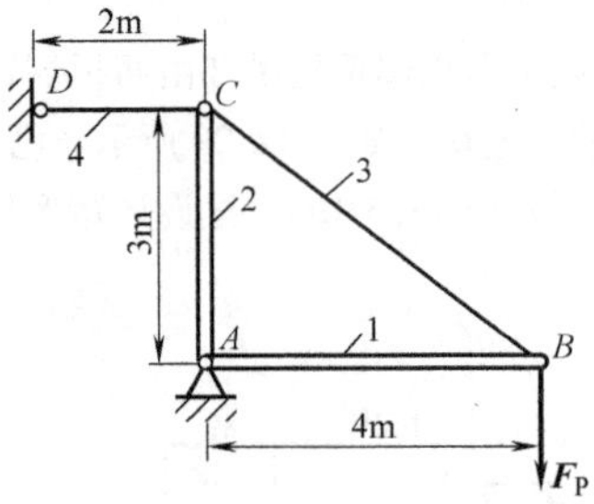

图 12-34 习题 12-12 图

*12-13 如图 12-35 所示，由铝板和钢板组成的复合柱，通过刚性板承受纵向载荷 $F_P = 400\text{kN}$，其作用线沿着复合柱的轴线方向。试确定：铝板和钢板横截面上的正应力。

*12-14 铜芯与铝壳组成的复合棒材如图 12-36 所示，轴向载荷通过两端刚性板加在棒材上。现已知结构总长减少了 0.24mm。试求：

（1）所加轴向载荷的大小；

（2）铜芯横截面上的正应力。

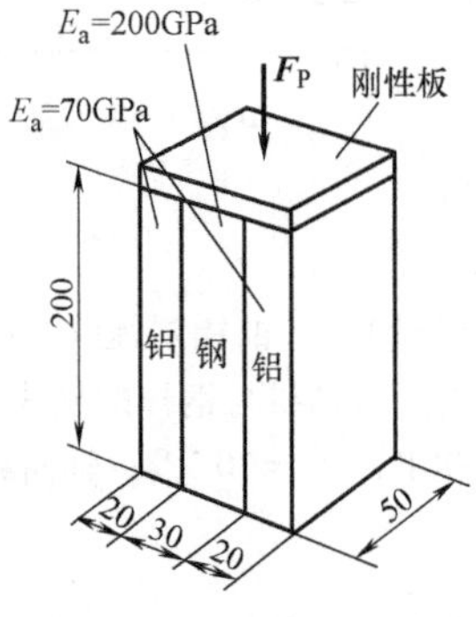

图 12-35 习题 12-13 图

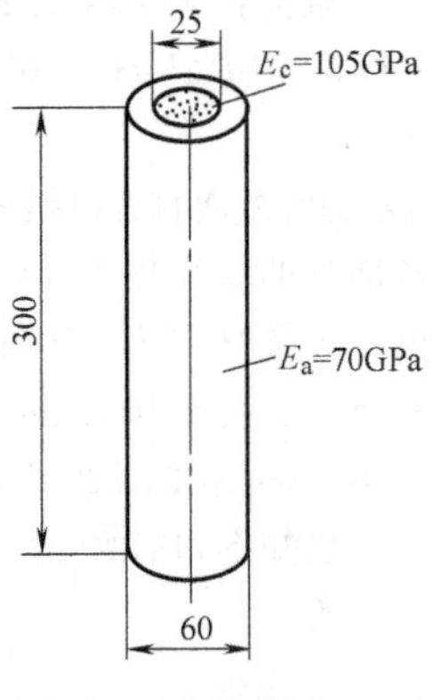

图 12-36 习题 12-14 图

*12-15 图 12-37 所示组合柱由钢和铸铁制成，组合柱横截面为边长为 $2b$ 的正方形，钢和铸铁各占横截面的一半（$b \times 2b$）。载荷 $\boldsymbol{F}_P$ 通过刚性板沿铅垂方向加在组合柱上。已知钢和铸铁的弹性模量分别为 $E_s = 196\text{GPa}$、$E_i = 98\text{GPa}$。今欲使刚性板保持水平位置，试求加力点的位置 x。

12-16 如图 12-38 所示电线杆由钢缆通过旋紧张紧器螺栓稳固。已知钢缆的横截面面积为 $1 \times 10^3\text{mm}^2$，$E = 200\text{GPa}$，$[\sigma] = 300\text{MPa}$，输电导线张力 $F_T = 10\text{kN}$。欲使电杆有稳固力 $F_R = 200\text{kN}$，张紧器的螺栓需相对移动多少？并校核此时钢缆的强度是否安全。

12-17 图 12-39 所示小车上作用着力 $F_P = 15\text{kN}$，它可以在悬架的 AC 梁上移动，设小车对 AC 梁的作用可简化为集中力。斜杆 AB 的横截面为圆形（直径 $d = 20\text{mm}$）、钢质，许用应力 $[\sigma] = 160\text{MPa}$。试校核 AB 杆是否安全。

12-18 桁架受力及尺寸如图 12-40 所示。$F_P = 33\text{kN}$，材料的拉伸许用应力 $[\sigma]^+ = 120\text{MPa}$，压缩许用应力 $[\sigma]^- = 60\text{MPa}$。试设计 AC 杆及 AD 杆所需的等边角钢型号。

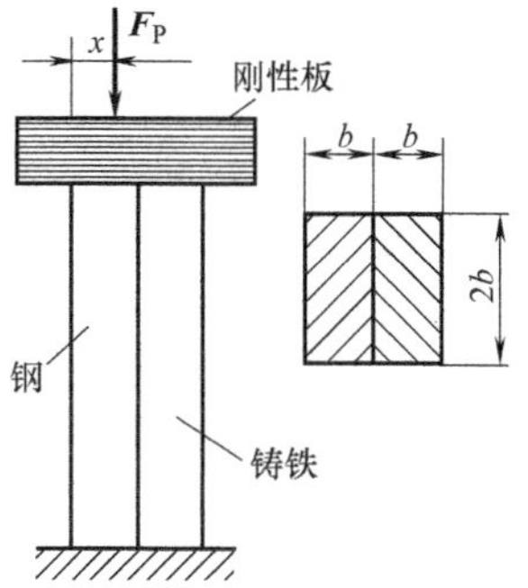

图 12-37　习题 12-15 图

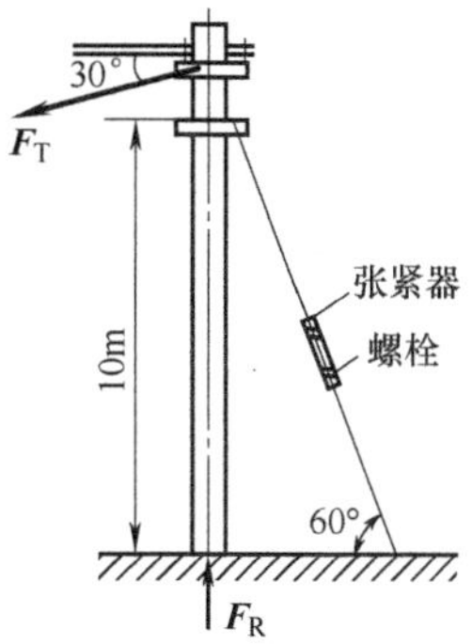

图 12-38　习题 12-16 图

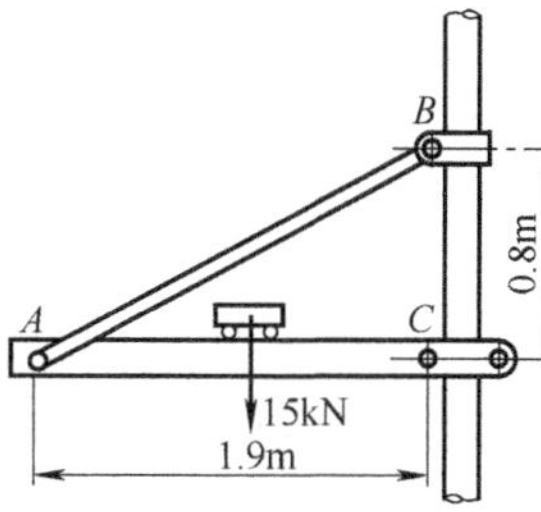

图 12-39　习题 12-17 图

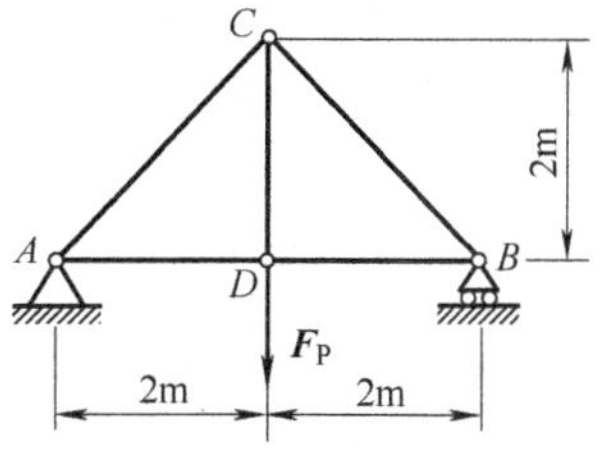

图 12-40　习题 12-18 图

12-19　蒸汽机的气缸如图 12-41 所示。气缸内径 $D = 560\text{mm}$，内压强 $p = 2.5\text{MPa}$，活塞杆直径 $d = 100\text{mm}$。所用材料的屈服极限 $\sigma_s = 300\text{MPa}$。

（1）试求活塞杆的正应力及工作安全因数。

（2）若连接气缸和气缸盖的螺栓直径为 30mm，其许用应力 $[\sigma] = 60\text{MPa}$，试求连接每个气缸盖所需的螺栓数。

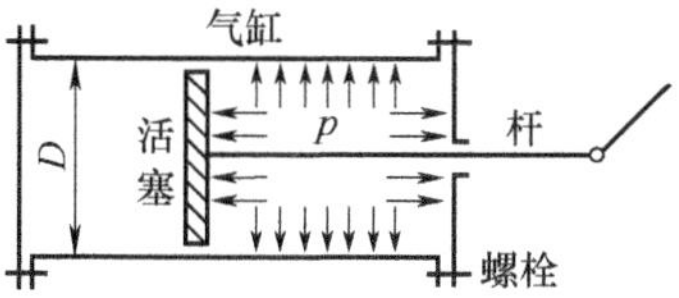

图 12-41　习题 12-19 图

第13章 圆轴扭转

工程上将主要承受扭转的杆件称为轴，当轴的横截面上仅有扭矩（T）作用时，与扭矩相对应的分布内力，其作用面与横截面重合。这种分布内力在一点处的集度，即为切应力。圆截面轴与非圆截面轴扭转时横截面上的切应力分布有着很大的差异。本章主要介绍圆轴扭转时的应力变形分析以及强度设计和刚度设计。

分析圆轴扭转时的应力和变形需借助于几何、物理、静力学关系。

工程上传递功率的轴，大多数为圆轴。图13-1所示为火力发电厂中汽轮机通过传动轴带动发电机转动的结构简图。这种传递功率的轴主要承受扭转变形。

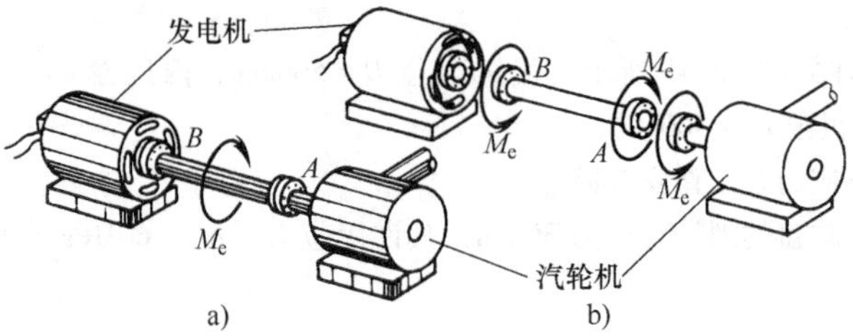

图13-1　承受扭转的轴

13.1 切应力互等定理

圆轴（见图13-2a）受扭后，将产生扭转变形（twist deformation），如图13-2b所示。圆轴上的每个微元（例如图13-2a中的$ABCD$）的直角均发生变化，这种直角的改变量即为切应变，如图13-2c所示。微元的剪切变形现象表明，圆轴横截面和纵截面上都将出现切应力（图中AB和CD边对应着横截面；AC和BD边则对应着纵截面），横纵截面上切应力分别用τ和τ'表示。

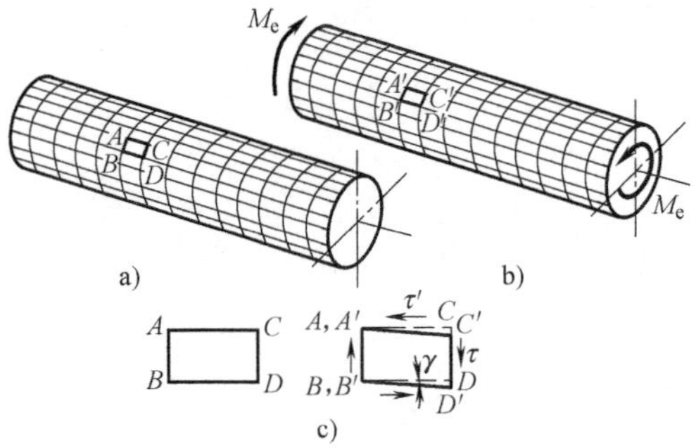

图13-2　圆轴的扭转变形

如果用圆轴上相距很近的一对横截面、一对纵截面以及一对圆柱面，从受扭的圆轴上截取一微元，如图13-3a所示，微元上与横截面对应的一对面上存在切应力τ，这一对面上的切应力与其作用面的面积相乘后组成一绕 z 轴的力偶，其力偶矩为（$\tau\mathrm{d}y\mathrm{d}z$）$\mathrm{d}x$。为了保持微元的平衡，在微元上与纵截面对应的一对面上，必然存在切应力 τ'，这一对面上的切应力也组成一个力偶矩为（$\tau'\mathrm{d}x\mathrm{d}z$）$\mathrm{d}y$ 的力偶。这两个力偶的力偶矩只有大小相等、方向相反，才能使微元保持平衡。

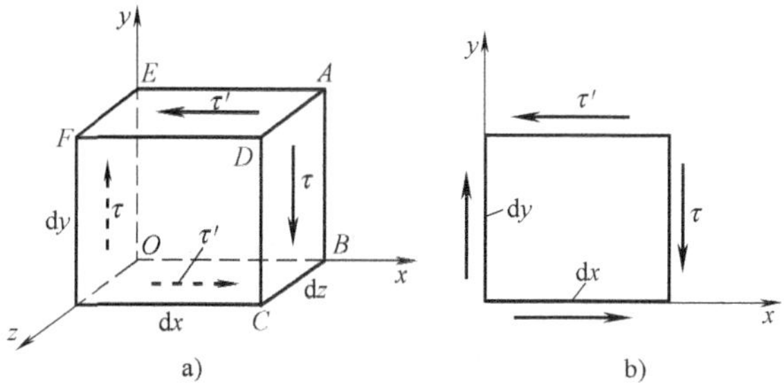

图 13-3　切应力互等定理

对 z 轴列力矩平衡方程

$$\sum M_z=0,\quad -(\tau\mathrm{d}y\mathrm{d}z)\mathrm{d}x+(\tau'\mathrm{d}x\mathrm{d}z)\mathrm{d}z=0$$

由此解出

$$\tau=\tau' \tag{13-1}$$

式（13-1）表明，如果在微元的某一对面上存在切应力，则与该切应力作用线互相垂直的面上必然存在另一对切应力并与其大小相等、方向相对（两切应力的箭头相对）或相背（两切应力的箭尾相对），以使微元保持平衡。微元上切应力的这种相互关系称为**切应力互等定理**或**切应力成对定理**（theorem of conjugate shearing stress）。

木材试样扭转试验的破坏现象（见图 13-4）说明，圆轴扭转时纵截面上确实存在切应力：沿木材顺纹方向截取的圆截面试样，试样承受扭矩发生破坏时，将沿纵截面发生破坏，这种破坏就是由切应力引起的。

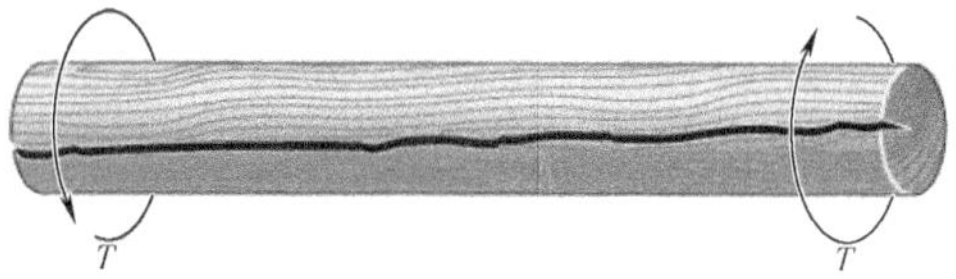

图 13-4　木材扭转破坏

13.2　圆轴扭转时的切应力分析

分析圆轴扭转切应力的方法是：通过观察变形、分析变形几何关系，做出平面假设；由平面假设得到切应变的分布，即变形协调方程；再借助于物理关系即切应力-切应变之间的剪切胡克定律，得到切应力的分布，这是含有待定常数的应力表达式；最后借助切应力与扭矩间的静力学等效关系，从而得到切应力的计算公式。

圆轴扭转时，其圆柱面上的圆保持不变，任两个相邻的圆绕圆轴的轴线相互转过一角度。根据这一变形特征，假定：圆轴受扭发生变形后，其横截面依然保持为平面，并且绕圆轴的轴线刚性地转过一角度。这就是关于圆轴扭转的平面假设。所谓“刚性地转过一角度”，就是横截面上的直径在横截面转动之后依然保持为直线，如图 13-5 所示。

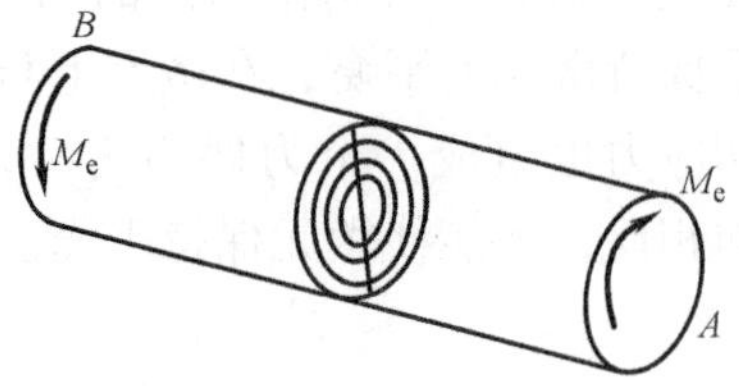

图 13-5　圆轴扭转时横截面保持平面

13.2.1　几何关系

若将圆轴用同轴柱面分割成许多半径不等的圆柱，根据平面假设，在 dx 长度上，虽然所有圆柱的两端面均转过相同的角度 dφ，但半径不等的圆柱上产生的切应变各不相同，半径越小者切应变越小，如图 13-6a、b 所示。

设到轴线任意远 ρ 处的切应变为 $\gamma(\rho)$，则从图 13-6 中可得到如下几何关系：

$$\gamma(\rho)=\rho\frac{\mathrm{d}\varphi}{\mathrm{d}x}\tag{13-2}$$

式中，dφ/dx 称为**单位长度的相对扭转角**（angle of twist per unit length of the shaft）。对于两相邻截面，dφ/dx 为常量，故式（13-2）表明：圆轴扭转时，其横截面上任意点处的切应变与该点至圆心的距离成正比。式（13-2）即为圆轴扭转时的变形协调方程。

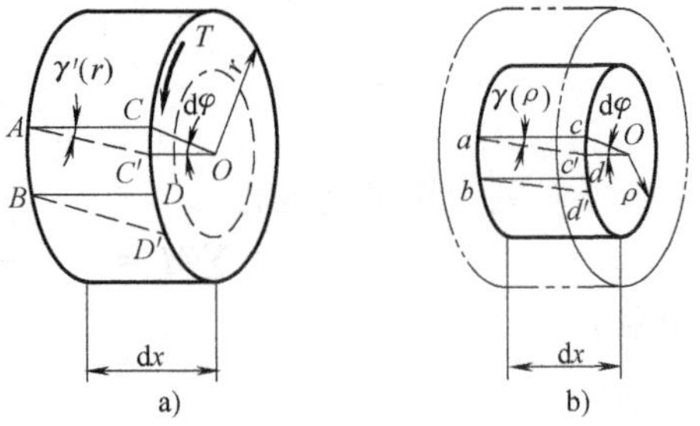

图 13-6　圆轴扭转时的变形协调关系

13.2.2　物理关系

若在线弹性范围内加载，即切应力小于某一极限值时，对于大多数各向同性材料，切应力与切应变之间存在线性关系，如图 13-7 所示。于是，有

$$\tau=G\gamma\tag{13-3}$$

这一关系称为**剪切胡克定律**（Hooke law in shearing），式中，G 为材料的弹性常数，称为**剪切弹性模量**或**切变模量**（shearing modulus）。G 的量纲和单位与切应力的相同。

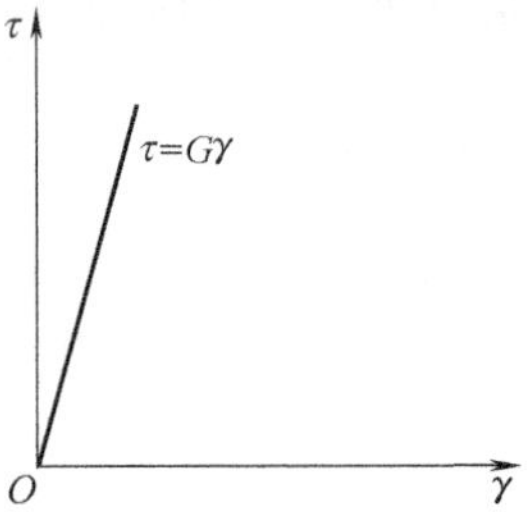

图 13-7　剪切胡克定律

13.2.3　静力学关系

将式（13-2）代入式（13-3），得到

$$\tau(\rho)=G\gamma(\rho)=\left(G\frac{\mathrm{d}\varphi}{\mathrm{d}x}\right)\rho\tag{13-4}$$

式中，Gdφ/dx 对于确定的横截面是一个不变的量。

于是，式（13-4）表明，横截面上各点的切应力与该点到圆心的距离成正比，即切应力沿横截面的半径呈线性分布，方向如图 13-8a 所示。

作用在横截面上的切应力形成一分布力系，这一力系向截面形心简化的结果为一力偶，其力偶矩即为该截面上的扭矩。于是有

$$\int_A[\tau(\rho)\mathrm{d}A]\rho=T\tag{13-5}$$

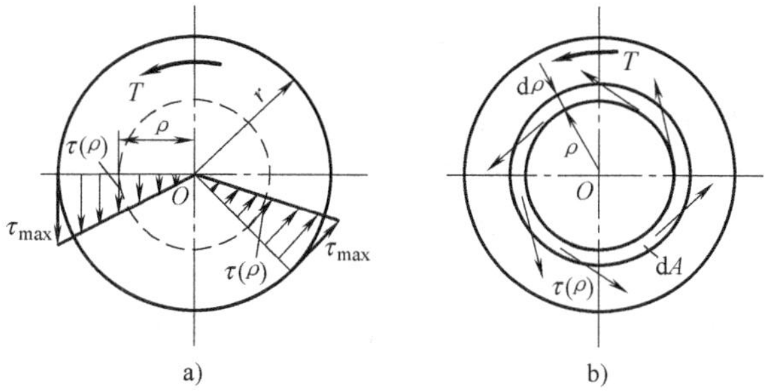

图 13-8 圆轴扭转时横截面上的切应力分布

此即静力学等效方程。

将式（13-4）代入式（13-5），积分后得到

$$\frac{\mathrm{d}\varphi}{\mathrm{d}x}=\frac{T}{GI_{\mathrm{p}}} \tag{13-6}$$

式中，

$$I_{\mathrm{p}}=\int_A \rho^2 \mathrm{d}A \tag{13-7}$$

这里，I_{p} 是圆截面对其形心的极惯性矩（polar moment of inertia for cross section）。式（13-6）中的 GI_{p} 称为圆轴的扭转刚度（torsional rigidity）。

13.2.4 圆轴扭转时横截面上的切应力表达式

将式（13-6）代入式（13-4），得到

$$\tau(\rho)=\frac{T\rho}{I_{\mathrm{p}}} \tag{13-8}$$

这就是圆轴扭转时横截面上任意点的切应力表达式，其中 T 由平衡条件确定；I_{p} 由式（13-7）积分求得。

对于直径为 d 的实心截面圆轴：

$$I_{\mathrm{p}}=\frac{\pi d^4}{32} \tag{13-9}$$

对于内、外直径分别为 d、D 的空心截面圆轴：

$$I_{\mathrm{p}}=\frac{\pi D^4}{32}(1-\alpha^4),\quad \alpha=\frac{d}{D} \tag{13-10}$$

从图 13-7a 中不难看出，最大切应力发生在横截面边缘上各点，其值由下式确定：

$$\tau_{\max}=\frac{T\rho_{\max}}{I_{\mathrm{p}}}=\frac{T}{W_{\mathrm{p}}} \tag{13-11}$$

式中，

$$W_{\mathrm{p}}=\frac{I_{\mathrm{p}}}{\rho_{\max}} \tag{13-12}$$

称为圆截面的抗扭截面系数（section modulus in torsion）。

对于直径为 d 的实心截面圆轴：

$$W_p=\frac{\pi d^3}{16} \tag{13-13}$$

对于内、外直径分别为 d、D 的空心截面圆轴：

$$W_p=\frac{\pi D^3}{16}(1-\alpha^4),\quad \alpha=\frac{d}{D} \tag{13-14}$$

【例题 13-1】 实心圆轴与空心圆轴通过牙嵌式离合器相连，并传递功率，如图 13-9 所示。已知轴的转速 $n=100\text{r/min}$，传递的功率 $P=7.5\text{kW}$。若已知实心圆轴的直径 $d_1=45\text{mm}$；空心圆轴的内、外直径之比 $d_2/D_2=\alpha=0.5$，$D_2=46\text{mm}$。试确定实心圆轴与空心圆轴横截面上的最大切应力。

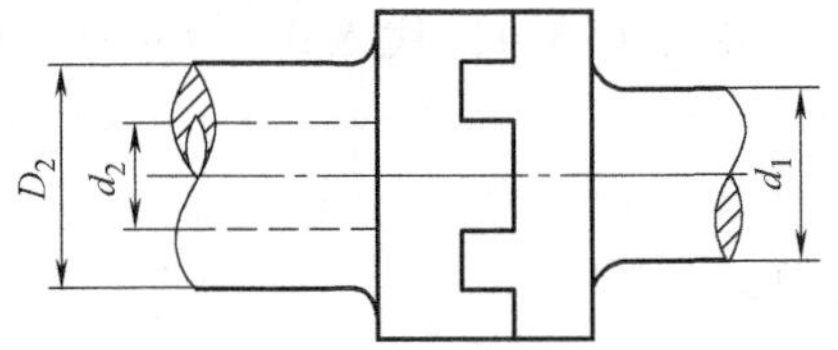

图 13-9　例题 13-1 图

解：由于两传动轴的转速与传递的功率均相等，故二者承受相同的外加力偶矩，横截面上的扭矩也因而相等。根据外加力偶矩与轴所传递的功率以及转速之间的关系，求得横截面上的扭矩

$$T=M_e=\left(9549\times\frac{7.5}{100}\right)\text{N·m}=716.2\text{N·m}$$

对于实心轴：根据式（13-11）和式（13-13）以及已知条件，横截面上的最大切应力为

$$\tau_{max}=\frac{T}{W_p}=\frac{16T}{\pi d_1^3}=\frac{16\times716.2}{\pi(45\times10^{-3})^3}\text{Pa}=40\times10^6\text{Pa}=40\text{MPa}$$

对于空心轴：根据式（13-11）和式（13-14）以及已知条件，横截面上的最大切应力为

$$\tau_{max}=\frac{T}{W_p}=\frac{16T}{\pi D_2^3(1-\alpha^4)}=\frac{16\times716.2}{\pi(46\times10^{-3})^3(1-0.5^4)}\text{Pa}=40\times10^6\text{Pa}=40\text{MPa}$$

本例讨论：上述计算结果表明，本例中的实心轴与空心轴横截面上的最大切应力数值相等。但是二轴的横截面面积之比为

$$\frac{A_1}{A_2}=\frac{d_1^2}{D_2^2(1-\alpha^2)}=\left(\frac{45\times10^{-3}}{46\times10^{-3}}\right)^2\times\frac{1}{1-0.5^2}=1.28$$

可见，如果轴的长度相同，在最大切应力相同的情形下，空心轴所用材料要比实心轴少。

【例题 13-2】 图 13-10 所示传动机构中，功率从轮 B 输入，通过锥形齿轮将一半功率传递给铅垂轴 C，另一半传递给水平轴 H。已知输入功率 $P_1=14\text{kW}$，水平轴（E 和 H）转速 $n_1=n_2=120\text{r/min}$；锥齿轮 A 和 D 的齿数分别为 $z_1=36$、$z_3=12$；各轴的直径分别为 $d_1=70\text{mm}$、$d_2=50\text{mm}$、$d_3=35\text{mm}$。试确定各轴横截面上的最大切应力。

解：（1）**各轴所承受的扭矩**

各轴所传递的功率分别为

$$P_1=14\text{kW},\quad P_2=P_3=\frac{P_1}{2}=7\text{kW}$$

各轴转速不完全相同。E 轴和 H 轴的转速均为 120r/min，即

$$n_1=n_2=120\text{r/min}$$

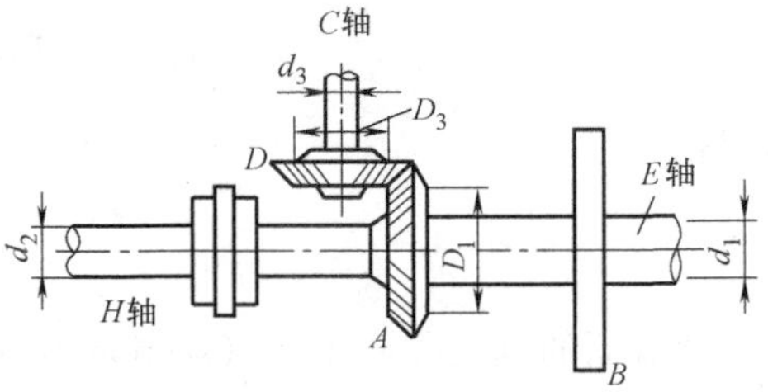

图 13-10　例题 13-2 图

E 轴和 C 轴的转速与齿轮 A 和齿轮 D 的齿数成反比，由此得到 C 轴的转速

$$n_3=n_1\times\frac{z_1}{z_3}=\left(120\times\frac{36}{12}\right)\text{r/min}=360\text{r/min}$$

据此，算得各轴承受的扭矩：

$$T_1=M_{e1}=\left(9549\times\frac{14}{120}\right)\text{N}\cdot\text{m}=1114\text{N}\cdot\text{m}$$

$$T_2=M_{e2}=\left(9549\times\frac{7}{120}\right)\text{N}\cdot\text{m}=557\text{N}\cdot\text{m}$$

$$T_3=M_{e3}=\left(9549\times\frac{7}{360}\right)\text{N}\cdot\text{m}=185.7\text{N}\cdot\text{m}$$

（2）**计算最大切应力**

E、H、C 三轴横截面上的最大切应力分别为

$$\tau_{\max}(E)=\frac{T_1}{W_{p1}}=\left(\frac{16\times1114}{\pi\times70^3\times10^{-9}}\right)\text{Pa}=16.54\times10^6\text{Pa}=16.54\text{MPa}$$

$$\tau_{\max}(H)=\frac{T_2}{W_{p2}}=\left(\frac{16\times557}{\pi\times50^3\times10^{-9}}\right)\text{Pa}=22.69\times10^6\text{Pa}=22.69\text{MPa}$$

$$\tau_{\max}(C)=\frac{T_3}{W_{p3}}=\left(\frac{16\times185.7}{\pi\times35^3\times10^{-9}}\right)\text{Pa}=22.06\times10^6\text{Pa}=22.06\text{MPa}$$

13.3 圆轴扭转时的强度设计与刚度设计

13.3.1 扭转试验与扭转破坏现象

为了测定扭转时材料的力学性能，需将材料制成扭转试样在扭转试验机上进行试验。对于低碳钢，采用薄壁圆管或圆筒进行试验，使薄壁截面上的切应力接近均匀分布，这样才能得到反映切应力与切应变关系的曲线。对于灰铸铁这样的脆性材料，由于基本上不发生塑性变形，所以采用实心圆截面试样也能得到反映切应力与切应变关系的曲线。

由试验所得的扭转时塑性材料（低碳钢）和脆性材料（灰铸铁）的应力-应变曲线分别如图 13-11a、b 所示。

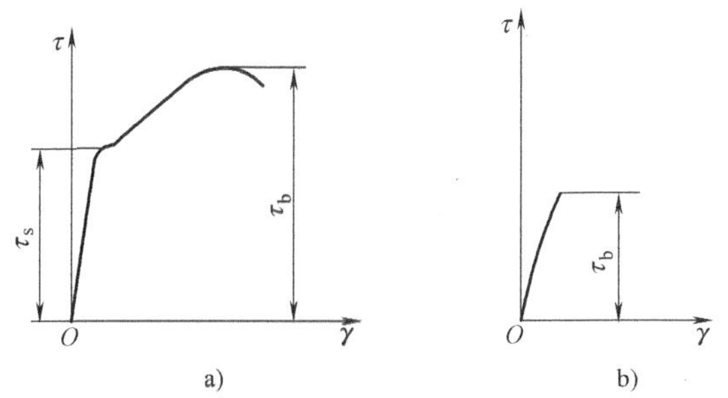

图 13-11 扭转试验的应力-应变曲线

试验结果表明，类似于拉伸正应力与线应变关系曲线，低碳钢的切应力与切应变关系曲线上，也存在线弹性、屈服和断裂三个主要阶段。屈服强度和强度极限分别用 τ_s 和 τ_b 表示。

对于灰铸铁，整个扭转过程都没有明显的线弹性阶段和塑性阶段，最后仅发生脆性断裂。其强度极限用 τ_b 表示。

塑性材料与脆性材料扭转破坏时，其试样断口有着明显的区别。塑性材料试样最后沿横截面剪断，断口比较光滑、平整，如图 13-12a 所示。

灰铸铁试样扭转破坏时沿 45°螺旋面断开，断口呈细小颗粒状，如图 13-12b 所示。

请读者思考这两种断口破坏的原因。

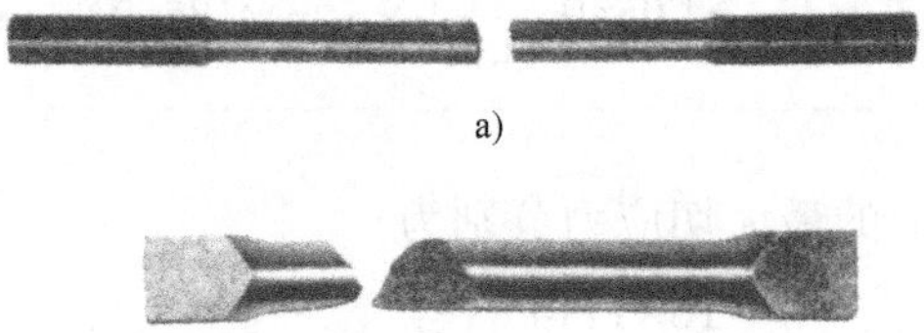

a)

b)

图 13-12　扭转试验的破坏现象

13.3.2　扭转强度设计

与拉压强度设计相类似，进行扭转强度设计时，首先需要根据扭矩图和横截面的尺寸判断可能的危险截面；然后根据危险截面上的应力分布确定危险点（即最大切应力作用点）；最后利用试验结果建立扭转时的强度设计准则。

圆轴扭转时的强度设计准则为

$$\tau_{max} \leqslant [\tau] \tag{13-15}$$

式中，$[\tau]$ 为许用切应力。

对于脆性材料，

$$[\tau]=\frac{\tau_b}{n_b} \tag{13-16}$$

对于塑性材料，

$$[\tau]=\frac{\tau_s}{n_s} \tag{13-17}$$

上述各式中，许用切应力与许用正应力之间存在一定的关系。

对于脆性材料，

$$[\tau]=[\sigma]$$

对于塑性材料，

$$[\tau]=(0.5\sim0.577)[\sigma]$$

如果设计中不能提供 $[\tau]$ 值时，可根据上述关系由 $[\sigma]$ 值求得 $[\tau]$ 值。

【例题 13-3】　如图 13-13 所示，汽车发动机将功率通过主传动轴 AB 传递给后桥，驱动车轮行驶。设主传动轴所承受的最大外力偶矩为 $M_e=1.5\text{kN}\cdot\text{m}$，轴由 45 号无缝钢管制成，

外直径 $D=90mm$，壁厚 $\delta=2.5mm$，$[\tau]=60MPa$。

（1）试校核主传动轴的强度；

（2）若改用实心轴，在具有与空心轴相同的最大切应力的前提下，试确定实心轴的直径；

（3）确定空心轴与实心轴的重量比。

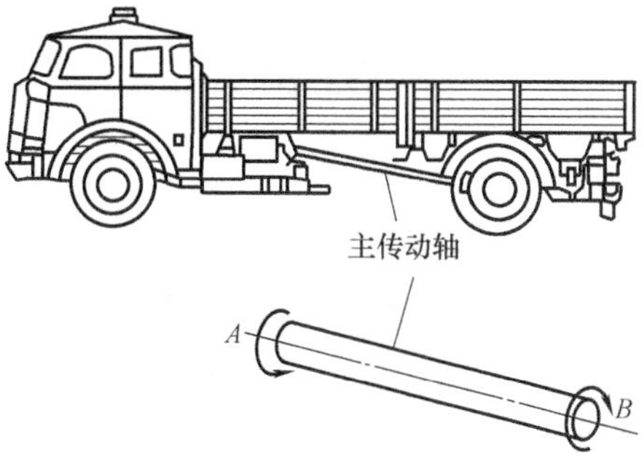

图 13-13　例题 13-3 图

解：（1）**校核空心轴的强度**

根据已知条件，主传动轴横截面上的扭矩 $T=M_e=1.5kN\cdot m$，轴的内、外直径之比

$$\alpha=\frac{d}{D}=\frac{D-2\delta}{D}=\frac{90mm-2\times2.5}{90mm}=0.944$$

因为轴只在两端承受外加力偶作用，所以轴各横截面的危险程度相同，轴的所有横截面上的最大切应力均为

$$\tau_{max}=\frac{T}{W_p}=\frac{16T}{\pi D^3(1-\alpha^4)}=\frac{16\times1.5\times10^3}{\pi(90\times10^{-3})^3(1-0.944^4)}Pa=50.9\times10^6Pa=50.9MPa<[\tau]$$

由此可以得出结论：主传动轴的强度是安全的。

（2）**确定实心轴的直径**

根据实心轴与空心轴具有同样数值的最大切应力的要求，实心轴横截面上的最大切应力也必须等于 50.9MPa。若设实心轴直径为 d_1，则有

$$\tau_{max}=\frac{T}{W_p}=\frac{16T}{\pi d_1^3}=\frac{16\times1.5\times10^3}{\pi d_1^3}N\cdot m=50.9MPa=50.9\times10^6Pa$$

据此，实心轴的直径

$$d_1=\sqrt[3]{\frac{16\times1.5\times10^3}{\pi\times50.9\times10^6}}m=53.1\times10^{-3}m=53.1mm$$

（3）**计算空心轴与实心轴的重量比**

由于二者长度相等、材料相同，所以重量比即为横截面面积比，即

$$\eta=\frac{W_1}{W_2}=\frac{A_1}{A_2}=\frac{\frac{\pi(D^2-d^2)}{4}}{\frac{\pi d_1^2}{4}}=\frac{D^2-d^2}{d_1^2}=\frac{90^2-85^2}{53.1^2}=0.31$$

（4）**本例讨论**

上述结果表明，空心轴远比实心轴轻，即采用空心圆轴比采用实心圆轴合理。这是由于圆轴扭转时横截面上的切应力沿半径方向非均匀分布，截面中心附近区域的切应力比截面边缘各点的切应力小得多，当最大切应力达到许用切应力 $[\tau]$ 时，中心附近的切应力远小于许用切应力值。将受扭杆件做成空心圆轴，使得横截面中心附近的材料得到充分利用。

【例题 13-4】　木制圆轴受扭如图 13-14a 所示，圆轴的轴线与木材的顺纹方向一致。轴的直径为 150mm，圆轴沿木材顺纹方向的许用切应力 $[\tau]_{顺}=2MPa$，沿木材横纹方向的许用切应力 $[\tau]_{横}=8MPa$，求轴的许用扭转力偶的力偶矩。

解：木材的许用切应力沿顺纹（纵截面内）和横纹（横截面内）具有不同的数值。圆轴受扭后，根据切应力互等定理，不仅横截面上产生切应力，而且包含轴线的纵截面上也会

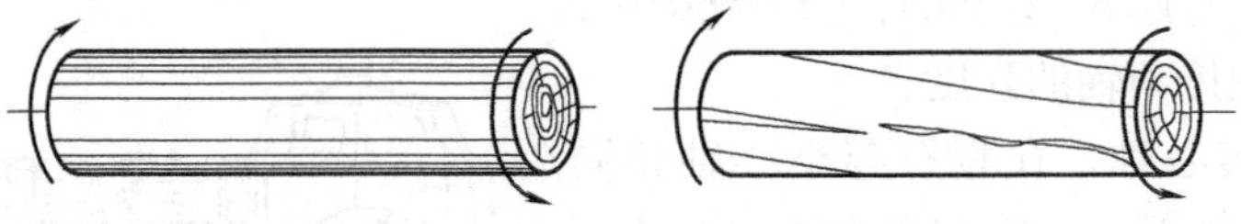

图 13-14　例题 13-4 图

产生切应力。所以需要分别校核木材沿顺纹和沿横纹方向的强度。

横截面上的切应力沿径向线性分布，纵截面上的切应力也沿径向线性分布，而且二者具有相同的最大值，即

$$(\tau_{max})_{顺}=(\tau_{max})_{横}$$

而木材沿顺纹方向的许用切应力低于沿横纹方向的许用切应力，因此本例中的圆轴扭转破坏时将沿纵向截面裂开，如图 13-14b 所示。故本例只需要按圆轴沿顺纹方向的强度计算许用外加力偶的力偶矩。于是，由顺纹方向的强度设计准则

$$(\tau_{max})_{顺}=\frac{T}{W_p}=\frac{16T}{\pi d^3}\leqslant[\tau_{max}]_{顺}$$

得到

$$[M_e]=T=\frac{\pi d^3[\tau_{max}]_{顺}}{16}=\frac{\pi(150\times10^{-3})^3\times2\times10^6}{16}\text{N}\cdot\text{m}$$
$$=1.33\times10^3\text{N}\cdot\text{m}=1.33\text{kN}\cdot\text{m}$$

13.3.3　扭转刚度设计

扭转刚度计算是将单位长度上的相对扭转角限制在允许的范围内，即必须使构件满足刚度设计准则

$$\theta=\frac{d\varphi}{dx}\leqslant[\theta] \tag{13-18}$$

由式（13-6），单位长度的相对扭转角

$$\theta=\frac{d\varphi}{dx}=\frac{T}{GI_p}$$

式（13-18）中的［θ］称为单位长度的许用相对扭转角，其数值视轴的工作条件而定：精密机械的轴 $[\theta]=(0.25\sim0.5)(°)/m$；一般传动轴 $[\theta]=(0.5\sim1.0)(°)/m$；刚度要求不高的轴 $[\theta]=2°/m$。

刚度设计中要注意单位的一致性。式（13-18）不等号左边 $\theta=\frac{d\varphi}{dx}=\frac{T}{GI_p}$ 的单位为 rad/m；而右边通常所用的单位为（°）/m。因此，在实际设计中，若不等式两边均采用 rad/m，则必须在不等式右边乘以（π/180°）；若两边均采用（°）/m，则必须在左边乘以（180°/π）。

【例题 13-5】　钢制空心圆轴的外直径 $D=100$mm，内直径 $d=50$mm。若要求轴在 2m 长度内的最大相对扭转角不超过 1.5°，材料的切变模量 $G=80.4$GPa。

（1）求该轴所能承受的最大扭矩；

（2）确定此时轴横截面上的最大切应力。

解：（1）**确定轴所能承受的最大扭矩**

根据刚度设计准则，有

$$\theta=\frac{\mathrm{d}\varphi}{\mathrm{d}x}=\frac{T}{GI_{\mathrm{p}}}\leqslant[\theta]$$

由已知条件，单位长度的许用相对扭转角为

$$[\theta]=\frac{1.5^{\circ}}{2\mathrm{m}}=\frac{1.5}{2}\times\frac{\pi}{180}\mathrm{rad/m} \tag{a}$$

空心圆轴截面的极惯性矩

$$I_{\mathrm{p}}=\frac{\pi D^4}{32}(1-\alpha^4),\quad \alpha=\frac{d}{D} \tag{b}$$

将式（a）和式（b）一并代入刚度设计准则，得到轴所能承受的最大扭矩为

$$T\leqslant[\theta]\times GI_{\mathrm{p}}=\frac{1.5}{2}\times\frac{\pi}{180}\mathrm{rad/m}\times G\times\frac{\pi D^4}{32}(1-\alpha^4)$$

$$=\frac{1.5\times\pi^2\times80.4\times10^9\times(100\times10^{-3})^4\left[1-\left(\frac{50}{100}\right)^4\right]}{2\times180\times32}\mathrm{N\cdot m}$$

$$=9.686\times10^3\mathrm{N\cdot m}=9.686\mathrm{kN\cdot m}$$

（2）**计算轴在承受最大扭矩时，横截面上的最大切应力**

轴在承受最大扭矩时，横截面上的最大切应力为

$$\tau_{\max}=\frac{T}{W_{\mathrm{p}}}=\frac{16\times9.686\times10^3}{\pi(100\times10^{-3})^3\left[1-\left(\frac{50}{100}\right)^4\right]}\mathrm{Pa}=52.6\times10^6\mathrm{Pa}=52.6\mathrm{MPa}$$

13.4 小结与讨论

13.4.1 小结

1. 外力偶矩的计算

已知传动轴的转速 n(r/min) 和传递的功率 P(kW)，则外力偶矩为

$$M_{\mathrm{e}}=9549\frac{P}{n}$$

2. 扭矩和扭矩图

矢量方向垂直于横截面的内力偶矩称为扭矩。符号规定遵守右手螺旋法则。求任一截面的扭矩采用截面法，扭矩沿杆轴线方向的变化规律用扭矩图来表示。

3. 切应力互等定理

在互相垂直的两个平面上，切应力必然成对存在，且大小相等；切应力的方向皆垂直于

两个平面的交线，且共同指向或共同背离这一交线。

4. 圆轴扭转时的切应力

圆轴扭转时横截面上任意点的切应力表达式为

$$\tau(\rho)=\frac{T\rho}{I_p}$$

最大切应力发生在横截面边缘上各点，且其表达式为

$$\tau_{max}=\frac{T\rho_{max}}{I_p}=\frac{T}{W_p}$$

5. 圆轴扭转时的变形

单位长度上的相对扭转角为

$$\theta=\frac{d\varphi}{dx}=\frac{T}{GI_p}$$

13.4.2 关于圆轴强度与刚度设计

圆轴是很多工程中常见的零件之一，其强度设计和刚度设计的一般过程如下：

1）根据轴传递的功率以及轴每分钟的转数，确定作用在轴上的外加力偶的力偶矩。

2）应用截面法确定轴的横截面上的扭矩，当轴上同时作用有两个以上的绕轴线转动的外加力偶时，一般需要画出扭矩图。

3）根据轴的扭矩图，确定可能的危险截面和危险截面上的扭矩数值。

4）计算危险截面上的最大切应力或单位长度上的相对扭转角。

5）根据需要，应用强度设计准则与刚度设计准则对圆轴进行强度与刚度校核、设计轴的直径以及确定许用载荷。

需要指出的是，工程结构与机械中有些传动轴都是通过与之连接的零件或部件承受外力作用的。这时需要首先将作用在零件或部件上的力向轴线简化，得到轴的受力图。这种情形下，圆轴将同时承受扭转与弯曲，而且弯曲可能是主要的。这一类圆轴的强度设计比较复杂，本书将在第16章中介绍。

此外，还有一些圆轴所受的外力（大小或方向）随着时间的改变而变化，这一类圆轴的强度问题，将在第18章中介绍。

*13.4.3 矩形截面杆扭转时的切应力

试验结果表明，非圆（正方形、矩形、三角形、椭圆形等）截面杆扭转时，横截面外周线将改变原来的形状，并且不再位于同一平面内。由此推定，杆横截面将不再保持平面，发生翘曲（warping）。图13-15a所示为一矩形截面杆受扭后发生翘曲的情形。

由于翘曲，非圆截面杆扭转时横截面上的切应力将与圆截面杆有很大差异。

应用平衡的方法可以得到以下结论：

- 非圆截面杆扭转时，横截面上周边各点的切应力沿着周边切线方向。
- 对于有凸角的多边形截面杆，横截面上凸角点处的切应力等于零。

考察图13-15a所示的受扭矩形截面杆上位于角点的微元（见图13-15b）。假定微元各面上的切应力如图13-15c所示。由于垂直于 y、z 坐标轴的杆表面均为自由表面（无外力作

用），故微元上与之对应的面上的切应力均为零，即

$$\tau_{yz}=\tau_{yx}=\tau_{zy}=\tau_{zx}=0$$

根据切应力互等定理，角点微元垂直于 x 轴的面（对应于杆横截面）上，与上述切应力互等的切应力也必然为零，即

$$\tau_{xy}=\tau_{xz}=0$$

采用类似方法，读者不难证明，杆件横截面上沿周边各点的切应力必与周边相切。

由弹性力学理论以及试验方法可以得到矩形截面构件扭转时，横截面上的切应力分布以及切应力的计算公式。现将结果介绍如下：

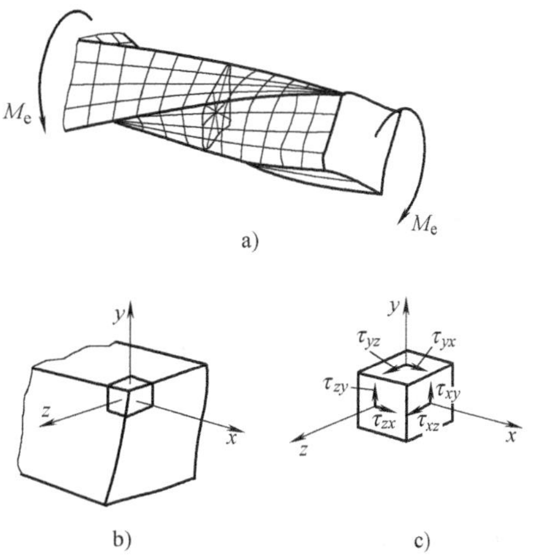

图 13-15　非圆截面杆扭转时的翘曲变形

切应力分布如图 13-16 所示。从图中可以看出，最大切应力发生在矩形截面的长边中点处，其值为

$$\tau_{\max}=\frac{T}{C_1hb^2} \tag{13-19}$$

在短边中点处，切应力

$$\tau=C_1'\tau_{\max} \tag{13-20}$$

式中，C 和 C_1' 为与长、短边尺寸之比 h/b 有关的因数。表 13-1 所示为若干 h/b 值下的 C 和 C_1' 数值。

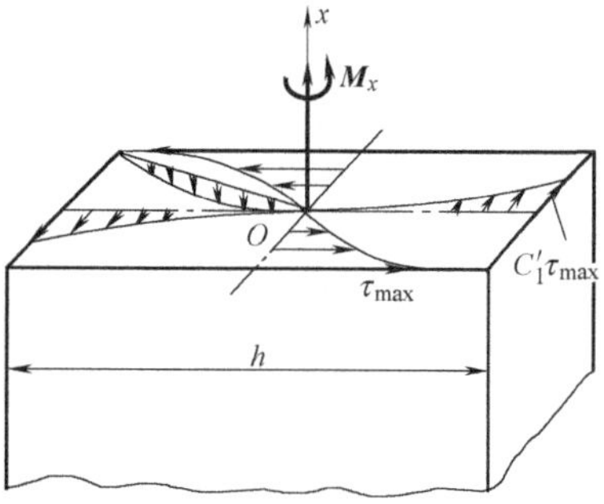

图 13-16　矩形截面扭转时横截面上的应力分布

当 $h/b>10$ 时，截面变得狭长，这时 $C=0.333\approx1/3$，于是，式（13-19）变为

$$\tau_{\max}=\frac{3T}{hb^2} \tag{13-21}$$

这时，沿宽度 b 方向的切应力可近似认为线性分布。

表 13-1　矩形截面杆扭转切应力公式中的因数

h/b	C_1	C_1'
1.0	0.208	1.000
1.5	0.231	0.895
2.0	0.246	0.795
3.0	0.267	0.766
4.0	0.282	0.750
6.0	0.299	0.745
8.0	0.307	0.743
10.0	0.312	0.743
∞	0.333	0.743

矩形截面杆横截面单位长度相对扭转角由下式计算：

$$\theta=\frac{T}{Ghb^3\left[\frac{1}{3}-0.21\frac{b}{h}\left(1-\frac{b^4}{12h^4}\right)\right]} \tag{13-22}$$

式中，G 为材料的切变模量。

习　题

选择填空题

13-1　关于扭转切应力公式 $\tau(\rho)=\dfrac{M_x\rho}{I_p}$ 的应用范围，有以下几种答案，试判断哪一种是正确的。（　　）

① 等截面圆轴，弹性范围内加载

② 等截面圆轴

③ 等截面圆轴与椭圆轴

④ 等截面圆轴与椭圆轴，弹性范围内加载

13-2　两根长度相等、直径不等的圆轴受扭后，轴表面上母线转过相同的角度。设直径大的轴和直径小的轴的横截面上的最大切应力分别为 $\tau_{1\max}$ 和 $\tau_{2\max}$，材料的切变模量分别为 G_1 和 G_2。关于 $\tau_{1\max}$ 和 $\tau_{2\max}$ 的大小，有下列四种结论，试判断哪一种是正确的。（　　）

① $\tau_{1\max}>\tau_{2\max}$　　② $\tau_{1\max}<\tau_{2\max}$

③ 若 $G_1>G_2$，则有 $\tau_{1\max}>\tau_{2\max}$　　④ 若 $G_1>G_2$，则有 $\tau_{1\max}<\tau_{2\max}$

13-3　长度相等的直径为 d_1 的实心圆轴与内、外直径分别为 d_2、D_2（$\alpha=d_2/D_2$）的空心圆轴，二者横截面上的最大切应力相等。关于二者重量之比（W_1/W_2）有如下结论，试判断哪一种是正确的。（　　）

① $(1-\alpha^4)^{\frac{3}{2}}$　　② $(1-\alpha^4)^{\frac{3}{2}}(1-\alpha^2)$

③ $(1-\alpha^4)(1-\alpha^2)$　　④ $(1-\alpha^4)^{\frac{2}{3}}(1-\alpha^2)$

分析计算题

13-4　变截面轴受力如图 13-17 所示，图中尺寸单位为 mm。若已知 $M_{e1}=1765\text{N}\cdot\text{m}$，$M_{e2}=1171\text{N}\cdot\text{m}$，材料的切变模量 $G=80.4\text{GPa}$，求：

（1）轴内最大切应力，并指出其作用位置；

（2）轴内最大相对扭转角 $\varphi_{\max}$。

13-5　图 13-18 所示实心圆轴承受外加扭转力偶，其力偶矩 $M_e=3\text{kN}\cdot\text{m}$。试求：

（1）轴横截面上的最大切应力；

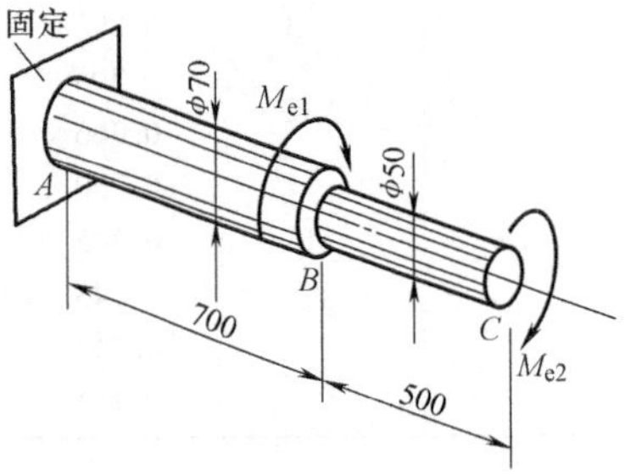

图 13-17　习题 13-4 图

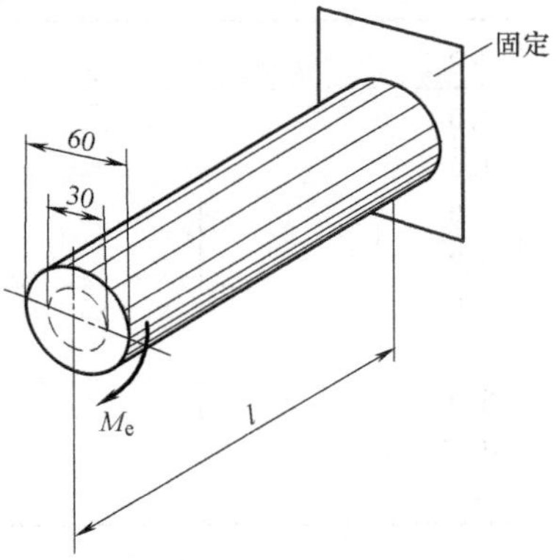

图 13-18　习题 13-5 图

（2）轴横截面上半径 $r=15\text{mm}$ 以内部分承受的扭矩所占全部横截面上扭矩的百分比；

（3）去掉 $r=15\text{mm}$ 以内部分，横截面上的最大切应力增加的百分比。

13-6　同轴线的芯轴 AB 与轴套 CD 在 D 处二者无接触，而在 C 处焊成一体。轴的 A 端承受扭转力偶作用，如图 13-19 所示。已知轴直径 $d=66\text{mm}$，轴套外直径 $D=80\text{mm}$，厚度 $\delta=6\text{mm}$；材料的许用切应力 $[\tau]=60\text{MPa}$。试求结构所能承受的最大外力偶矩。

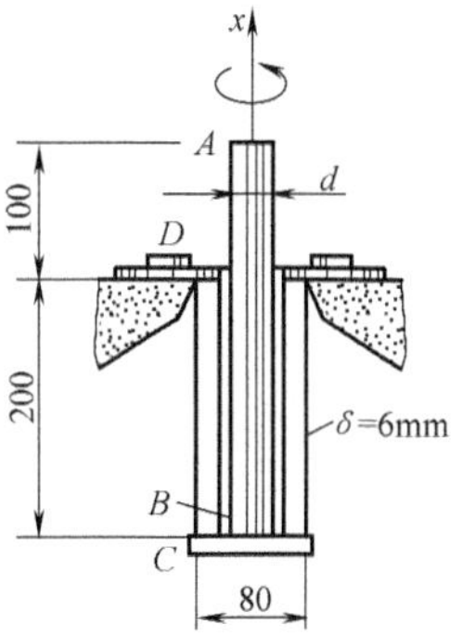

图 13-19　习题 13-6 图

13-7　由同一材料制成的实心和空心圆轴，二者长度和质量均相等。设实心圆轴半径为 R_0，空心圆轴的内、外半径分别为 R_1 和 R_2，且 $R_1/R_2=n$；二者所承受的外加扭转力偶矩分别为 M_{es} 和 M_{eh}。若二者横截面上的最大切应力相等，试证明：

$$\frac{M_{es}}{M_{eh}}=\frac{\sqrt{1-n^2}}{1+n^2}$$

13-8　图 13-20 所示圆轴的直径 $d=50\text{mm}$，外力偶矩 $M_e=2\text{kN}\cdot\text{m}$，材料的 $G=82\text{GPa}$。试求：

（1）横截面上点 A 处（$\rho_A=d/4$）的切应力和相应的切应变；

（2）最大切应力和单位长度相对扭转角。

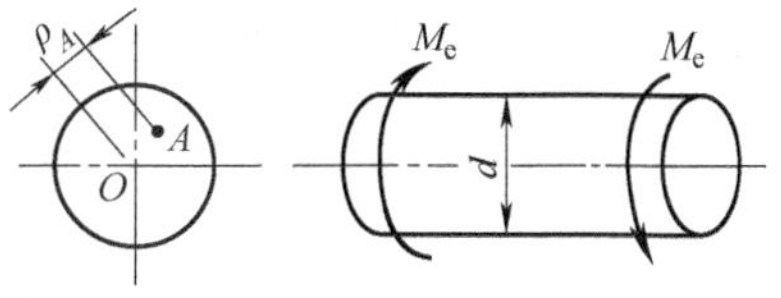

图 13-20　习题 13-8 图

13-9　已知圆轴的转速 $n=300\text{r/min}$，传递功率 450 马力[㊀]，材料的 $[\tau]=60\text{MPa}$，$G=82\text{GPa}$。要求在 2m 长度内的相对扭转角不超过 1.25°，试求该轴的直径。

13-10　钢质实心轴和铝质空心轴（内外径比值 $\alpha=0.65$）的横截面面积相等。$[\tau]_{钢}=80\text{MPa}$，$[\tau]_{铝}=50\text{MPa}$。若仅从强度条件考虑，哪一根轴能承受较大的扭矩？

13-11　如图 13-21 所示，化工反应器的搅拌轴由功率 $P=6\text{kW}$ 的电动机带动，转速 $n=30\text{r/min}$，轴由外径 $D=90\text{mm}$、壁厚 $t=10\text{mm}$ 的钢管制成，材料的许用切应力 $[\tau]=50\text{MPa}$。试校核轴的扭转强度。

13-12　功率为 150kW、转速为 15.4r/s 的电动机轴如图 13-22 所示。其中 $d_1=135\text{mm}$，$d_2=90\text{mm}$，$d_3=75\text{mm}$，$d_4=70\text{mm}$，$d_5=65\text{mm}$。轴外伸端装有带轮。材料的许用切应力 $[\tau]=30\text{MPa}$。试校核轴的扭转强度。

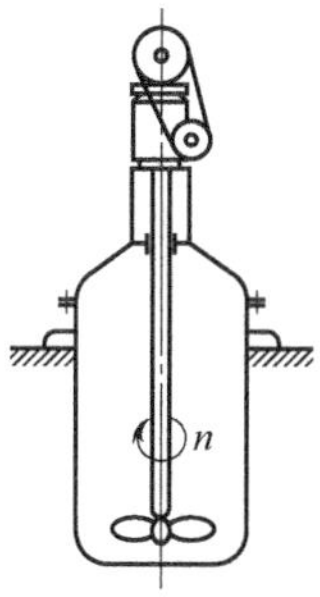

图 13-21　习题 13-11 图

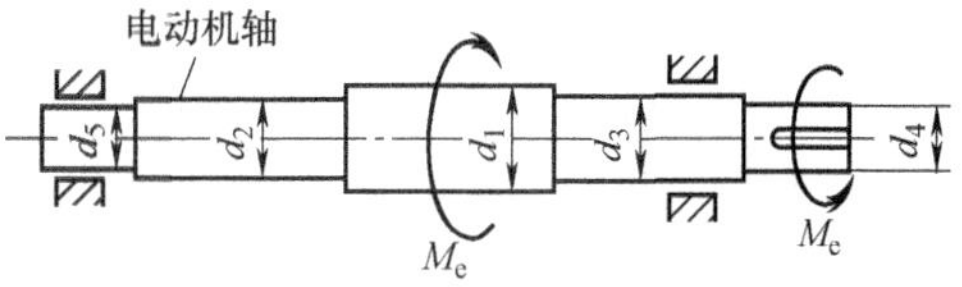

图 13-22　习题 13-12 图

㊀ 1 马力 = 735.499W。——编辑注

第 14 章 弯曲强度

前面已经分析解决了拉压杆在轴向载荷作用下、圆轴在扭转力偶作用下的强度问题。本章主要分析和研究梁的弯曲强度问题。

在第 11 章内力分析中，实际上，已经开始接触弯曲强度问题。梁在弯曲载荷作用下横截面上将产生剪力和弯矩，第 11 章给出了剪力和弯矩的数学表达——剪力方程和弯矩方程，以及二者的图形表达——剪力图和弯矩图。据此可以判断梁发生弯曲失效时几种可能的危险截面——弯矩最大的截面；剪力最大的截面；剪力和弯矩都比较大的截面。这是弯曲强度问题的一部分。

对于弯曲强度问题，除了确定可能的危险截面外，还需要确定危险截面上将产生什么类型的应力、以及这些应力是怎样分布的？强度失效可能在哪些危险点最先发生？针对不同危险点（正应力最大点、切应力最大点以及正应力和切应力都比较大的点）建立相应的强度设计准则，进而进行强度设计。

绝大多数细长梁的失效，主要与正应力有关，切应力的影响是次要的。本章将主要确定梁横截面上正应力以及与正应力有关的强度问题。由于受力和变形形式与拉压杆件、扭转圆轴有很大差异，弯曲强度分析将首先涉及截面图形的几何性质。

14.1 截面图形的几何性质

拉压杆的正应力分析以及强度计算的结果表明，拉压杆横截面上正应力的大小以及拉压杆的强度只与杆件横截面的大小，即横截面面积有关。而受扭圆轴横截面上切应力的大小，则与横截面的极惯性矩有关。这表明圆轴的强度不仅与截面的大小有关，而且与截面的几何形状有关。例如，在材料和横截面面积都相同的条件下，空心圆轴的扭转强度高于实心圆轴的扭转强度。不同的受力与变形形式下，由于应力分布的差异，应力分析中会出现不同的几何量。

对于图 14-1 所示的应力均匀分布的情形，利用内力与应力的静力学关系，有

$$\sigma=\frac{F_{\mathrm{N}}}{A}$$

式中，A 为杆件的横截面面积。

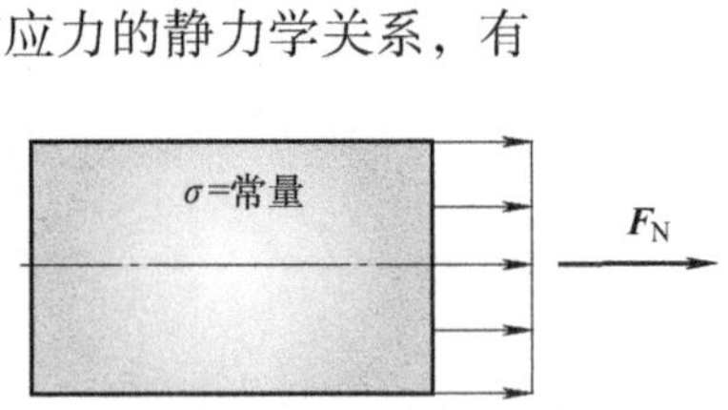

图 14-1　横截面上应力均匀分布

当杆件横截面上，除了轴力以外还存在弯矩时，其上的应力将不再是均匀分布的，这时得到的应力表达式，

仍然与横截面上的内力分量以及横截面的几何量有关。但是，这时的几何量将不再是横截面面积，而是其他的形式。例如，当横截面上的正应力沿横截面的高度方向线性分布时，即 $\sigma=Cy$ 时（见图 14-2），根据应力与内力的静力学关系，这样的应力分布将组成弯矩 M_z，于是有

$$\int_A(\sigma \mathrm{d}A)y=\int_A(Cy\mathrm{d}A)y=C\int_A y^2\mathrm{d}A=M_z$$

由此得到

$$C=\frac{M_z}{\int_A y^2\mathrm{d}A}=\frac{M_z}{I_z},\qquad \sigma=Cy=\frac{M_z y}{I_z}$$

其中

$$I_z=\int_A y^2\mathrm{d}A$$

不仅与横截面面积的大小有关，而且与横截面各部分到 z 轴距离的平方（y^2）有关。

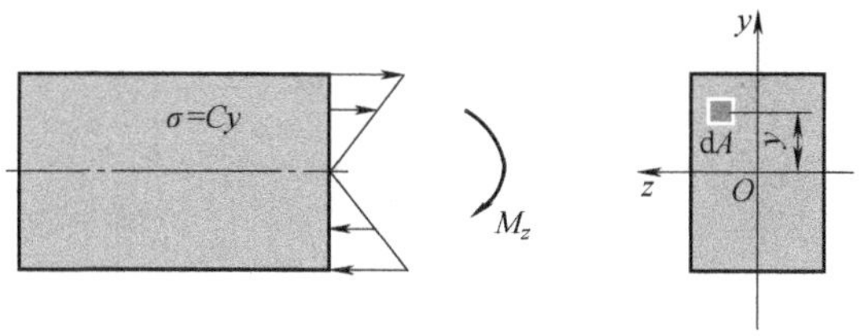

图 14-2　横截面上非均匀分布应力

分析弯曲正应力时将涉及若干与横截面大小以及横截面形状有关的量，包括形心、静矩、惯性矩、惯性积以及主轴等。研究上述几何量，完全不考虑研究对象的物理和力学因素，只作为纯几何问题加以处理。

14.1.1　静矩、形心及其相互关系

考察任意平面几何图形如图 14-3a 所示，在其上取面积微元 $\mathrm{d}A$，该微元在 Oyz 坐标系中的坐标为 y、z（为与本书所用坐标系一致，将通常所用的 Oxy 坐标系改为 Oyz 坐标系）。定义下列积分：

$$\begin{cases}S_y=\int_A z\mathrm{d}A\\ S_z=\int_A y\mathrm{d}A\end{cases}\tag{14-1}$$

分别称为图形对于 y 轴和 z 轴的截面一次矩（first moment of an area）或静矩（static moment）。静矩的单位为 m^3 或 mm^3。

如果将 $\mathrm{d}A$ 视为垂直于图形平面的分力，则 $z\mathrm{d}A$ 和 $y\mathrm{d}A$ 分别为 $\mathrm{d}A$ 这一分力对于 y 轴和 z 轴的力矩；S_y 和 S_z 则分别为 A 这一合力对 y 轴和 z 轴之矩。

图形几何形状的中心称为形心（centroid of an area），如图 14-3b 所示，若将面积视为垂直于图形平面的合力，则形心即为合力的作用点。

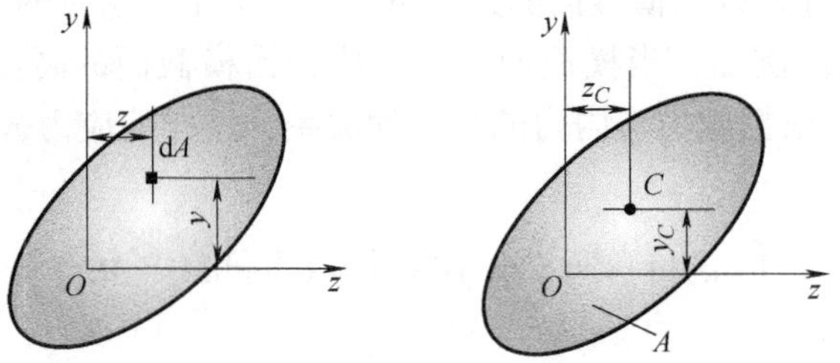

a) b)

图 14-3 平面图形的静矩与形心

设 y_C、z_C为形心坐标，则根据对轴的合力矩定理

$$\begin{cases} S_y = Az_C \\ S_z = Ay_C \end{cases} \tag{14-2}$$

或

$$\begin{cases} z_C = \dfrac{S_y}{A} = \dfrac{\int_A z\mathrm{d}A}{A} \\ y_C = \dfrac{S_z}{A} = \dfrac{\int_A y\mathrm{d}A}{A} \end{cases} \tag{14-3}$$

这就是图形形心坐标与静矩之间的关系。

根据上述静矩的定义以及静矩与形心之间的关系可以看出：

- 静矩与坐标轴有关，同一平面图形对于不同的坐标轴有不同的静矩。对某些坐标轴静矩为正；对另外一些坐标轴静矩则可能为负；对于通过形心的坐标轴，图形对其静矩等于零。

- 如果已经计算出静矩，就可以确定形心的位置；反之，如果已知形心在某一坐标系中的位置，则可计算图形对于这一坐标系中坐标轴的静矩。

实际计算中，对于简单的、规则的图形，其形心位置可以直接判断，例如：矩形、正方形、圆形、正三角形等的形心位置是显而易见的。对于组合图形，则先将其分解为若干个简单图形（可以直接确定形心位置的图形）；然后由式（14-2）分别计算它们对于给定坐标轴的静矩，并求其代数和，即

$$\begin{cases} S_y = A_1 z_{C1} + A_2 z_{C2} + \cdots + A_n z_{Cn} = \sum A_i z_{Ci} \\ S_z = A_1 y_{C1} + A_2 y_{C2} + \cdots + A_n y_{Cn} = \sum A_i y_{Ci} \end{cases} \tag{14-4}$$

再利用式（14-4），即可得组合图形的形心坐标

$$\begin{cases} z_C = \dfrac{S_y}{A} = \dfrac{\sum A_i z_{Ci}}{\sum A_i} \\ y_C = \dfrac{S_z}{A} = \dfrac{\sum A_i y_{Ci}}{\sum A_i} \end{cases} \tag{14-5}$$

14.1.2　惯性矩、极惯性矩、惯性积、惯性半径

对于图 14-3 中的任意图形，以及给定的坐标系 Oyz，定义下列积分：

$$\begin{cases} I_y = \int_A z^2 \mathrm{d}A \\ I_z = \int_A y^2 \mathrm{d}A \end{cases} \tag{14-6}$$

分别为图形对于 y 轴和 z 轴的截面二次矩（second moment of an area）或惯性矩（moment of inertia）。

定义积分

$$I_{\mathrm{p}} = \int_A r^2 \mathrm{d}A \tag{14-7}$$

为图形对于点 O 的截面二次极矩（second polar moment of an area）或极惯性矩（polar moment of inertia）。

定义积分

$$I_{yz} = \int_A yz \mathrm{d}A \tag{14-8}$$

为图形对于通过点 O 的一对坐标轴 y、z 的惯性积（product of inertia）。

定义

$$\begin{cases} i_y = \sqrt{\dfrac{I_y}{A}} \\ i_z = \sqrt{\dfrac{I_z}{A}} \end{cases} \tag{14-9}$$

分别为图形对于 y 轴和 z 轴的惯性半径（radius of gyration）。

根据上述定义可知：

1）惯性矩和极惯性矩恒为正；而惯性积则由于坐标轴位置的不同，可能为正，也可能为负。三者的单位均为 m^4 或 mm^4。

2）因为 $r^2 = x^2 + y^2$，所以由上述定义，不难得到惯性矩与极惯性矩之间的下列关系：

$$I_{\mathrm{p}} = I_y + I_z \tag{14-10}$$

3）根据极惯性矩的定义式（14-7），以及图 14-4 所示的微面积取法，不难得到圆截面对其形心的极惯性矩

$$I_{\mathrm{p}} = \frac{\pi d^4}{32} \tag{14-11}$$

或

$$I_{\mathrm{p}} = \frac{\pi R^4}{2} \tag{14-12}$$

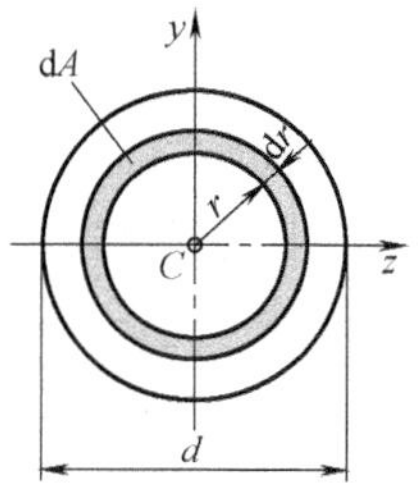

图 14-4　圆形的极惯性矩

式中，d 为圆截面的直径；R 为半径。

类似地，还可以得圆环截面对于圆环中心的极惯性矩为

$$I_{\mathrm{p}} = \frac{\pi D^4}{32}(1-\alpha^4), \quad \alpha = \frac{d}{D} \tag{14-13}$$

式中，D 为圆环外直径；d 为内直径。

根据式（14-10）、式（14-11），注意到圆形对于通过其形心的任意两根轴具有相同的惯性矩，便可得到圆截面对于通过其形心的任意轴的惯性矩均为

$$I=\frac{\pi d^4}{64} \tag{14-14}$$

对于外径为 D、内径为 d 的圆环截面，则有

$$I=\frac{\pi D^4}{64}(1-\alpha^4),\quad \alpha=\frac{d}{D} \tag{14-15}$$

4）根据惯性矩的定义式（14-6），注意微面积的取法（见图 14-5），不难求得矩形截面对于通过其形心、平行于矩形周边轴的惯性矩：

$$\begin{cases} I_y=\dfrac{hb^3}{12} \\ I_z=\dfrac{bh^3}{12} \end{cases} \tag{14-16}$$

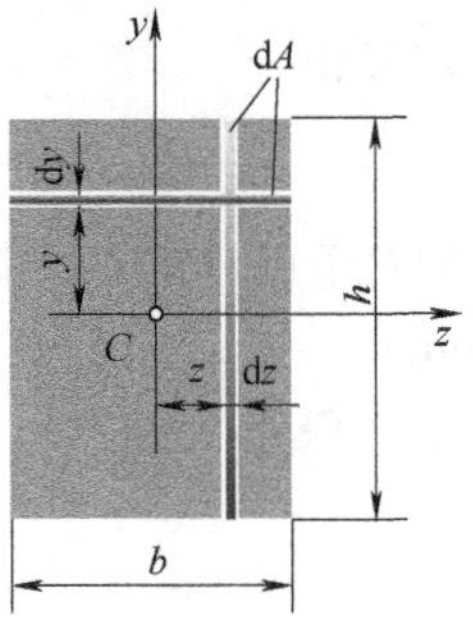

图 14-5　矩形微面积的取法

应用上述积分定义，还可以计算其他各种简单图形截面对于给定坐标轴的惯性矩。

必须指出，对于由简单几何图形组合而成的图形，为避免复杂数学运算，一般并不采用积分的方法计算它们的惯性矩，而是利用简单图形的惯性矩计算结果以及图形对于不同坐标轴（例如互相平行的坐标轴、不同方向的坐标轴）惯性矩之间的关系，由求和的方法求得。

14.1.3　惯性矩与惯性积的移轴定理

图 14-6 所示的任意图形，在以形心 O 为原点的坐标系 Oyz 中，对于 y、z 轴的惯性矩和惯性积为 I_y、I_z、I_{yz}。另有一坐标系 $O_1y_1z_1$，其中 y_1 和 z_1 分别平行于 y 和 z 轴，且二者之间的距离分别为 b 和 a。图形对于 y_1、z_1 轴的惯性矩和惯性积为 I_{y1}、I_{z1}、I_{y1z1}。

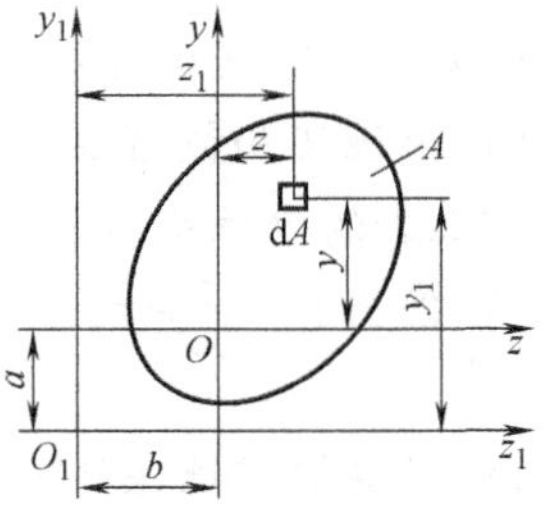

图 14-6　移轴定理

所谓移轴定理（parallel-axis theorem）是指图形对于互相平行轴的惯性矩、惯性积之间的关系。即通过已知图形对于一对坐标轴（通常是过形心的一对坐标轴）的惯性矩、惯性积，求图形对另一对与上述坐标轴平行的坐标轴的惯性矩与惯性积。根据惯性矩与惯性积的定义，通过同一微面积在两个坐标系中的坐标之间的关系，可以得到

$$\begin{cases} I_{y1}=I_y+b^2A \\ I_{z1}=I_z+a^2A \\ I_{y1z1}=I_{yz}+abA \end{cases} \tag{14-17}$$

此即关于图形对于平行轴惯性矩与惯性积之间关系的移轴定理。其中 y、z 轴必须通过图形形心。

移轴定理表明：

1）图形对任意轴的惯性矩，等于图形对于与该轴平行的通过形心轴的惯性矩，加上图形面积与两平行轴间距离平方的乘积。

2）图形对于任意一对直角坐标轴的惯性积，等于图形对于平行于该坐标轴的一对通过形心的直角坐标轴的惯性积，加上图形面积与两对平行轴间距离的乘积。

3）因为面积及包含 a^2、b^2 的项恒为正，故自形心轴移至与之平行的任意轴，惯性矩总是增加的。

4）a、b 为原坐标系原点在新坐标系中的坐标，要注意二者的正负号；二者同号时 abA 为正，异号时为负。所以，移轴后惯性积有可能增加也有可能减少。

14.1.4　惯性矩与惯性积的转轴定理

所谓转轴定理（rotation-axis theorem）是研究坐标轴绕原点转动时，图形对这些坐标轴的惯性矩和惯性积之间的关系。

图 14-7 中，将坐标系 Oyz 绕坐标原点 O 逆时针方向转过 α 角，得到一新的坐标系 Oy_1z_1。图形对新坐标系的 I_{y1}、I_{z1}、I_{y1z1} 与图形对原坐标系的 I_y、I_z、I_{yz}之间存在下列关系：

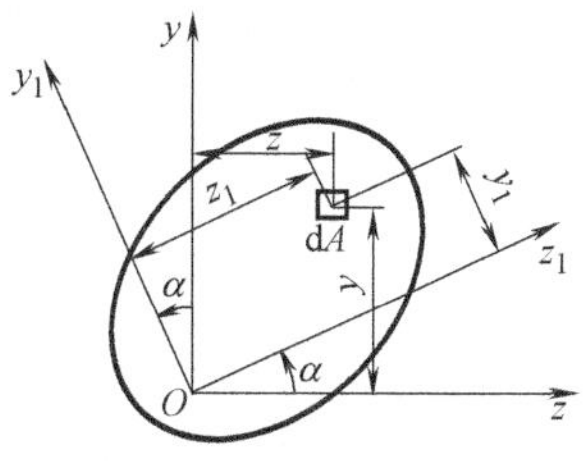

图 14-7　转轴定理

$$\begin{cases} I_{y1}=\dfrac{I_y+I_z}{2}+\dfrac{I_y-I_z}{2}\cos 2\alpha+I_{yz}\sin 2\alpha \\ I_{z1}=\dfrac{I_y+I_z}{2}-\dfrac{I_y-I_z}{2}\cos 2\alpha-I_{yz}\sin 2\alpha \\ I_{y1z1}=\dfrac{-I_y-I_z}{2}\sin 2\alpha+I_{yz}\cos 2\alpha \end{cases} \tag{14-18}$$

上述由转轴定理得到的式（14-18），与移轴定理所得到的式（14-17）不同，它不要求 y、z 通过形心。当然，式（14-18）对于绕形心转动的坐标系也是适用的，而且也是实际应用中最感兴趣的。

14.1.5　主轴与形心主轴、主惯性矩与形心主惯性矩

从式（14-18）的第三式可以看出，对于确定的点（坐标原点），当坐标轴旋转时，随着角度 α 的改变，惯性积也发生变化，并且根据惯性积可能为正，也可能为负的特点，总可以找到一角度 α_0 以及相应的 y_0、z_0 轴，使得图形对于这一对坐标轴的惯性积等于零。

考察图 14-8 所示的矩形截面，以图形内或图形外的某一点（例如点 O）作为坐标原点，建立坐标系 Oyz。在图 14-8a 所示的情形下，图形中的所有面积的 y、z 坐标均为正值，根据惯性积的定义，图形对于这一对坐标轴的惯性积大于零，即 $I_{yz}>0$。

将坐标系 Oyz 逆时针方向旋转 90°，如图 14-8b 所示，这时，图形中的所有面积的 z 坐标均为正值，y 坐标均为负值，根据惯性积的定义，图形对于这一对坐标轴的惯性积小于零，即 $I_{yz}<0$。

当坐标轴旋转时，惯性积由正变负（或者由负变正）的事实表明，在坐标轴旋转的过

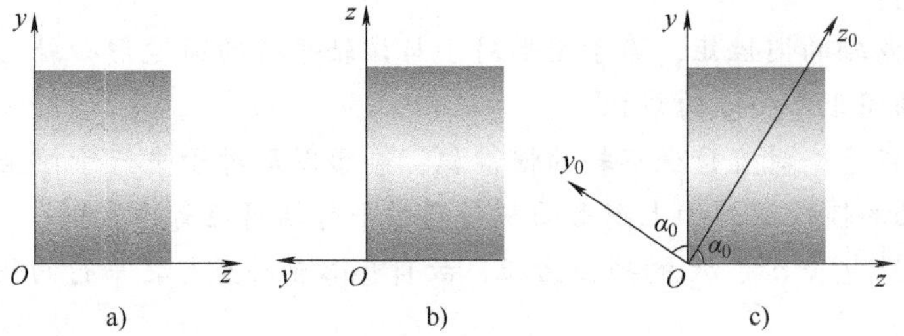

图 14-8 图形的惯性积与坐标轴取向的关系

程中，一定存在一角度（例如 α_0），以及相应的坐标轴（例如 y_0、z_0 轴），图形对于这一对坐标轴的惯性积等于零（例如 $I_{y0z0}=0$）。据此，给出如下定义：

如果图形对于过一点的一对坐标轴的惯性积等于零，则称这一对坐标轴为过这一点的**主轴**（principal axes）。图形对于主轴的惯性矩称为**主惯性矩**（principal moment of inertia of an area）。主惯性矩具有极大值或极小值的特征。

主轴的方向角以及主惯性矩可以通过初始坐标轴的惯性矩和惯性积确定：

$$\tan 2\alpha_0=\frac{2I_{yz}}{I_y-I_z} \tag{14-19}$$

$$\left.\begin{array}{l} I_{y0}=I_{\max} \\ I_{z0}=I_{\min} \end{array}\right\}=\frac{I_y+I_z}{2}\pm\frac{1}{2}\sqrt{(I_y-I_z)^2+4I_{yz}^2} \tag{14-20}$$

图形对于任意一点（图形内或图形外）都有主轴，而通过形心的主轴称为**形心主轴**，图形对形心主轴的惯性矩称为**形心主惯性矩**，简称为**形心主矩**。

工程计算中有意义的是形心主轴与形心主矩。

当图形有一根对称轴时，对称轴及与之垂直的任意轴即为过二者交点的主轴。例如图 14-9 所示的具有一根对称轴的图形，位于对称轴 y 一侧的部分图形对于 y、z 轴的惯性积与位于另一侧的对称图形对于 y、z 轴的惯性积，二者数值相等，但符号相反。所以，整个图形对于 y、z 轴的惯性积 $I_{yz}=0$，故 y、z 轴为主轴。又因为 C 为形心，故 y、z 轴为形心主轴。

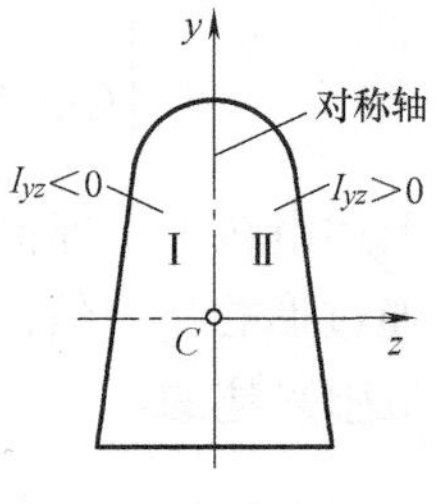

图 14-9 对称轴为主轴

【例题 14-1】 截面图形的几何尺寸如图 14-10 所示。试求图中阴影部分的惯性矩 I_y 和 I_z。

解：根据惯性矩的积分定义，具有断面线的图形对于 y、z 轴的惯性矩，等于高为 H、宽为 b 的矩形对于 y、z 轴的惯性矩，减去高为 h、宽为 b 的矩形对于相同轴的惯性矩，即

$$I_y=\frac{Hb^3}{12}-\frac{hb^3}{12}=\frac{b^3}{12}(H-h)$$

$$I_z=\frac{bH^3}{12}-\frac{bh^3}{12}=\frac{b}{12}(H^3-h^3)$$

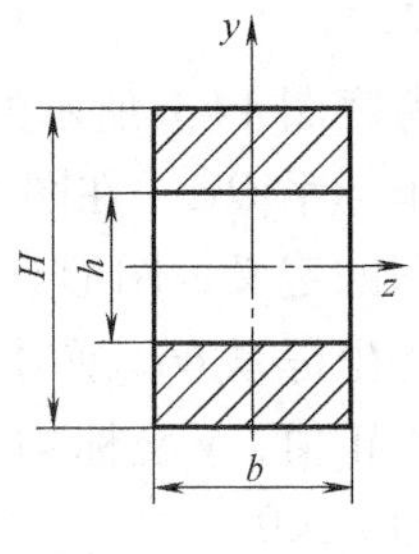

图 14-10 例题 14-1 图

上述方法称为**负面积法**，可用于圆形中有挖空部分的情形，

计算比较简捷。

*【例题 14-2】　T 形截面尺寸如图 14-11a 所示。试求其形心主惯性矩。

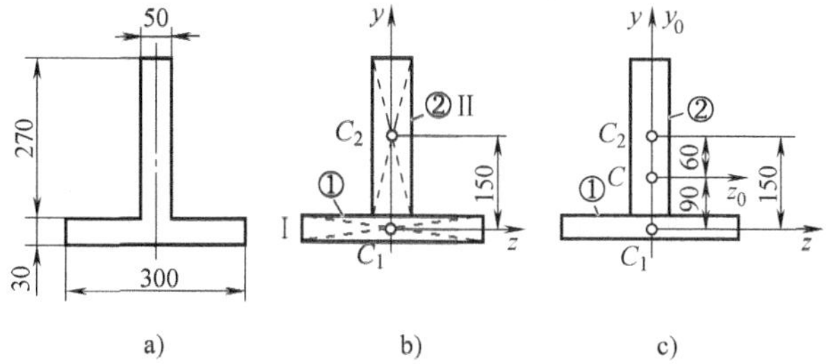

图 14-11　例题 14-2 图

解：(1) **将所给图形分解为简单图形的组合**

将 T 形分解为图 14-11b 所示的两个矩形 Ⅰ 和 Ⅱ。

(2) **确定形心位置**

首先，以矩形 Ⅰ 的形心 C_1 为坐标原点，建立图 14-11b 所示的坐标系 C_1yz。因为 y 轴为 T 字形的对称轴，故图形的形心必位于该轴上。因此，只需要确定形心在 y 轴上的位置，即确定 y_C。

根据式 (14-5)，形心 C 的坐标

$$y_C = \frac{\sum_{i=1}^{2} A_i y_{Ci}}{\sum_{i=1}^{2} A_i} = \left[\frac{0 + (270\times10^{-3}\times50\times10^{-3})\times150\times10^{-3}}{300\times10^{-3}\times30\times10^{-3}+270\times10^{-3}\times50\times10^{-3}}\right]\text{m}$$

$$= 90\times10^{-3}\text{m} = 90\text{mm}$$

(3) **确定形心主轴**

因为对称轴及与其垂直的轴即为通过二者交点的主轴，故以形心 C 为坐标原点建立图 14-11c 所示的 Cy_0z_0 坐标系，其中 z_0 轴通过形心且与对称轴 y_0 垂直，则 y_0、z_0 轴为形心主轴。

(4) **采用组合法及移轴定理计算形心主惯性矩 I_{y0} 和 I_{z0}**

根据惯性矩的积分定义，有

$$I_{y0} = I_{y0}(\text{Ⅰ}) + I_{y0}(\text{Ⅱ})$$

$$= \left[\frac{30\times10^{-3}\times300^3\times10^{-9}}{12}+\frac{270\times10^{-3}\times50^3\times10^{-9}}{12}\right]\text{m}^4$$

$$= 7.03\times10^{-5}\text{m}^4 = 7.03\times10^{7}\text{mm}^4$$

$$I_{z0} = I_{z0}(\text{Ⅰ}) + I_{z0}(\text{Ⅱ})$$

$$= \left[\frac{300\times10^{-3}\times30^3\times10^{-9}}{12}+90^2\times10^{-6}\times(300\times10^{-3}\times30\times10^{-3})+\right.$$

$$\left.\frac{50\times10^{-3}\times270^3\times10^{-9}}{12}+60^2\times10^{-6}\times(270\times10^{-3}\times50\times10^{-3})\right]\text{m}^4$$

$$= 2.04\times10^{-4}\text{m}^4 = 2.04\times10^{8}\text{mm}^4$$

14.2 平面弯曲时梁横截面上的正应力

14.2.1 平面弯曲与纯弯曲的概念

1. 对称面

梁的横截面具有对称轴，所有相同的对称轴组成的平面（见图 14-12a），称为梁的对称面（symmetric plane）。

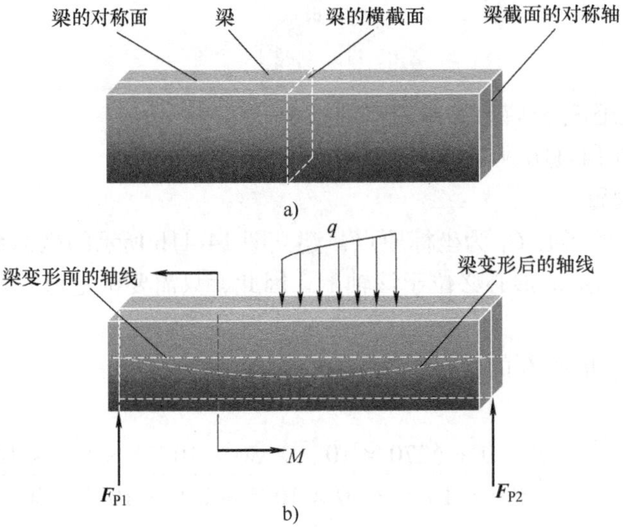

图 14-12 平面弯曲

2. 主轴平面

梁的横截面如果没有对称轴，但是都有通过横截面形心的形心主轴，所有相同的形心主轴组成的平面，称为梁的主轴平面（plane including principal axes）。由于对称轴也是主轴，所以对称面也是主轴平面；反之则不然。以下的分析和叙述中均使用主轴平面。

3. 平面弯曲

所有外力（包括力、力偶）都作用梁的同一主轴平面内时，梁的轴线弯曲后将成为平面曲线，这一曲线位于外力作用平面内，如图 14-12b 所示。这种弯曲称为平面弯曲（plane bending）。

4. 纯弯曲

一般情形下，平面弯曲时，梁的横截面上一般将有两个内力分量，即剪力和弯矩。如果梁的横截面上只有弯矩一个内力分量，这种平面弯曲称为纯弯曲（pure bending）。图 14-13 中的几种梁上的 AB 段都属于纯弯曲。纯弯曲情形下，由于梁的横截面上只有弯矩，因而，便只有可以组成弯矩的垂直于横截面的正应力。

5. 横向弯曲

梁在垂直梁轴线的横向力作用下，其横截面上将同时产生剪力和弯矩。这时，梁的横截面上不仅有正应力，还有切应力。这种弯曲称为横向弯曲，简称横弯曲（transverse bending）。

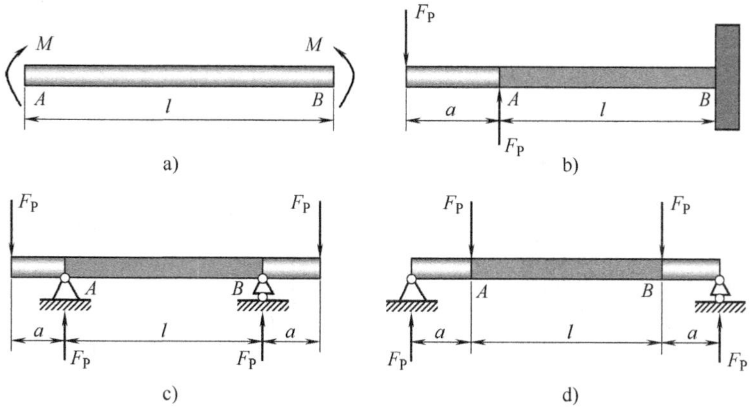

图 14-13 纯弯曲实例

14.2.2 纯弯曲时梁横截面上的正应力分析

分析梁横截面上的正应力，就是要确定梁横截面上各点的正应力与弯矩、横截面的形状和尺寸之间的关系。由于横截面上的应力是看不见的，而梁的变形是可见的，应力又与变形有关，因此，可以根据梁的变形情形推知梁横截面上的正应力分布。这一过程与分析圆轴扭转时横截面上的切应力的过程是相同的。

1. 几何关系

如果用容易变形的材料，例如橡胶、海绵，制成梁的模型，然后让梁的模型产生纯弯曲，如图 14-14a 所示。可以看到，梁弯曲后，某些层沿纵向发生伸长变形，另一些层则会发生缩短变形，在伸长层与缩短层的交界处那一层，既不伸长，也不缩短，称为梁的中性层或中性面（neutral surface）（见图 14-14b）。中性层与梁的横截面的交线，称为横截面的中性轴（neutral axis）。中性轴垂直于加载方向，对于具有对称轴的横截面梁，中性轴垂直于横截面的对称轴。

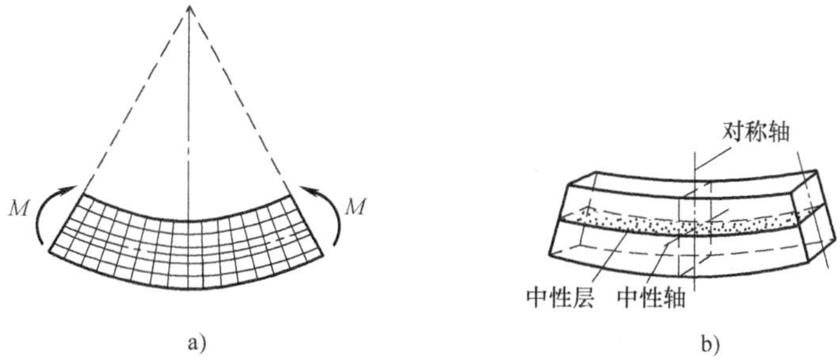

图 14-14 梁横截面上的正应力分析

用相邻的两个横截面从梁上截取长度为 dx 的微段（见图 14-15a）。假定梁发生弯曲变形后，微段的两个横截面仍然保持平面，但是绕各自的中性轴转过一角度 dθ，如图 14-15b 所示。这称为平面假设（plane assumption）。

在横截面上建立 Oyz 坐标系，如图 14-15 所示，其中 z 轴与中性轴重合（中性轴的位置尚未确定），y 轴沿横截面高度方向并与加载方向重合。

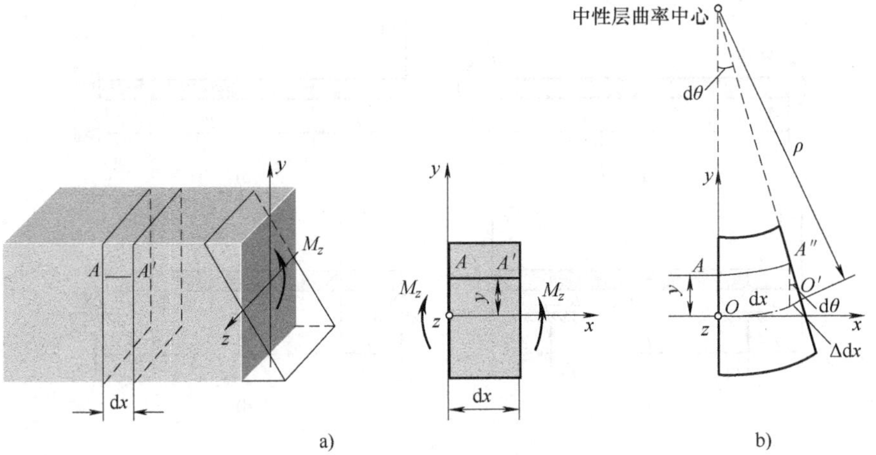

图 14-15 弯曲时微段梁的变形协调

在图 14-15 所示的坐标系中，微段上到中性面距离为 y 处的线段长度的改变量为

$$\Delta dx = -y d\theta \tag{14-21}$$

式中的负号表示 y 坐标为正的线段产生缩短变形；y 坐标为负的线段产生伸长变形。

将线段的长度改变量除以原长 dx，即为线段的正应变。于是，由式（14-21）得到

$$\varepsilon = \frac{\Delta dx}{dx} = -y\frac{d\theta}{dx} = -\frac{y}{\rho} \tag{14-22}$$

这就是线应变沿横截面高度方向分布的数学表达式。其中

$$\frac{1}{\rho} = \frac{d\theta}{dx} \tag{14-23}$$

从图 14-15b 中可以看出，ρ 就是中性面弯曲后的曲率半径，也就是梁的轴线弯曲后的曲率半径。因为 ρ 与 y 坐标无关，所以在式（14-22）和式（14-23）中，ρ 为常数。

2. 物理关系

应用线弹性范围内的应力-应变关系，即胡克定律

$$\sigma = E\varepsilon \tag{14-24}$$

将上面所得到的线应变分布的数学表达式（14-22）代入式（14-24）后，便得到正应力沿横截面高度分布的数学表达式

$$\sigma = -\frac{E}{\rho}y \tag{14-25}$$

式中，E 为材料的弹性模量；ρ 为中性层的曲率半径；对于同一横截面上的各点而言，二者都是常量。这表明，横截面上的弯曲正应力沿横截面的高度方向从中性轴开始呈线性分布。

上述表达式虽然给出了横截面上的应力分布，但仍然不能用于计算横截面上各点的正应力。这是因为尚有两个问题没有解决：一是 y 坐标是从中性轴开始计算的，中性轴的位置还没有确定；二是中性面的曲率半径 ρ 也没有确定。

3. 静力学关系

确定中性轴的位置以及中性面的曲率半径，需要应用静力学方程。为此，以横截面的形心为坐标原点，建立 $Cxyz$ 坐标系，其中 x 轴沿着梁的轴线方向；z 轴与中性轴重合。

正应力在横截面上可以组成一个轴力和一个弯矩。但是，根据截面法和力系等效方程，

纯弯曲时，横截面上只能有弯矩一个内力分量，轴力必须等于零。于是，应用积分的方法，由图 14-16，有

$$\int_A \sigma \mathrm{d}A = F_{\mathrm{N}} = 0 \tag{14-26}$$

$$\int_A (\sigma \mathrm{d}A) y = -M_z \tag{14-27}$$

式中的负号表示坐标 y 为正值的微面积 $\mathrm{d}A$ 上的力对 z 轴之矩为负值；M_z 为作用在加载平面内的弯矩，可由截面法求得。

将式（14-25）代入式（14-27），得到

$$\int_A \left(-\frac{E}{\rho} y \mathrm{d}A\right) y = -\frac{E}{\rho}\int_A y^2 \mathrm{d}A = -M_z$$

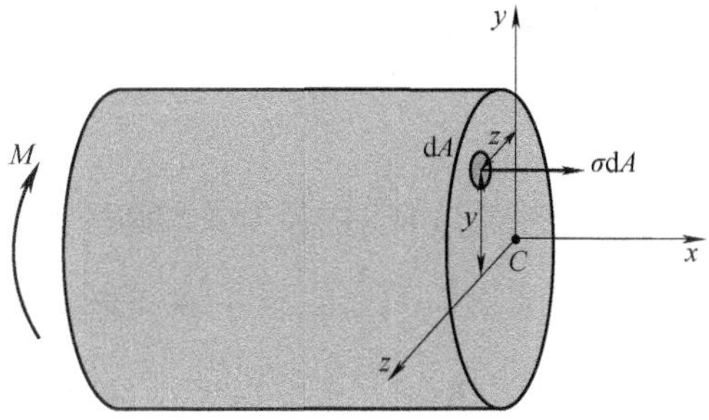

图 14-16 横截面上的正应力组成的内力分量

根据截面惯性矩的定义，式中的积分就是梁的横截面对于 z 轴的惯性矩，即

$$\int_A y^2 \mathrm{d}A = I_z$$

代入上式后，得到

$$\frac{1}{\rho} = \frac{M_z}{EI_z} \tag{14-28}$$

式中，EI_z 称为**抗弯刚度**（bending rigidity）。因为 ρ 为中性层的曲率半径，所以式（14-28）就是中性层的曲率与横截面上的弯矩以及抗弯刚度的关系式。

再将式（14-28）代入式（14-25），最后得到弯曲时梁横截面上的正应力的计算公式

$$\sigma = -\frac{M_z y}{I_z} \tag{14-29}$$

4. 中性轴的位置

为了利用公式（14-29）计算梁弯曲时横截面上的正应力，还需要确定中性轴的位置。

将式（14-25）代入静力学等效方程（14-26），有

$$\int_A \left(-\frac{E}{\rho} y\right) \mathrm{d}A = -\frac{E}{\rho}\int_A y \mathrm{d}A = 0$$

根据静矩的定义，式中的积分即为横截面面积对于 z 轴的静矩 S_z。又因为 $\frac{E}{\rho} \neq 0$，静矩必须等于零，即

$$S_z = \int_A y \mathrm{d}A = 0$$

由静矩与截面形心之间的关系知，截面对于某一轴的静矩如果等于零，这一轴一定通过截面的形心。在设置坐标系时，已经指定 z 轴与中性轴重合，因此，这一结果表明，在平面弯曲的情形下，中性轴 z 通过截面形心，从而确定了中性轴的位置。

5. 最大正应力公式与抗弯截面系数

工程上最感兴趣的是横截面上的最大正应力，也就是横截面上到中性轴最远处点上的正应力。这些点的 y 坐标值最大，即 $y = y_{\max}$。将 $y = y_{\max}$ 代入正应力计算公式（14-29）得到

$$\sigma_{\max}=\frac{M_z y_{\max}}{I_z}=\frac{M_z}{W_z} \tag{14-30}$$

式中，$W_z=I_z/y_{\max}$，称为抗弯截面系数，单位是 mm^3 或 m^3。

对于宽度为 b、高度为 h 的矩形截面：

$$W_z=\frac{bh^2}{6} \tag{14-31}$$

对于直径为 d 的圆截面：

$$W_z=W_y=W=\frac{\pi d^3}{32} \tag{14-32}$$

对于外径为 D、内径为 d 的圆环截面：

$$W_z=W_y=W=\frac{\pi D^3}{32}(1-\alpha^4),\quad \alpha=\frac{d}{D} \tag{14-33}$$

对于轧制型钢（工字钢等），抗弯截面系数 W 可直接从型钢表中查得。

14.2.3 梁的弯曲正应力公式的应用与推广

1. 计算梁的弯曲正应力需要注意的几个问题

计算梁弯曲时横截面上的最大正应力，注意以下几点是很重要的：

首先是，关于正应力正负号：即确定正应力是拉应力还是压应力。确定正应力正负号比较简单的方法是首先确定横截面上弯矩的实际方向，确定中性轴的位置；然后根据所要求应力的那一点的位置，以及“弯矩是由分布正应力组成的合力偶矩”这一关系，就可以确定这一点的正应力是拉应力还是压应力（见图14-17）。

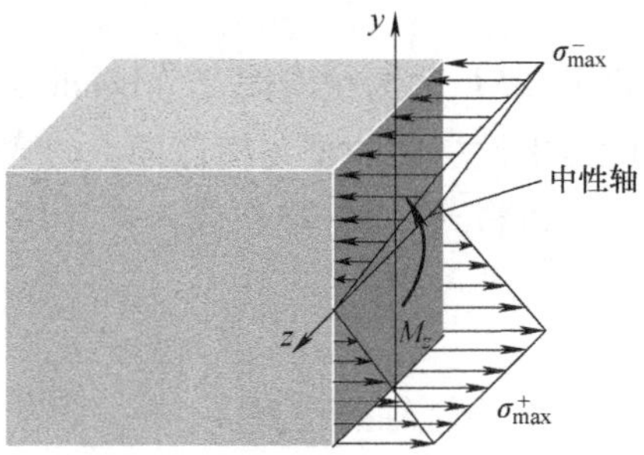

图14-17 根据弯矩的实际方向确定正应力的正负号

其次是，关于最大正应力的计算：如果梁的横截面具有一对相互垂直的对称轴，并且加载方向与其中一根对称轴一致时，则中性轴与另一对称轴一致。此时最大拉应力与最大压应力绝对值相等，由公式（14-30）计算。

如果梁的横截面只有一根对称轴，而且加载方向与对称轴一致，则中性轴过截面形心并垂直于对称轴。这时，横截面上最大拉应力与最大压应力绝对值不相等，可由下列两式分别计算：

$$\sigma^+_{\max}=\frac{M_z y^+_{\max}}{I_z}\ (\text{拉}),\quad \sigma^-_{\max}=\frac{M_z y^-_{\max}}{I_z}\ (\text{压}) \tag{14-34}$$

式中，$y^+_{\max}$ 为截面受拉一侧离中性轴最远各点到中性轴的距离；$y^-_{\max}$ 为截面受压一侧离中性轴最远各点到中性轴的距离（见图14-18）。实际计算中，可以不注明应力的正负号，只要在计算结果的后面用括号注明“拉”或“压”即可。

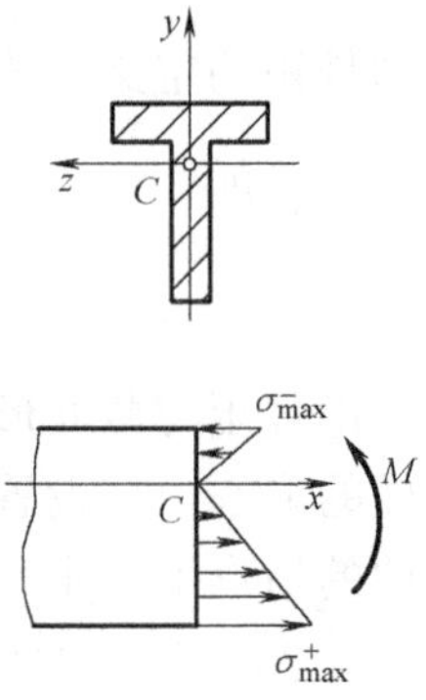

图14-18 最大拉、压应力不等的情形

此外，还要注意的是，某一个横截面上的最大正应力不一定就是梁内的最大正应力，应该首先判断可能产生最大正应力的那些截面，这些截面称为危险截面；然后比较所有危险截面上的最大正应力，其中最大者才是梁内横截面上的最大正应力。保证梁安全工作而不发生破坏，最重要的就是保证这种最大正应力不得超过允许的数值。

2. 纯弯曲正应力可以推广到横弯曲

以上有关纯弯曲的正应力的公式，对于非纯弯曲，也就是横截面上除了弯矩之外，还有剪力的情形，如果是细长杆，也是近似适用的。理论与实验结果都表明，由于切应力的存在，梁的横截面在梁变形之后将不再保持平面，而是要发生翘曲。这种翘曲对正应力的分布将产生影响。但是，对于细长梁，这种影响很小，通常忽略不计。

14.3 平面弯曲正应力公式应用举例

【例题 14-3】 图 14-19a 中的矩形截面悬臂梁，梁在自由端承受外力偶作用，力偶矩为 M_e，力偶作用在铅垂对称面内。试画出梁在固定端处横截面上正应力的分布图。

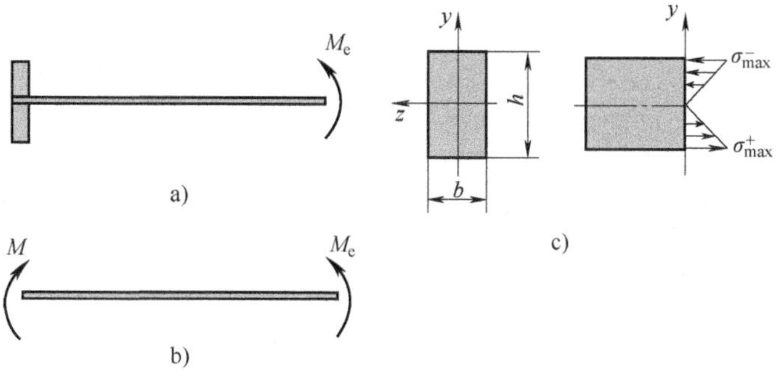

图 14-19 例题 14-3 图

解：(1) **确定固定端处横截面上的弯矩**

根据梁的受力，从固定端处将梁截开，考虑右边部分的平衡，可以求得固定端处梁截面上的弯矩：

$$M = M_e$$

方向如图 14-19b 所示。

读者不难证明，这一梁的所有横截面上的弯矩都等于外加力偶的力偶矩 M_e。

(2) **确定中性轴的位置**

中性轴通过截面形心并与截面的铅垂对称轴 y 垂直。因此，图 14-19c 中的 z 轴就是中性轴。

(3) **判断横截面上承受拉应力和压应力的区域**

根据弯矩的方向可判断横截面中性轴以上各点均受压应力，横截面中性轴以下各点均受拉应力。

(4) **画梁在固定端截面上正应力的分布图**

根据正应力公式，横截面上正应力沿截面高度 y 呈线性分布。在上、下边缘处正应力值最大。本例题中，上边缘承受最大压应力；下边缘承受最大拉应力。于是可以画出固定端截面上正应力的分布图，如图 14-19c 所示。

【例题 14-4】 承受均布载荷的简支梁如图 14-20 所示。已知：梁的横截面为矩形，宽度 $b=20\text{mm}$，高度 $h=30\text{mm}$；均布载荷集度 $q=10\text{kN/m}$；梁的长度 $l=450\text{mm}$。试求：梁弯矩最大截面上 1、2 两点处的正应力。

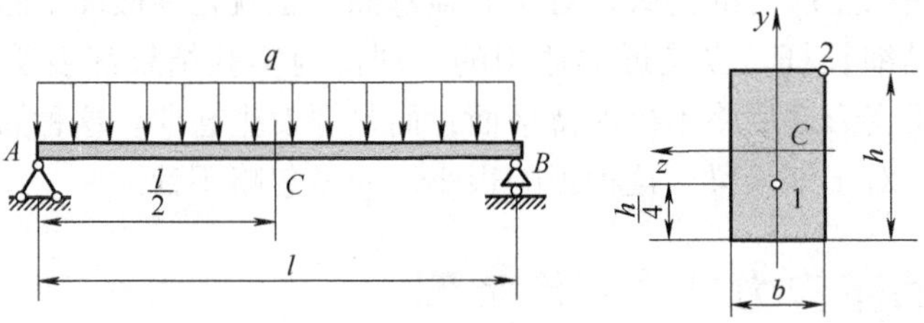

图 14-20 例题 14-4 图

解：（1）确定弯矩最大截面以及最大弯矩数值

根据静力学平衡方程 $\sum M_A=0$ 和 $\sum M_B=0$，可以求得支座 A 和 B 处的约束力分别为

$$F_{RA}=F_{RB}=\frac{ql}{2}=\frac{10\times10^3\text{N/m}\times450\times10^{-3}\text{m}}{2}=2.25\times10^3\text{N}$$

由于载荷为均匀分布，剪力图沿梁长为斜直线，在中点处剪力为零（根据对称性亦可得此结论），因此，梁中点处的横截面上弯矩最大，数值为

$$M_{\max}=\frac{ql^2}{8}=\frac{10\times10^3\text{N/m}\times(450\times10^{-3}\text{m})^2}{8}=0.253\times10^3\text{N}\cdot\text{m}$$

（2）计算横截面对中性轴的惯性矩

根据矩形截面惯性矩的公式（14-16）的第 2 式，本例题中，梁横截面对 z 轴的惯性矩

$$I_z=\frac{bh^3}{12}=\frac{20\times10^{-3}\text{m}\times(30\times10^{-3}\text{m})^3}{12}=4.5\times10^{-8}\text{m}^4$$

（3）求弯矩最大截面上 1、2 两点的正应力

均布载荷作用在纵向对称面内，因此横截面的水平对称轴 z 就是中性轴。根据弯矩最大截面上弯矩的方向，可以判断出：点 1 受拉应力，点 2 受压应力。

1、2 两点到中性轴的距离分别为

$$y_1=\frac{h}{2}-\frac{h}{4}=\frac{h}{4}=\frac{30\times10^{-3}\text{m}}{4}=7.5\times10^{-3}\text{m}$$

$$y_2=\frac{h}{2}=\frac{30\times10^{-3}\text{m}}{2}=15\times10^{-3}\text{m}$$

于是弯矩最大截面上，1、2 两点的正应力分别为

$$\sigma(1)=\frac{M_{\max}y_1}{I_z}=\frac{0.253\times10^3\text{N}\cdot\text{m}\times7.5\times10^{-3}\text{m}}{4.5\times10^{-8}\text{m}^4}=0.422\times10^8\text{Pa}=42.2\text{MPa}(\text{拉})$$

$$\sigma(2)=\frac{M_{\max}y_2}{I_z}=\frac{0.253\times10^3\text{N}\cdot\text{m}\times15\times10^{-3}\text{m}}{4.5\times10^{-8}\text{m}^4}=0.843\times10^8\text{Pa}=84.3\text{MPa}(\text{压})$$

【例题 14-5】 图 14-21a 所示 T 形截面简支梁在中点作用有集中力 $F_P=32\text{kN}$，梁的长度 $l=2\text{m}$。T 形截面的形心坐标 $y_C=96.4\text{mm}$，横截面对于 z 轴的惯性矩 $I_z=1.02\times10^8\text{mm}^4$。试

求：弯矩最大截面上的最大拉应力和最大压应力。

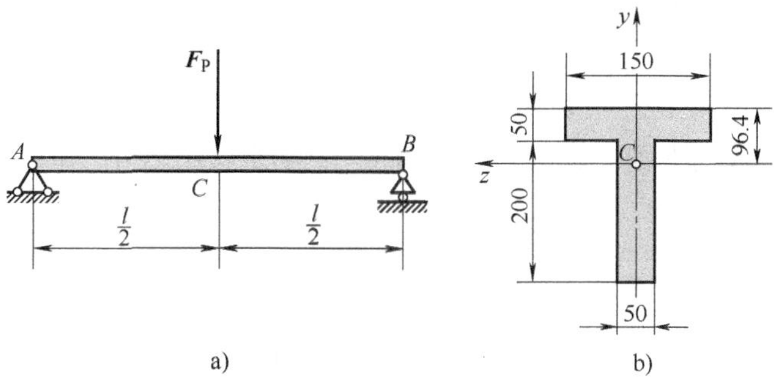

图 14-21　例题 14-5 图

解：（1）**确定弯矩最大截面以及最大弯矩数值**

根据静力学平衡方程 $\sum M_A=0$ 和 $\sum M_B=0$，可以求得支座 A 和 B 处的约束力分别为

$$F_{RA}=F_{RB}=16\text{kN}$$

根据内力分析，梁中点的截面上弯矩最大，数值为

$$M_{max}=\frac{F_P l}{4}=16\text{kN}\cdot\text{m}$$

（2）**确定中性轴的位置**

T 形截面只有一根对称轴，而且载荷沿着对称轴方向，因此，中性轴通过截面形心并且垂直于对称轴，图 14-21b 中的 z 轴就是中性轴。

（3）**确定最大拉应力和最大压应力作用点到中性轴的距离**

根据中性轴的位置和中间截面上最大弯矩的实际方向，可以确定中性轴以上部分承受压应力；中性轴以下部分承受拉应力。最大拉应力作用点和最大压应力作用点分别为到中性轴最远的下边缘和上边缘上的各点。由图 14-21b 所示截面尺寸，可以确定最大拉应力作用点和最大压应力作用点到中性轴的距离分别为

$$y^+_{max}=(200+50-96.4)\text{mm}=153.6\text{mm},\quad y^-_{max}=96.4\text{mm}$$

（4）**计算弯矩最大截面上的最大拉应力和最大压应力**

应用公式（14-34），得到

$$\sigma^+_{max}=\frac{My^+_{max}}{I_z}=\frac{16\times10^3\text{N}\cdot\text{m}\times153.6\times10^{-3}\text{m}}{1.02\times10^8\times(10^{-3})^4\text{m}^4}=24.09\times10^6\text{Pa}=24.09\text{MPa}(\text{拉})$$

$$\sigma^-_{max}=\frac{My^-_{max}}{I_z}=\frac{16\times10^3\text{N}\cdot\text{m}\times96.4\times10^{-3}\text{m}}{1.02\times10^8\times(10^{-3})^4\text{m}^4}=15.12\times10^6\text{Pa}=15.12\text{MPa}(\text{压})$$

14.4 梁的强度设计

14.4.1　梁的失效判据

与拉伸或压缩杆件失效类似，对于塑性材料制成的梁，当梁的危险截面上的最大正应力

达到材料的屈服应力 σ_s 时，便认为梁发生失效；对于脆性材料制成的梁，当梁的危险截面上的最大正应力达到材料的强度极限 σ_b 时，便认为梁发生失效。即

$$\sigma_{max}=\sigma_s \quad (\text{塑性材料}) \tag{14-35}$$

$$\sigma_{max}=\sigma_b \quad (\text{脆性材料}) \tag{14-36}$$

这就是判断梁是否失效的准则。其中 σ_s 由拉伸试验确定，σ_b（σ_b^+ 和 σ_b^-）分别由拉伸试验和压缩试验确定。

14.4.2 梁的弯曲强度设计准则

与拉、压杆的强度设计相类似，工程设计中，为了保证梁具有足够的安全裕度，梁的危险截面上的最大正应力，必须小于许用应力，许用应力等于 σ_s 或 σ_b 除以一个大于1的安全因数。于是，有

$$\sigma_{max}\leqslant\frac{\sigma_s}{n_s}=[\sigma] \tag{14-37}$$

$$\sigma_{max}\leqslant\frac{\sigma_b}{n_b}=[\sigma] \tag{14-38}$$

上述两式就是基于最大正应力的梁弯曲强度设计准则，又称为弯曲强度条件，式中，$[\sigma]$ 为弯曲许用应力；n_s 和 n_b 分别为对应于屈服强度和强度极限的安全因数。

根据上述强度条件，同样可以解决三类强度问题：强度校核、截面尺寸设计、确定许用载荷。

14.4.3 梁的弯曲强度计算步骤

根据梁的弯曲强度设计准则，进行弯曲强度计算的一般步骤如下：

1）根据梁的约束性质，分析梁的受力，确定约束力。

2）画出梁的弯矩图；根据弯矩图，确定可能的危险截面。

3）根据应力分布和材料的拉伸与压缩强度性能是否相等，确定可能的危险点：对于拉、压强度相同的材料（如低碳钢等），最大拉应力作用点与最大压应力作用点具有相同的危险性，通常不加以区分；对于拉、压强度性能不同的材料（如灰铸铁等脆性材料），最大拉应力作用点和最大压应力作用点都有可能是危险点。

4）应用强度设计准则进行强度计算：对于拉伸和压缩强度相等的材料，应用弯曲强度设计准则（14-37）和（14-38）；对于拉伸和压缩强度不相等的材料，弯曲强度设计准则（14-37）和（14-38）可以改写为

$$\sigma_{max}^+\leqslant[\sigma]^+ \tag{14-39}$$

$$\sigma_{max}^-\leqslant[\sigma]^- \tag{14-40}$$

式中，$[\sigma]^+$和 $[\sigma]^-$分别称为拉伸许用应力和压缩许用应力：

$$[\sigma]^+=\frac{\sigma_b^+}{n_b} \tag{14-41}$$

$$[\sigma]^-=\frac{\sigma_b^-}{n_b} \tag{14-42}$$

式中，σ_b^+和 σ_b^-分别为材料的拉伸强度极限和压缩强度极限。

【例题 14-6】　图 14-22a 所示的圆轴在 A、B 两处的滚珠轴承可以简化为铰链支座；轴的外伸部分 BD 是空心的。轴的直径和其余尺寸以及轴所承受的载荷如图所示。这样的圆轴主要承受弯曲变形，因此可以简化为外伸梁。已知拉伸和压缩的许用应力相等，即 $[\sigma]=120\text{MPa}$，试分析圆轴的强度是否安全。

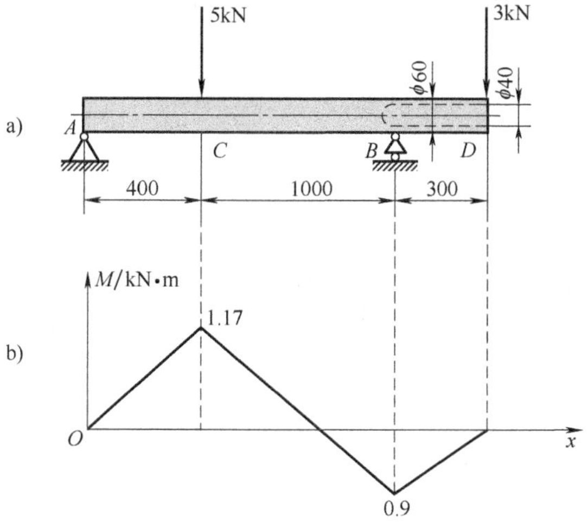

图 14-22　例题 14-6 图

解：(1) **确定约束力**

A、B 两处都只有垂直方向的约束力 $\boldsymbol{F}_{RA}$、$\boldsymbol{F}_{RB}$，假设方向都向上。于是，由平衡方程 $\sum M_A=0$ 和 $\sum M_B=0$，求得

$$F_{RA}=2.93\text{kN},\quad F_{RB}=5.07\text{kN}$$

(2) **画弯矩图，判断可能的危险截面**

根据圆轴所承受的载荷和约束力，可以画出圆轴的弯矩图，如图 14-22b 所示。根据弯矩图和圆轴的截面尺寸，在实心部分 C 截面处弯矩最大，为危险截面；在空心部分，轴承 B 右侧截面处弯矩最大，也为危险截面。并有

$$M_C=1.17\text{kN}\cdot\text{m},\quad M_B=0.9\text{kN}\cdot\text{m}$$

(3) **计算危险截面上的最大正应力**

应用最大正应力公式（14-30）和圆截面以及圆环截面的抗弯截面系数公式（14-32）和式（14-33），可以计算危险截面上的最大正应力：

C 截面上：

$$\sigma_{\max}=\frac{M}{W}=\frac{32M}{\pi D^3}=\frac{32\times1.17\times10^3\text{N}\cdot\text{m}}{\pi\times(60\times10^{-3}\text{m})^3}=55.2\times10^6\text{Pa}=55.2\text{MPa}$$

B 右侧截面上：

$$\sigma_{\max}=\frac{M}{W}=\frac{32M}{\pi D^3(1-\alpha^4)}=\frac{32\times0.9\times10^3\text{N}\cdot\text{m}}{\pi\times(60\times10^{-3}\text{m})^3\left[1-\left(\dfrac{40\text{mm}}{60\text{mm}}\right)^4\right]}$$

$$=52.9\times10^6\text{Pa}=52.9\text{MPa}$$

（4）**分析梁的强度是否安全**

上述计算结果表明，两个危险截面上的最大正应力都小于许用应力 $[\sigma]=120\text{MPa}$。于是，满足强度设计准则，即

$$\sigma_{\max}<[\sigma]$$

因此，圆轴的强度是安全的。

【例题 14-7】 由灰铸铁制造的外伸梁，受力及横截面尺寸如图 14-23a 所示，其中，z 轴为中性轴。已知灰铸铁的拉伸许用应力 $[\sigma]^{+}=39.3\text{MPa}$，压缩许用应力 $[\sigma]^{-}=58.8\text{MPa}$，$I_z=7.65\times10^{6}\text{mm}^4$。试校核该梁的正应力强度。

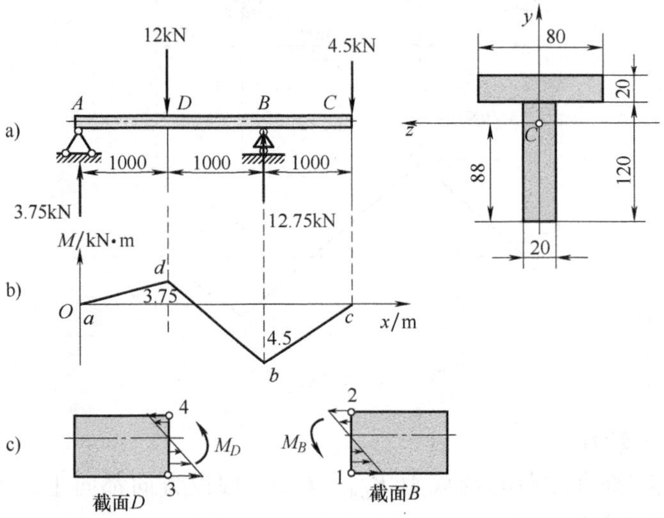

图 14-23 例题 14-7 图

解：因为梁的横截面没有水平对称轴，所以其横截面上的最大拉应力与最大压应力不相等。同时，梁的材料为灰铸铁，其拉伸与压缩许用应力不等。因此，判断危险截面位置时，除弯矩图外，还应考虑上述因素。

梁的弯矩图如图 14-23b 所示。可以看出，截面 B 上弯矩绝对值最大，为可能的危险截面之一。在截面 D 上，弯矩虽然比截面 B 上的小，但根据该截面上弯矩的实际方向，如图 14-23c 所示，其上边缘各点受压应力，下边缘各点受拉应力，并且由于受拉边到中性轴的距离较大，拉应力也比较大，而材料的拉伸许用应力低于压缩许用应力，所以截面 D 也可能为危险截面。现分别校核这两个截面的强度。

对于截面 B，弯矩为负值，其绝对值为

$$|M|=(4.5\times10^{3}\times1)\text{N}\cdot\text{m}=4.5\times10^{3}\text{N}\cdot\text{m}=4.5\text{kN}\cdot\text{m}$$

其方向如图 14-23c 所示。由弯矩实际方向可以确定该截面上点 1 受压、点 2 受拉，应力值分别为

点 1：

$$\sigma^{-}=\frac{My_{\max}^{-}}{I_z}=\frac{4.5\times10^{3}\times88\times10^{-3}}{7.65\times10^{-6}}\text{Pa}=51.8\times10^{6}\text{Pa}=51.8\text{MPa}<[\sigma]^{-}$$

点 2：

$$\sigma^{+}=\frac{My_{\max}^{+}}{I_z}=\frac{4.5\times10^{3}\times52\times10^{-3}}{7.65\times10^{-6}}\text{Pa}=30.6\times10^{6}\text{Pa}=30.6\text{MPa}<[\sigma]^{+}$$

因此，截面 B 的强度是安全的。

对于截面 D，其上的弯矩为正值，其值为

$$|M|=(3.75\times10^{3}\times1)\text{N}\cdot\text{m}=3.75\times10^{3}\text{N}\cdot\text{m}=3.75\text{kN}\cdot\text{m}$$

方向如图 14-23c 所示。前面已经指出，点 3 受拉、点 4 受压，但点 4 的压应力要比截面 B 上点 1 的压应力小，所以只需校核点 3 的拉应力。

点 3：

$$\sigma^{+}=\frac{My_{\max}^{+}}{I_z}=\frac{3.75\times10^{3}\times88\times10^{-3}}{7.65\times10^{-6}}\text{Pa}=43.1\times10^{6}\text{Pa}=43.1\text{MPa}>[\sigma]^{+}$$

因此，截面 D 的强度是不安全的，亦即该梁的强度不安全。

请读者思考：*在不改变载荷大小及截面尺寸的前提下，可以采用什么办法，使该梁满足强度安全的要求？*

【例题 14-8】　为了起吊重量为 $F_P=300\text{kN}$ 的大型设备，采用一台最大起吊重量为 150kN 和一台最大起吊重量为 200kN 的起重机，以及一根工字形轧制型钢作为辅助梁，共同组成临时的附加悬挂系统，如图 14-24 所示。如果已知辅助梁的长度 $l=4\text{m}$，型钢材料的许用应力 $[\sigma]=160\text{MPa}$，试计算：

（1）F_P 加在辅助梁的什么位置，才能保证两台起重机都不超载？

（2）辅助梁应该选择何种型号的工字钢？

解：**（1）确定 F_P 加在辅助梁的位置**

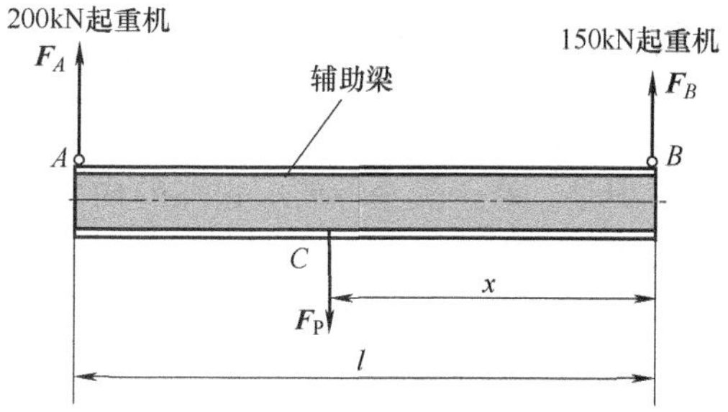

图 14-24　例题 14-8 图

F_P 加在辅助梁的不同位置上，两台起重机所承受的力是不相同的。假设 F_P 加在辅助梁的 C 点，这一点到 150kN 起重机的距离为 x。将 F_P 看作主动力，两台起重机所受的力为约束力，分别用 $\boldsymbol{F}_A$ 和 $\boldsymbol{F}_B$ 表示。由平衡方程

$$\sum M_A=0,\quad F_B l-F_P(l-x)=0$$

$$\sum M_B=0,\quad F_P x-F_A l=0$$

解出

$$F_A=\frac{F_P x}{l},\quad F_B=\frac{F_P(l-x)}{l}$$

因为 A 处和 B 处的约束力分别不能超过 200kN 和 150kN，故有

$$F_A=\frac{F_P x}{l}\leqslant 200\text{kN},\quad F_B=\frac{F_P(l-x)}{l}\leqslant 150\text{kN}$$

由此解出

$$x\leqslant\frac{200\text{kN}\times4\text{m}}{300\text{kN}}=2.667\text{m}\quad 和\quad x\geqslant 4\text{m}-\frac{150\text{kN}\times4\text{m}}{300\text{kN}}=2\text{m}$$

于是，得到 F_P 加在辅助梁上作用点的范围为

$$2\text{m}\leqslant x\leqslant 2.667\text{m}$$

（2）**确定辅助梁所需要的工字钢型号**

根据上述计算得到的 F_P 加在辅助梁上作用点的范围：当 $x=2\text{m}$ 时，辅助梁在点 B 受力为 150kN；当 $x=2.667\text{m}$ 时，辅助梁在点 A 受力为 200kN。

这两种情形下，辅助梁都在 F_P 作用点处弯矩最大，最大弯矩数值分别为

$$M_{\max}(A)=200\text{kN}\times(l-2.667)\text{m}=200\text{kN}\times(4-2.667)\text{m}=266.6\text{kN}\cdot\text{m}$$

$$M_{\max}(B)=150\text{kN}\times 2\text{m}=300\text{kN}\cdot\text{m}$$

$$M_{\max}(B)>M_{\max}(A)$$

因此，应该以 $M_{\max}(B)$ 作为强度计算的依据。于是，由强度设计准则

$$\sigma_{\max}=\frac{M_{\max}}{W_z}\leqslant[\sigma]$$

可以写出

$$\sigma_{\max}=\frac{M_{\max}(B)}{W_z}\leqslant 160\text{MPa}$$

由此，可以计算出辅助梁所需要的抗弯截面系数

$$W_z\geqslant\frac{M_{\max}(B)}{[\sigma]}=\frac{300\times10^3\text{N}\cdot\text{m}}{160\times10^6\text{Pa}}=1.875\times10^{-3}\text{m}^3=1.875\times10^3\text{cm}^3$$

由热轧普通工字钢型钢表中查得 50a 和 50b 工字钢的 W_z 分别为 $1.860\times10^3\text{cm}^3$ 和 $1.940\times10^3\text{cm}^3$。如果选择 50a 工字钢，它的抗弯截面系数 $1.860\times10^3\text{cm}^3$ 比所需要的 $1.875\times10^3\text{cm}^3$ 大约小

$$\frac{1.875\times10^3\text{cm}^3-1.860\times10^3\text{cm}^3}{1.875\times10^3\text{cm}^3}\times100\%=0.8\%$$

在一般的工程设计中最大正应力可以允许超过许用应力 5%，所以选择 50a 工字钢是可以的。但是，对于安全性要求很高的构件，最大正应力不允许超过许用应力，这时就需要选择 50b 工字钢。

14.5 小结与讨论

14.5.1 小结

1. 截面图形的几何性质

1）**静矩、形心**

$$\begin{cases}S_y=\int_A z\,\text{d}A\\ S_z=\int_A y\,\text{d}A\end{cases},\quad\begin{cases}z_C=\dfrac{S_y}{A}=\dfrac{\int_A z\,\text{d}A}{A}\\ y_C=\dfrac{S_z}{A}=\dfrac{\int_A y\,\text{d}A}{A}\end{cases}$$

2）惯性矩、极惯性矩、惯性积、惯性半径

$$\begin{cases} I_y = \int_A z^2 \mathrm{d}A \\ I_z = \int_A y^2 \mathrm{d}A \end{cases}, \quad I_\mathrm{p} = \int_A r^2 \mathrm{d}A, \quad I_{yz} = \int_A yz \mathrm{d}A, \quad \begin{cases} i_y = \sqrt{\dfrac{I_y}{A}} \\ i_z = \sqrt{\dfrac{I_z}{A}} \end{cases}$$

3）惯性矩与惯性积的移轴定理

$$I_{y1} = I_y + b^2 A$$
$$I_{z1} = I_z + a^2 A$$
$$I_{y1z1} = I_{yz} + abA$$

4）惯性矩与惯性积的转轴定理

$$I_{y1} = \frac{I_y + I_z}{2} + \frac{I_y - I_z}{2}\cos 2\alpha + I_{yz}\sin 2\alpha$$

$$I_{z1} = \frac{I_y + I_z}{2} - \frac{I_y - I_z}{2}\cos 2\alpha - I_{yz}\sin 2\alpha$$

$$I_{y1z1} = \frac{I_z - I_y}{2}\sin 2\alpha + I_{yz}\cos 2\alpha$$

5）主轴的方向角以及主惯性矩

$$\tan 2\alpha_0 = \frac{2I_{yz}}{I_y - I_z}, \quad \left.\begin{matrix} I_{y0} = I_{\max} \\ I_{z0} = I_{\min} \end{matrix}\right\} = \frac{I_y + I_z}{2} \pm \frac{1}{2}\sqrt{(I_y - I_z)^2 + 4I_{yz}^2}$$

2. 最大弯曲正应力计算公式

$$\sigma_{\max} = \frac{M_z y_{\max}}{I_z} = \frac{M_z}{W_z}$$

3. 梁的弯曲强度设计准则

$$\sigma_{\max} \leqslant \frac{\sigma_\mathrm{s}}{n_\mathrm{s}} = [\sigma], \quad \sigma_{\max} \leqslant \frac{\sigma_\mathrm{b}}{n_\mathrm{b}} = [\sigma]$$

14.5.2 关于弯曲正应力公式的应用条件

首先，平面弯曲正应力公式，只能应用于平面弯曲情形。对于截面有对称轴的梁，外加载荷的作用线必须位于梁的对称平面内，才能产生平面弯曲。对于没有对称轴截面的梁，外加载荷的作用线如果位于梁的主轴平面内，也可以产生平面弯曲。

其次，只有在弹性范围内加载，横截面上的正应力才会呈线性分布，由此得到平面弯曲正应力公式。

再次，平面弯曲正应力公式是在纯弯曲情形下得到的，但是，对于细长梁，由于剪力引起的切应力比弯曲正应力小得多，对强度的影响很小，通常都可以忽略，由此，平面弯曲正应力公式也适用于横截面上有剪力作用的情形。也就是纯弯曲的正应力公式也适用于细长梁横弯曲。

14.5.3 弯曲切应力的概念

当梁发生横向弯曲时，横截面上一般都有剪力存在，截面上与剪力对应的是切应力 τ。切应力的方向一般与剪力的方向相同，作用线位于横截面内。如图 14-25 所示。

弯曲切应力在截面上的分布是不均匀的，分布状况与截面的形状有关，一般情形下，最大切应力发生在横截面中性轴上的各点。

对于宽度为 b、高度为 h 的矩形截面，最大切应力

$$\tau_{\max}=\frac{3}{2}\frac{F_S}{b\times h} \tag{14-43}$$

对于直径为 d 的圆截面，最大切应力

$$\tau_{\max}=\frac{4}{3}\frac{F_S}{A},\quad A=\frac{\pi d^2}{4} \tag{14-44}$$

对于内径为 d、外径为 D 的空心圆截面，最大切应力

$$\tau_{\max}=2.0\frac{F_S}{A},\quad A=\frac{\pi(D^2-d^2)}{4} \tag{14-45}$$

对于工字形截面，腹板上最大切应力近似为

$$\tau_{\max}=\frac{F_S}{A},\quad A\text{ 为腹板面积}$$

若为工字钢，A 可从型钢表中查得。

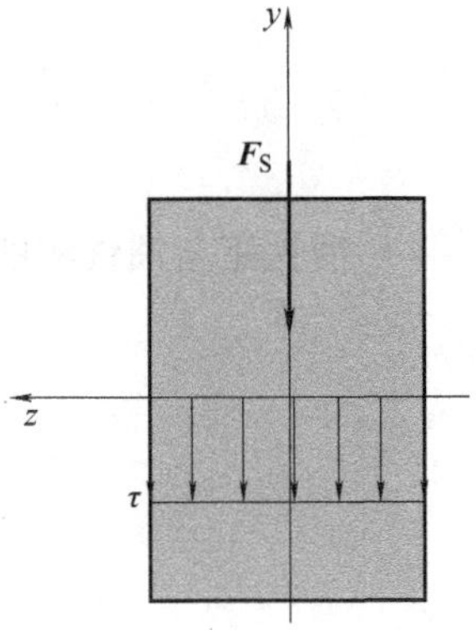

图 14-25　横弯曲时横截面上的切应力

14.5.4 关于截面的惯性矩

横截面对于某一轴的惯性矩，不仅与横截面面积大小有关，而且还与这些面积到该轴的距离的远近有关。同样的面积，到轴的距离远者，惯性矩大；到轴的距离近者，惯性矩小。为了使梁能够承受更大的力，当然希望截面的惯性矩越大越好。

对于图 14-26a 中承受均布载荷的矩形截面简支梁，最大弯矩发生在梁的中点。如果需要在梁的中点开一个小孔，请读者分析：图 14-26b、c 中的开孔方式，哪一种最合理？

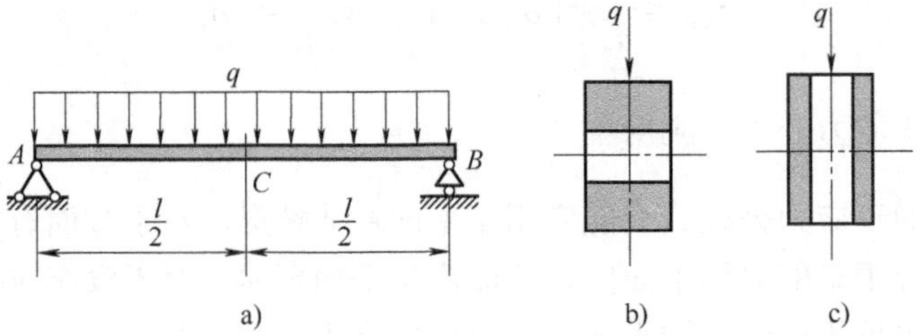

图 14-26　惯性矩与截面形状有关

14.5.5 提高梁强度的措施

前面已经讲到，对于细长梁，影响梁的强度的主要因素是梁横截面上的正应力，因此，提高梁的强度，就是设法降低梁横截面上的正应力数值。

工程上，主要从以下几方面提高梁的强度。

1. 选择合理的截面形状

平面弯曲时，梁横截面上的正应力沿着高度方向呈线性分布，离中性轴越远的点，正应力越大，中性轴附近的各点正应力很小。当离中性轴最远点上的正应力达到许用正应力值时，中性轴附近各点的正应力还远远小于许用应力值。因此，可以认为，横截面上中性轴附近的材料没有被充分利用。为了使这部分材料得到充分利用，在不破坏截面整体性的前提下，可以将横截面上中性轴附近的材料移到距离中性轴较远处，从而形成“合理截面”。如工程结构中常用的空心截面和各种各样的薄壁截面（工字形、槽形、箱形截面等）。

根据最大弯曲正应力公式

$$\sigma_{\max}=\frac{M_{\max}}{W}$$

为了使 $\sigma_{\max}$ 尽可能地小，必须使 W 尽可能地大。但是，梁的横截面面积有可能随着 W 的增加而增加，这意味着要增加材料的消耗。能不能使 W 增加，而横截面面积不增加或少增加？当然是可能的。这就是采用合理截面，使横截面的 W/A 数值尽可能大。W/A 数值与截面的形状有关。表 14-1 中列出了常见截面的 W/A 数值。

表 14-1　常见截面的 W/A 数值

截面形状	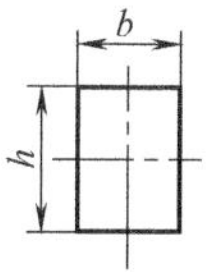	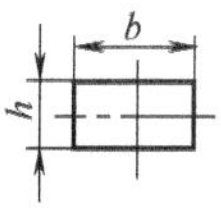	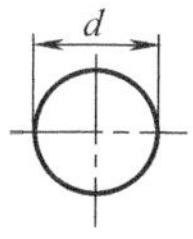	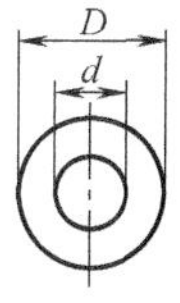 $d/D=0.8$	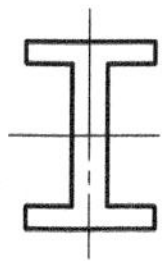
W/A	$0.167h$	$0.167b$	$0.125d$	$0.205D$	$(0.29\sim0.31)h$

以宽度为 b、高度为 h 的矩形截面为例，当横截面竖直放置，而且载荷作用在竖直对称面内时，$W/A=0.167h$；当横截面横向放置，而且载荷作用在短轴对称面内时，$W/A=0.167b$。如果 $h/b=2$，则截面竖直放置时的 W/A 值是截面横向放置时的两倍。显然，矩形截面梁竖直放置比较合理。

2. 采用变截面梁或等截面梁

弯曲强度计算是保证梁的危险截面上的最大正应力必须满足强度设计准则

$$\sigma_{\max}=\frac{M_{\max}}{W}\leqslant[\sigma]$$

大多数情形下，梁上只有一个或者少数几个截面上的弯矩得到最大值，也就是说只有极少数截面是危险截面。当危险截面上的最大正应力达到许用应力值时，其他大多数截面上的最大正应力还没有达到许用应力值，有的甚至远远没有达到许用应力值。这些截面处的材料同样没有被充分利用。

为了合理地利用材料，减轻结构重量，很多工程构件都设计成变截面的：弯矩大的地方截面大一些，弯矩小的地方截面也小一些。例如，火力发电系统中的汽轮机转子（见图 14-27a），即采用阶梯轴（见图 14-27b）。

在机械工程与土木工程中所采用的变截面梁，与阶梯轴也有类似之处，以达到减轻结构重量、节省材料、降低成本的目的。图 14-28 所示为大型悬臂钻床的变截面悬臂梁。

图 14-27 汽轮机转子及其阶梯轴

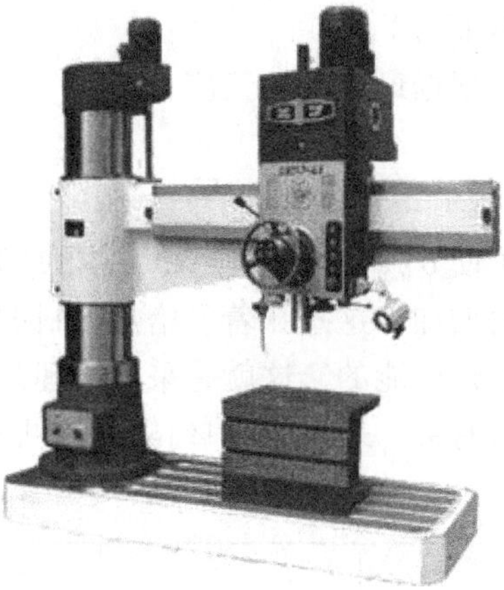

图 14-28 机械工程中的变截面悬臂梁

图 14-29a 所示为旋转楼梯中的变截面梁；图 14-29b 所示为高架桥中的变截面梁。

a) b)

图 14-29 土木工程中的变截面梁

如果使每一个截面上的最大正应力都正好等于材料的许用应力，这样设计出的梁就是“等强度梁”。图 14-30 所示为高速公路高架段所采用的空心鱼腹梁，就是一种等强度梁。这种结构使材料得到充分利用。

图 14-30 高速公路高架段的空心鱼腹梁

3. 改善受力状况

改善梁的受力状况，一是改变加载方式；二是调整梁的约束。这些都可以减小梁上的最大弯矩数值。

改变加载方式，主要是将作用在梁上的

一个集中力用分布力或者几个比较小的集中力代替。例如，图 14-31a 所示为在梁的中点承受集中力的简支梁，最大弯矩 $M_{max}=F_Pl/4$。如果将集中力变为梁的全长上均匀分布的载荷，载荷集度 $q=F_P/l$，如图 14-31b 所示，这时，梁上的最大弯矩变为

$$M_{max}=\frac{ql^2}{8}=\frac{\frac{F_P}{l}\times l^2}{8}=\frac{F_Pl}{8}$$

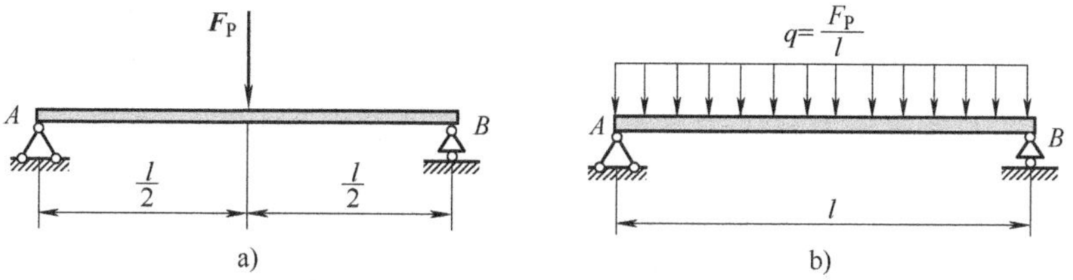

图 14-31 改善受力状况提高梁的强度

在主梁上增加辅助梁（见图 14-32），也是改变加载方式之一，同样可以达到减小最大弯矩、提高梁的强度的目的。

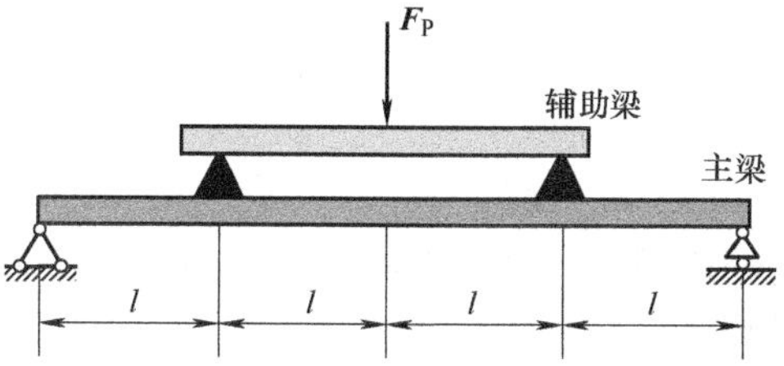

图 14-32 增加辅助梁提高主梁的强度

此外，在某些允许的情形下，改变加力点的位置，使其靠近支座，也可以使梁内的最大弯矩有明显的降低。例如，图 14-33 所示的齿轮轴，齿轮靠近支座时的最大弯矩要比齿轮放在中间时小得多。

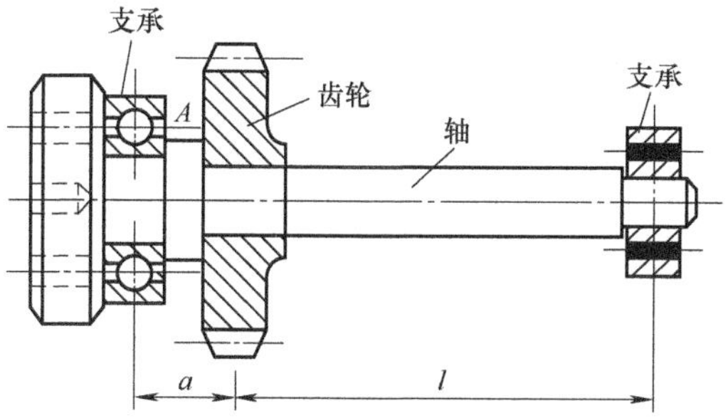

图 14-33 改变加力点位置减小最大弯矩

调整梁的约束，主要是改变支座的位置，降低梁上的最大弯矩数值。例如，图 14-34a 所示承受均布载荷的简支梁，最大弯矩 $M_{max}=ql^2/8$。如果将支座向中间移动 $0.2l$，如图 14-34b 所示，则梁内的最大弯矩变为 $M_{max}=ql^2/40$。但是，随着支座向梁的中点移动，梁中间截面上的弯矩逐渐减小，而支座处截面上的弯矩却逐渐增大。支座最合理的位置是使梁的中间截

面上的弯矩正好等于支座处截面上的弯矩。

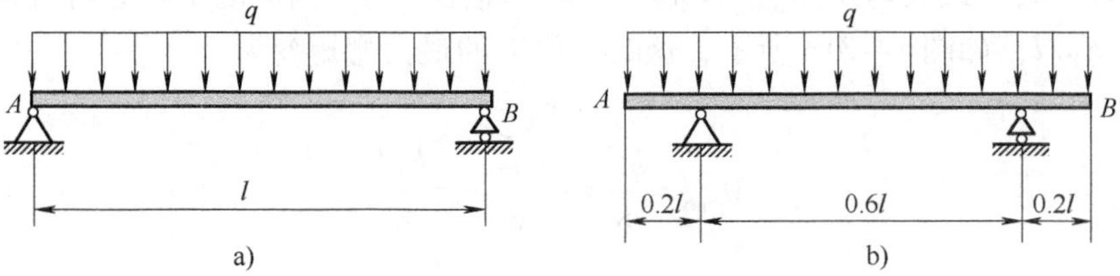

图 14-34 支承的最佳位置

图 14-35 所示的静置压力容器的支承就是出于这种考虑。

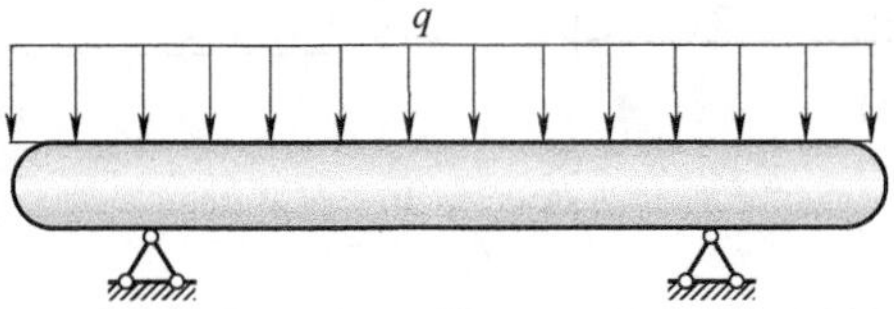

图 14-35 静置压力容器的合理支承

习 题

选择填空题

14-1 图 14-36 所示 T 形截面中 z 轴通过组合图形的形心 C，两个面积相同的矩形分别用Ⅰ和Ⅱ表示。试判断下列关系式中哪一个是正确的。(   )

(A) $S_z(\text{Ⅰ})>S_z(\text{Ⅱ})$　　(B) $S_z(\text{Ⅰ})=S_z(\text{Ⅱ})$

(C) $S_z(\text{Ⅰ})=-S_z(\text{Ⅱ})$　　(D) $S_z(\text{Ⅰ})<S_z(\text{Ⅱ})$

14-2 关于过哪些点有主轴，现有四种结论，试判断哪一种是正确的。(   )

(A) 只有通过形心才有主轴

(B) 过图形中任意点都有主轴

(C) 过图形内任意点和图形外某些特殊点才有主轴

(D) 过图形内、外任意点都有主轴

14-3 直径为 d 的圆截面梁，两端在对称面内承受力偶矩为 M 的力偶作用，如图 14-37 所示。若已知变形后中性层的曲率半径为 ρ；材料的弹性模量为 E。根据 d、ρ、E 可以求得梁所承受的力偶矩 M。现在有 4 种答案，试请判断哪一种是正确的。(   )

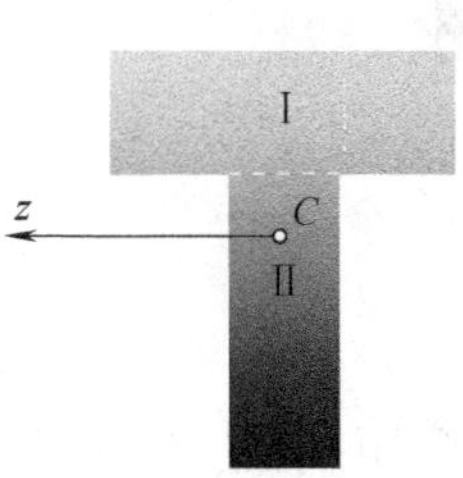

图 14-36 习题 14-1 图

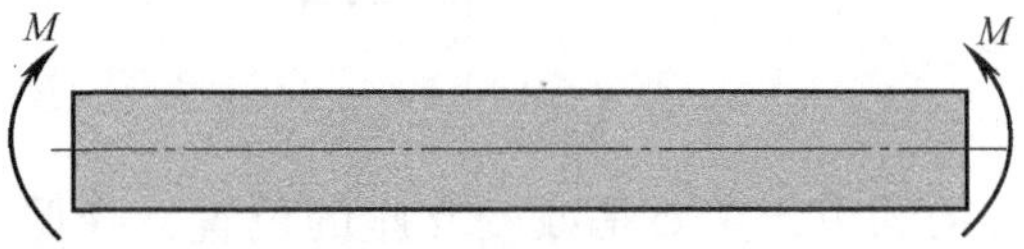

图 14-37 习题 14-3 图

① $M=\dfrac{E\pi d^4}{64\rho}$　　② $M=\dfrac{64\rho}{E\pi d^4}$　　③ $M=\dfrac{E\pi d^3}{32\rho}$　　④ $M=\dfrac{32\rho}{E\pi d^3}$

14-4　矩形截面梁在截面 B 处沿铅垂对称轴和水平对称轴方向上分别作用有 $\boldsymbol{F}_{P1}$ 和 $\boldsymbol{F}_{P2}$，且 $F_{P1}=F_{P2}$，如图 14-38 所示。关于最大拉应力和最大压应力发生在危险截面 A 的哪些点上，有 4 种答案，试判断哪一种是正确的。(　　)

① σ_{max}^{+}发生在点 a，σ_{max}^{-}发生在点 b

② σ_{max}^{+}发生在点 c，σ_{max}^{-}发生在点 d

③ σ_{max}^{+}发生在点 b，σ_{max}^{-}发生在点 a

④ σ_{max}^{+}发生在点 d，σ_{max}^{-}发生在点 b

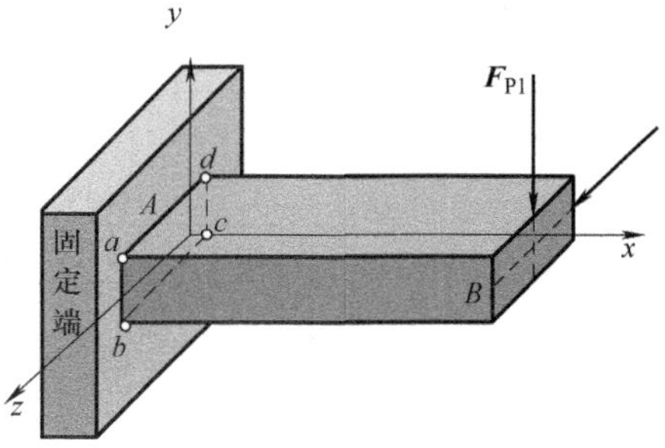

图 14-38　习题 14-4 图

14-5　关于平面弯曲正应力公式的应用条件，有以下 4 种答案，试判断哪一种是正确的。(　　)

① 细长梁、弹性范围内加载

② 弹性范围内加载、载荷加在对称面或主轴平面内

③ 细长梁、弹性范围内加载、载荷加在对称面或主轴平面内

④ 细长梁、载荷加在对称面或主轴平面内

14-6　长度相同、承受同样的均布载荷 q 作用的梁，有图 14-39 所示的 4 种支承方式，如果从梁的强度考虑，试判断哪一种支承方式最合理。(　　)

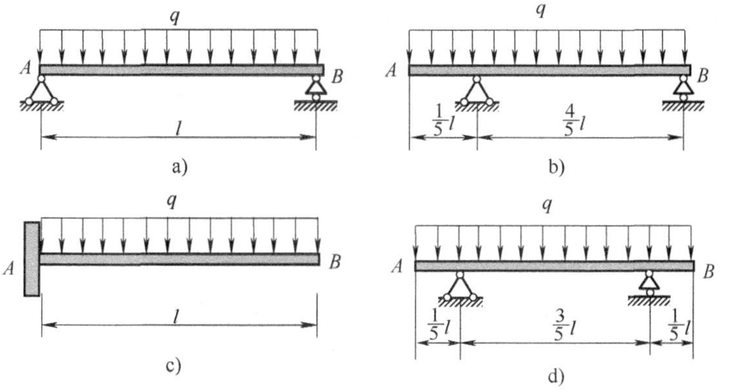

图 14-39　习题 14-6 图

分析计算题

14-7　试确定图 14-40 所示图形的形心主轴和形心主矩。

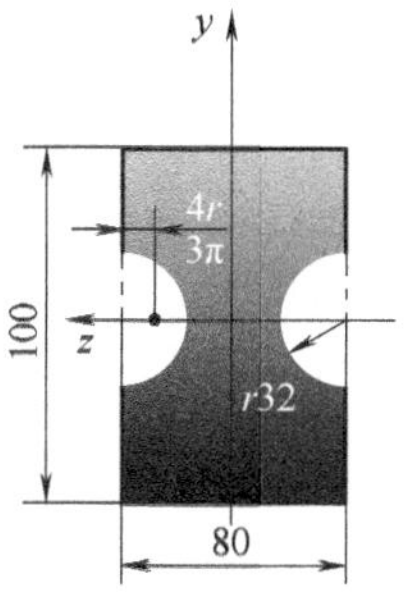

图 14-40　习题 14-7 图

14-8　悬臂梁受力及截面尺寸如图 14-41 所示，图中的尺寸单位为 mm。试求梁的 1—1 截面上 A、B 两点的正应力。

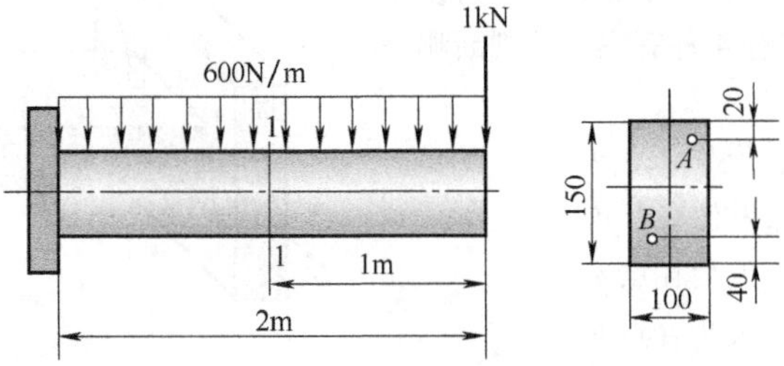

图 14-41　习题 14-8 图

14-9　加热炉炉前机械操作装置如图 14-42 所示，图中的尺寸单位为 mm。其操作臂由两根无缝钢管所组成。外伸端装有夹具，夹具与所夹持钢料的总重 $F_P=2200\text{N}$，平均分配到两根钢管上。试求梁内最大正应力（不考虑钢管自重）。

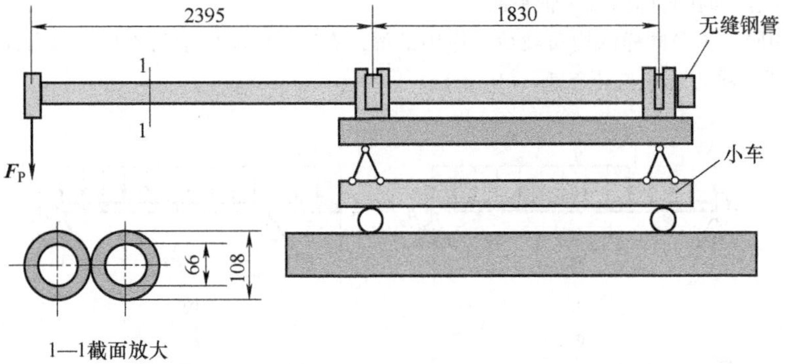

图 14-42　习题 14-9 图

14-10　图 14-43 所示矩形截面简支梁，承受均布载荷 q 的作用。若已知 $q=2\text{kN/m}$，$l=3\text{m}$，$h=2b=240\text{mm}$。试求截面竖放（见图 14-43b）和横放（见图 14-43c）时梁内的最大正应力，并加以比较。

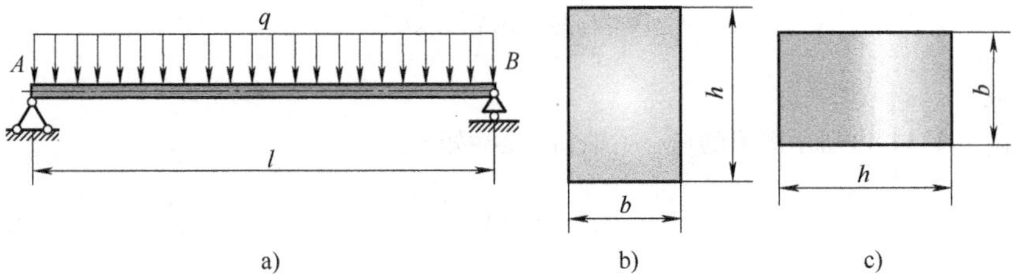

图 14-43　习题 14-10 图

14-11　圆截面外伸梁，其外伸部分是空心的，梁的受力与尺寸如图 14-44 所示。图中尺寸单位为 mm。已知 $F_P=10\text{kN}$，$q=5\text{kN/m}$，许用应力 $[\sigma]=140\text{MPa}$，试校核梁的弯曲强度。

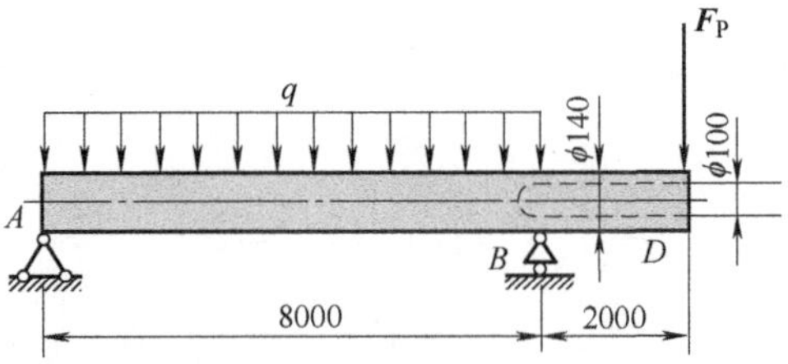

图 14-44　习题 14-11 图

14-12　悬臂梁 AB 受力如图 14-45 所示，其中 $F_P=10\text{kN}$，$M=70\text{kN}\cdot\text{m}$，$a=3\text{m}$。梁横截面的形状及尺寸均示于图中（单位：mm），C 为截面形心，截面对中性轴的惯

性矩 $I_z = 1.02\times10^8\text{mm}^4$，拉伸许用应力 $[\sigma]^+ = 40\text{MPa}$，压缩许用应力 $[\sigma]^- = 120\text{MPa}$。试校核梁的弯曲强度是否安全。

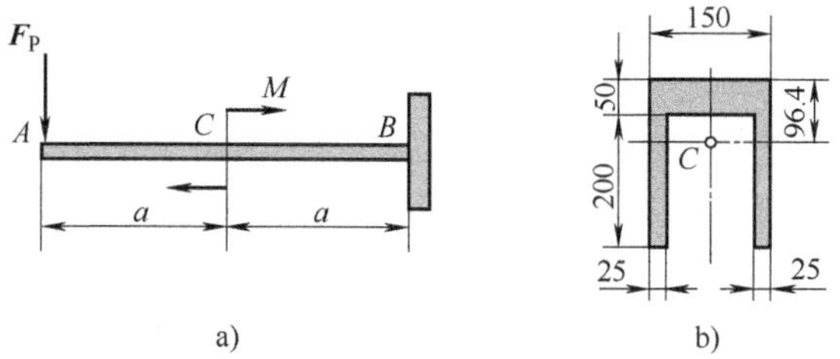

图 14-45　习题 14-12 图

14-13　由 No. 10 工字钢制成的梁 *ABD*，左端 *A* 处为固定铰支座，点 *B* 处用铰链与钢制圆截面杆 *BC* 连接，*BC* 杆在 *C* 处用铰链悬挂，如图 14-46 所示。已知圆截面杆直径 $d = 20\text{mm}$，梁和杆的许用应力均为 $[\sigma] = 160\text{MPa}$，试求结构的许用均布载荷集度 $[q]$。

14-14　图 14-47 所示外伸梁承受集中载荷 $\boldsymbol{F}_P$ 作用，尺寸如图所示。已知 $F_P = 20\text{kN}$，许用应力 $[\sigma] = 160\text{MPa}$，试选择工字钢型号。

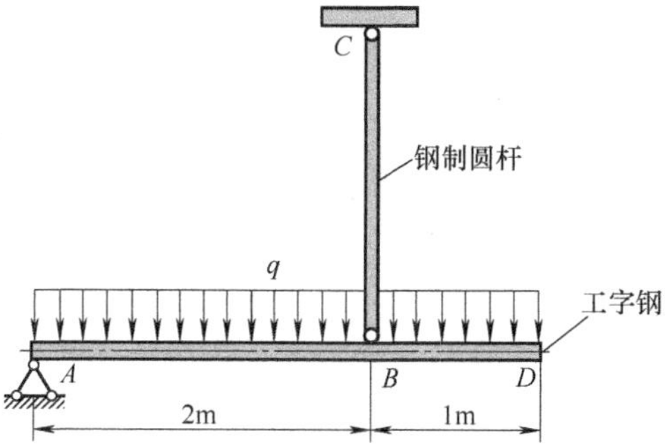

图 14-46　习题 14-13 图

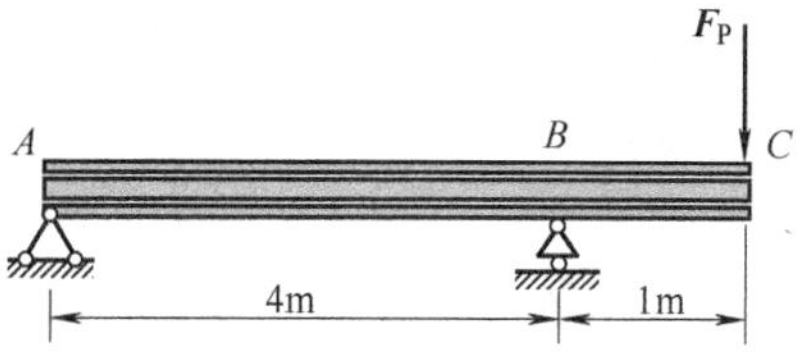

图 14-47　习题 14-14 图

14-15　图 14-48 所示的梁 *AB* 为简支梁，当载荷 $\boldsymbol{F}_P$ 直接作用在梁的跨度中点时，梁内最大弯曲正应力超过许用应力 30%。为减小梁 *AB* 内的最大正应力，在梁 *AB* 上配置一辅助梁 *CD*，*CD* 也可以看作是简支梁。试求辅助梁的长度 *a*。

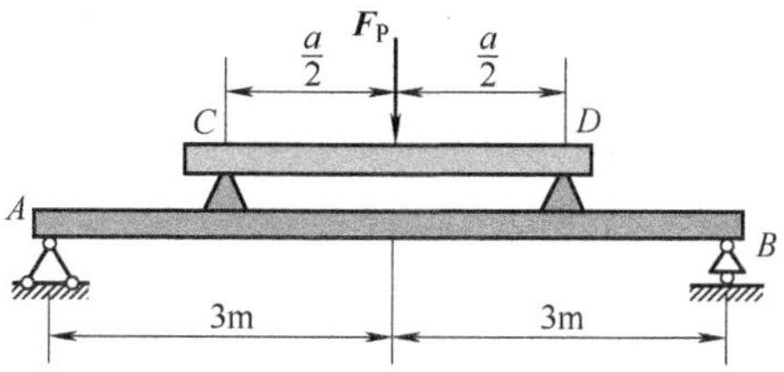

图 14-48　习题 14-15 图

15 第15章 弯曲刚度

第 14 章中已经提到，在平面弯曲的情形下，梁的轴线将弯曲成平面曲线，梁的横截面变形后依然保持平面，且仍与梁变形后的轴线垂直。由于发生弯曲变形，梁横截面的位置发生改变，这种改变称为位移。

位移是各部分变形累加的结果。位移与变形有着密切联系，但又有严格区别。有变形不一定处处有位移；有位移也不一定有变形。这是因为，杆件横截面的位移不仅与变形有关，而且还与杆件所受的约束有关。

在数学上，确定杆件横截面位移的过程主要是积分运算，积分常数则与约束条件和连续条件有关。

若材料的应力-应变关系满足胡克定律，且在弹性范围内加载，则位移（线位移或角位移）与力（力或力偶）之间均存在线性关系。因此，不同的力在同一处引起的同一种位移可以相互叠加。

本章将在分析变形与位移关系的基础上，建立确定梁位移的小挠度微分方程及其积分的概念，重点介绍工程上应用的叠加法以及梁的刚度条件。

15.1 基本概念

15.1.1 梁弯曲后的挠度曲线

梁在弯矩（M_y 或 M_z）的作用下将发生弯曲变形，为叙述简便起见，以下讨论只有一个方向的弯矩作用的情形，并略去下标，只用 M 表示弯矩，所得结果适用于 M_y 或 M_z 单独作用的情形。

图 15-1a 所示的梁，受力后将发生弯曲变形（见图 15-1b）。如果在弹性范围内加载，梁的轴线在梁弯曲后变成一连续光滑曲线，如图 15-1c 所示。这一连续光滑曲线称为**弹性曲线**（elastic curve），或**挠度曲线**（deflection curve），简称**挠曲线**。

根据第 14 章所得到的结果，弹性范围内的挠曲线在一点的曲率与这一点处横截面上的弯矩、抗弯刚度之间存在下列关系：

$$\frac{1}{\rho}=\frac{M}{EI} \tag{15-1}$$

其中，ρ、M 都是横截面位置 x 的函数，不失一般性

$$\rho=\rho(x), \quad M=M(x)$$

式（15-1）中的 EI 为横截面的抗弯刚度，EI 一般为常量。

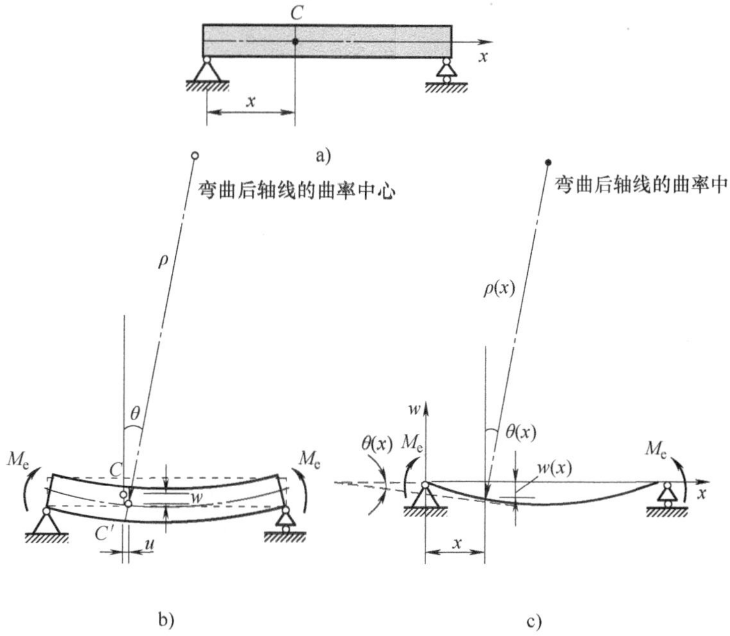

图 15-1　梁的变形和位移

15.1.2　梁的挠度与转角

根据图 15-1b 所示的梁的变形情况，梁在弯曲变形后，横截面的位置将发生改变，这种位置的改变称为位移（displacement）。梁的位移包括三部分：

1）横截面形心处的垂直于变形前梁的轴线方向的线位移，称为挠度（deflection），用 w 表示；

2）变形后的横截面相对于变形前位置绕中性轴转过的角度，称为转角（slope），用 θ 表示；

3）横截面形心沿变形前梁的轴线方向的线位移，称为轴向位移或水平位移（horizontal displacement），用 u 表示。

在小变形情形下，上述位移中，轴向位移 u 与挠度 w 相比为高阶小量，故通常不予考虑。

在图 15-1c 所示 Oxw 坐标系中，挠度与转角存在下列关系：

$$\frac{\mathrm{d}w}{\mathrm{d}x}=\tan\theta \tag{15-2}$$

在小变形条件下，挠曲线较为平坦，即 θ 很小，式（15-2）中 $\tan\theta\approx\theta$。于是有

$$\frac{\mathrm{d}w}{\mathrm{d}x}=\theta \tag{15-3}$$

上述两式中 $w=w(x)$，称为挠度方程（deflection equation），向上为正；$\theta=\theta(x)$，称为转角方程（slope equation），逆时针转向为正。

15.1.3 梁的位移与约束密切相关

图 15-2a、b、c 所示三种承受弯曲的梁，AB 段各横截面都承受相同的弯矩（$M=F_Pa$）作用。

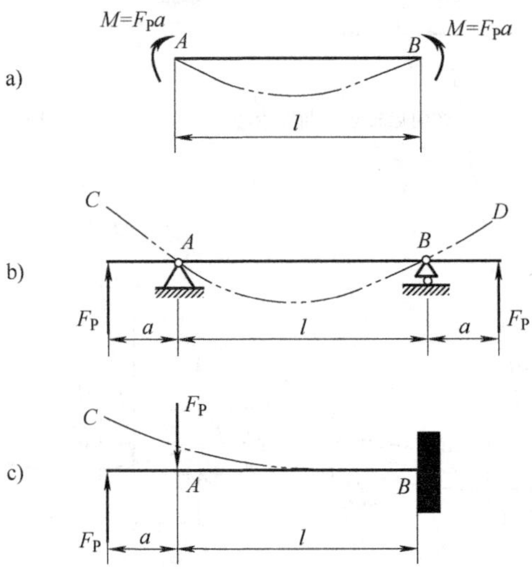

图 15-2 梁的位移与约束的关系

根据式（15-1），在上述三种情形下，AB 段梁的曲率（$1/\rho$）处处对应相等，因而挠度曲线具有相同的形状。但是，在三种情形下，由于约束的不同，梁的位移则不完全相同。对于图 15-2a 所示的无约束梁，因为其在空间的位置不确定，故无从确定其位移。

15.1.4 梁的位移分析的工程意义

工程设计中，对于结构或构件的弹性位移都有一定的限制。弹性位移过大，也会使结构或构件丧失正常功能，即发生刚度失效。

例如，图 15-3 所示的机械传动机构中的齿轮轴，当变形过大时，两齿轮的啮合处将产生较大的挠度和转角，这不仅会影响两个齿轮之间的啮合，以致不能正常工作，而且还会加大齿轮磨损，同时将在转动的过程中产生很大的噪声；此外，当轴的变形很大时，轴在支承处也将产生较大的转角，从而使轴和轴承的磨损大大增加，降低轴和轴承的使用寿命。

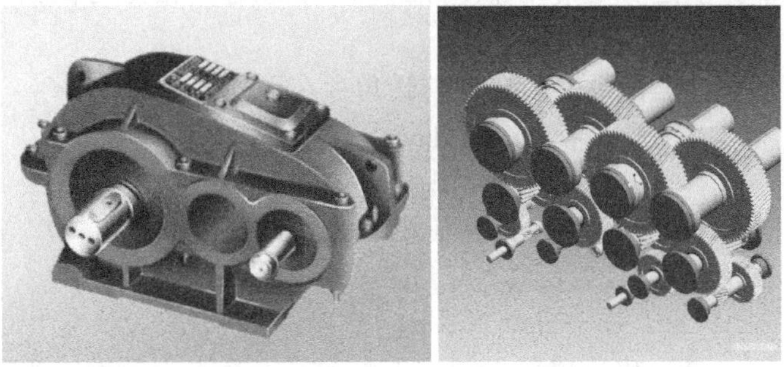

图 15-3 齿轮轴的弯曲刚度问题

风力发电机风轮的关键部件——叶片（见图 15-4）在风载的作用下，如果没有足够的抗弯刚度，将会产生很大的弯曲挠度，其结果将导致很大的力撞在塔杆上，不仅叶片遭到彻底毁坏，而且会导致塔杆倒塌。

图 15-4　风力发电机叶片需要足够的抗弯刚度

工程设计中还有另外一类问题，所考虑的不是限制构件的弹性位移，而是希望在构件不发生强度失效的前提下，尽量产生较大的弹性位移。例如，各种车辆中用于减震的板簧（见图 15-5），都是采用厚度不大的板条叠合而成，采用这种结构，板簧既可以承受很大的力而不发生破坏，同时又能承受较大的弹性变形，吸收车辆受到振动和冲击时产生的动能，起到抗震和抗冲击的作用。

此外，位移分析也是解决超静定问题与振动问题的基础。

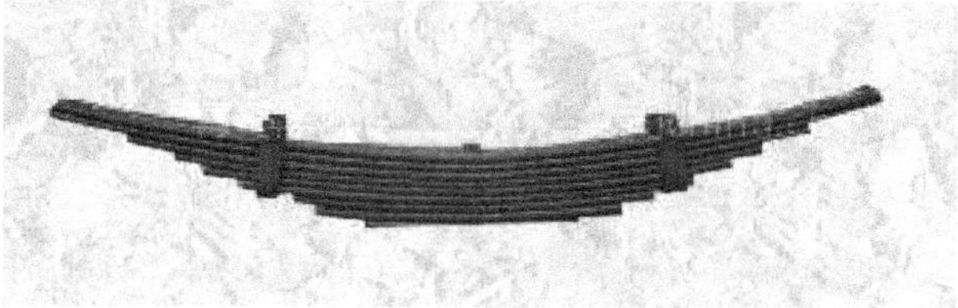

图 15-5　车辆中用于减震的板簧

15.2　小挠度微分方程及其积分

15.2.1　小挠度微分方程

应用挠曲线的曲率与弯矩和抗弯刚度之间的关系式（15-1），以及数学中关于曲线的曲率公式：

$$\frac{1}{\rho}=\frac{\left|\frac{\mathrm{d}^2 w}{\mathrm{d}x^2}\right|}{\left[1+\left(\frac{\mathrm{d}w}{\mathrm{d}x}\right)^2\right]^{3/2}} \tag{15-4}$$

得到

$$\frac{\frac{\mathrm{d}^2 w}{\mathrm{d}x^2}}{\left[1+\left(\frac{\mathrm{d}w}{\mathrm{d}x}\right)^2\right]^{3/2}}=\pm\frac{M}{EI} \tag{15-5}$$

在小变形情形下，$\frac{dw}{dx}=\theta \ll 1$，式（15-5）将变为

$$\frac{d^2w}{dx^2}=\pm\frac{M}{EI} \tag{15-6}$$

此式即为确定梁的挠度和转角的微分方程，称为小挠度微分方程（differential equation for small deflection）。式中的正负号与坐标取向有关。

本书采用 w 向上、x 向右的坐标系（见图 15-6），所以式（15-6）中取正号，即

$$\frac{d^2w}{dx^2}=\frac{M}{EI} \tag{15-7}$$

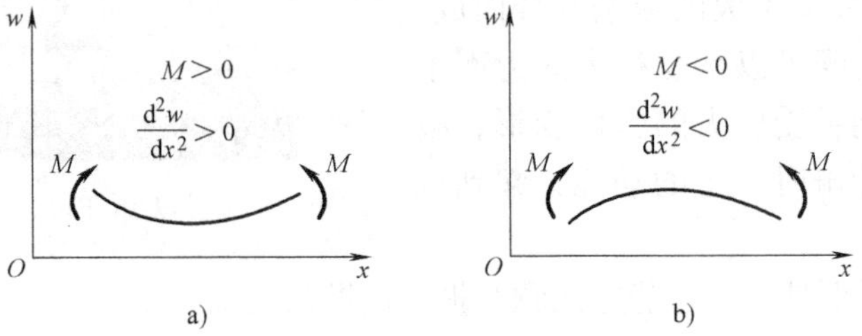

图 15-6 方程中正负号的确定

需要指出的是，剪力对梁的位移是有影响的。但是，对于细长梁，这种影响很小，因而常常忽略不计。

对于等截面梁，写出弯矩方程 $M(x)$，代入式（15-7）后，分别对 x 作不定积分，得到包含积分常数的挠度方程与转角方程，即

$$\theta=\frac{dw}{dx}=\int_l \frac{M(x)}{EI}dx+C \tag{15-8}$$

$$w=\int_l\left(\int_l \frac{M(x)}{EI}dx\right)dx+Cx+D \tag{15-9}$$

其中，C、D 为积分常数。

15.2.2 积分常数的确定 约束条件与连续条件

积分法中出现的常数由梁的约束条件与连续条件确定，约束条件是指约束对于挠度和转角的限制：

1）在固定铰支座和活动铰支座处，约束条件为：挠度等于零，即 $w=0$；

2）在固定端处，约束条件为：挠度和转角都等于零，即 $w=0$，$\theta=0$。

连续条件是指，梁在弹性范围内加载，其轴线将弯曲成一条连续光滑曲线。因此，在集中力、集中力偶以及分布载荷间断处，两侧的挠度、转角对应相等：$w_1=w_2$，$\theta_1=\theta_2$ 等。

上述方法称为积分法（integration method）。下面举例说明积分法的应用。

【例题 15-1】 承受集中载荷的简支梁，如图 15-7 所示。梁的抗弯刚度 EI、长度 l、载荷 F_P 等均为已知。试用积分法求梁的挠度方程和转角方程，并计算加力点 B 处的挠度和支承 A、C 处截面的转角。

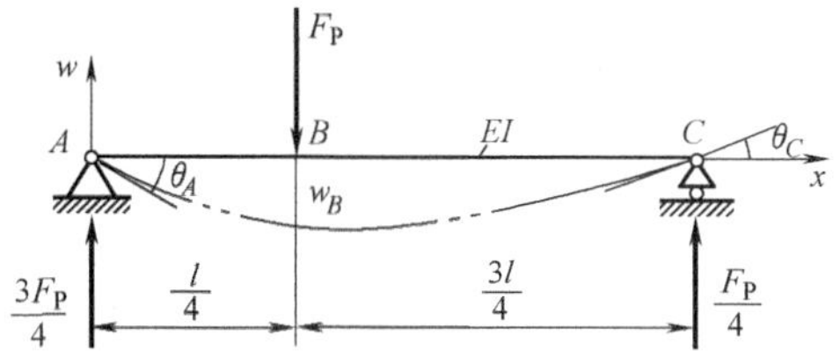

图 15-7　例题 15-1 图

解：（1）**确定梁的约束力**

首先，应用静力学平衡方法求得梁在支承 A、C 两处的约束力分别如图 15-7 所示。

（2）**分段建立梁的弯矩方程**

因为 B 处作用有集中力 F_P，所以需要分成 AB 和 BC 两段建立弯矩方程。

利用 11.4.2 中介绍的方法得到 AB 和 BC 两段的弯矩方程分别为

AB 段：
$$M_1(x)=\frac{3}{4}F_Px\quad\left(0\leqslant x\leqslant\frac{l}{4}\right)\tag{a}$$

BC 段：
$$M_2(x)=\frac{3}{4}F_Px-F_P\left(x-\frac{l}{4}\right)\quad\left(\frac{l}{4}\leqslant x\leqslant l\right)\tag{b}$$

（3）**将弯矩方程代入小挠度微分方程并分别积分**

$$EI\frac{\mathrm{d}^2w_1}{\mathrm{d}x^2}=M_1(x)=\frac{3}{4}F_Px\quad\left(0\leqslant x\leqslant\frac{l}{4}\right)\tag{c}$$

$$EI\frac{\mathrm{d}^2w_2}{\mathrm{d}x^2}=M_2(x)=\frac{3}{4}F_Px-F_P\left(x-\frac{l}{4}\right)\quad\left(\frac{l}{4}\leqslant x\leqslant l\right)\tag{d}$$

将式（c）积分后，得

$$EI\theta_1=\frac{3}{8}F_Px^2+C_1\tag{e}$$

$$EIw_1=\frac{1}{8}F_Px^3+C_1x+D_1\tag{f}$$

将式（d）积分后，得

$$EI\theta_2=\frac{3}{8}F_Px^2-\frac{1}{2}F_P\left(x-\frac{l}{4}\right)^2+C_2\tag{g}$$

$$EIw_2=\frac{1}{8}F_Px^3-\frac{1}{6}F_P\left(x-\frac{l}{4}\right)^3+C_2x+D_2\tag{h}$$

其中，C_1、D_1、C_2、D_2 为积分常数，由支承处的约束条件和 AB 段与 BC 段交界处的连续条件确定。

（4）**利用约束条件和连续条件确定积分常数**

在支座 A、C 两处挠度应为零，即

$$x=0,\quad w_1=0\tag{i}$$

$$x=l,\quad w_2=0\tag{j}$$

因为梁弯曲后的轴线应为连续光滑曲线，所以 AB 段与 BC 段交界处的挠度和转角必须分别相等，即

$$x=\frac{l}{4},\quad w_1=w_2 \tag{k}$$

$$x=\frac{l}{4},\quad \theta_1=\theta_2 \tag{l}$$

将式（i）代入式（f），得

$$D_1=0$$

将式（l）代入式（e）、式（g），得

$$C_1=C_2$$

将式（k）代入式（f）、式（h），得

$$D_1=D_2=0$$

将式（j）代入式（h），有

$$0=\frac{1}{8}F_{\mathrm{P}}l^3-\frac{1}{6}F_{\mathrm{P}}\left(l-\frac{l}{4}\right)^3+C_2 l$$

从中解出

$$C_1=C_2=-\frac{7}{128}F_{\mathrm{P}}l^2$$

（5）**确定转角方程和挠度方程以及指定横截面的挠度与转角**

将所得的积分常数代入式（e）~式（h），得到梁的转角和挠度方程为

$0\leqslant x<\frac{l}{4}$，

$$\theta(x)=\frac{F_{\mathrm{P}}}{EI}\left(\frac{3}{8}x^2-\frac{7}{128}l^2\right)$$

$$w(x)=\frac{F_{\mathrm{P}}}{EI}\left(\frac{1}{8}x^3-\frac{7}{128}l^2x\right)$$

$\frac{l}{4}\leqslant x\leqslant l$，

$$\theta(x)=\frac{F_{\mathrm{P}}}{EI}\left[\frac{3}{8}x^2-\frac{1}{2}\left(x-\frac{l}{4}\right)^2-\frac{7}{128}l^2\right]$$

$$w(x)=\frac{F_{\mathrm{P}}}{EI}\left[\frac{1}{8}x^3-\frac{1}{6}\left(x-\frac{l}{4}\right)^3-\frac{7}{128}l^2x\right]$$

据此，可以求得加力点 B 处的挠度和支承 A、C 处的转角分别为

$$w_B=-\frac{3}{256}\frac{F_{\mathrm{P}}l^3}{EI},\quad \theta_A=-\frac{7}{128}\frac{F_{\mathrm{P}}l^2}{EI},\quad \theta_C=\frac{5}{128}\frac{F_{\mathrm{P}}l^2}{EI}$$

15.3 工程中的叠加法

在很多的工程计算手册中，已将各种支承条件下的静定梁，在各种典型载荷作用下的挠度和转角表达式一一列出，简称为挠度表（参见本章“小结与讨论”中表15-1）。

杆件变形后其轴线为一光滑连续曲线，位移是杆件变形累加的结果，基于这两个重要概念，以及在小变形条件下的力的独立作用原理，采用叠加法（superposition method），则由现有的挠度表可以叠加得到很多复杂情形下梁的位移。

15.3.1 叠加法应用于多个载荷作用的情形

当梁上作用几种不同的载荷时，可以将其分解为各种载荷单独作用的情形，由挠度表查得单个载荷作用下的挠度和转角，再将所得结果叠加，便得到几种载荷同时作用的结果。

【例题15-2】 简支梁同时承受均布载荷 q、集中力 ql 和集中力偶 ql^2 作用，如图15-8a所示。梁的弯曲刚度为 EI。试用叠加法求梁中点的挠度和右端支座处横截面的转角。

解：（1）**将梁上的载荷分解为三种简单载荷单独作用的情形**

画出三种简单载荷单独作用时的挠曲线大致形状，分别如图15-8b、c、d所示。

（2）**应用挠度表确定三种情形下，梁中点的挠度与支座 B 处横截面的转角**

应用表15-1中所列结果，求得上述三种情形下，梁中点的挠度 w_{Ci}（$i=1$、2、3）分别为

$$\begin{cases} w_{C1}=-\dfrac{5}{384}\dfrac{ql^4}{EI} \\ w_{C2}=-\dfrac{1}{48}\dfrac{ql^4}{EI} \\ w_{C3}=\dfrac{1}{16}\dfrac{ql^4}{EI} \end{cases} \qquad \text{(a)}$$

右端支座 B 处横截面的转角 θ_{Bi} 为

$$\begin{cases} \theta_{B1}=\dfrac{1}{24}\dfrac{ql^3}{EI} \\ \theta_{B2}=\dfrac{1}{16}\dfrac{ql^3}{EI} \\ \theta_{B3}=-\dfrac{1}{3}\dfrac{ql^3}{EI} \end{cases} \qquad \text{(b)}$$

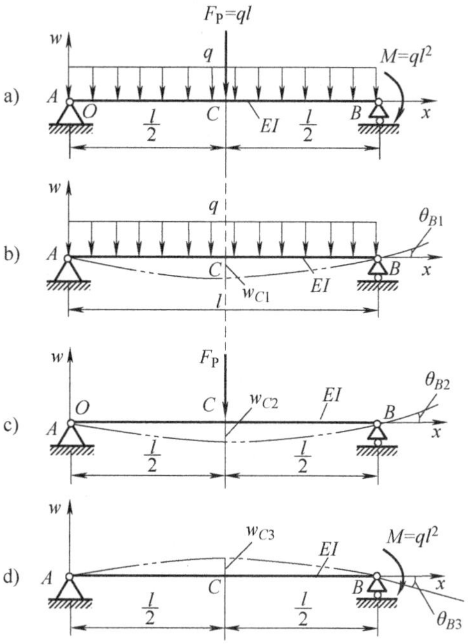

图15-8 例题15-2图

（3）**应用叠加法，将简单载荷作用时的挠度和转角分别叠加**

将上述结果按代数值相加，分别得到梁中点的挠度和支座 B 处横截面的转角

$$w_C=\sum_{i=1}^{3}w_{Ci}=\frac{11}{384}\frac{ql^4}{EI},\qquad \theta_B=\sum_{i=1}^{3}\theta_{Bi}=-\frac{11}{48}\frac{ql^3}{EI}$$

对于挠度表中未列入的简单载荷作用下梁的位移，可以做适当处理，使之成为有表可查的情形，然后再应用叠加法。

15.3.2 叠加法应用于间断性分布载荷作用的情形

对于间断性分布载荷作用的情形，根据受力与约束等效的要求，可以将间断性分布载荷，变为梁全长上连续分布载荷，然后在原来没有分布载荷的梁段上，加上集度相同但方向相反的分布载荷，最后应用叠加法。

【例题 15-3】　图 15-9a 所示的悬臂梁，抗弯刚度为 EI。梁承受间断性分布载荷，如图所示。试利用叠加法确定自由端的挠度和转角。

解：（1）**将梁上的载荷变成有表可查的情形**

为利用挠度表中关于梁全长承受均布载荷的计算结果，计算自由端 C 处的挠度和转角，先将均布载荷延长至梁的全长，为了不改变原来载荷作用的效果，在 AB 段还需再加上集度相同、方向相反的均布载荷，如图 15-9b 所示。

（2）**将处理后的梁分解为简单载荷作用的情形，计算各个简单载荷引起的挠度和转角**

图 15-9c、d 所示是两种不同的均布载荷作用情形，分别画出这两种情形下的挠度曲线大致形状。于是，由挠度表中关于承受均布载荷悬臂梁的计算结果，上述两种情形下自由端的挠度和转角分别为

$$w_{C1}=-\frac{1}{8}\frac{ql^4}{EI}$$

$$w_{C2}=w_{B2}+\theta_{B2}\times\frac{l}{2}=\frac{1}{128}\frac{ql^4}{EI}+\frac{1}{48}\frac{ql^3}{EI}\times\frac{l}{2}$$

$$\theta_{C1}=-\frac{1}{6}\frac{ql^3}{EI}$$

$$\theta_{C2}=\frac{1}{48}\frac{ql^3}{EI}$$

（3）**应用叠加法，将简单载荷作用的结果叠加**

上述结果叠加后，得到

$$w_C=\sum_{i=1}^{2}w_{Ci}=-\frac{41}{384}\frac{ql^4}{EI}$$

$$\theta_C=\sum_{i=1}^{2}\theta_{Ci}=-\frac{7}{48}\frac{ql^3}{EI}$$

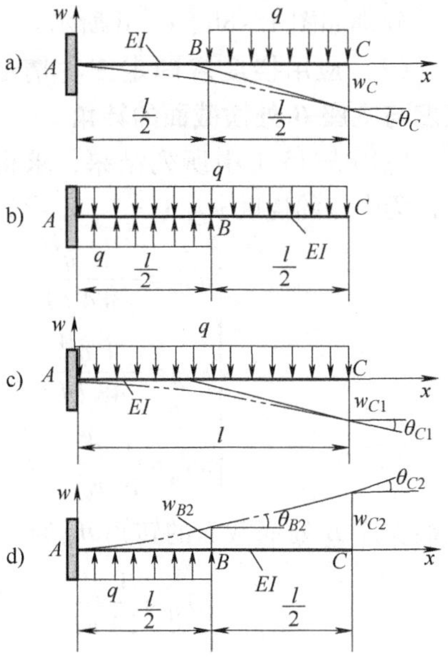

图 15-9　例题 15-3 图

15.4 简单的超静定梁

15.4.1　求解超静定梁的基本方法

与求解拉伸、压缩杆件的超静定问题相似，求解超静定梁，除了平衡方程外，还需要根据多余约束对位移或变形的限制，建立各部分位移或变形之间的几何关系，即建立几何方程，称为变形协调方程（compatibility equation of deformation），并建立力与位移或变形之间的物理关系，即物理方程或称本构方程（constitutive equations）。将这二者联立才能找到求解超静定问题所需的补充方程。

据此，首先要判断超静定的次数，也就是确定有几个多余约束；然后选择合适的多余约

束，将其除去，使超静定梁变成静定梁，在解除约束处代之以多余约束力；最后将解除约束后的梁与原来的超静定梁相比较，多余约束处应当满足什么样的变形条件才能使解除约束后的系统的受力和变形与原来的系统完全等效，从而写出变形协调方程。

15.4.2 简单的超静定问题示例

【例题 15-4】 图 15-10 所示三支承梁，A 处为固定铰支座，B、C 两处为活动铰支座。梁上作用有均布载荷。已知：均布载荷集度 $q=16\text{N/mm}$，$l=4\text{m}$，梁为圆截面，其直径 $d=100\text{mm}$，材料的 $[\sigma]=100\text{MPa}$，试校核该梁的强度是否满足安全要求。

解：（1）**判断超静定次数**

梁在 A、B、C 三处共有 4 个未知约束力，而梁在平面一般力系作用下，只有 3 个独立的平衡方程，故为一次超静定梁。

（2）**解除多余约束，使超静定梁变成静定梁**

本例中 B、C 两处的活动铰支座，可以选择其中的一个作为多余约束，现在将支座 B 作为多余约束除去，在 B 处代之以相应的多余约束力 $\boldsymbol{F}_B$。解除约束后得到的静定梁为一简支梁，如图 15-10b 所示。

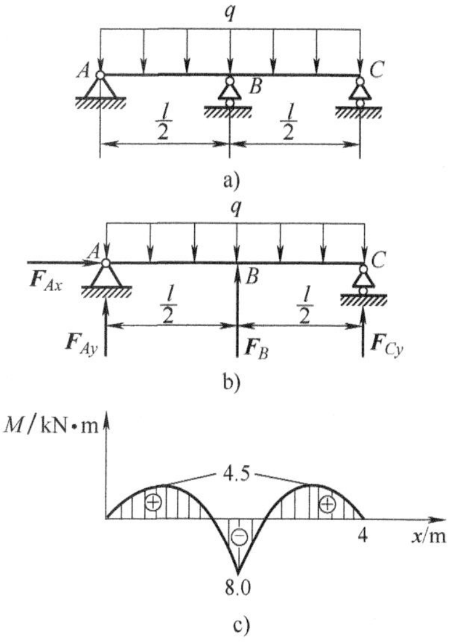

图 15-10 例题 15-4 图

（3）**建立平衡方程**

以图 15-10b 所示静定梁作为研究对象，可以写出下列平衡方程：

$$\begin{cases}\sum F_x=0, & F_{Ax}=0\\ \sum F_y=0, & F_{Ay}+F_B+F_{Cy}-ql=0\\ \sum M_C=0, & -F_{Ay}l-F_B\dfrac{l}{2}+ql\dfrac{l}{2}=0\end{cases}\tag{a}$$

（4）**比较解除约束前的超静定梁和解除约束后的静定梁，建立变形协调方程**

比较图 15-10a、b 所示的两根梁，可以看出，图 15-10b 中的静定梁在 B 处的挠度必须等于零，梁的受力与变形才能相当。于是，可以写出变形协调方程

$$w_B=w_B(q)+w_B(F_B)=0\tag{b}$$

其中，$w_B(q)$ 为均布载荷 q 作用在静定梁上引起的 B 处的挠度；$w_B(F_B)$ 为多余约束力 $\boldsymbol{F}_B$ 作用在静定梁上引起的 B 处的挠度。

（5）**查表确定 $\boldsymbol{w_B(q)}$ 和 $\boldsymbol{w_B(F_B)}$**

由挠度表 15-1 查得

$$w_B(q)=-\frac{5}{384}\times\frac{ql^4}{EI},\quad w_B(F_B)=\frac{1}{48}\times\frac{F_Bl^3}{EI}\tag{c}$$

联立求解式（a）~式（c），得到全部约束力：

$$F_{Ax}=0,\quad F_{Ay}=\frac{3}{16}ql=12\text{kN}$$

$$F_B=\frac{5}{8}ql=40\text{kN}$$

$$F_{Cy}=\frac{3}{16}ql=12\text{kN}$$

（6）**校核梁的强度**

作梁的弯矩图如图 15-10c 所示。由图可知，支座 B 处的截面为危险面，其上的弯矩值为

$$|M|_{\max}=8.0\text{kN}\cdot\text{m}$$

危险面上的最大正应力

$$\sigma_{\max}=\frac{|M|_{\max}}{W}=\frac{32|M|_{\max}}{\pi d^3}=\frac{32\times 8.0\times 10^3\text{N}\cdot\text{m}}{\pi\times(100\times 10^{-3}\text{m})^3}=81.5\times 10^6\text{Pa}=81.5\text{MPa}<[\sigma]$$

所以，此超静定梁的强度是安全的。

15.5 梁的刚度设计

15.5.1 梁的刚度设计准则

对于主要承受弯曲的零件和构件，刚度设计就是根据对零件和构件的不同工艺要求，将最大挠度和转角（或者指定截面处的挠度和转角）限制在一定范围内，即满足弯曲刚度设计准则（criterion for stiffness design）：

$$|w_{\max}|\leqslant[w] \tag{15-10}$$

$$|\theta_{\max}|\leqslant[\theta] \tag{15-11}$$

上述两式中 $[w]$ 和 $[\theta]$ 分别称为许用挠度和许用转角，均根据对于不同零件或构件的工艺要求而确定。常见轴的许用挠度和许用转角数值列于表 15-2 中（见本章“小结与讨论”）。

15.5.2 刚度设计举例

【例题 15-5】 图 15-11 所示的钢制圆轴，左端受力为 $\boldsymbol{F}_{\text{P}}$，尺寸如图所示。已知 $F_{\text{P}}=20\text{kN}$，$a=1\text{m}$，$l=2\text{m}$，$E=206\text{GPa}$，轴承 B 处的许用转角 $[\theta]=0.5°$。试根据刚度设计准则确定该轴的直径 d。

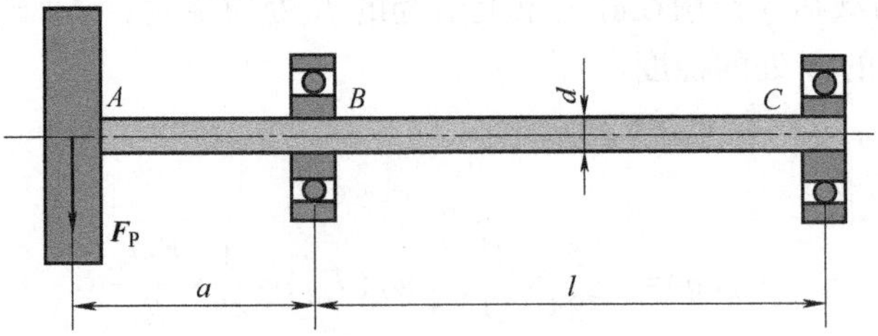

图 15-11 例题 15-5 图

解：根据要求，所设计的轴直径必须使轴具有足够的刚度，以保证轴承 B 处的转角不超过许用数值。为此，需按下列步骤计算。

（1）查表确定 B 处的转角

由表 15-1 中承受集中载荷的外伸梁的结果，得

$$\theta_B=\frac{F_P la}{3EI}$$

（2）根据刚度设计准则确定轴的直径

根据设计准则，

$$|\theta|\leqslant[\theta]$$

其中，θ 的单位为 rad（弧度），而［θ］的单位为（°）（度），考虑到单位的一致性，将有关数据代入后，得到轴的直径

$$d\geqslant\sqrt[4]{\frac{64\times20\times1\times2\times180\times10^3}{3\times\pi^2\times206\times0.5\times10^9}}\text{m}=111\times10^{-3}\text{m}=111\text{mm}$$

【例题 15-6】 矩形截面悬臂梁承受均布载荷如图 15-12 所示。已知 $q=10\text{kN/m}$，$l=3\text{m}$，$E=196\text{GPa}$，$[\sigma]=118\text{MPa}$，最大许用挠度与梁跨度比值 $[w_{max}/l]=1/250$，且已知梁横截面的高度与宽度之比 $h/b=2$。试求梁横截面尺寸 b 和 h。

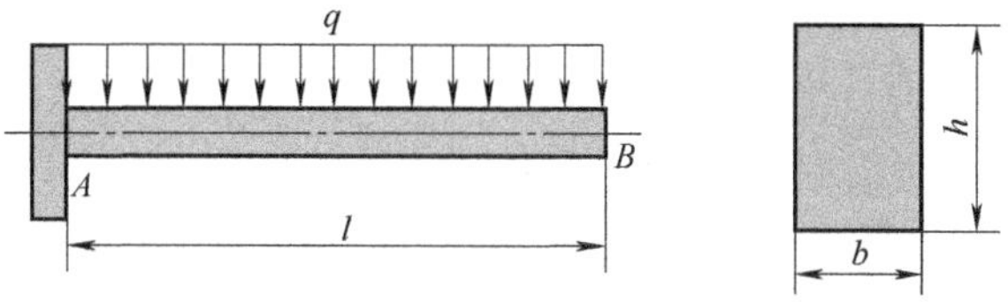

图 15-12　例题 15-6 图

解：本例所涉及的问题是，既要满足强度要求，又要满足刚度要求。

解决这类问题的办法是，可以先按强度条件设计截面尺寸，然后校核刚度条件是否满足；也可以先按刚度条件设计截面尺寸，然后校核强度设计是否满足。或者，同时按强度和刚度条件设计截面尺寸，最后选两种情形下所得尺寸中之较大者。现按最后一种方法计算如下。

（1）强度设计

根据强度条件

$$\sigma_{max}=\frac{|M|_{max}}{W}\leqslant[\sigma] \tag{a}$$

于是，有

$$|M|_{max}=\frac{1}{2}ql^2=\left(\frac{1}{2}\times10\times10^3\times3^2\right)\text{N}\cdot\text{m}=45\times10^3\text{N}\cdot\text{m}=45\text{kN}\cdot\text{m}$$

$$W=\frac{bh^2}{6}=\frac{b(2b)^2}{6}=\frac{2b^3}{3}$$

将其代入式（a）后，得

$$b\geqslant\sqrt[3]{\frac{3\times45\times10^3}{2\times118\times10^6}}\text{m}=83.0\times10^{-3}\text{m}=83.0\text{mm}$$

$$h=2b\geqslant166\text{mm}$$

（2）刚度设计

根据刚度条件

$$|w_{\max}| \leqslant [w]$$

有

$$\frac{|w_{\max}|}{l} \leqslant \left[\frac{w}{l}\right] \tag{b}$$

由表15-1中承受均布载荷作用的悬臂梁的计算结果，得

$$|w_{\max}| = \frac{1}{8}\frac{ql^4}{EI}$$

于是，有

$$\frac{|w_{\max}|}{l} = \frac{1}{8}\frac{ql^3}{EI} \tag{c}$$

其中，

$$I = \frac{bh^3}{12} = \frac{b(2b)^3}{12} = \frac{2b^4}{3} \tag{d}$$

将式（c）和式（d）代入式（b），得

$$\frac{3ql^3}{16Eb^4} \leqslant \left[\frac{|w_{\max}|}{l}\right]$$

由此解得

$$b \geqslant \sqrt[4]{\frac{3\times10\times10^3\times3^3\times250}{16\times196\times10^9}}\,\text{m} = 89.6\times10^{-3}\,\text{m} = 89.6\text{mm}$$

$$h = 2b \geqslant 179.2\text{mm}$$

（3）根据强度和刚度设计结果，确定梁的最终尺寸

综合上述设计结果，取刚度设计所得尺寸，作为梁的最终尺寸，即 $b \geqslant 89.6\text{mm}$，$h \geqslant 179.2\text{mm}$。

15.6 小结与讨论

15.6.1 小结

1. 梁的位移

包括三部分：横截面形心处的垂直于变形前梁的轴线方向的线位移，称为挠度，用 w 表示；变形后的横截面相对于变形前位置绕中性轴转过的角度，称为转角，用 θ 表示；横截面形心沿变形前梁的轴线方向的线位移，称为轴向位移或水平位移，用 u 表示。

2. 小挠度微分方程

$$\frac{\mathrm{d}^2 w}{\mathrm{d}x^2} = \frac{M}{EI}$$

3. 用积分法求转角方程和挠度方程

$$\theta = \int_l \frac{M(x)}{EI} dx + C$$

$$w = \int_l \left(\int_l \frac{M(x)}{EI} dx \right) dx + Cx + D$$

C、D 积分常数由约束条件与连续条件确定。

4. 用叠加法求梁的转角和挠度

基于积分法得到的挠度表，利用小变形条件下力的独立作用原理，对复杂载荷或复杂杆件的位移用叠加法求解。

5. 简单的超静定梁

解除多余约束变为静定梁，与原来的超静定梁进行变形比较，建立变形协调方程。

6. 梁的刚度设计准则

$$|w_{max}| \leqslant [w], \quad \theta_{max} \leqslant [\theta]$$

15.6.2 关于变形和位移的相依关系

- 位移是杆件各部分变形累加的结果。

位移不仅与变形有关，而且与杆件所受的约束有关（在铰支座处，约束条件为 $w=0$；在固定端处，约束条件为 $w=0$，$\theta=0$ 等）

请读者比较图 15-13 中两种梁所受的外力、梁内弯矩以及梁的变形和位移有何相同之处和不同之处。

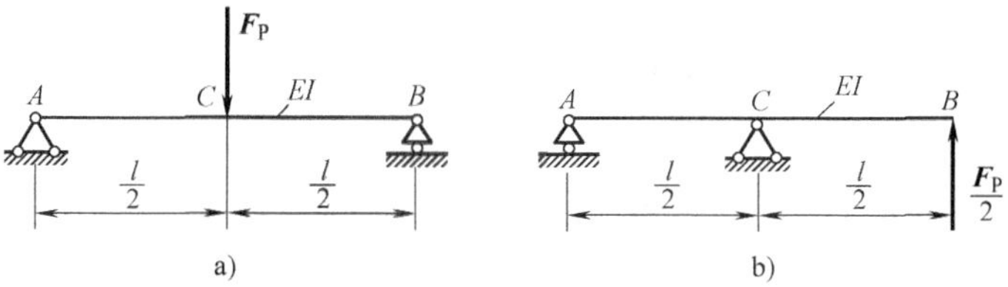

图 15-13 位移与变形的相依关系（1）

- 是不是有变形就一定有位移，或者有位移就一定有变形？

这一问题请读者结合图 15-14 所示的梁与杆的变形和位移加以分析，得出自己的结论。

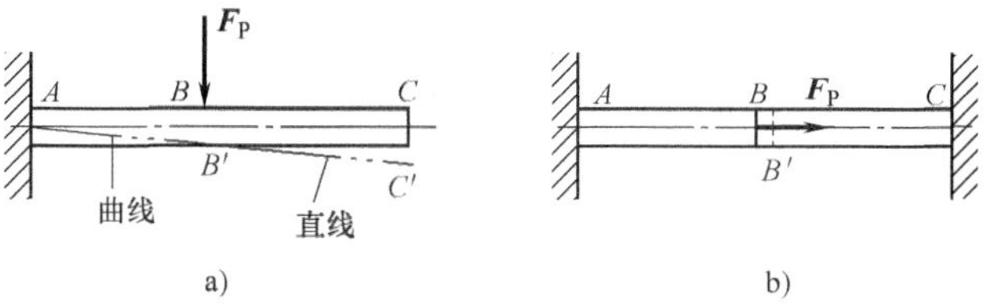

图 15-14 位移与变形的相依关系（2）

15.6.3 关于梁的连续光滑曲线

在平面弯曲情形下，若在弹性范围内加载，梁的轴线弯曲后必然成为一条连续光滑的曲线，并在支承处满足约束条件。根据弯矩的实际方向可以确定挠曲线的大致形状（凹凸性）；进而根据约束性质以及连续光滑要求，即可确定挠曲线的大致位置，并大致画出梁的挠曲线。

读者如能从图 15-15 所示的挠曲线中加以分析判断，分清哪些是正确的，哪些是不正确的，无疑对正确绘制梁在各种载荷作用下的挠曲线是有益的。

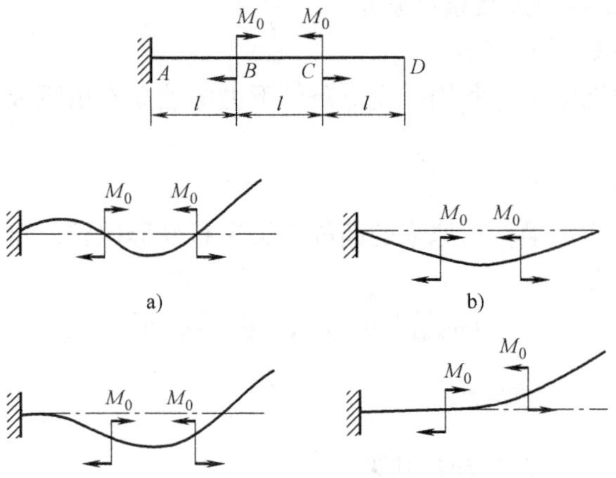

图 15-15　梁的连续光滑曲线

15.6.4　关于求解超静定问题的讨论

- 求解超静定问题时，除了应用平衡方程外，还需根据变形协调方程和物理方程建立求解未知约束力的补充方程。
- 根据小变形特点和对称性分析，可以使一个或几个未知力变为已知，从而使求解超静定问题大为简化。
- 为了建立变形协调方程，需要解除多余约束，使超静定结构变成静定的，这时的静定结构称为静定基。

在很多情形下，可以将不同的约束分别视为多余约束，这表明静定基的选择不是唯一的。例如，图 15-16a 所示的一端固定、另一端为活动铰支座的超静定梁，其静定基可以是悬臂梁（见图 15-16b），也可以是简支梁（见图 15-16c）。

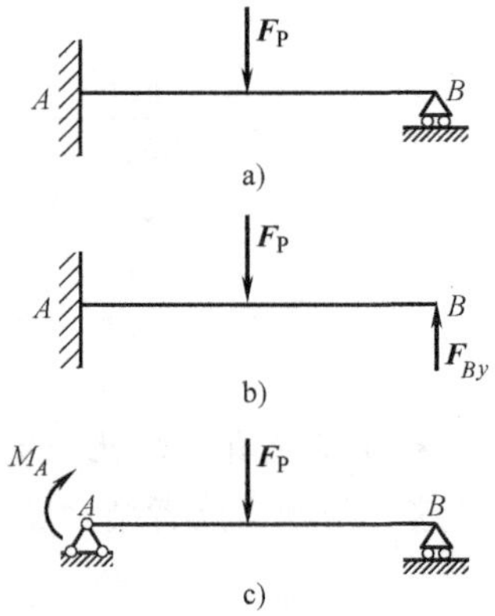

图 15-16　解超静定问题时静定基的不同选择

需要指出的是，这种解除多余约束，代之以相应的约束力，实际上是以力为未知量，求解超静定问题。这种方法称为力法（force method）。

15.6.5　关于求解超静定结构特性的讨论

对于由不同刚度（EA、EI、GI_p 等）的杆件组成的超静定结构，一般情形下，各杆内力的大小不仅与外力有关，而且与各杆的刚度之比有关。

考察图 15-17 中的超静定结构，不难得到上述结论。例如，杆 2、3 的刚度远小于杆 1 的刚度，作为一种极端，令 $E_1A_1 \to \infty$，显然，杆 2、3 受力将趋于零；反之，若令 $E_1A_1 \to 0$，则外力将主要由杆 2、3 承受。

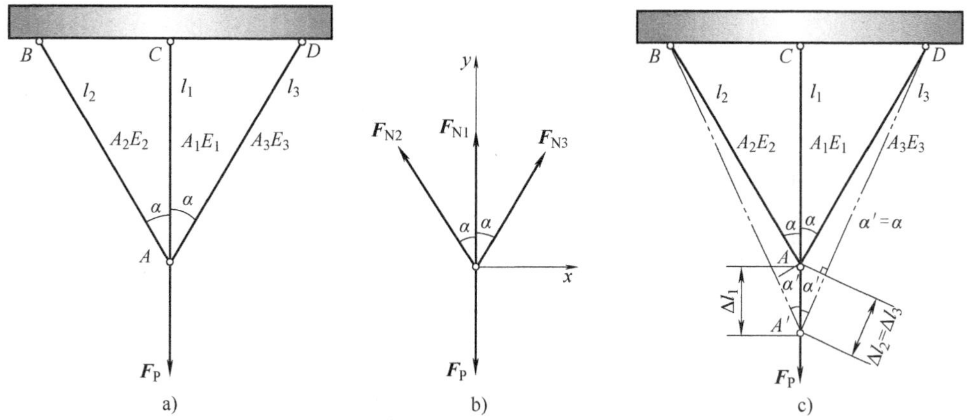

图 15-17　解超静定结构中杆件的变形相互牵制

为什么静定结构中各构件受力与其刚度之比无关，而在超静定结构中却密切相关。原因在于静定结构中各杆件受力只需满足平衡要求，变形协调的条件自然满足；而在超静定结构中，满足平衡要求的受力，不一定满足变形协调条件；静定结构中各杆件的变形相互独立，超静定结构中各杆件的变形是互相牵制的（从图 15-17 所示双点画线所示即可看出各杆的变形是如何牵制的）。从这一意义上讲，这也是材料力学与静力学分析最本质的差别。

正是由于这种差别，在超静定结构中，若其中的某一构件存在制造误差，装配后即使不加载，各构件也将产生内力和应力，这种应力称为装配应力（assemble stress）。此外，温度的变化也会在超静定结构中产生内力和应力，这种应力称为热应力（thermal stress）或温度应力。这也是静定结构所没有的特性。

15.6.6　提高梁的弯曲刚度的途径

提高梁的弯曲刚度主要是指减小梁的弹性位移。而弹性位移不仅与载荷有关，而且与杆长和梁的抗弯刚度（EI）有关。对于梁，其长度对弹性位移影响较大，例如对于集中力作用的情形，挠度与梁长的三次方成比例；转角则与梁长的二次方成比例。因此减小弹性位移除了采用合理的截面形状以增加惯性矩 I 外，主要是减小梁的长度 l；当梁的长度无法减小时，则可增加中间支座。例如在车床上加工较长的工件时，为了减小切削力引起的挠度，以提高加工精度，可在卡盘与尾架之间再增加一个中间支架，如图 15-18 所示。

此外，选用弹性模量 E 较高的材料也能提高梁的刚度。但是，对于各种钢材，弹性模量的数值相差甚微，因而与一般钢材相比，选用高强度钢材并不能提高梁的刚度。

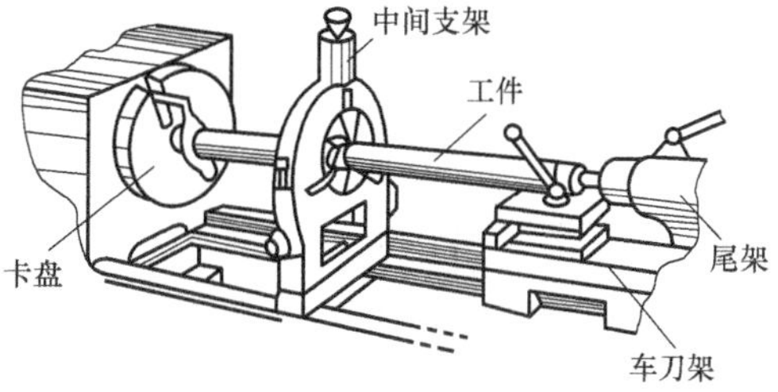

图 15-18　增加中间支架以提高机床加工工件的刚度

类似地，受扭圆轴的刚度，也可以通过减小轴的长度、增加轴的抗扭刚度（GI_p）来实现。同样，对于各种钢材，切变模量 G 的数值相差甚微，所以通过采用高强度钢材以提高轴的扭转刚度，效果是不明显的。

梁的挠度与转角公式如表 15-1 所示，常见轴的弯曲许用挠度与许用转角值如表 15-2 所示。

表 15-1 梁的挠度与转角公式

载荷类型	转角	最大挠度	挠度方程
（1）悬臂梁 集中载荷作用在自由端			
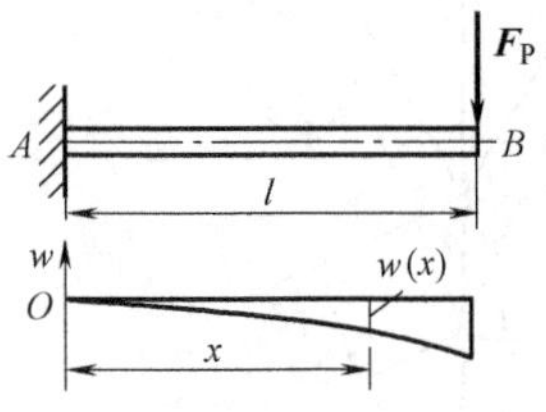	$\theta_B=-\dfrac{F_P l^2}{2EI}$	$w_{max}=-\dfrac{F_P l^3}{3EI}$	$w(x)=-\dfrac{F_P x^2}{6EI}(3l-x)$
（2）悬臂梁 弯曲力偶作用在自由端			
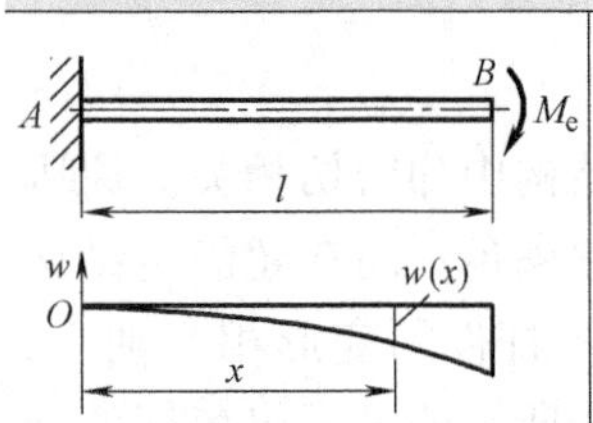	$\theta_B=-\dfrac{M_e l}{EI}$	$w_{max}=-\dfrac{M_e l^2}{2EI}$	$w(x)=-\dfrac{M_e x^2}{2EI}$
（3）悬臂梁 均匀分布载荷作用在梁上			
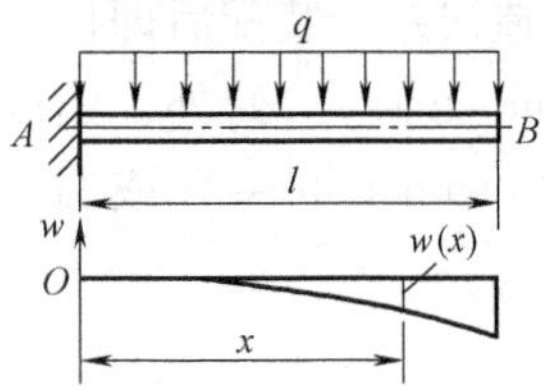	$\theta_B=-\dfrac{ql^3}{6EI}$	$w_{max}=-\dfrac{ql^4}{8EI}$	$w(x)=-\dfrac{qx^2}{24EI}(x^2+6l^2-4lx)$
（4）简支梁 集中载荷作用在任意位置上			
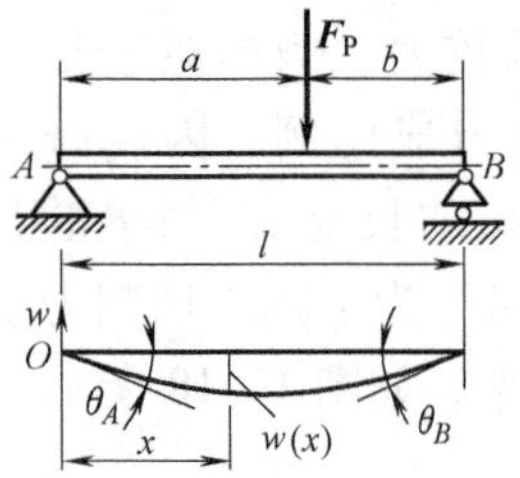	$\theta_A=-\dfrac{F_P b(l^2-b^2)}{6EIl}$ $\theta_B=+\dfrac{F_P ab(2l-b)}{6EIl}$	$w_{max}=-\dfrac{F_P b(l^2-b^2)^{3/2}}{9\sqrt{3}EIl}$ $\left(在\ x=\sqrt{\dfrac{l^2-b^2}{3}}处\right)$	$w_1(x)=-\dfrac{F_P bx}{6EIl}(l^2-x^2-b^2)$ $(0\leqslant x\leqslant a)$ $w_2(x)=-\dfrac{F_P b}{6EIl}\left[\dfrac{l}{b}(x-a)^3+(l^2-b^2)x-x^3\right]$ $(a\leqslant x\leqslant l)$
（5）简支梁 均匀分布载荷作用在梁上			
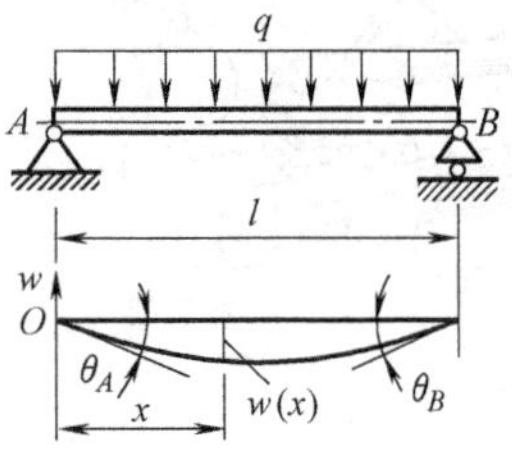	$\theta_A=-\theta_B=-\dfrac{ql^3}{24EI}$	$w_{max}=-\dfrac{5ql^4}{384EI}$	$w(x)=-\dfrac{qx}{24EI}(l^3-2lx^2+x^3)$

（续）

载荷类型	转　　角	最大挠度	挠度方程
（6）简支梁　弯曲力偶作用在梁的一端			
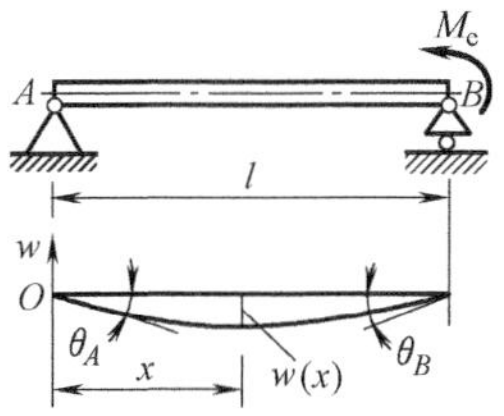	$\theta_A=-\frac{Ml}{6EI}$ $\theta_B=+\frac{M_e l}{3EI}$	$w_{max}=-\frac{M_e l^2}{9\sqrt{3}EI}$ $\left(在\ x=\frac{l}{\sqrt{3}}处\right)$	$w(x)=-\frac{M_e lx}{6EI}\left(1-\frac{x^2}{l^2}\right)$
（7）简支梁　弯曲力偶作用在两支承间任意点			
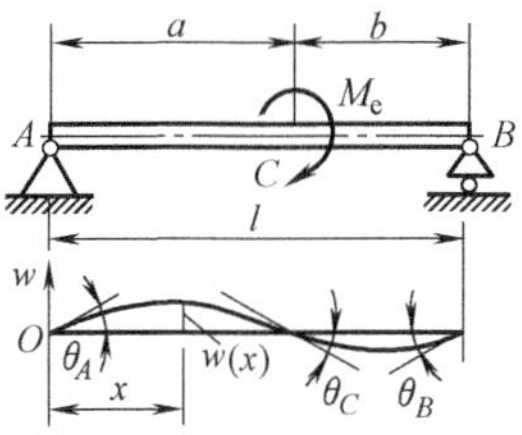	$\theta_A=+\frac{M_e}{6EIl}(l^2-3b^2)$ $\theta_B=+\frac{M_e}{6EIl}(l^2-3a^2)$ $\theta_C=-\frac{M_e}{6EIl}(3a^2+3b^2-l^2)$	$w_{max1}=+\frac{M_e(l^2-3b^2)^{3/2}}{9\sqrt{3}EIl}$ $\left(在\ x=\frac{1}{\sqrt{3}}\sqrt{l^2-3b^2}处\right)$ $w_{max2}=-\frac{M_e(l^2-3a^2)^{3/2}}{9\sqrt{3}EIl}$ $\left(在\ x=\frac{1}{\sqrt{3}}\sqrt{l^2-3a^2}处\right)$	$w_1(x)=+\frac{M_e x}{6EIl}(l^2-3b^2-x^2)$ $(0\leqslant x\leqslant a)$ $w_2(x)=-\frac{M_e(l-x)}{6EIl}[l^2-3a^2-$ $(l-x)^2]$ $(a\leqslant x\leqslant l)$
（8）外伸梁　集中载荷作用在外伸端端点			
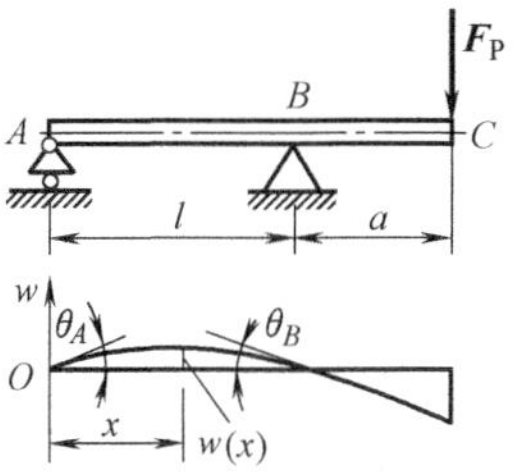	$\theta_A=-+\frac{F_P al}{6EI}$ $\theta_B=-\frac{F_P al}{3EI}$ $\theta_C=-\frac{F_P a(2l+3a)}{6EI}$	$w_{max1}=+\frac{F_P al^2}{9\sqrt{3}EI}$ （在 $x=l/\sqrt{3}$ 处） $w_{max2}=-\frac{F_P a^2}{3EI}(a+l)$ （在自由端）	$w_1(x)=+\frac{F_P ax}{6EIl}(l^2-x^2)$ $(0\leqslant x\leqslant l)$ $w_2(x)=-\frac{F_P(l-x)}{6EI}[(x-l)^2+$ $a(l-3x)]$ $(l\leqslant x\leqslant l+a)$
（9）外伸梁　均布载荷作用在外伸端			
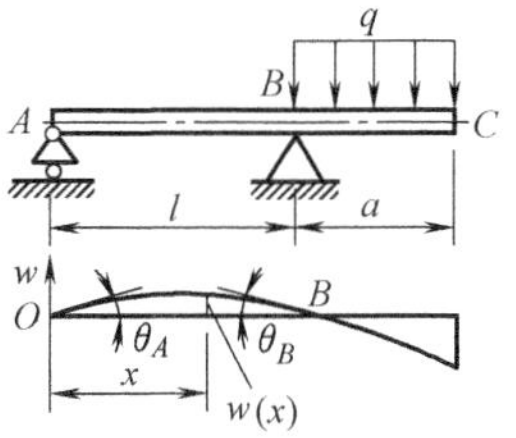	$\theta_A=+\frac{qla^2}{12EI}$ $\theta_B=-\frac{qla^2}{6EI}$	$w_{max1}=+\frac{ql^2a^2}{18\sqrt{3}EI}$ （在 $x=l/\sqrt{3}$ 处） $w_{max2}=-\frac{qa^3}{24EI}(3a+4l)$ （在自由端）	$w_1(x)=+\frac{qa^2x}{12EIl}(l^2-x^2)$ $(0\leqslant x\leqslant l)$ $w_2(x)=-\frac{q(x-l)}{24EI}[2a^2(3x-l)+$ $(x-l)^2(x-l-4a)]$ $(l\leqslant x\leqslant l+a)$

表 15-2　常见轴的弯曲许用挠度与许用转角值

对挠度的限制	
轴的类型	许用挠度[w]
一般传动轴	$(0.0003\sim0.0005)l$
刚度要求较高的轴	$0.0002l$
齿轮轴	$(0.01\sim0.03)m$①
涡轮轴	$(0.02\sim0.05)m$

（续）

对转角的限制	
轴的类型	许用转角 [θ]/rad
滑动轴承	0.001
向心球轴承	0.005
向心球面轴承	0.005
圆柱滚子轴承	0.0025
圆锥滚子轴承	0.0016
安装齿轮的轴	0.001

① m 为齿轮模数。

习　题

选择填空题

15-1　如图 15-19 所示，已知刚度为 EI 的简支梁的挠度方程为

$$w(x)=\frac{q_0x}{24EI}(l^3-2lx^2+x^3)$$

据此推知的弯矩图有四种答案，试分析哪一种是正确的。

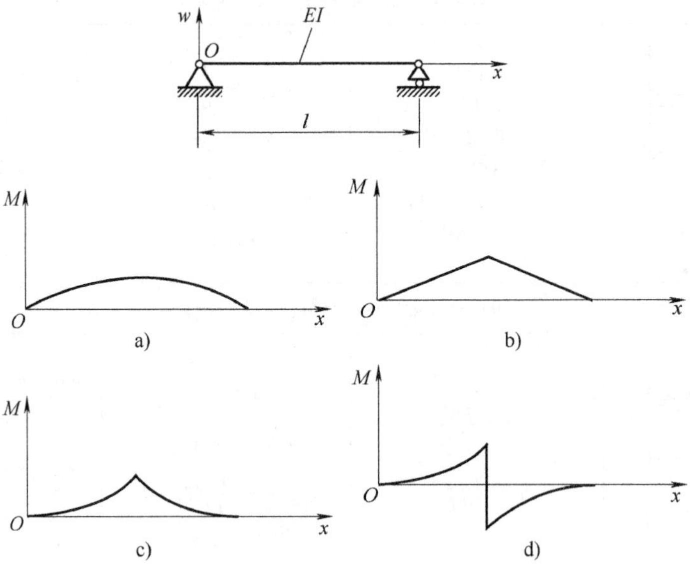

图 15-19　习题 15-1 图

15-2　图 15-20 所示承受集中力作用的细长简支梁，在弯矩最大截面上沿加载方向开一小孔，若不考虑应力集中影响时，关于小孔对梁强度和刚度的影响，有如下论述，试判断哪一种是正确的。(　　)

① 大大降低梁的强度和刚度

② 对强度有较大影响，对刚度的影响很小可以忽略不计

③ 对刚度有较大影响，对强度的影响很小可以忽略不计

④ 对强度和刚度的影响都很小，都可以忽略不计

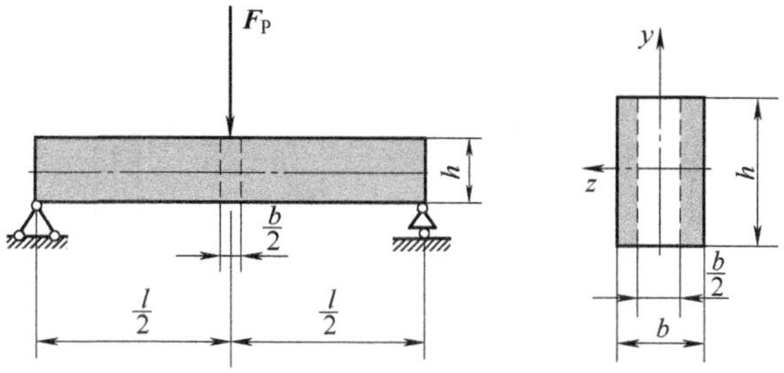

图 15-20 习题 15-2 图

分析计算题

15-3 简支梁承受间断性分布载荷，如图 15-21 所示。试说明需要分几段建立微分方程，积分常数有几个，确定积分常数的条件是什么？

15-4 具有中间铰的梁受力如图 15-22 所示。试画出挠度曲线的大致形状，并说明需要分几段建立微分方程，积分常数有几个，确定积分常数的条件是什么。

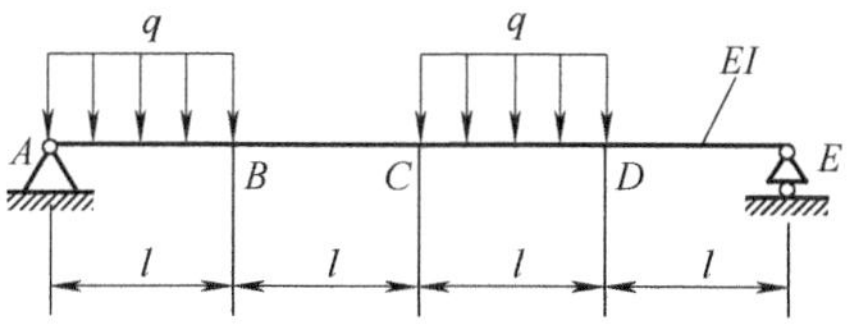

图 15-21 习题 15-3 图

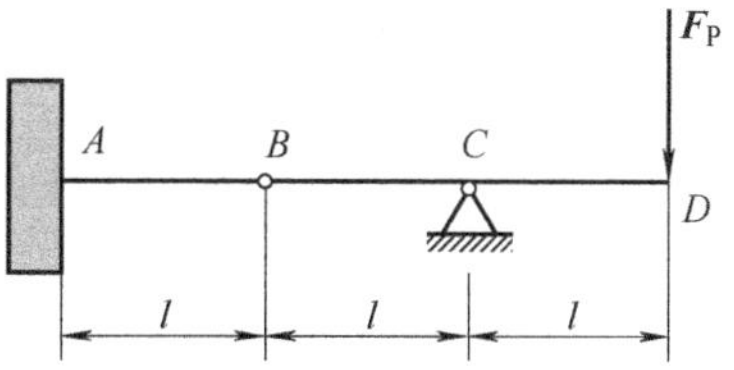

图 15-22 习题 15-4 图

15-5 试用叠加法求下列各梁中截面 A 的挠度和截面 B 的转角。图 15-23 中 q、l、EI 等为已知。

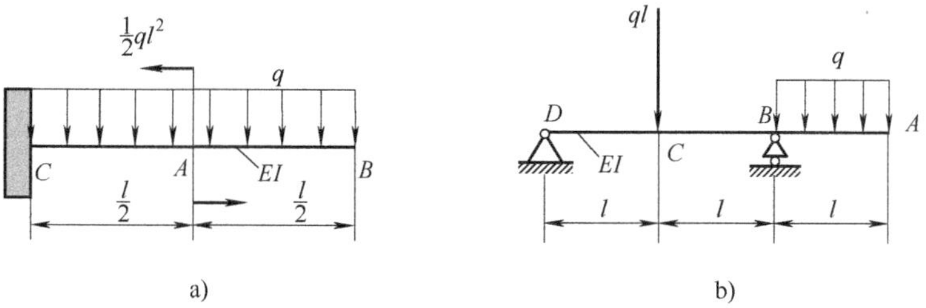

图 15-23 习题 15-5 图

15-6 传动轴受力如图 15-24 所示，已知 $F_P = 1.6\text{kN}$，$d = 32\text{mm}$，$E = 200\text{GPa}$。若要求加力点的挠度不大于许用挠度 $[w] = 0.05\text{mm}$，试校核该轴是否满足刚度要求。

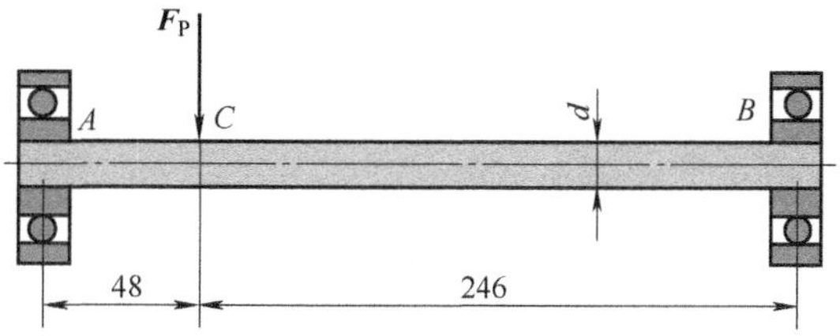

图 15-24 习题 15-6 图

15-7 图 15-25 所示一端外伸的轴在飞轮重量作用下发生变形，已知飞轮重 $W = 20\text{kN}$，轴材料的 $E = 200\text{GPa}$，轴承 B 处的许用转角 $[\theta] = 0.5°$。试设计轴的直径。

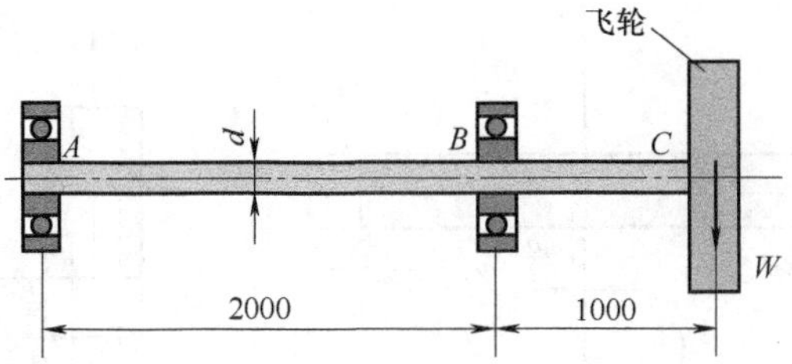

图 15-25 习题 15-7 图

15-8 图 15-26 所示承受均布载荷的简支梁由两根竖向放置的普通槽钢组成。已知 $q=10\text{kN/m}$，$l=4\text{m}$，材料的 $[\sigma]=100\text{MPa}$，许用挠度 $[w]=l/1000$，$E=200\text{GPa}$。试确定槽钢型号。

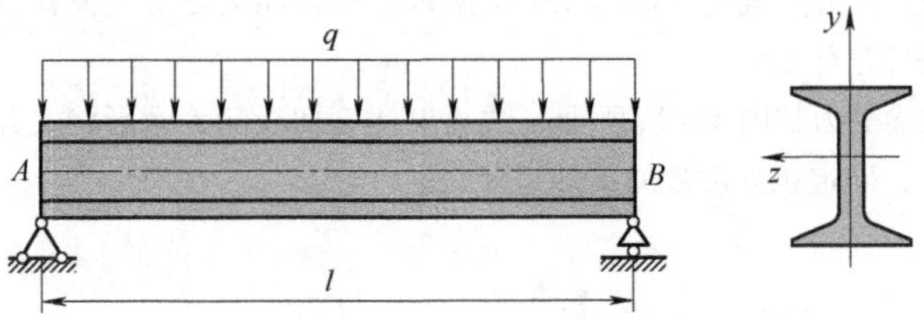

图 15-26 习题 15-8 图

第 16 章 应力状态分析与强度理论

前面几章中，讨论了拉伸、压缩、扭转与弯曲时杆件的强度问题，这些强度问题的共同特点有二，一是危险截面上的危险点只承受正应力或切应力；二是都是通过实验直接确定失效时的极限应力，并以此为依据建立强度设计准则（也称强度理论）。

工程上还有一些构件或结构，其危险截面上的危险点同时承受正应力和切应力，或者危险点的其他面上同时承受正应力或切应力。这种受力称为复杂受力。复杂受力情形下，由于复杂受力形式繁多，不可能一一通过试验确定失效时的极限应力。因而，必须研究在各种不同的复杂受力形式下，强度失效的共同规律。通过假定失效的共同原因，从而有可能利用单向拉伸的试验结果，建立复杂受力时的失效判据与设计准则。

为了分析失效的原因，需要研究通过一点不同方向面上应力相互之间的关系。这是建立复杂受力设计准则的基础。

本章首先介绍应力状态的基本概念，以此为基础建立复杂受力时的失效判据与设计准则，然后将这些准则应用于解决薄壁容器承受内压时、斜弯曲、拉伸（压缩）与弯曲组合、弯曲与扭转组合的强度问题。

16.1 基本概念

16.1.1 应力状态分析的意义

前面几章讨论了杆件在拉伸（压缩）、扭转和弯曲等几种基本受力与变形形式下，横截面上的应力；并且根据横截面上的应力以及相应的试验结果，建立了只有正应力和只有切应力作用时的强度条件。但这些对于分析复杂的强度问题是远远不够的。

例如，仅仅根据横截面上的应力，不能分析为什么低碳钢试样拉伸至屈服时，表面会出现与轴线成 45°角的滑移线；也不能分析灰铸铁圆轴试样扭转时，为什么沿 45°螺旋面断开；以及灰铸铁压缩试样的破坏面为什么不像灰铸铁扭转试样破坏面那样呈颗粒状。

又如，根据横截面上的应力分析和相应的试验结果，不能直接建立既有正应力又有切应力存在时的失效判据与设计准则。

事实上，杆件受力变形后，不仅在横截面上会产生应力，而且在斜截面上也会产生应力。例如图 16-1a 所示的拉杆，受力之前在其表面画一斜置的正方形，受拉后，正方形变成了菱形（图中虚线所示）。这表明在拉杆的斜截面上有切应力存在。又如图 16-1b 所示的圆

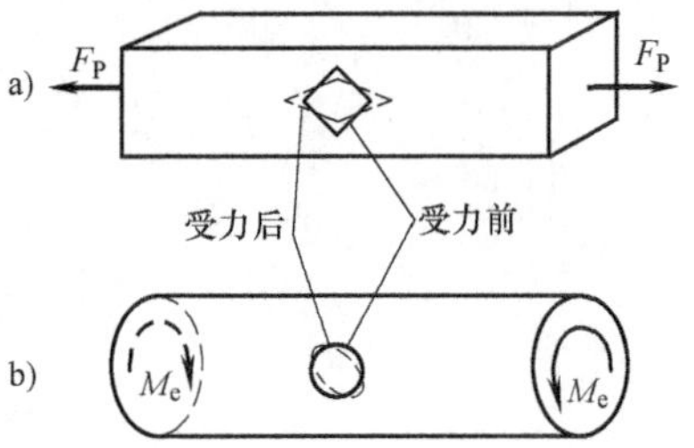

图 16-1 杆件斜截面上存在应力的实例

轴，受扭之前在其表面画一圆，受扭后，此圆变为一斜置椭圆，长轴方向表示承受拉应力而伸长，短轴方向表示承受压应力而缩短。这表明，扭转时，杆的斜截面上存在正应力。

本章后面的分析还将进一步证明：围绕一点作一微小单元体，即微元，一般情形下，微元的不同方向面上的应力，是不相同的。过一点的所有方向面上的应力集合，称为该点的**应力状态**（stress state at a point）。

分析一点的应力状态，不仅可以解释上面所提到的那些实验中的破坏现象，而且可以预测各种复杂受力情形下，构件何时发生失效，以及怎样保证构件不发生失效，并且具有足够的安全裕度。因此，应力状态分析是建立杆件在复杂受力（既有正应力，又有切应力）时失效判据与设计准则的重要基础。

16.1.2 应力状态分析的基本方法

为了描述一点的应力状态，在一般情形下，总是围绕所考察的点作一个三对面互相垂直的六面体，当各边边长充分小时，六面体便趋于宏观上的“点”。这种六面体就是前面所提到的微元。

由于微元是平衡的，微元的任意一局部也必然是平衡的。所以，当微元三对面上的应力已知时，就可以应用假想截面将微元从任意方向面处截开。考察截开后的任意一部分的平衡，由平衡条件就可以求得任意方向面上的应力。

因此，通过微元及其三对互相垂直的面上的应力，可以描述一点的应力状态。

为了确定一点的应力状态，需要确定代表这一点的微元的三对互相垂直的面上的应力。为此，围绕一点截取微元时，应尽量使其三对面上的应力容易确定。例如，矩形截面杆与圆截面杆中微元的取法便有所区别。对于矩形截面杆，三对面中的一对面为杆的横截面，另外两对面为平行于杆表面的纵截面。对于圆截面杆，除一对面为横截面外，另外两对面中有一对为同轴圆柱面，另一对则为通过杆轴线的纵截面。截取微元时，还应注意相对面之间的距离应为无限小。

由于杆件受力的不同，应力状态多种多样。只有一个方向有正应力作用的应力状态，称为**单向应力状态**（one dimensional state of stress）。只受切应力作用的应力状态，称为**纯剪切应力状态**（shearing state of stress）。所有应力作用线都处于同一平面内的应力状态，称为**平面应力状态**（plane state of stresses）。单向应力状态与纯剪切应力状态都是平面应力状态的特例。本书主要讨论平面应力状态。

16.2 平面应力状态分析——任意方向面上应力的确定

当微元三对面上的应力已经确定时，为求某个斜截面上的应力，可用一假想截面将微元从所考察的斜面处截为两部分，考察其中任意一部分的平衡，即可由平衡条件求得该斜截面上的正应力和切应力。这是分析微元斜截面上的应力的基本方法。下面以一般平面应力状态为例，说明这一方法的具体应用。

16.2.1 方向角与应力分量的正负号约定

对于平面应力状态，由于微元有一对面上没有应力作用，所以三维微元可以用一平面微元表示。图 16-2a 所示即平面应力状态的一般情形，其两对互相垂直的面上都有正应力和切应力作用。

在平面应力状态下，任意方向面（法线为 x'）是由它的法线 x' 与水平坐标轴 x 正向的夹角 θ 所定义的。图 16-2b 所示是用法线为 x'的方向面从微元中截出的微元局部。

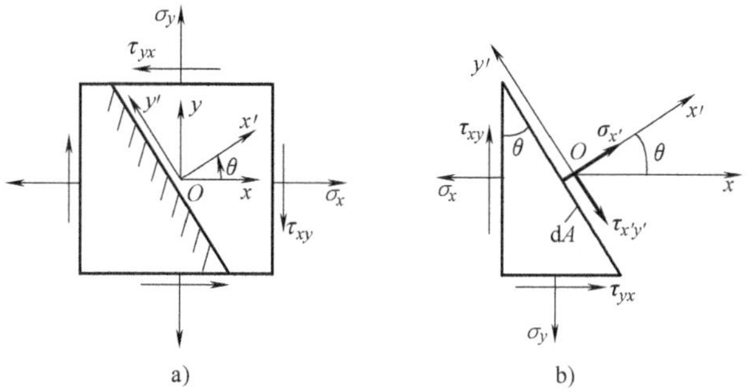

图 16-2 正负号规则

为了确定任意方向面（任意 θ 角）上的正应力与切应力，需要首先对 θ 角以及各应力分量的正负号，做出如下约定：

- θ 角——从 x 正方向逆时针转至 x'正方向者为正；反之为负。
- 正应力——拉为正；压为负。
- 切应力——使微元或其局部产生顺时针方向转动趋势者为正；反之为负。

图 16-2 中所示的 θ 角及正应力和切应力 τ_{xy}均为正；τ_{yx}为负。

16.2.2 微元的局部平衡

为确定平面应力状态中任意方向面（法线为 x'，方向角为 θ）上的应力，将微元从任意方向面处截为两部分。考察其中任一部分，其受力如图 16-2b 所示，假定任意方向面上的正应力 $\sigma_{x'}$和切应力 $\tau_{x'y'}$均为正方向。

于是，根据力的平衡方程可以写出

$$\sum F_{x'}=0,\quad \sigma_{x'}\mathrm{d}A-(\sigma_x\mathrm{d}A\cos\theta)\cos\theta+(\tau_{xy}\mathrm{d}A\cos\theta)\sin\theta-(\sigma_y\mathrm{d}A\sin\theta)\sin\theta+(\tau_{yx}\mathrm{d}A\sin\theta)\cos\theta=0 \quad \text{(a)}$$

$$\sum F_{y'}=0,\quad -\tau_{x'y'}\mathrm{d}A+(\sigma_x\mathrm{d}A\cos\theta)\sin\theta+(\tau_{xy}\mathrm{d}A\cos\theta)\cos\theta-(\sigma_y\mathrm{d}A\sin\theta)\cos\theta-(\tau_{yx}\mathrm{d}A\sin\theta)\sin\theta=0 \quad \text{(b)}$$

16.2.3 平面应力状态中任意方向面上的正应力与切应力

利用三角函数倍角公式，以及切应力互等定理 $|\tau_{xy}|=|\tau_{yx}|$，式（a）和式（b）经过整理后，可以得到计算平面应力状态中任意方向面上正应力与切应力的解析表达式：

$$\begin{cases}\sigma_{x'}=\dfrac{\sigma_x+\sigma_y}{2}+\dfrac{\sigma_x-\sigma_y}{2}\cos2\theta-\tau_{xy}\sin2\theta \\ \tau_{x'y'}=\dfrac{\sigma_x-\sigma_y}{2}\sin2\theta+\tau_{xy}\cos2\theta\end{cases} \tag{16-1}$$

【例题 16-1】 分析轴向拉伸杆件的最大切应力的作用面，说明低碳钢拉伸时发生屈服的主要原因。

解：杆件承受轴向拉伸时，其上任意一点均为单向应力状态，如图 16-3 所示。

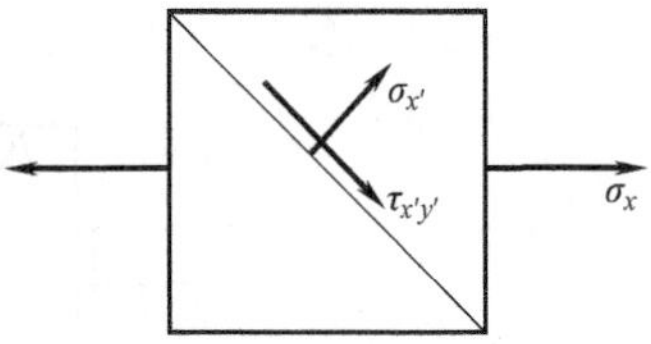

图 16-3 轴向拉伸时斜截面上的应力

在本例的情形下，$\sigma_y=0$，$\tau_{xy}=0$。于是，根据式（16-1），任意斜截面上的正应力和切应力分别为

$$\begin{cases}\sigma_{x'}=\dfrac{\sigma_x}{2}+\dfrac{\sigma_x}{2}\cos2\theta \\ \tau_{x'y'}=\dfrac{\sigma_x}{2}\sin2\theta\end{cases} \tag{16-2}$$

这一结果表明，当 $\theta=45°$ 时，斜截面上既有正应力又有切应力，其值分别为

$$\sigma_{45°}=\frac{\sigma_x}{2}$$

$$\tau_{45°}=\frac{\sigma_x}{2}$$

不难看出，在所有的方向面中，45°斜截面上的正应力不是最大值，而切应力却是最大值。这表明，轴向拉伸时最大切应力发生在与轴线成 45°角的斜面上，这正是低碳钢试样拉伸至屈服时表面出现滑移线的方向。因此，可以认为屈服是由最大切应力引起的。

【例题 16-2】 分析圆轴扭转时最大切应力的作用面，说明灰铸铁圆试样扭转破坏的主要原因。

解：圆轴扭转时，其上任意一点的应力状态均为纯剪切应力状态，如图 16-4 所示。

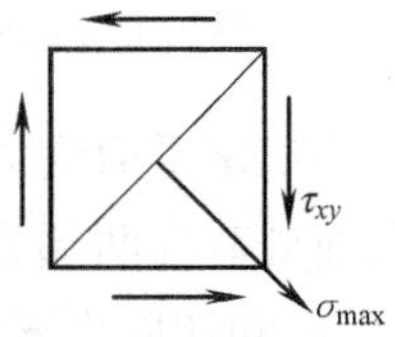

图 16-4 圆轴扭转时斜截面上的应力

本例中，$\sigma_x=\sigma_y=0$，代入式（16-1），得到微元任意斜截面上的正应力和切应力分别为

$$\begin{cases}\sigma_{x'}=-\tau_{xy}\sin2\theta \\ \tau_{x'y'}=\tau_{xy}\cos2\theta\end{cases} \tag{16-3}$$

可以看出，当 $\theta=\pm45°$ 时，斜截面上只有正应力没有切应力。当 $\theta=45°$ 时（自 x 轴逆时针方向转过 45°），压应力最大；当 $\theta=-45°$ 时（自 x 轴顺时针方向转过 45°），拉应力最大，即

$$\sigma_{45°}=\sigma_{max}^{-}=-\tau_{xy}$$

$$\tau_{45°}=0$$

$$\sigma_{-45°}=\sigma_{max}^{+}=\tau_{xy}$$

$$\tau_{-45°}=0$$

在灰铸铁圆轴扭转试验时，其正是沿着最大拉应力作用面（即-45°螺旋面）断开的。因此，

可以认为这种脆性破坏是由最大拉应力引起的。

16.3 应力状态中的主应力与最大切应力

16.3.1 主平面、主应力与主方向

根据应力状态任意方向面上的应力表达式（16-1），不同方向面上的正应力与切应力与方向面的取向（方向角 θ）有关。因而有可能存在某种方向面，其上的切应力 $\tau_{x'y'}=0$，这种方向面称为主平面（principal plane）。主平面上的正应力称为主应力（principal stress）。主平面法线方向即主应力作用线方向，称为主方向（principal directions），主方向用方向角 θ_p 表示。令式（16-1）中的 $\tau_{x'y'}=0$，得到主平面方向角的表达式

$$\tan 2\theta_p=-\frac{2\tau_{xy}}{\sigma_x-\sigma_y} \tag{16-4}$$

若将式（16-1）中 $\sigma_{x'}$ 的表达式对 θ 求一次导数，并令其等于零，有

$$\frac{d\sigma_{x'}}{d\theta}=-(\sigma_x-\sigma_y)\sin 2\theta-2\tau_{xy}\cos 2\theta=0 \tag{16-5}$$

由式（16-5）解出的角度 θ_p 与式（16-4）具有完全一致的形式。这表明，主应力具有极值的性质，即主应力是所有垂直于 x-y 坐标平面的方向面上正应力的极大值或极小值。

根据切应力互等定理，当一对方向面为主平面时，另一对与之垂直的方向面（$\theta=\theta_p+\pi/2$），其上的切应力也等于零，因而也是主平面，其上的正应力也是主应力。

需要指出的是，对于平面应力状态，平行于 x-y 坐标平面的平面，其上既没有正应力也没有切应力作用，这种平面也是主平面。这一主平面上的主应力等于零。

可以证明，受力物体内任一点必有三个相互垂直的主平面和相应的三个主应力。

16.3.2 平面应力状态的三个主应力

将由式（16-4）解得的主应力方向角 θ_p，代入式（16-1），得到平面应力状态的两个不等于零的主应力。这两个不等于零的主应力以及上述平面应力状态固有的等于零的主应力，分别用 σ'、σ''、σ'''表示。即

$$\sigma'=\frac{\sigma_x+\sigma_y}{2}+\frac{1}{2}\sqrt{(\sigma_x-\sigma_y)^2+4\tau_{xy}^2} \tag{16-6a}$$

$$\sigma''=\frac{\sigma_x+\sigma_y}{2}-\frac{1}{2}\sqrt{(\sigma_x-\sigma_y)^2+4\tau_{xy}^2} \tag{16-6b}$$

$$\sigma'''=0 \tag{16-6c}$$

以后将按三个主应力 σ'、σ''、σ'''代数值由大到小顺序排列，并分别用 σ_1、σ_2、σ_3 表示，且 $\sigma_1>\sigma_2>\sigma_3$。

根据主应力的大小与方向可以确定材料何时发生失效或破坏，确定失效或破坏的形式。因此，可以说主应力是反映应力状态本质内涵的特征量。

16.3.3 面内最大切应力与一点处的最大切应力

与正应力相类似，不同方向面上的切应力也随着坐标的旋转而变化，因而切应力也可能存在极值。为求此极值，将式（16-1）的第2式对θ求一次导数，并令其等于零，得到

$$\frac{\mathrm{d}\tau_{x'y'}}{\mathrm{d}\theta}=(\sigma_x-\sigma_y)\cos2\theta-2\tau_{xy}\sin2\theta=0$$

由此得出另一特征角，用θ_s表示，有

$$\tan2\theta_s=-\frac{\sigma_x-\sigma_y}{2\tau_{xy}} \tag{16-7}$$

从中解出θ_s，将其代入式（16-1）的第2式，得到$\tau_{x'y'}$的极值。根据切应力互等定理以及切向力的正负号规则，$\tau_{x'y'}$和$\tau_{y'x'}$中，若一个为极大值，另一个必为极小值，其数值由下式确定：

$$\left.\begin{matrix}\tau'\\\tau''\end{matrix}\right\}=\pm\frac{1}{2}\sqrt{(\sigma_x-\sigma_y)^2+4\tau_{xy}^2} \tag{16-8}$$

需要特别指出的是，上述切应力极值仅对垂直于x-y坐标平面的方向面而言，因而称为**面内最大切应力**（maximum shearing stresses in plane）与面内最小切应力。二者不一定是过一点的所有方向面中切应力的最大值和最小值。

为确定过一点的所有方向面上的最大切应力，可以将平面应力状态视为有三个主应力（σ_1、σ_2、σ_3）作用的应力状态的特殊情形，即三个主应力中有一个等于零。

考察微元三对面上分别作用着三个主应力（$\sigma_1>\sigma_2>\sigma_3\neq0$）的应力状态，如图16-5a所示。

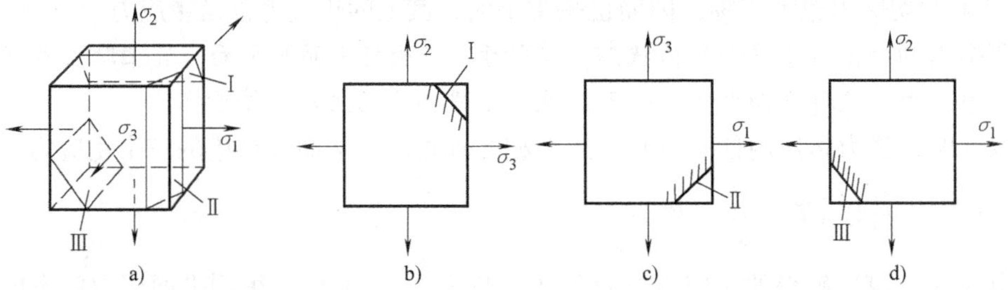

图16-5 三组平面内的最大切应力

在平行于主应力σ_1方向的任意方向面Ⅰ上，正应力和切应力都与σ_1无关。因此，当研究平行于σ_1的这一组方向面上的应力时，所研究的应力状态可视为图16-5b所示的平面应力状态，其方向面上的正应力和切应力可由式（16-1）计算。这时，式中的$\sigma_x=\sigma_3$，$\sigma_y=\sigma_2$，$\tau_{xy}=0$。

同理，对于在平行于主应力σ_2和平行于σ_3的任意方向面Ⅱ和Ⅲ上，正应力和切应力分别与σ_2和σ_3无关。因此，当研究平行于σ_2和σ_3的这两组方向面上的应力时，所研究的应力状态可视为图16-5c、d所示的平面应力状态，其方向面上的正应力和切应力都可以由式（16-1）计算。

应用式（16-8），可以得到Ⅰ、Ⅱ和Ⅲ三组方向面内的最大切应力分别为

$$\tau'=\frac{\sigma_2-\sigma_3}{2} \tag{16-9}$$

$$\tau''=\frac{\sigma_1-\sigma_3}{2} \tag{16-10}$$

$$\tau'''=\frac{\sigma_1-\sigma_2}{2} \tag{16-11}$$

一点应力状态中的最大切应力，必然是上述三者中的最大值，即

$$\tau_{\max}=\tau''=\frac{\sigma_1-\sigma_3}{2} \tag{16-12}$$

【例题 16-3】　薄壁圆管受扭转和拉伸共同作用，如图 16-6a 所示。已知圆管的平均直径 $D=50\text{mm}$，壁厚 $\delta=2\text{mm}$。外加力偶的力偶矩 $M_e=600\text{N}\cdot\text{m}$，轴向载荷 $F_P=20\text{kN}$。薄壁圆管截面的抗扭截面系数可近似取为 $W_p=\dfrac{\pi d^2\delta}{2}$。试求：

（1）圆管表面上过点 D 且与圆管母线夹角为 30°的斜截面上的应力；

（2）点 D 主应力和最大切应力。

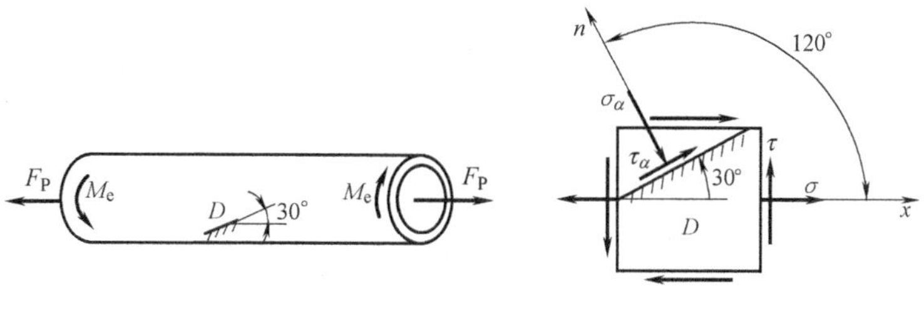

图 16-6　例题 16-3 图

解：（1）**取微元，确定微元各个面上的应力**

围绕点 D 用横截面、纵截面和圆柱面截取微元，其受力如图 16-6b 所示。利用拉伸和圆轴扭转时横截面上的正应力和切应力公式计算微元各面上的应力：

$$\sigma=\frac{F_P}{A}=\frac{F_P}{\pi D\delta}=\frac{20\times10^3}{\pi\times50\times10^{-3}\times2\times10^{-3}}\text{Pa}=63.7\times10^6\text{Pa}=63.7\text{MPa}$$

$$\tau=\frac{T}{W_p}=\frac{2M_e}{\pi d^2\delta}=\frac{2\times600}{\pi\times(50\times10^{-3})^2\times2\times10^{-3}}\text{Pa}=76.4\times10^6\text{Pa}=76.4\text{MPa}$$

（2）**求斜截面上的应力**

根据图 16-6b 所示的应力状态以及关于 θ、σ_x、σ_y、τ_{xy} 的正负号规则，本例中有 $\sigma_x=63.7\text{MPa}$，$\sigma_y=0$，$\tau_{xy}=-76.4\text{MPa}$，$\theta=120°$。将这些数据代入式（16-1），求得过点 D 且与圆管母线夹角为 30°的斜截面上的应力：

$$\begin{aligned}\sigma_{30°}&=\frac{\sigma_x+\sigma_y}{2}+\frac{\sigma_x-\sigma_y}{2}\cos2\theta-\tau_{xy}\sin2\theta\\&=\frac{63.7\text{MPa}+0}{2}+\frac{63.7\text{MPa}-0}{2}\cos(2\times120°)-(-76.4\text{MPa})\sin(2\times120°)\end{aligned}$$

$$= -50.3\text{MPa}$$

$$\tau_{30^\circ} = \frac{\sigma_x - \sigma_y}{2}\sin 2\theta + \tau_{xy}\cos 2\theta$$

$$= \frac{63.7\text{MPa} - 0}{2}\sin(2\times 120^\circ) + (-76.4\text{MPa})\cos(2\times 120^\circ)$$

$$= 10.7\text{MPa}$$

二者的方向均示于图 16-6b 中。

(3) **确定主应力与最大切应力**

根据式（16-6），有

$$\sigma' = \frac{\sigma_x + \sigma_y}{2} + \frac{1}{2}\sqrt{(\sigma_x - \sigma_y)^2 + 4\tau_{xy}^2}$$

$$= \frac{63.7\text{MPa} + 0}{2} + \frac{1}{2}\sqrt{(63.7\text{MPa} - 0)^2 + 4(-76.4\text{MPa})^2}$$

$$= 114.6\text{MPa}$$

$$\sigma'' = \frac{\sigma_x + \sigma_y}{2} - \frac{1}{2}\sqrt{(\sigma_x - \sigma_y)^2 + 4\tau_{xy}^2}$$

$$= \frac{63.7\text{MPa} + 0}{2} - \frac{1}{2}\sqrt{(63.7\text{MPa} - 0)^2 + 4(-76.4\text{MPa})^2}$$

$$= -50.9\text{MPa}$$

$$\sigma''' = 0$$

于是，根据主应力代数值大小顺序排列，点 D 的三个主应力分别为

$$\sigma_1 = 114.6\text{MPa},\quad \sigma_2 = 0,\quad \sigma_3 = -50.9\text{MPa}$$

根据式（16-12），点 D 的最大切应力为

$$\tau_{\max} = \frac{\sigma_1 - \sigma_3}{2} = \frac{114.6\text{MPa} - (-50.9\text{MPa})}{2} = 82.75\text{MPa}$$

*16.4 应力状态分析的应力圆方法

16.4.1 应力圆方程

将微元任意方向面上的正应力与切应力解析表达式（16-1）

$$\sigma_{x'} = \frac{\sigma_x + \sigma_y}{2} + \frac{\sigma_x - \sigma_y}{2}\cos 2\theta - \tau_{xy}\sin 2\theta$$

$$\tau_{x'y'} = \frac{\sigma_x - \sigma_y}{2}\sin 2\theta + \tau_{xy}\cos 2\theta$$

中第 1 式等号右边的第 1 项移至等号的左边，然后将两式平方后再相加，将会得到一个新的方程

$$\left(\sigma_{x'}-\frac{\sigma_x+\sigma_y}{2}\right)^2+\tau_{x'y'}^2=\left(\frac{1}{2}\sqrt{(\sigma_x-\sigma_y)^2+4\tau_{xy}^2}\right)^2 \tag{16-13}$$

在以 $\sigma_{x'}$ 为横轴、$\tau_{x'y'}$ 为纵轴的坐标系中，上述方程为一圆方程。这种圆称为应力圆（stress circle）。应力圆的圆心坐标为

$$\left(\frac{\sigma_x+\sigma_y}{2},\ 0\right)$$

应力圆的半径为

$$\frac{1}{2}\sqrt{(\sigma_x-\sigma_y)^2+4\tau_{xy}^2}$$

应力圆最早是由德国工程师莫尔于 1882 年首先提出的，故又称为莫尔应力圆（Mohr's stress circle），也可简称为莫尔圆。

16.4.2　应力圆的画法

对于平面应力状态，根据其上的应力分量 σ_x、σ_y 和 τ_{xy}，由圆心坐标以及圆的半径，即可画出与给定的平面应力状态相对应的应力圆。但是，这样做并不方便。

为了简化应力圆的绘制方法，需要考察表示平面应力状态微元相互垂直的一对面上的应力与应力圆上点的对应关系。

图 16-7a、b 所示为相互对应的应力状态与应力圆。

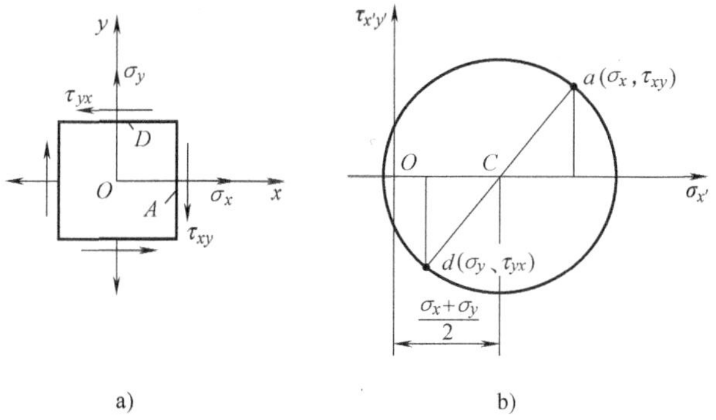

图 16-7　平面应力状态与应力圆

假设应力圆上点 a 的坐标对应着微元 A 面上的应力（σ_x,τ_{xy}）。将该点与圆心 C 相连，并延长 aC 交应力圆于点 d。根据图中的几何关系，不难证明，应力圆上点 d 的坐标对应着微元 D 面上的应力（σ_y,τ_{yx}）。

可以证明，单元体内任意斜截面上的应力都对应着应力圆上的一个点，其对应关系可归纳如下：

- 点面对应：应力圆上某一点的坐标值对应着微元某一方向面上的正应力和切应力值。
- 转向一致：应力圆半径旋转时，半径端点的坐标随之改变，对应地，微元上方向面的法线也沿相同方向旋转，才能保证方向面上的应力与应力圆上半径端点的坐标相对应。
- 角度成双：应力圆上半径转过的角度，等于方向面法线旋转角度的两倍。
- 基准相当：单元体上 x 轴是基准轴，那么对应的应力圆上的点 q 就是基准点。

16.4.3 应力圆的应用

基于上述对应关系，不仅可以根据微元两相互垂直面上的应力确定应力圆上一直径的两端点，并由此确定圆心 C，进而画出应力圆，从而使应力图绘制过程大为简化。而且，还可以确定任意方向面上的正应力和切应力，以及主应力和面内最大切应力。

以图 16-8 所示的平面应力状态为例。首先，在图 16-8 所示的 $O\sigma_{x'}\tau_{x'y'}$ 坐标系中找到与微元 A、D 面上的应力（σ_x,τ_{xy}）、（σ_y,τ_{yx}）对应的两点 a、d，连接 ad 交轴于点 C，以点 C 为圆心、Ca 或 Cd 为半径作圆，即为与所给应力状态对应的应力圆。

其次，为求 x 轴逆时针旋转 θ 角至 x' 轴位置时微元方向面 G 上的应力，可将应力圆上的半径 Ca 按相同方向旋转 2θ，得到点 g，则点 g 的坐标值即为 G 面上的应力值（见图 16-8c）。这一结论留给读者自己证明。

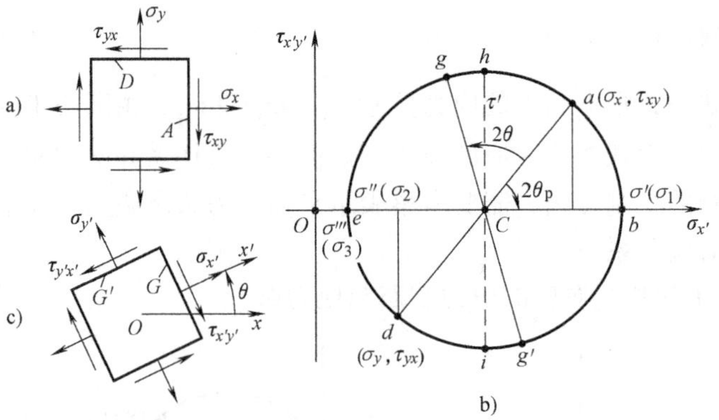

图 16-8 应力圆的应用

应用应力圆上的几何关系，可以得到平面应力状态主应力与面内最大切应力表达式，结果与前面所得到的完全一致。

由图 16-8b 所示应力圆可以看出，应力圆与 $\sigma_{x'}$ 轴的交点 b 和 e，对应着平面应力状态的主平面，其横坐标值即为主应力 σ' 和 σ''。此外，对于平面应力状态，根据主平面的定义，其上没有应力作用的平面也为主平面，只不过这一主平面上的主应力 σ''' 为零。

图 16-8b 中应力圆的最高点和最低点（h 和 i），切应力的绝对值最大，因此均为面内最大切应力。不难看出，在切应力最大处，正应力不一定为零。即在最大切应力作用面上，一般存在正应力。

需要指出的是，在图 16-8b 中，应力圆在坐标轴 $\tau_{x'y'}$ 的右侧，因而 σ' 和 σ'' 均为正值。这种情形不具有普遍性。当 $\sigma_x<0$ 或在其他条件下，应力圆也可能在坐标轴 $\tau_{x'y'}$ 的左侧，或者与坐标轴 $\tau_{x'y'}$ 相交，因此 σ' 和 σ'' 也有可能均为负值，或者一正一负。

还需要指出的是，应力圆的主要功能并不是作为图解法的工具用以量测某些量。它一方面通过明晰的几何关系帮助读者导出一些基本公式，而不是死记硬背这些公式；另一方面，也是更重要的方面，即作为一种思考问题的工具，用以分析和解决一些难度较大的问题。请读者在分析本章中的某些习题时注意充分利用这种工具。

【例题 16-4】 对于图 16-9a 中所示的平面应力状态，若要求面内的最大切应力 $\tau'<$

85MPa，试求 τ_{xy} 的取值范围。图中应力的单位为 MPa。

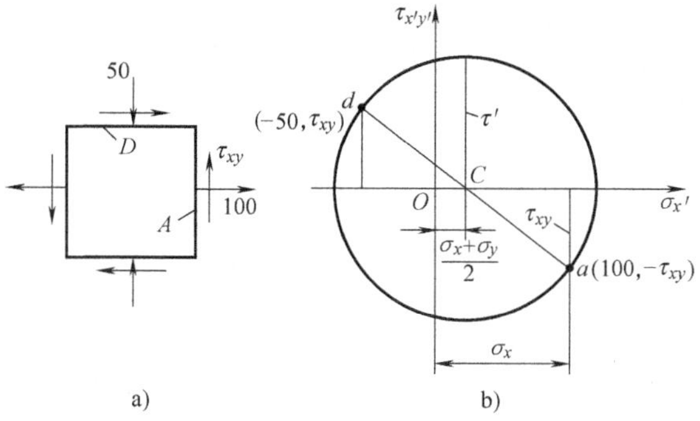

图 16-9　例题 16-4 图

解：因为 σ_y 为负值，故所给应力状态的应力圆如图 16-9b 所示。根据图中的几何关系，不难得到

$$\left(\sigma_x-\frac{\sigma_x-\sigma_y}{2}\right)^2+\tau_{xy}^2=\tau'^2$$

根据题意，并将 $\sigma_x=100\text{MPa}$，$\sigma_y=-50\text{MPa}$，$\tau'\leqslant 85\text{MPa}$，代入上式后，得到

$$\tau_{xy}^2\leqslant\left[(85\text{MPa})^2-\left(\frac{100\text{MPa}-50\text{MPa}}{2}\right)^2\right]$$

由此解得

$$\tau_{xy}\leqslant 81.24\text{MPa}$$

16.5　复杂应力状态下的应力-应变关系　应变能密度

16.5.1　广义胡克定律

根据各向同性材料在弹性范围内应力-应变关系的试验结果，可以得到单向应力状态下微元沿正应力方向的线应变

$$\varepsilon_x=\frac{\sigma_x}{E}$$

试验结果还表明，在 σ_x 作用下，除 x 方向的线应变外，在与其垂直的 y、z 方向也有反号的线应变 ε_y、ε_z 存在，二者与 ε_x 之间存在下列关系：

$$\varepsilon_y=-\nu\varepsilon_x=-\nu\frac{\sigma_x}{E}$$

$$\varepsilon_z=-\nu\varepsilon_x=-\nu\frac{\sigma_x}{E}$$

其中，ν 为材料的泊松比。对于各向同性材料，上述两式中的泊松比是相同的。

对于纯剪切应力状态，前已提到切应力和切应变在弹性范围也存在比例关系，即

$$\gamma=\frac{\tau}{G}$$

在小变形条件，考虑到正应力与切应力所引起的线应变和切应变，都是相互独立的，因此，应用叠加原理，可以得到图 16-10a 所示一般应力（三向应力）状态下的应力-应变关系：

$$\begin{cases}\varepsilon_x=\frac{1}{E}[\sigma_x-\nu(\sigma_y+\sigma_z)]\\ \varepsilon_y=\frac{1}{E}[\sigma_y-\nu(\sigma_z+\sigma_x)]\\ \varepsilon_z=\frac{1}{E}[\sigma_z-\nu(\sigma_x+\sigma_y)]\\ \gamma_{xy}=\frac{\tau_{xy}}{G}\\ \gamma_{xz}=\frac{\tau_{xz}}{G}\\ \gamma_{yz}=\frac{\tau_{yz}}{G}\end{cases}\tag{16-14}$$

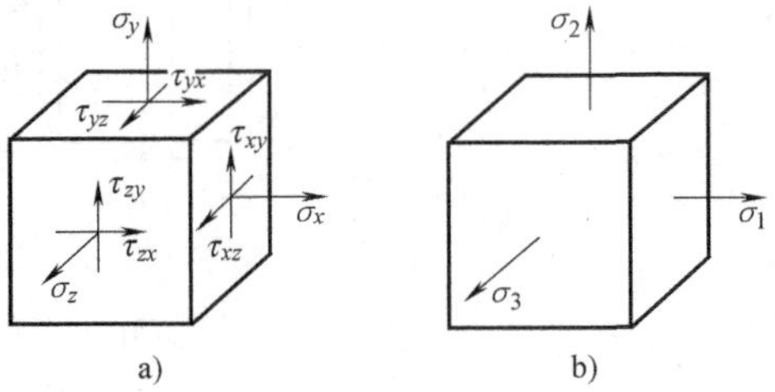

图 16-10　一般应力状态下的应力-应变关系

式（16-14）称为一般应力状态下的广义胡克定律（generalization Hooke law）。

若微元的三个主应力已知，其应力状态如图 16-10b 所示，这时广义胡克定律变为

$$\begin{cases}\varepsilon_1=\frac{1}{E}[\sigma_1-\nu(\sigma_2+\sigma_3)]\\ \varepsilon_2=\frac{1}{E}[\sigma_2-\nu(\sigma_3+\sigma_1)]\\ \varepsilon_3=\frac{1}{E}[\sigma_3-\nu(\sigma_1+\sigma_2)]\end{cases}\tag{16-15}$$

式中，ε_1、ε_2、ε_3 分别为沿主应力 σ_1、σ_2、σ_3 方向的线应变，称为主应变（principal strain）。

对于平面应力状态（$\sigma_z=0$），广义胡克定律（16-14）简化为

$$\begin{cases}\varepsilon_x=\frac{1}{E}(\sigma_x-\nu\sigma_y)\\ \varepsilon_y=\frac{1}{E}(\sigma_y-\nu\sigma_x)\\ \varepsilon_z=-\frac{\nu}{E}(\sigma_x+\sigma_y)\\ \gamma_{xy}=\frac{\tau_{xy}}{G}\end{cases}\tag{16-16}$$

16.5.2　各向同性材料各弹性常数之间的关系

对于同一种各向同性材料，广义胡克定律中的三个弹性常数并不完全独立，它们之间存在下列关系：

$$G=\frac{E}{2(1+\nu)} \tag{16-17}$$

需要指出的是，对于绝大多数各向同性材料，泊松比一般在 0~0.5 之间取值，因此，切变模量 G 的取值范围为 $E/3<G<E/2$。

【例题 16-5】 图 16-11 所示的钢质立方体块，其各个面上都承受均匀静水压力 p。已知边长 AB 的改变量 $\Delta AB=-24\times10^{-3}$mm，$E=200$GPa，$\nu=0.29$。试：

（1）求 BC 和 BD 边的长度改变量；

（2）确定静水压力值 p。

解：（1）**计算 *BC* 和 *BD* 边的长度改变量**

在静水压力作用下，弹性体各方向均发生均匀变形，因而任意一点均处于三向等压应力状态，即

$$\sigma_x=\sigma_y=\sigma_z=-p \tag{a}$$

应用广义胡克定律，得

$$\varepsilon_x=\varepsilon_y=\varepsilon_z=-\frac{p}{E}(1-2\nu) \tag{b}$$

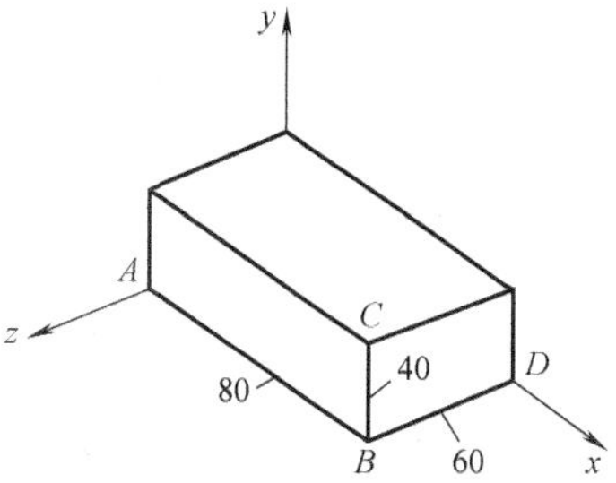

图 16-11 例题 16-5 图

由已知条件，得

$$\varepsilon_x=\frac{\Delta AB}{AB}=-0.3\times10^{-3} \tag{c}$$

于是，有

$$\Delta BC=\varepsilon_y BC=[(-0.3\times10^{-3})\times40\times10^{-3}]\text{m}=-12\times10^{-3}\text{mm}$$

$$\Delta BD=\varepsilon_z BD=[(-0.3\times10^{-3})\times60\times10^{-3}]\text{m}=-18\times10^{-3}\text{mm}$$

（2）**确定静水压力值 *p***

将式（c）中的结果及 E、ν 的数值值代入式（b），解出

$$p=-\frac{E\varepsilon_x}{1-2\nu}=\left[\frac{-200\times10^9\times(-0.3\times10^{-3})}{1-2\times0.29}\right]\text{Pa}=142.9\times10^6\text{Pa}=142.9\text{MPa}$$

16.5.3 应变能密度

考察图 16-10b 中以主应力表示的三向应力状态，其主应力和主应变分别为 σ_1、σ_2、σ_3 和 ε_1、ε_2、ε_3。假设应力和应变都同时自零开始逐渐增加至终值。

根据能量守恒原理，材料在弹性范围内工作时，微元三对面上的力（其值为应力与面积的乘积）在由各自对应应变所产生的位移上所做的功，全部转变为一种能量，储存于微元内。这种能量称为弹性应变能，简称为应变能（strain energy），用 V_ε 表示，微元内的应变能用 $\mathrm{d}V_\varepsilon$ 表示。若以 $\mathrm{d}V$ 表示微元的体积，则定义 $\mathrm{d}V_\varepsilon/\mathrm{d}V$ 为应变能密度（strain-energy density），用 v_ε 表示。

当材料的应力-应变满足广义胡克定律时，在小变形的条件下，相应的力和位移也存在线性关系。这时力做功为

$$W=\frac{1}{2}F_{\mathrm{P}}\Delta \tag{16-18}$$

对于弹性体，此功将转变为弹性应变能 V_ε。

设微元的三对边长分别为 $\mathrm{d}x$、$\mathrm{d}y$、$\mathrm{d}z$，则作用在微元三对面上的力分别为 $\sigma_1\mathrm{d}y\mathrm{d}z$、$\sigma_2\mathrm{d}x\mathrm{d}z$、$\sigma_3\mathrm{d}x\mathrm{d}y$，与这些力对应的位移分别为 $\varepsilon_1\mathrm{d}x$、$\varepsilon_2\mathrm{d}y$、$\varepsilon_3\mathrm{d}z$。这些力在各自位移上所做的功，都可以用式（16-18）计算。于是，作用在微元上的所有力做功之和为

$$\mathrm{d}W=\frac{1}{2}(\sigma_1\varepsilon_1+\sigma_2\varepsilon_2+\sigma_3\varepsilon_3)\mathrm{d}x\mathrm{d}y\mathrm{d}z$$

储藏于微元体内的应变能为

$$\mathrm{d}V_\varepsilon=\mathrm{d}W=\frac{1}{2}(\sigma_1\varepsilon_1+\sigma_2\varepsilon_2+\sigma_3\varepsilon_3)\mathrm{d}V$$

根据应变能密度的定义，并应用式（16-15）、式（16-18），得到三向应力状态下，总应变能密度的表达式

$$v_\varepsilon=\frac{1}{2E}[\sigma_1^2+\sigma_2^2+\sigma_3^2-2\nu(\sigma_1\sigma_2+\sigma_2\sigma_3+\sigma_3\sigma_1)] \tag{16-19}$$

16.5.4 体积改变能密度与畸变能密度

一般情形下，物体的变形同时包含了体积改变与形状改变。因此，总应变能密度可分解为相互独立的两种应变能密度之和，即

$$v_\varepsilon=v_{\mathrm{V}}+v_{\mathrm{d}} \tag{16-20}$$

式中，v_{V} 和 v_{d} 分别称为体积改变能密度（strain-energy density corresponding to the change of volume）和畸变能密度（strain-energy density corresponding to the distortion）。

将用主应力表示的三向应力状态（见图 16-12a）分解为图 16-12b、c 中所示的两种相互独立的应力状态的叠加。其中，$\bar{\sigma}$ 称为平均应力（average stress）：

$$\bar{\sigma}=\frac{1}{3}(\sigma_1+\sigma_2+\sigma_3) \tag{16-21}$$

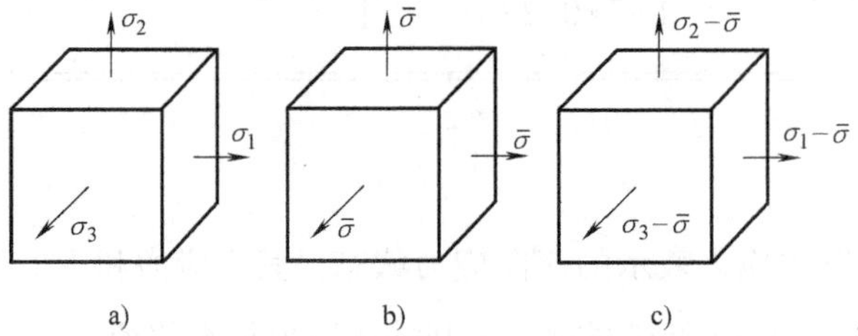

图 16-12　微元的形状改变与体积改变

图 16-12b 所示为三向等拉应力状态，在这种应力状态作用下，微元只产生体积改变，而没有形状改变。图 16-12c 所示的应力状态，读者可以证明，它将使微元只产生形状改变，而没有体积改变。

对于图 16-12b 中的微元，将式（16-21）代入式（16-19），算得其体积改变能密度

$$v_{\mathrm{V}}=\frac{1-2\nu}{6E}(\sigma_1+\sigma_2+\sigma_3)^2 \tag{16-22}$$

将式（16-19）和式（16-22）代入式（16-20），得到微元的畸变能密度

$$v_d=\frac{1+\nu}{6E}[(\sigma_1-\sigma_2)^2+(\sigma_2-\sigma_3)^2+(\sigma_3-\sigma_1)^2] \tag{16-23}$$

16.6 复杂应力状态下的强度设计准则

严格地讲，在拉压和弯曲强度问题中所建立的失效判据实际上是材料在单向应力状态下的失效判据；而关于扭转强度的失效判据则是材料在纯剪切应力状态下的失效判据。所谓复杂受力时的失效判据，实际上就是材料在各种复杂应力状态下的失效判据。

我们知道，单向应力状态和纯剪切应力状态下的失效判据，都是通过试验确定极限应力值，然后直接利用试验结果建立起来的。但是，复杂应力状态下则不能。这是因为：一方面复杂应力状态各式各样，可以说有无穷多种，不可能一一通过试验确定极限应力；另一方面，有些复杂应力状态的试验，技术上难以实现。

大量的关于材料失效的试验结果以及工程构件失效的实例表明，复杂应力状态虽然各式各样，但是材料在各种复杂应力状态下的强度失效的形式却是共同的而且是有限的。

无论应力状态多么复杂，材料的强度失效，大致有两种形式：一种是指产生裂缝并导致断裂，例如灰铸铁拉伸和扭转时的破坏；另一种是指屈服，即出现一定量的塑性变形，例如低碳钢拉伸时的屈服。简而言之，塑性屈服与脆性断裂是强度失效的两种基本形式。

对于同一种失效形式，有可能在引起失效的原因中包含着共同的因素。建立复杂应力状态下的强度失效判据，就是提出关于材料在不同应力状态下失效共同原因的各种假说。根据这些假说，就有可能利用单向拉伸的试验结果，建立材料在复杂应力状态下的失效判据。就可以预测材料在复杂应力状态下，何时发生失效，进而建立复杂应力状态下的强度设计准则或强度条件。

本节将通过对屈服和断裂原因的假说，直接应用单向拉伸的试验结果，建立材料在各种应力状态下的屈服与断裂的失效判据，以及相应的设计准则。我国国内的材料力学教材关于强度的设计准则，一直沿用苏联的名词，叫作强度理论。

关于断裂的准则有最大拉应力准则和最大拉应变准则，由于最大拉应变准则只与少数材料的试验结果吻合，工程上已经很少应用。关于屈服的准则主要有最大切应力准则和畸变能密度准则。

16.6.1 最大拉应力准则——第一强度理论

最大拉应力准则（maximum tensile stress criterion）是关于无裂纹脆性材料断裂失效的判据和设计准则。

这一准则认为：*无论材料处于什么应力状态，只要发生脆性断裂，其共同原因都是由于微元内的最大拉应力 σ_{max} 达到了某个共同的极限值 σ_{max}^0。*

根据这一准则，“无论什么应力状态”，当然包括单向应力状态。脆性材料单向拉伸试验结果表明，当横截面上的正应力 $\sigma=\sigma_b$ 时发生脆性断裂；对于单向拉伸，横截面上的正应力，就是微元所有方向面中的最大正应力，即 $\sigma_{max}=\sigma$；所以 σ_b 就是所有应力状态发生脆性断裂的极限值：

$$\sigma_{max}^{0}=\sigma_{b} \tag{a}$$

同时，无论什么应力状态，只要存在大于零的正应力，σ_1 就是最大拉应力：

$$\sigma_{max}=\sigma_{1} \tag{b}$$

比较式（a）、式（b），所有应力状态发生脆性断裂的失效判据为

$$\sigma_{1}=\sigma_{b} \tag{16-24}$$

相应的设计准则为

$$\sigma_{1}\leqslant[\sigma]=\frac{\sigma_{b}}{n_{b}} \tag{16-25}$$

式中，σ_b为材料的强度极限；n_b为对应的安全因数。

这一准则与均质的脆性材料（如玻璃、石膏以及某些陶瓷）的试验结果吻合得较好。

国内的一些材料力学与工程力学教材中，最大拉应力准则又称为第一强度理论。

*16.6.2 最大拉应变准则——第二强度理论

最大拉应变准则（maximum tensile strain criterion）也是关于无裂纹脆性材料断裂失效的判据和设计准则。

这一准则认为：无论材料处于什么应力状态，只要发生脆性断裂，其共同原因都是由于微元的最大拉应变 ε_{max} 达到了某个共同的极限值 ε_{max}^{0}。

根据这一准则以及胡克定律，单向应力状态的最大拉应变 $\varepsilon_{max}=\frac{\sigma_{max}}{E}=\frac{\sigma}{E}$，$\sigma$ 为横截面上的正应力；脆性材料单向拉伸试验结果表明，当 $\sigma=\sigma_b$时发生脆性断裂，这时的最大应变值为 $\varepsilon_{max}^{0}=\frac{\sigma_{max}}{E}=\frac{\sigma_b}{E}$；所以$\frac{\sigma_b}{E}$就是所有应力状态发生脆性断裂的极限值：

$$\varepsilon_{max}^{0}=\frac{\sigma_{b}}{E} \tag{c}$$

同时，对于主应力为 σ_1、σ_2、σ_3 的任意应力状态，根据广义胡克定律，最大拉应变为

$$\varepsilon_{max}=\frac{\sigma_{1}}{E}-\nu\frac{\sigma_{2}}{E}-\nu\frac{\sigma_{3}}{E}=\frac{1}{E}(\sigma_{1}-\nu\sigma_{2}-\nu\sigma_{3}) \tag{d}$$

比较式（c）、式（d），所有应力状态发生脆性断裂的失效判据为

$$\sigma_{1}-\nu(\sigma_{2}+\sigma_{3})=\sigma_{b} \tag{16-26}$$

相应的设计准则为

$$\sigma_{1}-\nu(\sigma_{2}+\sigma_{3})\leqslant[\sigma]=\frac{\sigma_{b}}{n_{b}} \tag{16-27}$$

式中，σ_b为材料的强度极限；n_b为对应的安全因数。

这一准则只与少数脆性材料的试验结果吻合。

最大拉应变准则又称为第二强度理论。

16.6.3 最大切应力准则——第三强度理论

最大切应力准则（maximum shearing stress criterion）是关于塑性屈服的准则之一。这一

准则认为：无论材料处于什么应力状态，只要发生屈服（或剪断），其共同原因都是由于微元内的最大切应力 τ_{max} 达到了某个共同的极限值 τ^0_{max}。

根据这一准则，由拉伸试验得到的屈服应力 σ_s，即可确定各种应力状态下发生屈服时最大切应力的极限值 τ^0_{max}。

轴向拉伸试验中，当材料发生屈服时，杆件横截面上的正应力达到屈服强度，即 $\sigma=\sigma_s$，此时最大切应力

$$\tau_{max}=\frac{\sigma_1-\sigma_3}{2}=\frac{\sigma}{2}=\frac{\sigma_s}{2}$$

因此，根据最大切应力准则，$\sigma_s/2$ 即为所有应力状态下发生屈服时最大切应力的极限值：

$$\tau^0_{max}=\frac{\sigma_s}{2} \tag{e}$$

同时，对于主应力为 σ_1、σ_2、σ_3 的任意应力状态，其最大切应力为

$$\tau_{max}=\frac{\sigma_1-\sigma_3}{2} \tag{f}$$

比较式（e）、式（f），任意应力状态发生屈服时的失效判据可以写成

$$\sigma_1-\sigma_3=\sigma_s \tag{16-28}$$

据此，得到相应的设计准则

$$\sigma_1-\sigma_3\leqslant[\sigma]=\frac{\sigma_s}{n_s} \tag{16-29}$$

式中，σ_s 为材料的屈服强度；n_s 为安全因数。

试验结果表明，这一准则能够较好地描述低强化塑性材料（例如退火钢）的屈服状态。

最大切应力准则又称为第三强度理论。

16.6.4　畸变能密度准则——第四强度理论

畸变能密度准则（criterion of strain energy density corresponding to distortion）也是一个关于屈服的准则。这一准则认为：无论材料处于什么应力状态，只要发生屈服（或剪断），其共同原因都是由于微元内的畸变能密度 V_d 达到了某个共同的极限值 V^0_d。

根据这一准则，由拉伸屈服的试验结果 σ_s，即可确定各种应力状态下发生屈服时畸变能密度的极限值 v^0_d。

因为单向拉伸至屈服时，$\sigma_1=\sigma_s$、$\sigma_2=\sigma_3=0$，这时的畸变能密度，就是所有应力状态发生屈服时的极限值：

$$v^0_d=\frac{1+\nu}{6E}[(\sigma_1-\sigma_2)^2+(\sigma_2-\sigma_3)^2+(\sigma_3-\sigma_1)^2]=\frac{1+\nu}{3E}\sigma_s^2 \tag{g}$$

同时，对于主应力为 σ_1、σ_2、σ_3 的任意应力状态，其畸变能密度为

$$v_d=\frac{1+\nu}{6E}[(\sigma_1-\sigma_2)^2+(\sigma_2-\sigma_3)^2+(\sigma_3-\sigma_1)^2] \tag{h}$$

比较式（g）、式（h），主应力为 σ_1、σ_2、σ_3 的任意应力状态屈服时的失效判据为

$$\frac{1}{2}[(\sigma_1-\sigma_2)^2+(\sigma_2-\sigma_3)^2+(\sigma_3-\sigma_1)^2]=\sigma_s^2 \tag{16-30}$$

相应的设计准则为

$$\sqrt{\frac{1}{2}[(\sigma_1-\sigma_2)^2+(\sigma_2-\sigma_3)^2+(\sigma_3-\sigma_1)^2]} \leqslant [\sigma]=\frac{\sigma_s}{n_s} \tag{16-31}$$

1926年，德国的洛德（Lode）通过薄壁圆管同时承受轴向拉伸与内压力时的屈服试验，发现：对于碳素钢和合金钢等韧性材料，畸变能密度准则与试验结果吻合得相当好。其他大量的试验结果还表明，畸变能密度准则能够很好地描述铜、镍、铝等大量工程塑性材料的屈服状态。

畸变能密度准则又称为第四强度理论。

【例题16-6】　已知灰铸铁构件上危险点处的应力状态如图16-13所示。若灰铸铁的拉伸许用应力为 $[\sigma]^+=30\text{MPa}$，试校核该点处的强度是否安全。

解：根据所给的应力状态，在微元各个面上只有拉应力而无压应力。因此，可以认为灰铸铁在这种应力状态下可能发生脆性断裂，故采用最大拉应力准则，即

$$\sigma_1 \leqslant [\sigma]^+$$

对于所给的平面应力状态，可算得非零主应力值为

$$\begin{aligned}\left.\begin{matrix}\sigma' \\ \sigma''\end{matrix}\right\} &= \frac{\sigma_x+\sigma_y}{2} \pm \frac{1}{2}\sqrt{(\sigma_x-\sigma_y)^2+4\tau_{xy}^2} \\ &= \left\{\left[\frac{10+23}{2} \pm \frac{1}{2}\sqrt{(10-23)^2+4\times(-11)^2}\right]\times 10^6\right\}\text{Pa} \\ &= (16.5\pm 12.78)\times 10^6\,\text{Pa} = \begin{cases}29.28\text{MPa} \\ 3.72\text{MPa}\end{cases}\end{aligned}$$

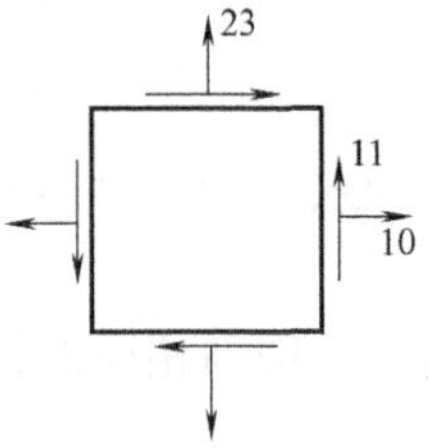

图16-13　例题16-6图

因为是平面应力状态，有一个主应力为零，故三个主应力分别为

$$\sigma_1=29.28\text{MPa},\quad \sigma_2=3.72\text{MPa},\quad \sigma_3=0$$

显然，

$$\sigma_1=29.28\text{MPa}<[\sigma]=30\text{MPa}$$

故此危险点强度是足够的。

【例题16-7】　某结构上危险点处的应力状态如图16-14所示，其中 $\sigma=116.7\text{MPa}$，$\tau=46.3\text{MPa}$。材料为钢，许用应力 $[\sigma]=160\text{MPa}$。试校核此结构是否安全。

解：对于这种平面应力状态，不难求得非零的主应力为

$$\left.\begin{matrix}\sigma' \\ \sigma''\end{matrix}\right\} = \frac{\sigma}{2} \pm \frac{1}{2}\sqrt{\sigma^2+4\tau^2}$$

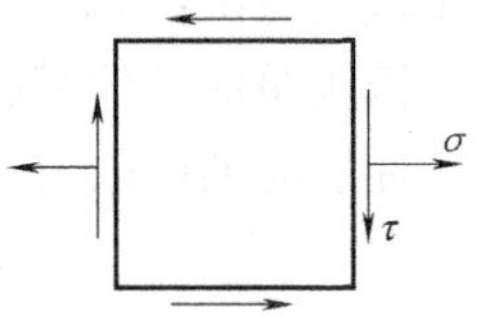

图16-14　例题16-7图

因为有一个主应力为零，故有

$$\begin{cases}\sigma_1=\dfrac{\sigma}{2}+\dfrac{1}{2}\sqrt{\sigma^2+4\tau^2} \\ \sigma_2=0 \\ \sigma_3=\dfrac{\sigma}{2}-\dfrac{1}{2}\sqrt{\sigma^2+4\tau^2}\end{cases} \tag{16-32}$$

钢材在这种应力状态下可能发生屈服；故可采用最大切应力或畸变能密度准则进行强度计算。根据最大切应力准则和畸变能密度准则，有

$$\sigma_1-\sigma_3=\sqrt{\sigma^2+4\tau^2}\leqslant[\sigma] \tag{16-33}$$

$$\sqrt{\frac{1}{2}[(\sigma_1-\sigma_2)^2+(\sigma_2-\sigma_3)^2+(\sigma_3-\sigma_1)^2]}=\sqrt{\sigma^2+3\tau^2}\leqslant[\sigma] \tag{16-34}$$

将已知的 σ 和 τ 数值代入上述两式不等号的左侧，得

$$\sqrt{\sigma^2+4\tau^2}=\sqrt{116.7^2\times10^{12}+4\times46.3^2\times10^{12}}\,\text{Pa}=149.0\times10^6\,\text{Pa}=149.0\text{MPa}$$

$$\sqrt{\sigma^2+3\tau^2}=\sqrt{116.7^2\times10^{12}+3\times46.3^2\times10^{12}}\,\text{Pa}=141.6\times10^6\,\text{Pa}=141.6\text{MPa}$$

二者均小于 $[\sigma]=160\text{MPa}$。可见，采用最大切应力准则或畸变能密度准则进行强度校核，该结构都是安全的。

16.7 薄壁容器强度设计简述

承受内压的薄壁容器是化工、热能、空调、制药、石油、航空等工业部门重要的零件或部件。薄壁容器的设计关系着安全生产，关系着人民的生命与国家财产的安全。本节首先介绍承受内压的薄壁容器的应力分析，然后对薄壁容器设计做一简述。

16.7.1 环向应力与纵向应力

考察图 16-15a 所示的两端封闭的、承受内压的薄壁容器。容器承受内压作用后，不仅要产生轴向变形，而且在圆周方向也要发生变形，即圆周周长增加。

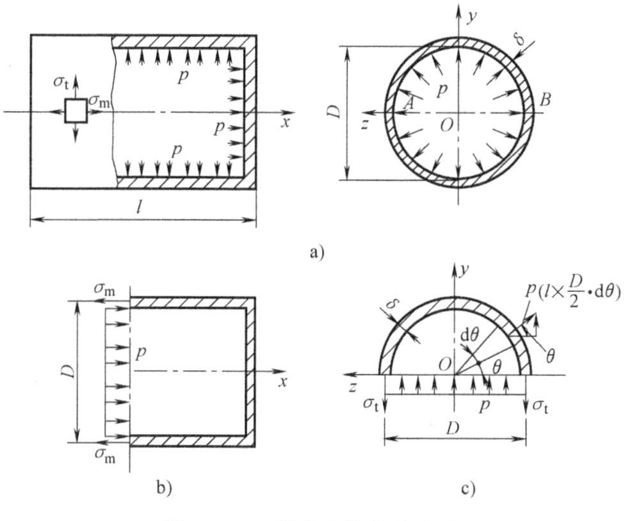

图 16-15 薄壁容器中的应力

因此，薄壁容器承受内压后，在横截面和纵截面上都将产生应力。作用在横截面上的正应力沿着容器轴线方向，故称为**轴向应力**或**纵向应力**（longitudinal stress），用 σ_m 表示；作用在纵截面上的正应力沿着圆周的切线方向，故称为**环向应力**（hoop stress），用 σ_t 表示。

因为容器壁较薄（$D/\delta\gg1$），若不考虑端部效应，可认为上述两种应力均沿容器厚度方向均匀分布。因此，可以采用平衡方法和半圆环上分布内力系合力投影的结论，导出纵向和

环向应力与平均直径 D、壁厚 δ、内压 p 的关系式。而且，由于壁很薄，可用平均直径近似代替内径。

用横截面和纵截面分别将容器截开，其受力分别如图 16-15b、c 所示。根据平衡方程

$$\sum F_x=0,\quad \sigma_{\mathrm{m}}(\pi D\delta)-p\times\frac{\pi D^2}{4}=0$$

$$\sum F_y=0,\quad \sigma_{\mathrm{t}}(l\times 2\delta)-p\times D\times l=0$$

可以得到纵向应力和环向应力的计算式分别为

$$\begin{cases}\sigma_{\mathrm{m}}=\dfrac{pD}{4\delta}\\[2ex]\sigma_{\mathrm{t}}=\dfrac{pD}{2\delta}\end{cases}\tag{16-35}$$

上述分析中，只涉及了容器表面的应力状态。在容器内壁，由于内压作用，还存在垂直于内壁的径向应力，$\sigma_{\mathrm{r}}=-p$。但是，对于薄壁容器，由于 $D/\delta\gg 1$，故 $\sigma_{\mathrm{r}}=-p$ 与 σ_{m} 和 σ_{t} 相比甚小。而且 σ_{r} 自内向外沿壁厚方向逐渐减小，至外壁时变为零。因此，忽略 σ_{r} 是合理的。

16.7.2　强度设计简述

承受内压的薄壁容器，在忽略径向应力的情形下，其各点的应力状态均为平面应力状态，如图 16-15a 所示，而且 σ_{m}、σ_{t} 都是主应力。于是，按照代数值大小顺序，三个主应力分别为

$$\begin{cases}\sigma_1=\sigma_{\mathrm{t}}=\dfrac{pD}{2\delta}\\[2ex]\sigma_2=\sigma_{\mathrm{m}}=\dfrac{pD}{4\delta}\\[2ex]\sigma_3=0\end{cases}\tag{16-36}$$

以此为基础，考虑到薄壁容器由塑性材料制成，可以采用最大切应力或畸变能密度准则进行强度设计。例如，应用最大切应力准则，有

$$\sigma_1-\sigma_3=\frac{pD}{2\delta}-0\leqslant[\sigma]$$

由此得到壁厚的设计公式

$$\delta\geqslant\frac{pD}{2[\sigma]}+C\tag{16-37}$$

式中，C 为考虑加工、腐蚀等影响的附加壁厚量，有关的设计规范中都有明确的规定，不属于本书讨论的范围。

【例题 16-8】　图 16-15a 所示承受内压的薄壁容器。为测量容器所承受的内压力值，在容器表面用电阻应变片测得环向应变 $\varepsilon_{\mathrm{t}}=350\times10^{-6}$。若已知容器平均直径 $D=500\mathrm{mm}$，壁厚 $\delta=10\mathrm{mm}$，容器材料的弹性模量 $E=210\mathrm{GPa}$，$\nu=0.25$。试确定容器所承受的内压力。

解：容器表面各点均承受二向拉伸应力状态，如图 16-15a 所示。所测得的环向应变不仅与环向应力有关，而且与纵向应力有关。根据广义胡克定律，得

$$\varepsilon_{\mathrm{t}}=\frac{\sigma_{\mathrm{t}}}{E}-\nu\frac{\sigma_{\mathrm{m}}}{E}$$

将式（16-35）和有关数据代入上式，解得

$$p=\frac{2E\delta\varepsilon_{\mathrm{t}}}{D(1-0.5\nu)}=\frac{2\times210\times10^{9}\times10\times10^{-3}\times350\times10^{-6}}{500\times10^{-3}\times(1-0.5\times0.25)}\mathrm{Pa}$$
$$=3.36\times10^{6}\mathrm{Pa}=3.36\mathrm{MPa}$$

16.8 斜弯曲

16.8.1 产生斜弯曲的加载条件

当外力施加在梁的对称面（或主轴平面）内时，梁将产生平面弯曲。如果所有外力都作用在同一平面内，但是这一平面不是对称面（或主轴平面），例如图 16-16a 所示的情形，梁也将会产生弯曲，但不是平面弯曲，这种弯曲称为斜弯曲（skew bending）。还有一种情形也会产生斜弯曲，这就是所有外力都作用在对称面（或主轴平面）内，但不是同一对称面（梁的横截面具有两个或两个以上对称轴）或主轴平面内。图 16-16b 所示的情形即为一例。

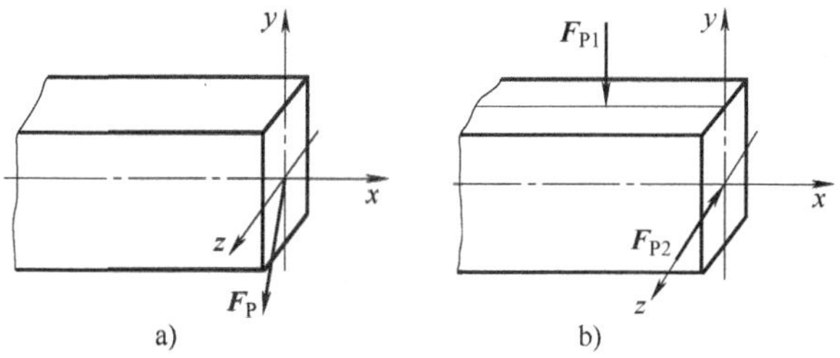

图 16-16　产生斜弯曲的受力方式

16.8.2 叠加法确定横截面上的正应力

为了确定斜弯曲时梁横截面上的应力，在小变形的条件下，可以将斜弯曲分解成两个纵向对称面内（或主轴平面）的平面弯曲，然后将两个平面弯曲引起的同一点应力的代数值相加，便得到斜弯曲在该点的应力值。

以矩形截面为例，如图 16-17a 所示，当梁的横截面上同时作用两个弯矩 M_y 和 M_z（二者分别作用在梁的两个对称面内）时，两个弯矩在同一点引起的正应力叠加后，得到图 16-17b 所示的应力分布图。

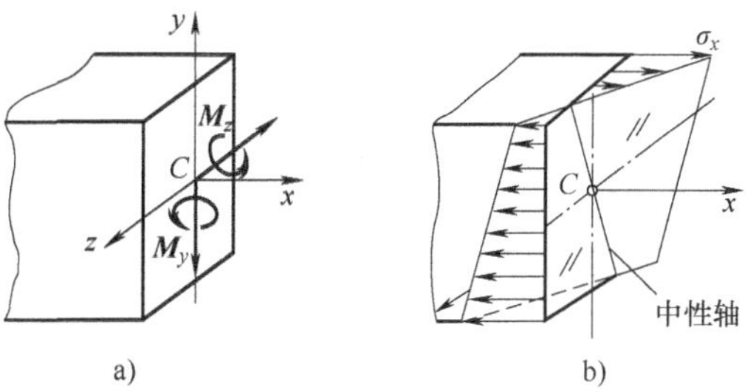

图 16-17　斜弯曲时梁横截面上的应力分布

16.8.3 最大正应力与强度设计准则

对于矩形截面，由于两个弯矩引起的最大拉应力发生在同一点；最大压应力也发生在同一点，因此，叠加后，横截面上的最大拉伸和压缩正应力必然发生在矩形截面的角点处。最大拉伸和压缩正应力值由下式确定：

$$\sigma_{\max}^{+}=\frac{M_y}{W_y}+\frac{M_z}{W_z} \tag{16-38a}$$

$$\sigma_{\max}^{-}=-\left(\frac{M_y}{W_y}+\frac{M_z}{W_z}\right) \tag{16-38b}$$

式（16-38）不仅对于矩形截面，而且对于槽形截面、工字形截面也是适用的。因为这些截面上由两个主轴平面内的弯矩引起的最大拉应力和最大压应力都发生在同一点。

对于圆截面，上述计算公式是不适用的。这是因为，两个对称面内的弯矩所引起的最大拉应力不发生在同一点，最大压应力也不发生在同一点。

对于圆截面，因为过形心的任意轴均为横截面的对称轴，所以当横截面上同时作用有两个弯矩时，可以将弯矩用矢量表示，然后求二者的矢量和，这一合矢量仍然沿着横截面的对称轴方向，合弯矩的作用面仍然与对称面一致，所以平面弯曲的公式依然适用。于是，圆截面上的最大拉应力和最大压应力计算公式为

$$\sigma_{\max}^{+}=\frac{M}{W}=\frac{\sqrt{M_y^2+M_z^2}}{W} \tag{16-39a}$$

$$\sigma_{\max}^{+}=-\frac{M}{W}=-\frac{\sqrt{M_y^2+M_z^2}}{W} \tag{16-39b}$$

此外，还可以证明，斜弯曲情形下，横截面依然存在中性轴，而且中性轴一定通过横截面的形心，但不垂直于加载方向，这是斜弯曲与平面弯曲的重要区别。

由于危险点上只有一个方向的正应力作用，故该点处为单向应力状态，其强度设计准则为

$$\sigma_{\max}\leqslant[\sigma] \tag{16-40}$$

其中 $\sigma_{\max}$ 由式（16-38）或式（16-39）算得。

【例题16-9】 图16-18a所示矩形截面梁，截面宽度 $b=90\text{mm}$，高度 $h=180\text{mm}$。梁在两个互相垂直的平面内分别受到水平力 $\boldsymbol{F}_{P1}$ 和铅垂力 $\boldsymbol{F}_{P2}$ 作用。若已知 $F_{P1}=800\text{N}$，$F_{P2}=1650\text{N}$，$l=1\text{m}$，试求梁内的最大弯曲正应力并指出其作用点的位置。

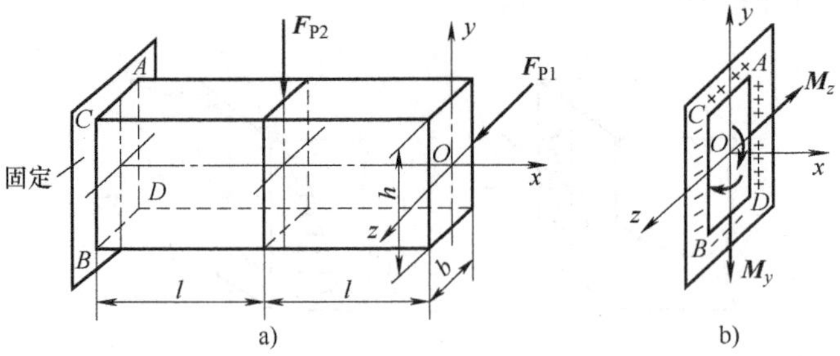

图16-18 例题16-9图

解：为求梁内的最大弯曲正应力，必须分析水平力 $\boldsymbol{F}_{P1}$ 和铅垂力 $\boldsymbol{F}_{P2}$ 所产生的弯矩在何处取最大值。不难看出，两个力均在固定端处产生最大弯矩，其作用方向如图 16-18b 所示。其中 $M_{y\max}$ 由 $\boldsymbol{F}_{P1}$ 引起，$M_{z\max}$ 由 $\boldsymbol{F}_{P2}$ 引起，二者的数值分别为

$$M_{y\max}=F_{P1}\times 2l$$
$$M_{z\max}=F_{P2}\times l$$

对于矩形截面，在 $M_{y\max}$ 作用下最大拉应力和最大压应力分别发生在 AD 边和 CB 边；在 $M_{z\max}$ 作用下，最大拉应力和最大压应力分别发生在 AC 边和 BD 边。在图 16-18b 中，最大拉应力和最大压应力作用点分别用“+”和“-”表示。

二者叠加后，点 A 和点 B 分别为最大拉应力和最大压应力作用点。于是，这两点的正应力分别为

点 A：

$$\sigma_{x\max}^{+}=\frac{M_{y\max}}{W_y}+\frac{M_{z\max}}{W_z}=\frac{6\times 2\times F_{P1}l}{hb^2}+\frac{6\times F_{P2}l}{bh^2}$$
$$=\left(\frac{6\times 2\times 800\times 1}{180\times 90^2\times 10^{-9}}+\frac{6\times 1650\times 1}{90\times 180^2\times 10^{-9}}\right)\text{Pa}$$
$$=9.979\times 10^6\,\text{Pa}=9.979\text{MPa}$$

点 B：

$$\sigma_{x\max}^{-}=-\left(\frac{M_{y\max}}{W_y}+\frac{M_{z\max}}{W_z}\right)=-9.979\text{MPa}$$

请读者思考：如果将本例中的梁改为圆截面，其他条件不变，这种情形下的最大拉应力和最大压应力的计算将发生怎样的变化？

【例题 16-10】　一般生产车间所用的起重机大梁，两端由钢轨支撑，可以简化为简支梁，如图 16-19a 所示，图中 $l=2\text{m}$。大梁由 32a 热轧普通工字钢制成，许用应力 $[\sigma]=160\text{MPa}$。起吊的重物的重量 $F_P=80\text{kN}$，并且作用在梁的中点，作用线与 y 轴之间的夹角 $\alpha=5°$，试校核起重机大梁的强度是否安全。

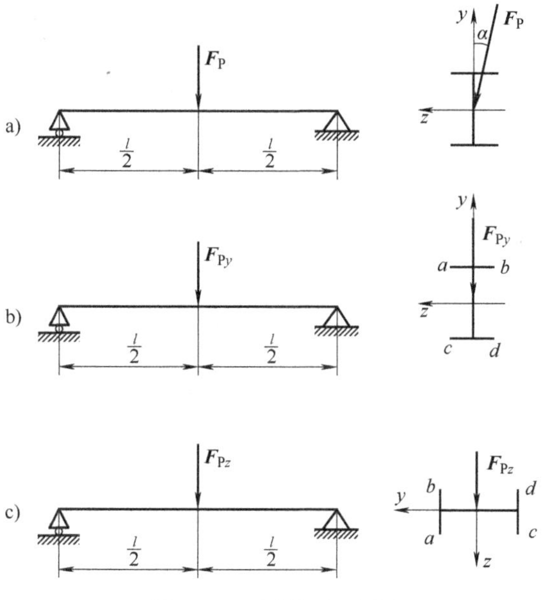

图 16-19　例题 16-10 图

解：（1）**载荷简化**

将$\boldsymbol{F}_P$分解为 y 和 z 方向的两个分力 $\boldsymbol{F}_{Py}$和 $\boldsymbol{F}_{Pz}$，将斜弯曲分解为两个平面弯曲，分别如图 16-19b、c 所示，图中

$$F_{Py}=F_P\cos\alpha,\quad F_{Pz}=F_P\sin\alpha$$

（2）**求两个平面弯曲情形下的最大弯矩**

根据前面例题所得到的结果，简支梁在中点受力的情形下，最大弯矩 $M_{max}=F_Pl/4$。将其中的 F_P 分别替换为 F_{Py}和 F_{Pz}，便得到两个平面弯曲情形下的最大弯矩：

$$M_{max}(\boldsymbol{F}_{Py})=\frac{F_{Py}l}{4}=\frac{F_P\cos\alpha\times l}{4}$$

$$M_{max}(\boldsymbol{F}_{Pz})=\frac{F_{Pz}l}{4}=\frac{F_P\sin\alpha\times l}{4}$$

（3）**计算斜弯曲情形下的最大正应力并校核其强度**

在 $M_{max}(\boldsymbol{F}_{Py})$ 作用的截面上（见图 16-19b），截面上边缘的角点 a、b 承受最大压应力；下边缘的角点 c、d 承受最大拉应力。

在 $M_{max}(\boldsymbol{F}_{Pz})$ 作用的截面上（见图 16-19c），截面上角点 b、d 承受最大压应力；角点 a、c 承受最大拉应力。

两个平面弯曲叠加后，角点 c 承受最大拉应力；角点 b 承受最大压应力。因此 b、c 两点都是危险点。这两点的最大正应力数值相等，即

$$\sigma_{max}(b,c)=\frac{M_{max}(\boldsymbol{F}_{Pz})}{W_y}+\frac{M_{max}(\boldsymbol{F}_{Py})}{W_z}=\frac{F_P\sin\alpha\times l}{4W_y}+\frac{F_P\cos\alpha\times l}{4W_z}$$

其中，$l=4\text{m}$，$F_P=80\text{kN}$，$\alpha=5°$。另外从型钢表中可查到 32a 热轧普通工字钢的 $W_y=70.758\text{cm}^3$，$W_z=692.2\text{cm}^3$。将这些数据代入上式，得到

$$\begin{aligned}\sigma_{max}(b,c)&=\frac{80\times10^3\times\sin5°\times4}{4\times70.758\times(10^{-2})^3}\text{Pa}+\frac{80\times10^3\times\cos5°\times4}{4\times692.2\times(10^{-2})^3}\\&=98.5\times10^6\text{Pa}+115.2\times10^6\text{Pa}=213.7\times10^6\text{Pa}\\&=213.7\text{MPa}>[\sigma]=160\text{MPa}\end{aligned}$$

因此，梁在斜弯曲情形下的强度是不安全的。

（4）**本例讨论**

如果令上述计算中的 $\alpha=0$，也就是载荷 $\boldsymbol{F}_P$ 沿着 y 轴方向，这时产生平面弯曲，上述结果中的第一项变为 0。于是梁内的最大正应力为

$$\sigma_{max}=\frac{80\times10^3\times4}{4\times692.2\times(10^{-2})^3}\text{Pa}=115.6\times10^6\text{Pa}=115.6\text{MPa}$$

这一数值远远小于斜弯曲时的最大正应力。

可见，载荷偏离对称轴（y）很小的角度，最大正应力就会有很大的增加（本例题中增加了 84.88%），这对于梁的强度是一种很大的威胁，实际工程中应当尽量避免这种现象的发生。这就是为什么起重机起吊重物时只能在起重机大梁垂直下方起吊，而不允许在大梁的侧面斜方向起吊的原因。

16.9 拉伸（压缩）与弯曲组合的强度设计

当杆件同时承受垂直于轴线的横向力和沿着轴线方向的纵向力时（见图 16-20a），杆件的横截面上将同时产生轴力、弯矩和剪力，忽略剪力的影响，轴力和弯矩都将在横截面上产生正应力。

此外，如果作用在杆件上的纵向力与杆件的轴线不重合，这种情形称为偏心加载。图 16-20b 所示即为偏心加载的一种情形。这时，如果将纵向力向横截面的形心简化，同样，将在杆件的横截面上产生轴力和弯矩。

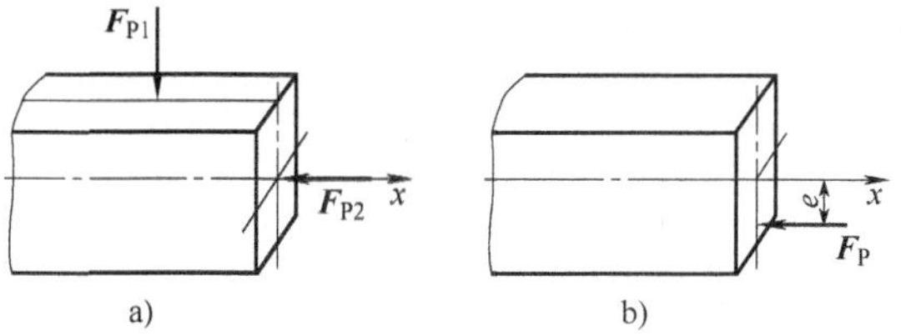

图 16-20　杆件横截面上同时产生轴力和弯矩的受力形式

在梁的横截面上同时产生轴力和弯矩的情形下，根据轴力图和弯矩图，可以确定杆件的危险截面以及危险截面上的轴力 F_N 和弯矩 M_{max}。

轴力 F_N 引起的正应力沿整个横截面均匀分布，轴力为正时，产生拉应力；轴力为负时，产生压应力：

$$\sigma = \pm\frac{F_N}{A}$$

弯矩 M_{max} 引起的正应力沿横截面高度方向线性分布：

$$\sigma = \frac{M_z y}{I_z} \quad 或 \quad \sigma = \frac{M_y z}{I_y}$$

应用叠加法，将二者分别引起的同一点的正应力求代数和，所得到的应力就是二者在同一点引起的总应力。

由于轴力 F_N 和弯矩 M_{max} 的方向有不同形式的组合，因此，横截面上的最大拉伸和压缩正应力的计算式也不完全相同。例如，对于图 16-20b 中的情形，有

$$\sigma_{max}^{+} = \frac{M}{W} - \frac{F_N}{A} \tag{16-41a}$$

$$\sigma_{max}^{-} = -\left(\frac{F_N}{A} + \frac{M}{W}\right) \tag{16-41b}$$

式中，$M = F_P \cdot e$；e 为偏心距。

与斜弯曲相似，由于危险点上只有一个方向有正应力作用，故该点处为单向应力状态，其强度设计准则为

$$\sigma_{max} \leqslant [\sigma]$$

式中，σ_{max} 由式（16-41）算得。

对于拉伸和压缩强度不等的材料，强度设计准则为

$$\begin{cases}\sigma_{\max}^{+}\leqslant[\sigma]^{+}\\ \sigma_{\max}^{-}\leqslant[\sigma]^{-}\end{cases} \tag{16-42}$$

【例题 16-11】 开口链环由直径 $d=12\text{mm}$ 的圆钢弯制而成，其形状如图 16-21a 所示。链环的受力及其他尺寸均示于图中。试求链环直段部分横截面上的最大拉应力和最大压应力。

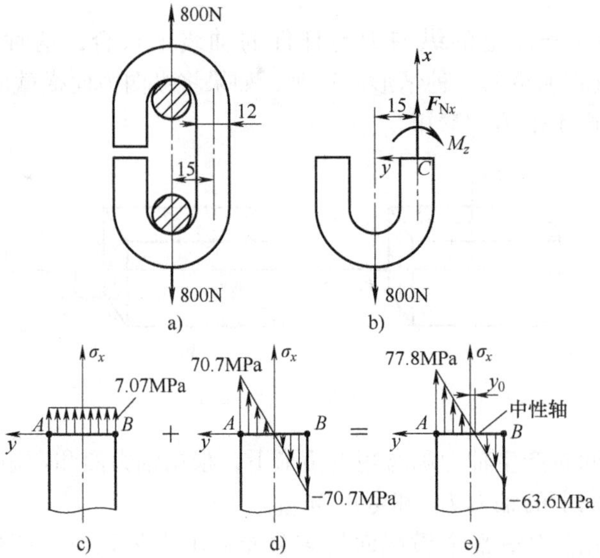

图 16-21 例题 16-11 图

解：计算直段部分横截面上的最大拉、压应力

将链环从直段的某一横截面处截开，根据平衡，横截面上将作用有内力分量 $\boldsymbol{F}_{Nx}$ 和 M_z（见图 16-21b）。由平衡方程 $\sum F_x=0$ 和 $\sum M_C=0$，得

$$F_{Nx}=800\text{N},\quad M_z=800\times15\times10^{-3}\text{N}\cdot\text{m}=12\text{N}\cdot\text{m}$$

因为所有横截面上的轴力和弯矩都是相同的，所以，所有横截面的危险程度是相同的。

轴力 $\boldsymbol{F}_{Nx}$ 引起的正应力在横截面上均匀分布，其值为

$$\sigma_x(F_{Nx})=\frac{F_{Nx}}{A}=\frac{4F_{Nx}}{\pi d^2}=\left(\frac{4\times800}{\pi\times12^2\times10^{-6}}\right)\text{Pa}=7.07\times10^6\text{Pa}=7.07\text{MPa}$$

弯矩 M_z 引起的正应力分布如图 16-21d 所示。最大拉、压应力分别发生在 A、B 两点，其绝对值为

$$\sigma_{x\max}(M_z)=\frac{M_z}{W_z}=\frac{32M_z}{\pi d^3}=\left(\frac{32\times12}{\pi\times12^3\times10^{-9}}\right)\text{Pa}=70.7\times10^6\text{Pa}=70.7\text{MPa}$$

将上述两个内力分量引起的应力叠加，便得到由载荷引起的链环直段横截面上的正应力分布，如图 16-21e 所示。

从图中可以看出，横截面上的 A、B 两点处分别承受最大拉应力和最大压应力，其值分别为

$$\sigma_{x\max}^{+}=\sigma_x(F_{Nx})+\sigma_x(M_z)=77.8\text{MPa}$$
$$\sigma_{x\max}^{-}=\sigma_x(F_{Nx})-\sigma_x(M_z)=-63.6\text{MPa}$$

【例题 16-12】　图 16-22a 所示为钻床结构及其受力简图。钻床立柱为空心铸铁管，管的外径为 $D=140\text{mm}$，内、外径之比 $d/D=0.75$。铸铁的拉伸许用应力 $[\sigma]^{+}=35\text{MPa}$，压缩许用应力 $[\sigma]^{-}=90\text{MPa}$。钻孔时钻头和工作台面的受力如图所示，其中 $F_P=15\text{kN}$，力 F_P 作用线与立柱轴线之间的距离（偏心距）$e=400\text{mm}$。试校核立柱的强度是否安全。

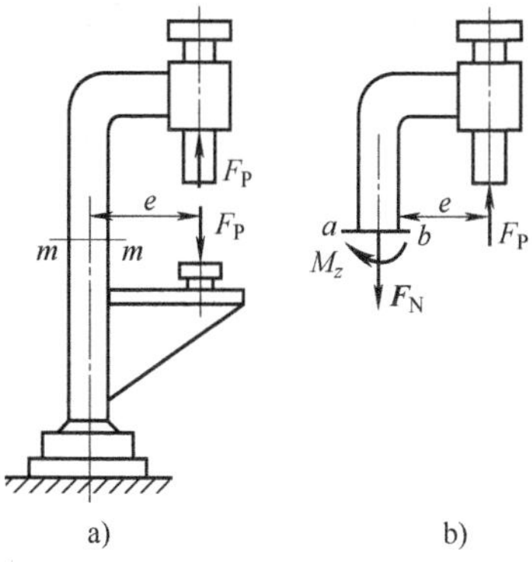

图 16-22　例题 16-12 图

解：（1）**确定立柱横截面上的内力分量**

用假想截面 $m—m$ 将立柱截开，以截开的上半部分为研究对象，如图 16-22b 所示。由平衡条件得截面上的轴力和弯矩分别为

$$F_N=F_P=15\text{kN},\quad M_z=F_P\times e=(15\times400\times10^{-3})\text{kN}\cdot\text{m}=6\text{kN}\cdot\text{m}$$

（2）**确定危险截面并计算最大正应力**

立柱在偏心力 F_P 作用下产生拉伸与弯曲组合变形。根据图 16-22b 所示横截面上轴力 $\boldsymbol{F}_N$ 和弯矩 M_z 的实际方向可知，横截面上左、右两侧上的点 b 和点 a 分别承受最大拉应力和最大压应力，其值分别为

$$\sigma_{max}^{+}=\frac{M_z}{W}+\frac{F_N}{A}=\frac{M_z}{\dfrac{\pi D^3(1-\alpha^4)}{32}}+\frac{F_P}{\dfrac{\pi(D^2-d^2)}{4}}$$

$$=\frac{32\times6\times10^3}{\pi\times(140\times10^{-3})^3(1-0.75^4)}\text{Pa}+\frac{4\times15\times10^3}{\pi[(140\times10^{-3})^2-(0.75\times140\times10^{-3})^2]}\text{Pa}$$

$$=34.92\times10^6\text{Pa}=34.92\text{MPa}$$

$$\sigma_{max}^{-}=-\frac{M_z}{W}+\frac{F_N}{A}$$

$$=-\frac{32\times6\times10^3}{\pi\times(140\times10^{-3})^3(1-0.75^4)}\text{Pa}+\frac{4\times15\times10^3}{\pi[(140\times10^{-3})^2-(0.75\times140\times10^{-3})^2]}\text{Pa}$$

$$=-30.38\times10^6\text{Pa}=-30.38\text{MPa}$$

$$\sigma_{max}^{+}<[\sigma]^{+}$$

$$|\sigma_{max}^{-}|<[\sigma]^{-}$$

二者的数值都小于各自的许用应力值。这表明立柱的拉伸和压缩的强度都是安全的。

16.10 弯曲与扭转组合的强度设计

16.10.1　计算简图

借助于带轮或齿轮传递功率的传动轴，如图 16-23a 所示。工作时在齿轮的齿上均有外力作用。将作用在齿轮上的力向轴的截面形心简化便得到与之等效的力和力偶，这表明轴将承受横向载荷和扭转载荷共同作用，如图 16-23b 所示。为简单起见，可以用轴线受力图代替图 16-23b 所示的受力图，如图 16-23c 所示。这种图称为传动轴的计算简图。

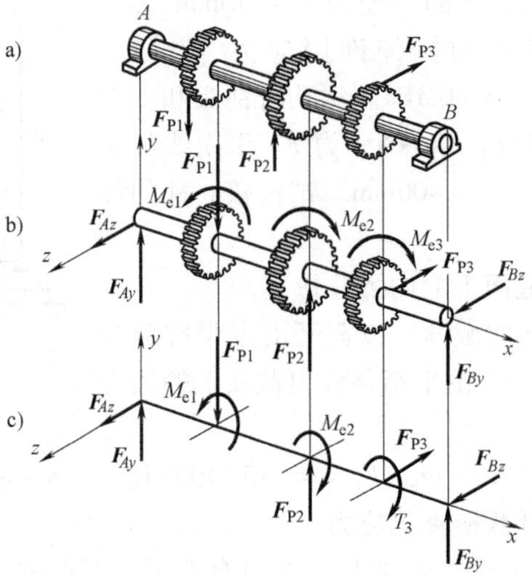

图 16-23　传动轴及其计算简图

为对承受弯曲与扭转共同作用下的圆轴进行强度设计，一般需画出弯矩图和扭矩图（剪力一般忽略不计），并据此确定传动轴上可能的危险截面。因为是圆截面，所以当危险截面上有两个弯矩 M_y 和 M_z 同时作用时，应按矢量求和的方法，确定危险截面上总弯矩 M 的大小与方向（见图 16-24a、b）。

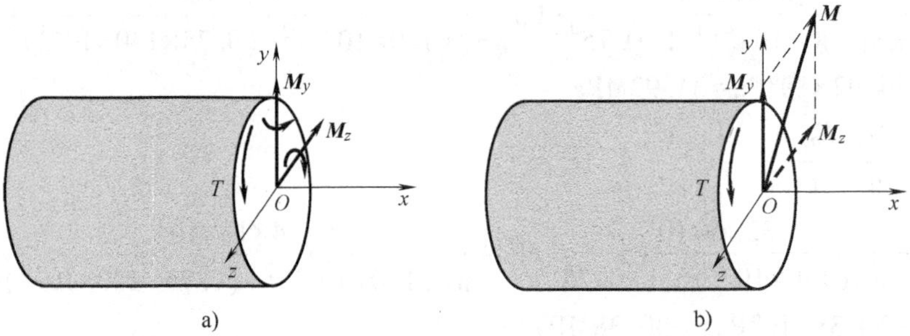

图 16-24　危险截面上的内力分量

16.10.2　危险点及其应力状态

根据横截面上的总弯矩 M 和扭矩 T 的实际方向，以及它们分别产生的正应力和切应力分布，即可确定承受弯曲与扭转圆轴的危险点及其应力状态，如图 16-25 所示。微元截面上的正应力和切应力分别为

$$\sigma = \frac{M}{W}, \quad \tau = \frac{T}{W_p}$$

其中，

$$W = \frac{\pi d^3}{32}, \quad W_p = \frac{\pi d^3}{16}$$

式中，d 为圆轴的直径。

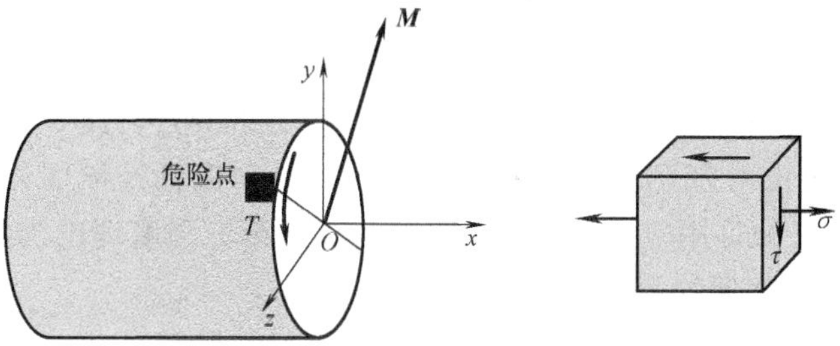

图 16-25 承受弯曲与扭转圆轴的危险点及其应力状态

16.10.3 强度设计准则及公式

因为承受弯曲与扭转的圆轴一般由塑性材料制成，故可用第三强度理论，强度设计准则

$$\sqrt{\sigma^2+4\tau^2}\leqslant[\sigma]$$

或用第四强度理论，强度设计准则

$$\sqrt{\sigma^2+3\tau^2}\leqslant[\sigma]$$

将以上两式作为强度设计的依据。将 σ 和 τ 的表达式代入上式，并考虑到 $W_p=2W$，于是，得到圆轴承受弯曲与扭转共同作用时的强度设计准则：

$$\frac{\sqrt{M^2+T^2}}{W}\leqslant[\sigma] \tag{16-43}$$

$$\frac{\sqrt{M^2+0.75T^2}}{W}\leqslant[\sigma] \tag{16-44}$$

引入记号

$$M_{r3}=\sqrt{M^2+T^2}=\sqrt{T^2+M_y^2+M_z^2} \tag{16-45}$$

$$M_{r4}=\sqrt{M^2+0.75T^2}=\sqrt{0.75T^2+M_y^2+M_z^2} \tag{16-46}$$

式（16-43）、式（16-44）变为

$$\frac{M_{r3}}{W}\leqslant[\sigma] \tag{16-47}$$

$$\frac{M_{r4}}{W}\leqslant[\sigma] \tag{16-48}$$

式中，M_{r3}和 M_{r4}分别称为基于第三强度理论和基于第四强度理论的计算弯矩或相当弯矩（equivalent bending moment）。

将 $W=\pi d^3/32$ 代入式（16-47）、式（16-48），便得到承受弯曲与扭转的圆轴直径的设计公式：

$$d\geqslant\sqrt[3]{\frac{32M_{r3}}{\pi[\sigma]}}\approx\sqrt[3]{10\frac{M_{r3}}{[\sigma]}} \tag{16-49}$$

$$d\geqslant\sqrt[3]{\frac{32M_{r4}}{\pi[\sigma]}}\approx\sqrt[3]{10\frac{M_{r4}}{[\sigma]}} \tag{16-50}$$

需要指出的是，对于承受纯扭转的圆轴，只要令 M_{r3}的表达式（16-45）或 M_{r4}的表达式（16-46）中的弯矩 $M=0$，即可进行同样的设计计算。

【例题 16-13】 图 16-26 中所示的电动机的功率 $P=9\text{kW}$，转速 $n=715\text{r/min}$，带轮的直径 $D=250\text{mm}$，带松边拉力为 $\boldsymbol{F}_P$，紧边拉力为 $2\boldsymbol{F}_P$。电动机轴外伸部分长度 $l=120\text{mm}$，轴的直径 $d=40\text{mm}$。若已知许用应力 $[\sigma]=60\text{MPa}$，试用第三强度理论校核电动机轴的强度。

解：（1）**计算外加力偶的力偶矩以及带拉力**

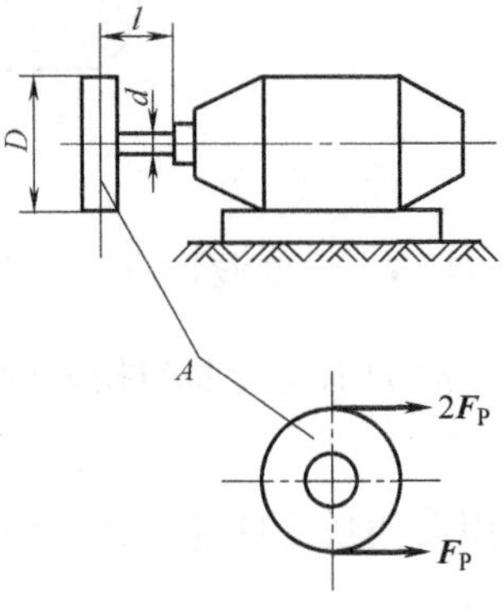

图 16-26 例题 16-13 图

电动机通过带轮输出功率，因而承受由带拉力引起的扭转和弯曲共同作用。根据轴传递的功率、轴的转速与外加力偶矩之间的关系，作用在带轮上的外加力偶矩为

$$M_e=9549\times\frac{P}{n}=9549\times\frac{9\text{kW}}{715\text{r/min}}=120.2\text{N}\cdot\text{m}$$

根据作用在带上的拉力与外加力偶矩之间的关系，有

$$2F_P\times\frac{D}{2}-F_P\times\frac{D}{2}=M_e$$

于是，作用在带上的拉力

$$F_P=\frac{2M_e}{D}=\frac{2\times120.2}{250\times10^{-3}}\text{N}=961.6\text{N}$$

（2）**确定危险面上的弯矩和扭矩**

将作用在带轮上的带拉力向轴线简化，得到一个力和一个力偶分别为

$$F_R=3F_P=3\times961.6\text{N}=2884.8\text{N},\quad M_e=120.2\text{N}\cdot\text{m}$$

轴的左端可以看作自由端，右端可视为固定端约束。由于问题比较简单，可以不必画出弯矩图和扭矩图，就可以直接判断出固定端处的横截面为危险截面，其上的弯矩和扭矩分别为

$$M_{max}=F_R\times l=(2884.8\times120\times10^{-3})\text{N}\cdot\text{m}=346.2\text{N}\cdot\text{m},$$
$$T=M_e=120.2\text{N}\cdot\text{m}$$

应用第三强度理论，由式（16-43），有

$$\frac{\sqrt{M^2+T^2}}{W}=\frac{\sqrt{(346.2)^2+(120.2)^2}}{\dfrac{\pi(40\times10^{-3})^3}{32}}\text{Pa}=58.32\times10^6\text{Pa}=58.32\text{MPa}\leqslant[\sigma]$$

所以，电动机轴的强度是安全的。

【例题 16-14】 图 16-27a 所示的圆杆 BD，左端固定，右端与刚性杆 AB 固结在一起。刚性杆的 A 端作用有平行于 y 坐标轴的力 $\boldsymbol{F}_P$。若已知 $F_P=5\text{kN}$，$a=300\text{mm}$，$b=500\text{mm}$，材料为 Q235 钢，许用应力 $[\sigma]=140\text{MPa}$。试分别用第三强度理论和第四强度理论设计圆杆 BD 的直径 d。

解：（1）**将外力向轴线简化**

将外力 $\boldsymbol{F}_P$ 向 BD 杆的 B 端简化，得到一个向上的力和一个绕 x 轴转动的力偶，其值分别为

$$F_P=5\text{kN},\quad M_e=F_P\times a=(5\times10^3\times300\times10^{-3})\text{N}\cdot\text{m}=1500\text{N}\cdot\text{m}$$

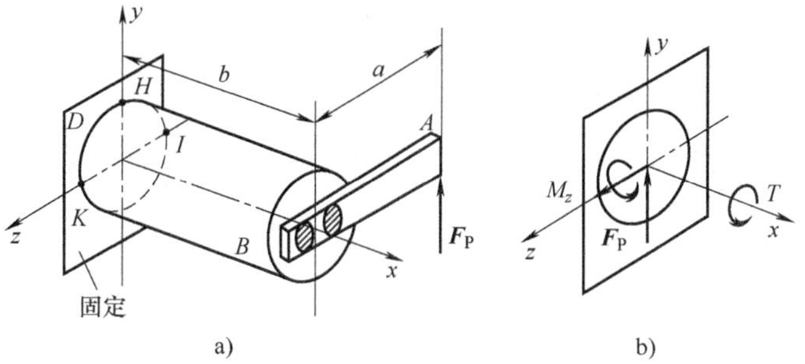

图 16-27　例题 16-14 图

（2）**确定危险截面以及其上的内力分量**

BD 杆相当于一端固定的悬臂梁，在自由端承受集中力和扭转力偶的作用，因此同时发生弯曲和扭转变形。

不难看出，*BD* 杆的所有横截面上的扭矩都是相同的，弯矩却不同，在固定端 *D* 处弯矩取最大值。

因此固定端处的横截面为危险截面。此外，危险截面上还存在剪力，考虑到剪力的影响较小，可以忽略不计。

危险截面上的弯矩和扭矩的数值分别为

$$M_z = F_P \times b = (5\times10^3\times500\times10^{-3})\,\text{N}\cdot\text{m} = 2500\text{N}\cdot\text{m}$$

$$T = M_e = F_P \times a = (5\times10^3\times300\times10^{-3})\,\text{N}\cdot\text{m} = 1500\text{N}\cdot\text{m}$$

（3）**应用强度设计准则设计 *BD* 杆的直径**

应用第三强度理论或第四强度理论，由式（16-49）和式（16-50）有

$$d \geqslant \sqrt[3]{10\,\frac{M_{r3}}{[\sigma]}} = \sqrt[3]{\frac{10\times\sqrt{M_z^2+T^2}}{[\sigma]}}$$

$$= \sqrt[3]{\frac{10\times\sqrt{(2500)^2+(1500)^2}}{140\times10^6}}\,\text{m} = 0.0593\text{m} = 59.3\text{mm}$$

$$d \geqslant \sqrt[3]{10\,\frac{M_{r4}}{[\sigma]}} = \sqrt[3]{\frac{10\times\sqrt{M_z^2+0.75T^2}}{[\sigma]}}$$

$$= \sqrt[3]{\frac{10\times\sqrt{(2500)^2+0.75\times(1500)^2}}{140\times10^6}}\,\text{m} = 0.0586\text{m} = 58.6\text{mm}$$

16.11 小结与讨论

16.11.1　小结

1. 应力状态的概念

1）一点的应力状态：过一点的所有方向面上的应力集合。为了表示一点的应力状态，

一般围绕所研究的点截取出一个正六面体（简称微元）。

2）主平面、主应力：单元体上切应力等于零的平面称为主平面。主平面上的应力称为正应力。3个主应力按代数值大小排列顺序为$\sigma_1>\sigma_2>\sigma_3$。

3）应力状态分类：只受一个方向正应力作用的应力状态，称为单向应力状态。只受切应力作用的应力状态，称为纯剪切应力状态。所有应力作用线都处于同一平面内的应力状态，称为平面应力状态。

2. 平面应力状态分析

1）解析法

$$\sigma_{x'}=\frac{\sigma_x+\sigma_y}{2}+\frac{\sigma_x-\sigma_y}{2}\cos2\theta-\tau_{xy}\sin2\theta$$

$$\tau_{x'y'}=\frac{\sigma_x-\sigma_y}{2}\sin2\theta+\tau_{xy}\cos2\theta$$

2）主平面方向角

$$\tan2\theta_{\mathrm{p}}=-\frac{2\tau_{xy}}{\sigma_x-\sigma_y}$$

3）主应力

$$\sigma'=\frac{\sigma_x+\sigma_y}{2}+\frac{1}{2}\sqrt{(\sigma_x-\sigma_y)^2+4\tau_{xy}^2}$$

$$\sigma''=\frac{\sigma_x+\sigma_y}{2}-\frac{1}{2}\sqrt{(\sigma_x-\sigma_y)^2+4\tau_{xy}^2}$$

$$\sigma'''=0$$

4）面内最大和最小切应力

$$\left.\begin{matrix}\tau'\\\tau''\end{matrix}\right\}=\pm\frac{1}{2}\sqrt{(\sigma_x-\sigma_y)^2+4\tau_{xy}^2}$$

5）一点处的最大切应力

$$\tau_{\max}=\frac{\sigma_1-\sigma_3}{2}$$

6）应力圆与单元体的对应关系有：点面对应；转向一致；角度成双；基准相当，如图16-28所示。

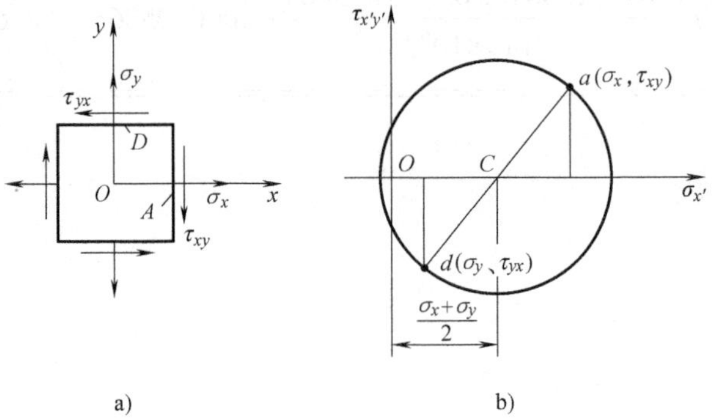

图16-28　应力圆与单元体的对应关系

3. 广义胡克定律

$$\varepsilon_x=\frac{1}{E}[\sigma_x-\nu(\sigma_y+\sigma_z)]$$

$$\varepsilon_y=\frac{1}{E}[\sigma_y-\nu(\sigma_z+\sigma_x)]$$

$$\varepsilon_z=\frac{1}{E}[\sigma_z-\nu(\sigma_x+\sigma_y)]$$

$$\gamma_{xy}=\frac{\tau_{xy}}{G}$$

$$\gamma_{xz}=\frac{\tau_{xz}}{G}$$

$$\gamma_{yz}=\frac{\tau_{yz}}{G}$$

式中，

$$G=\frac{E}{2(1+\nu)}$$

4. 总应变能密度为 $v_\varepsilon=\dfrac{1}{2E}[\sigma_1^2+\sigma_2^2+\sigma_3^2-2\nu(\sigma_1\sigma_2+\sigma_2\sigma_3+\sigma_3\sigma_1)]$

体积改变能密度为 $v_{\mathrm{V}}=\dfrac{1-2\nu}{6E}(\sigma_1+\sigma_2+\sigma_3)^2$

畸变能密度为 $v_{\mathrm{d}}=\dfrac{1+\nu}{6E}[(\sigma_1-\sigma_2)^2+(\sigma_2-\sigma_3)^2+(\sigma_3-\sigma_1)^2]$

5. 复杂应力状态下的强度设计准则

$$\sigma_{\mathrm{r1}}=S_1=\sigma_1$$

$$\sigma_{\mathrm{r2}}=S_2=\sigma_1-\nu(\sigma_2+\sigma_3)$$

$$\sigma_{\mathrm{r3}}=S_3=\sigma_1-\sigma_3$$

$$\sigma_{\mathrm{r4}}=S_4=\sqrt{\frac{1}{2}[(\sigma_1-\sigma_2)^2+(\sigma_2-\sigma_3)^2+(\sigma_3-\sigma_1)^2]}$$

6. 薄壁容器强度设计

纵向应力和环向应力的计算式分别为

$$\begin{cases}\sigma_{\mathrm{m}}=\dfrac{pD}{4\delta}\\ \sigma_{\mathrm{t}}=\dfrac{pD}{2\delta}\end{cases}$$

7. 斜弯曲

$$\sigma_{\max}^{+}=\frac{M_y}{W_y}+\frac{M_z}{W_z},\quad \sigma_{\max}^{-}=-\left(\frac{M_y}{W_y}+\frac{M_z}{W_z}\right)$$

8. 拉伸（压缩）与弯曲组合

以压弯为例，横截面上的最大拉伸和压缩正应力分别为

$$\sigma_{\max}^{+}=\frac{M}{W}-\frac{F_{\mathrm{N}}}{A},\quad \sigma_{\max}^{-}=-\left(\frac{F_{\mathrm{N}}}{A}+\frac{M}{W}\right)$$

9. 弯曲与扭转组合

圆轴承受弯曲与扭转组合作用时的第三和第四强度理分别为

$$\frac{\sqrt{M^2+T^2}}{W}\leqslant[\sigma],\quad \frac{\sqrt{M^2+0.75T^2}}{W}\leqslant[\sigma]$$

16.11.2 关于应力状态的几点重要结论

关于应力状态，有以下几点重要结论：

- 应力的点和面的概念以及应力状态的概念，不仅是工程力学的基础，而且也是其他变形体力学的基础。
- 应力状态方向面上的应力与应力圆的类比关系，为分析应力状态提供了一种重要手段。需要注意的是，不应当将应力圆作为图解工具，因而无须用绘图仪器画出精确的应力圆，只要徒手即可画出。根据应力圆中的几何关系，就可以得到所需要的答案。
- 要注意区分面内最大切应力与应力状态中的最大切应力。为此，对于平面应力状态，要正确确定 σ_1、σ_2、σ_3，然后由式（16-12）计算一点处的最大切应力。

16.11.3 平衡方法是分析应力状态最重要、最基本的方法

本章应用平衡方法建立了不同方向面上应力的转换关系。但是，平衡方法的应用不仅局限于此，在分析和处理某些复杂问题时，也是非常有效的。例如图 16-29a 所示的承受轴向拉伸的锥形杆（矩形截面），应用平衡方法可以证明：横截面 A—A 上各点的应力状态不完全相同。

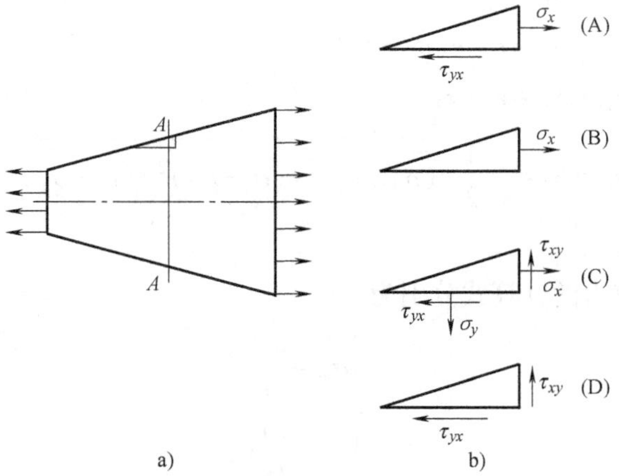

图 16-29 承受轴向拉伸的锥形杆的应力状态

需要注意的是，考察微元及其局部平衡时，参加平衡的量只能是力，而不是应力。应力只有乘以其作用面的面积才能参与平衡。

又如，图 16-29b 所示为从点 A 取出的应力状态，请读者应用平衡的方法，分析哪一种是正确的？

*16.11.4　关于应力状态的不同的表示方法

同一点的应力状态可以有不同的表示方法，但以主应力表示的应力状态最为重要。

对于图 16-30 所示的四种应力状态，请读者分析哪几种是等价的？为了回答这一问题，首先需要应用本章的分析方法，确定两个应力状态等价不仅要主应力的数值相同，主应力的作用线方向也必须相同。据此，才能判断哪些应力状态是等价的。

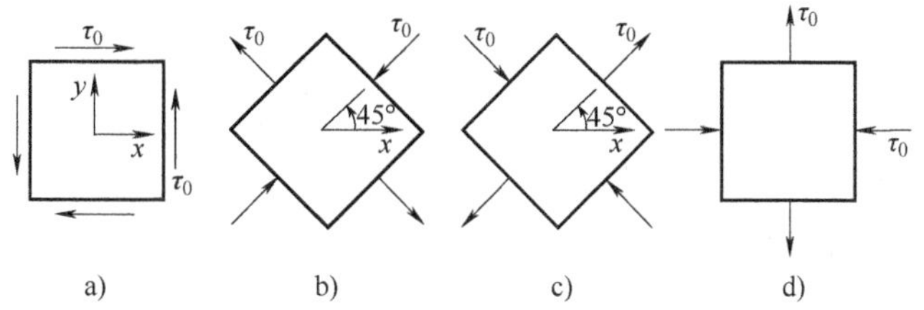

图 16-30　判断应力状态是否等价

16.11.5　正确应用广义胡克定律

对于一般应力状态的微元，其上某一方向的线应变不仅与这一方向上的正应力有关，而且还与单元体的另外两个垂直方向上的正应力有关。在小变形的条件下，切应力在其作用方向以及与之垂直的方向都不会产生线应变，但在其余方向仍将产生线应变。

对于图 16-31 所示的承受内压的薄壁容器，怎样从表面一点处某一方向上的线应变（例如 ε_{45°）推知容器所受内压，或间接测量容器壁厚。这一问题具有重要的工程意义，请读者自行研究。

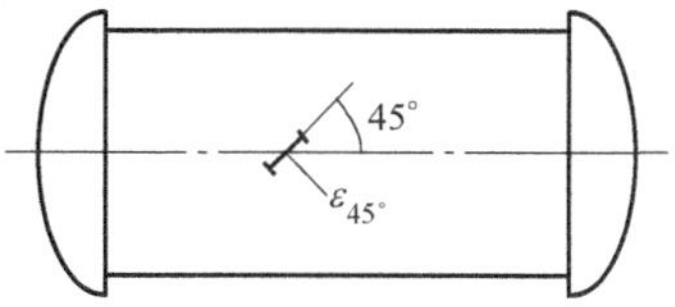

图 16-31　正确应用广义胡克定律

16.11.6　应用强度设计准则需要注意的几个问题

根据本章分析以及工程实际应用的要求，应用失效判据与设计准则时需要注意以下几方面问题。

- 要注意不同设计准则的适用范围

四大强度理论只适用于某些确定的失效形式。因此，在实际应用中，应当先判别将会发生什么形式的失效——屈服还是断裂，然后选用合适的判据或准则。在大多数应力状态下，脆性材料将发生脆性断裂，因而应选用最大拉应力准则；而在大多数应力状态下，塑性材料将发生屈服和剪断，故应选用最大切应力或畸变能密度准则。

但是，必须指出，材料的失效形式，不仅取决于材料的力学行为，而且与其所处的应力状态、温度和加载速度等都有一定的关系。试验表明，塑性材料在一定的条件下（例如低温或三向拉伸时），会表现为脆性断裂；而脆性材料在一定的应力状态（例如三向压缩）下，则会表现出塑性屈服或剪断。

- 要注意强度设计的全过程

四大强度理论并不包括强度设计的全过程，只是在确定了危险点及其应力状态之后的计算过程。因此，在对构件或零部件进行强度计算时，要根据强度设计步骤进行。特别要注意的是，在复杂受力形式下，要正确确定危险点的应力状态，并根据可能的失效形式选择合适的设计准则。

- 注意关于计算应力和应力强度在设计准则中的应用

工程上为了计算方便起见，常常将强度设计准则中直接与许用应力［σ］相比较的量，称为**计算应力**或**相当应力**（equivalent stress），用 σ_{ri} 表示，$i=1$、2、3、4，其中数码1、2、3、4分别表示了最大拉应力、最大拉应变、最大切应力和畸变能密度设计准则的序号。

近年来，一些科学技术文献中也将相当应力称为**应力强度**（stress strength），用 S_i 表示。不论是“计算应力”还是“应力强度”，它们本身都没有确切的物理含义，只是为了计算方便起见而引进的名词和记号。

对于不同的失效判据或设计准则，σ_{ri} 和 S_i 都是主应力 σ_1、σ_2、σ_3 的不同函数：

$$\begin{cases}\sigma_{r1}=S_1=\sigma_1\\ \sigma_{r2}=S_2=\sigma_1-\nu(\sigma_2+\sigma_3)\\ \sigma_{r3}=S_3=\sigma_1-\sigma_3\\ \sigma_{r4}=S_4=\sqrt{\dfrac{1}{2}[(\sigma_1-\sigma_2)^2+(\sigma_2-\sigma_3)^2+(\sigma_3-\sigma_1)^2]}\end{cases} \tag{16-51}$$

于是，四大强度理论可以概括为

$$\sigma_{ri}\leqslant[\sigma]\quad(i=1,2,3,4) \tag{16-52}$$

或

$$S_i\leqslant[\sigma]\quad(i=1,2,3,4) \tag{16-53}$$

习　题

选择填空题

16-1　关于用微元表示一点处的应力状态，有如下论述，试选择哪一种是正确的。（　　）

（A）微元形状可以是任意的

（B）微元形状不是任意的，只能是六面体微元

（C）不一定是六面体微元，五面体微元也可以，其他形状则不行

（D）微元形状可以是任意的，但其上已知的应力分量足以确定任意方向面上的应力

16-2　微元受力如图16-32所示，图中应力单位为MPa。根据不为零主应力的数目判断它是（　　）。

（A）二向应力状态　　（B）单向应力状态

（C）三向应力状态　　（D）纯剪应力状态

16-3　关于弹性体受力后某一方向的应力与应变关系，有如下论述，试判断哪一种是正确的。（　　）

（A）有应力一定有应变，有应变不一定有应力

（B）有应力不一定有应变，有应变不一定有应力

（C）有应力不一定有应变，有应变一定有应力

（D）有应力一定有应变，有应变一定有应力

16-4　对于图16-33所示的应力状态（$\sigma_x>\sigma_y$），若为脆性材料，关于失效可能发生的平面有以下几种结论，请分析哪一种是正确的。（　　）

（A）平行于 x 轴的平面

（B）平行于 z 轴的平面

（C）平行于 Oyz 坐标面的平面

（D）平行于 Oxy 坐标面的平面

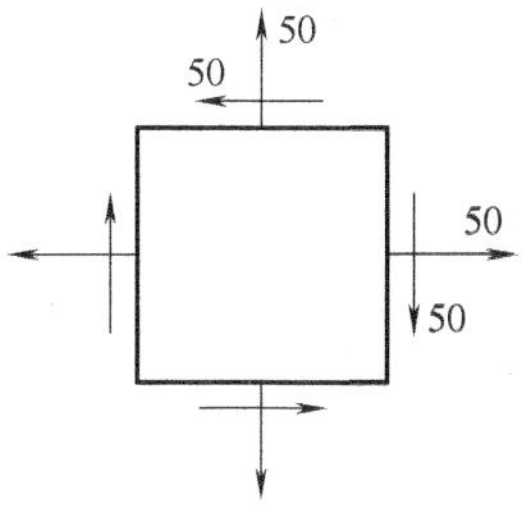

图 16-32　习题 16-2 图

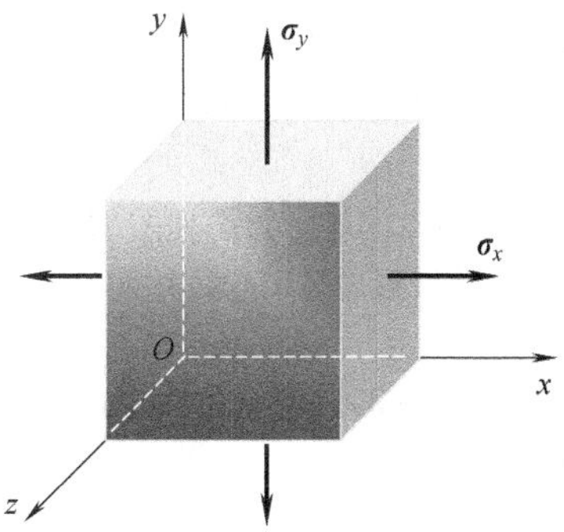

图 16-33　习题 16-4 图

分析计算题

16-5　木制构件中的微元受力如图 16-34 所示，其中所示的角度为木纹方向与铅垂方向的夹角。试求：

（1）面内平行于木纹方向的切应力；

（2）垂直于木纹方向的正应力。

16-6　层合板构件中微元受力如图 16-35 所示，各层板之间用胶粘接，接缝方向如图所示。若已知胶层切应力不得超过 1MPa。试分析是否满足这一要求。

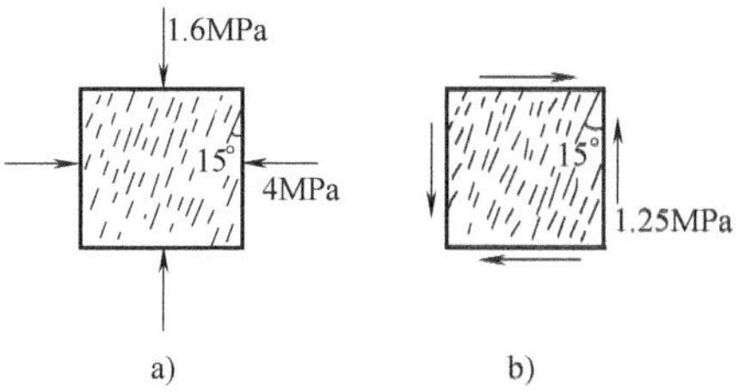

图 16-34　习题 16-5 图

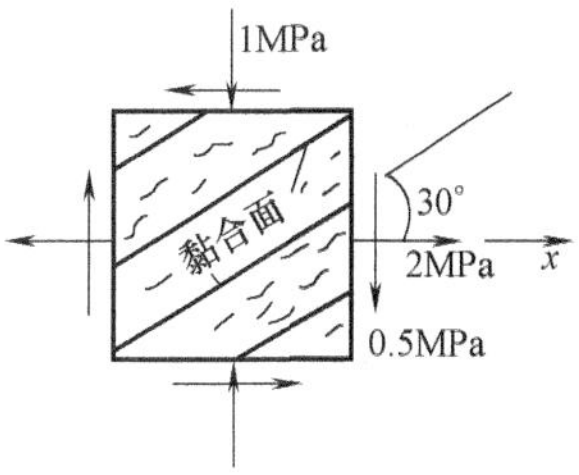

图 16-35　习题 16-6 图

16-7　从构件中取出的微元受力如图 16-36 所示，其中 AC 为自由表面（无外力作用）。试求 σ_x 和 τ_{xy}。

16-8　构件微元表面 AC 上作用有数值为 14MPa 的压应力，其余受力如图 16-37 所示。试求 σ_x 和 τ_{xy}。

16-9　对于图 16-38 所示的应力状态，若要求其中的最大切应力 $\tau_{max}<160$MPa，试求 τ_{xy} 取何值。

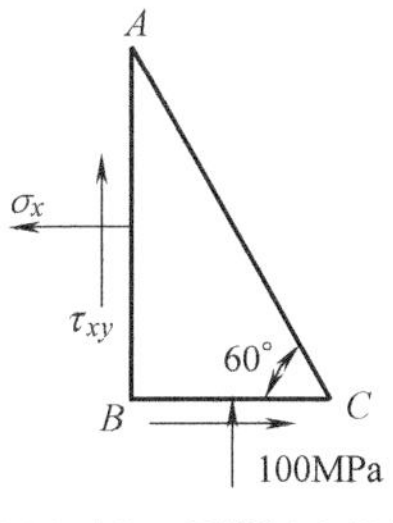

图 16-36　习题 16-7 图

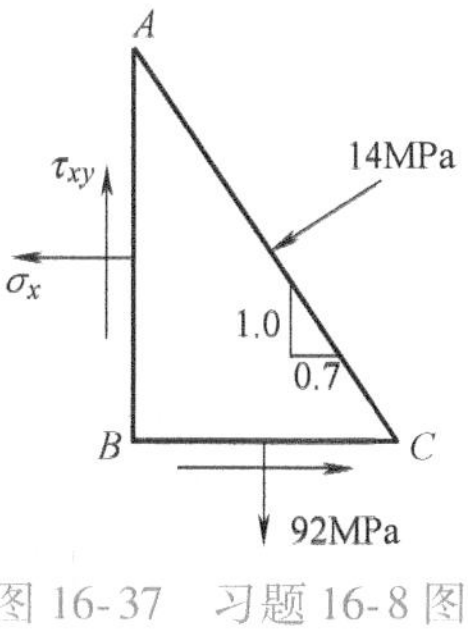

图 16-37　习题 16-8 图

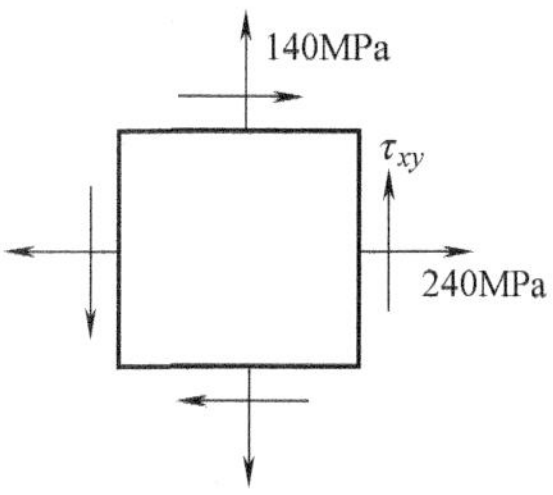

图 16-38　习题 16-9 图

16-10　图 16-39 所示外径为 300mm 的钢管由厚度为 8mm 的钢带沿 20°角的螺旋线卷曲焊接而成。试求下列情形下，焊缝上沿焊缝方向的切应力和垂直于焊缝方向的正应力。

（1）只承受轴向载荷 $F_P=250\text{kN}$；

（2）只承受内压 $p=5.0\text{MPa}$（两端封闭）；

*（3）同时承受轴向载荷 $F_P=250\text{kN}$ 和内压 $p=5.0\text{MPa}$（两端封闭）。

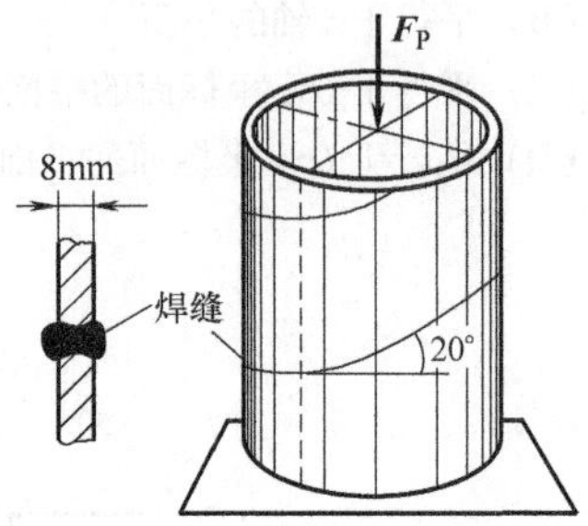

图 16-39 习题 16-10 图

16-11 承受内压的铝合金制的圆筒形薄壁容器如图 16-40 所示。已知内压 $p=3.5\text{MPa}$，材料的 $E=75\text{GPa}$，$\nu=0.33$。试求圆筒的半径改变量。

16-12 构件中危险点的应力状态如图 16-41 所示。试选择合适的设计准则对以下两种情形做强度校核：

（1）构件为钢制

$$\sigma_x=45\text{MPa},\ \sigma_y=135\text{MPa},\ \sigma_z=0,\ \tau_{xy}=0,\ 许用应力\ [\sigma]=160\text{MPa}。$$

（2）构件材料为铸铁

$$\sigma_x=20\text{MPa},\ \sigma_y=-25\text{MPa},\ \sigma_z=30\text{MPa},\ \tau_{xy}=0,\ [\sigma]=30\text{MPa}。$$

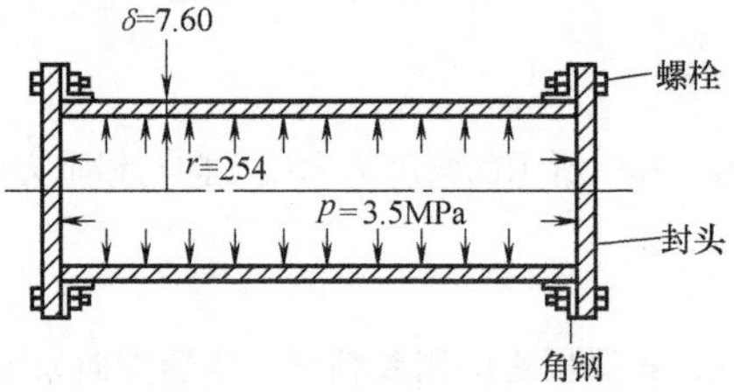

图 16-40 习题 16-11 图

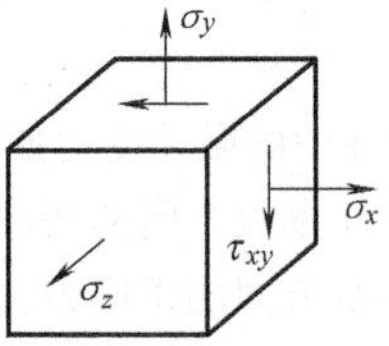

图 16-41 习题 16-12 图

16-13 对于图 16-42 所示平面应力状态，各应力分量的可能组合有以下几种情形，试按最大切应力准则和畸变能密度准则分别计算此几种情形下的计算应力。

（1）$\sigma_x=40\text{MPa}$，$\sigma_y=40\text{MPa}$，$\tau_{xy}=60\text{MPa}$；

（2）$\sigma_x=60\text{MPa}$，$\sigma_y=-80\text{MPa}$，$\tau_{xy}=-40\text{MPa}$；

（3）$\sigma_x=-40\text{MPa}$，$\sigma_y=50\text{MPa}$，$\tau_{xy}=0$；

（4）$\sigma_x=0$，$\sigma_y=0$，$\tau_{xy}=45\text{MPa}$。

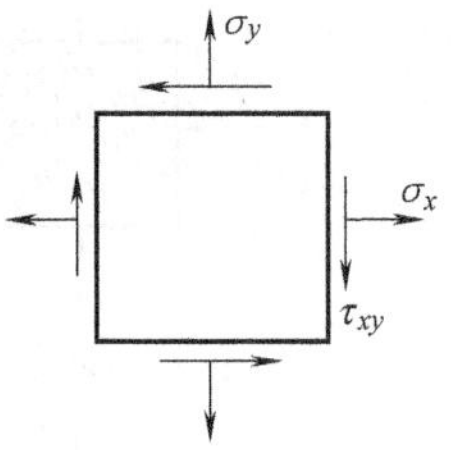

图 16-42 习题 16-13 图

16-14 钢制传动轴受力如图 16-43 所示。若已知材料的 $[\sigma]=120\text{MPa}$，试设计该轴的直径。

16-15 铝制圆轴右端固定、左端受力如图 16-44 所示。若轴的直径 $d=32\text{mm}$，试确定点 a 和点 b 的应力状态，并计算 σ_{r3} 和 σ_{r4} 值。

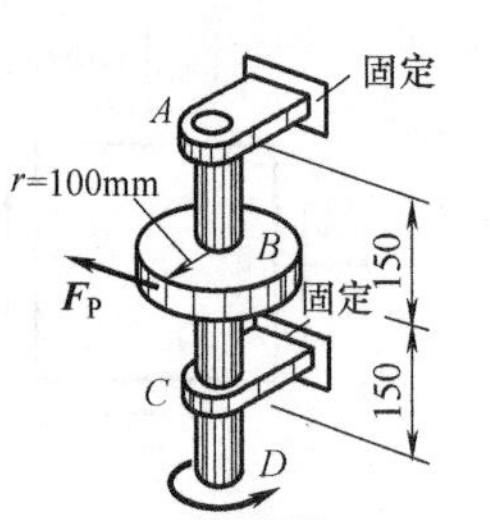

图 16-43 习题 16-14 图

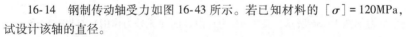

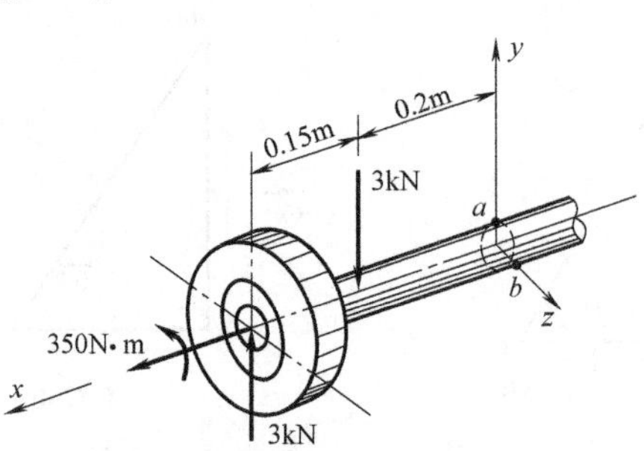

图 16-44 习题 16-15 图

16-16 图 16-45 所示悬臂梁中，集中力 $\boldsymbol{F}_{P1}$ 和 $\boldsymbol{F}_{P2}$ 分别作用在铅垂对称面和水平对称面内，并且垂直于梁的轴线。已知 $F_{P1}=1.6\text{kN}$，$F_{P2}=800\text{N}$，$l=1\text{m}$，许用应力 $[\sigma]=180\text{MPa}$。试确定以下两种情形下梁的横截面尺寸：

（1）截面为矩形，$h=2b$；

（2）截面为圆形。

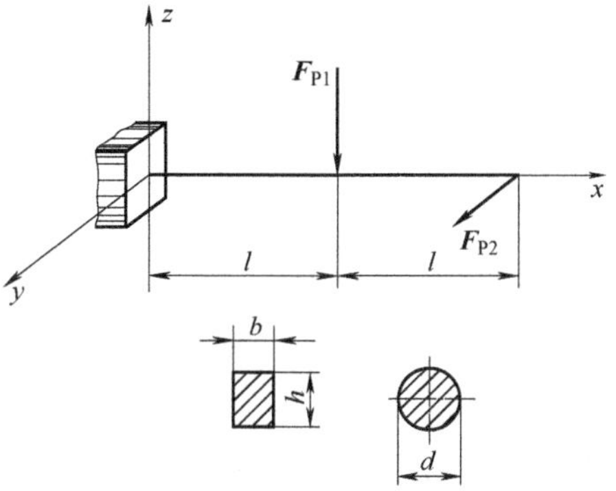

图 16-45　习题 16-16 图

16-17　图 16-46 所示旋转式起重机由工字梁 AB 及拉杆 BC 组成，A、B、C 三处均可以简化为铰链约束。起重载荷 $F_P=22\text{kN}$，$l=2\text{m}$。已知 $[\sigma]=90\text{MPa}$，试选择梁 AB 的工字钢型号。

16-18　标语牌由钢管支撑，如图 16-47 所示。若标语牌的重量为 F_{P1}，作用在标语牌上的水平风力大小为 F_{P2}，试分析此钢管的受力、指出危险截面和危险点的位置，并画出危险点的应力状态。

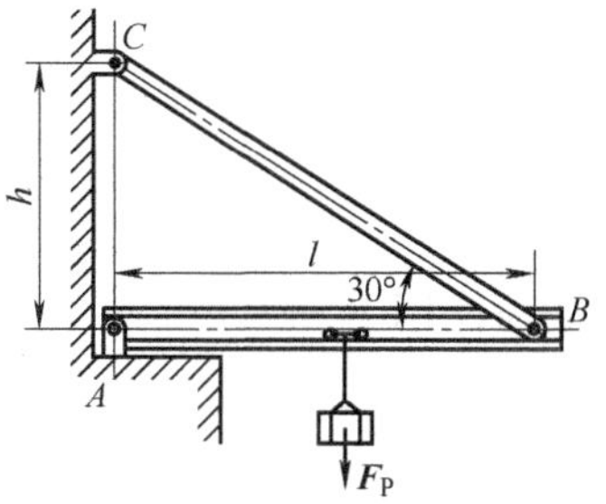

图 16-46　习题 16-17 图

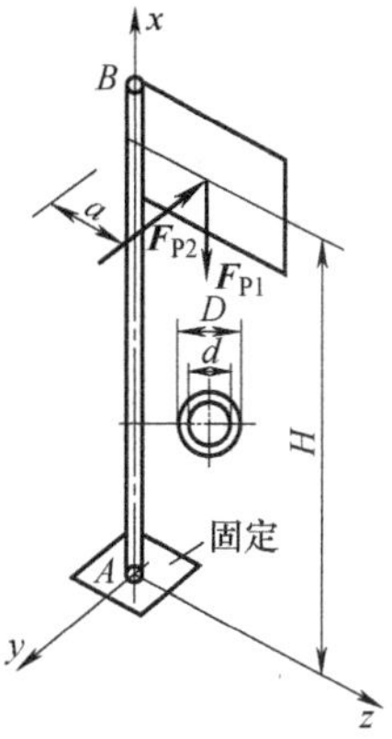

图 16-47　习题 16-18 图

第 17 章 压杆的稳定性

细长杆件在承受轴向压缩载荷作用时，由于不能保持其原有的平衡状态而发生失效，这种失效称为稳定性失效（failure by lost stability），又称为屈曲失效（failure by buckling）。

什么是受压杆件的稳定性？什么是屈曲失效？按照什么准则进行设计，才能保证压杆安全可靠地工作？这些都是进行工程常规设计的重要任务之一。

本章首先介绍关于弹性平衡稳定性的基本概念，包括：平衡构形、平衡构形稳定与不稳定的概念以及弹性平衡稳定性的静力学判别准则。然后根据微弯的屈曲平衡构形，由平衡条件和小挠度微分方程以及端部约束条件，确定不同刚性支承条件下弹性压杆的临界力。最后，本章还将介绍工程上常用的压杆稳定设计方法——安全因数法。

17.1 弹性平衡稳定性的基本概念

构件在外力作用下，由于材料的弹性而产生变形，整个构件保持平衡，构件的任一部分在弹性内力作用下保持平衡，这种状态称为弹性平衡。弹性平衡的形式有时是稳定的，有时是不稳定的。

17.1.1 平衡构形的稳定性和不稳定性

结构构件或机器零件在压缩载荷或其他特定载荷作用下发生变形，最终在某一位置保持平衡，这一位置称为平衡位置，又称为平衡构形（equilibrium configuration）。承受轴向压缩载荷的细长压杆，有可能存在两种平衡构形——直线的平衡构形与弯曲的平衡构形，分别如图 17-1a、b 所示。

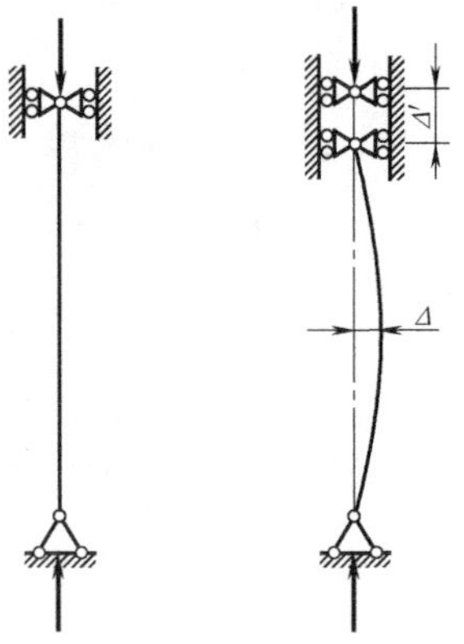

图 17-1 压杆的两种平衡构形

当载荷小于一定的数值时，微小的外界扰动（disturbance）使其偏离初始平衡构形，外界扰动除去后，构件仍能回复到初始平衡构形，则称初始的平衡构形是稳定的（stable）。扰动除去后，构件不能回复到原来的平衡构形，则称初始的平衡构形是不稳定的（unstable）。此即判别弹性平衡稳定性的静力学准则（statical criterion for elastic stability）。

不稳定的平衡构形在任意微小的外界扰动下，将转变为其他平衡构形。例如，不稳定的细长压杆的直线平衡构形，在外界的微小扰动下，将转变为弯曲的平衡构形。这一过程称为屈曲（buckling）或失稳（lost stability）。通常，屈曲将使构件失效，并导致相关的结构发生坍塌（collapse）。由于这种失效具有突发性，常常带来灾难性后果。

17.1.2　临界状态与临界载荷

介于稳定平衡构形与不稳定平衡构形之间的平衡构形称为临界平衡构形，或称为临界状态（critical state）。处于临界状态的平衡构形，有的是稳定的，有的是不稳定的，也有的是中性的。

使杆件处于临界状态的压缩载荷称为临界载荷（critical load），用 $\boldsymbol{F}_{\mathrm{Pcr}}$ 表示。

非线性弹性稳定理论已经证明了：对于细长压杆，临界平衡构形是稳定的。因此，当压缩载荷超过临界载荷时，压杆仍然具有一定的承载能力，但不会在直线状态保持平衡，而在弯曲的平衡状态保持平衡，并且弯曲的程度与压缩载荷的大小有关。

17.2　细长压杆的临界载荷

17.2.1　两端铰支的细长压杆

从图 17-2 所示 F_{P}-Δ 曲线可以看出，当 $F_{\mathrm{P}}>F_{\mathrm{Pcr}}$ 时，$\Delta \neq 0$，这表明当 F_{P} 无限接近临界载荷 F_{Pcr} 时，在直线平衡构形附近无穷小的邻域内存在微弯的平衡构形。根据这一平衡构形，由平衡条件和小挠度微分方程，以及端部约束条件，即可确定临界载荷。

考察图 17-3a 所示的承受轴向压缩载荷的理想直杆，令 F_{P} 无限接近临界载荷 F_{Pcr}，压杆由直线平衡构形转变为与之无限接近的微弯平衡构形（见图 17-3b），从任意横截面处将微弯平衡构形下的压杆截开，局部的受力如图 17-3c 所示。根据平衡条件，得到微弯平衡构形下的弯矩

$$M=-F_{\mathrm{P}} w \tag{a}$$

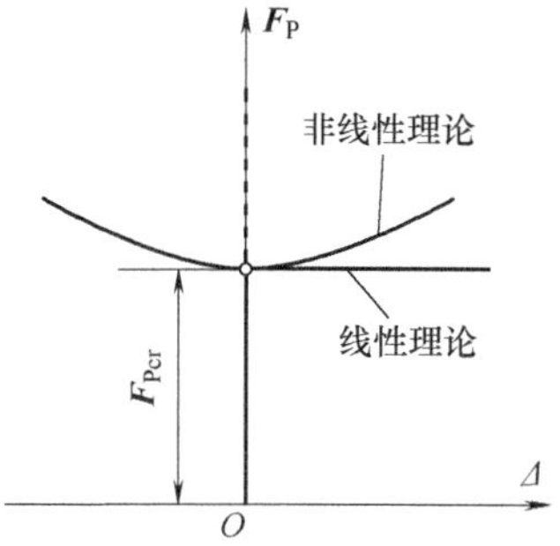

图 17-2　F_{P}-Δ 曲线

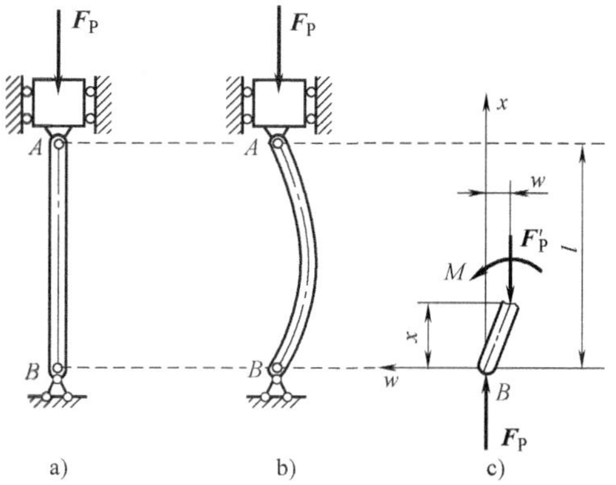

图 17-3　微弯屈曲构形下的局部受力与平衡

由小挠度微分方程，在图示的坐标系中

$$M=EI\frac{\mathrm{d}^{2} w}{\mathrm{d} x^{2}} \tag{b}$$

将式（a）代入式（b）得

$$\frac{\mathrm{d}^2w}{\mathrm{d}x^2}+k^2w=0 \tag{17-1}$$

这是压杆在微弯平衡状态下的平衡微分方程，也是确定压杆临界载荷的主要依据，其中

$$w=w(x),\quad k^2=\frac{F_\mathrm{P}}{EI} \tag{17-2}$$

微分方程（17-1）的解是

$$w=A\sin kx+B\cos kx \tag{17-3}$$

式中，A、B 为待定常数，由约束条件确定。

利用两端处挠度都等于零的约束条件：

$$w(0)=0,\quad w(l)=0$$

得到一线性代数方程组

$$\begin{cases}0\cdot A+B=0\\ \sin kl\cdot A+\cos kl\cdot B=0\end{cases} \tag{c}$$

方程组（c）中，A、B 不全为零的条件是系数行列式等于零，即

$$\begin{vmatrix}0 & 1\\ \sin kl & \cos kl\end{vmatrix}=0 \tag{d}$$

由此解得

$$\sin kl=0 \tag{17-4}$$

据此，得到

$$kl=n\pi\quad(n=1,2,\cdots)$$

将 $k=n\pi/l$ 代入式（17-2），即可得到所要求的临界载荷的一般表达式

$$F_\mathrm{Pcr}=\frac{n^2\pi^2EI}{l^2} \tag{17-5}$$

其中当 $n=1$ 时，所得到的就是具有实际意义的、最小的临界载荷计算公式

$$F_\mathrm{Pcr}=\frac{\pi^2EI}{l^2} \tag{17-6}$$

上述两式中，E 为压杆材料的弹性模量；I 为压杆横截面的形心主惯性矩：如果两端在各个方向上的约束都相同，I 则为压杆横截面的最小形心主惯性矩。

从式（c）中的第1式解出 $B=0$，连同 $k=n\pi/l$ 一起代入式（17-3），得到与直线平衡构形无限接近的屈曲位移函数，又称为屈曲模态（buckling mode）：

$$w(x)=A\sin\frac{n\pi x}{l} \tag{17-7}$$

式中，A 为不定常数，称为屈曲模态幅值（amplitude of buckling mode）；n 为屈曲模态的正弦半波数。式（17-7）表明，与直线平衡构形无限接近的微弯屈曲位移是不确定的，这与本小节一开始所假定的任意微弯平衡构形是一致的。

17.2.2　其他刚性支承细长压杆临界载荷的通用公式

不同刚性支承条件下的压杆，由静力学平衡方法得到的平衡微分方程和端部的约束条件

都可能各不相同，确定临界载荷的表达式也因此而异，但基本分析方法和分析过程却是相同的。对于细长压杆，这些公式可以写成通用形式：

$$F_{\mathrm{Pcr}}=\frac{\pi^2 EI}{(\mu l)^2} \tag{17-8}$$

这一表达式称为欧拉公式。其中μl为不同压杆屈曲后挠曲线上正弦半波的长度（见图 17-4），称为有效长度（effective length）；μ为反映不同支承影响的系数，称为长度系数（coefficient of length），可由屈曲后的正弦半波长度与两端铰支压杆初始屈曲时的正弦半波长度的比值确定。例如，一端固定另一端自由的压杆，其微弯屈曲波形如图 17-4a 所示，屈曲波形的正弦半波长度等于$2l$。这表明，一端固定另一端自由、杆长为l的压杆，其临界载荷相当于两端铰支、杆长为$2l$压杆的临界载荷。所以长度系数$\mu=2$。

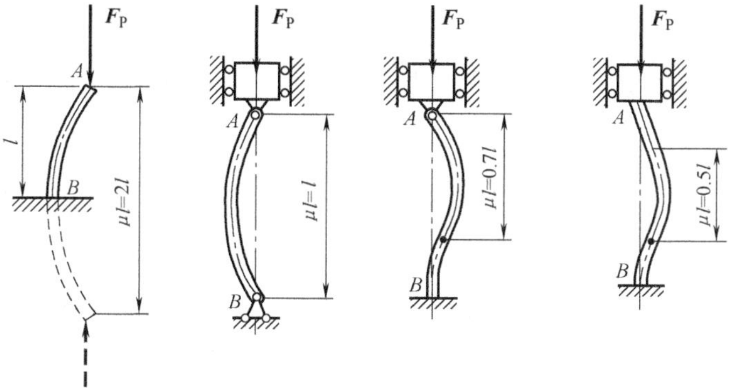

图 17-4　不同支承条件下压杆的屈曲波形

需要注意的是，上述临界载荷公式，只有在压杆的微弯状态仍然处于弹性状态才是成立的。

17.3　长细比的概念　三类不同压杆的判断

17.3.1　长细比的定义与概念

前面已经提到欧拉公式只有在弹性范围内才是适用的。这就要求在临界载荷作用下，压杆在直线平衡构形时，其横截面上的正应力小于或等于材料的比例极限，即

$$\sigma_{\mathrm{cr}}=\frac{F_{\mathrm{Pcr}}}{A}\leqslant\sigma_{\mathrm{p}} \tag{17-9}$$

式中，σ_{cr}称为临界应力（critical stress）；σ_{p}为材料的比例极限。

对于某一压杆，当临界载荷F_{Pcr}尚未算出时，不能判断式（17-9）是否满足；当临界载荷算出后，如果式（17-9）不满足，则还需采用超过比例极限的临界载荷计算公式重新计算。这些都会给实际设计带来不便。

能否在计算临界载荷之前，预先判断压杆是发生弹性屈曲还是发生超过比例极限的非弹性屈曲？或者不发生屈曲而只发生强度失效？为了回答这一问题，需要引进长细比（slenderness ratio）的概念。

长细比用 λ 表示，由下式确定：

$$\lambda=\frac{\mu l}{i} \tag{17-10}$$

式中，i 为压杆横截面的惯性半径：

$$i=\sqrt{\frac{I}{A}} \tag{17-11}$$

上述两式中，μ 为反映不同支承影响的长度系数；l 为压杆的长度；i 是全面反映压杆横截面形状与尺寸的几何量。所以，长细比是一个综合反映压杆长度、约束条件、横截面尺寸及横截面形状对压杆临界载荷影响的量。

17.3.2　三类不同压杆的区分

根据长细比的大小可以将压杆分成三类，并且可以判断和预测三类压杆将发生不同形式的失效。三类压杆是：

- 细长杆

当压杆的长细比 λ 大于或等于某个极限值 λ_p，即

$$\lambda \geqslant \lambda_p$$

时，压杆将发生弹性屈曲。这时，压杆在直线平衡构形下横截面上的正应力不超过材料的比例极限，这类压杆称为大长细比杆或细长杆。

- 中长杆

当压杆的长细比 λ 小于 λ_p，但大于或等于另一个极限值 λ_s，即

$$\lambda_p>\lambda \geqslant \lambda_s$$

时，压杆也会发生屈曲。这时，压杆在直线平衡构形下横截面上的正应力已经超过材料的比例极限，截面上某些部分已进入塑性状态。这种屈曲称为非弹性屈曲。这类压杆称为中长细比杆或中长杆。

- 粗短杆

长细比 λ 小于极限值 λ_s，即

$$\lambda<\lambda_s$$

时，压杆不会发生屈曲，但将会发生屈服。这类压杆称为粗短杆。

17.3.3　三类压杆的临界应力公式

对于细长杆，根据临界应力公式（17-9）和欧拉公式（17-8），有

$$\sigma_{cr}=\frac{\pi^2 E}{\lambda^2} \tag{17-12}$$

对于中长杆，由于发生了塑性变形，理论计算比较复杂，工程中大多采用经验公式计算其临界应力，最常用的是直线经验公式：

$$\sigma_{cr}=a-b\lambda \tag{17-13}$$

式中，a 和 b 为与材料有关的常数，单位为 MPa。常用工程材料的 a 和 b 数值列于表 17-1 中。

对于粗短杆，因为不发生屈曲，而只发生屈服（塑性材料），故其临界应力即为材料的

屈服应力，亦即

$$\sigma_{cr}=\sigma_s \tag{17-14}$$

将上述各式乘以压杆的横截面面积，即得到三类压杆的临界载荷。

表 17-1　常用工程材料的 a 和 b 数值

材料（σ_s、σ_b 的单位为 MPa）	a/MPa	b/MPa
Q235 钢（$\sigma_s=235$，$\sigma_b\geqslant372$）	304	1.12
优质碳素钢（$\sigma_s=306$，$\sigma_b\geqslant417$）	461	2.568
硅钢（$\sigma_s=353$，$\sigma_b=510$）	578	3.744
铬钼钢	9807	5.296
铸铁	332.2	1.454
强铝	373	2.15
木材	28.7	0.19

17.3.4　临界应力总图与 λ_p、λ_s 值的确定

根据三类压杆的临界应力表达式，在 $O\lambda\sigma_{cr}$坐标系中可以作出 λ-σ_{cr}关系曲线，称为临界应力总图（figures of critical stresses），如图 17-5 所示。

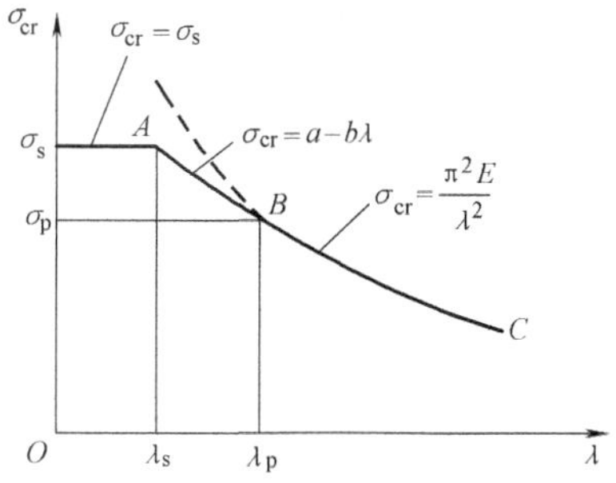

图 17-5　临界应力总图

根据临界应力总图中所示的 λ-σ_{cr}关系，可以确定区分不同材料三类压杆的长细比极限值 λ_p、λ_s。

令细长杆的临界应力等于材料的比例极限（见图 17-5 中的点 B），得到

$$\lambda_p=\sqrt{\frac{\pi^2E}{\sigma_p}} \tag{17-15}$$

对于不同的材料，由于 E、σ_p 各不相同，λ_p 的数值也不相同。一旦给定 E、σ_p，即可算得 λ_p。例如，对于 Q235 钢，$E=206\text{GPa}$，$\sigma_p=200\text{MPa}$，由式（17-15）算得 $\lambda_p=101$。

若令中长杆的临界应力等于屈服强度（见图 17-5 中的点 A），得到

$$\lambda_s=\frac{a-\sigma_s}{b} \tag{17-16}$$

例如，对于 Q235 钢，$\sigma_s=235\text{MPa}$，$a=304\text{MPa}$，$b=1.12\text{MPa}$，由式（17-16）可以算得 $\lambda_p=61.6$。

17.4　压杆的稳定性设计

17.4.1　压杆稳定性设计内容

压杆的稳定性设计（stability design）一般包括：

• 确定临界载荷

当压杆的材料、约束以及几何尺寸已知时，根据三类不同压杆的临界应力公式［式(17-12)~式（17-14)］，确定压杆的临界载荷。

• 稳定性安全校核

当外加载荷、杆件各部分尺寸、约束以及材料性能均为已知时，验证压杆是否满足稳定性设计准则。

• 截面设计

试算法。先假设为细长压杆，如不满足要求，再假设为中长压杆。

17.4.2 安全因数法与稳定性设计准则

为了保证压杆具有足够的稳定性，设计中，必须使杆件所承受的实际压缩载荷（又称为工作载荷）小于杆件的临界载荷，并且具有一定的安全裕度。

压杆的稳定性设计一般采用安全因数法与折减系数法。本书只介绍安全因数法。

采用安全因数法时，稳定性设计准则（criterion of design for stability）一般可表示为

$$n_{w} \geqslant [n]_{st} \tag{17-17}$$

式中，n_w为工作安全因数，由下式确定：

$$n_{w}=\frac{F_{Pcr}}{F}=\frac{\sigma_{cr}}{\sigma} \tag{17-18}$$

式中，F、σ 分别为压杆的工作载荷和工作应力；A 为压杆的横截面面积。

式（17-17）中，$[n]_{st}$为规定的稳定安全因数。在静载荷作用下，稳定安全因数应略高于强度安全因数。这是因为实际压杆不可能是理想直杆，而是具有一定的初始缺陷（例如初曲率)，压缩载荷也可能具有一定的偏心度。这些因素都会使压杆的临界载荷降低。对于钢材，取 $[n]_{st}=1.8\sim3.0$；对于铸铁，取 $[n]_{st}=5.0\sim5.5$；对于木材，取 $[n]_{st}=2.8\sim3.2$。

17.4.3 压杆稳定性设计过程

根据上述设计准则，进行压杆的稳定性设计，首先必须根据材料的弹性模量 E 与比例极限 σ_p，由式（17-15）和式（17-16）计算出长细比的极限值 λ_p、λ_s；再根据压杆的长度 l、横截面的惯性矩 I 和面积 A，以及两端的约束条件 μ，计算压杆的实际长细比 λ；然后比较压杆的实际长细比值与极限值，判断属于哪一类压杆，选择合适的临界应力公式，确定临界载荷；最后，由式（17-18）计算压杆的工作安全因数，并验算是否满足稳定性设计准则式（17-17）。

对于简单结构，则需应用受力分析方法，首先确定哪些杆件承受压缩载荷，然后再按上述过程进行稳定性计算与设计。

17.5 压杆稳定性分析与稳定性设计示例

【例题 17-1】 图 17-6a、b 所示的压杆，其直径均为 d，材料都是 Q235 钢，但二者长度和约束条件各不相同。试：

（1）分析哪一根压杆的临界载荷较大？

（2）计算 $d=160\text{mm}$，$E=206\text{GPa}$ 时，两杆的临界载荷。

解：（1）**计算长细比，判断哪一根压杆的临界载荷大**

因为 $\lambda=\mu l/i$，其中 $i=\sqrt{I/A}$，而二者均为圆截面且直径相同，故有

$$i=\sqrt{\frac{\pi d^4/64}{\pi d^2/4}}=\frac{d}{4}$$

因二者约束条件和杆长都不相同，所以 λ 也不一定相同。

对于两端铰支的压杆（见图 17-6a），$\mu=1$，$l=5\text{m}$，则

$$\lambda_a=\frac{\mu l}{i}=\frac{1\times 5\text{m}}{\frac{d}{4}}=\frac{20\text{m}}{d}$$

对于两端固定的压杆（见图 17-6b），$\mu=0.5$，$l=9\text{m}$，则

$$\lambda_b=\frac{\mu l}{i}=\frac{0.5\times 9\text{m}}{\frac{d}{4}}=\frac{18\text{m}}{d}$$

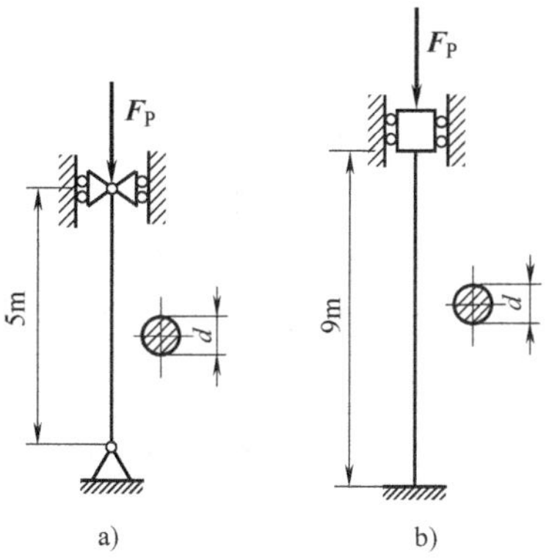

图 17-6　例题 17-1 图

可见本例中两端铰支压杆的临界载荷，小于两端固定压杆的临界载荷。

（2）**计算各杆的临界载荷**

对于两端铰支的压杆

$$\lambda_a=\frac{\mu l}{i}=\frac{1\times 5\text{m}}{\frac{d}{4}}=\frac{20\text{m}}{0.16\text{m}}=125>\lambda_p=101$$

属于细长杆，利用欧拉公式计算临界载荷为

$$F_{Pcr}=\sigma_{cr}A=\frac{\pi^2 E}{\lambda^2}\times\frac{\pi d^2}{4}=\left[\frac{\pi^2\times 206\times 10^9}{125^2}\times\frac{\pi\times(160\times 10^{-3})^2}{4}\right]\text{N}$$
$$=2.60\times 10^6\text{N}=2.60\times 10^3\text{kN}$$

对于两端固定的压杆，

$$\lambda_b=\frac{\mu l}{i}=\frac{0.5\times 9\text{m}}{\frac{d}{4}}=\frac{18\text{m}}{0.16\text{m}}=112.5>\lambda_p=101$$

也属于细长杆，故

$$F_{Pcr}=\sigma_{cr}A=\frac{\pi^2 E}{\lambda^2}\times\frac{\pi d^2}{4}=\left[\frac{\pi^2\times 206\times 10^9}{112.5^2}\times\frac{\pi\times(160\times 10^{-3})^2}{4}\right]\text{N}$$
$$=3.23\times 10^6\text{N}=3.23\times 10^3\text{kN}$$

最后，请读者思考以下问题：

1）本例中的两根压杆，在其他条件不变时，当杆长 l 减小一半时，其临界载荷将增加几倍？

2）对于以上两杆，如果改用高强度钢（屈服强度比 Q235 钢高 2 倍以上，E 相差不大）

能否提高临界载荷？

【例题 17-2】 Q235 钢制成的矩形截面杆，两端约束以及所承受的压缩载荷如图 17-7 所示（图 17-7a 所示为正视图；图 17-7b 所示为俯视图），A、B 两处为销钉连接。若已知 $l=2300\text{mm}$，$b=40\text{mm}$，$h=60\text{mm}$。材料的弹性模量 $E=206\text{GPa}$。试求此杆的临界载荷。

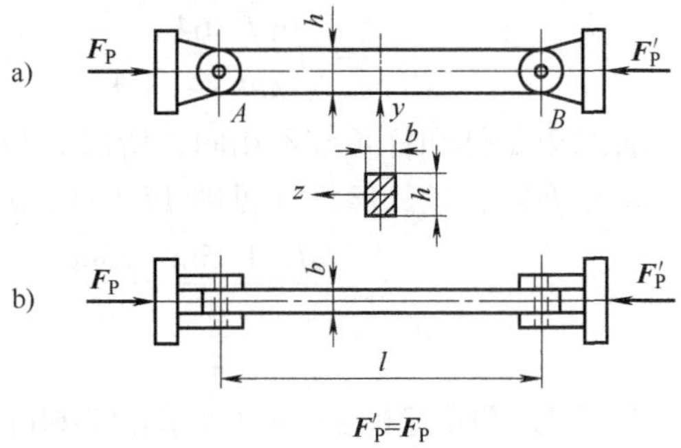

图 17-7 例题 17-2 图

解：给定的压杆在 A、B 两处均为销钉连接，这种约束与球铰约束不同。在正视图平面内屈曲时，A、B 两处可以自由转动，相当于铰链；而在俯视图平面内屈曲时，A、B 两处不能转动，这时可近似视为固定端约束。又因为是矩形截面，压杆在正视图平面内屈曲时，截面将绕 z 轴转动；而在俯视图平面内屈曲时，截面将绕 y 轴转动。

根据以上分析，为了计算临界载荷，应首先计算压杆在两个平面内的长细比，以确定它将在哪一平面内发生屈曲。

在正视图平面（见图 17-7a）内：

$$I_z=\frac{bh^3}{12},\quad A=bh,\quad \mu=1.0$$

$$i_z=\sqrt{\frac{I_z}{A}}=\frac{h}{2\sqrt{3}}$$

$$\lambda_z=\frac{\mu l}{i_z}=\frac{\mu l}{\dfrac{h}{2\sqrt{3}}}=\frac{(1\times2300\times10^{-3})\times2\sqrt{3}}{60\times10^{-3}}=132.8>\lambda_P=101$$

在俯视图平面（见图 17-7b）内：

$$I_y=\frac{hb^3}{12},\quad A=bh,\quad \mu=0.5$$

$$i_y=\sqrt{\frac{I_y}{A}}=\frac{b}{2\sqrt{3}}$$

$$\lambda_y=\frac{\mu l}{i_y}=\frac{\mu l}{\dfrac{b}{2\sqrt{3}}}=\frac{(0.5\times2300\times10^{-3})\times2\sqrt{3}}{40\times10^{-3}}=99.6<\lambda_P=101$$

比较上述结果可以看出，$\lambda_z>\lambda_y$。所以，压杆将在正视图平面内屈曲。又因为在这一平面内，压杆的长细比 $\lambda_z>\lambda_P$，属于细长杆，可以用欧拉公式计算压杆的临界载荷：

$$F_{Pcr}=\sigma_{cr}A=\frac{\pi^2E}{\lambda_z^2}\times bh=\frac{\pi^2\times205\times10^9\times40\times10^{-3}\times60\times10^{-3}}{132.8^2}\text{N}$$
$$=275.3\times10^3\text{N}=275.3\text{kN}$$

【例题 17-3】 图 17-8 所示的结构中，梁 AB 为 No. 14 普通热轧工字钢，CD 为圆截面直杆，其直径为 $d=20\text{mm}$，二者材料均为 Q235 钢。结构受力如图所示，A、C、D 三处均为球铰约束。若已知 $F_P=25\text{kN}$，$l_1=1.25\text{m}$，$l_2=0.55\text{m}$，$\sigma_s=235\text{MPa}$。强度安全因数 $n_s=1.45$，稳定安全因数 $[n]_{st}=1.8$。试校核此结构是否安全。

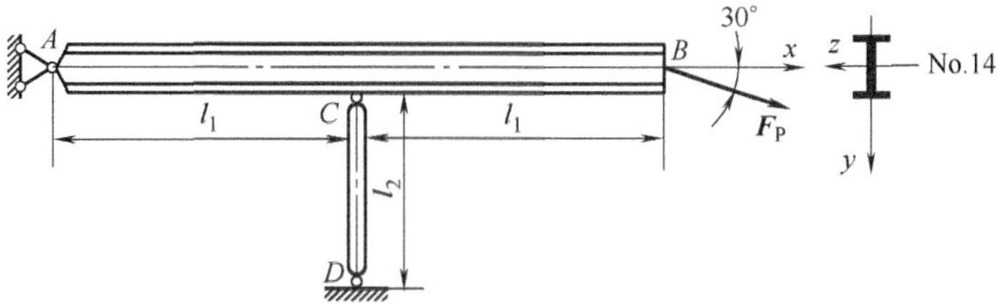

图 17-8　例题 17-3 图

解：在给定的结构中共有两个构件：梁 AB，承受拉伸与弯曲的组合作用，属于强度问题；杆 CD 承受压缩载荷，属于稳定性问题。现分别校核如下：

（1）**梁 AB 的强度校核**

梁 AB 在截面 C 处弯矩最大，该处横截面为危险截面，其上的弯矩和轴力分别为

$$M_{max}=(F\sin30°)l_1=[(25\times10^3\times0.5)\times1.25]\text{N}\cdot\text{m}$$

$$=15.63\times10^3\text{N}\cdot\text{m}=15.63\text{kN}\cdot\text{m}$$

$$F_{Nx}=F_P\cos30°=25\times10^3\text{N}\times\cos30°=21.65\times10^3\text{N}=21.65\text{kN}$$

由型钢表查得 No. 14 普通热轧工字钢的

$$W_z=102\text{cm}^3=102\times10^3\text{mm}^3$$

$$A=21.5\text{cm}^2=21.5\times10^2\text{mm}^2$$

由此得到梁内最大应力

$$\sigma_{max}=\frac{M_{max}}{W_z}+\frac{F_{Nx}}{A}=\frac{15.63\times10^3}{102\times10^3\times10^{-9}}\text{Pa}+\frac{21.65\times10^3}{21.5\times10^2\times10^{-6}}$$

$$=163.3\times10^6\text{Pa}=163.3\text{MPa}$$

Q235 钢的许用应力

$$[\sigma]=\frac{\sigma_s}{n_s}=\frac{235\text{MPa}}{1.45}=162\text{MPa}$$

σ_{max}略大于 $[\sigma]$，但 $(\sigma_{max}-[\sigma])\times100\%/[\sigma]=0.76\%<5\%$，工程上仍认为是安全的。

（2）**校核压杆 CD 的稳定性**

由平衡方程求得压杆 CD 的轴向压力

$$F_{NCD}=2F_P\sin30°=F_P=25\text{kN}$$

因为是圆截面杆，故惯性半径

$$i=\sqrt{\frac{I}{A}}=\frac{d}{4}=5\text{mm}$$

又因为两端为球铰约束，$\mu=1.0$，所以

$$\lambda=\frac{\mu l_2}{i}=\frac{1.0\times0.55\text{m}}{5\times10^{-3}\text{m}}=110>\lambda_p=101$$

这表明，压杆 CD 为细长杆，故需采用欧拉公式计算其临界载荷

$$F_{\text{Pcr}}=\sigma_{\text{cr}}A=\frac{\pi^2 E}{\lambda^2}\times\frac{\pi d^2}{4}=\left[\frac{\pi^2\times 206\times 10^9}{110^2}\times\frac{\pi\times(20\times 10^{-3})^2}{4}\right]\text{N}$$
$$=52.8\times 10^3\text{N}=52.8\text{kN}$$

于是，压杆的工作安全因数

$$n_{\text{w}}=\frac{\sigma_{\text{cr}}}{\sigma_{\text{w}}}=\frac{F_{\text{Pcr}}}{F_{\text{NCD}}}=\frac{52.8\text{kN}}{25\text{kN}}=2.11>[n]_{\text{st}}=1.8$$

这一结果说明，压杆的稳定性是安全的。

上述两项计算结果表明，整个结构的强度和稳定性都是安全的。

17.6 小结与讨论

17.6.1 小结

1. 弹性平衡稳定性的概念

平衡构型的稳定性和不稳定性；临界状态与临界载荷。

2. 细长压杆的临界载荷——欧拉公式

$$F_{\text{Pcr}}=\frac{\pi^2 EI}{(\mu l)^2}$$

3. 长细比

$$\lambda=\frac{\mu l}{i}$$

4. 临界应力总图

临界应力总图如图 17-5 所示。

5. 压杆稳定性设计的安全因数法

$$n_{\text{w}}=\frac{F_{\text{Pcr}}}{F}=\frac{\sigma_{\text{cr}}}{\sigma}\geqslant[n]_{\text{st}}$$

17.6.2 稳定性设计的重要性

由于受压杆的失稳而使整个结构发生坍塌，不仅会造成物质上的巨大损失，而且还会危及人的生命安全。19 世纪末，瑞士的一座铁桥，当一辆客车通过时，桥桁架中的压杆失稳，致使桥发生灾难性坍塌，大约有 200 人遇难。加拿大和苏联的一些铁路桥梁也曾经由于压杆失稳而造成灾难性事故。

虽然科学家和工程师早就面对着这类灾害，进行了大量的研究，采取了很多预防措施，但直到现在还不能完全终止这种灾害的发生。

1983 年 10 月 4 日，地处北京的中国社会科学院科研楼工地的钢管脚手架距地面 5~6m 处突然外弓。刹那间，这座高达 54.2m、长 17.25m、总重 565.4kN 的大型脚手架轰然坍塌，造成 5 人死亡，7 人受伤，脚手架所用建筑材料大部分报废，经济损失 4.6 万元；工期推迟一个月。现场调查结果表明，脚手架结构本身存在严重缺陷，致使结构失稳坍塌，是这次灾难性事故的直接原因。

脚手架由里、外层竖杆和横杆绑结而成。调查中发现搭接技术存在以下问题：

1）钢管脚手架是在未经清理和夯实的地面上搭起来的。这样在自重和外加载荷作用下必然使某些竖杆受力大，另外一些杆受力小。

2）脚手架未设“扫地横杆”，各大横杆之间的距离太大，最大达 2.2m，超过规定值 0.5m。两横杆之间的竖杆，相当于两端铰支的压杆，横杆之间的距离越大，竖杆临界载荷便越小。

3）高层脚手架在每层均应设有与建筑墙体相连的牢固连接点。而这座脚手架竟有 8 层与墙体无连接点。

4）这类脚手架的稳定安全因数规定为 3.0，而这座脚手架的实际安全因数，内层杆为 1.75；外层杆仅为 1.11。

这些便是导致脚手架失稳的必然因素。

17.6.3　影响压杆承载能力的因素

1）对于细长杆，由于其临界载荷为

$$F_{\mathrm{Pcr}}=\frac{\pi^2 EI}{(\mu l)^2}$$

所以，影响承载能力的因素较多。临界载荷不但与材料的弹性模量（E）有关，而且与长细比有关。长细比包含了截面形状、几何尺寸以及约束条件等多种因素。

2）对于中长杆，临界载荷

$$F_{\mathrm{Pcr}}=\sigma_{\mathrm{cr}}A=(a-b\lambda)A$$

影响其承载能力的主要是材料常数 a 和 b，以及压杆的长细比，当然还有压杆的横截面面积。

3）对于粗短杆，因为不发生屈曲，而只发生屈服或破坏，故

$$F_{\mathrm{Pcr}}=\sigma_{\mathrm{cr}}A=\sigma_{\mathrm{s}}A$$

临界载荷主要取决于材料的屈服强度和杆件的横截面面积。

17.6.4　提高压杆承载能力的主要途径

为了提高压杆的承载能力，必须综合考虑杆长、约束、截面的合理性以及材料性能等因素的影响。主要途径有以下几方面：

1. 尽量减小压杆杆长

对于细长杆，其临界载荷与杆长二次方成反比。因此，减小杆长可以显著地提高压杆承载能力，在某些情形下，通过改变结构或增加支点可以达到减小杆长、从而提高压杆承载能力的目的。例如，图 17-9a、b 所示的两种桁架，读者不难分析，两种桁架中的①④杆均为压杆，但图 17-9b 所示压杆承载能力要远远高于图 17-9a 所示的压杆。

2. 增强约束的刚性

约束的刚性越大，压杆长度因数值越低，临界载荷越大，例如，将两端铰支的细长杆，变成两端固定约束的情形，临界载荷将成倍增加。

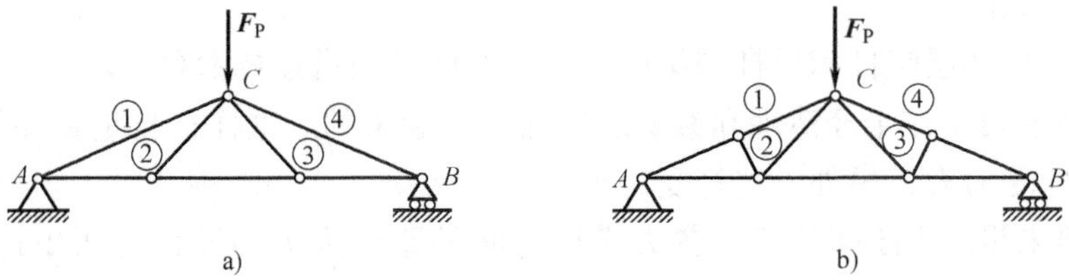

图 17-9 减小压杆的长度提高结构的承载能力

3. 合理选择截面形状

当压杆两端在各个方向的弯曲平面内具有相同的约束条件时，压杆将在刚度最小的主轴平面内屈曲，这时，如果只增加截面某个方向的惯性矩（例如只增加矩形截面高度），并不能提高压杆的承载能力，最经济的办法是将截面设计成中空心的，且使 $I_y = I_z$，从而加大横截面的惯性矩，并使截面对各个方向坐标轴的惯性矩均相同。因此，对于确定的横截面面积，正方形截面或圆截面比矩形截面好；空心正方形或环形截面比实心截面好。

当压杆端部在不同的平面内具有不同的约束条件时，应采用最大与最小主惯性矩不等的截面（例如矩形截面），并使主惯性矩较小的平面内具有较刚性的约束，尽量使两个主惯性矩平面内，压杆的长细比相互接近。

4. 合理选用材料

在其他条件均相同的条件下，选用弹性模量大的材料，可以提高细长压杆的承载能力，例如钢杆临界载荷大于铜、铸铁或铝制压杆的临界载荷。但是，普通碳素钢、合金钢以及高强度钢的弹性模量数值相差不大。因此，对于细长杆，若选用高强度钢，对压杆临界载荷影响甚微，意义不大，反而造成材料的浪费。

但对于粗短杆或中长杆，其临界载荷与材料的比例极限或屈服强度有关，这时选用高强度钢会使临界载荷有所提高。

17.6.5 稳定性设计中需要注意的几个重要问题

- 正确地进行受力分析，准确地判断结构中哪些杆件承受压缩载荷，对于这些杆件必须按稳定性设计准则进行稳定性计算或稳定性设计。

例如，图 17-10 所示的某种仪器中的微型钢制圆轴，在室温下安装，这时轴既不沿轴向移动，也不承受轴向载荷，当温度升高时，轴和机架将同时因热膨胀而伸长，但二者材料的线膨胀系数不同，而且轴的线膨胀系数大于机架的线膨胀系数。请读者分析，当温度升高时，轴是否存在稳定性问题。

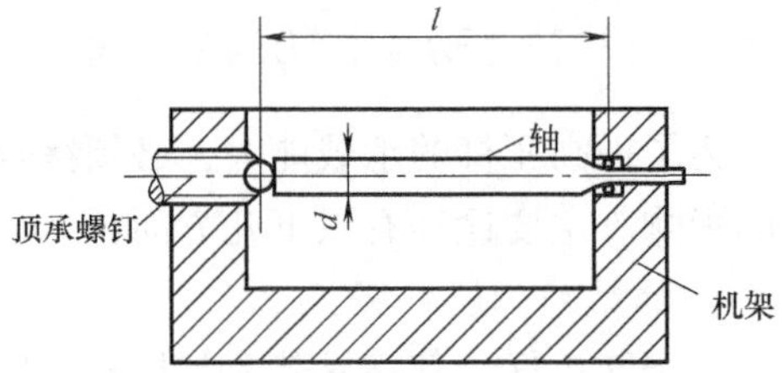

图 17-10 由热膨胀受限制引起的稳定性问题

- 要根据压杆端部的约束条件以及横截面的几何形状，正确判断可能在哪一个平面内发生屈曲，从而确定欧拉公式中的截面惯性矩，或压杆的长细比。

例如，图 17-11 所示为两端采用球铰约束的细长杆的各种可能截面形状，请读者自行分析，压杆屈曲时横截面将绕哪一根轴转动？

- 确定压杆的长细比，判断属于哪一类压杆，采用合适的临界应力公式计算临界载荷。

例如，图 17-12 所示的 4 根圆截面压杆，若材料和圆截面尺寸都相同，请读者判断哪一根杆最容易失稳？哪一根杆最不容易失稳？

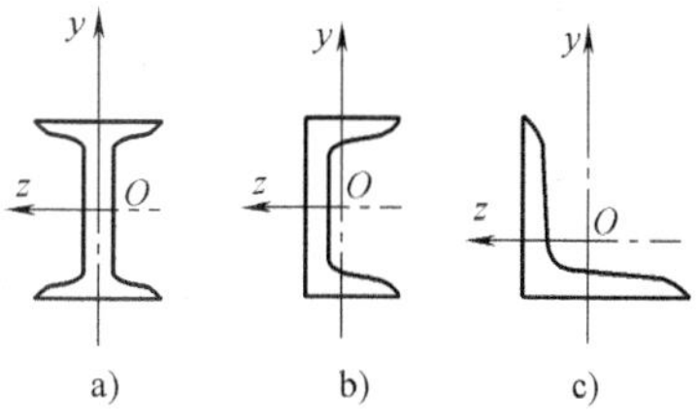

图 17-11　不同横截面形状压杆的稳定问题

- *应用稳定性设计准则进行稳定性安全校核或设计压杆横截面尺寸。*

设计压杆的横截面尺寸时，由于横截面尺寸未知，故无从计算长细比以及临界载荷。这种情形下，可先假设一截面尺寸，算得长细比和临界载荷，再校核稳定设计准则是否满足，若不满足则需加大或减小截面尺寸，再行计算，一般经过几次试算后即可达到要求。

- *要注意综合性问题，工程结构中往往既有强度问题又有稳定性问题；或者既有刚度问题又有稳定性问题。有时稳定性问题又包含在超静定问题之中。*

例如，图 17-13 所示结构中，哪一根杆会发生屈曲？其临界载荷又如何确定？

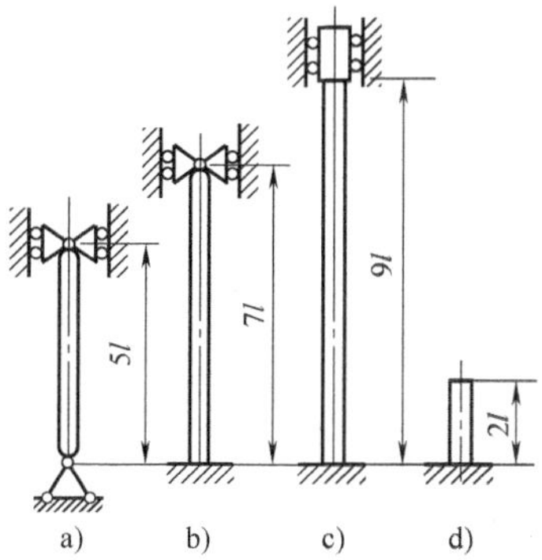

图 17-12　材料和横截面尺寸都相同的压杆稳定问题

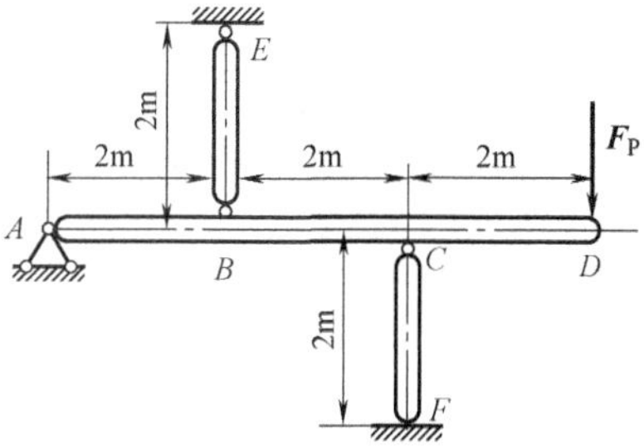

图 17-13　超静定结构中压杆的稳定问题

习　题

选择填空题

17-1　关于钢制细长压杆承受轴向压力达到临界载荷之后，还能不能继续承载有如下四种答案，试判断哪一种是正确的。(　　)

① 不能。因为载荷达到临界值时屈曲位移将无限制地增加

② 能。因为压杆一直到折断时为止都有承载能力

③ 能。只要横截面上的最大正应力不超过比例极限

④ 不能。因为超过临界载荷后，变形不再是弹性的

17-2　图 17-14a、b、c、d 所示四桁架的几何尺寸、圆杆的横截面直径、材料、加力点及加力方向均相同。关于四桁架所能承受的最大外力 F_{Pmax} 有如下四种结论，试判断哪一种是正确的。(　　)

① $F_{Pmax}(a)=F_{Pmax}(c)<F_{Pmax}(b)=F_{Pmax}(d)$

② $F_{Pmax}(a)=F_{Pmax}(c)=F_{Pmax}(b)=F_{Pmax}(d)$

③ $F_{Pmax}(a)=F_{Pmax}(d)<F_{Pmax}(b)=F_{Pmax}(c)$

④ $F_{Pmax}(a)=F_{Pmax}(b)<F_{Pmax}(c)=F_{Pmax}(d)$

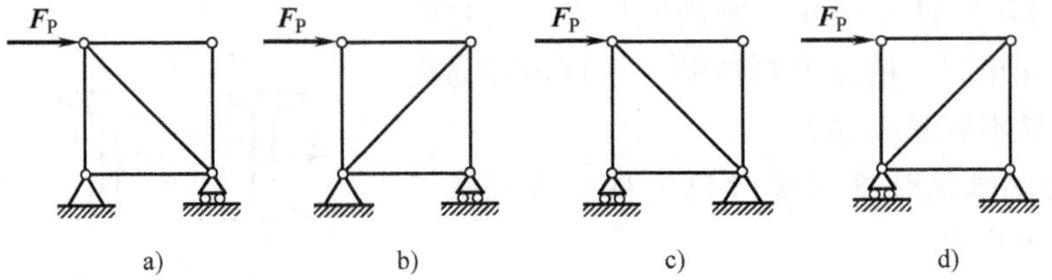

图 17-14 习题 17-2 图

17-3 提高钢制大长细比压杆承载能力有如下方法，试判断哪一种方案是最优的。(　　)

① 减小杆长，减小长度因数，使压杆沿横截面两形心主轴方向的长细比相等

② 增加横截面面积，减小杆长

③ 增加惯性矩，减小杆长

④ 采用高强度钢

17-4 根据压杆稳定性设计准则，压杆的许用载荷 $[F_P]=\dfrac{\sigma_{cr}A}{[n]_{st}}$。当横截面面积 A 增加一倍时，试分析压杆的许用载荷将按下列四种规律中的哪一种变化？(　　)

① 增加 1 倍

② 增加 2 倍

③ 增加 1/2

④ 压杆的许用载荷随着 A 的增加呈非线性变化

17-5 一端固定另一端由弹簧侧向支承的细长压杆，可采用欧拉公式 $F_{Pcr}=\pi^2EI/(\mu l)^2$ 计算。试确定压杆的长度因数 μ 的取值范围为 (　　)。

① $\mu>2.0$　　② $0.7<\mu<2.0$

③ $\mu<0.5$　　④ $0.5<\mu<0.7$

17-6 正三角形截面压杆，其两端为球形铰链约束，加载方向通过压杆轴线，如图 17-15 所示。当载荷超过临界值，压杆发生屈曲时，横截面将绕哪一根轴转动？现有四种答案，请判断哪一种是正确的。(　　)

① 绕 y 轴　　② 绕通过形心 C 的任意轴

③ 绕 z 轴　　④ 绕 y 轴或 z 轴

分析计算题

17-7 已知图 17-16 所示液压千斤顶顶杆最大承重量 $F_P=150\text{kN}$，顶杆直径 $d=52\text{mm}$，长度 $l=0.5\text{m}$，材料为 Q235 钢，$[\sigma]=235\text{MPa}$。顶杆的下端为固定端约束，上端可视为自由端。试求：顶杆的工作安全因数。

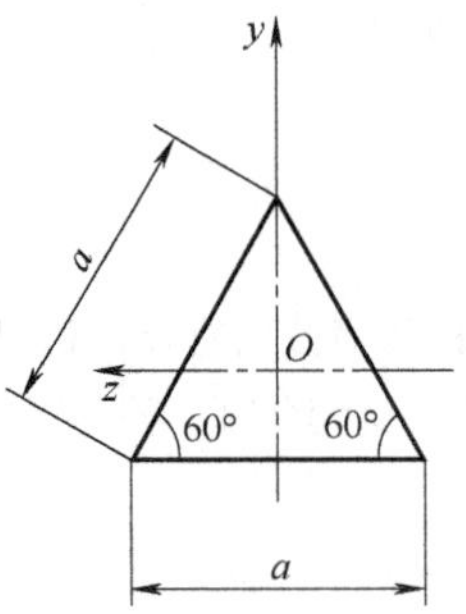

图 17-15 习题 17-6 图

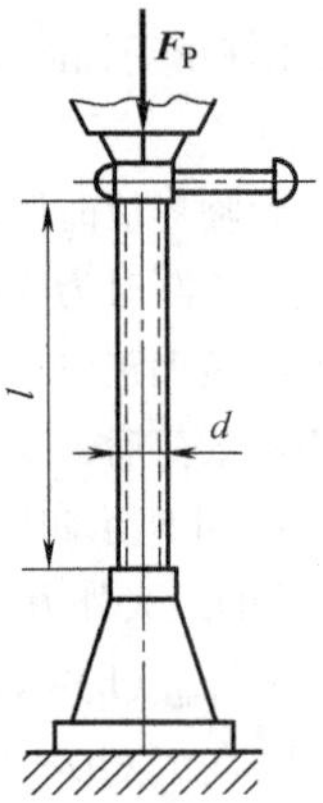

图 17-16 习题 17-7 图

17-8　图 17-17 所示托架中杆 AB 的直径 $d=40\text{mm}$，长度 $l=800\text{mm}$，两端可视为球铰链约束，材料为 Q235 钢，$a=304$，$b=1.12$。试：

（1）求托架的临界载荷；

（2）若已知工作载荷 $F_P=70\text{kN}$，杆 AB 的稳定安全因数 $[n]_{st}=2.0$，校核托架是否安全；

（3）若横梁为 No. 18 普通热轧工字钢，$[\sigma]=160\text{MPa}$，则托架所能承受的最大载荷有没有变化？

17-9　图 17-18 所示正方形桁架结构，由五根圆截面钢杆组成，连接处均为铰链，各杆直径均为 $d=40\text{mm}$，$a=1\text{m}$，材料均为 Q235 钢，$[n]_{st}=1.8$。试：

（1）求结构的许用载荷；

（2）若力 F_P 的方向与（1）中相反，问许用载荷是否改变？若有改变应为多少？

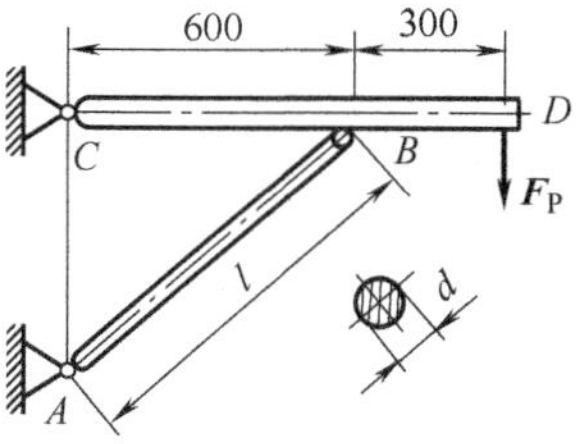

图 17-17　习题 17-8 图

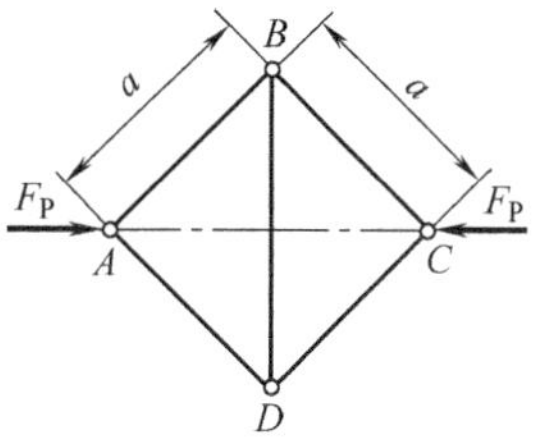

图 17-18　习题 17-9 图

17-10　图 17-19 所示结构中，梁与柱的材料均为 Q235 钢。$E=200\text{GPa}$，$\sigma_s=240\text{MPa}$。均匀分布载荷集度 $q=24\text{kN/m}$。竖杆为两根 63mm×63mm×5mm 等边角钢（连接成一整体）。试确定梁与柱的工作安全因数。

17-11　图 17-20 所示两端固定的钢管在温度 $t_1=20℃$ 时安装，此时杆不受力。已知杆长 $l=6\text{m}$，钢管内直径 $d=60\text{mm}$，外直径 $D=70\text{mm}$，材料为 Q235 钢，$E=206\text{GPa}$。试问：当温度升高到多少度时，杆将失稳？（材料的线胀系数 $\alpha_l=12.5\times10^{-6}℃^{-1}$）

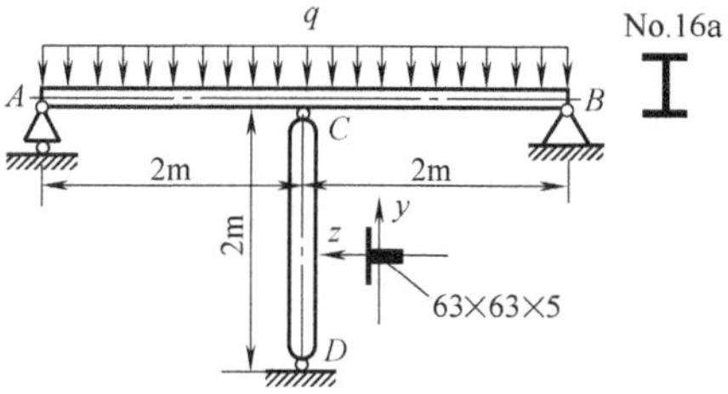

图 17-19　习题 17-10 图

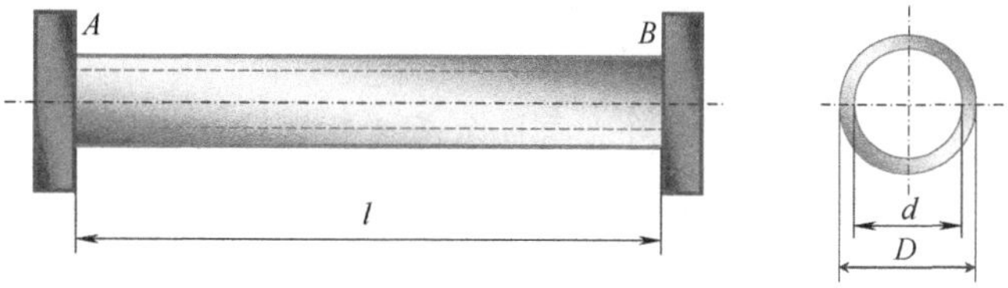

图 17-20　习题 17-11 图

第 18 章 动载荷与疲劳强度简述

本书前面几章所讨论的都是静载荷作用下所产生的变形和应力，这种应力称为**静载应力**(static stress)，简称**静应力**。静应力的特点，一是与加速度无关；二是不随时间的改变而变化。

工程中一些高速旋转或者以很高的加速度运动的构件，以及承受冲击物作用的构件，其上作用的载荷，称为**动载荷**（dynamic load)。构件上由于动载荷引起的应力，称为**动应力**(dynamic stress)。这种应力有时会达到很高的数值，从而导致构件或零件失效。

工程结构中还有一些构件或零部件中的应力虽然与加速度无关，但是，这些应力的大小或方向却随着时间而变化，这种应力称为**交变应力**（alternative stress)。在交变应力作用下发生的失效，称为疲劳失效，简称为**疲劳**（fatigue)。在矿山、冶金、动力、运输机械以及航空航天等工业领域中，疲劳是零件或构件的主要失效形式。统计结果表明，在各种机械的断裂事故中，大约有80%以上是由于疲劳失效引起的。疲劳失效过程往往不易被察觉，所以常常表现为突发性事故，从而造成灾难性后果。因此，对于承受交变应力的构件，疲劳分析在设计中占有重要的地位。

本章将首先应用达朗贝尔原理和机械能守恒定律，分析两类动载荷和动应力。然后简要介绍疲劳失效的主要特征与失效原因，以及影响疲劳强度的主要因素。

18.1 匀加速直线运动时构件上的惯性力与动应力

对于以匀加速做直线运动的构件，只要确定其上各点的加速度 $\boldsymbol{a}$，就可以应用达朗贝尔原理对构件施加惯性力。如果是集中质量 m，则惯性力为集中力，即

$$\boldsymbol{F}_{\mathrm{I}}=-m\boldsymbol{a} \tag{18-1}$$

如果是连续分布质量，则作用在质量微元上的惯性力为

$$\mathrm{d}\boldsymbol{F}_{\mathrm{I}}=-\mathrm{d}m\boldsymbol{a} \tag{18-2}$$

然后，按照静载荷作用下的应力分析方法对构件进行应力计算以及强度与刚度设计。

以图 18-1 所示的起重机起吊重物为例，在开始吊起重物的瞬时，重物具有向上的加速度 $\boldsymbol{a}$，重物上便有方向向下的惯性力。这时吊起重物的钢丝绳，除了承受重物的重量，还承受由此而产生的惯性力，这一惯性力就是钢丝绳所受的**附加动载荷**（additional dynamic load)；而重物的重量则是钢丝绳的**静载荷**（static load)。作用在钢丝绳上的总载荷是静载荷与附加动载荷之和，即

$$F_T = F_{st} + F_I = W + ma = W + \frac{W}{g}a \tag{18-3}$$

式中，F_T 为总载荷；F_{st} 与 F_I 分别为静载荷与惯性力引起的附加动载荷。

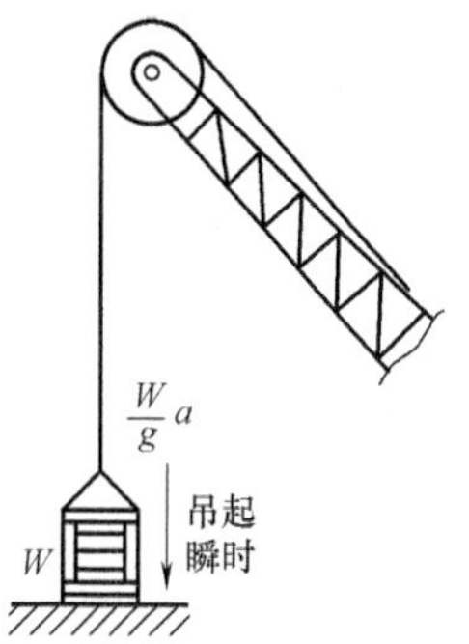

图 18-1　吊起重物时钢丝绳的动载荷与动应力

按照单向拉伸时杆件的应力公式，钢丝绳横截面上总的正应力为

$$\sigma_T = \sigma_{st} + \sigma_I = \frac{F_T}{A} \tag{18-4}$$

式中，

$$\sigma_{st} = \frac{W}{A},\quad \sigma_I = \frac{W}{A}\frac{a}{g} \tag{18-5}$$

式中，σ_{st} 和 σ_I 分别称为**静应力**和**附加动应力**。

根据上述两式，总的正应力表达式可以写成静应力乘以一个大于 1 的系数的形式：

$$\sigma_T = \sigma_{st} + \sigma_I = \left(1 + \frac{a}{g}\right)\sigma_{st} = K_I \sigma_{st} \tag{18-6}$$

式中，系数 K_I 称为**动载因数**或**动荷因数**（coefficient in dynamic load）。

对于做匀加速直线运动的构件，根据式（18-6），动荷因数

$$K_I = 1 + \frac{a}{g} \tag{18-7}$$

18.2 旋转构件的受力分析与动应力计算

旋转构件由于动应力而引起的破坏问题在工程中也是很常见的。处理这类问题时，首先是分析构件的运动，确定其加速度，然后应用达朗贝尔原理，在构件上施加惯性力，最后按照静载荷的分析方法，确定构件的内力和应力。

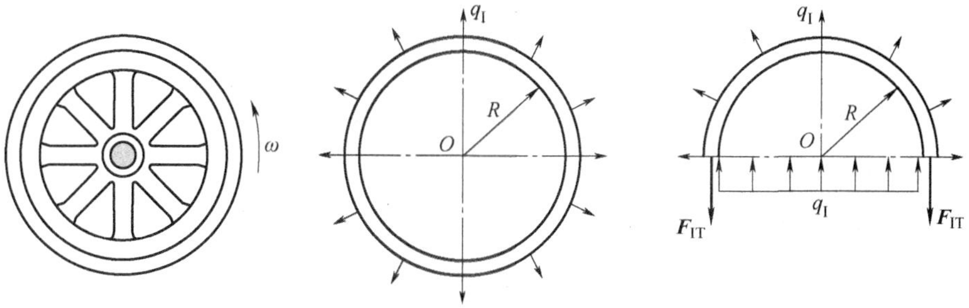

a)　　b)　　c)

图 18-2　飞轮中的动应力

考察图 18-2a 所示以匀角速度 ω 旋转的飞轮。飞轮材料密度为 ρ，轮缘平均半径为 R，轮缘部分的横截面面积为 A。

设计轮缘部分的截面尺寸时，为简单起见，可以不考虑轮辐的影响，从而将飞轮简化为平均半径等于 R 的圆环。

由于飞轮做匀角速度转动，其上各点均只有向心加速度，故惯性力均沿着半径方向、背离旋转中心，且沿圆周方向连续均匀分布，如图 18-2b 所示。其中 q_{I} 为均匀分布惯性力的集度，$q_{\mathrm{I}}=R\omega^2\rho A$。

沿直径方向将圆环截开，其受力如图 18-2c 所示，其中 $\boldsymbol{F}_{\mathrm{IT}}$ 为圆环横截面上的环向拉力。这就与计算薄壁容器环向应力的计算简图完全相似了。

由半圆环的平衡方程 $\sum F_y=0$，得

$$2F_{\mathrm{IT}}=q_{\mathrm{I}}\times 2R=2R^2\omega^2\rho A=2v^2\rho A$$

式中，v 为飞轮轮缘上任意点的切向速度，$v=R\omega$。

当轮缘厚度远小于半径 R 时，圆环横截面上的正应力可视为均匀分布，并用 σ_{IT} 表示。于是可得飞轮轮缘横截面上的正应力为

$$\sigma_{\mathrm{IT}}=\frac{F_{\mathrm{IT}}}{A}=\rho v^2 \tag{a}$$

这说明，飞轮以匀角速度转动时，其轮缘中的正应力与轮缘上点的速度二次方成正比。

设计时必须使总应力满足强度设计准则

$$\sigma_{\mathrm{IT}}\leqslant[\sigma] \tag{b}$$

于是，由式（a）和式（b），得到一个重要结论

$$v\leqslant\sqrt{\frac{[\sigma]}{\rho}} \tag{18-8}$$

这一结果表明，为保证飞轮具有足够的强度，对飞轮轮缘点的速度必须加以限制，使之满足式（18-8）。工程上将这一速度称为极限速度（limited velocity）；对应的转动速度称为极限转速（limited rotational velocity）。

上述结果还表明，飞轮中的总应力与轮缘的横截面面积无关。因此，增加轮缘部分的横截面面积，无助于降低飞轮轮缘横截面上的应力，因而对于提高飞轮的强度没有任何意义。

【例题 18-1】 图 18-3a 所示结构中，钢制 AB 轴的中点处固结一根与之垂直的均质杆 CD，二者的直径均为 d。长度 $AC=CB=CD=l$。轴 AB 以匀角速度 ω 绕自身轴旋转。已知：$l=0.6\mathrm{m}$，$d=80\mathrm{mm}$，$\omega=40\mathrm{rad/s}$；材料重度 $\gamma=78\mathrm{kN/m^3}$，许用应力 $[\sigma]=70\mathrm{MPa}$。试校核轴 AB 和杆 CD 的强度是否安全。

解：（1）**分析运动状态，确定动载荷**

当轴 AB 以匀角速度 ω 旋转时，杆 CD 上的各个质点具有数值不同的向心加速度，其值为

$$a_{\mathrm{n}}=x\omega^2 \tag{a}$$

式中，x 为质点到 AB 轴线的距离。AB 轴上各质点，因距轴线 AB 极近，加速度 a_{n} 很小，故不予考虑。

杆 CD 上各质点到轴线 AB 的距离各不相等，因而各点的加速度和惯性力也不相同。

为了确定作用在杆 CD 上的最大轴力，以及杆 CD 作用在轴 AB 上的最大载荷，首先必须确定杆 CD 上的动载荷——沿杆 CD 轴线方向分布的惯性力。

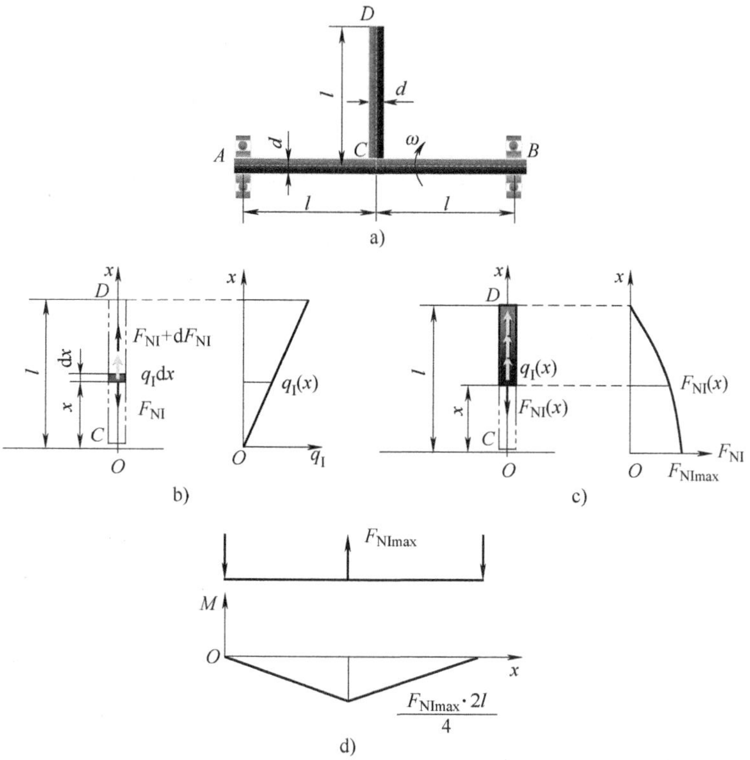

图 18-3 例题 18-1 图

为此，在杆 CD 上建立 Ox 坐标，如图 18-3b 所示。设沿杆 CD 轴线方向单位长度上的惯性力为 q_I，则微段长度 dx 上的惯性力为

$$q_I dx = (dm)a_n = \left(\frac{A\gamma}{g}dx\right)(x\omega^2) \tag{b}$$

由此得到

$$q_I = \frac{A\gamma\omega^2}{g}x \tag{c}$$

式中，A 为杆 CD 的横截面面积；g 为重力加速度。

式（c）表明，杆 CD 上各点的轴向惯性力与各点到轴线 AB 的距离 x 成正比。

为求杆 CD 横截面上的轴力，并确定轴力最大的作用面，用假想截面从任意处（坐标为 x）将杆截开，假设这一横截面上的轴力为 $\boldsymbol{F}_{NI}$，考察截面以上部分的平衡，如图 18-3c 所示。

建立平衡方程

$$\sum F_x = 0, \quad F_{NI} - \int_x^l q_I dx = 0 \tag{d}$$

由式（c）和式（d）解出

$$F_{NI} = \int_x^l q_I dx = \int_x^l \frac{A\gamma\omega^2}{g}x dx = \frac{A\gamma\omega^2}{2g}(l^2 - x^2) \tag{e}$$

根据上述结果，在 $x=0$ 的横截面上，即杆 CD 与轴 AB 相交处的 C 截面上，杆 CD 横截

面上的轴力最大，其值为

$$F_{\mathrm{NImax}}=\int_0^l q_1 \mathrm{d}x=\int_0^l \frac{A\gamma\omega^2}{g}x\mathrm{d}x=\frac{A\gamma\omega^2 l^2}{2g} \tag{f}$$

（2）**画 *AB* 轴的弯矩图，确定最大弯矩**

上面所得到的最大轴力，也是作用在轴 AB 上的最大横向载荷。于是，可以画出轴 AB 的弯矩图，如图 18-3d 所示。轴中点截面上的弯矩最大，其值为

$$M_{\mathrm{Imax}}=\frac{F_{\mathrm{NImax}}(2l)}{4}=\frac{A\gamma\omega^2 l^3}{4g} \tag{g}$$

（3）**应力计算与强度校核**

对于杆 CD，最大拉应力发生在 C 截面处，其值为

$$\sigma_{\mathrm{Imax}}=\frac{F_{\mathrm{NImax}}}{A}=\frac{\gamma\omega^2 l^2}{2g} \tag{h}$$

将已知数据代入式（h）后，得到

$$\sigma_{\mathrm{Imax}}=\frac{\gamma\omega^2 l^2}{2g}=\frac{7.8\times10^4\times40^2\times0.6^2}{2\times9.8}\mathrm{Pa}=2.29\mathrm{MPa}$$

对于轴 AB，最大弯曲正应力为

$$\sigma_{\mathrm{Imax}}=\frac{M_{\mathrm{Imax}}}{W}=\frac{A\gamma\omega^2 l^3}{4g}\times\frac{1}{W}=\frac{2\gamma\omega^2 l^3}{gd}$$

将已知数据代入后，得到

$$\sigma_{\mathrm{Imax}}=\frac{2\times7.8\times10^4\times40^2\times0.6^3}{9.8\times80\times10^{-3}}\mathrm{Pa}=68.8\mathrm{MPa}$$

故轴 AB 和杆 CD 的强度均满足，安全。

18.3 冲击载荷与冲击应力

18.3.1 计算冲击载荷的基本假定

具有一定速度的运动物体，向着静止的构件冲击时，冲击物的速度在很短的时间内发生了很大变化，即：冲击物得到了很大的负值加速度。这表明，冲击物受到与其运动方向相反的很大的力的作用。同时，冲击物也将很大的力施加于被冲击的构件上，这种力工程上称为“冲击力”或“冲击载荷（impact load）”。

由于冲击过程中，构件上的应力和变形分布比较复杂，因此，精确地计算冲击载荷，以及被冲击构件中由冲击载荷引起的应力和变形，是很困难的。工程中大多采用简化计算方法，这种简化计算基于以下假设：

- 假设冲击物的变形可以忽略不计；从开始冲击到冲击产生最大位移时，冲击物与被冲击构件一起运动，而不发生回弹。
- 忽略被冲击构件的质量，认为冲击载荷引起的应力和变形在冲击瞬间遍及被冲击构件；并假设被冲击构件仍处在弹性范围内。

● 假设冲击过程中没有其他形式的能量转换，机械能守恒定律仍然成立，也可将冲击构件的势能全部转变为被冲击构件的弹性应变能。

18.3.2 机械能守恒定律的应用

现以简支梁承受自由落体冲击为例，说明应用机械能守恒定律计算冲击载荷的简化方法。

图 18-4 所示的简支梁，在其上方高度 h 处，有一重量为 W 的物体，该物体自由下落后，冲击到梁的中点。

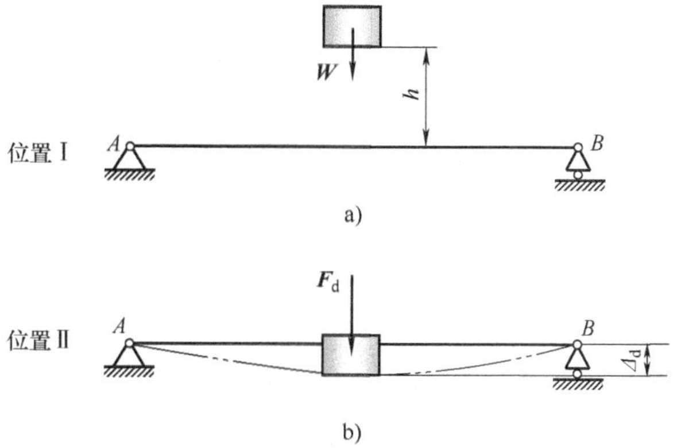

图 18-4 冲击载荷的简化计算方法

冲击终了时，冲击载荷及梁中点的位移都达到最大值，二者分别用 $\boldsymbol{F}_d$ 和 Δ_d 表示，其中的下标 d 表示冲击力引起的动载荷，以区别惯性力引起的动载荷。

这种梁可以视为一线性弹簧，弹簧的刚度系数为 k。

假设冲击之前，梁没有发生变形时的位置为位置Ⅰ（见图 18-4a）；冲击终了的瞬时，即梁和重物运动到梁的最大变形时的位置为位置Ⅱ（见图 18-4b）。考察这两个位置时系统的动能和势能。

重物下落前和冲击终了时，其速度均为零，因而在位置Ⅰ和Ⅱ，系统的动能均为零，即

$$T_1 = T_2 = 0 \tag{a}$$

以位置Ⅰ为势能零点，即系统在位置Ⅰ的势能为零

$$V_1 = 0 \tag{b}$$

重物和梁（弹簧）在位置Ⅱ时的势能分别记为 $V_2(W)$ 和 $V_2(k)$：

$$V_2(W) = -W(h+\Delta_d) \tag{c}$$

$$V_2(k) = \frac{1}{2}k\Delta_d^2 \tag{d}$$

上述两式中，$V_2(W)$ 为重物的重力从位置Ⅱ回到位置Ⅰ（势能零点）所做的功，因为力与位移方向相反，故为负值；$V_2(k)$ 为梁发生变形（从位置Ⅰ到位置Ⅱ）后，储存在梁内的应变能，又称为弹性势能，数值上等于冲击力从位置Ⅰ到位置Ⅱ时所做的功。

因为假设在冲击过程中，被冲击构件仍在弹性范围内，故冲击力 $\boldsymbol{F}_d$ 和冲击位移 Δ_d 之间存在线性关系，即

$$F_{\mathrm{d}}=k\Delta_{\mathrm{d}} \tag{e}$$

这一表达式与静载荷作用下力与位移的关系相似：

$$F_{\mathrm{st}}=k\Delta_{\mathrm{st}} \tag{f}$$

上述两式中 k 为类似线性弹簧刚度系数，设动载与静载时弹簧的刚度系数相同。式（f）中的 Δ_{st}为将 $\boldsymbol{F}_{\mathrm{d}}$ 作为静载施加在冲击处时，梁在该处的位移。

因为系统上只作用有惯性力和重力，二者均为保守力。故重物下落前（位置Ⅰ）到冲击终了后（位置Ⅱ），系统的机械能守恒，即

$$T_1+V_1=T_2+V_2 \tag{g}$$

将式（a）~式（d）代入式（g）后，有

$$\frac{1}{2}k\Delta_{\mathrm{d}}^2-W(h+\Delta_{\mathrm{d}})=0 \tag{h}$$

将常数 $k=F_{\mathrm{st}}/\Delta_{\mathrm{st}}$，以及考虑到静载时 $F_{\mathrm{st}}=W$，一并代入式（h），即可消去常数 k，从而得到关于 Δ_{d} 的二次方程：

$$\Delta_{\mathrm{d}}^2-2\Delta_{\mathrm{st}}\Delta_{\mathrm{d}}-2\Delta_{\mathrm{st}}h=0 \tag{i}$$

由此解出

$$\Delta_{\mathrm{d}}=\Delta_{\mathrm{st}}\left(1+\sqrt{1+\frac{2h}{\Delta_{\mathrm{st}}}}\right) \tag{18-9}$$

根据式（18-9）以及式（e）和式（f），得到

$$F_{\mathrm{d}}=F_{\mathrm{st}}\times\frac{\Delta_{\mathrm{d}}}{\Delta_{\mathrm{st}}}=W\left(1+\sqrt{1+\frac{2h}{\Delta_{\mathrm{st}}}}\right) \tag{18-10}$$

这一结果表明，最大冲击载荷与静位移有关，即与梁的刚度有关：梁的刚度越小，静位移越大，冲击载荷将相应地减小。设计承受冲击载荷的构件时，应当充分利用这一特性，以减小构件所承受的冲击力。

若令式（18-10）中 $h=0$，得到

$$F_{\mathrm{d}}=2W \tag{18-11}$$

这等于将重物突然放置在梁上，这时梁上的实际载荷将是重物重量的两倍。这时的载荷称为突加载荷。

18.3.3　冲击时的动荷因数

为计算方便，工程上通常将式（18-10）写成动荷因数的形式：

$$F_{\mathrm{d}}=K_{\mathrm{d}}F_{\mathrm{st}} \tag{18-12}$$

式中，K_{d}为冲击时的动荷因数，它表示构件承受的冲击载荷是静载荷的若干倍。

对于图18-4所示的承受自由落体冲击的简支梁，由式（18-10），动荷因数

$$K_{\mathrm{d}}=1+\sqrt{1+\frac{2h}{\Delta_{\mathrm{st}}}} \tag{18-13}$$

构件中由冲击载荷引起的应力和位移也可以写成动荷因数的形式：

$$\sigma_{\mathrm{d}}=K_{\mathrm{d}}\sigma_{\mathrm{st}} \tag{18-14}$$

$$\Delta_{\mathrm{d}}=K_{\mathrm{d}}\Delta_{\mathrm{st}} \tag{18-15}$$

【例题 18-2】　图 18-5 所示的悬臂梁，A 端固定，自由端 B 的上方有一重物自由落下，撞击到梁上。已知：梁材料为木材，弹性模量 $E=10\text{GPa}$；梁长 $l=2\text{m}$；截面为 120mm×200mm 的矩形，重物高度为 40mm。重量 $W=1\text{kN}$。试求：

（1）梁所受的冲击载荷；

（2）梁横截面上的最大冲击正应力与最大冲击挠度。

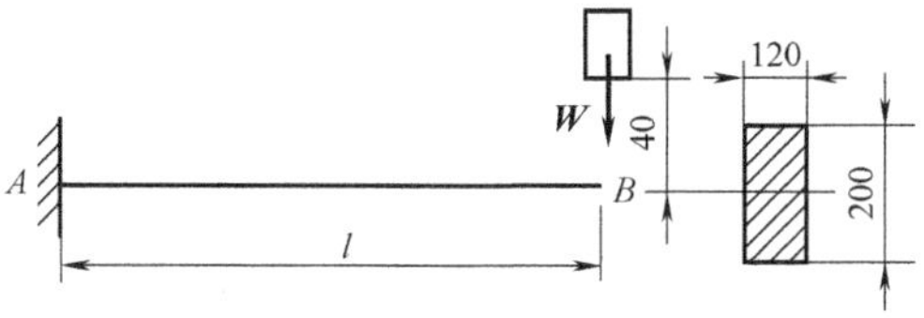

图 18-5　例题 18-2 图

解：（1）**梁横截面上的最大静应力和冲击处静挠度**

悬臂梁在静载荷 $\boldsymbol{W}$ 的作用下，横截面上的最大正应力发生在固定端处弯矩最大的截面上，其值为

$$\sigma_{\text{stmax}}=\frac{M_{\max}}{W}=\frac{Wl}{\frac{bh^2}{6}}=\frac{1\times10^3\times2\times6}{120\times200^2\times10^{-9}}\text{Pa}=2.5\text{MPa} \tag{a}$$

由梁的挠度表，可以查得自由端承受集中力的悬臂梁的最大静挠度发生在自由端处，其值为

$$w_{\text{stmax}}=\frac{Wl^3}{3EI}=\frac{Wl^3}{3\times E\times\frac{bh^3}{12}}=\frac{4Wl^3}{E\times b\times h^3}=\frac{4\times1\times10^3\times2^3}{10\times10^9\times120\times200^3\times10^{-12}}\text{m}=\frac{10}{3}\text{mm} \tag{b}$$

（2）**确定动荷因数**

根据式（18-13）和本例的已知数据，动荷因数

$$K_{\text{d}}=1+\sqrt{1+\frac{2h}{\Delta_{\text{st}}}}=1+\sqrt{1+\frac{2\times40}{\frac{10}{3}}}=6 \tag{c}$$

（3）**计算冲击载荷、最大冲击应力和最大冲击挠度**

冲击载荷为

$$F_{\text{d}}=K_{\text{d}}F_{\text{st}}=K_{\text{d}}W=6\times1\times10^3\text{N}=6\times10^3\text{N}=6\text{kN}$$

最大冲击应力为

$$\sigma_{\text{dmax}}=K_{\text{d}}\sigma_{\text{stmax}}=6\times2.5\text{MPa}=15\text{MPa}$$

最大冲击挠度为

$$w_{\text{dmax}}=K_{\text{d}}w_{\text{stmax}}=6\times\frac{10}{3}\text{mm}=20\text{mm}$$

18.4 疲劳失效特征及原因分析

18.4.1 交变应力的名词和术语

随着时间的改变而变化的应力称为交变应力。

承受交变应力作用的构件或零部件，都在规则（见图18-6）或不规则（见图18-7）的交变应力作用下工作。

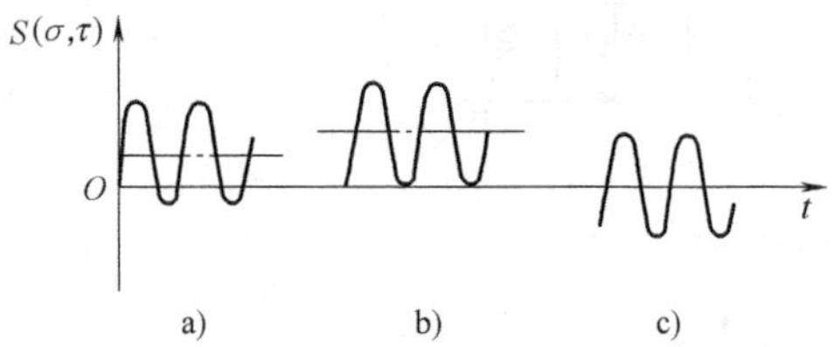

图18-6 规则的交变应力

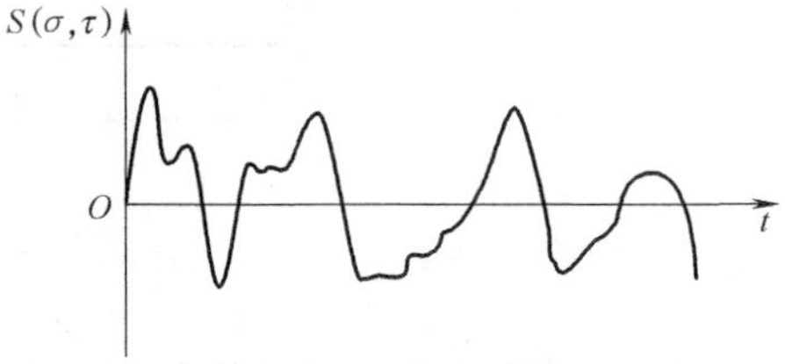

图18-7 不规则的交变应力

材料在交变应力作用下的力学行为与应力变化状况（包括应力变化幅度）有很大关系。因此，在强度设计中必然涉及有关应力变化的若干名词和术语，现简单介绍如下。

图18-8所示为杆件横截面上一点应力随时间 t 的变化曲线。其中 S 为广义应力，它可以是正应力，也可以是切应力。

根据应力随时间变化的状况，定义下列名词与术语：

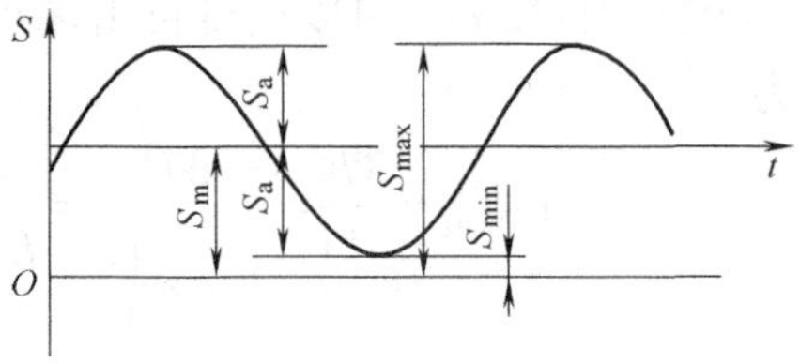

图18-8 一点应力随时间 t 的变化曲线

应力循环（stress cycle）——应力变化一个周期，称为应力的一次循环。例如，应力从最大值变到最小值，再从最小值变到最大值。

应力比（stress ratio）——应力循环中最小应力与最大应力的比值，用 r 表示：

$$r=\frac{S_{min}}{S_{max}}\quad（当|S_{min}|\leqslant|S_{max}|时）\tag{18-16a}$$

或

$$r=\frac{S_{max}}{S_{min}}\quad（当|S_{min}|\geqslant|S_{max}|时）\tag{18-16b}$$

平均应力（mean stress）——最大应力与最小应力的算术平均值，用 S_m 表示：

$$S_m=\frac{S_{max}+S_{min}}{2}\tag{18-17}$$

应力幅值（stress amplitude）——最大应力与最小应力差值的一半，用 S_a 表示：

$$S_a=\frac{S_{max}-S_{min}}{2}\tag{18-18}$$

最大应力（maximum stress）——应力循环中的最大值：

$$S_{max}=S_m+S_a \tag{18-19}$$

最小应力（minimum stress）——应力循环中的最小值：

$$S_{min}=S_m-S_a \tag{18-20}$$

对称循环（symmetrical reversed cycle）——当 $S_{max}=-S_{min}$ 时，这种应力循环称为对称循环。这时，

$$r=-1, \quad S_m=0, \quad S_a=S_{max}$$

脉冲循环（fluctuating cycle）——应力循环中，只有应力数值随时间变化，应力的正负号不发生变化，且最小或最大应力等于零（$S_{min}=0$ 或 $S_{max}=0$），这种应力循环称为脉冲循环。这时，

$$r=0$$

静应力（static stress）——静载荷作用时的应力，静应力是交变应力的特例。在静应力作用下：

$$r=1, \quad S_{max}=S_{min}=S_m, \quad S_a=0$$

需要注意的是，应力循环指一点的应力随时间的变化循环，最大应力与最小应力等都是指一点的应力循环中的数值。它们既不是指横截面上由于应力分布不均所引起的最大应力和最小应力，也不是指一点应力状态中的最大和最小应力。

上述广义应力记号 S 泛指正应力和切应力。若为拉、压交变应力或弯曲交变应力，则所有记号中的 S 均为 σ；若为扭转交变应力，则所有 S 均为 τ，其余关系不变。

上述应力均未计及应力集中的影响，即由理论应力公式算得。如

$$\sigma=\frac{F_N}{A} \quad （拉伸）$$

$$\sigma=\frac{M_z y}{I_z}, \quad \sigma=\frac{M_y z}{I_y} \quad （平面弯曲）$$

$$\tau=\frac{T\rho}{I_p} \quad （圆截面杆扭转）$$

这些应力统称为名义应力（nominal stress）。

18.4.2　疲劳失效特征

大量的试验结果以及实际零部件的失效现象表明，构件在交变应力作用下发生失效时，具有以下明显的特征：

- 失效时的名义应力值远低于材料在静载作用下的强度极限，甚至低于屈服强度。
- 构件在一定量的交变应力作用下发生失效有一个过程，即需要经过一定数量的应力循环。
- 构件在失效前没有明显的塑性变形，即使塑性很好的材料，也会呈现脆性断裂。
- 同一疲劳失效断口，一般都有明显的光滑区域与颗粒状区域。

上述失效特征与疲劳失效的起源和传递过程（统称“损伤传递过程”）密切相关。

经典理论认为：在一定数值的交变应力作用下，金属零件或构件表面处的某些晶粒（见图 18-9a），经过若干次应力循环之后，其原子晶格开始发生剪切与滑移，逐渐形成滑移带（slip bands）。随着应力循环次数的增加，滑移带变宽并不断延伸。这样的滑移带可以

在某个滑移面上产生初始疲劳裂纹，如图 18-9b 所示；也可以逐步积累，在零件或构件表面形成切口样的凸起与凹陷，在“切口”尖端处由于应力集中，因而产生初始疲劳裂纹，如图 18-9c 所示。初始疲劳裂纹最初只在单个晶粒中发生，并沿着滑移面扩展，在裂纹尖端应力集中作用下，裂纹从单个晶粒贯穿到若干晶粒。图 18-10 所示为滑移带的微观图像。金属晶粒的边界以及夹杂物与金属相交界处，由于强度较低因而也可能是初始裂纹的发源地。

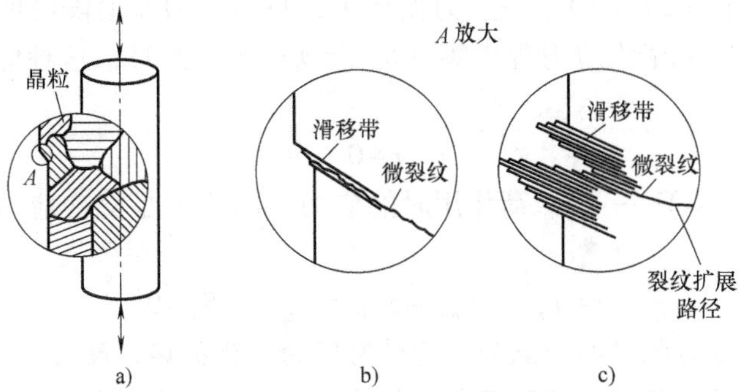

图 18-9　由滑移带形成的初始疲劳裂纹

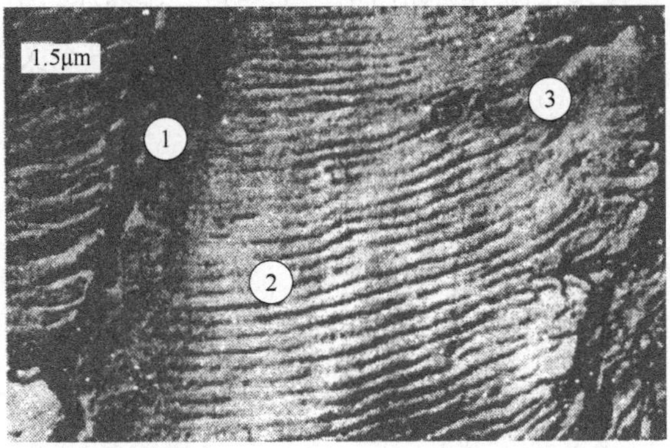

图 18-10　滑移带的微观图像

①—晶界　②—滑移带　③—初始裂纹

近年来，新的疲劳理论认为疲劳起源是由于位错运动所引起的。所谓位错（dislocation），是指金属原子晶格的某些空穴、缺陷或错位。微观尺度的塑性变形就能引起位错在原子晶格间运动。从这个意义上讲，可以认为，位错通过运动聚集在一起，便形成了初始的疲劳裂纹。这些裂纹长度一般为 $10^{-4}\sim10^{-7}$m 的量级，故称为微裂纹（microcrack）。

形成微裂纹后，在微裂纹处又形成新的应力集中，在这种应力集中和应力反复交变的条件下，微裂纹不断扩展、相互贯通，形成较大的裂纹，其长度大于 10^{-4}m，能为裸眼所见，故称为宏观裂纹（macrocrack）。

再经过若干次应力循环后，宏观裂纹继续扩展，致使截面削弱，在构件上形成尖锐的“切口”。这种切口造成的应力集中使局部区域内的应力达到很大数值。结果，在较低的名义应力数值下构件便发生失效。

根据以上分析，由于裂纹的形成和扩展需要经过一定的应力循环次数，因而疲劳失效需要经过一定的时间历程。由于宏观裂纹的扩展，在构件上形成尖锐的“切口”，在切口的附近不仅形成局部的应力集中，而且使局部的材料处于三向拉伸应力状态，在这种应力状态下，即使塑性很好的材料也会发生脆性断裂。所以疲劳失效时没有明显的塑性变形。此外，在裂纹扩展的过程中，由于应力反复交变，裂纹时张时合，类似研磨过程，从而形成疲劳断口上的光滑区；而断口上的颗粒状区域则是脆性断裂的表现。

图 18-11 所示为典型的疲劳失效断口，其上有三个不同的区域：

① 为疲劳源区，初始裂纹由此形成并扩展开去。

② 为疲劳扩展区，有明显的条纹，类似贝壳或被海浪冲击后的海滩，它是由裂纹的传播所形成的。

③ 为瞬间断裂区。

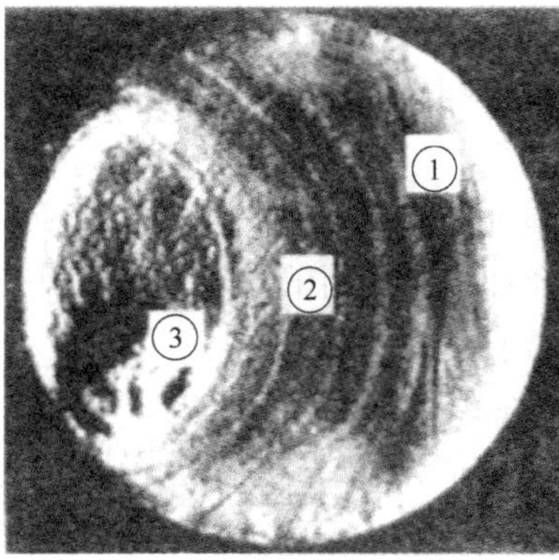

图 18-11　疲劳失效断口

需要指出的是，裂纹的生成和扩展是一个复杂过程，它与构件的外形、尺寸、应力变化情况以及所处的介质等都有关系。因此，对于承受交变应力的构件，不仅在设计中要考虑疲劳问题，而且在使用期限内需进行中修或大修，以检测构件是否发生裂纹及裂纹扩展的情况。对于某些维系人民生命的重要构件，还需要做经常性的检测。

乘坐过火车的读者可能会注意到，火车到站后，经常会看到铁路工人用小铁锤轻轻敲击车厢车轴的情景。这便是检测车轴是否发生裂纹、以防止发生突然事故的一种简易手段。因为火车车厢及所载旅客的重力方向不变，而车轴不断转动，车轴的横截面上任意一点的位置均随时间不断变化，故该点的应力亦随时间而变化，车轴因而可能发生疲劳失效。用小铁锤敲击车轴，可以从声音直观判断是否存在裂纹以及裂纹扩展的程度。

18.4.3　疲劳极限与应力-寿命曲线

所谓疲劳极限是指经过无穷多次应力循环而不发生失效时的最大应力值，又称为持久极限（endurance limit）。

为了确定疲劳极限，需要用若干光滑小尺寸试样（见图 18-12a），在专用的疲劳试验机上进行试验，图 18-12b 所示为对称循环疲劳试验机。

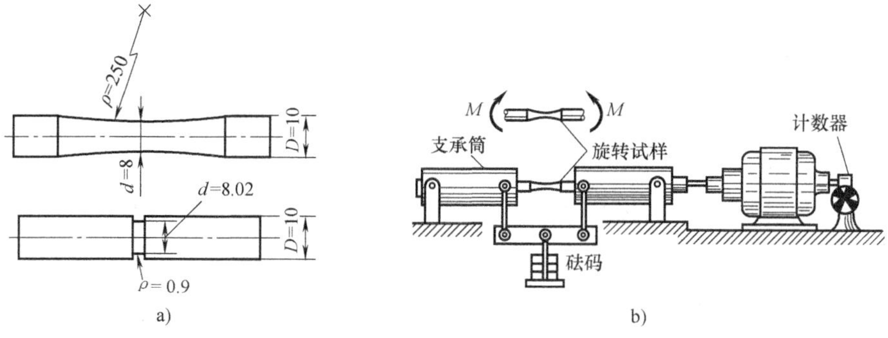

图 18-12　疲劳试样与对称循环疲劳试验机简图

将试样分成若干组，各组的试样中，最大应力值分别由高到低（即不同的应力水平），经历应力循环，直至发生疲劳破坏。记录下每根试样中最大应力 S_{max}（名义应力）以及发生失效时所经历的应力循环次数（又称寿命）N。将这些试验数据标在 S-N 坐标系中，如图 18-13 所示。可以看出，疲劳试验结果具有明显的分散性，但是通过这些点可以画出一条曲线以表明试样寿命随其承受的应力而变化的趋势。这条曲线称为应力-寿命曲线，简称 S-N 曲线。

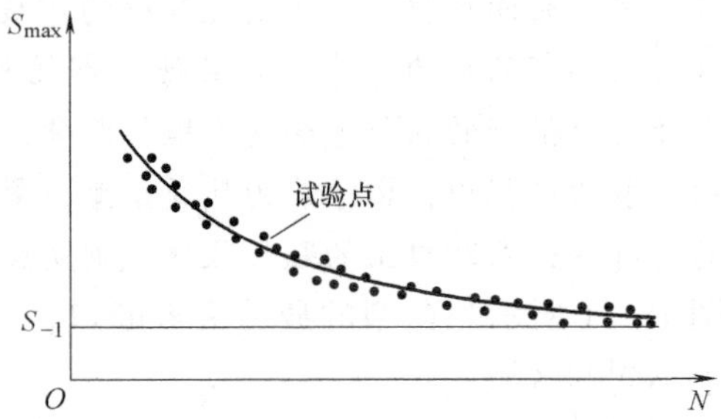

图 18-13 一般的应力-寿命曲线

S-N 曲线若有水平渐近线，则表示试样经历无穷多次应力循环而不发生破坏，渐近线的纵坐标即为光滑小试样的疲劳极限。对于应力比为 r 的情形，其疲劳极限用 S_r 表示；对称循环下的疲劳极限为 S_{-1}。

所谓“无穷多次”应力循环，在试验中是难以实现的。工程设计中通常规定：对于 S-N 曲线有水平渐近线的材料（如结构钢），若经历 10^7 次应力循环而不破坏，即认为可承受无穷多次应力循环；对于 S-N 曲线没有水平渐近线的材料（例如铝合金），规定某一循环次数（例如 2×10^7 次）下不破坏时的最大应力作为条件疲劳极限。

18.5 影响疲劳寿命的因素

光滑小试样的疲劳极限，并不是零件的疲劳极限，零件的疲劳极限与零件状态和工作条件有关。零件状态包括应力集中、尺寸、表面加工质量和表面强化处理等因素；工作条件包括载荷特性、介质和温度等因素。其中载荷特性包括应力状态、应力比、加载顺序和载荷频率等。

18.5.1 应力集中的影响——有效应力集中因数

在构件或零件截面形状和尺寸突变处（如阶梯轴轴肩圆角、开孔、切槽等），局部应力远远大于按一般理论公式算得的数值，这种现象称为应力集中。显然，应力集中的存在不仅有利于形成初始的疲劳裂纹，而且有利于裂纹的扩展，从而降低零件的疲劳极限。

在弹性范围内，应力集中处的最大应力（又称峰值应力）与名义应力的比值称为**理论应力集中因数**。用 K_t 表示，即

$$K_t=\frac{S_{max}}{S_n} \tag{18-21}$$

式中，S_{max} 为峰值应力；S_n 为名义应力。对于正应力，K_t 为 $K_{t\sigma}$；对于切应力，K_t 为 $K_{t\tau}$。

理论应力集中因数只考虑了零件的几何形状和尺寸的影响，没有考虑不同材料对于应力集中具有不同的敏感性。因此，根据理论应力集中因数不能直接确定应力集中对疲劳极限的影响程度。考虑应力集中对疲劳极限的影响，工程上采用**有效应力集中因数**（effective stress concentration factor)，它是在材料、尺寸和加载条件都相同的前提下，光滑试样与缺口试样的疲劳极限的比值

$$K_f = \frac{S_{-1}}{S'_{-1}} \tag{18-22}$$

式中，S_{-1}和S'_{-1}分别为光滑试样与缺口试样的疲劳极限，S仍为广义应力记号。

有效应力集中因数不仅与零件的形状和尺寸有关，而且与材料有关。前者由理论应力集中因数反映；后者由缺口敏感因数（notch sensitivity factor）q 反映。三者之间有如下关系：

$$K_f = 1+q(K_t-1) \tag{18-23}$$

此式对于正应力和切应力的应力集中都适用。

18.5.2　零件尺寸的影响——尺寸因数

前面所讲的疲劳极限为光滑小试样（直径 6~10mm）的试验结果，称为“试样的疲劳极限”或“材料的疲劳极限”。试验结果表明，随着试样直径的增加，疲劳极限将下降，而且对于钢材，强度越高，疲劳极限下降越明显。因此，当零件尺寸大于标准试样尺寸时，必须考虑尺寸的影响。

尺寸引起疲劳极限降低的原因主要有以下几种：一是毛坯质量因尺寸而异，大尺寸毛坯所包含的缩孔、裂纹、夹杂物等要比小尺寸毛坯多；二是大尺寸零件表面积和表层体积都比较大，而裂纹源一般都在表面或表面层下，故形成疲劳源的概率也比较大；三是应力梯度的影响：如图 18-14 所示，若大、小零件横截面上的正应力从相同的最大值 σ_{max}降低到同一数值 σ_0，则大尺寸零件表层的厚度要大于小尺寸零件表层的厚度，自然所包含的缺陷前者高于后者，因此，大尺寸零件形成初始裂纹以及裂纹扩展的概率要高于小尺寸零件，从而导致大尺寸零件的疲劳极限低于小尺寸零件。

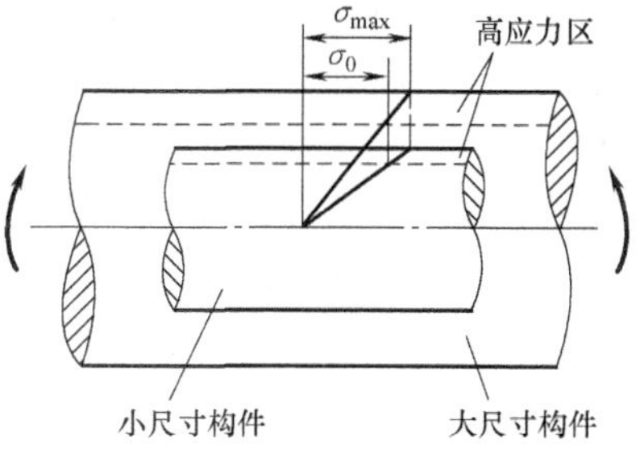

图 18-14　尺寸对疲劳极限的影响

零件尺寸对疲劳极限的影响用尺寸因数 ε 度量：

$$\varepsilon = \frac{(\sigma_{-1})_d}{\sigma_{-1}} \tag{18-24}$$

式中，σ_{-1}和（σ_{-1}）$_d$分别为光滑小试样和零件在对称循环下的疲劳极限。

式（18-24）也适用于切应力循环的情形。

18.5.3　表面加工质量的影响——表面质量因数

零件承受弯曲或扭转时，表层应力最大，对于几何形状有突变的拉压构件，表层处也会出现较大的峰值应力。因此，表面加工质量将会直接影响裂纹的形成和扩展，从而影响零件的疲劳极限。

表面加工质量对疲劳极限的影响，用表面质量因数 β 度量：

$$\beta = \frac{(\sigma_{-1})_\beta}{\sigma_{-1}} \tag{18-25}$$

式中，σ_{-1}和（σ_{-1}）$_\beta$ 分别为磨削加工和其他加工时的对称循环疲劳极限。

上述各种影响零件疲劳极限的因数都可以从有关的设计手册中查到。本书不再赘述。

18.6 基于无限寿命的疲劳强度设计

18.6.1 基本概念

若将 S–N 试验数据标在 lgS-lgN 坐标中，所得的应力-寿命曲线可近似视为由两段直线所组成，如图 18-15 所示。两直线交点的横坐标值 N_0，称为循环基数；与循环基数对应的应力值（交点的纵坐标）即为疲劳极限。因为循环基数都比较大（10^6 次以上），故按疲劳极限进行强度设计，称为无限寿命设计。双对数坐标中 lgS-lgN 曲线的斜直线部分，可以表示成

$$S_i^m N_i = C \tag{18-26}$$

式中，m 和 C 均为与材料有关的常数。斜直线上一点的纵坐标为试样所承受的最大应力 S_i，在这一应力水平下试样发生疲劳破坏的寿命为 N_i。S_i 称为在规定寿命 N_i 下的条件疲劳极限。按照条件疲劳极限进行强度设计，称为有限寿命设计。因此，lgS-lgN 曲线上循环基数 N_0 以右部分（水平直线）称为无限寿命区；以左部分（斜直线）称为有限寿命区。

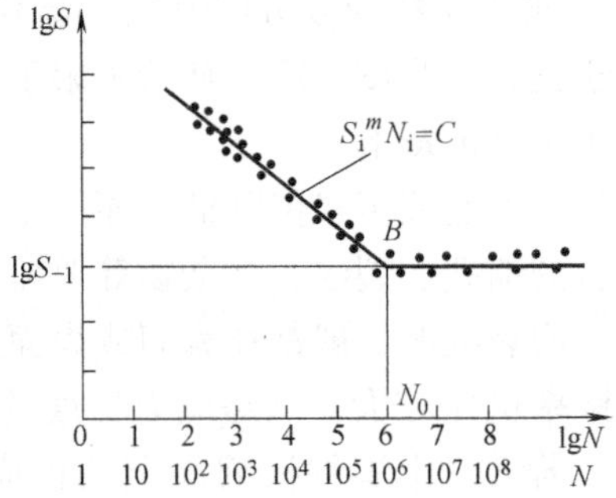

图 18-15 双对数坐标中的应力-寿命曲线

从工程角度来看，构件的寿命包括裂纹萌生期和裂纹扩展期，在传统的 S-N 曲线中，裂纹萌生很难辨别出来。有的材料对疲劳抵抗较弱，一旦形成初始裂纹很快就会失效；有的材料对疲劳抵抗较强，能够带裂纹持续工作相当长一段时间。对前一种材料，设计上是不允许裂纹存在的；对后一种材料，允许一定尺寸的裂纹存在，这是有限寿命设计的基本思路。对于航空、国防和核电站等重要结构上的构件设计，如能保证在安全的条件下，延长使用寿命，则具有重大意义。

18.6.2 无限寿命设计方法简述

若交变应力的应力幅值保持不变，则称为等幅交变应力（alternative stress with equal amplitude）。

工程设计中一般都是根据静载设计准则首先确定构件或零部件的初步尺寸，然后再根据疲劳强度设计准则对危险部位做疲劳强度校核。通常将疲劳强度设计准则写成安全因数的形式，即

$$n \geqslant [n] \tag{18-27}$$

式中，n 为零部件的工作安全因数，又称计算安全因数；$[n]$ 为规定安全因数，又称许用安全因数。

当材料较均匀，且载荷和应力计算精确时，取 $[n]=1.3$；当材料均匀程度较差、载荷和应力计算精确度又不高时，取 $[n]=1.5\sim1.8$；当材料均匀程度和载荷、应力计算精确度

都很差时，取 $[n]=1.8\sim2.5$。

疲劳强度计算的主要工作是计算工作安全因数 n。

18.6.3　等幅对称应力循环下的工作安全因数

在对称应力循环下，应力比 $r=-1$，对于正应力循环，平均应力 $\sigma_m=0$，应力幅 $\sigma_a=\sigma_{max}$；对于切应力循环，则有 $\tau_m=0$，$\tau_a=\tau_{max}$。考虑到上一节中关于应力集中、尺寸和表面加工质量的影响，正应力和切应力循环时的工作安全因数分别为

$$n_\sigma=\frac{\sigma_{-1}}{\dfrac{K_{f\sigma}}{\varepsilon\beta}\sigma_a} \tag{18-28}$$

$$n_\tau=\frac{\tau_{-1}}{\dfrac{K_{f\tau}}{\varepsilon\beta}\tau_a} \tag{18-29}$$

式中，n_σ、n_τ 为工作安全因数；σ_{-1}、τ_{-1} 为光滑小试样在对称应力循环下的疲劳极限；$K_{f\sigma}$、$K_{f\tau}$ 为有效应力集中因数；ε 为尺寸因数；β 为表面质量因数。

18.6.4　等幅交变应力作用下的疲劳寿命估算

对于等幅应力循环，可以根据光滑小试样的 S-N 曲线，也可以根据构件或零件的 S-N 曲线，确定给定应力幅下的寿命。

以对称循环为例，根据光滑小试样的 S-N 曲线确定疲劳寿命时，首先需要确定构件或零件上的可能危险点，并根据载荷变化状况，确定危险点应力循环中的最大应力或应力幅（$S_{max}=S_a$）；然后考虑应力集中、尺寸、表面质量等因素的影响，得到 $K_{fS}S_a/(\varepsilon\beta)$。据此，由 S-N 曲线，求得在应力 $S=K_{fS}S_a/(\varepsilon\beta)$ 作用下发生疲劳断裂时所需的应力循环次数 N，此即所要求的寿命（见图 18-16a）。

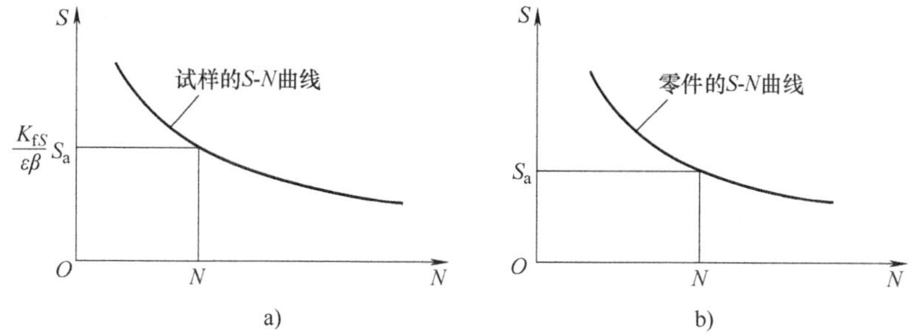

图 18-16　等幅应力循环时疲劳寿命估算

当根据零件试验所得到的应力-寿命曲线确定疲劳寿命时，由于试验结果已经包含了应力集中、尺寸和表面质量的影响，在确定了危险点的应力幅 S_a 之后，可直接根据 S_a 由 S-N 曲线求得这一应力水平下发生疲劳断裂时的循环次数 N（见图 18-16b）。

18.7 小结与讨论

18.7.1 小结

1）动载荷是相对静载荷而言的。若载荷随时间而变化，即加速度不能忽略，则为动载荷。

2）匀加速直线运动和匀速旋转运动：采用动静法（达朗贝尔原理）求解。其中匀加速直线运动的动荷因数：$K_{\mathrm{I}}=1+\dfrac{a}{g}$。

3）机械能守恒定律解冲击问题：由 $T+V=$常量，得自由落体垂直冲击时的动荷因数 $K_{\mathrm{d}}=1+\sqrt{1+\dfrac{2h}{\Delta_{\mathrm{s}}}}$。

4）与交变应力有关的名词和术语：应力比 r、平均应力 S_{m}、应力幅值 S_{a}，以及由以上参数定义的三种应力循环：对称循环、脉冲循环和静应力。

5）疲劳失效的特征与裂纹，疲劳极限与应力-寿命曲线（S-N 曲线）。

6）影响疲劳寿命的因素：应力集中、零件尺寸、表面加工质量。

7）基于无限寿命的疲劳强度设计：双对数坐标中 $\lg S$-$\lg N$ 曲线的斜直线部分 $S_{\mathrm{i}}^{m}N_{\mathrm{i}}=C$。循环基数 N_0 以右部分（水平直线）称为无限寿命区；以左部分（斜直线）称为有限寿命区。无限寿命设计方法——安全因数法：$n\geqslant[n]$；在等幅对称应力循环下的工作安全因数：

$$n_{\sigma}=\frac{\sigma_{-1}}{\dfrac{K_{\mathrm{f}\sigma}}{\varepsilon\beta}\sigma_{\mathrm{a}}},\quad n_{\tau}=\frac{\tau_{-1}}{\dfrac{K_{\mathrm{f}\tau}}{\varepsilon\beta}\tau_{\mathrm{a}}}$$

18.7.2 不同情形下动荷因数具有不同的形式

比较式（18-13）和式（18-7），可以看出，冲击载荷的动荷因数与等加速度运动构件的动荷因数，有着明显的差别。即使同是冲击载荷，有初速度的落体冲击与没有初速度的自由落体冲击时的动荷因数也是不同的。落体冲击与非落体冲击（例如，图 18-17 所示的水平冲击）时的动荷因数，也是不同的。

因此，使用动荷因数计算动载荷与动应力时一定要选择与动载荷情形相一致的动荷因数表达式。

有兴趣的读者，不妨应用机械能守恒定律导出图 18-17 所示的水平冲击时的动荷因数。

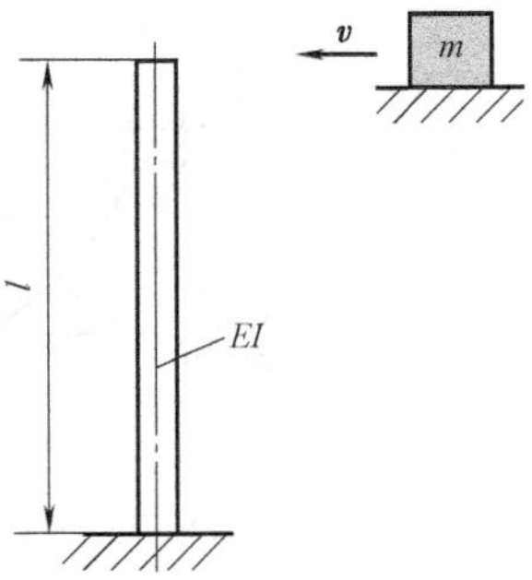

图 18-17 水平冲击

18.7.3 运动物体突然制动时的动载荷与动应力

运动物体或运动构件突然制动时也会在构件中产生冲击载荷与冲击应力。例如，图 18-18 所示的鼓轮绕点 D、垂直于纸平面的轴等速转动，并且绕在其上的缆绳带动重物以等速度升降。当鼓轮突然被制动而停止转动时，悬挂重物的缆绳就会受到很大的冲击载荷作用。

这种情形下，如果能够正确选择势能零点，分析重物在不同位置时的动能和势能，应用机械能守恒定律也可以确定缆绳受的冲击载荷。为了简化，可以不考虑鼓轮的质量。有兴趣的读者不妨一试。

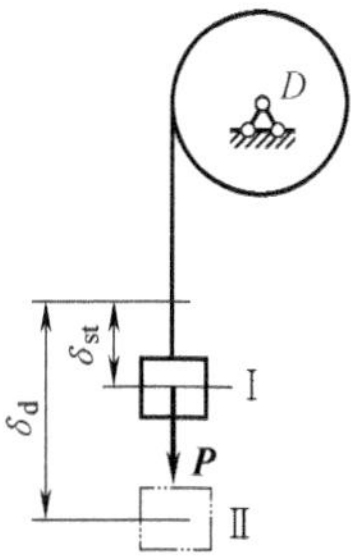

图 18-18　制动时的冲击载荷

18.7.4　提高构件疲劳强度的途径

所谓提高疲劳强度，通常是指在不改变构件的基本尺寸和材料的前提下，通过减小应力集中和改善表面质量，以提高构件的疲劳极限。通常有以下一些途径：

1. 缓和应力集中

截面突变处的应力集中是产生裂纹以及裂纹扩展的重要原因，通过适当加大截面突变处的过渡圆角以及其他措施，有利于缓和应力集中，从而可以明显地提高构件的疲劳强度。

2. 提高构件表面层质量

在应力非均匀分布的情形（例如弯曲和扭转）下，疲劳裂纹大都从构件表面开始形成和扩展。因此，通过机械的或化学的方法对构件表面进行强化处理，改善表面层质量，将使构件的疲劳强度有明显的提高。

表面热处理和化学处理（例如表面高频淬火、渗碳、渗氮和碳氮共渗等），冷压机械加工（例如表面滚压和喷丸处理等），都有助于提高构件表面层的质量。

这些表面处理，一方面可以使构件表面的材料强度提高；另一方面可以在表面层中产生残余压应力，抑制疲劳裂纹的形成和扩展。

喷丸处理方法近年来得到广泛应用，并取得了明显的效益。这种方法是将很小的钢丸、铸铁丸、玻璃丸或其他硬度较大的小丸以很高的速度喷射到构件表面上，使表面材料产生塑性变形而强化，同时产生较大的残余压应力。

习　题

选择填空题

18-1　设比重为 γ 的匀质等直杆匀速上升时，某一截面上的应力为 σ，则当其以匀加速度 a 上升和下降时，该截面上的动应力（　　）。

（A）分别为 $\left(1-\dfrac{a}{g}\right)\sigma$、$\left(1+\dfrac{a}{g}\right)\sigma$　　（B）分别为 $\left(1+\dfrac{a}{g}\right)\sigma$、$\left(1-\dfrac{a}{g}\right)\sigma$

（C）均为 $\left(1+\dfrac{a}{g}\right)\sigma$　　（D）均为 $\left(1-\dfrac{a}{g}\right)\sigma$

18-2　一滑轮两边分别挂有重量为 W_1 和 W_2（$<W_1$）的重物，如图 18-19 所示。该滑轮左、右两边绳的：（　　）。

（A）动荷因数不等，动应力相等　　（B）动荷因数相等，动应力不等

（C）动荷因数和动应力均相等　　（D）动荷因数和动应力均不等

18-3　假设物块重量相同、自由下落的高度也相同，梁在图 18-20a、b 所示两种冲击载荷作用下的最大动应力分别为 σ_a、σ_b，最大动位移分别为 Δ_a、Δ_b。正确解答是（　　）。

（A）$\sigma_a<\sigma_b$、$\Delta_a<\Delta_b$　　（B）$\sigma_a<\sigma_b$、$\Delta_a>\Delta_b$

（C）$\sigma_a>\sigma_b$、$\Delta_a<\Delta_b$　　（D）$\sigma_a>\sigma_b$、$\Delta_a>\Delta_b$

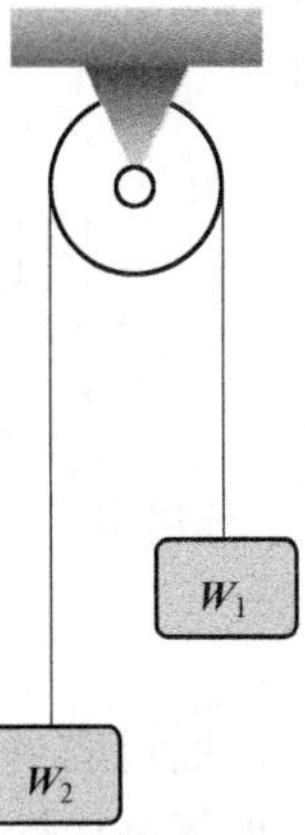

图 18-19　习题 18-2 图

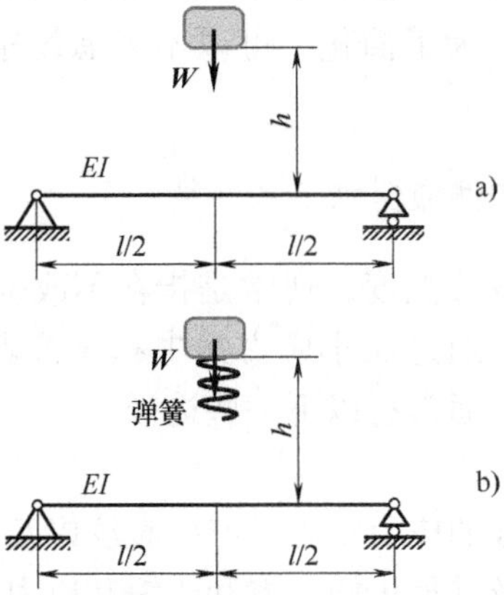

图 18-20　习题 18-3 图

分析计算题

18-4　图 18-21 所示的 No. 20a 普通热轧槽钢匀减速下降，若在 0.2s 时间内速度由 1.8m/s 降至 0.6m/s，已知 $l=6$m，$b=1$m。试求槽钢中最大的弯曲正应力。

18-5　钢制圆轴 AB 上装有一开孔的均质圆盘如图 18-22 所示。圆盘厚度为 δ，孔直径 300mm。圆盘和轴一起以匀角速度 ω 转动。若已知：$\delta=30$mm，$a=1000$mm，$e=300$mm；轴直径 $d=120$mm，$\omega=40$rad/s；圆盘材料密度 $\rho=7.8\times10^3$kg/m^3。试求由于开孔引起的轴内最大弯曲正应力［提示：可以将圆盘上的孔作为一负质量（$-m$），计算由这一负质量引起的惯性力］。

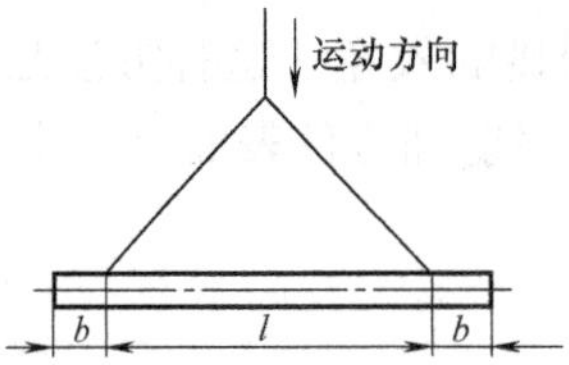

图 18-21　习题 18-4 图

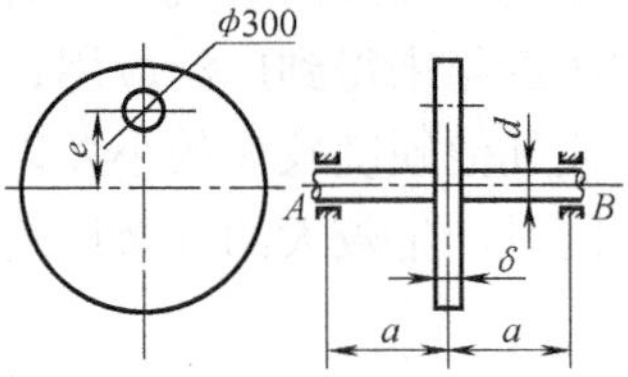

图 18-22　习题 18-5 图

18-6　质量为 m 的均质矩形平板用两根平行且等长的轻杆悬挂着，如图 18-23 所示。已知平板的尺寸为 h、l。若将平板在图示位置无初速释放，试求此瞬时两杆所受的轴向力。

18-7　如图 18-24 所示，重 6kN 的物体自由下落在直径为 300mm 的圆木柱上。木材的 $E=10$GPa。试求冲击时木柱内的最大正应力。若在柱上端垫以直径为 150mm、厚度为 40mm 的橡皮，假设橡皮的受力与变形近似满足胡克定律，且其 $E=8.0$MPa，则木柱内的最大正应力减至多少？

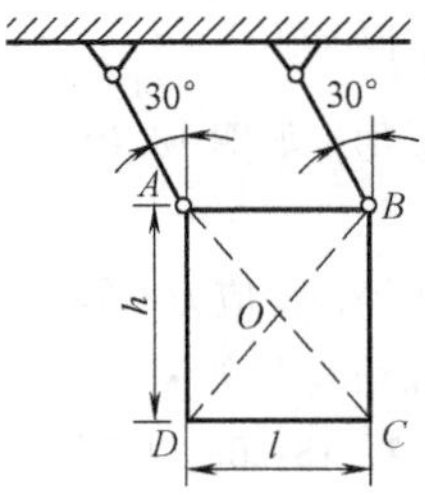

图 18-23　习题 18-6 图

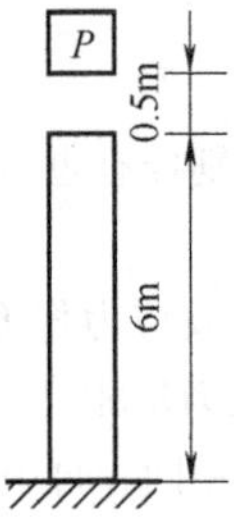

图 18-24　习题 18-7 图

18-8　图 18-25 所示结构中，重量为 W 的重物 C 可以绕轴 A（垂直于纸面）转动，重物在铅垂位置时，具有水平速度$\boldsymbol{v}$，然后冲击到梁 AB 的中点。梁的长度为 l、材料的弹性模量为 E；梁横截面的惯性矩为 I、抗弯截面系数为 W。如果 l、E、Q、I、W、v 等均为已知，试求梁内的最大弯曲正应力。

18-9　图 18-26 所示绞车起吊重量为 $W=50\text{kN}$ 的重物，以等速度 $v=1.6\text{m/s}$ 下降。当重物与绞车之间的钢索长度 $l=240\text{m}$ 时，突然制动绞车。若钢索横截面面积 $A=1000\text{mm}^2$，弹性模量 $E=210\text{GPa}$，试求钢索内的最大冲击应力。（不计钢索自重）

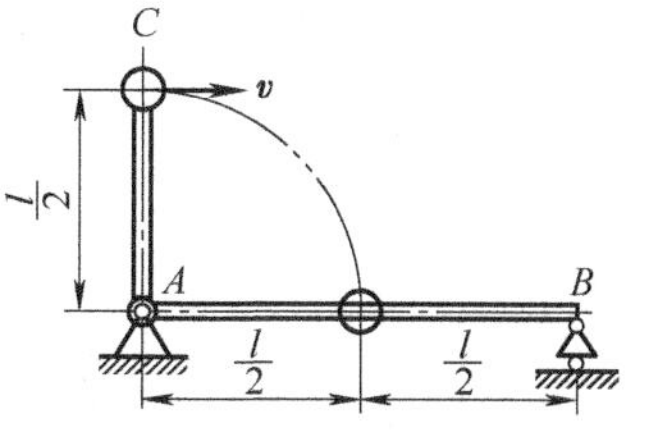

图 18-25　习题 18-8 图

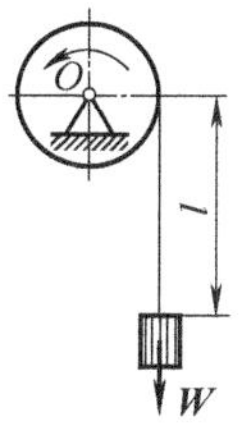

图 18-26　习题 18-9 图

18-10　试确定下列各题中轴上点 B 的应力比：

（1）图 18-27a 所示为轴固定不动，滑轮绕轴转动，滑轮上作用着不变载荷 $\boldsymbol{F}_{\mathrm{P}}$；

（2）图 18-27b 所示为轴与滑轮固结成一体而转动，滑轮上作用着不变载荷 $\boldsymbol{F}_{\mathrm{P}}$。

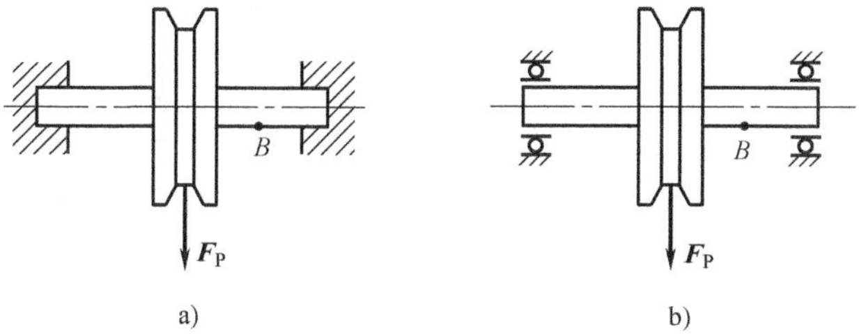

图 18-27　习题 18-10 图

18-11　试求下列各情形中构件上指定点 B 的应力比：

（1）图 18-28a 所示为一端固定的圆轴，在自由端处装有一绕轴转动的轮子，轮上有一偏心质量 m；

（2）图 18-28b 所示为旋转轴，其上安装有偏心零件 AC；

（3）图 18-28c 所示为梁上安装有偏心转子电动机，并引起振动，梁的静载挠度为 δ，振幅为 a；

（4）图 18-28d 所示为小齿轮（主动轮）驱动大齿轮时，小齿轮上的点 B。

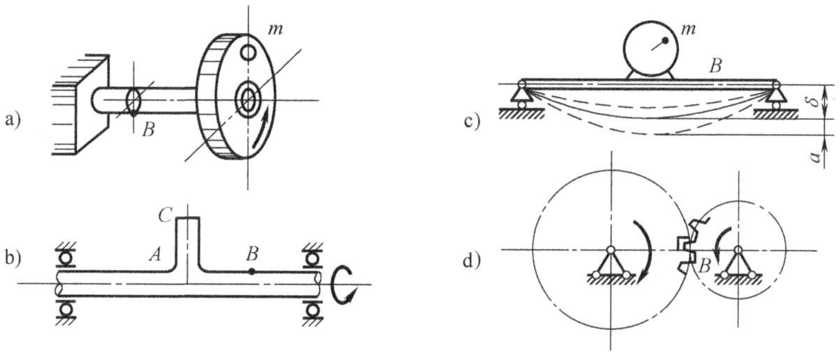

图 18-28　习题 18-11 图

附　　录

附录 A　型　钢　表

表 A-1　热轧等边角钢（GB/T 706—2008）

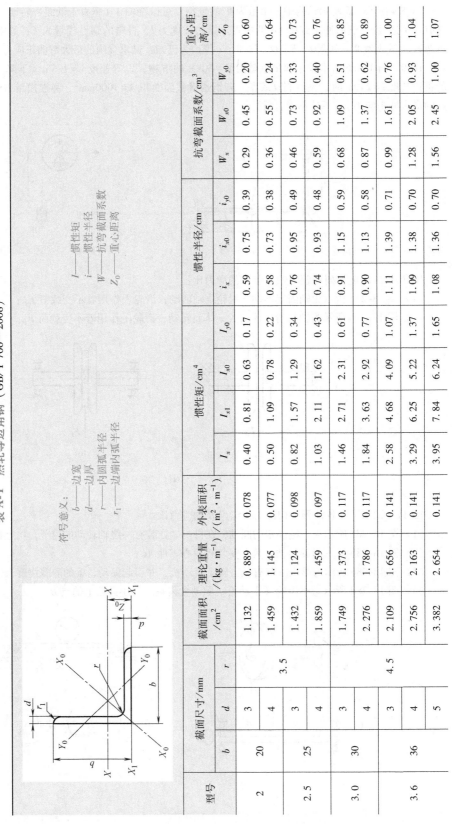

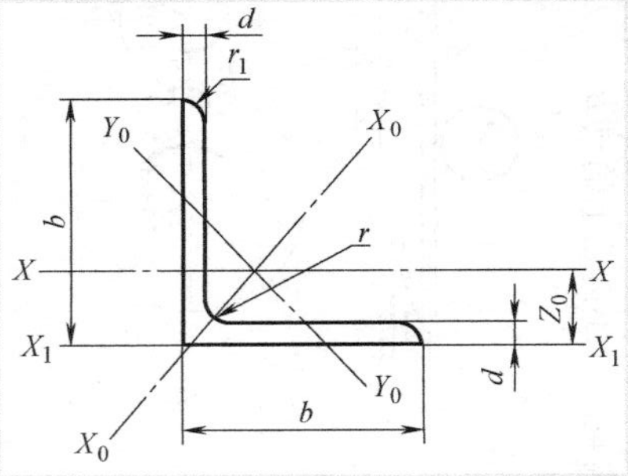

符号意义：
b——边宽
d——边厚
r——内圆弧半径
r_1——边端内弧半径
I——惯性矩
i——惯性半径
W——抗弯截面系数
Z_0——重心距离

型号	截面尺寸/mm			截面面积/cm²	理论重量/(kg·m⁻¹)	外表面积/(m²·m⁻¹)	惯性矩/cm⁴				惯性半径/cm			抗弯截面系数/cm³			重心距离/cm
	b	d	r				I_x	I_{x1}	I_{x0}	I_{y0}	i_x	i_{x0}	i_{y0}	W_x	W_{x0}	W_{y0}	Z_0
2	20	3	3.5	1.132	0.889	0.078	0.40	0.81	0.63	0.17	0.59	0.75	0.39	0.29	0.45	0.20	0.60
		4		1.459	1.145	0.077	0.50	1.09	0.78	0.22	0.58	0.73	0.38	0.36	0.55	0.24	0.64
2.5	25	3		1.432	1.124	0.098	0.82	1.57	1.29	0.34	0.76	0.95	0.49	0.46	0.73	0.33	0.73
		4		1.859	1.459	0.097	1.03	2.11	1.62	0.43	0.74	0.93	0.48	0.59	0.92	0.40	0.76
3.0	30	3	4.5	1.749	1.373	0.117	1.46	2.71	2.31	0.61	0.91	1.15	0.59	0.68	1.09	0.51	0.85
		4		2.276	1.786	0.117	1.84	3.63	2.92	0.77	0.90	1.13	0.58	0.87	1.37	0.62	0.89
3.6	36	3		2.109	1.656	0.141	2.58	4.68	4.09	1.07	1.11	1.39	0.71	0.99	1.61	0.76	1.00
		4		2.756	2.163	0.141	3.29	6.25	5.22	1.37	1.09	1.38	0.70	1.28	2.05	0.93	1.04
		5		3.382	2.654	0.141	3.95	7.84	6.24	1.65	1.08	1.36	0.70	1.56	2.45	1.00	1.07

4	40	3	5	2. 359	1. 852	0. 157	3. 59	6. 41	5. 69	1. 49	1. 23	1. 55	0. 79	1. 23	2. 01	0. 96	1. 09
		4		3. 086	2. 422	0. 157	4. 60	8. 56	7. 29	1. 91	1. 22	1. 54	0. 79	1. 60	2. 58	1. 19	1. 13
		5		3. 791	2. 976	0. 156	5. 53	10. 74	8. 76	2. 30	1. 21	1. 52	0. 78	1. 96	3. 10	1. 39	1. 17
4. 5	45	3		2. 659	2. 088	0. 177	5. 17	9. 12	8. 20	2. 14	1. 40	1. 76	0. 89	1. 58	2. 58	1. 24	1. 22
		4		3. 486	2. 736	0. 177	6. 65	12. 18	10. 56	2. 75	1. 38	1. 74	0. 89	2. 05	3. 32	1. 54	1. 26
		5		4. 292	3. 369	0. 176	8. 04	15. 2	12. 74	3. 33	1. 37	1. 72	0. 88	2. 51	4. 00	1. 81	1. 30
		6		5. 076	3. 985	0. 176	9. 33	18. 36	14. 76	3. 89	1. 36	1. 70	0. 8	2. 95	4. 64	2. 06	1. 33
5	50	3	5. 5	2. 971	2. 332	0. 197	7. 18	12. 5	11. 37	2. 98	1. 55	1. 96	1. 00	1. 96	3. 22	1. 57	1. 34
		4		3. 897	3. 059	0. 197	9. 26	16. 69	14. 70	3. 82	1. 54	1. 94	0. 99	2. 56	4. 16	1. 96	1. 38
		5		4. 803	3. 770	0. 196	11. 21	20. 90	17. 79	4. 64	1. 53	1. 92	0. 98	3. 13	5. 03	2. 31	1. 42
		6		5. 688	4. 465	0. 196	13. 05	25. 14	20. 68	5. 42	1. 52	1. 91	0. 98	3. 68	5. 85	2. 63	1. 46
5. 6	56	3	6	3. 343	2. 624	0. 221	10. 19	17. 56	16. 14	4. 24	1. 75	2. 20	1. 13	2. 48	4. 08	2. 02	1. 48
		4		4. 390	3. 446	0. 220	13. 18	23. 43	20. 92	5. 46	1. 73	2. 18	1. 11	3. 24	5. 28	2. 52	1. 53
		5		5. 415	4. 251	0. 220	16. 02	29. 33	25. 42	6. 61	1. 72	2. 17	1. 10	3. 97	6. 42	2. 98	1. 57
		6		6. 420	5. 040	0. 220	18. 69	35. 26	29. 66	7. 73	1. 71	2. 15	1. 10	4. 68	7. 49	3. 40	1. 61
		7		7. 404	5. 812	0. 219	21. 23	41. 23	33. 63	8. 82	1. 69	2. 13	1. 09	5. 36	8. 49	3. 80	1. 64
		8		8. 367	6. 568	0. 219	23. 63	47. 24	37. 37	9. 89	1. 68	2. 11	1. 09	6. 03	9. 44	4. 16	1. 68
6	60	5	6. 5	5. 829	4. 576	0. 236	19. 89	36. 05	31. 57	8. 21	1. 85	2. 33	1. 19	4. 59	7. 44	3. 48	1. 67
		6		6. 914	5. 427	0. 235	23. 25	43. 33	36. 89	9. 60	1. 83	2. 31	1. 18	5. 41	8. 70	3. 98	1. 70
		7		7. 977	6. 262	0. 235	26. 44	50. 65	41. 92	10. 96	1. 82	2. 29	1. 17	6. 21	9. 88	4. 45	1. 74
		8		9. 020	7. 081	0. 235	29. 47	58. 02	46. 66	12. 28	1. 81	2. 27	1. 17	6. 98	11. 00	4. 88	1. 78

（续）

型号	截面尺寸/mm			截面面积/cm^2	理论重量/$(kg \cdot m^{-1})$	外表面积/$(m^2 \cdot m^{-1})$	惯性矩/cm^4				惯性半径/cm			抗弯截面系数/cm^3			重心距离/cm
	b	d	r				I_x	I_{x1}	I_{x0}	I_{y0}	i_x	i_{x0}	i_{y0}	W_x	W_{x0}	W_{y0}	Z_0
6.3	63	4	7	4.978	3.907	0.248	19.03	33.35	30.17	7.89	1.96	2.46	1.26	4.13	6.78	3.29	1.70
		5		6.143	4.822	0.248	23.17	41.73	36.77	9.57	1.94	2.45	1.25	5.08	8.25	3.90	1.74
		6		7.288	5.721	0.247	27.12	50.14	43.03	11.20	1.93	2.43	1.24	6.00	9.66	4.46	1.78
		7		8.412	6.603	0.247	30.87	58.60	48.96	12.79	1.92	2.41	1.23	6.88	10.99	4.98	1.82
		8		9.515	7.469	0.247	34.46	67.11	54.56	14.33	1.90	2.40	1.23	7.75	12.25	5.47	1.85
		10		11.657	9.151	0.246	41.09	84.31	64.85	17.33	1.88	2.36	1.22	9.39	14.56	6.36	1.93
7	70	4	8	5.570	4.372	0.275	26.39	45.74	41.80	10.99	2.18	2.74	1.40	5.14	8.44	4.17	1.86
		5		6.875	5.397	0.275	32.21	57.21	51.08	13.31	2.16	2.73	1.39	6.32	10.32	4.95	1.91
		6		8.160	6.406	0.275	37.77	68.73	59.93	15.61	2.15	2.71	1.38	7.48	12.11	5.67	1.95
		7		9.424	7.398	0.275	43.09	80.29	68.35	17.82	2.14	2.69	1.38	8.59	13.81	6.34	1.99
		8		10.667	8.373	0.274	48.17	91.92	76.37	19.98	2.12	2.68	1.37	9.68	15.43	6.98	2.03
7.5	75	5	9	7.412	5.818	0.295	39.97	70.56	63.30	16.63	2.33	2.92	1.50	7.32	11.94	5.77	2.04
		6		8.797	6.905	0.294	46.95	84.55	74.38	19.51	2.31	2.90	1.49	8.64	14.02	6.67	2.07
		7		10.160	7.976	0.294	53.57	98.71	84.96	22.18	2.30	2.89	1.48	9.93	16.02	7.44	2.11
		8		11.503	9.030	0.294	59.96	112.97	95.07	24.86	2.28	2.88	1.47	11.20	17.93	8.19	2.15
		9		12.825	10.068	0.294	66.10	127.30	104.71	27.48	2.27	2.86	1.46	12.43	19.75	8.89	2.18
		10		14.126	11.089	0.293	71.98	141.71	113.92	30.05	2.26	2.84	1.46	13.64	21.48	9.56	2.22
8	80	5		7.912	6.211	0.315	48.79	85.36	77.33	20.25	2.48	3.13	1.60	8.34	13.67	6.66	2.15
		6		9.397	7.376	0.314	57.35	102.50	90.98	23.72	2.47	3.11	1.59	9.87	16.08	7.65	2.19
		7		10.860	8.525	0.314	65.58	119.70	104.07	27.09	2.46	3.10	1.58	11.37	18.40	8.58	2.23
		8		12.303	9.658	0.314	73.49	136.97	116.60	30.39	2.44	3.08	1.57	12.83	20.61	9.46	2.27
		9		13.725	10.774	0.314	81.11	154.31	128.60	33.61	2.43	3.06	1.56	14.25	22.73	10.29	2.31
		10		15.126	11.874	0.313	88.43	171.74	140.09	36.77	2.42	3.04	1.56	15.64	24.76	11.08	2.35

9	90	6	10	10.637	8.350	0.354	82.77	145.87	131.26	34.28	2.79	3.51	1.80	12.61	20.63	9.95	2.44
		7		12.301	9.656	0.354	94.83	170.30	150.47	39.18	2.78	3.50	1.78	14.54	23.64	11.19	2.48
		8		13.944	10.946	0.353	106.47	194.80	168.97	43.97	2.76	3.48	1.78	16.42	26.55	12.35	2.52
		9		15.566	12.219	0.353	117.72	219.39	186.77	48.66	2.75	3.46	1.77	18.27	29.35	13.46	2.56
		10		17.167	13.476	0.353	128.58	244.07	203.90	53.26	2.74	3.45	1.76	20.07	32.04	14.52	2.59
		12		20.306	15.940	0.352	149.22	293.76	236.21	62.22	2.71	3.41	1.75	23.57	37.12	16.49	2.67
10	100	6	12	11.932	9.366	0.393	114.95	200.07	181.98	47.92	3.10	3.90	2.00	15.68	25.74	12.69	2.67
		7		13.796	10.830	0.393	131.86	233.54	208.97	54.74	3.09	3.89	1.99	18.10	29.55	14.26	2.71
		8		15.638	12.276	0.393	148.24	267.09	235.07	61.41	3.08	3.88	1.98	20.47	33.24	15.75	2.76
		9		17.462	13.708	0.392	164.12	300.73	260.30	67.95	3.07	3.86	1.97	22.79	36.81	17.18	2.80
		10		19.261	15.120	0.392	179.51	334.48	284.68	74.35	3.05	3.84	1.96	25.06	40.26	18.54	2.84
		12		22.800	17.898	0.391	208.90	402.34	330.95	86.84	3.03	3.81	1.95	29.48	46.80	21.08	2.91
		14		26.256	20.611	0.391	236.53	470.75	374.06	99.00	3.00	3.77	1.94	33.73	52.90	23.44	2.99
		16		29.627	23.257	0.390	262.53	539.80	414.16	110.89	2.98	3.74	1.94	37.82	58.57	25.63	3.06
11	110	7		15.196	11.928	0.433	177.16	310.64	280.94	73.38	3.41	4.30	2.20	22.05	36.12	17.51	2.96
		8		17.238	13.535	0.433	199.46	355.20	316.49	82.42	3.40	4.28	2.19	24.95	40.69	19.39	3.01
		10		21.261	16.690	0.432	242.19	444.65	384.39	99.98	3.38	4.25	2.17	30.68	49.42	22.91	3.09
		12		25.200	19.782	0.431	282.55	534.60	448.17	116.93	3.35	4.22	2.15	36.05	57.62	26.15	3.16
		14		29.056	22.809	0.431	320.71	625.16	508.01	133.40	3.32	4.18	2.14	41.31	65.31	29.14	3.24
12.5	125	8	14	19.750	15.504	0.492	297.03	521.01	470.89	123.16	3.88	4.88	2.50	32.52	53.28	25.86	3.37
		10		24.373	19.133	0.491	361.67	651.93	573.89	149.46	3.85	4.85	2.48	39.97	64.93	30.62	3.45
		12		28.912	22.696	0.491	423.16	783.42	671.44	174.88	3.83	4.82	2.46	41.17	75.96	35.03	3.53
		14		33.367	26.193	0.490	481.65	915.61	763.73	199.57	3.80	4.78	2.45	54.16	86.41	39.13	3.61
		16		37.739	29.625	0.489	537.31	1048.62	850.98	223.65	3.77	4.75	2.43	60.93	96.28	42.96	3.68

（续）

型号	截面尺寸/mm			截面面积/cm^2	理论重量/$(kg \cdot m^{-1})$	外表面积/$(m^2 \cdot m^{-1})$	惯性矩/cm^4				惯性半径/cm			抗弯截面系数/cm^3			重心距离/cm
	b	d	r				I_x	I_{x1}	I_{x0}	I_{y0}	i_x	i_{x0}	i_{y0}	W_x	W_{x0}	W_{y0}	Z_0
14	140	10	14	27.373	21.488	0.551	514.65	915.11	817.27	212.04	4.34	5.46	2.78	50.58	82.56	39.20	3.82
		12		32.512	25.522	0.551	603.68	1099.28	958.79	248.57	4.31	5.43	2.76	59.80	96.85	45.02	3.90
		14		37.567	29.490	0.550	688.81	1284.22	1093.56	284.06	4.28	5.40	2.75	68.75	110.47	50.45	3.98
		16		42.539	33.393	0.549	770.24	1470.07	1221.81	318.67	4.26	5.36	2.74	77.46	123.42	55.55	4.06
15	150	8		23.750	18.644	0.592	521.37	899.55	827.49	215.25	4.69	5.90	3.01	47.36	78.02	38.14	3.99
		10		29.373	23.058	0.591	637.50	1125.09	1012.79	262.21	4.66	5.87	2.99	58.35	95.49	45.51	4.08
		12		34.912	27.406	0.591	748.85	1351.26	1189.97	307.73	4.63	5.84	2.97	69.04	112.19	52.38	4.15
		14		40.367	31.688	0.590	855.64	1578.25	1359.30	351.98	4.60	5.80	2.95	79.45	128.16	58.83	4.23
		15		43.063	33.804	0.590	907.39	1692.10	1441.09	373.69	4.59	5.78	2.95	84.56	135.87	61.90	4.27
		16		45.739	35.905	0.589	958.08	1806.21	1521.02	395.14	4.58	5.77	2.94	89.59	143.40	64.89	4.31
16	160	10	16	31.502	24.729	0.630	779.53	1365.33	1237.30	321.76	4.98	6.27	3.20	66.70	109.36	52.76	4.31
		12		37.441	29.391	0.630	916.58	1639.57	1455.68	377.49	4.95	6.24	3.18	78.98	128.67	60.74	4.39
		14		43.296	33.987	0.629	1048.36	1914.68	1665.02	431.70	4.92	6.20	3.16	90.95	147.17	68.24	4.47
		16		49.067	38.518	0.629	1175.08	2190.82	1865.57	484.59	4.89	6.17	3.14	102.63	164.89	75.31	4.55
18	180	12		42.241	33.159	0.710	1321.35	2332.80	2100.10	542.61	5.59	7.05	3.58	100.82	165.00	78.41	4.89
		14		48.896	38.383	0.709	1514.48	2723.48	2407.42	621.53	5.56	7.02	3.56	116.25	189.14	88.38	4.97
		16		55.467	43.542	0.709	1700.99	3115.29	2703.37	698.60	5.54	6.98	3.55	131.13	212.40	97.83	5.05
		18		61.055	48.634	0.708	1875.12	3502.43	2988.24	762.01	5.50	6.94	3.51	145.64	234.78	105.14	5.13

20	200	14	18	54. 642	42. 894	0. 788	2103. 55	3734. 10	3343. 26	863. 83	6. 20	7. 82	3. 98	144. 70	236. 40	111. 82	5. 46
		16		62. 013	48. 680	0. 788	2366. 15	4270. 39	3760. 89	971. 41	6. 18	7. 79	3. 96	163. 65	265. 93	123. 96	5. 54
		18		69. 301	54. 401	0. 787	2620. 64	4808. 13	4164. 54	1076. 74	6. 15	7. 75	3. 94	182. 22	294. 48	135. 52	5. 62
		20		76. 505	60. 056	0. 787	2867. 30	5347. 51	4554. 55	1180. 04	6. 12	7. 72	3. 93	200. 42	322. 06	146. 55	5. 69
		24		90. 661	71. 168	0. 785	3338. 25	6457. 16	5294. 97	1381. 53	6. 07	7. 64	3. 90	236. 17	374. 41	166. 65	5. 87
22	220	16	21	68. 664	53. 901	0. 866	3187. 36	5681. 62	5063. 73	1310. 99	6. 81	8. 59	4. 37	199. 55	325. 51	153. 81	6. 03
		18		76. 752	60. 250	0. 866	3534. 30	6395. 93	5615. 32	1453. 27	6. 79	8. 55	4. 35	222. 37	360. 97	168. 29	6. 11
		20		84. 756	66. 533	0. 865	3871. 49	7112. 04	6150. 08	1592. 90	6. 76	8. 52	4. 34	244. 77	395. 34	182. 16	6. 18
		22		92. 676	72. 751	0. 865	4199. 23	7830. 19	6668. 37	1730. 10	6. 78	8. 48	4. 32	266. 78	428. 66	195. 45	6. 26
		24		100. 512	78. 902	0. 864	4517. 83	8550. 57	7170. 55	1865. 11	6. 70	8. 45	4. 31	288. 39	460. 94	208. 21	6. 33
		26		108. 264	84. 987	0. 864	4827. 58	9273. 39	7656. 98	1998. 17	6. 68	8. 41	4. 30	309. 62	492. 21	220. 49	6. 41
25	250	18	24	87. 842	68. 956	0. 985	5268. 22	9379. 11	8369. 04	2167. 41	7. 74	9. 76	4. 97	290. 12	473. 42	224. 03	6. 84
		20		97. 045	76. 180	0. 984	5779. 34	10426. 97	9181. 94	2376. 74	7. 72	9. 73	4. 95	319. 66	519. 41	242. 85	6. 92
		24		115. 201	90. 433	0. 983	6763. 93	12529. 74	10742. 67	2785. 19	7. 66	9. 66	4. 92	377. 34	607. 70	278. 38	7. 07
		26		124. 154	97. 461	0. 982	7238. 08	13585. 18	11491. 33	2984. 84	7. 63	9. 62	4. 90	405. 50	650. 05	295. 19	7. 15
		28		133. 022	104. 422	0. 982	7709. 60	14643. 62	12219. 39	3181. 81	7. 61	9. 58	4. 89	433. 22	691. 23	311. 42	7. 22
		30		141. 807	111. 318	0. 981	8151. 80	15705. 30	12927. 26	3376. 34	7. 58	9. 55	4. 88	460. 51	731. 28	327. 12	7. 30
		32		150. 508	118. 149	0. 981	8592. 01	16770. 41	13615. 32	3568. 71	7. 56	9. 51	4. 87	487. 39	770. 20	342. 33	7. 37
		35		163. 402	128. 271	0. 980	9232. 44	18374. 95	14611. 16	3853. 72	7. 52	9. 46	4. 86	526. 97	826. 53	364. 30	7. 48

注：截面图中的 $r_1 = 1/3d$ 及表中 r 的数据用于孔型设计，不做交货条件。

表 A-2 热轧不等边角钢（GB/T 706—2008）

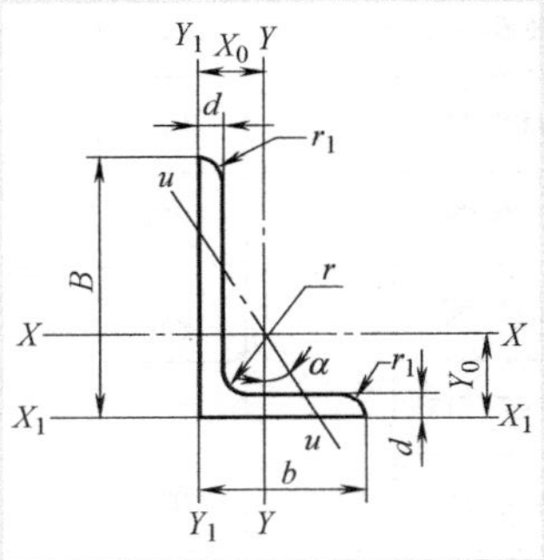

符号意义：

B——长边宽度
b——短边宽度
d——边厚
r——内圆弧半径
r_1——边端内弧半径
I——惯性矩
i——惯性半径
W——抗弯截面系数
X_0——重心距离
Y_0——重心距离

型号	截面尺寸/mm				截面面积/cm^2	理论重量/$(kg \cdot m^{-1})$	外表面积/$(m^2 \cdot m^{-1})$	惯性矩/cm^4					惯性半径/cm			抗弯截面系数/cm^3			$\tan\alpha$	重心距离/cm	
	B	b	d	r				I_x	I_{x1}	I_y	I_{y1}	I_u	i_x	i_y	i_u	W_x	W_y	W_u		X_0	Y_0
2.5/1.6	25	16	3	3.5	1.162	0.912	0.080	0.70	1.56	0.22	0.43	0.14	0.78	0.44	0.34	0.43	0.19	0.16	0.392	0.42	0.86
			4		1.499	1.176	0.079	0.88	2.09	0.27	0.59	0.17	0.77	0.43	0.34	0.55	0.24	0.20	0.381	0.46	1.86
3.2/2	32	20	3		1.492	1.171	0.102	1.53	3.27	0.46	0.82	0.28	1.01	0.55	0.43	0.72	0.30	0.25	0.382	0.49	0.90
			4		1.939	1.522	0.101	1.93	4.37	0.57	1.12	0.35	1.00	0.54	0.42	0.93	0.39	0.32	0.374	0.53	1.08
4/2.5	40	25	3	4	1.890	1.484	0.127	3.08	5.39	0.93	1.59	0.56	1.28	0.70	0.54	1.15	0.49	0.40	0.385	0.59	1.12
			4		2.467	1.936	0.127	3.93	8.53	1.18	2.14	0.71	1.36	0.69	0.54	1.49	0.63	0.52	0.381	0.63	1.32
4.5/2.8	45	28	3	5	2.149	1.687	0.143	4.45	9.10	1.34	2.23	0.80	1.44	0.79	0.61	1.47	0.62	0.51	0.383	0.64	1.37
			4		2.806	2.203	0.143	5.69	12.13	1.70	3.00	1.02	1.42	0.78	0.60	1.91	0.80	0.66	0.380	0.68	1.47
5/3.2	50	32	3	5.5	2.431	1.908	0.161	6.24	12.49	2.02	3.31	1.20	1.60	0.91	0.70	1.84	0.82	0.68	0.404	0.73	1.51
			4		3.177	2.494	0.160	8.02	16.65	2.58	4.45	1.53	1.59	0.90	0.69	2.39	1.06	0.87	0.402	0.77	1.60
5.6/3.6	56	36	3	6	2.743	2.153	0.181	8.88	17.54	2.92	4.70	1.73	1.80	1.03	0.79	2.32	1.05	0.87	0.408	0.80	1.65
			4		3.590	2.818	0.180	11.45	23.39	3.76	6.33	2.23	1.79	1.02	0.79	3.03	1.37	1.13	0.408	0.85	1.78
			5		4.415	3.466	0.180	13.86	29.25	4.49	7.94	2.67	1.77	1.01	0.78	3.71	1.65	1.36	0.404	0.88	1.82

6. 3/4	63	40	4	7	4. 058	3. 185	0. 202	16. 49	33. 30	5. 23	8. 63	3. 12	2. 20	1. 14	0. 88	3. 87	1. 70	1. 40	0. 398	0. 92	1. 87
			5		4. 993	3. 920	0. 202	20. 02	41. 63	6. 31	10. 86	3. 76	2. 00	1. 12	0. 87	4. 74	2. 07	1. 71	0. 396	0. 95	2. 04
			6		5. 908	4. 638	0. 201	23. 36	49. 98	7. 29	13. 12	4. 34	1. 96	1. 11	0. 86	5. 59	2. 43	1. 99	0. 393	0. 99	2. 08
			7		6. 802	5. 339	0. 201	26. 53	58. 07	8. 24	15. 47	4. 97	1. 98	1. 10	0. 86	6. 40	2. 78	2. 29	0. 389	1. 03	2. 12
7/4. 5	70	45	4	7. 5	4. 547	3. 570	0. 226	23. 17	45. 92	7. 55	12. 26	4. 40	2. 26	1. 29	0. 98	4. 86	2. 17	1. 77	0. 410	1. 02	2. 15
			5		5. 609	4. 403	0. 225	27. 95	57. 10	9. 13	15. 39	5. 40	2. 23	1. 28	0. 98	5. 92	2. 65	2. 19	0. 407	1. 06	2. 24
			6		6. 647	5. 218	0. 225	32. 54	68. 35	10. 62	18. 58	6. 35	2. 21	1. 26	0. 98	6. 95	3. 12	2. 59	0. 404	1. 09	2. 28
			7		7. 657	6. 011	0. 225	37. 22	79. 99	12. 01	21. 84	7. 16	2. 20	1. 25	0. 97	8. 03	3. 57	2. 94	0. 402	1. 13	2. 32
7. 5/5	75	50	5	8	6. 125	4. 808	0. 245	34. 86	70. 00	12. 61	21. 04	7. 41	2. 39	1. 44	1. 10	6. 83	3. 30	2. 74	0. 435	1. 17	2. 36
			6		7. 260	5. 699	0. 245	41. 12	84. 30	14. 70	25. 87	8. 54	2. 38	1. 42	1. 08	8. 12	3. 88	3. 19	0. 435	1. 21	2. 40
			8		9. 467	7. 431	0. 244	52. 39	112. 50	18. 53	34. 23	10. 87	2. 35	1. 40	1. 07	10. 52	4. 99	4. 10	0. 429	1. 29	2. 44
			10		11. 590	9. 098	0. 244	62. 71	140. 80	21. 96	43. 43	13. 10	2. 33	1. 38	1. 06	12. 79	6. 04	4. 99	0. 423	1. 36	2. 52
8/5	80	50	5		6. 375	5. 005	0. 255	41. 96	85. 21	12. 82	21. 06	7. 66	2. 56	1. 42	1. 10	7. 78	3. 32	2. 74	0. 388	1. 14	2. 60
			6		7. 560	5. 935	0. 255	49. 49	102. 53	14. 95	25. 41	8. 85	2. 56	1. 41	1. 08	9. 25	3. 91	3. 20	0. 387	1. 18	2. 65
			7		8. 724	6. 848	0. 255	56. 46	119. 33	46. 96	29. 82	10. 18	2. 54	1. 39	1. 08	10. 58	4. 48	3. 70	0. 384	1. 21	2. 69
			8		9. 867	7. 745	0. 254	62. 83	136. 41	18. 85	34. 32	11. 38	2. 52	1. 38	1. 07	11. 92	5. 03	4. 16	0. 381	1. 25	2. 73
9/5. 6	90	56	5	9	7. 212	5. 661	0. 287	60. 45	121. 32	18. 32	29. 53	10. 98	2. 90	1. 59	1. 23	9. 92	4. 21	3. 49	0. 385	1. 25	2. 91
			6		8. 557	6. 717	0. 286	71. 03	145. 59	21. 42	35. 58	12. 90	2. 88	1. 58	1. 23	11. 74	4. 96	4. 13	0. 384	1. 29	2. 95
			7		9. 880	7. 756	0. 286	81. 01	169. 60	24. 36	41. 71	14. 67	2. 86	1. 57	1. 22	13. 49	5. 70	4. 72	0. 382	1. 33	3. 00
			8		11. 183	8. 779	0. 286	91. 03	194. 14	27. 15	47. 98	16. 34	2. 85	1. 56	1. 21	15. 27	6. 41	5. 29	0. 380	1. 36	3. 04

（续）

型号	截面尺寸/mm				截面面积/cm²	理论重量/(kg·m⁻¹)	外表面积/(m²·m⁻¹)	惯性矩/cm⁴					惯性半径/cm			抗弯截面系数/cm³			tanα	重心距离/cm	
	B	b	d	r				I_x	I_{x1}	I_y	I_{y1}	I_u	i_x	i_y	i_u	W_x	W_y	W_u		X_0	Y_0
10/6.3	100	63	6	10	9.617	7.550	0.320	99.06	199.71	30.94	50.50	18.42	3.21	1.79	1.38	14.64	6.35	5.25	0.394	1.43	3.24
			7		11.111	8.722	0.320	113.45	233.00	35.26	59.14	21.00	3.20	1.78	1.38	16.88	7.29	6.02	0.394	1.47	3.28
			8		12.534	9.878	0.319	127.37	266.32	39.39	67.88	23.50	3.18	1.77	1.37	19.08	8.21	6.78	0.391	1.50	3.32
			10		15.467	12.142	0.319	153.81	333.06	47.12	85.73	28.33	3.15	1.74	1.35	23.32	9.98	8.24	0.387	1.58	3.40
10/8	100	80	6		10.637	8.350	0.354	107.04	199.83	61.24	102.68	31.65	3.17	2.40	1.72	15.19	10.16	8.37	0.627	1.97	2.95
			7		12.301	9.656	0.354	122.73	233.20	70.08	119.98	36.17	3.16	2.39	1.72	17.52	11.71	9.60	0.626	2.01	3.0
			8		13.944	10.946	0.353	137.92	266.61	78.58	137.37	40.58	3.14	2.37	1.71	19.81	13.21	10.80	0.625	2.05	3.04
			10		17.167	13.476	0.353	166.87	333.63	94.65	172.48	49.10	3.12	2.35	1.69	24.24	16.12	13.12	0.622	2.13	3.12
11/7	110	70	6		10.637	8.350	0.354	133.37	265.78	42.92	69.08	25.36	3.54	2.01	1.54	17.85	7.90	6.53	0.403	1.57	3.53
			7		12.301	9.656	0.354	153.00	310.07	49.01	80.82	28.95	3.53	2.00	1.53	20.60	9.09	7.50	0.402	1.61	3.57
			8		13.944	10.946	0.353	172.04	354.39	54.87	92.70	32.45	3.51	1.98	1.53	23.30	10.25	8.45	0.401	1.65	3.62
			10		17.167	13.476	0.353	208.39	443.13	65.88	116.83	39.20	3.48	1.96	1.51	28.54	12.48	10.29	0.397	1.72	3.70
12.5/8	125	80	7	11	14.096	11.066	0.403	227.98	454.99	74.42	120.32	43.81	4.02	2.30	1.76	26.86	12.01	9.92	0.408	1.80	4.01
			8		15.989	12.551	0.403	256.77	519.99	83.49	137.85	49.15	4.01	2.28	1.75	30.41	13.56	11.18	0.407	1.84	4.06
			10		19.712	15.474	0.402	312.04	650.09	100.67	173.40	59.45	3.98	2.26	1.47	37.33	16.56	13.64	0.404	1.92	4.14
			12		23.351	18.330	0.402	364.41	780.39	116.67	209.67	69.35	3.95	2.24	1.72	44.01	19.43	16.01	0.400	2.00	4.22
14/9	140	90	8	12	18.038	14.160	0.453	365.64	730.53	120.69	195.79	70.83	4.50	2.59	1.98	38.48	17.34	14.31	0.411	2.04	4.50
			10		22.261	17.475	0.452	445.50	913.20	140.03	245.92	85.82	4.47	2.56	1.96	47.31	21.22	17.48	0.409	2.12	4.58
			12		26.400	20.724	0.451	521.59	1096.09	169.79	296.89	100.21	4.44	2.54	1.95	55.87	24.95	20.54	0.406	2.19	4.66
			14		30.456	23.908	0.451	594.10	1279.26	192.10	348.82	114.13	4.42	2.51	1.94	64.18	28.54	23.52	0.403	2.27	4.74

15/9	150	90	8	12	18.839	14.788	0.473	442.05	898.35	122.80	195.96	74.14	4.84	2.55	1.98	43.86	17.47	14.48	0.364	1.97	4.92
			10		23.261	18.260	0.472	539.24	1122.85	148.62	246.26	89.86	4.81	2.53	1.97	53.97	21.38	17.69	0.362	2.05	5.01
			12		27.600	21.666	0.471	632.08	1347.50	172.85	297.46	104.95	4.79	2.50	1.95	63.79	25.14	20.80	0.359	2.12	5.09
			14		31.856	25.007	0.471	720.77	1572.38	195.62	349.74	119.53	4.76	2.48	1.94	73.33	28.77	23.84	0.356	2.20	5.17
			15		33.952	26.652	0.471	763.62	1684.93	206.50	376.33	126.67	4.74	2.47	1.93	77.99	30.53	25.33	0.354	2.24	5.21
			16		36.027	28.281	0.470	805.51	1797.55	217.07	403.24	133.72	4.73	2.45	1.93	82.60	32.27	26.82	0.352	2.27	5.25
16/10	160	100	10	13	23.315	19.872	0.512	668.69	1362.89	205.03	336.59	121.74	5.14	2.85	2.19	62.13	26.56	21.92	0.390	2.28	5.24
			12		30.054	23.592	0.511	784.91	1635.56	239.06	405.94	142.33	5.11	2.82	2.17	73.49	31.28	25.79	0.388	2.36	5.32
			14		34.709	27.247	0.510	896.30	1908.50	271.20	476.42	162.23	5.08	2.80	2.16	84.56	35.83	29.56	0.385	0.43	5.40
			16		29.281	30.835	0.510	1003.04	2181.79	301.60	548.22	182.57	5.05	2.77	2.16	95.33	40.24	33.44	0.382	2.51	5.48
18/11	180	110	10	14	28.373	22.273	0.571	956.25	1940.40	278.11	447.22	166.50	5.80	3.13	2.42	78.96	32.49	26.88	0.376	2.44	5.89
			12		33.712	26.440	0.571	1124.72	2328.38	325.03	538.94	194.87	5.78	3.10	2.40	93.53	38.32	31.66	0.374	2.52	5.98
			14		38.967	30.589	0.570	1286.91	2716.60	369.55	631.95	222.30	5.75	3.08	2.39	107.76	43.97	36.32	0.372	2.59	6.06
			16		44.139	34.649	0.569	1443.06	3105.15	411.85	726.46	248.94	5.72	3.06	2.38	121.64	49.44	40.87	0.369	2.67	6.14
20/12.5	200	125	12		37.912	29.761	0.641	1570.90	3193.85	483.16	787.74	285.79	6.44	3.57	2.74	116.73	49.99	41.23	0.392	2.83	6.54
			14		43.687	34.436	0.640	1800.97	3726.17	550.83	922.47	326.58	6.41	3.54	2.73	134.65	57.44	47.34	0.390	2.91	6.62
			16		49.739	39.045	0.639	2023.35	4258.88	615.44	1058.86	366.21	6.38	3.52	2.71	152.18	64.89	53.32	0.388	2.99	6.70
			18		55.526	43.588	0.639	2238.30	4792.00	677.19	1197.13	404.83	6.35	3.49	2.70	169.33	71.74	59.18	0.385	3.06	6.78

注：截面图中的 $r_1=1/3d$ 及表中 r 的数据用于孔型设计，不做交货条件。

表 A-3　热轧普通槽钢（GB/T 706—2008）

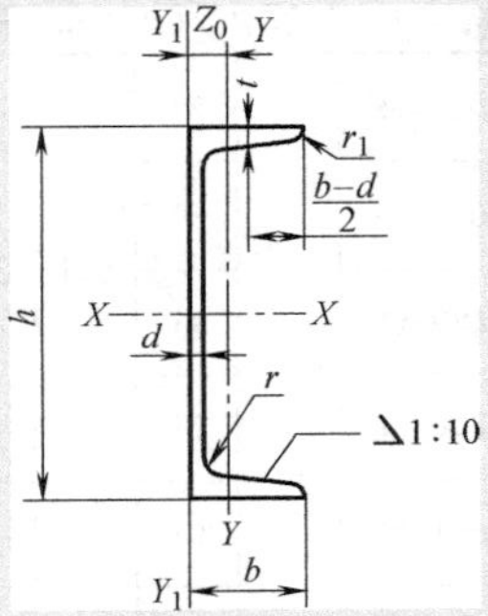

符号意义：

h——高度

b——腿宽

d——腰厚

t——平均腿厚

r——内圆弧半径

r_1——腿端圆弧半径

I——惯性矩

W——抗弯截面系数

i——惯性半径

Z_0——Y-Y 与 Y_1-Y_1 轴线间距离

型号	截面尺寸 /mm						截面面积 /cm²	理论重量 /(kg·m⁻¹)	惯性矩 /cm⁴			惯性半径 /cm		抗弯截面系数 /cm³		重心距离 /cm
	h	b	d	t	r	r_1			I_x	I_y	I_{y1}	i_x	i_y	W_x	W_y	Z_0
5	50	37	4.5	7.0	7.0	3.5	6.928	5.438	26.0	8.30	20.9	1.94	1.10	10.4	3.55	1.35
6.3	63	40	4.8	7.5	7.5	3.8	8.451	6.634	50.8	11.9	28.4	2.45	1.19	16.1	4.50	1.36
6.5	65	40	4.3	7.5	7.5	3.8	8.547	6.709	55.2	12.0	28.3	2.54	1.19	17.0	4.59	1.38
8	80	43	5.0	8.0	8.0	4.0	10.248	8.045	101	16.6	37.4	3.15	1.27	25.3	5.79	1.43
10	100	48	5.3	8.5	8.5	4.2	12.748	10.007	198	25.6	54.9	3.95	1.41	39.7	7.80	1.52
12	120	53	5.5	9.0	9.0	4.5	15.362	12.059	346	37.4	77.7	4.75	1.56	57.7	10.2	1.62
12.6	126	53	5.5	9.0	9.0	4.5	15.692	12.318	391	38.0	77.1	4.95	1.57	62.1	10.2	1.59
14a	140	58	6.0	9.5	9.5	4.8	18.516	14.535	564	53.2	107	5.52	1.70	80.5	13.0	1.71
14b		60	8.0				21.316	16.733	609	61.1	121	5.35	1.69	87.1	14.1	1.67
16a	160	63	6.5	10.0	10.0	5.0	21.962	17.24	866	73.3	144	6.28	1.83	108	16.3	1.80
16b		65	8.5				25.162	19.752	935	83.4	161	6.10	1.82	117	17.6	1.75
18a	180	68	7.0	10.5	10.5	5.2	25.699	20.174	1270	98.6	190	7.04	1.96	141	20.0	1.88
18b		70	9.0				29.299	23.000	1370	111	210	6.84	1.95	152	21.5	1.84

20a	200	73	7.0	11.0	11.0	5.5	28.837	22.637	1780	128	244	7.86	2.11	178	24.2	2.01
20b		75	9.0				32.837	25.777	1910	144	268	7.64	2.09	191	25.9	1.95
22a	220	77	7.0	11.5	11.5	5.8	31.846	24.999	2390	158	298	8.67	2.23	218	28.2	2.10
22b		79	9.0				36.246	28.453	2570	176	326	8.42	2.21	234	30.1	2.03
24a	240	78	7.0	12.0	12.0	6.0	34.217	26.860	3050	174	325	9.45	2.25	254	30.5	2.10
24b		80	9.0				39.017	30.628	3280	194	355	9.17	2.23	274	32.5	2.03
24c		82	11.0				43.817	34.396	3510	213	388	8.96	2.21	293	34.4	2.00
25a	250	78	7.0				34.917	27.410	3370	176	322	9.82	2.24	270	30.6	2.07
25b		80	9.0				39.917	31.335	3530	196	353	9.41	2.22	282	32.7	1.98
25c		82	11.0				44.917	35.260	3690	218	384	9.07	2.21	295	35.9	1.92
27a	270	82	7.5	12.5	12.5	6.2	39.284	30.838	4360	216	393	10.5	2.34	323	35.5	2.13
27b		84	9.5				44.684	35.077	4690	239	428	10.3	2.31	347	37.7	2.06
27c		86	11.5				50.084	39.316	5020	261	467	10.1	2.28	372	39.8	2.03
28a	280	82	7.5				40.034	31.427	4760	218	388	10.9	2.33	340	35.7	2.10
28b		84	9.5				45.634	35.823	5130	242	428	10.6	2.30	366	37.9	2.02
28c		86	11.5				51.234	40.219	5500	268	463	10.4	2.29	393	40.3	1.95
30a	300	85	7.5	13.5	13.5	6.8	43.902	34.463	6050	260	467	11.7	2.43	403	41.1	2.17
30b		87	9.5				49.902	39.173	6500	289	515	11.4	2.41	433	44.0	2.13
30c		89	11.5				55.902	43.883	6950	316	560	11.2	2.38	463	46.4	2.09
32a	320	88	8.0	14.0	14.0	7.0	48.513	38.083	7600	305	552	12.5	2.50	475	46.5	2.24
32b		90	10.0				54.913	43.107	8140	336	593	12.2	2.47	509	49.2	2.16
32c		92	12.0				61.313	48.131	8690	374	643	11.9	2.47	543	52.6	2.09

（续）

型号	截面尺寸/mm						截面面积/cm²	理论重量/(kg·m⁻¹)	惯性矩/cm⁴			惯性半径/cm		抗弯截面系数/cm³		重心距离/cm
	h	b	d	t	r	r_1			I_x	I_y	I_{y1}	i_x	i_y	W_x	W_y	Z_0
36a	360	96	9.0	16.0	16.0	8.0	60.910	47.814	11900	455	818	14.0	2.73	660	63.5	2.44
36b		98	11.0				68.110	53.466	12700	497	880	13.6	2.70	703	66.9	2.37
36c		100	13.0				75.310	59.118	13400	536	948	13.4	2.67	746	70.0	2.34
40a	400	100	10.5	18.0	18.0	9.0	75.068	58.928	17600	592	1070	15.3	2.81	879	78.8	2.49
40b		102	12.5				83.068	65.208	18600	640	114	15.0	2.78	932	82.5	2.44
40c		104	14.5				91.068	71.488	19700	688	1220	14.7	2.75	986	86.2	2.42

注：表中 r、r_1 的数据用于孔型设计，不做交货条件。

表 A-4 热轧工字钢（GB 707—1988）

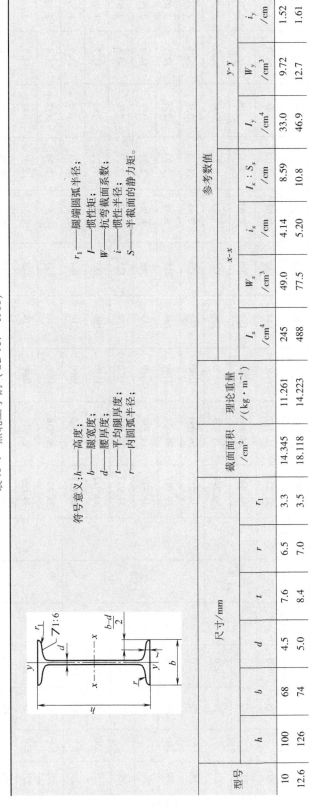

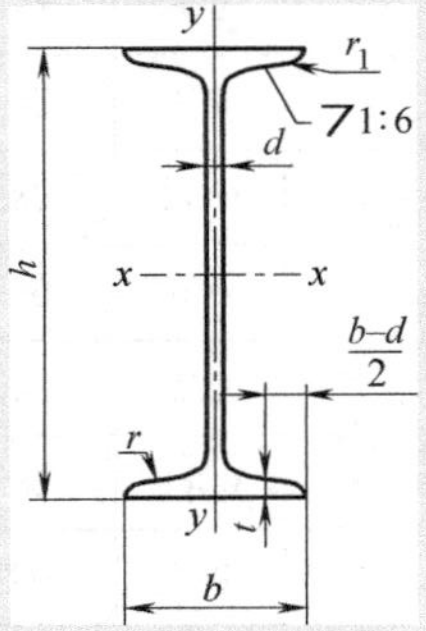

符号意义：h——高度；
b——腿宽度；
d——腰厚度；
t——平均腿厚度；
r——内圆弧半径；
r_1——腿端圆弧半径；
I——惯性矩；
W——抗弯截面系数；
i——惯性半径；
S——半截面的静力矩。

型号	尺寸/mm						截面面积/cm²	理论重量/(kg·m⁻¹)	参考数值						
									x-x				y-y		
	h	b	d	t	r	r_1			I_x/cm⁴	W_x/cm³	i_x/cm	$I_x:S_x$/cm	I_y/cm⁴	W_y/cm³	i_y/cm
10	100	68	4.5	7.6	6.5	3.3	14.345	11.261	245	49.0	4.14	8.59	33.0	9.72	1.52
12.6	126	74	5.0	8.4	7.0	3.5	18.118	14.223	488	77.5	5.20	10.8	46.9	12.7	1.61

14	140	80	5.5	9.1	7.5	3.8	21.516	16.890	712	102	5.76	12.0	64.4	16.1	1.73
16	160	88	6.0	9.9	8.0	4.0	26.131	20. 513	1130	141	6.58	13.8	93.1	21.2	1.89
18	180	94	6.5	10.7	8.5	4.3	30.756	24.143	1660	185	7.36	15.4	122	26.0	2.00
20a	200	100	7.0	11.4	9.0	4.5	35.578	27.929	2370	237	8.15	17.2	158	31.5	2.12
20b	200	102	9.0	11.4	9.0	4.5	39.578	31.069	2500	250	7.96	16.9	169	33.1	2.06
22a	220	110	7.5	12.3	9.5	4.8	42.128	33.070	3400	309	8.99	18.9	225	40.9	2.31
22b	220	112	9.5	12.3	9.5	4.8	46.528	36.524	3570	325	8.78	18.7	239	42.7	2.27
25a	250	116	8.0	13.0	10.0	5.0	48.541	38.105	5020	402	10.2	21.6	280	48.3	2.40
25b	250	118	10.0	13.0	10.0	5.0	53.541	42.030	5280	423	9.94	21.3	309	52.4	2.40
28a	280	122	8.5	13.7	10.5	5.3	55.404	43.492	7110	508	11.3	24.6	345	56.6	2.50
28b	280	124	10.5	13.7	10.5	5.3	61.004	47.888	7480	534	11.1	24.2	379	61.2	2.49
32a	320	130	9.5	15.0	11.5	5.8	67.156	52.717	11100	692	12.8	27.5	460	70.8	2.62
32b	320	132	11.5	15.0	11.5	5.8	73.556	57.741	11600	726	12.6	27.1	502	76.0	2.61
32c	320	134	13.5	15.0	11.5	5.8	79.956	62.765	12200	760	12.3	26.3	544	81.2	2.61
36a	360	136	10.0	15.8	12.0	6.0	76.480	60.037	15800	875	14.4	30.7	552	81.2	2.69
36b	360	138	12.0	15.8	12.0	6.0	83.680	65.689	16500	919	14.1	30.3	582	84.3	2.64
36c	360	140	14.0	15.8	12.0	6.0	90.880	71.341	17300	962	13.8	29.9	612	87.4	2.60
40a	400	142	10.5	16.5	12.5	6.3	86.112	67.598	21700	1090	15.9	34.1	660	93.2	2.77
40b	400	144	12.5	16.5	12.5	6.3	94.112	73.878	22800	1140	16.5	33.6	692	96.2	2.71
40c	400	146	14.5	16.5	12.5	6.3	102.112	80.158	23900	1190	15.2	33.2	727	99.6	2.65
45a	450	150	11.5	18.0	13.5	6.8	102.446	80.420	32200	1430	17.7	38.6	855	114	2.89
45b	450	152	13.5	18.0	13.5	6.8	111.446	87.485	33800	1500	17.4	38.0	894	118	2.84
45c	450	154	15.5	18.0	13.5	6.8	120.446	94.550	35300	1570	17.1	37.6	938	122	2.79
50a	500	158	12.0	20.0	14.0	7.0	119.304	93.654	46500	1860	19.7	42.8	1120	142	3.07
50b	500	160	14.0	20.0	14.0	7.0	129.304	101.504	48600	1940	19.4	42.4	1170	146	3.01
50c	500	162	16.0	20.0	14.0	7.0	139.304	109.354	50600	2080	19.0	41.8	1220	151	2.96
56a	560	166	12.5	21.0	14.5	7.3	135.435	106.316	65600	2340	22.0	47.7	1370	165	3.18
56b	560	168	14.5	21.0	14.5	7.3	146.635	115.108	68500	2450	21.6	47.2	1490	174	3.16
56c	560	170	16.5	21.0	14.5	7.3	157.835	123.900	71400	2550	21.3	46.7	1560	183	3.16
63a	630	176	13.0	22.0	15.0	7.5	154.658	121.407	93900	2980	24.5	54.2	1700	193	3.31
63b	630	178	15.0	22.0	15.0	7.5	167.258	131.298	98100	3160	24.2	53.5	1810	204	3.29
63c	630	180	17.0	22.0	15.0	7.5	179.858	141.189	102000	3300	23.8	52.9	1920	214	3.27

注：截面图和表中标注的圆弧半径 r 和 r_1 值，用于孔型设计，不作为交货条件。

附录B 习题答案

第1章

1-1 ①③④

1-2 ②

1-3 ④

1-4 ③

1-5 ③

1-6 ①②

1-7 ③

1-8 ④

1-9 滑移

1-10~1-15 略

第2章

2-1 ①

2-2 ②

2-3 ④

2-4 ③

2-5 ④

2-6 ④

2-7 ②

2-8 ②

2-9 ①

2-10 ①

2-11 ②

2-12 ③

2-13 一力和一力偶，$F'_R=2\sqrt{2}F$，　$M_A=2Fa$；合力，$F_R=2\sqrt{2}F$

2-14 $b=a+c$

2-15 $F_z=\dfrac{\sqrt{14}}{7}F$；$M_z(\boldsymbol{F})=\dfrac{3\sqrt{14}}{14}F$

2-16 $\theta=\arctan\dfrac{d_2}{d_1}$

2-17 $\sum M_O(\boldsymbol{F})=(-260,328,88)\text{N}\cdot\text{m}$

2-18 $M=78.3\text{N}\cdot\text{m}$

2-19 $M=(3.6,12\sin 40°,0)\text{kN}\cdot\text{m}$

2-20 合力大小 F，方向同 $2\boldsymbol{F}$，在 $2\boldsymbol{F}$ 外侧，距离为 d

2-21 合力 $F=\dfrac{25}{6}\text{kN}$，$\boldsymbol{F}=\left(-\dfrac{5}{2}\boldsymbol{i}-\dfrac{10}{3}\boldsymbol{j}\right)\text{kN}$，作用线 $y=\left(\dfrac{4}{3}x+4\right)\text{m}$

2-22　$\boldsymbol{F}=(0,-4,-8)\text{N}$, $\boldsymbol{M}_O=(0,24,-12)\text{N}\cdot\text{m}$

2-23　$\boldsymbol{F}=(-120,0,-160)\text{N}$, $\boldsymbol{M}_A=(-7.0,9,24.0)\text{N}\cdot\text{m}$

2-24　$l_1+l_2+l_3=0$

2-25　a）$F_{RA}=F_{RB}=\dfrac{M}{2l}$；b）$F_{RA}=F_{RB}=\dfrac{M}{l}$；c）$F_{RA}=F_{RB}=\dfrac{M}{l}$

2-26　$F_{RA}=F_{RC}=2694\text{N}$

2-27　$F_{RA}=750\text{N}$（向下），$F_{RB}=750\text{N}$（向上）

2-28　$F_{NA}=F_{NB}=0.75\text{kN}$

2-29　$F_1=\dfrac{M}{d}$（拉），$F_2=0$，$F_3=\dfrac{M}{d}$（压）

2-30　$M=4.5\text{kN}\cdot\text{m}$

2-31　a）$F_{RA}=F_{RC}=\dfrac{\sqrt{2}M}{d}$；b）$F_{RA}=F_{RC}=\dfrac{M}{d}$

2-32　$M_1=M_2$

2-33　$M=dF$

2-34　$F_{RA}=F_{RB}=\dfrac{M}{d}$

第3章

3-1　④

3-2　③

3-3　①

3-4　④

3-5　③

3-6　②

3-7　②

3-8　①③④；②

3-9　③

3-10　两力矩方程的矩心的连线不与投影方程的投影轴垂直；三力矩方程的矩心不在同一直线上

3-11　5；3；5

3-12　2；1；2；3；3；3；3；6

3-13　$2F$；向上

3-14　$3n-2n_1-n_2-n_3$

3-15　③①③

3-16　3，9，11；1，2，5，7，9；1，2，3，5，6，7，9，11

3-17　②

3-18　①③

3-19　②

3-20　③

3-21　①

3-22　②

3-23　④

3-24 翻动；$\frac{\sqrt{3}+1}{4}F_P$

3-25 F_P；$\frac{F_P}{2\sin\theta}$；f_sF_P；$\frac{f_sF_P}{\sin\theta}$；<

3-26 a）$F_1=F_3=\frac{\sqrt{2}}{2}F$（拉），$F_2=F$（压）；b）$F_1=F_3=0$，$F_2=F$（拉）

3-27 $F_T=80\text{kN}$

3-28 $\beta=\arctan\left(\frac{1}{2}\tan\theta\right)$

3-29 a）$F_{Ax}=0$，$F_{Ay}=20\text{kN}$（向下），$F_{RB}=40\text{kN}$（向上）
b）$F_{Ax}=0$，$F_{Ay}=15\text{kN}$（向上），$F_{RB}=21\text{kN}$（向上）

3-30 $F_{Ax}=0$，$F_{Ay}=F$（向上），$M_A=Fd-M$（逆时针）

3-31 $F_{NA}=6.4\text{kN}$，$F_{NB}=13.6\text{kN}$

3-32 $F_{RA}=6.7\text{kN}$（向左），$F_{Bx}=6.7\text{kN}$（向右），$F_{By}=13.5\text{kN}$（向上）

3-33 $F_{NA}=\frac{M}{\sqrt{d_1^2+d_2^2}}$，$F_{NB}=\frac{Md_1}{d_1^2+d_2^2}$，$F_{NC}=\frac{Md_2}{d_1^2+d_2^2}$

3-34 $l_{max}=1\text{m}$

3-35 $F_{Ax}=0$，$F_{Ay}=\left(\frac{1}{2}+\tan\alpha\right)W$，$F_{Bx}=W\tan\alpha$，$F_{By}=\left(\frac{1}{2}-\tan\alpha\right)W$

3-36 a）$M_A=2qd^2$（逆时针），$F_{Ay}=2qd$（向上），$F_{By}=F_{Cy}=0$
b）$M_A=2qd^2$（逆时针），$F_{Ay}=2qd$（向上），$F_{By}=qd$（对 BC，向上），$F_{Cy}=qd$（向上）
c）$M_A=3qd^2$（逆时针），$F_{Ay}=\frac{7}{4}qd$（向上），$F_{By}=\frac{3}{4}qd$（对 BC，向上），$F_{Cy}=\frac{1}{4}qd$（向上）
d）$M_A=M$（顺时针），$F_{Ay}=\frac{M}{2d}$（向下），$F_{By}=\frac{M}{2d}$（向上）
e）$M_A=M$（逆时针），$F_{Ay}=F_{By}=F_{Cy}=0$

3-37 $F_{DE}=F_{FG}=14.1\text{kN}$（压），$F_{Ax}=10\text{kN}$（向左），$F_{Ay}=5\text{kN}$（向下），
$F_{Cx}=10\text{kN}$（向右），$F_{Cy}=5\text{kN}$（向下）

3-38 $F_T=107\text{N}$，$F_{RA}=525\text{N}$，$F_{RB}=375\text{N}$

3-39 $l,\frac{l}{2},\frac{l}{3},\frac{l}{4},\frac{l}{5},\cdots$，以此类推

3-40 $F_{Ax}=594\text{kN}$（向右），$F_{Ay}=104\text{kN}$（向上），$F_{Cx}=594\text{kN}$（向左），$F_{Cy}=386\text{kN}$（向上）

3-41 $F_{Ax}=12.5\text{kN}$（向右），$F_{Ay}=106\text{kN}$（向上），$F_{Bx}=22.5\text{kN}$（向左），$F_{By}=94.2\text{kN}$（向上）

3-42 $W_2=\frac{l}{a}W_1$

3-43 $F_x=\frac{W}{2}\tan\theta$（向左），$F_y=\frac{W-W_1}{2}$（向上），$M=\frac{(l-d)}{4}\left(W-\frac{W_1}{2}\right)$

3-44 $P_{min}=2W\left(1-\frac{r}{R}\right)$

3-45 $F_1=367\text{kN}$（拉），$F_2=82\text{kN}$（压），$F_3=358\text{kN}$（拉）

3-46 $F_{Ax}=F_P$，$F_{Ay}=\frac{3}{2}F_P$，$F_{Bx}=-F_P$，$F_{By}=-\frac{1}{2}F_P$（对 AB），$F_{Cx}=F_P$，$F_{Cy}=-\frac{1}{2}F_P$（对 CD），
$F_{Dx}=-F_P$，$F_{Dy}=\frac{1}{2}F_P$，$M_D=F_Pd$（逆时针）

3-47　$F_{TC}=813N$，$F_{TD}=862N$，$F_{TB}=693.7N$，$\delta_{st}=0.462m$

3-48　$F_{BH}=47.1kN$（压）；$F_{CD}=6.67kN$（压）；$F_{DG}=0$

3-49　$F_{FK}=\frac{1}{4}F_P$（拉）；$F_{TO}=\frac{1}{4}F_P$（压）

3-50　$F_1=\frac{4}{9}F_P$（压）；$F_2=\frac{2}{3}F_P$（压）；$F_3=0$

3-51　$F_P=238.8N$

3-52　$f_s=0.223$

3-53　$40.2kN\leqslant F_{PE}\leqslant 104.2kN$

第4章

4-1　③

4-2　③

4-3　0，$2m/s^2$，4m

4-4　④

4-5　$40mm/s^2$，↓，$8mm/s^2$，←

4-6　50

4-7　a）减速曲线运动；b）匀速曲线运动；c）不可能，因为全加速度应该指向曲线凹的一侧；d）加速曲线运动；e）不可能，$v\neq0$时，$a_n\neq0$，此时$\boldsymbol{a}$应该指向曲线凹的一侧，而不能只有切向加速度

4-8　（1）④③；（2）④①；（3）④②

4-9　（1）$y=\frac{3}{4}x$，$v=5-5t$，$a=-5$，为匀减速直线运动，轨迹、速度、加速度略；

（2）$y=2-\frac{4}{9}x^2$，$v=\sqrt{9\cos^2t+16\sin^2 2t}$，$a=\sqrt{9\sin^2t+64\cos^2 2t}$，做简谐运动，轨迹、速度、加速度略

4-10　$x=v_Ct-R\sin\frac{v_C}{R}t$，$y=R\left(1-\cos\frac{v_C}{R}t\right)$，$v=2v_C\left|\sin\frac{v_C}{2R}t\right|$，$a=\frac{v_C^2}{R}$，$\rho=2PC^*$

4-11　$v_P=\frac{v}{\sqrt{2}}$，$a_P=\frac{v^2}{2\sqrt{2}h}$，$\ddot{\theta}=-\frac{v^2}{2h^2}$（顺）

4-12　$x=R(1+2\cos2\omega t)$，$y=R\sin2\omega t$，$s=2R\omega t$

4-13　$y=R+e\sin\omega t$，$\dot{y}=e\omega\cos\omega t$，$\ddot{y}=-e\omega^2\sin\omega t$

4-14　$\omega_2=0$，$\alpha_2=-\frac{lb\omega^2}{r_2}$

4-15　$d=46.17m$

第5章

5-1　②

5-2　②①

5-3　②

5-4　③

5-5　$\sqrt{2}R\omega^2$，$M\to O$，$R\omega^2$，$M\to O_1$

5-6 $\omega(r\cos\varphi+l\cos\theta)$，↑，$\omega^2(r\cos\varphi+l\cos\theta)$，←

5-7 否

5-8 提示：a）选物块 B 上的点 C 为动点；b）选杆 OA 上的点 A 为动点

5-9 $x_1=\sqrt{d^2+r^2+2dr\cos\omega t}$，$\tan\varphi=\dfrac{r\sin\omega t}{d+r\cos\omega t}$

5-10 a）1.5rad/s；b）2rad/s

5-11 $v=0.942\text{m/s}$

5-12 $v_a=3.06\text{m/s}$

5-13 $v=0.1\text{m/s}$，$a=0.346\text{m/s}^2$

5-14 $v_M=0.173\text{m/s}$，$a_M=0.35\text{m/s}^2$

5-15 $v_a=20.3\text{m/s}$，$a_a=114\text{m/s}^2$

5-16 $v_{AB}=\dfrac{2\sqrt{3}}{3}e\omega$（↑），$a_{AB}=\dfrac{2}{9}e\omega^2$（↓）

5-17 $\omega_1=\dfrac{\omega}{2}$（逆时针），$\alpha_1=\dfrac{\sqrt{3}}{12}\omega^2$（逆时针）

5-18 $\boldsymbol{v}_P=(-5.49\boldsymbol{i}+137.2\boldsymbol{j}+1.22\boldsymbol{k})\text{m/s}$，$\boldsymbol{a}_P=(-247\boldsymbol{i}-4.94\boldsymbol{j}-24687\boldsymbol{k})\text{m/s}^2$

第6章

6-1 ②，④

6-2 ③，①，②

6-3 ③

6-4 ②

6-5 $\dfrac{v_C^2}{R-r}+\dfrac{v_C^2}{r}$

6-6 2rad/s，$4\sqrt{3}\text{rad/s}^2$

6-7 $x_A=(R+r)\cos\dfrac{\alpha t^2}{2}$，$y_A=(R+r)\sin\dfrac{\alpha t^2}{2}$，$\varphi=\dfrac{1}{2r}(R+r)\alpha t^2$

6-8 $\dfrac{v_0\cos^2\theta}{h}$

6-9 $\omega_A=2\omega_B$

6-10 速度瞬心 C^* 的位置在过点 O 的铅垂线上，且在点 O 下方，$OC^*=\dfrac{v}{\omega}=222\text{m}$，与角 θ 无关

6-11 $\omega_{AB}=3\text{rad/s}$，$\omega_{O_1B}=5.2\text{rad/s}$

6-12 $v_O=1.2\text{m/s}$，$\omega=1.333\text{rad/s}$，卷轴向右滚动

6-13 曲柄 OA 在铅垂位置时，$v_{DE}=0$；曲柄 OA 在水平位置时，$v_{DE}=4\text{m/s}$，方向与 v_A 相同

6-14 $\omega_B=1\text{rad/s}$，$v_D=0.06\text{m/s}$

6-15 $\omega_{OB}=3.75\text{rad/s}$，$\omega_{\text{I}}=6\text{rad/s}$

6-16 $v_F=0.397\text{m/s}$（←），$v_G=0.397\text{m/s}$（→）

6-17 $\omega_{AB}=2\text{rad/s}$，$\alpha_{AB}=16\text{rad/s}^2$，$a_B=5.66\text{m/s}^2$

6-18 $v_B=2\text{m/s}$，$v_C=2.828\text{m/s}$；$a_B=8\text{m/s}^2$，$a_C=11.31\text{m/s}^2$

6-19 $v_C=\dfrac{3}{2}r\omega_O$，$a_C=\dfrac{\sqrt{3}}{12}r\omega_O^2$

6-20　a）$a_C=r\omega^2\left(1+\frac{r}{R-r}\right)$，指向 O；b）$a_C=r\omega^2\left(1-\frac{r}{R+r}\right)$，指向 O

6-21　$a_B=2.08\text{m/s}^2$，$\omega_{O_1D}=7.5\text{rad/s}$

6-22　$\omega_D=0$，$\alpha_D=1409\text{rad/s}^2$

第7章

7-1　③

7-2　③

7-3　①

7-4　③

7-5　④

7-6　图7-32a、b所示系统水平方向

7-7　④

7-8　③

7-9　0，mvr；　$\frac{1}{2}mvr$，$\frac{3}{2}mvr$

7-10　③

7-11　①

7-12　②

7-13　（1）$\frac{\sqrt{5}}{2}ml\omega$；（2）$2R\omega m$（↓）；（3）$\boldsymbol{p}=\left[(m_1+m_2)v-\frac{2m_1+m_2}{4}l\omega\right]\boldsymbol{i}+\left(\frac{2m_1+m_2}{4}\sqrt{3}l\omega\right)\boldsymbol{j}$

7-14　$p=\frac{9}{2}ml\omega$（垂直于 AB 斜向上）

7-15　不同

7-16　$F_y=(m_1+m_2+m_3)g+\frac{m_2+2m_3}{2}d\omega^2\sin\omega t$，$F_x=-\frac{d}{2}m_2\omega^2\sin\omega t$

7-17　$a=\frac{2(m_2\sin\theta-m_1)}{m+2(m_1+m_2)}g$

7-18　$\frac{m_1+m_2}{2m_1+m_2+m}b(1-\sin\theta)$（←）

7-19　$(x_A-l\cos\alpha_0)^2+\frac{y_A^2}{4}=l^2$，此为椭圆方程。

7-20　（1）$ms^2\omega$（逆时针）；

（2）① $p=\frac{R+e}{R}mv_A$，$L_B=[J_A-me^2+m(R+e)^2]\frac{v_A}{R}$，② $p=m(e\omega+v_A)$；$L_B=(J_A+meR)\omega+m(R+e)v_A$

7-21　$L_O=(m_AR^2+m_Br^2+J_O)\omega$

7-22　$\alpha=8.17\text{rad/s}$，$F_{Oy}=449\text{N}$（↑），$F_{Ox}=0$

7-23　$a=\frac{(M-mgr)R^2r}{J_1r^2+mr^2R^2+J_2R^2}$

7-24　$a=\frac{(Mi-mgR)R}{mR^2+J_1i^2+J_2}$

7-25　$\Delta F_A=\frac{l^2-3e^2}{2(l^2+3e^2)}mg$

7-26　$J_C = 17.45\text{kg} \cdot \text{m}^2$

7-27　$v_A = \dfrac{2}{3}\sqrt{3gh}$（↓），$F_T = \dfrac{1}{3}mg$（拉）

7-28　$\alpha = \dfrac{F(R+r)R - mgR^2\sin\theta}{m(R^2+\rho^2)}$

7-29　$a_A = \dfrac{g}{\dfrac{m'}{m} \cdot \dfrac{(\rho^2+r^2)}{(R-r)^2}+1}$

7-30　$a_B = \dfrac{m_1}{m_1+3m_2}g$；$a_C = \dfrac{m_1+2m_2}{m_1+3m_2}g$；$F_T = \dfrac{m_1 m_2}{m_1+3m_2}g$

7-31　$t = \sqrt{\dfrac{2s}{fg}}$，$\omega = \dfrac{2}{r}\sqrt{2fgs}$（逆时针）

7-32　$\alpha = \dfrac{3g\sin\theta}{2l}$

7-33　$a_{BE} = \dfrac{F(R-r)^2}{P(R-r)^2 + W(r^2+\rho^2)}g$

7-34　$M_z = 2\rho l^2 A\omega v_r$

第8章

8-1　④

8-2　③

8-3　④

8-4　②；③

8-5　④

8-6　$\dfrac{3}{4}m(R_1+R_2)^2\omega^2$，$m\omega(R_1+R_2)\left(R_1+\dfrac{3}{2}R_2\right)$

8-7　（1）$\dfrac{3}{16}mv_B^2$；（2）$\dfrac{1}{2}m_1v^2+\dfrac{3}{4}m_2v^2$；（3）$2mR^2\omega^2$

8-8　$T = \dfrac{1}{2g}\left[(W_1+W_2)v_1^2 + \dfrac{1}{3}W_2 l^2\omega_1^2 + W_2 l\omega_1 v_1\cos\varphi\right]$

8-9　$T = \dfrac{r^2\omega^2}{3g}(2F_Q+9F_P)$

8-10　$a_A = \dfrac{m_1(R-r)^2}{m_1(R-r)^2+m_2(\rho^2+r^2)}g$

8-11　$\omega = \sqrt{\dfrac{6\sqrt{3}mg+3kl}{20ml}}$；$\alpha = \dfrac{3g}{10l}$

8-12　圆盘先到达地面

8-13　$v = \sqrt{3gh}$

8-14　$\omega = 1.93\text{rad/s}$

8-15　（1）$\delta = r\omega\sqrt{\dfrac{3m}{2k}}$；（2）$\alpha = 2\omega\sqrt{\dfrac{k}{6m}}$，$F = r\omega\sqrt{\dfrac{mk}{6}}$

8-16　（1）$\alpha = \dfrac{2g(Mr\sin\varphi - mR)}{2m(R^2+\rho^2)+3Mr^2}$；（2）摩擦力 $F = \dfrac{Mr\alpha}{2}$，绳张力 $F_T = m(g+R\alpha)$

8-17　$\omega_n=\frac{d}{r}\sqrt{\frac{2k}{m_1+2m_2}}$

8-18　$\omega_n=\sqrt{\frac{4k}{3m}}$

8-19　$P=0.369\text{kW}$

8-20　$a_D=\frac{2(m+m_2)g}{7m+8m_1+2m_2}$，$F_{BC}=\frac{2(m+m_2)(m+2m_1)g}{7m+8m_1+2m_2}$

8-21　（1）$a_A=\frac{1}{6}g$；（2）$F_{HE}=\frac{4}{3}mg$；（3）$F_{Kx}=0$，$F_{Ky}=4.5mg$，$M_K=13.5mgR$

8-22　$v_C=2R\omega$，$\omega=\frac{1}{5R}\sqrt{10gh}$；$F_T=\frac{1}{5}mg$

第 9 章

9-1　④

9-2　③

9-3　$m\alpha r$，$\frac{m\omega^2r^2}{R-r}$，$\frac{1}{2}mr^2\alpha$

9-4　$m(a-\alpha r)$，$\frac{1}{2}mr^2\alpha$

9-5　ma_C，水平向左，$\frac{1}{2}ma_Cr$，顺时针

9-6　$g\cos\theta$

9-7　$\alpha=47.04\text{rad/s}^2$；$F_{Ax}=95.26\text{N}$，$F_{Ay}=137.6\text{N}$

9-8　$F_{AD}=5.38\text{N}$；$F_{BE}=45.5\text{N}$

9-9　a）① $\alpha_a=\frac{2W}{mr}$，② 绳中拉力为 W，③ 轴承约束力：$F_{Ox}=0$，$F_{Oy}=W$

b）① $\alpha_b=\frac{2Wg}{r(mg+2W)}$，② 绳中拉力为$\frac{mg}{mg+2W}W$，③ 轴承约束力：$F_{Ox}=0$，$F_{Oy}=\frac{mgW}{mg+2W}$

9-10　$\omega^2=\frac{2m_1+m_2}{2m_1(a+l\sin\varphi)}g\tan\varphi$

9-11　$F_{CD}=3.43\text{kN}$

9-12　$a_{\max}=6.51\text{m/s}^2$

9-13　$F_{Ax}=0.122\text{N}$，$F_{Ay}=30\text{N}$

9-14　（1）$a=310.4\text{m/s}^2$；（2）$F_B=11.64\text{kN}$

9-15　（1）$a_C=\frac{4}{21}g$；（2）$F_{AB}=\frac{34}{21}mg$，$F_{DE}=\frac{59}{21}mg$

9-16　$k>\frac{m(e\omega^2-g)}{2e+b}$

9-17　$F=933.6\text{N}$

9-18　（1）$\alpha=\frac{9g}{16l}$；（2）$F_{Ax}=\sqrt{3}mg$（由 A 指向 B），$F_{Ay}=\frac{5}{32}mg$（垂直 AB 向上）

9-19　$a=5.88\text{m/s}^2$；$\alpha=19.6\text{rad/s}^2$

9-20　$F_{TD}=117.5\text{N}$

第10章

10-1　③

10-2　a）$F_N=F_P$，拉伸；b）$F_S=F_P$，剪切

10-3　取右段为研究对象：$F_{SC}=\frac{ql}{2}$（↓），$M_C=\frac{ql^2}{8}$（↻）

10-4　a）$\gamma=\alpha$；b）$\gamma=0$

10-5　（1）$\frac{\Delta d}{d}$；（2）$\frac{\Delta d}{d}$

10-6　平均应变略，角度改变为2.5×10^{-4}rad

第11章

11-1　②

11-2　图11-22b、c、d

11-3　a）AB段轴力$F_{N1}=30$kN，BC段轴力$F_{N2}=80$kN

b）AB段轴力$F_{N1}=50$kN，BC段轴力$F_{N2}=-60$kN

11-4　a）AC段：0，CB段：F_P

b）AC段：30kN，CD段：10kN，DB段：20kN

11-5　AB段：$T_{AB}=M_{e1}+M_{e2}=-2936$N·m

BC段：$T_{BC}=M_{e2}=-1171$N·m

$|T_{max}|=2936$N·m

11-6　AD段：$T_{AD}=620$N·m

DB段：$T_{DB}=-812$N·m

11-7　1段：15kN·m，2段：5kN·m，3段：−10kN·m，4段：−30kN·m

11-8　a）1—1截面：$F_{S1}=-qa$，$M_1=\frac{qa^2}{2}$

2—2截面：$F_{S2}=-2qa$，$M_2=\frac{qa^2}{2}$

b）1—1截面：$F_{S1}=2qa$，$M_1=-\frac{3}{2}qa^2$

2—2截面：$F_{S2}=2qa$，$M_2=-\frac{qa^2}{2}$

11-9　a）1—1截面$F_{S1}=0.75$kN，$M_1=1.5$kN·m

2—2截面$F_{S2}=0.75$kN，$M_2=-2.5$kN·m

3—3截面$F_{S3}=0.75$kN，$M_3=-1$kN·m

4—4截面$F_{S4}=2$kN，$M_4=-1$kN·m

b）1—1截面$F_{S1}=4$kN，$M_1=4$kN·m

2—2截面$F_{S2}=-1$kN，$M_2=4$kN·m

3—3截面$F_{S3}=-1$kN，$M_3=3$kN·m

4—4截面$F_{S4}=-1$kN，$M_4=1$kN·m

11-10　a）$F_S(x)=3ql-qx$（$0<x<l$），$M(x)=3qlx-\frac{1}{2}qx^2$（$0\leqslant x<l$）

b) $F_S(x)=\frac{11}{8}ql-qx$ ($0<x\leqslant 0.5l$), $M(x)=\frac{11}{8}qlx-\frac{1}{2}qx^2$ ($0\leqslant x\leqslant 0.5l$)

$F_S(x)=\frac{7}{8}ql$ ($0.5l\leqslant x<l$), $M(x)=\frac{7}{8}qlx+\frac{1}{8}ql^2$ ($0.5l\leqslant x<l$)

11-11 a) AB 段：$F_S(x)=-5kN$ ($0<x<2m$), $M(x)=-5x$ ($0\leqslant x\leqslant 2m$)

BC 段：$F_S(x)=10kN$ ($2m<x<3m$), $M(x)=10x-30$ ($2m\leqslant x\leqslant 3m$)

b) AB 段：$F_S(x)=4.5-2x$ ($0<x<2m$), $M(x)=4.5x-x^2$ ($0\leqslant x\leqslant 2m$)

BC 段：$F_S(x)=0$ ($2m<x\leqslant 3m$), $M(x)=5kN\cdot m$ ($2m\leqslant x<3m$)

11-12 $F_{RA}=20kN$ (↑), $F_{RB}=40kN$ (↑)

11-13 a) $|F_S|_{max}=5kN$, $|M|_{max}=10kN\cdot m$

b) $|F_S|_{max}=15kN$, $|M|_{max}=25kN\cdot m$

11-14 a) $|F_S|_{max}=ql$, $|M|_{max}=1.5ql^2$

b) $|F_S|_{max}=1.25ql$, $|M|_{max}=\frac{32}{25}ql^2$

11-15 a) $|F_S|_{max}=ql$, $|M|_{max}=ql^2$; b) $|F_S|_{max}=0.5ql$, $|M|_{max}=0.125ql^2$

11-16、11-17 略

第 12 章

12-1 D

12-2 A

12-3 D

12-4 B

12-5 C

12-6 安全

12-7 $b=35.4mm$, $h=118mm$

12-8 $E=70GPa$, $\nu=0.327$

12-9 $\Delta l_{AC}=2.95mm$, $\Delta l_{AD}=5.29mm$

12-10 4.50mm

12-11 $[F_P]=67.3kN$

12-12 $[F_P]=57.6kN$

*12-13 $\sigma_a=-63.64MPa$（压），$\sigma_s=-181.8MPa$（压）

*12-14 (1) $F_P=172.1kN$；(2) $\sigma_c=84MPa$

*12-15 $x=\frac{5}{6}b$

12-16 6.334mm，安全

12-17 安全

12-18 拉杆：20×20×4，压杆：40×40×5

12-19 (1) 75.9MPa，3.95；(2) 16 个

第 13 章

13-1 ①

13-2 ③

13-3 ④

13-4 (1) BC 段：$\tau_{max}(BC)=47.7\text{MPa}$；(2) $\varphi_{max}=\varphi_{AB}+\varphi_{BC}=2.271\times10^{-2}\text{rad}$

13-5 (1) 70.7MPa；(2) 6.25%；(3) 6.67%

13-6 $2.88\times10^{3}\text{N}\cdot\text{m}$

13-7 略

13-8 (1) $\tau_A=40.8\text{MPa}$，$\gamma_A=0.496\times10^{-3}$；(2) $\tau_{max}=81.4\text{MPa}$，$\theta=2.23°/\text{m}$

13-9 105mm

13-10 铝质空心轴承受较大扭矩

13-11 安全

13-12 安全

第 14 章

14-1 C

14-2 D

14-3 ①

14-4 ④

14-5 ③

14-6 d)

14-7 $I_y=1.794\times10^{6}\text{mm}^4$；$I_z=5.843\times10^{6}\text{mm}^4$

14-8 $\sigma_A=2.54\text{MPa}$，$\sigma_B=-1.62\text{MPa}$

14-9 $\sigma_{max}=24.75\text{MPa}$

14-10 当截面横放（见图 14-41b）时，梁内的最大正应力为 3.91MPa，当截面竖放（见图 14-41c）时梁内的最大正应力为 1.95MPa

14-11 实心部分 $\sigma_{max}=113.7\text{MPa}$；空心部分 $\sigma_{max}=100.4\text{MPa}$，强度是安全的。

14-12 $\sigma^{+}_{max}=60.24\text{MPa}>[\sigma]^{+}$，$\sigma^{-}_{max}=45.18\text{MPa}<[\sigma]^{+}$，强度不安全。

14-13 $[q]=15.68\text{kN/m}$

14-14 No. 16 工字钢

14-15 $a=1.384\text{m}$

第 15 章

15-1 a)

15-2 ②

15-3 略

15-4 略

15-5 a) $w_A=\dfrac{7ql^4}{384EI}$ (↑)，$\theta_B=\dfrac{ql^3}{12EI}$ (↺)；b) $w_A=-\dfrac{5ql^4}{24EI}$ (↓)，$\theta_B=-\dfrac{ql^3}{12EI}$ (↻)

15-6 $w=0.0246\text{mm}$，刚度安全

15-7 $d\geqslant0.1117\text{mm}$，取 $d=112\text{mm}$

15-8 No. 22a 槽钢

第 16 章

16-1 D

16-2　B

16-3　B

16-4　C

16-5　a）$\sigma=-3.84\text{MPa}$，$\tau=0.6\text{MPa}$；b）$\sigma=-0.625\text{MPa}$，$\tau=-1.08\text{MPa}$

16-6　$|\tau|=1.55\text{MPa}>1\text{MPa}$，不满足

16-7　$\sigma_x=-33.3\text{MPa}$，$\tau_{xy}=-57.7\text{MPa}$

16-8　$\sigma_x=37.97\text{MPa}$，$\tau_{xy}=-74.25\text{MPa}$

16-9　$|\tau_{xy}|<120\text{MPa}$

16-10　（1）$\sigma=-30.08\text{MPa}$，$\tau=-10.95\text{MPa}$

（2）$\sigma=50.97\text{MPa}$，$\tau=-14.66\text{MPa}$

（3）$\sigma=20.88\text{MPa}$，$\tau=-25.6\text{MPa}$

16-11　$\Delta r=0.34\text{mm}$

16-12　（1）$\sigma_{r3}=135\text{MPa}$；（2）$\sigma_{r1}=30\text{MPa}$

16-13　（1）$\sigma_{r3}=120\text{MPa}$，$\sigma_{r4}=111.4\text{MPa}$；（2）$\sigma_{r3}=161.2\text{MPa}$，$\sigma_{r4}=139.8\text{MPa}$；

（3）$\sigma_{r3}=90\text{MPa}$，$\sigma_{r4}=78.1\text{MPa}$；（4）$\sigma_{r3}=90\text{MPa}$，$\sigma_{r4}=78\text{MPa}$

16-14　$d=37.6\text{mm}$

16-15　a 点：$\sigma_{r3}=177.2\text{MPa}$，$\sigma_{r4}=168.7\text{MPa}$

b 点：$\sigma_{r3}=108.8\text{MPa}$，$\sigma_{r4}=94.22\text{MPa}$

16-16　（1）截面为矩形，$b\geqslant35.6\text{mm}$；（2）截面为圆形，$d\leqslant52.4\text{mm}$

16-17　No. 16 工字钢

16-18　略

第 17 章

17-1　③

17-2　①

17-3　①

17-4　④

17-5　②

17-6　②

17-7　$n=3.08$

17-8　（1）$F_{Pcr}=119\text{kN}$；（2）$n=1.698$，不安全；（3）有变化

17-9　（1）$[F_P]=189.6\text{kN}$；（2）$[F_P]=68.9\text{kN}$

17-10　梁的安全因数：$n=3.03$；柱的安全因数：$n=3.86$

17-11　温度升高到 66.6℃时失稳。

第 18 章

18-1　B

18-2　A

18-3　D

18-4　$\sigma_{dmax}=59.1\text{MPa}$

18-5　$\sigma_{dmax}=23.4\text{MPa}$

18-6 $F_A=\frac{mg}{4l}(\sqrt{3}l+h)$，$F_B=\frac{mg}{4l}(\sqrt{3}l-h)$

18-7 6.9MPa，1.2MPa

18-8 $\sigma_{\mathrm{dmax}}=\frac{mgl}{4W}\left(1+\sqrt{1+\frac{48EI(v^2+gl)}{mg^2l^3}}\right)$

18-9 $\sigma_{\mathrm{dmax}}=157\mathrm{MPa}$

18-10 （1）$r=1$；（2）$r=-1$

18-11 （1）$r=-1$；（2）$r=1$；（3）$r=\frac{\delta-a}{\delta+a}$；（4）$r=0$

参考文献

[1] 殷雅俊，范钦珊. 材料力学［M］. 3版. 北京：高等教育出版社，2019.

[2] 陈建平，范钦珊. 理论力学［M］. 3版. 北京：高等教育出版社，2018.

[3] 李明成，浦奎英，陈建平. 理论力学［M］. 北京：科学出版社，2016.

[4] 王立峰，范钦珊. 理论力学［M］. 2版. 北京：机械工业出版社，2020.

[5] 唐静静，孙伟，浦奎英. 工程力学［M］. 北京：科学出版社，2020.

[6] 范钦珊. 工程力学教程：Ⅰ［M］. 北京：高等教育出版社，1998.

[7] 范钦珊. 工程力学教程：Ⅱ［M］. 北京：高等教育出版社，1998.

[8] 王博. 材料力学［M］. 北京：高等教育出版社，2018.

[9] 奚绍中，邱秉权. 工程力学教程［M］. 3版. 北京：高等教育出版社，2016.

[10] BEER F P, JOHNSTON E R, Jr, DEWOLF J T, et al. Mechanics of Materials［M］. 7th ed. New York：McGraw-Hill Education, 2014.

[11] HIBBELER R C. Statics and Mechanics of Materials［M］. 10th ed. New York：Pearson Education, 2016.

[12] BEER F P, JOHNSTON E R, Jr, MAZUREK D, et al. Vector Mechanics for Engineers：Statics and Dynamcis［M］. 12th ed. New York：McGraw-Hill Education, 2019.